杨建峰 主编

南海出版公司

2014・海口

图书在版编目（CIP）数据

女人的魅力与财富 / 杨建峰主编. —海口：南海出版公司，2014.11（2015.4 重印）

ISBN 978 - 7 - 5442 - 7251 - 3

Ⅰ. ①女… Ⅱ. ①杨… Ⅲ. ①女性 - 成功心理 - 通俗读物 Ⅳ. ①B848. 4 - 49

中国版本图书馆 CIP 数据核字（2014）第 152582 号

敬启

本书在编写过程中，参阅和使用了一些报刊、著述和图片。由于联系上的困难，和部分作品的作者（或译者）未能取得联系，对此谨致深深的歉意。敬请原作者（或译者）见到本书后，及时与本书编者联系，以便我们按照国家有关规定支付稿酬并赠送样书。联系电话：010 - 84853028，松雪。

NüREN DE MEILI YU CAIFU

女人的魅力与财富

主　　编　杨建峰
总 策 划　杨建峰
责任编辑　张　媛　王雅竹
美术设计　松雪图文
出版发行　南海出版公司　电话：（0898）66568511（出版）　65350227（发行）
社　　址　海南省海口市海秀中路 51 号星华大厦五楼　邮编：570206
电子邮箱　nhpublishing@163. com
经　　销　新华书店
印　　刷　北京德富泰印务有限公司
开　　本　889 毫米 × 1194 毫米　1/16
印　　张　27. 5
字　　数　704 千
版　　次　2014 年 11 月第 1 版　2015 年 4 月第 2 次印刷
书　　号　ISBN 978 - 7 - 5442 - 7251 - 3
定　　价　59. 00 元

前言

女人一辈子不可缺少的东西之一就是魅力,那是对女性的高度赞美。残酷的是,红颜不可能永驻女人的脸上。岁月易逝,青春会老。朝如雾暮成云,女人不能永远年轻,但智慧和魅力却可以永存。

而魅力是女人一生的资本,是女人的代言人,也是可以不断习得的,因为真正美丽的女人可以超越年龄的鸿沟,保持持久的吸引力。

有魅力的女人是这样的:在家里,体现一种母性,一种慈爱。每时每刻都有一根慈母的爱线牵挂着孩子,惦记着家庭;在长辈面前是一泓清泉;在孩子心里是一座高山;在同事眼里是一道风景。剔净孩子的稚气,添加女人的柔情,几分坚韧,几分温存,几分通情达理。

在婚姻经营的过程中,用宽容、体贴和温柔打动自己的丈夫,不是指责,不是抱怨,不是猜疑,不是攀比,也不是想改变对方,而是尊重彼此,互敬互爱,平等沟通,这样的女人才聪明,婚姻也将维系得更为牢固。

不仅如此,有魅力的女人注重自己的气质和谈吐,无时无刻不是一道靓丽的风景线。形象上,她们注重打扮,有时尚得体的妆容;内在方面,她们注意保养,追求健康,还不断通过读书和学习来充实自己的生活,成为一位有气质有修养有内涵的优雅女性。

真正有魅力的女性还有一样必不可少,那就是她们的独立与追求个性,活出真实的自己,不过分在意他人的看法而去改变自己的初衷。她们善于听从内心的声音,过自己想要的生活,活出精彩,活出不一般的人生。

如果说魅力是女人一生的事业,那么财富将为女性的幸福生活添砖加瓦。她们淡泊名利,不强求,有着平常心,但是却拥有丰富的理财投资知识以及精明睿智的头脑,善于发挥自己的财商获取更多的财富,让自己和家人过上更加美满的快乐生活。

在物价飞涨的当今,理财是女人最佳最可靠的选择,关乎人生幸福与否。首先,理财观念是打开财富大门的钥匙,不要觉得理财投资离自己的生活很遥远,可望而不可及，实际上，它与生活的各个方面都密切相关，贯穿在我们生活的一点一滴当中。其实，理财本身就是一种生活方式，它来自于生活中的点点滴滴，女人要想一生都过富裕而优雅的生活，有必要把理财作为一项长期的事业来打理。其次，学习理财就是掌握较为系统专业的投资理财知识，只有这样，才能更准确地找到投资方向，让自己获得更加可观的收益。

本书中涉及理财投资方方面面的知识和技巧，从理财理念到投资风险，涵盖了股票、基金、收藏品、房地产等多项投资，以及不同类型人的投资理财方法。通过阅读本书，你将开启财富知识的大门，将变得更加充满魅力，收获更为幸福美满的人生！

目录

上篇　魅力篇

第一章　良好的形象是女人的品牌

第二章　谈吐折射出女人的修养

第三章　气质和品位使你独具韵味

第四章　优雅是女人一生的必修课

第五章　心态是魅力女人的精神家园

第六章　女人的高情商延长魅力时效

第七章 女人味彰显至真至纯的魅力

第八章 为人处世得当为女人赢得欣赏

第九章 认识自己,并坚持做快乐的自己

第十章　读书是女人增添魅力的法宝

第十一章 用魅力与智慧经营幸福婚姻

第十二章　健康是女人魅力一生的资本

第十三章　行走于职场,闪耀魅力光芒

第十四章　深谙礼仪之道,突显优雅得体

下篇　财富篇

第一章　理财观念是打开财富之门的钥匙

第二章　从恋爱到结婚有一本理财经

第三章　女人理财从日常的记账开始做起

第四章　储蓄,最终是为了获得更多财富

第五章 省钱是最快捷最简单的理财方式

第六章 女人管钱是功课,也是一门艺术

第七章 婚后理财对家庭的财富至关重要

第八章 未雨绸缪,给自己的家庭买份保险

第九章　驰骋职场,从薪水看财富的经营

第十章　不被债务压垮才能拥有更多的资产

第十一章　合理避税是女人精明和睿智的体现

第十二章　女性要找到适合自己的理财方法

第十三章　了解更多理财产品，拓宽财富之道

第十四章　投资收藏品要懂得把目光放长远

第十五章　女人的财富积累可从股票入手

第十六章　房子是安家之所，也是投资重点

第十七章　投资有风险，基本知识必不可少

第十八章　提升自己才能获得最宝贵的财富

第十九章　最重要的莫过于理好“幸福”这笔财富

上篇

魅 力 篇

第一章　良好的形象是女人的品牌

打扮为自己添色

职场女人的着装仪表必须符合本人的个性、体态特征、职位、企业文化、办公环境、志趣等。不能模仿办公室里的男士的服饰打扮，要散发出女人味道，充分发挥女性特有的柔韧，是最为明智的。

女性的打扮艺术，不是简单的涂脂抹粉，而是对自身形象的整体构思和调谐，是一种自信和雅致，是一种人格的外化。

学会打扮自然要求女性衣着讲究，而所谓的讲究并不意味着一定穿名牌、品牌，而是要根据自身的特点，穿出自己的风格，展示自己的个性。

每个人都是通过外在形象来展示自己的特点的，如果你穿着保守，服饰古板传统，没有一点新意，别人怎么可能很快知道你是一个有创造力的人呢？如果你言谈吞吐、眼神飘忽不定，别人就会更多地把你当作一个缺乏自信的人。你穿着打扮的信息会让别人更多地了解你，也会令你在任何场合都更加神采奕奕，信心非凡。女性的穿着打扮应该灵活有弹性，要学会怎样搭配衣服、鞋子、发型、首饰、化妆，使之完美和谐。下面提供几条穿着打扮原则：

(1)职业套装。职业套装更显权威，要选择一些质地好的套装，要以套装为底色来选择衬衣、毛线衣、鞋子、袜子、围巾、腰带和首饰。每个人的肤色、发色、格调不同，所以适合她的颜色也不同，要选择一些适合自己的套装，再根据套装色为底色配选其他小装饰品。

(2)鞋子。不要把旅游鞋穿进办公室，中跟或低跟皮鞋为佳。鞋的颜色必须和服装的颜色相配，总之有一个原则：鞋子的颜色必须深于衣服色。如果比服装颜色浅，那么必须和其他装饰品的颜色相配。

(3)适当化妆。妆容宜浅淡自然，忌浓妆艳抹，特别是口红不要太红。女性适当化妆是对自己的尊重，同时也是对他人的尊重。总之有一个原则：每天的打扮必须迎合你当天要会见的人，符合他们的身份和专业度，尽量做到高雅大方，不让自己寒酸掉价。

(4)发型。发型应简洁明快，在办公室不要梳太流行的发式，要符合自己的工作环境。无论头发长或短、曲或直，一定要梳理整齐。

(5)指甲。指甲应修剪整齐，最好是短或中长，指甲油应为淡颜色。不要在公共场合修剪指甲。

(6)首饰。首饰佩戴不宜多，耳朵宜戴耳钉，戒指不要过多，项链不要太粗、太长，要展现一种典雅的形象。

(7)裙子与鞋子、袜子的搭配。要穿与裙子相配的鞋子，与鞋子相配的袜子，全身整体颜色不宜超过三种。鞋子要干净,袜子不要有破洞。

智者寄语

女性的打扮艺术,不是简单的涂脂抹粉,而是对自身形象的整体构思和调谐,是一种自信和雅致,是一种人格的外化。

女人的形象是无价的

你的形象就是你的第一张名片。作为现代女性,有更多的机会参与社会活动。当你第一次和人见面的时候,你就会给别人留下第一印象,这个或好或坏的第一印象,谁都只有一次机会,你只能在最短的时间内给人留下最深刻的印象,而且第一次见面时所获得的印象是最重要的。

英国女王曾在给威尔士王子的信中写道:"穿着显示人的外表,人们在判定人的心态,以及形成对这个人的观感时,通常都凭他的外表,而且常常这样判定,因为外表是看得见的,而其他则看不见,基于这一点,穿着特别重要……"

其实,英国女王并未言过其实。生活中,无论你是用理性的观点来观察一个人,还是用感性的观点来评价一个人,对人的印象都是以衣着和仪态作为评价标准之一的。

一个人衣着整洁、典雅,具有良好的个人形象,就是向他人暗示"请相信我,我是有修养、有能力的",从而为自己赢得更多的好感和机遇。从这点来说,个人形象是金,是钻石,是有价的。它关系到面试成败、工资高低、职位升降、爱情婚姻、事业发展等生活的方方面面。

心理学家指出,人和人在交往的初期,对方给你的评价主要取决于关键的几分钟,甚至是前30秒。在此期间,你不可能有机会展示你的学历证书、职称证明和简历。

美国著名的人际关系专家阿尔伯特·罗宾对人们的直接交往进行研究后指出:一个人留给他人的第一印象受几个方面因素的影响,其中,说话内容本身占7%,说话方式(语速、语调、音量等)占38%,非语言信息(面部表情、身姿、行为、服饰等)占55%。

从上面的数据可以得出,人的外在信息在给他人的印象中占有举足轻重的分量,没有一个得体、优雅、文明的外在形象,很难树立起一个良好的个人形象。而你的内在形象其实是你外在形象的基础,通过外在形象展现出来的,也就是把它外化了。

内在的形象是指人的内在素养,主要包括道德情操、理想追求、心理状态、文化知识、审美情趣、人际关系等,这些都是借助外在形象才能体现出来的。

王芳是一个很漂亮的女人,但给人的感觉却总是很随便,甚至是邋遢,经常是穿着两只颜色深浅不一的袜子就出门去了。更别说注意形象了,她总是随手乱丢东西,家里永远像要搬家;她永远在找东西,尽管她身边的人经常提醒她,但下次她仍旧在出门上班前像着了火般地大叫:"我的钥匙呢,看见没有?快!帮我找找!"她是一个处处不注意小节,没有良好生活习惯的女人。

王芳是经济学硕士,她最擅长的是分析股票,但是她的潦草形象却总让人失去与她谈下去的兴趣。所以她至今升职无望,至今单身一人,几乎所有的男人在见到她的第一眼就没有再与她见面的欲望了。有一个男人甚至说过:"绝不能娶王芳做老婆,否则男人的生活就布满灰尘,暗无天日了。"

王芳不知道她的外在形象就是递给别人的第一张名片，她递出的第一张名片让人提不起兴趣，别人自然不会对她有好印象，就更别谈成功地推销出自己了。

过去，人们穿衣服仅仅是为了遮羞，但今天衣服除了这一基本功能外，最重要的功能就是修饰外貌、展现美感，服装已经被人们与形象气质联系在一起。

在现实生活中，通常我们遇到一个人时，首先会以他的外表来初步判断他的身份，如果想进一步了解这个人，就要综合地对其服饰、语气、动作等方面认真地进行深入到内在性格的分析判断。即使你对自己的内在形象再有信心，也不能完全不在乎或忽视外在形象的作用。王芳就是因为太不注意外在形象，才阻止了别人探索她内在的兴趣，别人只能根据王芳的外在形象来建立起对她的初步印象及评价。

一位法国美容专家这样说过："不要小看一个能够长久保持优美身材的女人，这通常是一个顽强和很有自制力的女人。"这就是说，女人美丽的身影不仅仅是美丽的问题，其中还折射出诸多的女性内涵与素养。

中国由于各民族传统的不同和观念上的束缚，绝大多数女性在未成年时，家庭和社会都没能提供接受美育教育的条件和环境，和发达国家的女性一比较，中国女性魅力的"先天"素质和"后天"教养显现出了较大的差距，修炼魅力的意识更是有所欠缺。

不过，今天这个情况正在好转，现在的母亲们非常注重女儿的体态、发肤、仪表，热衷于让女儿参加舞蹈、音乐、表演等艺术方面的学习，她们已经认识到，对于美好形象的追求是一件和受教育一样重要的事情。

作为女人，应该力求自己的形象给人的感觉好一点、美一点。女人初次给人的视觉印象美不美，会影响到对她的综合评价。你可以试着凝视和端详一下坐在你附近的一个女人，想想你对她的感觉，你得到的最直觉的反馈并不是她到底是什么性格，什么职位的人，而是她展现出的形象是什么样的，穿着是否得体，面容是否整洁，给人的感觉是不是舒服。

尤其是作为一个现代女性，当然会在形象上力求无懈可击，因为这样可以增加自己的自信形象和保持良好的心情。对完美形象的追求应当是受到鼓励的，特别是女人应该高度重视形象的重要影响。因为对于一个女人来说良好的形象不仅能够为你的事业加分，而且能让你获得异性更多的青睐，能让你的感情更加如意，人生更加丰富；良好的形象使一个女人魅力无穷、所向披靡，不良的形象使你障碍重重、举步维艰；形象是女人嫁人的资本，良好的形象是无价的！

智者寄语

良好的形象使一个女人魅力无穷、所向披靡，不良的形象使你障碍重重、举步维艰；形象是女人嫁人的资本，良好的形象是无价的！

形象设计，可化腐朽为神奇

中国有句古话："三分长相，七分打扮。"不管是男人还是女人，美丽绝不仅仅是靠天生的，后天的塑造一样很重要。如果我们的长相有三分，又加上七分的打扮，我们的美丽形象就恰好是满分了。如果我们有五分的长相却只有二分的打扮不就只有七分了吗？可见，打扮是多么重要。

记得有人曾经这样说过：世界上没有难看的女人，只有因为不会打扮而显示不出美丽的女人。

天生丽质自然是每个女人的追求，不过这并不是你我自己能决定的事。上帝造人的时候，自然也是有美丑之分的，但相信每一个女性至少是可以超过“三分长相”的，另外“七分”的打扮完全可以由我们自己来决定。

文雯在上大学的时候就已经很有名了，因为她敢把任何颜色的衣服都披在身上，全身都是花，看得人头晕。无论走到哪里都是焦点，惹来无数的眼神。

文雯大学毕业后，带上硕士学位证，来到了时尚的上海。在面试的时候，她的女老板对她说：“你的能力我们是肯定的，但今天请你先去某某时装店买某个牌子的衣服，第二天直接来公司找我，不然就只能表示遗憾了。”文雯一脸的茫然，她面前摆着两条路：一是不去，就会失去这个难得的机会；二是到老板指定的时装店去。

文雯到指定的地点，买回了一套昂贵的衣服，第二天光鲜靓丽地出现在那个公司。她看着镜子里的自己，简直不敢相信那就是她，多么得体而高雅啊，又想起那个伤人自尊的女老板的话，文雯觉得她真是说得太对了，如果没有她，还不知道自己可以这样漂亮。文雯就这样脱胎换骨了。

从那以后，文雯再也不会乱穿衣服了，甚至还专门研究起了形象设计，变得一天比一天漂亮起来。所有的同学一看见她，第一反应就是目瞪口呆，文雯的变化简直是太“沧海桑田”了。

相信有很多女性都有这样的经历，一套普通的漂亮的衣服就可以让自己改头换面，甚至给自己的人生带来意想不到的改变。穿着可以说是女人的第二张文凭，但很多女人一辈子也拿不到这张文凭。

哲学家克尔凯郭尔说过：“每个美女都是一个美的造物，又是一个美的整体。明媚的笑、淘气的眼神、期待的目光、沉思的头脑、丰盈的意志、忧悒的情绪、掠人的眉宇、疑惑的樱唇、神秘的额头、野趣的行为、茂盛的睫毛、起伏的胸脯、丰满的臀、小巧的脚、纤细的腰、天使的纯洁、如梦的渴望、空灵的优雅、无言的叹息、羞涩的谦柔。这个美女是上天造成的唯一的美女，任上帝有天国，我只愿拥有她。”

克尔凯郭尔的话十分形象而具体地描述了女性之美，其实女性都是美的，只是需要把这份美展现出来，形象设计就是要把你的美最大限度地展现出来，挖掘你所有美的潜力。如果生来就具有一张绝世美丽的脸，天生一副风艳骨，对平凡尘世的女子来说是前世修来的福分，然而，毕竟大多数的女人只是一株无法与牡丹争艳的小草，普通得不能再普通。

“云想衣裳花想容”，我们需要的恰好是一颗“修饰之心”。光秃秃的山是毫无美感可言的，种上了错落有致的树，开满了姹紫嫣红的花，才可算是一处人间美景，赏心悦目。一个平凡的女人，描上漂亮的颜色，自然会异彩纷呈，穿上美丽的衣服，自然会令人眼前一亮。就算你只有三分长相，经过七分的用心打扮，也可变成一位绝代倾城的美女。只要找到适合自己的装扮，一样可以让人面桃花相映红，化腐朽为神奇。

以往我们很少有机会得到关于美丽的教育，我们对美的概念的认识是匮乏的、模糊的，我们认为形象、外表、气质、魅力这些词语没有文凭、技术、水平重要，更谈不上对我们每一个细小的动作的在意。我们在意的只是自己有没有高的学历，有没有好的工作，是不是掌握了一门好的技术，而不会想到刻意地为自己的形象做一番设计。一位形象设计师说：“在我从事个人形象顾问行业的8年中，我接触到6000多位客人，发现身边有学识、有见识的女人真的特别多，但能把自己的外表、形象与生活的细节、举止言谈等几方面集于一身展现完美形象的女人却寥寥无几。

她们经常是某一方面打高分，某一方面打零分，甚至负分。当然也有一部分女人把这几方面做得比较到位，但这样的女人大都没有很好的容颜和极佳的身材，她们的美丽与魅力都是后天塑造的。”

可见，女人的美丽和是否天生无多大关系，关键在于你怎么去修饰它，保持它。后天的塑造和设计是非常重要的，它不仅可以让你找到美的源泉，还可以让你的美历久弥新。只是形象的改变并非一朝一夕所能成，也并非是不费吹灰之力的事。修饰改变自己虽掺杂着无限乐趣，但也要走一段不断蜕变的漫漫历程。

让容貌更美一点，让形象更好一点，仅靠化妆是不够的，但并不是说不需要化妆。我经常看到不少女人不大修饰容貌，甚至在重要场合，也不修饰容貌，这是对容貌的重要性认识不足，否则最低限度也会做点什么，如涂一点口红、修一修眉毛等，方法差一点不要紧，至少你要知道这对你的人生是很重要的一件事情。

现代的女性大多数是喜欢化妆品的，面对琳琅满目的化妆品，有时会感到眼花缭乱、不知所措。当然，并不是最贵的就是适合自己的，只有适合自己肤质的化妆品才是最好的。在每一个太阳升起的日子里，无论我们是淡妆还是浓抹，只要能给自己带来好的心情，给自己带来自信，不管我们付出多少时间和精力来打扮自己都是值得的。

除了化妆，衣着也很重要，穿得名贵不难，难在恰如其分。世界上的任何一个女人都不会拒绝漂亮的衣服，任何一个女人都会觉得自己的衣柜里缺少一件衣服，这就是对女人喜欢购买漂亮衣服的最好解释吧。

有时正因为服饰太多，反而难以挑选出其中最佳的一件，出门之前总是难以决断。可是形象设计师会告诉你，能够最大限度地展现自己的身材优势，并能够较好地掩盖自身不足的服饰，就是最佳的选择。无论你喜欢长裙飘飘的柔美轻盈，还是职业套装的典雅端庄，抑或是休闲服饰的随意自在，只要能展示你自己身材优势的衣服，就是最好的衣服，而不是说这件衣服有多贵。

形象设计，可化腐朽为神奇，可以让平凡的小草也绽放出别样的美，让你在情场上更加自信，让你在社交场所里更加神采飞扬，让你在家庭生活中更加柔情似水，让你在朋友面前更加有魅力，让你的同事、朋友和亲人时刻都感受到你永恒的美。

形象设计可让女人的魅力永恒而持久，让你从表面的漂亮过渡到内在的美丽，让你的个人形象获得最大的升值，提升你的生活品位和格调，给你带来五彩缤纷的生活和绚丽多彩的人生。

我们无法延长生命的长度，但我们可以拓展魅力的宽度，我们可能没有漂亮的容颜、没有傲人的身材，但我们可以通过形象设计化腐朽为神奇！

智者寄语

我们无法延长生命的长度，但我们可以拓展魅力的宽度，我们可能没有漂亮的容颜、没有傲人的身材，但我们可以通过形象设计化腐朽为神奇！

让明眸为你增添无限魅力

都说“眼睛是心灵的窗口”，可见，拥有一双明眸不但会为你的美丽加分，还能折射出心灵的信息，也会为你增加无穷的魅力。说眼睛是心灵的窗口似乎还不够，其实眼睛也是你人生的写照。眼睛不仅可以表达你的心境,还会传递你的人生态度、生活观念、价值取向、个人喜好等信息。

我们每个人都有一双眼睛,差异并不是特别大,然而眼神却是有差异的,眼神是眼睛中最重要的因素。我们每个人都有自己特定的眼神,有的显得柔和,有的显得猥亵,有的对自己的形象起到提升作用,有的则会起到破坏作用。

其实我们都希望能提升自己的形象,并且能用眼神恰如其分地表现出来。事实上,在人际交往中,一个人的目光的确能表现出这个人的内在魅力,如果你的眼神是坚定的,证明你这个人很自信。如果你在人际交往中,眼神总是躲闪的,证明你缺少自信,其实没有什么比眼神更能传递自信的魅力了。

魅力,是女人一生都在追求的东西,为了有魅力,有的会在丰胸上下功夫,有的会在美肤上下功夫,殊不知都不如在眼神上动心思。因为妩媚的眼神是你想抛就能抛的,并且眼神也是多变的。

在我们的概念里,魅力是和征服有必然联系的,而在爱情里征服了无数男人的女人都有一双充满魅力的眼睛,这样的眼神足以让男人痴傻癫狂。我们东方女性具有得天独厚的优势,这样的眼睛往往最能展现出东方美女的气质与精神。而一位西方女子即使穿开衩很高的旗袍,看上去也总有些别扭。所以说,只有我们东方女子才可以把魅力拿捏得那么极致,在爱情的战场上往往无往不胜。

充满魅力的眼神,是一种性感,更多的是一种气质。从更积极的角度来看,它有利于促进广大女性真正放开自己的审美枷锁,学会展示自己的风情美,从而更自信地投身到甜蜜的爱情事业里。因为有了这样的眼神,我们的世界也会更加富有风情,更加可爱。

眼神在人际交往中也很重要。如果你善于借助眼神表达你的感情,善于从对方的眼神中去了解他,往往会给对方留下好的印象,也能使自己捕捉到更多信息。

其实,在两性关系中,眼神更为重要。眼睛“放电”是感情交流的重要方式,如果想增加对对方的吸引力,就要学习如何“放电”。

放电的方法很简单:首先你应掌握如何注视他,传情的眼波是不能死死地盯着对方看的,最好的做法是,先注视对方 5 ~ 10 秒,之后转开眼睛 2 ~ 3 秒,然后再充满笑意地迎上他的目光。开始时,你可以先想象,想象你喜欢的人就站在你眼前,反复练习妩媚、柔和、专注的眼神。你的眼神一定要真诚,一定要由心而至,其标准就是看能不能先感动你自己。

“带电”的眼神没有人天生就拥有,但是你可以多多练习,你可以多看一些经典、感人的爱情影视剧,多观察剧中男女之间的眼神,多模仿、练习,就会找到“带电”的技巧了。一代京剧大师梅兰芳先生初学艺时,眼神太死,不生动不传神,他就天天注视远方的鸽子,眼神随着鸽子的身影而流转,久而久之,练就了一双传情美目。

古诗云:“盈盈一水间,脉脉不得语。”那含情脉脉的眼神,那嫣然一笑的神情,那仪态万方的举止,那楚楚动人的面容,有时胜过千言万语。也许从那时候开始,男人就喜欢女人有大大的眼睛。人的器官里最会说话的其实不是嘴,而是眼睛。女人大大的眼睛里装着更多的柔情,黑黑的眼睛里有着更多的深意,亮亮的眼睛最能表达情意。会说话的眼睛能表达的情感,远比嘴巴表现出来的更含蓄、更深广……

然而,不是每个女孩子天生就有一双又大又黑又亮的眼睛的,不过我们可以通过化妆改变我们原来不尽如人意的眼睛,用眼线笔从睫毛的根部,自眼尾起勾勒出自然而富有变化的眼线。随后用棉棒或手指向外轻拨眼尾部分的眼线,让眼睛看上去更有魅力。

如果你的眼角往下垂,那你可以利用眼线使之往上提。如果你的眼睛较小,那你可以用眼线将外眼角拉长,同时下眼线可用白色的眼线笔,这样眼睛就会有扩大的效果。如果你的眼睛占据了脸部很大的比例,你可以加重下眼线来适当缩小。要想使眼睛更明亮,可以刷上睫毛膏,从睫毛根部开始,以Z字形曲折滑至尖端,重复几次,切记速度要快,这样才能将睫毛拉得更长。明亮双眼就此诞生。刷的方向不同,你的眼睛的表情也会不同。垂直方向刷可以让眼睛显得更大,向外眼角刷可以让眼睛看上去更加妩媚动人!

当然,目光的交流也是讲求教养的。你应该坚定坦诚地注视别人,但是又不能死死地盯住对方,那样会显得傲慢无礼。通常在与别人交流的时候,你可以对视别人的眼睛,但是不能长时间直视,那样会给对方产生压力和局促感,可以选择在对方的双眼和嘴部的三角区中做适当的调整。视线不能过低,显得缺乏自信;也不能过高,容易让人产生傲慢和轻视感;眼神不能游移,否则会让人觉得你缺乏信任感。

有一些女孩子眼睛长得又大又亮,但是动不动就有“火花”闪出。这样做是极其错误的,严谨的人会觉得这样的女孩子太轻佻了,会给你的形象带来负面影响;本来就不怀好意的人,会助长其邪念,给自己招来麻烦。

聪明的女人会用眼睛说话,有时眼睛“说”出的话,要比嘴上说的更传情,更能打动人心。在他心情特殊的日子,比如工作不顺、身体不适、情绪波动的时候,你的眼神对他有非同寻常的作用,这时的他希望从你的眼中读出关切、爱恋。

如果是对一个很一般的异性,你的目光应该是坦诚和自然的,可以有关注、探询、鼓励、赞赏、感激的成分,但不要有柔情和爱恋。大胆而火辣的眼神是你内心情感的微妙外露,但是你不能不分人群、不分场合地随便用。道理很简单,如果你用看情人的眼神去看同事或朋友,那是不恰当的。

如何做到让眼神为你增添魅力,却又不会被人误解为卖弄风情呢?可以试用这个方法:打招呼之前,先用眼睛静静地看对方1秒钟,将对方的面容印入脑中,然后从眼睛开始,让亲切和温暖的笑容从眼部表现出来,再慢慢扩散到整个脸上。1秒钟的目光停留,是为了给对方一个尊重的礼遇和专有的笑容,容易给对方留下深刻的印象和好感。

聪明的女人要善于用不同含义的眼神来展现自己的魅力;你的明眸不仅仅是用来欣赏世上的美景的,更应看透人的内心。把自己的眼神当作事业成功的一项法宝,并把它演练得出神入化,让你的眼神去博得你爱的人的青睐,让你的眼神来诉说你爱的语言,让你的眼神来成就你爱的事业。

女人的魅力,可以表现在很多方面,比如,一头乌黑发亮的头发,两道细长的柳叶弯眉,如花似玉的面容,苗条婀娜的身段等,而一双明亮有神且会说话的眼睛却是你魅力中的“点睛之笔”。

智者寄语

女人的魅力,可以表现在很多方面,比如,一头乌黑发亮的头发,两道细长的柳叶弯眉,如花似玉的面容,苗条婀娜的身段等,而一双明亮有神且会说话的眼睛却是你魅力中的“点睛之笔”。

举手投足尽显良好修养

对于一个有修养的人来说,坐立行走、举手投足、喜怒哀乐都是其文化素质内在修养的外在表现。如果一个人在行为举止上不文雅或不稳重，就会影响自己的人际交往。

（一）形体语言

全世界的人都借助示意动作有效地进行交流。最普遍的示意动作，是从相互问候致意开始的。了解那些示意动作，至少你可以辨别什么是粗俗的，什么是得体的。使你在遇到无声的交流时，更加善于观察，更加容易避免误解。

1. 目光

在公事活动中，用眼睛看着对话者脸上的三角部分，这个三角以双眼为底线，上顶角到前额。洽谈业务时，如果你看着对方的这个部位，会显得很严肃认真，别人会感到你有诚意。在交谈过程中，你的目光如果始终落在这个三角部位，你就会把握谈话的主动权和控制权。

在社交活动中，也是用眼睛看着对方的三角部位，这个三角是以两眼为上线，嘴为下顶角，也就是双眼和嘴之间，当你看着对方这个部位时，会营造出一种社交气氛。这种凝视主要用于茶话会、舞会及各种类型的友谊聚会。

2. 握手

它是一种常见的“见面礼”，貌似简单，却蕴含着复杂的礼仪细节，承载着丰富的交际信息。比如：与成功者握手，表示祝贺；与失败者握手，表示理解；与同盟者握手，表示期待；与对立者握手，表示和解；与悲伤者握手，表示慰问；与欢送者握手，表示告别，等等。

标准的握手姿势应该是平等式，即大方地伸出右手用手掌和手指用一点力握住对方的手掌。

在社交场合，行握手礼时应注意以下几点：

(1)上下级之间，上级伸手后，下级才能伸手相握。

(2)长辈与晚辈之间，长辈伸出手后，晚辈才能伸手相握。

(3)男女之间，女士伸出手后，男士才能伸手相握。

(4)人们应该站着握手，不能两个人都坐着。如果你坐着，有人走来和你握手，你必须站起来。

(5)握手的时间通常是3～5秒钟。匆匆握一下就松手，是在敷衍；长久地握着不放，又未免让人尴尬。

(6)别人伸手同你握手，而你不伸手，是一种不友好的行为。

(7)握手时应该伸出右手，决不能伸出左手。

(8)握手时不可以把另一只手放在口袋里。

3. 恰当的手势技巧

许多懂得谈话技巧的人，都非常明白运用手势吸引听者注意力的重要性。你不妨试着用手势来辅助说明你谈话的意思，因为口语和手势相配合来表达同一个内容时，会给人留下非常深刻的印象。

夸张的手势是你应当避免的，例如把臂抱在胸前气势汹汹的姿态；或是叉开手指，在身前胡乱比画着；要么就是重复着几个简单的手势等。不要简单模仿外国人的手势，他们的语言和手势所表达的手语和我们不一样，这些姿态只能让人感到你是信心不足，或是骄傲自负的。

（二）正确体态

体态无时不存在于你的举手投足之间，优雅的体态是有教养、充满自信的完美表达。美好的体态,会使你看起来年轻得多,也会使你身上的衣服显得更漂亮。善于用你的形体语言与别人交流,你定会受益匪浅。

1. 站姿

美丽站姿是基础,站得歪歪斜斜,其他细节再讲究也无济于事。站姿正确优美,才有散发魅力的基础。双手应放在腰线附近。左手搭在右手上方,双手自然弯曲。另外双手不能松懈,食指伸直,保持紧张状态。挺直脊背是重要一环,收紧腹肌,挺直脊背,感觉身体像被拉直了一样,最后别忘了略收下颌。

2. 坐姿

优美的坐姿是尽量把背挺直,双脚靠拢。即使是坐着的时候,也应时刻注意自己的形象,显露出你的气质和风度。

正确的坐姿是你的腿进入基本站立的姿态,后腿能够碰到椅子,轻轻坐下,两个膝盖一定要并起来,不可以分开,如果你要跷腿,两条腿也应是合并的;如果你的裙子很短的话,一定要小心盖住。

胸部挺起的人更加显得充满力量,有信心而且坚毅,不仅给人以成熟稳重的好感,而且给人一种随时可敞开心扉,真诚交往的暗示。坐着时拱背含胸的人让人感到缺乏自信、精神萎靡不振,是不足以值得信赖的。

因此,一定要注意培养自己优美的坐姿。优美的坐姿让人感觉到你随时可以迅速地去处理好一切难题,从而给人留下精明能干的好印象。

许多人包括注重礼仪的年轻女性,坐在椅子上与人交谈时,时常会感到手足无措。有些人将双手交叉抱在胸前;有些人手托腮帮,胳膊支在大腿上,这些姿势都不够优美。正确的仪表姿态是姿势端庄,手心向下,自然地放在膝上,右手放在左手之上,不要五指相插。在重要场合里,保持这种姿势会给人以自然优雅的美好印象。时间长了,这种姿势也就形成习惯了。

3. 行姿

通常,身体行为能够表露出你的精神状态。当你看到一个人低着头、垂着双肩、驼着背走路,那你就会怀疑此人一定遇到了难以解决的问题,承受着太多的思想重担。也许是这些事情让他不堪重负,精神被摧毁,身体似乎会被压垮,因此,他这种又驼背又弓身的形象,让你感受到他的消沉与悲观。悲观消极的人,往往总是低着头,只注视着眼下的路。而积极有信心的人,走路总是昂首挺胸,步伐坚定地向既定目标前进。

正确的行姿是:抬头,挺胸,收腹,肩膀往后展,手要轻轻地放在两边,轻轻地摆动,步伐也要轻轻的,不能够拖泥带水。

常见的不良举止:

(1)不当使用手机。手机是现代人们生活中不可缺少的通信工具,如何通过使用这些现代化的通讯工具来展示现代文明,是生活中不可忽视的问题。如果事务繁忙,不得不将手机带到社交场合,那么你至少要做到以下几点:将铃声音量降低,以免惊动他人;铃响时,找安静、人少的地方接听,并控制自己说话的音量;如果在车里、餐桌上、会议室、电梯中等地方通话,尽量使你的谈话简短,以免干扰别人;如果你的手机响起的时候,有人在你旁边,你必须道歉说:“对不起,请原谅。”然后走到一个不会影响他人的地方,把话讲完再入座;如果有些场合不方便通话,就告诉来电者说你会回电话,不要勉强接听而影响别人。

(2)随地吐痰。吐痰是最容易传播疾病的途径。随地吐痰是非常没有礼貌而且绝对影响环境、影响我们的身体健康的。如果你要吐痰,把痰吐在纸巾后,丢进垃圾箱,或去洗手间吐痰,但不要忘了清理痰迹和洗手。

(3)随手扔垃圾。随手扔垃圾是应当受到谴责的最不文明的举止之一。应把垃圾扔进垃圾箱内。

(4)当众嚼口香糖。有些人必须嚼口香糖以保持口腔卫生,那么,我们应当注意在别人面前的形象。咀嚼的时候闭上嘴,不能发出声音。并把嚼过的口香糖用纸包起来,扔到垃圾箱。

(5)当众挖鼻孔或掏耳朵。有些人,习惯用小指、钥匙、牙签、发夹等当众挖鼻孔或者掏耳朵,这是一个很不好的习惯。尤其是在餐厅或茶坊,别人正在进餐或喝茶,这种不雅的小动作往往令旁观者感到非常恶心。这是很不雅的举动。

(6)当众挠头皮。有些头皮屑多的人,往往在公众场合忍不住头皮发痒而挠起头皮来,顿时皮屑飞扬四散,令旁人大感不快。特别是在那种庄重的场合,这样是很难得到别人的谅解的。

(7)在公共场合抖腿。有些人坐着时会有意无意地双腿颤动不停,或者让跷起的腿像钟摆似的来回晃动,而且自我感觉良好,以为无伤大雅。其实这会令人觉得很不舒服。这不是文明的表现,也不是优雅的行为。

(8)当众打哈欠。在交际场合,打哈欠给对方的感觉是:你对他不感兴趣,表现出很不耐烦了。因此,如果你控制不住要打哈欠,一定要马上用手盖住你的嘴,跟着说:“对不起。”

智者寄语

对于一个有修养的人来说,坐立行走、举手投足、喜怒哀乐都是其文化素质内在修养的外在表现。如果一个人在行为举止上不文雅或不稳重,就会影响自己的人际交往。

用色彩为你的形象加分

让女人的形象从平凡到美丽的秘诀是什么呢?不同的人有着不同的答案,然而从一个纯女人的角度来看这个问题,答案是两个字:色彩。

许多人不愿相信,自己钟情的色彩不一定适合自己!每个爱美的女性都有属于自己的色彩。人要想在短时间内建立美的形象,色彩是一个支点,是一条易走的捷径!“没有一个女人不希望自己的美丽增值,她们乐此不疲地探求秘诀,却忘了自己是谁。”

四季色彩理论,根据每个人与生俱来的肤色、瞳孔色和发色等因素,分为“春、夏、秋、冬”四大色系,每个色系都有属于自己的几十种颜色,在这几十种颜色中,你可以尽情尽兴尽善尽美地打扮自己,越出了这个界限,你就会黯然失色或有几分生硬,你就不是原来的你。色彩搭配是一种融会文化最直接的体现,对于女人来讲,没有不漂亮的衣服,只有不漂亮的颜色搭配,只要你掌握了色彩搭配理论,你就不会总是因为衣橱里缺少一件适合的衣服而感到苦恼。

美是女性对自己的一种恒久的关爱,是女性对自己的一种恒久不断的关心,如果你做到好色有道,就一定会在镜子里、别人的眼里收到最完美的效果!

生活中没有不漂亮的女人,只有发掘不到自己的闪光点,没有把自己打扮到位的懒女人。美丽不是绝对的天生,更多的是后天的塑造。爱美是女人的天性,在追求美的道路上,女人是历经坎坷的,同时又是执着的。

以往我们更多的是通过自己的喜好来选择我们美丽的方式,可是我们会发现在方法上总是会出现这样或那样的问题,我们一直以来都是在盲目地寻找一个方向,一个能更好更正确地指引我们的方向。随着色彩行业的不断发展,寻找美丽不再是梦,不再遥远,而近在咫尺。

通过色彩我们了解到原来我们每个人都有适合自己的色彩群和风格,而如果我们要想自己的形象有所提升或改变的时候,首先必须知道自己是一个什么样的人,先了解自己,然后再去找什么样的衣服适合自己。真正做到对号入座,让衣服与我们形成完美的协调和统一,才能散发出女人真正的魅力。

以往我们买衣服多数是在买一个个体,而忽略了别人注视我们的是一个整体的形象,而它恰恰是一个无声的语言,它无时无刻不在告诉别人你是一个什么样的人,你的经济地位,你的学识,你的工作,甚至你的家住在哪里。所以我们要想给别人一个什么样的印象,就要注意自己的穿着和想法是否一致。我们经常说这是一个两分钟的世界,第一分钟我们要把自己展示给别人,而另一分钟就是让别人喜欢自己,别人不会给你机会让你第二次去建立自己的形象。所以说,形象和色彩对于我们生活、工作太重要了!

在四季色彩的基础上,结合中国人的特点,又开发出了IC、HC、SC(IC即image color形象色彩;HC即heart color心灵色彩;SC即space color空间色彩)文化形象管理系统。这是根据我们不同的气候,不同的区域及文化特点,总结的一套真正适合我们的色彩系统。它的精髓在于告诉我们不要为了穿色彩而穿色彩,要为了哪一种颜色能把我们显得漂亮而穿色彩,而且要根据每个人生活和工作的不同场合、不同职业、不同地点、不同风格,以及周围所接触的不同的人而有所变化,首先必须要能融于生活,其次是要不同于其他人。

作为一位善用性别优势的女性,独立、自信、优雅的同时而又适度地张扬个性应该成为我们的特质。女人升值了的品质,是一种涵养、一种学识、一种魅力的象征,不容岁月的刻画,其魅力永恒而持久,让自己从表面的漂亮过渡到深厚内在的美丽,让你的个人形象获得最大的升值。

魅力有先天因素,但是更需要后天的积累和训练,懂得色彩能让女人的魅力升值,提升你的品位和格调。

智者寄语

魅力有先天因素,但是更需要后天的积累和训练,懂得色彩能让女人的魅力升值,提升你的品位和格调。

让自己的秀发飞扬起来

要做一个成功的女性,发型可是不能忽视的重点。也许,你会在美丽和职业化两个标准之间摇摆挣扎,但是,只要注意了一些基本的原则,美丽和干练就可以兼顾了!

第一也最重要的规则就是干净和整齐。无论你留什么发型,至少要6~8周修理一次。如果头发长得快的话,4~6周就需要修理了。挑选头发护理产品也是关键。放弃那些让你的头发看起来非常僵硬的定型和护理产品,选择一些能带来柔软光泽的产品,这能帮助你既跟上潮流,又非常职业化。另外,选择护理产品,还需要注意这些产品是否适合你的习惯。

协调你的发型风格和办公环境。从事不同职业的人,可以有不同的风格。如果你在网站工作的话,年轻些、狂野些的发型就不会受到指责;但如果是律师事务所或银行的话,你的发型最好稳重点、专业点。

长头发还是短头发？的确，短发给人干练的感觉，不过，长头发收拾好了，也一样有职业化的感觉。只要干净、没有披散在脸上或肩上，一样非常干练。例如，你可以把美丽的长发编起来，再配上雅致的发卡装饰。放弃那些闪亮的发饰，选用一些自然色或深色的发饰，而它们的功能也只是在于帮助维持你头发的整洁。发带和工作场所也不太协调，总给人天真和没有经验的感觉。

在选择发型的时候，考虑到自己的脸型。让头发凸显脸蛋的优点，是应遵循的基本原则。另外，人们没有意识到的一点是，选择发型还必须考虑到头的大小。

在换发型之前，和发型师商量一下，如何让自己的发型更成功。你需要考虑早上你可以花多长时间在头发上，你使用什么样的护理工具，你的办公环境如何，你做怎样的工作等因素。最后，在这些考虑之上，决定你想要怎样的发型。

最后，看看这些对不同长度头发的建议：

短直发：要稍微长一点，不要太辣妹了，前面的刘海要小心，切忌蓬乱。精明干练的直短发形象当然适合任何商务时刻，但这里所说的直短发一定是用少量造型品精心梳理和定型过的形象。关键是要让头发整齐亮泽的同时，还有一点点动感。

长直发：注意保持长发的干净和光亮。否则的话，会显得非常邋遢。顺直的披肩长发是东方女性的最爱，但绝不可过长，否则会有不够成熟之嫌。你可以剪出更加立体的层次，使用一些直发专用的、有防静电功能的造型品使头发更加有形；梳个马尾也是好办法，在脑后束起一个低低的马尾，再用简单的深色发饰装饰，当然，商务发型的王牌形象——盘发也是好选择。

短卷发：选用适合你发质的产品保持头发的整洁和服帖。

长卷发：给头发一点蓬松感觉，但要注意，通过将头发分层剪，来保持整齐和便于收拾。实际上你最好能盘发，以波浪卷发形象出现在商务场合可不是聪明的做法，过于时髦的发型会令别人的注意力分散，不利于你树立自己良好的职业形象。最好的办法是将卷发盘起，整齐干练的盘发造型才更适合严谨的商务气氛。

在选择卷发型时，首先要强调个人的脸部特性，突出脸部的轮廓，强化美的感觉。切莫一时冲动，一味模仿别人好看的发型，不要忘记别人的脸和你的脸完全不同。

智者寄语

要做一个成功的女性，发型可是不能忽视的重点。

装扮得体，留下良好的第一印象

人与人初次见面的好印象，大部分来源于对方的外在魅力。心理学家做过一个试验：分别让一位戴金丝眼镜、手持文件夹的青年学者，一位打扮入时的漂亮女郎，一位挎着菜篮子、脸色疲惫的中年妇女，一位留着怪异头发、穿着邋遢的男青年在公路边搭车，结果显示，漂亮女郎、青年学者的搭车成功率很高，中年妇女稍微困难一些，那个男青年就很难搭到车。

这个故事说明：不同的仪表代表了不同的人，随之就会有不同的际遇。这不仅仅是以貌取人的问题。大家都了解第一印象的重要性，而研究发现，50% 以上的第一印象是由你的外表造成的。你的外表是否清爽整齐，是让身边的人决定你是否可信的重要条件，也是别人决定如何对待你的首要条件。

媒体策划专家有一句名言:要给人好印象,你只需要7秒钟。第一印象的形成有一半以上内容与外表有关。不仅是一张漂亮的脸蛋就够了,还包括体态、气质、神情和衣着的细微差异。第一印象有大约40%的内容与声音有关。音调、语气、语速、节奏都将影响第一印象的形成。试验显示,见到一个陌生人时,你头发的样式比面部特征更能吸引对方的注意。长发暗示着健康和性感,短发看起来自信而成功,自然、中长、没有特定款式的发型,则让人感觉智慧和真实。

靳羽西,《人物》杂志称她为"中国最有名的女人"。她说:美与年龄无关。陈丹燕在《上海的金枝玉叶》里曾有这样一句对88岁的女主人翁的描写:"她走在我们中间,让我们几个年轻的女子觉得自己是几个鲁莽的男人。"这绝不是夸张,如果你见过靳羽西,尤其是见过她光彩照人地立在人群中间,使周围许多的年轻女孩子,像褪了色一般黯淡下来,你会相信陈丹燕描写的那种场景,有多么真实。原来生活中真有这样的女人,她的美已经超越了年龄,把"老去"这样一个词用在她身上无论如何都是不合适的,即使添上"优雅"两个字。那种由最深处焕发出来的魅力,其实与年龄无关。她的年龄,对于大部分女人来说,也许已经可以做外祖母了。而这些通常的外祖母们,潦草,黯淡,在最最重视的场合,才会小心地往衣领上别一朵小小的胸花。那些曾经像花一样盛开在女人生命中的东西,被一点一点放弃了,连自己都不曾知觉。大约从中国人知道她起,靳羽西就是这个样子的了——红上衣,童花头,还有那一开口就知道是靳羽西说的普通话。

扬长避短,实在是一个很简单的道理;但在时尚的旋涡中有足够的定力把持自我,却不是那么容易的一件事情。虽然有着亚洲人娇小的身材和玲珑的五官,靳羽西却并不喜欢旗袍。"硬硬的,领子也太高,穿着它你甚至不能吃东西!"靳羽西不喜欢能够拘束她的东西,包括衣服。

一个魅力十足的女人,她必定是外表精致优雅,举止得体大方,言谈丰富时尚,声音轻缓悦耳,眼神充满善意,是一个有气质的女人。人的仪表装扮,就像是一本书的封面,把最好的精致品位写在封面上,读者便会情不自禁想打开它。俗话说:没有丑女人,只有懒女人。只要我们用心,每个女人都可以成为"美人",可以用有品位有个性的搭配装扮,展现出自己的魅力,让别人都对你"一见钟情"。

智者寄语

俗话说:没有丑女人,只有懒女人。只要我们用心,每个女人都可以成为"美人",可以用有品位有个性的搭配装扮,展现出自己的魅力,让别人都对你"一见钟情"。

第二章 谈吐折射出女人的修养

不卑不亢好印象

成功女人口才制胜的关键点：不卑不亢、不拘礼、不扭捏、坦诚、自然，当然也不要有害羞、畏怯的心理。只要能真实地表达你内心的想法，就能自信地开口，与任何人交流。一般的女人在与社会地位显赫或者名望颇高的人交谈的时候，往往会不知所措。成功女人即使与名流接近或者交谈的时候，也能不卑不亢、谈笑风生。成功女人对待他们，也完全像对待平常人一样。因为她们知道，每个人都有欢乐，有悲伤，有缺点，有痛恨，有惊恐，这就是成功女人谈吐自信的保障。

有些女人对名人只是一味地说些奉承及空洞的话，这样是不能使对方愉快的。如果你是真诚的，那你就把深烙在内心的印象，说给他听，他会深深感到愉快，但措辞和说话的态度都要得体。

在一个宴会上，如果你同时遇见两位名流时，不要只顾你所景仰的一位，而置另一位于不顾，这会使他们两位都不自在。你应该说："遇见两位，真是我的荣幸！"如果你想继续确保三人交谈的方式，那么你必须保证话题是他们二位都能参与讨论的。即使你对其中一位名人并不熟悉，而且在经过介绍之后，你仍想不起有关他的任何事迹，你也不能对他有所疏忽。你必须表现同样的热情和友善，要一视同仁。

你和作家、诗人、画家、音乐家等说话时，必须有耐心，不要轻易动怒，也不要太热切，要温和、冷静和体贴，就像应付任何感性的人一样。他们在社交场合也许不活跃，但他们有启发人们思想的独到的见解。从事创造性工作的人，虽不大喜欢说话，但往往对政治乃至于宗教，都有广泛的兴趣。你可以从这方面切入与他们交谈，才不会招人厌烦。

当你准备去拜访某位名流时，你可以先了解一下他的兴趣爱好，预先为谈话内容做好准备。如果你想与之结识的人，在社会上知名度并不是很高，他的资料肯定不会太多。没关系，你可以向有关方面的人去打听。比如：某人被邀来本地作演讲，那你即可向邀请单位或本人索取有关的资料，相信他们不会拒绝你索取资料的心意。

但是，在与名气不太大的名人交谈时，一定要谨慎。他们总是生活在情绪不稳定的状态中。他们内在的恐惧，使他们脆弱敏感，别人稍有疏忽就会激怒他们，而且他们也容易傲慢。然而，他绝对需要你的尊重和顺从，他的名气愈小，他对于亲切、尊重的需要也就愈大。

对于人气不再的名人，也就是经过时间的打磨褪了色的名人，最好采取迂回的战术，即通过第三者来了解他的问题。你的开场白一定不能是"这些日子以来你是如何打发的呀？"或"我们很久没有见你在公众场合露面，你去哪儿了？这么久不在舞台上露面，觉不觉得无聊呢？"这些话无疑是当头泼他一盆凉水。所以，像这样消极的开场白，要尽量避免。否则，你无论如何也无法使他表达他的真情了。这样谈下去的话，接下来的交谈内容都会成为废话。

在多数情形下，与社会名流谈有关孩子的话题是不会错的，这绝对是经验之谈。你可以问对方有几个孩子，多大了，他们现在在哪儿，以及孩子读的学校好不好，学习成绩好不好。如果你也当了妈妈，那么，你就更具备和他们谈孩子的资格了。你可以告诉他们，你的孩子已经长大，或和对方的孩子同龄；你也可以向他们表达，你对孩子染发的看法，或网络游戏对孩子的影响，等等。话题不要扯得太远，要适可而止，更不要把所有的隐秘都抖出来。

社会名流也实实在在像所有的人一样，敌不过疲倦，也承受不住伤害。他们可能比普通人更脆弱，而且与你一样害羞。成功女人正是深知这一点，所以才能在任何人面前都能勇敢地开口，不卑不亢地表达自己的想法，用自己精湛的口才，为自己打开一片天空。

成功女人总是敢于以不卑不亢的态度与任何人交流，总是以平常心处世、交朋友。她们的做法本身就是对其他人的一种尊重。而同时也为自己赢得了人际交往中的胜利。

智者寄语

成功女人总是敢于以不卑不亢的态度与任何人交流，总是以平常心处世、交朋友。她们的做法本身就是对其他人的一种尊重。而同时也为自己赢得了人际交往中的胜利。

有技巧的谈吐，成功女人的语言智慧

大多数的女人都认为能言善辩就是成功的女人。其实，不论什么事都喋喋不休地讲个没完，其聒噪的言辞，只会令人生厌；唯有有技巧地说话，才能让你的意见深入人心，充分展现女人的语言智慧。让别人感到有趣、说话的内容值得一听，很高明地赞同别人的意见，不和他人唱反调，在分手的时候总是留下一点让人回味的情趣。具备了成功女人的这些交谈的技巧，才能引起别人想要继续交往的念头。如今并不是“沉默是金”的时代。在这个凡事都讲求速度的社会，想以沉默来让大家了解，恐怕等不到那个时候一切就已经结束，留给大家的误解也没有澄清的机会。

因此，现代女人必须借着言辞来表达自己。不善言辞的女人虽然可以用沉默来避免暴露自己的缺点，但她只要一开口马上就会露出破绽。要培养说话技巧就是这个道理。

说话技巧的理论有归纳法和演绎法两种。前者是由各个具体的事态，导论出重点与法则；后者则是由理论来说明特殊的事态。要采用前者就必须具备很充足的事例，资料与数据必须具有充分的说服力；后者则需要广泛地了解各种理论，并且能够融会贯通地应用在恰当的例子上。

说话技巧的应用，是为了要让对方了解自己内心的本意，为了更有效地达到这个目的，偶尔也可以利用“极端的事例”来说服对方。

林倩因为不受上司的赏识而打算辞职。一般人大概都会劝她打消这个念头或是予以安慰，但往往还是不能改变她的心意。这个时候，林倩的好姐妹苏宁宁举了极端的例子来打消她的锐气。

苏宁宁：“这么说，只要能得到上司的赏识，就算叫你贩毒你也愿意吗?”

林倩：“不，我对目前的工作感到很满意，只是……”

苏宁宁：“这么说，你并不讨厌目前的工作嘛！而且工作能够让你感受到生命的价值，只是有些人际关系的苦恼罢了。你的人生观就是宁可为了人际关系苦恼，而否定其中的正面意义嘛！”

原本这种极端的例子并不正确，把正当的工作和不法勾当相提并论并不恰当；但把这种极端的例子塞进对方狭隘的思维里，却正好可以发挥作用。

成功女人与朋友交往，并不需要用什么特殊技巧来驳倒对方，而是要使自己所说的话很容易让对方接受。在现代这种信息发达而凡事讲究速度的时代，以实际的例证或数据，更有利于在短时间内得到结论。

技巧性的谈吐包括很多内容，可以引用一些历史典故来说服对方，或者举些周围的实例也比较有效。

智者寄语

成功女人与朋友交往，并不需要用什么特殊技巧来驳倒对方，而是要使自己所说的话很容易让对方接受。

求人办事，出口须有“礼”

礼貌的谈吐，看似小事，却直接影响着女人的形象，以及别人对她的态度。可以说，“礼貌是人类共处的金钥匙”，是容易做到的事，也是最珍贵的东西。无论一个人在社会上扮演什么样的角色，充当什么样的身份，礼貌一直是维持人际关系不断互动的规则。尤其对于成功女人来说，礼貌就是她是否具有良好修养的一种表现，是别人对她做出判断的第一印象。

张书玉教授是北京一所著名学府的教授。一天，他正在办公室里备课，有人敲门，他就习惯性地说了声“请进”。抬头一看，是一位女生，他并不认识。但是那位女生四下看了看，并没有确认自己找谁，而张口问道：“张书玉呢？”

这话一出口，大家都愣了一下，都往张书玉这里看。张书玉心里也很纳闷，在学校里这么多年，还没有谁敢直呼其名的。他脸色微微一变，但还是有礼貌地对他说：“我就是，找我有什么事吗？”

那位女生大大咧咧地说：“哦，你就是张书玉呀，我可早就听说过你了。我是某某教授的学生，我的论文你给我看一下！”

原来当时有规定，论文答辩时要请一个校外的专家来指导。这位女生是外校的学生，来找张书玉教授给自己批阅论文。

张书玉到底是有涵养的人，看到这个学生这么没有礼貌，并没有发火，只是随口说道：“那你就放那里吧！”

这名女生就把自己的论文往他的桌子上一扔，说：“你快点看呀！后天我们要论文答辩，你可别耽误我的事！”

张书玉再也忍受不了，说：“请问你是找人办事还是下达命令呢？你的论文拿走，我没有时间给你看！”

其实，请人办事得像个请人办事的样子，要表现谦卑有礼，别人才会愿意帮助你。一个习惯于出言不逊的女人，又怎么会得到别人的帮助呢？所以，在日常交往中，成功女人是很注意谈吐的礼貌的，尤其是喜欢把“谢谢”挂在嘴边。但也有很多女人不是不想表达她们的感激之情，只是不知道该如何开口而只好选择了沉默。

生活中。我们经常会听到这种抱怨:“我并不介意做所有的事,只要她每次能说声‘谢谢’。”或者“我为她做了那么多,她连声‘谢谢’都不会说”。

“谢谢”常常被一些女人轻视,或因其太简单而被忽略,以致她们在不知不觉中与好人缘失之交臂。虽然,向别人表达你的感激之情并不是什么太难的事情,但在表达的时候,还是需要一些“技巧”的。

我们知道,表达谢意可以用很多种方式,比如鲜花、小礼物、午餐回报等。不管是用哪种方式,“谢谢”这个词都要说出来或写下来。以下是一些传播这个不起眼但绝对重要的信息的方法。

(1)要诚心诚意

说“谢”字必须是诚心诚意,并要让人感觉到这一点。一定要记住:表达你的感激不是什么表面文章,而是你真的需要感激,这种感激应当是来自你内心的。所以,你表达自己的感激之情的时候,一定要真诚。

(2)要直视对方

专家说,在互相注视的时候,交流通常比较容易进行。所以,表达你的感激的时候,最好是专注地注视着对方,这样你的话才显得是出于真心的,你的感情才显得真挚。

(3)要有具体所指

如果你一个劲地握住别人的手说“谢谢”,别人却不知所以然,那样你的感激就会显得空洞无物。所以,在你说谢谢的时候,一定要具体说出对方在哪一方面帮助了你:“我真的非常感谢您为我介绍了不少客户。”

(4)表示回报

别人帮助了你,你就要“投我以桃,报之以李”。当他需要帮助的时候,给予他回报。但是很多时候,别人帮助你并不是为了回报,即便他们需要你的帮助也不好意思开口。所以,你在说“谢谢”的时候,不妨表达一下回报的意思。比如你可以说:“我很感激您能在开顾问会议时回我的电话,以后只要有用得上我的地方,请随时找我!”

(5)送份礼物

送份礼物并附上一张便条,写上感激的话。只要你送的礼物能够非常适当地表达出你的感谢,送什么并不重要。

一个老板请他的秘书去看了场一流水准的高尔夫球赛。为了投桃报李,秘书买了一个独特的礼物——一个高尔夫球杆的缩微模型,然后写了一张感谢的便条放在礼品盒里,一并送给了他,老板收到后深感欣慰。

(6)请客吃饭

邀请你要感谢的人去吃午餐或晚餐,一定要表明你这是为了感谢他的帮忙。如果你邀请的是已婚者,应当把其配偶一并邀请去。

(7)说谢谢时,不忘对方名字

在感谢的时候,不要忘记对方的名字。“谢谢你!”和“谢谢你,小李!”的效果是完全不同的。尤其是你们并不是太熟悉的时候。

(8)表达要自然

表达你的感激之情的时候,你的话一定要清晰而自然,不要吞吞吐吐、含糊其词,那样会给对方做作的感觉。你需要表达你的感激的时候,一定是别人做了对你有帮助的事,你是受益者,所以你的感情应当是充满快乐的。

总之，要养成找机会感谢别人的习惯。尤其当别人没有想到时，一句出人意料的真心的感谢，会让人满心欢喜。但要注意千万不要虚假客套，那样别人会感觉得出来，并且觉得不舒服。

智者寄语

无论一个人在社会上扮演什么样的角色，充当什么样的身份，礼貌一直是维持人际关系不断互动的规则。尤其对于成功女人来说，礼貌就是她是否具有良好修养的一种表现，是别人对她做出判断的第一印象。

字字珠玑，内涵女人说话寓意颇深

成功的女人大多具有丰富的内涵和非凡的语言魅力。她们看似玩笑般的谈笑风生、妙语连珠，其实含义颇深、字字珠玑。尤其是当她们遇到难缠的问题或尴尬的对话的时候，几句戏谑般的玩笑，就可以化解难堪，还会让人深受启迪。

有时，成功女人与人交谈时看似答非所问，却能够巧妙地回绝那些企图打探别人隐私者。

在每个女人的内心深处，都有着一块不希望被人侵犯的领地。可是有些人出于无知，每次都要问“年龄几何”“收入多少”“夫妻感情如何”等让人厌恶回答的话题。这种人不知谈话的要领与忌讳。

遇到探人隐私者，不能有一说一，有二说二，最好的法子是答非所问。如果他问你“谁是你晋级的后台”，你就说“全托你的福”。如果他问你“奖金多少”，你就说“不比别人多”。总之，对于对方的提问，不是不答，而是答非所问。这样的话，既不会得罪对方，又不会让对方得逞。

除此之外，成功女人还能为唉声叹气者注入活力。

有些对前途悲观、谈话以我为主的人，往往不断地大诉苦水，接连地唉声叹气，使交谈的人听也不是，不听也不是。人处世上，不如意事十之八九。与这种人进行交流，要给其注入活力。在唉声叹气者的心里，并不认为自己的能力差、抱负小；相反，他们强烈地希望他人的肯定，说他有着了不起的天赋，有着不寻常的水平，等等。与他们进行交流，应该恰当地肯定他的特长，赞扬他的功绩，给其注入蓬勃发展的活力。这样的话，他们会对你非常亲近，并且对你感激不尽。

成功女人也会聆听啰唆者的说教。

有些人喜欢对他人“谆谆教诲”。这种人往往自以为是，居高临下，唯我独尊，盛气凌人。他说的十句话中，你可以找出“你应该”“你必须”“你不能”之类的词语七八处。啰唆说教者虽然令人生厌，但对你没有坏处，而且有益。一是你可以吸取其中有益的说教；二是这对增进情谊有好处。因此，和他们交流，要重于聆听。只要你没有急需办的事项，不妨静下心来，听一听，记一记。

成功女人还会不露痕迹地指教俗不可耐的人。

有些人为了给他人一个好的印象，便让自己的话语里堆满华丽辞藻，乱用一些专业术语，显得矫揉造作，华而不实；有些人日常说话粗鲁不雅，废话连篇，一味单调，某句话可以重复十遍，某件事可以问九次。这些都是俗不可耐的表现。他们多是知识面窄、社交能力差者，心中有了一种自卑感。因此，和俗不可耐者交流，要进行适当指教，说出一两句正确的做法、注意的事项，满足他们的需求；但又不能过多指教，免得伤了他们的自尊心，触及他们的自卑痛处。

成功女人更能句句真理地说服嚣张好斗者。

你正与人谈得兴高采烈时，有些人可能会对你横挑鼻子竖挑眼，立刻使友好的交谈气氛充满火药味。此种人多认为自己高人一等，无事不通，无所不能，以真理的化身自居，气势咄咄逼人。这种人一旦对你怀有成见，就会处处跟你唱对台戏。遇到这种情况，就是要做到使自己的每一句话都成为无懈可击的真理，并且还是简单的真理，这样对方就无法攻击你了。用不了多长时间，“憋得难受”的对方就会主动“告退”。

成功女人还会委婉纠正满口假话者的错处。

社会上，有些人说起谎来丝毫不会感到内疚。他们撒谎，可能是为了掩饰自己、标榜自己、美化自己；可能是觉得你的辨别能力很差，从而摇唇鼓舌，胡说乱扯。与这类人交流，对你是有害的。假话说出十遍，可能会使你觉得真的有那么一回事。与他们交流，应该懂得“攻其一点，崩溃全线”的战略战术，抓住假话中的其中一项，有把握地提出反对意见。这样一来，他就会觉得羞愧，那种神采飞扬的气焰立刻就落下去。这种攻其一点的做法，既不会伤及其自尊心，又会让其对自己的撒谎毛病有所改正。成功女人之所以能淋漓尽致地指出别人的错误，回避对方制造的语言陷阱，都是因为她有丰富的内涵做支持。具有深刻寓意的言语，不仅能让听者得到一种精神上的享受，更能让各种难题在自己的语言魅力中，被付之一炬。

智者寄语

成功的女人大多具有丰富的内涵和非凡的语言魅力。她们看似玩笑般的谈笑风生、妙语连珠，其实含义颇深、字字珠玑。

曲言婉至，拐着弯儿地说服

曲言婉至是成功女人在说服别人的时候，最常用的一种修辞手法，即在讲话时不直陈本意，而是用委婉之词加以烘托或暗示。由于给人留了回旋的余地，因而就更有吸引力、说服力和感染力。

张大姐做公交车售票员十多年了，颇受乘客与单位领导的好评。因为无论遇到什么情况，她从来都没有发过火；她的声调永远是柔和的，嗓音永远是优美的；最重要的是她的语气是婉转的，让人听着就舒服，不由自主地被她感染。

一天傍晚，正逢下班高峰期，公交车上拥挤不堪，而这时又上来一位抱小孩的妇女。张大姐像往常一样对乘客喊道：“哪位同志给这位抱小孩的女同志让个座？谢谢了。”也许是太拥挤了，没想到她连喊两次，无人响应。

张大姐就站起来，用期待的目光看了看靠在窗口处的几位青年乘客，提高嗓音说：“抱小孩的女同志，请您往里走，靠窗口坐的几位小伙子都想给您让座，可您得先过去。”

话音刚落，“呼啦”一声，几位小伙子都不约而同地站了起来让座。这位女同志坐下之后，只顾喘气定神，忘记对让座的小伙子道谢，小青年面有冷色。

张大姐看在眼里，心里顿时明白。她忙中偷闲，逗着小孩说：“小朋友，叔叔给你让个座，你还不谢谢叔叔。”一语提醒了那位妇女，连忙拉着孩子说：“快，谢谢叔叔。”那位小青年听到小孩道谢，忙笑着说：“不客气，不客气。”

成功女人在说服别人的时候，总是能理解人们的合理需要，照顾别人的自尊心。因为只有这样，她才能把话说到别人心坎里去。无论在什么场合，委婉的措辞永远比直接的批评和教育更能让人接受。

吴莉莉是一家商场的服务员。一天商场里在做儿童玩具促销活动，柜台前挤满了顾客。这时一个小孩子伸手抓起一个玩具就跑。不一会儿，小孩连同玩具被有关人员带回来。这时，围上来许多顾客，他们既为小孩担心，又想看看服务员到底如何处理这件事。

小孩拿商场的东西，多半不懂事，这种情况如果说重了，怕小孩自尊心受不了，周围人也容易打抱不平。不说吧，毕竟商场有规定，而且小孩子养成这样的习惯也不好。这真是件棘手的事。

吴莉莉思考片刻，面带微笑地走到小孩身边，拉起小孩子的手温和地说："小朋友，你喜欢这个玩具吗？""喜欢。"小孩答。"小朋友自己拿玩具好不好？""……不好。"小孩子不好意思地低下头。"对了，以后小朋友喜欢什么玩具就告诉阿姨，阿姨给你拿，好吗？""……好。"小孩子高兴地回答，把玩具交给了吴莉莉。

这件本来很棘手的事，但吴莉莉处理得很巧妙、精彩。她用亲切委婉的话语既要回了丢失的商品，又维护了小孩的自尊心，还不失时机地对孩子进行了一番教育，赢得周围观众的好评。

智者寄语

曲言婉至是成功女人在说服别人的时候，最常用的一种修辞手法，即在讲话时不直陈本意，而是用委婉之词加以烘托或暗示。由于给人留了回旋的余地，因而就更有吸引力、说服力和感染力。

花枝招展，不及优雅谈吐

爱美之心人皆有之，女人爱美更是天经地义。记得徐帆在代言某护肤品时，一个优雅的转身后，轻轻地说了句"没有丑女人，只有懒女人"。一句话瞬间将女人的心事道破。章小蕙说："饭可以不吃，衣服却不能不穿。"大多数女人坚信衣服能改变一个人的形象。在诸多的灰姑娘变公主的电影中，平民的女主角换上精美的晚礼服，在美女如云的晚宴上获得众人瞩目。而那一瞬间，是每个女人内心的渴望。

装扮精致的女人夺人眼球，但她是否能一开口就打动人呢？固然在男人眼中有着美艳的印象，但这美艳能否打动人心就成了另外一件事了。外表美丽只能是昙花一现，而懂得用心灵倾诉的女人，却永远以最优雅的形象留在人们心中。女人因为谈吐而更加美丽，这是毋庸置疑的。

公交车来了，众人拥挤上去。车上场面混乱，随后听到一阵喧嚣。一位衣着华丽的女子对着一个年轻人大喊大叫，声称是她先占了位子。女子一副不依不饶的样子，精美的妆容配上这副表情显得有些狰狞。

年轻人争辩了两句，女子反而气焰更盛，双手叉腰，一副要打架的模样。年轻人终于在这种情势下败下阵来，悻悻地从座位上站了起来。

年轻人离开的时候，脸上带着不屑和不满的表情。而在这个身穿华服女人身边的人，也不知不觉地跟她保持了距离，再没有人愿意多望她一眼。这样的女子，固然美丽，但这种美却带了些距离,令人没有勇气靠近。正襟危坐时还能够给人美丽的印象,但无所顾忌地一开口,就令那美好的印象烟消云散。倘若内心真的有所察觉,也应该值得反思。女人温柔的形象并非来自于外表,而是那无时无刻的轻声细语。对于男人来说,美好的女子正是因为她优雅的谈吐和言语间点滴的关怀,不经意间,将那一丝暖意带给了他人。

谈吐是身份的象征。还记得奥黛丽·赫本在《窈窕淑女》中的演出:希金斯教授想试验让邋遢的卖花姑娘伊莉莎出入上流社会,首先改变的就是她的谈吐,最终使得这位卖花女在上流社会的宴会中谈笑自若、风度翩翩、光彩照人。当她出现在大家面前时,人们停止了交谈,欣赏着她令人倾倒的仪态。她待人接物圆熟而老练,恰到好处。很显然,希金斯成功了。由此可见,女人的谈吐是她个人魅力的展示。

时常见到宴会上气质出众的女主人。她们也许不是最漂亮的,但却是最会说话的人。她们可以自由穿梭于人群中,同每一个认识的或者不认识的人交谈。她们能够让你感受到你是被重视的。她们就是有这种能力,让你如沐春风,让你有想要和她聊下去的感觉。这样的女人身上仿佛有一种无形的魔力,她们一旦开口,仿佛全身发光似的,站在人群中,那光彩能让人一眼看到。

大街上发生了一场小事故。骑自行车放学回家的小姑娘被一个骑摩托车的小伙子撞倒在地。小姑娘顿时疼得站不起来。小伙子被行人拦住,要讨个说法。

小伙子很年轻,一头黄发,脸上带着桀骜的表情。他对众人的指责满不在乎,甚至认定不是自己的错误。看着他这副表情,有打抱不平者认为应该给他点教训,把警察找来。

一个中年女子从人群中站了出来。她面容清秀,衣着朴素,并不算很美。她先过去看了看小姑娘的伤势,然后走到小伙子面前,轻声说:“赶紧去医院吧,去看看伤势再说,时间拖久了,不是好事情。”

小伙子看了她一眼,对这劝说无动于衷。

中年女子继续和颜悦色地说:“年轻人,你撞人是大家都看见的,你肯定无法逃脱责任。但至于责任大小,得看小姑娘的伤势而定。该你承担的是跑不了的。你是非要等到警察来强制处理呢,还是先送小姑娘去医院然后私下调解呢?”

小伙子看着这中年女子:她没有气势汹汹的样子,反而面容平和;她并没有带着责备的语气,相反这语气很和缓、很温和。但在喧哗声中,这两句和缓的话语反令他一字一句都听了进去。他脸上的桀骜开始消失,露出一丝惭愧。

中年女子扶起小姑娘,对小伙子说:“走吧,去最近的医院。”

小伙子低下头,一言不发地走了过去。随后,他们的身影渐渐消失在远处。

众人脸上的表情,由当初的愤怒和不满,换成了敬意和钦佩,这目光肯定是给那中年女子的。

有人说,从一个人的言谈中可以看出这个人的品质。一个人再光鲜,但一出口就伤人难免让人心生厌倦。而一个有着优雅谈吐的女子,总是让人想要去亲近。亦舒笔下的女子,大多貌不惊人,但却能出口成章。点滴的言语,化解他人内心的纠结,在这瞬间,人们被她们的谈吐所打动。于是,喜爱和青睐由此而来。

面对喜爱的人,想要留下好印象,是光鲜美丽的外表持久还是优雅的谈吐持久?这一试便知。人与人之间的相处是长久的过程,这其中必定有一样奇特的东西维系,那便是谈吐。男人对于女人的依恋往往来自于她们的善解人意。言谈间的温柔和气质在不经意间流露出来的是最令人难以忘怀的。有着优雅谈吐的女人即便不惊艳,但一定有出众的气质,她们就是那样,一开口就能打动人。所以纵然不是舞会上最美丽的女人，但是等到舞会结束后，想要再次见到她们的人，一定占绝大多数。

智者寄语

有着优雅谈吐的女人即便不惊艳，但一定有出众的气质，她们就是那样，一开口就能打动人。

女人的声音，都拥有魔力

美人鱼，传说中居住在深海的水之精灵。拥有如人的样貌，却不同于行走于陆上的人类，因为她们是人与鱼的结合体。本以为两个不同种族的人就如两根互不相遇的平行线，却在那一个夜晚，那一场暴风雨中相遇。美人鱼救起了被风暴打翻了船桅，跌落海中的王子，将他送回岸边，然而，人鱼的心丢失在望尘莫及的陆地上。

她苦苦哀求巫女的帮助，以如天籁般的声音来换取那脑海中的修长的双腿，即使如针刺般疼痛，也只为能拉近与王子的距离。他们的再次相遇击溃了人鱼的世界，王子爱上了另一个她，王子醒后第一眼看见的邻国的公主。她是一位善良、温柔的女孩，把陌生的人鱼公主当作自己可爱的妹妹。但姐姐终究看不见妹妹的爱慕，因为她眼睛所追逐的只有王子。三个人的爱恋，最后的结果只有一个人痛苦地退场。

“妹妹，求求你了，用这把匕首杀了王子吧！这样你才不会在明日的第一缕曙光下化为泡沫！”望着剪断头发的姐姐们，拿着用姐姐们柔顺、美丽的秀发换来的匕首，她第一次犹豫了。爱上王子是否是一个错误的意外？是否要亲手用王子的生命来保全自己的生命？她崩溃了，放声地大哭起来，因为她知道自己无法选择，没有王子存在的世界是不能容纳她的存在的。她在最后的那一刻，把匕首沉入了黑暗、寂静的海底。

神啊！请倾听我最后的奢侈的心愿吧！请让我唱完最后的一首歌，请让我把埋藏在心底的爱唱出来吧！她张开嘴巴，尝试着震动声带，声音出来了，那首哀伤的歌曲飘荡在平静的海面上：“无法言出的疼痛，那是因为我爱上了王子。即使无法用声音传达，也把它寄托在贝壳上。请在睡梦前倾听，倾听我对王子的爱……”仿如天堂处传来的回音，泡沫在温柔的曙光中消失在海的尽头、天的末端。

海浪依旧在拍打着礁石，好像还能听见人鱼最后的歌声。

女人的每一段声音都带着魔力，不要忘记你的声音最初的美丽，好好地珍爱并保护它，不要让坏情绪的女巫、环境污染的女巫、暴饮暴食的女巫夺走它。就像美人鱼，无论她拥有什么，失去了美妙的声音，也就失去了王子的爱情。

“声音是女人裸露的灵魂”，有经验的人能从女人的声音中感觉出女人的性情、体态甚至肤色和发型。

生活中，女人的声音常常比思想更重要。一个声音好听的女人，容易被周围的人接受，即使她还稚嫩，人们会说她纯真、可爱；而一个声音难听的女人，尽管很有头脑，也难让人有好感。

很多女人懂得打扮，懂得穿衣，懂得用香水，懂得学习礼仪，却不懂得善用声音。还有的女人，声音是悦耳的，也好听，但却让人反感，多是因为她们的声音过于做作。男人迷恋女人的声音，但如果女人声音不谦和、不真诚，男人的自尊就会受到伤害，男人就会有鱼骨卡喉的感觉。男人对声音的记忆非常特别，一旦他反感某种声音，一辈子也不会忘记。

聪明女人会在悦耳的声音中注入精彩的人性，让声音变成迷人的风景。这样的声音是最有力的，它能够融化男人的钢筋铁骨。她们会时时注意自己声音的力度、音阶和速度，就像一个调音师，时时精心听着每一个音节奏出优美的音乐。而温柔的语言、亲切的态度、婉转的音调与平和的旋律，这些加起来，会使一个面貌平庸的女人变得异常具有女人味而使其魅力倍增。

拥有这样声音的女人，即使有一天老了，皱纹爬上了眼角，魅力也永远不会丢失。

女人的声音也是一面镜子。聪明的男人能从女人的声音中衡量出自己在女人心中的价值，知趣的男人还能从女人的声音中明白自己的地位，从而知道自己应该投入或是撤退。女人的声音有时也是男人情感的反照，男人真诚时，女人的声音就显真诚，如果男人虚伪，女人的声音也会变得阴阳怪气。

因此，通过女人的声音，可以细细地去品味她的情感与思维轨迹。不少男人听女人的声音会上瘾，会在女人的声音中感到无穷无尽的乐趣。这也就是为什么有电视、有电影、有电脑，还会有许许多多的人情迷电台午夜场、醉心电话情人的原因。

有对男女一直在电话中恋爱，他们不愿见面就是因为十分迷恋对方的声音。后来男的事业发展了，不少女孩追他，可他就是只爱那电话中的女人。他最上瘾的事就是听女方的电话，他们在电话中跟现实一样，不仅充满柔情，而且还会吃醋生气。他们非常喜欢电话里的感觉，这感觉令他们无比自由和惬意。

女人的声音像音乐，有无限的组合性。人既然能够在不同环境中变换不同语气，也就能在音频、音色和音量中寻找到最佳的效果。女人对美的需求是多层次、多方位的。有了修剪头发、整理仪表仪容的需求，便有了许多的美发店；有了容貌美的需求，便有了大街小巷雨后春笋般的美容院；有了魔鬼身材的诱惑，便有了减肥、健美中心；又说“手是女人身份的证明”，街上又出现了不少美甲店，之后色彩店、SPA水疗、心理美容、礼仪训练不断多了起来。然而，当女人懂得声音魅力时，又有几人能够去训练自己的声音呢？

其实，对于女人来说，声音的魅力是相对容易修炼和保持的，其增长的空间是很大的。很多人还没有意识到并重视提升这方面的魅力，实际上声音源自体内，每个人都有更多的驾驭力，又不受条件和金钱等因素的限制，同时声音是一种听觉感受，少了视觉感受的复杂性，成本和代价相对较低，因此可以说是现代女性必要的修炼项目。只有当女人真正认识到这一点，充分开发自己声音中的魔力，才能增加女人的自信并改变女人的命运。

智者寄语

聪明女人会在悦耳的声音中注入精彩的人性，让声音变成迷人的风景。

善言也要善劝

谁不喜欢听好话，聪明女人结交朋友要会说话，说好话。

没有人不喜欢听到别人说自己的好处，自己的优点。有些人往往不注意自己的谈话方式，话语里挑别人的毛病，而不善于真诚地赞美一下别人的优点，结果常常不受欢迎。

1. 善言先要善赞

京城里有个高官,他的朋友考中了状元,临走向他告别。高官对朋友说:“外出做官千万小心谨慎。”朋友回答道:“请兄台放心,我已准备了一百顶高帽子,到了地方上,每人送一顶,保管人人高兴。”高官听了,脸沉了一下,说:“咱们都是正人君子,不能搞阿谀奉承那一套。”朋友一笑,说:“您说的也是,可惜天下像您这样不爱听奉承话的人太少了,要是天下的人都像您这样,可就太好了。”高官听了十分高兴,抚髯说:“你说的也有道理。”

这就叫善赞,赞得让别人高兴,且又不露痕迹。那高官怎么也没想到他的朋友已送了一顶高帽给他,这也正是其高明所在。

2. 善赞要投其所好

试想,一个追求道德美名的人,你若与他谈功名利禄,就会被看不起;若与一个崇尚利禄的人交友,必定不可与之谈道义,否则,亦会被敬而远之。唯有先探求对方的心理,用得体的语言打动对方,才能赢得好感。

清代大学者纪晓岚与乾隆皇帝虽是君臣,实有朋友之谊。一次,纪晓岚因天气太热,脱了个赤膊乘凉。乾隆忽然到来,他来不及回避,就躲到床下。过了好久,以为皇帝走了,便问书童:“老头子走了没有?”岂料,乾隆并未走,并要他解释“老头子”是什么意思。纪晓岚道:“万岁为‘老’,人为首称‘头’,‘子’乃圣贤之尊称。”乾隆听罢一笑置之。

用“老头子”来称呼皇帝是大不敬的,但经过机智的巧辩,居然成了尊崇的意思。当然,乾隆并非没文化,未尝不知他是即兴胡诌,放过他,显然是欣赏他处变不惊的幽默趣味。一个有幽默感的人,所到之处往往有笑语和快乐伴随,处处受人喜欢。

3. 善言还要善劝,就是善于说服别人

1939 年 10 月 11 日,美国经济学家兼总统罗斯福的私人顾问亚历山大·萨克斯,受爱因斯坦的委托,在白宫同罗斯福进行了一次具有历史意义的会谈。

萨克斯的目的是说服总统重视原子弹研究,抢在纳粹德国前面制造原子弹。他先向罗斯福面呈了爱因斯坦的长信,继而又读了科学家们关于核裂变的备忘录。但总统听不懂深奥的科学论述,反应冷淡。

总统说:“这些都很有趣,但政府现在干预此事还为时过早。”萨克斯讲得口干舌燥,只好告辞。罗斯福为了表示歉意,请他第二天共进早餐。

萨克斯的劝说失败了,他犯了一个错误,科学家的长信和备忘录并不适合总统的口味。

由于事态严重,没有能够说服罗斯福的萨克斯整夜在公园里徘徊,苦思冥想说服总统的好办法。

第二天,萨克斯与罗斯福共进早餐。萨克斯尚未开口,总统就以守为攻地说:“今天不许再谈爱因斯坦的信,一句也不许说,明白吗?”

“我想谈点历史。”萨克斯说,“英法战争期间,拿破仑在欧洲大陆上耀武扬威,不可一世,但在海上作战却屡战屡败。一位美国的发明家罗伯特·富尔顿向他建议,把法国战舰上的桅杆砍掉,撤去风帆,装上蒸汽机,把木板换成钢板。”萨克斯很悠闲地拿起一片面包涂抹果酱,罗斯福也知道他是在吊自己胃口,问:“后来呢?”“后来,拿破仑嘲笑了富尔顿一番:‘军舰不用帆?靠你发明的蒸汽机?哈哈,简直是天大的玩笑!’可怜的年轻人被轰了出去。拿破仑认为船没有帆不可能航行,木板换成钢板船就会沉。”萨克斯开始用深沉的目光注视着总统，"历史学家们在评论这段历史时认为，如果拿破仑采纳富尔顿的建议，那么，19世纪的历史就得重写。"

罗斯福沉思了几分钟，然后取出一瓶拿破仑时代的白兰地，斟满，把酒杯递给萨克斯说："你胜利了！"

萨克斯这招"前车之鉴"说服了罗斯福，从而引起了后来举世瞩目的变化。

可见，善劝要灵活机智，不可强求就事论事，旁敲侧击、抛砖引玉都不失为好方法。

善劝不但可以说服你的朋友，使他接受你的主意，而且不伤和气，甚至使你们的关系更加密切。罗斯福的英明决断引起了万民景仰，而那位私人顾问与他的关系就更为亲密了。

善劝的人善于思考，罗斯福的重大决议是萨克斯整夜徘徊的结果。

善劝还需通晓许多知识，抛砖引玉、吹箫引凤，需要知道历史典故、陈年旧事，因为事实强于雄辩。

善劝还要注意身体语言，比如说诚恳的表情、专注的眼神。善于说服别人，无疑等于掌握了一把通向方便之门的钥匙，用的时候，便可信手拈来。

善言的聪明女人，既获得了朋友的欢心，为自己的人脉不断丰富资源，又方便了自己。

智者寄语

善言的聪明女人，既获得了朋友的欢心，为自己的人脉不断丰富资源，又方便了自己。

用温柔的语言点亮生活

在《伊索寓言》里有一个太阳和风的故事，也阐明了温和与友善的处事办法比激烈和狂暴的处事办法更加有力量。

有一天，太阳和风在争论谁更厉害、更强壮，风抢先说道："当然是我，你看下面那位穿着外套的老人，我敢打赌，我比你更快地把他的外套脱下来。"说完，风便用力对着老人吹起来，老人怕把外套吹掉，把衣服裹得更紧，风吹累了，也没有把老人的外套脱下来。这时，太阳从乌云背后走出来，暖和地照在老人身上，没有多久，老人开始出汗了，于是把外套脱下来。太阳微笑着对风说："温柔与友善的处事办法比激烈和狂暴的处事办法更加有力量。"

自古以来，阳刚阴柔，"温柔"这个词似乎是女人的专利，是一个专门形容女人的词，温柔的女人向来都是广受男性同胞的青睐，谁都想找个温柔的女人陪在身边。因为在男人理性的认知中，女人的温柔比美丽更可爱。

有一个男生这样回忆：记得第一次和女友（大学同学）约会，那是毕业前的一个晚上，我们一同外出，边走边谈，从大学的感受谈到毕业后的打算……

我随口问了一句：今晚咱们去哪儿？她很快地答道：我跟着你，你去哪儿我跟你去哪儿！随后我们进入公园，在一个长凳上坐下，继续聊着……忽然她向我靠过来说：我有点冷（感觉是非常温柔的一句话）……

虽然由于其他原因我们没有走到一起，但是她的那句"我跟着你，你去哪儿我跟你去哪儿"真的是很温柔，给我留下很深刻的印象。

温柔的女人是娴静的。就像你不会忽视挂在厅堂里的一幅淡雅的水墨画一样，在稠人广众之中，你也不会忽视一位安静的独坐一隅的温柔的女人。温柔的女人不会轻易受到外界的干扰，任凭一些红男绿女在那里吵翻了天，她仍能独守着那一份娴静。她会专注于你的谈话，当你提出问题的时候，她会轻声地回答。当她高兴地望着你的时候，她脸上的笑涡也是浅浅的，让人联想起荷塘上小鱼儿跃出水面的情景。

温柔的女人如果结了婚，多半是能够成为贤妻良母的。她会让自己的小家，无论是什么时候都会十分干净、整洁，让所有的家具摆设都纤尘不染。她会让一日三餐变化出无穷的花样，让丈夫和儿女一年四季总是穿戴得干干净净、整整齐齐，总是像模像样地出现在人前人后。她会让家庭的每个成员，走到天涯海角都忘不了她每天为大家冲泡的一杯咖啡、一杯热茶……

温柔的女人不会想到自己有多么高贵，就犹如美玉从不知道自身的价值一样。她以一颗善良的心来面对周围的一切，能按自己本分做自己应做的事情。温柔的女人受到了伤害或是委屈的时候，也只会默默地流泪，只会向最亲密的人倾诉，不会用暴力解决问题，更不懂得什么叫作报复。

柔情似水，是女人的魅力之最。对于女性而言，漂亮的仪表固然重要，但也要发挥女性的特长，充分展现女性的温柔，一句话，一个字，一个动作，一个微笑，舞出你最柔情的一剑，吐出你最甜蜜的语言，将温柔进行到底。

智者寄语

柔情似水，是女人的魅力之最。对于女性而言，漂亮的仪表固然重要，但也要发挥女性的特长，充分展现女性的温柔，一句话，一个字，一个动作，一个微笑，舞出你最柔情的一剑，吐出你最甜蜜的语言，将温柔进行到底。

变身为敢说话的女人

28岁的小梅虽然工作好几年了，但一直有个毛病，怕在人多的场合说话。她担心，别人说得好好的时候，自己说的话如果不合适，会破坏了气氛，让其他人不高兴。同时，小梅的性格比较内向，胆子比较小，而且语言表达能力不强，有时自己心里想好要说什么，但一说出来就发现不是自己内心想的那样。这本来并不是很大的问题，可是小梅非常苦恼，每次在部门会议上，因为自己的不敢说话，精心准备的话到嘴边又咽下，这给单位的领导和同事留下没有能力的印象。

相信有着类似经历的职场女性不在少数，因为怯场不敢说话，失去了很多事业发展的好机会。你被邀请在众人面前发言，可大脑竟然一片空白，尴尬、遗憾……不一而足；在公司某次重要会议上，别人侃侃而谈，你却在座位上始终一言不发，从而错失了加薪升职的好机会……如果你是一位领导，经常向下属训话，可每次都觉得未达到理想效果……这些情形并非罕见，据心理学家在美国做的调查：有42%的人对当众讲话比对死亡还感到恐惧，当众讲话真的如此可怕吗？其实只要你有改变自己的决心和信心，经过科学的训练，你也可以变身为敢说话的女人。

1. 要善于克服心理障碍

表达的成败与否，关键是自身的心理因素。怯场指的是：在人前，尤其是人多的场合，因紧张害怕而不敢说话，或者说话时显得拘谨、不自然。怯场是一种心理障碍。要么感到自己被说话场合的气氛、形势所压迫，要么顾虑自己说得不好或说错，要么担心自己不是他人的对手，因而畏首畏尾、诚惶诚恐。

其实，这种心理障碍是完全没有必要的。有的人在家人面前可以滔滔不绝，可一与外人交谈，他就难以启齿；有的人平时在两三个人的场合可以口若悬河，可人一多，尤其是一上台，就心慌意乱，语无伦次。这说明他不是不能说，而是有心理障碍。只要消除这种障碍，怯场也就会消失。

消除怯场的心理障碍可参考以下方法：

(1)平时加强训练

平时可通过诸如朗诵、自言自语、多同亲近熟悉的人交谈，多听别人交谈等方式来改善、提高自己。

(2)每次发言前做必要的准备

这在单向交流时容易做到，如果双向交流，同谁谈，涉及什么内容，也可做大体的言辞预测。只要在大的方向上有所准备，到时也不致不敢说或说不下去。

(3)临场抱定豁出去的心态

任何人都不是天生地能在公众场合自如地说话，都有一个艰难的“第一次”。美国的罗斯福总统说过：“每一个新手，常常都有一种心慌病。心慌并不是胆小，而是一种过度的精神刺激。”古罗马著名演讲家希斯洛第一次演讲就脸色发白、四肢颤抖；美国的雄辩家查理士初次登台时两个膝盖抖个不停；印度前总理英·甘地首次演讲不敢看听众，面孔朝天。

(4)“忘记”听众

就是自己在发言前，心中有听众，但在发言时，眼中不能有听众，只顾按自己的意图去表达。一位教师第一次登台讲课效果就不错，有人向他请教经验，他说：“备课时我心中一直想着学生，可一上讲台，我眼中所见，只有桌椅而已。这样，我就放松自如了。”

2. 有话要敢说

首先，要对所说的话有信心。自己确实有话要说，事情本身确实有让人说话的地方。其次，有话能说，自己能正确而得体地表达出自己的观点、看法。另外，所处的环境必须适宜说自己要说的话，这才能收到预期的效果。有话敢说，建立在有话要说和有话能说的基础之上。敢说来自于两方面的信心：一是相信自己所说的话是客观的、正确的；二是相信自己所说的话会产生预期的影响。

智者寄语

敢说来自于两方面的信心：一是相信自己所说的话是客观的、正确的；二是相信自己所说的话会产生预期的影响。

成功女人的魅力源于自信的谈吐

成功的女人生来谈吐自信、敢于开口。自信的她，犹如发光的宝石，其他人都成了让她灿烂发光的底座。成功的女人无论是在演讲还是在闲聊时，总是精神焕发、神采奕奕、信心十足，绘声绘色地为听者描绘出自己的内心想法，让对方不禁折服在自己的语言魅力之下。

自信的女人是最有魅力的女人，而自信的谈吐正是这种魅力的表现形式之一。谈吐自信的女人，活得舒展、洒脱。她们不会整天张狂霸气，高呼女权至上，而是以独特的性格魅力征服对方。她们相信：美丽的外表可使女人骄傲一时，自信的谈吐却可使女人魅力一生。

乌克兰的“美女总理”尤利娅·季莫申科，是一个当代灰姑娘。她出身寒门，自幼丧父，和母亲相依为命。但她凭借着女人的魅力、自信和口才，并借助勤奋和天赋，先后成为经济控制学专家、企业家、政治家。

她以钢铁般的意志征服政坛。在曾经的竞选活动和抗议游行中，她的声音永远是最有力的，她的谈吐也永远是最自信的。2007年12月18日，季莫申科再度在乌克兰举行新的议会大选中胜出，出任乌克兰政府总理。

谈吐自信的成功女人，不惧怕失败。她们用积极的心态面对现实生活中的不幸和挫折，她们用微笑面对扑面而来的冷嘲热讽，她们用实际行动维护自己的尊严。这一切都淋漓尽致地表现出自信者的气质，一种坦诚、坚定而执着的向上精神。

其实，每个女性都有属于自己的那一份魅力，只是因为太自卑，太缺乏自信，导致自己的优点、长处、潜在之美得不到挖掘和展示罢了。

当然，想要成为一个有魅力的成功女人，单单有美丽的外表还远远不够。自信的谈吐是不可或缺的决定因素。精湛的口才、自信的谈吐既有先天因素，更多的则来自后天培养。你可以不断通过各种仪态方面的训练和内在的修养，使自己逐渐成为一个谈吐自信、魅力无限的成功女人。

自信的谈吐是需要我们在日常的生活中培养的。以下有几个小技巧，可以多加练习，直到自信流露在你的举手投足之间。

(1)把自己想象成完美的化身，这是许多从事表演工作的成功女性的惯用方法。它同样适用于工作职场。面对大客户，先静坐，心中默想曾有的愉悦感觉，比如曾经聆听的悠扬乐章，愈具体，效果愈好。或者干脆学习你所仰慕的人具有的美好特质，可以是影星张曼玉或钟楚红，也可以是政治家或外交家撒切尔夫人，只要她具备你所希望拥有的特质，均可模仿。

(2)大部分女人都有说话过于急促、细声细气的毛病。成功女人在说话时，语气总是很坚定的。切忌以疑问句结束陈述事实的语句，以免影响语气的坚定。成功女人说话的诀窍在于音量适当、语调平稳、速度不缓不急，以显示对说话的内容信心十足。利用呼吸换气时断句，可以避免许多不必要的“嗯啊”等语病，使内容显得流畅、有条理。

(3)成功女人勇于大胆地表现自我。把自信心想象成肌肉，需要定时持之以恒地锻炼，如果稍有懈怠，它很快会松弛。走路的姿态，要昂首阔步，抬头挺胸，仿佛一切都在你的掌握中。想象你拥有这个空间，当你举步时，回想过去曾有的自信满满的感觉。和不期而遇的人进行一对一的交谈，也是很好的开始，从和水电工、超市收银员接触开始吧！

(4)成功女人时刻准备好犯错误。你在行动时随时都可能犯错误，你所做的决定也难免失误。为了得到想要的东西，有时你可能要稍微受一些苦，绝不能因此而放弃我们追求的目标。你每天都必须有勇气承担犯错误的风险、失败的风险和受屈辱的风险。记住：你有这种能量，但若不付诸行动，不给它们释放出来为你服务的机会，你就永远不会发现这些能量。

(5)选择适合气质的服装、发型、化妆甚至香水，展现完美精确的专业形象。要特别注意以得体的装扮来加深留给他人的自信印象。特别在颜色上应多注意，不同的色彩有不同的语言，可以善加运用。如果你想增加自信与亲和力，不妨选择深色服装，搭配浅色丝巾或围巾等。因为深色系代表权威，亮色则引人注目。切忌穿着过于暴露或大胆的服装，例如，紧身短裙或V

领低胸上衣，这不仅容易让人想入非非，也会使你因怕穿帮而分心。

(6)处理“小事情”也要鼓足勇气，采取大胆的行动，不要等到出现重大危机时再去当大英雄。日常生活中也需要勇气，在小事情上锻炼勇气，才能培养出在更重大的场合勇敢地行动的力量和才能。

(7)成功女人会以恰当的态度接受恭维。大部分女性都有所谓女性自我贬抑倾向，总是习惯性地将别人的赞美向外推拒。这是很不明智的，因为太谦虚也会有损你的自信。如此一来，很容易将自己由主动参与者转换成被动接受者。下次当有人恭维时，记得以谢谢来代替“你太客气了”或“那其实很简单”这类的客套语。

(8)掌握害怕的根源，向你的焦虑妥协。害怕时会有生理反应，如冒冷汗或呼吸急促。当你知道所有可能会有的征兆，就可以采用一些放松的方法。一个任何时候都敢于开口、勇于表达的自信女人，整个人都会散发出非同一般的光彩，让别人为她的魅力所倾倒。

智者寄语

一个任何时候都敢于开口、勇于表达的自信女人，整个人都会散发出非同一般的光彩，让别人为她的魅力所倾倒。

第三章　气质和品位使你独具韵味

魅力女人，气质何来

克巴特说："气质就是女人征服世界的利器。"

男人征服世界靠的是气势，女人征服世界则靠的是气质。气质就是女人征服世界的利器，更是女人征服男人的独特方式。

气质是什么？气质是指一个人内在涵养或修养的外在体现，是一个人相对稳定的个性特征、风格以及气度。

走在大街上，漂亮的女人到处都是，但大多如过眼云烟，让人转瞬即忘，而让你难忘的那个却并不见得有多漂亮，但是她的气质却令你驻足回眸，难以忘怀。

在这个时代，长得漂亮一点也不新奇，因为除了上天会赐你美丽之外，美容院也一样可以赐予你美丽，而只有气质女人才能鹤立鸡群。女人在不同的年龄段都有特定的气质，20 岁的清新，30 岁的含蓄，40 岁的豁达，50 岁的温和。外表的美是肤浅的，只有内在的气质才是深刻的。

作为一个女人，无论她漂亮与否，都希望自己有魅力，气质女人更是充满了无穷的魅力。气质当然也不是天生的，它是后天打造和雕饰的结果。

气质之美看似无形，实为有形。它是通过一个人对待生活的态度、个性特征、言语行为等表现出来的。气质美会体现在举止上，一举手，一投足间皆会流露出来。气质女人不管是什么场合，待人接物的举止都会热情而不轻浮，大方而不造作。

女性的气质之美还表现在温柔的性格上。一个有涵养的女性，懂得忌怒、忌狂、能忍让、会体贴。那些盛气凌人、傲气十足的女性，会使大多数男子敬而远之。当然，温柔并非沉默，更不是逆来顺受，毫无主见。

女性的气质之美还体现在对兴趣的追求上，高雅的兴趣也是女性气质美的一种表现。爱好艺术并有一定的表达能力，能欣赏音乐，懂美术，会游泳、滑冰、种花、养鱼、编织、缝纫等，对于女性的性格塑造及情趣培养都有积极的作用，兴趣会使女性的生活充满迷人的色彩。

女性的气质之美还体现在对理想的追求上。一个没有理想和追求的女性，内心会空虚贫乏，学识谈吐都跟不上，是谈不上气质美的。文化知识会使女性更聪明，更有修养。

气质女人不但自信，也懂得给别人自信。气质女人会给男人生活的信心和勇气，因为她们的内心里潜藏着一种净化男人心灵、激励男人斗志的人性魅力。气质女人虽然自信，但不骄矜、不媚俗、不盲从、不虚华。

气质女人善解人意。气质女人特有的柔顺体贴与善良，使得人们都不忍心去伤害她。体贴不是一种没有原则的爱，而是一个女人对一个值得她付出的男人的爱。这种付出是一种有所节制的爱,而不是没有原则的泛滥的体贴。

气质女人不会为情所困。她们不会一味地为此烦恼,让感情取代生活的全部。她们的聪明乐观能让自己的心灵变得通达起来,让爱在一种平淡中走向坚固和永恒。她们不会从一开始就把自己置于一个乞求感情的地位。男人往往就是这样:你越是乞求,他越不给你。气质女人不会让男人轻而易举地主宰她的感情和幸福。

气质女人有自己独立的世界。男人爱上一个女人的同时,并不希望在爱的约束下丧失自己的一方世界,他们在乎爱情的默契、宽容和理解,而不愿被束缚。气质女人都有自己的世界,她们在自己的世界里闯荡,也不会阻止男人释放身心、闯荡人生。在男人的眼里,气质女人是爱人,也是知己。

气质对于女人来说,就像是花的蕊,水的波,很难用语言来形容,却是有穿透力的,具有无比的震撼力。

女人的气质就如山上的仙,山有了仙立刻就有了名气;又如水中的龙,水有了龙立即就有了灵气。一个女人只要插上了气质的翅膀,就会立刻神采飞扬、明眸顾盼、楚楚动人起来。

一个有气质的女人,即使没有窈窕的身材和娇媚的容颜,也没有高档的服饰和新潮的装束,但却从骨子里散发出一种自然与清新,一种庄严与凝重,一种豪气与洒脱,一种风格与气度。

气质其实并不神秘,它是很容易被人感知的,哪怕是偶然的一次邂逅。几句不经意的交谈,都会让人久久回味。即使是在虚拟的网络论坛里,女人的气质也是掩饰不住的。在网络的另一边,你可以故作深沉,可以调笑撒娇,但优雅的气质却隐含在字里行间,体现在你的谈吐之中。真正的气质女人,会在举手投足、一颦一笑间,透出一份雅致,一份飘逸,一份精致。

要做一个气质女人,就不要惧怕显露真实的情绪。不论什么样的喜怒哀乐、柔情蜜意,都不应加以隐藏。一个经常压抑、掩藏情绪的女子,会看起来冷漠无情,了无情趣,有谁愿意和一座冰山在一起呢?

气质女人适当地保持幽默会更有光彩。能让别人展露笑容或开怀大笑的人,是最受别人欢迎的人。开朗的性格往往更容易表现内心的情感,而富有感情的人更能引起别人的共鸣。

伯顿说:"女人身上有着某种超越所有人间之乐的东西:富有魅力的美德、令人销魂的气质、神秘而有力的动机。"

是的,高雅的气质能让人销魂,如果再加上合体的装束、优雅的姿态、可爱的表情、生动的语言,那么你将是世间最美的女人。

智者寄语

男人征服世界靠的是气势,女人征服世界则靠的是气质。气质就是女人征服世界的利器,更是女人征服男人的独特方式。

品位,时间打不败的美丽

女人的品位是一个女人内涵的外在表现。一个人的品位,是与其环境、经历、修养、知识分不开的。只有有意识地培养良好的修养,积累丰富的知识,才能有充实的内心世界,才能表现出高尚的思想和高雅的品位。有品位的女人乐观向上,她拥有高雅的爱好和情趣,会用自己的眼睛发现身边的美,并用心去感受它。她有丰富多彩的内心世界,她兴趣广泛、人文素养深厚、学识渊博。当她们谈起话来，古今中外，信手拈来，旁征博引，才华横溢。她们像一部百科全书，有探索不尽的无穷宝藏，却无丝毫酸腐的陋习俗气。她们举手投足之间都挥洒出艺术的才能、淑女的风范。

有品位的女人不在乎人生的功利，她们为自己营造一份平和的心境，随遇而安，不强求身外之物，不愤世嫉俗，面对物质的诱惑、世俗的刺激，待之安然。她们在人生崎岖的旅途中，学会自我安慰、自我松绑、自我释放、自我陶冶。她们时而徐然缓行，时而静立池边，时而低头漫想，时而凝神远望，让内心回归自我，让心灵更趋完美。有品位的女人有独立的思想和人格，绝不会人云亦云、随波逐流。她们恰如绵绵流畅的散文诗，不低下、不媚雅，只求独自芳香的格调。她们痛恨粗俗，而把气质奉为精神风骨。她们在形神之中给人制造第六感觉，这种感觉如一瓶名贵香水，无形中散发出芳香……

有品位的女人是善良、机智的，又是成熟、稳重的。她们待人真诚而不虚伪，心性热情而不浮躁。她们关注社会却不人云亦云、随波浮沉，在喧嚣的人群中，她可能只是一个沉默者，但绝不是个麻木者。她们时时都有适合风情的浓度。当她成为恋人时，她多情妩媚；当她成为妻子时，她温柔细腻；当她成为母亲时，她宽宏博大，能成为一把伞、一棵树；当她容颜渐老时，依然风韵犹存，但毕竟经历了太多的人世沧桑，风情变得醇厚、浓重。

女人的品位是真挚的博爱和慈善的宽容，女人的品位是浓郁的书香和美的诗韵。女人的品位是画，女人的品位是诗，女人的品位是乐曲。一个女人有了高尚的人格，她的品位必然高雅清新，焕发青春活力，生活必定多姿多彩，充满阳光。

智者寄语

一个女人有了高尚的人格，她的品位必然高雅清新，焕发青春活力，生活必定多姿多彩，充满阳光。

围巾，围的不是脖子而是魅力

一条围巾很大程度上使一个形象看起来更美，更多地取决于戴的人而非它本身。有的女士喜欢戴围巾并能把它们搭配得很好。而一些女士则认为它们是一种负担。围巾可以戴在任何部位，如戴在头上，缠在腰间、臀部，或者最常规的围在脖子上。

有些女士戴围巾仅仅是为了美丽。遗憾的是，她们中百分之七十的人没有达到这种效果。新的套装需要一条围巾来使它看起来更好，而不是单调的圆翻领毛衣或是立领的毛衫。有领的外套或者是裙子则不需要这种额外的装饰。

1. 款式和颜色搭配

首要的原则是围巾不能是便宜货。那种认为十块钱的围巾就能挽救或是改进着装的想法是荒诞的。相反的，一条昂贵的围巾能使一身只值十块钱的衣服看起来身价不凡。

诀窍就在于围巾吸引了别人所有的注意而使得衣服本身变得次要了。因此，只买丝质的，不要买化纤的或是人造纤维的。许多女士不能合理搭配围巾的原因不在于她们不知道要怎样围它们，而常常是因为丝巾的类型不对。一条厚重蓬松的围巾怎样都不能作为适当的搭配，而只能作为保暖的围巾戴在衣服里。要能娴熟地搭配围巾，挑选那些你能找到的最柔软的面料。一旦你觉得它合适了，它就会这样一直保持下去。丝巾最好的替代品是柔软丝滑的薄纱。

2. 印花还是纯色

一条印花的围巾必须与纯色的外套搭配。花上再加印花会看起来太繁杂。

纯色的围巾更好搭配并且看起来更高雅。即使与纯色衣服搭配也不会影响效果。想象一下海军蓝的套装配上一条浅绿松石色的围巾——肯定比颜色重叠复杂的搭配更加引人注目。颜色鲜亮的外套可以用一条纯色的围巾来增强色调。如果你找不到需要的款式,记住你可以买一块布自己做。

3. 谁适合戴围巾

对娇小的女性来说,围巾是一件灵活的饰品,既容易增加她的美丽,同时也能使她看起来更加矮小。如果必须要戴的话,娇小女士只需考虑丝质的和绸缎质地的,并且只在脖子上戴,而不要缠在腰间。

对于瘦高的女士,方巾是最好的选择。她能够轻易地担起围巾带来的缀感,并且能够将它们戴在身体的任何地方。

对于较胖的女士来说,长方形的款式会是最好的选择。无论是紧紧地围在脖子上还是在胸前围成一个V型,围巾垂下的部分都会让她显瘦。但是,围巾必须要足够长,长到围着也能够垂到腰间,否则会显得更胖。

把围巾围在头上的戴法问题不在于你怎样戴它,而是它本身是否适合你。比起脸色略白以及脸部特征不突出的女士,肤色较暗和脸部特征突出的女士更适合戴头巾。

对于那些从来或是很少戴围巾而是把它们当作礼物来收的女士来说,建议去试试在手袋或是提箱的手柄上缠上一条,它将给女士增加柔美的气质。

智者寄语

一条围巾很大程度上使一个形象看起来更美,更多地取决于戴的人而非它本身。

“包”装你气质和品位的秘密

一般上下班时,在电梯常遇到公司重要人物,如果你一身考究的灰套装,却背一个“sport style”的彩色包,肯定会让人看“扁”你。

而有时候,衣服虽然低调一点,但一只系出名门的精致手袋会改写你略显低沉的形象。有一则手袋广告描写的就是这样的情形:电梯里,英俊男士先被你优雅的挎包吸引了,继而被你独特的气质和不凡的品位特征吸引。

包袋等配饰的确忽视不得,如果你已经为你的形象付出了不少金钱,却不肯配一个好包,那你很快就要再现功亏一篑的情景了。

1. 选购

女性出门总少不了带个包。在注重装饰的今天,女性的包远远超出了它的实用价值,而成为女性服饰配套的一个重要组成部分。

拥有包的数量不必多,但质量要好。包在整个形象中处于很惹注目的部位。若是皮包,要注意皮质和皮鞋配套,颜色风格要与所穿服装协调。如果你穿着一套风格朴素的服装,却挎着装饰华美的皮包,会有一种喧宾夺主、“只见皮包不见人”的感觉,相反,如果你穿一身华美的丝绒旗袍，却提着一只塑料网袋，则会令人遗憾不已。

秀场上的箱包看起来够酷，但这种极端复古的造型要配上足够个性的衣服才不显老气。鞋是全身搭配的最后一个亮点，最简单的方法是将包和鞋的感觉统一起来。

2. 背包

背包对参加远道会议或进行野外作业的女人最为适用，但刚开始使用一般难以习惯，背带易夹头发，多用几次便自然了。一般做工精良的皮包，皮质优良富有光泽，背带长度能调节自如。包的位置以放在腰与髋骨之间比较合适，而且方便。一些特大的挎包，只要手能自由进出即可，包带不宜过长。有些背包可收起背带变成挎包。一包两种携带方式，可随意选择。而双肩背包，更使年轻女性充满青春朝气。

3. 手袋

手袋不仅有搭配和装饰的效果，而且还能显示人的气质和风度。

手袋要用中性色，可与鞋同色或稍浅。

冬色型或夏色型，在夏天可选白色的藤织或草织手袋，与深蓝、深红、墨绿色的服装搭配，显得风韵有致；若配上粉红、浅黄、浅紫色服装，另具高雅的气质。秋色、春色型选用藤织袋最适用。

晚宴或酒会上，冬色型、夏色型用小的银手袋和其他相配；秋色型、春色型则可提浅色手袋，有一种温暖感。

4. 皮包

皮包不仅用于存放个人用品，也能体现一个人的身份、地位、经济状况乃至性格，等等。一个经过精心选择的皮包具有画龙点睛的作用，它能将你装饰成真正的白领女性。

一些女性为了节省时间，在不同场合均使用同一只皮包，有时因与装扮不搭配，看起来不协调。最好是准备几个皮包，分别用于上班、休闲和晚宴等不同场合。上班时用的皮包应该大一些，这样可以存放较多的必备用品。但式样必须大方，与上班形象相符合，如公文包式样的皮包是最适合的。

但如果觉得公文包太硬朗，可以尝试同时携带公文包和体现女性风采的挎包。这样的好处是让你更合理地放置尽可能多的物件，比你拎着塑料袋或纸袋要专业得多。使用背式皮包时，女性应背在右肩，因为女士与男士同行时习惯走在右侧。而使用公文包或手包时，因换手而显得手忙脚乱。

女性应聘工作或面试时，绝不可将皮包放在考官的桌子上或抱在自己的胸前，最适当的做法是放在自己的右脚旁。对于一般上班族来说，最好不要使用比上司更名贵的皮包，刚刚进入社会的青年人尤其要注意这一点。

穿着便服、休闲和逛街时用的皮包，可选用造型活泼、颜色鲜艳的皮包或背包，这与轻松的心情和装扮相配。参加晚宴等正式场合，应选用比较考究的皮包，这样既与礼服相配，也是对主人礼貌的表示。出席宴会时最好使用手挽式或背式皮包，不用手拿皮包，以免在交换名片或取用餐点时，造成麻烦。

金银色的皮包适合在晚宴时使用，因为在灯光下才会显示出其高贵。穿着西装革履的男子不应为获得女友或太太的好感而争着替她拿皮包，这是一种不雅的行为。因为皮包是女性的附属品，怎么好背在男性的身上呢？如要表现出男性的体贴和风度，可以帮助女士提较重的物品或购物袋。

智者寄语

包袋等配饰的确忽视不得，如果你已经为你的形象付出了不少金钱，却不肯配一个好包，那你很快就要再现功亏一篑的情景了。

女人要靠“妆”修提升气质

好的气质需要外在美来修饰和衬托，很难想象，一个蓬头垢面、灰头土脸的女人，能有多少气质美可言。爱化妆，是女人积极生活的需要，会化妆，是女人智慧人生的体现，而完美的妆容是女人用智慧和修养精雕细刻出来的。

化个美丽的妆，呵护你的容颜，展现你赏心悦目的气质之美，是女人一辈子值得学习的功课。

说到“妆”扮自己，有的女人以为只是做一些表面的功夫，不值得太卖力，无须多在意。真是这样吗？其实不然，借助于化妆，女人可以更加完美，而有缺陷的妆容则会直接影响视觉、品位和素养，甚至还会出现事与愿违的效果。

一位知名的女化妆师说：“化妆的最高境界可以用两个字来形容，就是‘自然’，最高明的化妆术，是经过非常考究的化妆，让人家看起来好像没有化过妆一样，并且这化出来的妆与主人的身份匹配，能自然表现那个人的个性与气质。

“次级的化妆是把人凸显出来，让她醒目，引起众人的注意。

“拙劣的化妆是一站出来别人就发现她化了很浓的妆，而这层妆是为了掩盖自己的缺点或年龄的。

“最坏的一种化妆，是化过妆以后扭曲了自己的个性，又失去了五官的协调，例如小眼睛的人竟化了浓眉，大脸的人竟化了白脸，阔嘴的人竟化了红唇。”

这话说得真好，可见这位化妆师不但是一位深知化妆精髓的女人，更是一位智慧的女人。

化妆的最高造诣就是要回归自然、塑造个性，达到“无妆”的最高境界。这个道理恐怕不是每个女人都懂的，每个聪明的爱美女性都应该通过扬长避短恰当地修饰自我，而不是盲目地模仿他人。

那么如何才能做到回归自然，达到“无妆”的境界呢？要领就是妆一定要淡雅、干净，绝不能拖泥带水。具体步骤如下：

(1)选用适合自己肤色的隔离霜打底。有斑点的皮肤可选用绿色隔离霜，黄色或苍白的皮肤可选用紫色隔离霜。涂过隔离霜以后，肤色会变得更均匀、更自然，看起来有种透明的感觉。

(2)选用透明的粉底打底。取粉底适量涂在额头、鼻尖、下巴及两颊五个点上，然后用棉扑稍加压力涂抹，一定要涂抹均匀。

(3)眼部的迷人是否与整个脸部的妆容贴切，取决于眼影的选择。首先选用略有闪光感的浅蓝色或浅肤色等干净透明的色彩。然后用海绵棒蘸取适量的眼影，用海绵棒尖端在外眼际睫毛根处涂上一层颜色较浓的眼影。再用海绵棒粗圆部将眼影涂满双眼皮内侧。最后用手指将整个眼部的眼影擦拭均匀。需要注意的是，涂眼影时一次不要涂得太多，可多涂几次。

(4)为了达到透明无妆的效果，可省略眼线步骤，直接涂上黑色睫毛膏。先按睫毛夹的弧度与眼睑的弧度吻合，从睫毛根到睫毛梢分三阶段进行。把睫毛卷翘，然后取适量睫毛膏先从睫毛上面由内往外轻刷一次,再从睫毛下面由睫毛根刷向睫毛梢。

睫毛梢部位不可太浓太厚,要细长才能达到清新、自然的效果。最后用小梳子从睫毛根梳向睫毛梢,防止粘连。

(5)完美和谐的眉形,可使眉、眼、唇相得益彰,魅力四射。那么如何让自己的眉毛看起来完美无缺呢?首先确认眉头、眉峰及眉毛的位置,用眉笔在上面点三个小点。从眉头起笔会显得不自然,可按眉毛生长的逆方向描眉。

在描眉过程中,需要注意的是,眉头要平和自然,眉尾要纤细,长短要适宜,否则会显得生硬,眉峰的修饰直接影响眉形,是眉部化妆的重点部位。若你的眉毛很浓密,你只要用刮眉刀或拔眉钳将眉剪理出干净利落的眉形即可得到脱胎换骨的效果。

(6)双唇的美丽永远是令人心醉的风景。为了达到自然的化妆效果,可以省略画唇线的步骤。首先用沾满口红的刷子从上唇的唇角刷向唇峰,注意左右两端的唇峰,涂时要小心谨慎。涂下唇时要注意上下唇的宽度,先用唇刷固定下唇中央轮廓线,再从中央涂向唇角,最后用化妆纸吸去多余的油脂,使唇部更自然。

(7)上腮红时可选用橙红色或肤红的透明色彩,能立即令你的面容变得淡雅、高贵。毫无疑问,女人的美是用辛勤的汗水和卓越的智慧换来的,不想动脑筋,不想下功夫就别想成为仪容美丽的女人。

如果女人本身姿色并不出众,但想引起别人的注意,可以试试以上七个步骤,让化妆使自己更美丽。

女人不仅是美的追求者,还应该是美的创造者与表现者。那么,就立即准备好你的"化妆箱","妆"扮你的美丽吧!

智者寄语

女人不仅是美的追求者,还应该是美的创造者与表现者。那么,就立即准备好你的"化妆箱","妆"扮你的美丽吧!

有气质的女人有魅力

"腹有诗书气自华",敬一丹、杨澜,在众多的主持人当中,相貌并不出众,但她们仪态端庄,从不穿奇装异服,哗众取宠,而是靠广博的知识、流利的口才,显示出一种非凡的气质,博得了观众的喜爱。

我们经常会对擦肩而过的一位先生或女士行注目礼,这是因为他们潇洒的风度或高雅的气质深深吸引了我们。

气质是女人魅力的源泉,气质是女人生命的动力,气质是女人灵动的美感,气质是女人职场制胜的资本。单纯的美貌已不再是现代时尚女人的追求。一个真正美丽典雅的女人应该是内心的高贵与外表的精致的合二为一,风韵但不风情,脱俗但不自负,谦逊但不卑微,古典但不呆板。能成为这样优雅而充满智慧的气质女人,是每个女人梦寐以求的。

那么气质从哪里来?气质是女人的知识、阅历、情感、能力、生活的一种综合外在表现,它来自内心深处丰富而深厚的信仰与底蕴。气质并不是与生俱来的,不是靠靓丽衣裙的装扮,不是用高级化妆品的涂抹,不是矫揉造作的粉饰,也不是刻意强求的伪装。气质是一种修养,是超凡脱俗的嫣然一笑，是"发诸内，形乎外"的东西。它不是一朝一夕形成的，它是女人在漫长的岁月中积淀而成的一种蕴涵。它不是浓烈的香水，不是靓丽的容颜，也不是金钱和地位所能代表的生活方式，它常常是渗透在生活细节中的点点滴滴。

"人不是因为美丽而可爱，而是因为可爱才美丽。"如何做一个可爱的气质女人呢？

第一，要学会充满自信。在这个处处充满竞争的社会，那种自怨自艾、柔弱无助的女人已日渐失去市场。男人不再是女人的主宰，女人也早已不是男人的附庸。"男人追求的极致是成功，女人追求的极致是幸福"的名言也日渐黯然失色。女人学会自我拯救和自我完善永远是最重要的。渴盼男人赐予你幸福永远是被动而不安全的。

一位年轻的女记者在跻身于记者行列之前，只不过是一个极其普通的农家女青年，她高考落榜后，不甘消沉，勤奋苦学，来到一家大报社毛遂自荐要当一名记者，不要一分钱工资，靠写稿维持生计。几年下来，她成了一位颇有名气的记者。

男人欣赏乐观自信的女人。这个世界上自强自立的女人多了，男人背负的精神压力就比较小。而且，一个男人能与一个不仅只满足衣食之安的女人共度人生，生活永远不会陈旧，人生也不会走向退化。

第二，要学会高贵。女人的高贵并非指的是一定要出身豪门或者本身所处的地位如何显赫，这里的高贵是指心态上的高贵。男人最反感放荡轻浮、心态猥琐的女人。生活中男人可以是女人的护花使者，但女人本身要给男人提供一种信心——这种信心就是让男人放心，而且乐意为你托付爱。

小仲马的《茶花女》中的男主角爱上茶花女，只因为身为茶花女的气质高贵而又有十足的女人味。这种女人往往会给男人生活信心和勇气，因为她们生命里潜存着一种净化男人心灵、激励男人斗志的人性魅力。现代女性要做到不媚俗、不盲从、不虚浮，自然少不了要有这种让男人倍加欣赏的高贵气质。

第三，要善意通达。这里所说的善意不外乎指女人的温柔。但在这里把温柔改为善意更好。男人当然喜欢女人的温柔，因为女人的温柔能给男人的心灵取暖。

不过爱应该是有所节制的，而且应该是向善的。因此，好女人对男人只要心怀善意就行了。

聪明乐观的女人往往能尝试着让自己的心灵变得通达起来，让爱在一种平淡中走向坚固和永恒。有些时候感情这事你放开来看，其实恰恰就是一种最好的把握。

一位知识女性，她深爱着她的丈夫，但是，她爱她丈夫的时候也没忘记珍爱自己。她的丈夫常年在外经商，但他们的感情十分融洽，从未有过一丝半点的裂缝。有人问：你不担心他在外面寻花问柳吗？这位女士回答：我和他的爱从来都是平等的。从接受他的爱那天起，我就给了他信任，我爱他但不苛求他。我希望他成功完美，但我从未把自己的一切抵押在他身上。我担心什么呢？

第四，做事有主见。心理学家分析认为，女人往往感情胜过理智，对待友情、事业、婚姻亦如此，这是阻碍女人发展的致命弱点。

一位在深圳的打工妹，在其他打工仔打工妹纷纷陷入现代都市的浮躁与繁华当中迷失自己的时候，她依然保持着清清纯纯的农家女孩的本色。在她的宿舍里，其他女孩几乎都交上了男朋友，只有她尚是"单身贵族"。她告诉家乡的一个女朋友说：我不会喜欢深圳的男人，因为我的根不在那里。我出来只是想挣点钱，一些寄给家里，一些留着给自己置办嫁妆。我今后当然要找男朋友，但我会回家找个本分的男人。像我的这些姐妹，有的不甘心在流水线上做蓝领，绞尽脑汁想去傍大款，能永远幸福吗？我只想靠自己努力工作挣钱，然后回家过平静的日子……无疑，这种站在现实的根基上能够清醒地审视自己的有主见的女人，也不失为男人眼中可爱的女人。

一个女人要想完全做到以上几点，看来不是一件容易的事。但是，只要做到了其中一点，在男人眼里，你也不失为一个可爱的气质女人。

智者寄语

气质是女人魅力的源泉，气质是女人生命的动力，气质是女人灵动的美感，气质是女人职场制胜的资本。

培养气质美

气质美主要表现为内在的精神素质。内在的精神素质是产生美感的内核，这种内在的精神素质就是对事业对知识的追求。

气质是由内向外散发出来的，它很抽象，例如百折不挠的毅力，对喜爱事物的执着，面对困难时的乐观，广博的学识，幽默的谈吐，善解人意的性格，甚至包括任何一件不经意的小事。所谓气质好就是别人通过你的言行举止发现你身上有过人之处，进而对你产生兴趣，而当他发现你身上某方面的品质很高地凌驾于他之上时产生的一种敬佩和深深的兴趣，这就是所谓的人格魅力。

气质是厚重的、内在的；气质是文化底蕴、素质修养的升华。我们知道，造物主并不公平，在容貌上有人俊美，有人丑陋。但是我们也都相信，世上只有懒女人，没有丑女人。每个人都有潜在的"美"。优良的品质、渊博的学识、宽阔的心胸、坚强的意志、豁达的性情、远大的理想、真诚的关心都颇有感染力，备受人们的欢迎。一个女人，再美的容貌也会如流星划过天空，绚烂却不能永久。完美成熟的气质却会一世相随，随着岁月的流逝，持久地散发出迷人的女人香。不但能补救容貌上的缺点，同时能够给他人一种不易磨灭的印象。因而，修养你的气质，是你心灵的至宝，亦是你的财富。

气质女人蕴含着深度的内涵，向外透闪出迷人的精神、至上的力量和高贵的心智。她们对世俗的喧嚣与琐屑始终保持着警觉和距离，永远葆有一分柔情、二分优雅、三分浪漫、四分智慧。在城市流动的嘈杂中，气质女人总能在人群中脱颖而出。她们思路清晰、步态悠闲，流淌着清新气息，荡漾着万种风情，洗练出一种超凡脱俗的宁与静。最世俗的男人在她们面前，也会变得温文尔雅起来。气质不是一朝一夕养成的，它是一种精神的素质。它不是时髦、不是漂亮，也不是金钱所能代表的生活方式，它常常是一种纯粹的细节所衬托出来的点点滴滴。有些女人，容貌与打扮都不俗，但总无法够得上有气质。气质是能力、知识、阅历、情感、生活的一种综合外在表现，来自丰富的、深度的信仰与底蕴，是着急不得、模仿不来的。气质的培养需要一种环境，更需要磨炼，如果一个女人一天到晚除了装扮外表，就是做家务或打麻将、闲聊、逛街，她是永远不可能获得气质的。气质之树只有扎根在文化、人格的沃土中才可以枝繁叶茂。现代版的西施们越来越讲究"内外兼修"，在气质的修炼上纷纷找准从"文化"入手的捷径。一个女人若长相平凡，可是学富五车，在风度、涵养、工作能力上样样巾帼不让须眉，这种气质不亚于外貌沉鱼落雁的女子。这就是智慧的魅力，也可以说是知识的力量。

知识与教养可以改变女人。女人特有的气质在很大程度上决定了女人一生的幸福。从这一意义上来说，气质就是女人获得幸福的一大资本。

智者寄语

知识与教养可以改变女人。女人特有的气质在很大程度上决定了女人一生的幸福。从这一意义上来说，气质就是女人获得幸福的一大资本。

从细节上打造完美女人

真正的品位往往是在细节上体现的，真正完美的女人形象，往往是注重细节的女人。一个完美的女人，不需要特意夸张地装扮自己，但需要注重细节上的品位。女人的细节装扮，经常用到的一般是饰品、手袋、鞋子、丝袜。

1. 饰品

一件好的衣服不见得一定出彩，有时候画龙点睛的倒是饰品，饰品是女人的心爱之物，是女人美丽的艺术品。不少人舍得花钱买服装，却不大舍得花钱买饰品。她们不知道好的佩件作用常常大于好的服装。服装是服装师的作品，搭配才是你的作品。

现在饰品的种类非常多，有头饰、首饰等，这类配件是纯装饰性的；还有围巾、腰带、手表，这类是具有很强装饰性并兼有使用功用的饰品。

我们在运用饰品的时候要注意搭配的原则，首先要考虑它与服装和人的可搭配性。再好的饰品如果缺少了这种特性，便不是你的饰品。搭配得好才能丰富服饰的表达力，才能在细节上表达你的审美情趣。我们在选择的时候也要注意：

(1)饰品的多重使用性是你在购买时选择的重点，既可以省钱，也能制造出更多的变化性。选择在色彩上可以与两件以上的服装搭配的饰品，或者选择质地上能配合两个以上季节的服装。而有些饰品就只能进行一种搭配，这种只能进行单一搭配的饰品，色彩和样式往往都很诱人，但是饰品本身的表现力就已经够强了，能搭配的衣服却很少。

(2)遵循宁缺毋滥的原则，饰品本身就是起到画龙点睛的作用的，有很强的视觉影响力。所以说不要为了使用饰品而使用，更不能一次使用过多的饰品，这是使用饰品的基本原则。

(3)饰品有较强的隐喻意义，比如珠宝、金银佩件，它们的价值和光泽隐喻了富有、华丽；象牙、石质、木质饰品隐喻较强的厚度、质感和温度；水晶、玻璃等饰品有透明、明快、纯洁以及清凉感，在选购和使用时，你要考虑这些是否是你需要的元素。

(4)要考虑与你的体形的关系，饰品是人体重要部位的装饰元素，你要格外注意这一点。比如说，身材矮小的人适合用细小的项链，而不适合用粗大或长长的挂件；身材矮小、粗壮的人，几乎是不能使用露在身外的腰饰的；身材苗条而高挑的人几乎适合使用各种配件。

(5)选购饰品首先应考虑你的消费能力，高档的饰品品质感较强，一般多用于隆重的社交场合，廉价的饰品一般在日常生活中佩戴。有时搭配得巧妙的话，用高档的配件配普通的服装，可提高服装的品质；或高品质的服装与低价格的配件搭配，可提高配件的品质。

饰品，打造完美女人的焦点，只需要一点点，就可以让女人的审美品位和品质得以体现，可以“点亮”你独特的气质。

2. 手袋

手是人类创造世界的工具,手袋是女人拎在手上的时尚,手袋有时候是一个女人的时尚标志。一个追求完美的女人,是不会放过这个时尚标志的。

在我们的理解里,手袋通常指体积较小、款式各异的包。和我们在日常生活中提到的包不同,日常生活中的包更强调盛物的实用功能,有较大体积的款式。而装饰型的手袋强调对服饰的装饰性,注重色彩、款式、质地的表现力;有存放物品功用的手袋,则造型简约、色彩组合简洁,装饰配件较少,与服饰和个性有较强的共容性。

手袋的美可以用多方面表现,如外形、体积、质地、包带、佩件、挂件、图案等,有的甚至连LOGO都是设计师的大手笔。手袋的形象立体感,一般通过它的质地来表现。因此,一个追求细节的女人都会追求手袋的质地,找到适合自己的手袋。

追求完美的女性会根据场合来选择合适的手袋。手袋的造型能表现出较强的个性和职业取向,职业女性宜选择轮廓分明的方形或长形手袋,这样的手袋线条分明,适合职业女性的风格,给人以严谨和端庄的感觉。社交手袋要想突出女性化的特征,一般要选择妩媚多情或恬淡飘逸风格的手袋;要想表现女性的华丽高贵,一般选择高档材料的手袋;在日常生活中使用的手袋,更多则应考虑它的实用功能。

手袋是女性最不可以缺少的伴侣,也是个性和审美情趣最富有张力的表现语言。手袋可以作为服饰的补充出现,服饰中的一些缺陷和不足,可利用手袋得以弥补。比如:不够奢华的服饰可以搭配高档的手袋;不够有个性的装束可以搭配别出心裁的手袋;太过灰暗的服饰可以搭配色彩出挑的手袋。手袋还可作为形体的一种协调元素来使用,比如,过胖的体形限制了服饰的选择余地,选择高品质或流行时尚感强的手袋来搭配,就能起到很好的弥补作用。

手袋不仅是女人亲密的伴侣,也是女人时尚的标志。一个完美的女人懂得如何选择一个适合自己的手袋,也懂得好的养护才能使手袋焕发出光彩。手袋是女人心灵和品位的形象语言,女人都应该拥有一个使自己更完美的手袋。

3. 鞋子

有人说:“每个人都应该有一双好鞋子,因为它会把你带到你想去的地方。”鞋子不仅仅是保护我们脚的工具,也是身份的象征,尤其是在欧美国家,一些出身高贵或家庭教养良好的人,从很小的时候起就会被告知:鞋子是人们对你的成就、可信度、社会背景、教养等方面的一个检验标准。因此,在上流人群中,人们常常会先看鞋再看脸。

华尔街也曾流行着一句俗语:“永远不要相信一个穿着破皮鞋和不擦皮鞋的人。”可见,鞋的质量还与穿鞋者的可信度成正比。

女人优美的姿态,很大程度上与鞋也有着密切的关系。女人都知道,穿平底鞋与穿高跟鞋走路的感觉是完全不一样的。因为穿上高跟鞋,需要平衡身体的重心,身体会不由自主地变得挺拔起来。为了不至于走成“虾米式”或“坐板凳式”,你还必须适当地收紧小腹,伸直膝盖,让重心自然地从脚跟过渡到脚尖,让步履尽量轻盈一些。这样一来,走路的姿势自然会变得优美婀娜起来,而且高跟鞋还可以增加你的海拔。对于矮个子女性来说,是个很好的选择,即便个子偏高一点的女性,出席正式场合的时候也要选择稍有一点高度的鞋子。

注重细节的女人都会知道怎么选择一双适合自己的鞋子,不要选择鞋跟超过5厘米的鞋子,虽然高跟的鞋子会让女性更加性感和妖媚,但是会损害身体健康。要想使鞋子与形体美完全统一,买鞋时首先要考虑它的舒适度。鞋子合不合脚,自己最清楚,一双不舒服的鞋,会因不得不改变行走姿态而破坏体态,久而久之,会严重损伤形体。

注重品位的女人选择鞋子的时候都非常慎重，既要耐穿，符合个性，还要注意可配搭性。好的鞋子具有极强的舒适性和良好的耐穿性，从鞋面到鞋跟，都经过了精细的琢磨和处理，外表也优雅端庄，俏丽秀美，内部结构材质上乘，可以衬托出脚的性感与妩媚。好的鞋子会让人产生独特的自信，与鞋融为一体，让自己从脚底时刻散发出新鲜感与时尚感。

4. 丝袜

一提到丝袜，我们就会想到光滑和细腻的感觉。丝袜和饰品、鞋子一样，属于装饰性很强的东西。

一直到20世纪30年代，世界上才有了第一双丝袜。那时，透明轻薄的丝袜配上长裙是欧美贵妇人的时髦标志。丝袜对于欧美女人来说，是面子，更是尊严。据说，巴黎最贫穷的女人面对面包和丝袜的选择时，她舍弃的一定是面包。

如今的丝袜已不再是奢侈品，每个女人都多少拥有几双丝袜。会不会穿丝袜，反映的是一个女人内心的品位。丝袜最适用的颜色是透明的素色，素色的好处在于低调，且品位上乘，易于与服饰颜色搭配。黑色的丝袜也很实用，当穿着深色服饰和黑色鞋子时，黑色丝袜可以将服饰和鞋完整地连贯起来，易于表现整体的造型效果。

好的丝袜还应与腿部高度相契合。丝袜的松紧口或连裤袜腿根部的织法是品质好劣的关键之处。好的丝袜会均匀地包裹你的大腿，让你变得性感和优美。

丝袜的穿着方式也要讲究，穿的时候要拉得服帖平均，腿才会“着色均匀”，才能无皱无痕地与皮肤完全贴合。

真正的品位往往是在细节上体现的，需要在饰品、手袋、鞋子、丝袜等细节上引起重视，这样，完美女人的形象就离你不远了。

智者寄语

真正的品位往往是在细节上体现的，需要在饰品、手袋、鞋子、丝袜等细节上引起重视，这样，完美女人的形象就离你不远了。

品位女人，是其形象与内涵最完美的结合

如果你要赞扬一个女人很漂亮，她会对你说“谢谢”；你要是赞扬一个女人很有才华，她会对你的赏识由衷的高兴；你要是赞扬一个女人很有品位，她就会立刻视你为知己。

对生活而言，没有什么比“品位”这个词更美好、更具有诱惑力了。很多的时尚杂志都会为我们描述出一幅幅美好的生活图画，会告诉你哪里可以买到世界上最好的鱼子酱，哪里可以喝到最好的红酒，去哪里可以定做一件高级礼服。书中关于品位的描述都与物质有关，它使很多人相信品位是来自物质享受的，追求物质成为一些人眼中的品位生活的模板。

对于一个男人而言，再没有什么女人比有品位的女人更有吸引力了。品位可以说是女人征服男人的最好武器，品位也是女人最值得投资的嫁人资本。

更确切点来说，物质上的东西离真正的品位还有很远一段距离。这个距离也许一步就能跨过去，也许一辈子都跨不过去。一个人追求物质，不一定是其有品位的体现，更不能说是一个人对品位的追求。把品位建立在物质的基础上，跟把大楼建造在沙滩上一样不牢固。物质能带给人享乐和快感，而有品位的生活除了必要的物质以外，更要有不可替代的精神品质做保证。

你有很多迪奥的香水和三宅一生的品牌服饰，只能说明你富有，但是不能说你一定有品位，能将一条普通的蓝布长裙穿出灵魂才是品位。品牌对品位起着推波助澜的作用，它可以保证品位不至于太败坏。然而，信奉品牌决定品位的人，只是进行了一种苍白的行为投资而已。丰富的物质能让你生活得扬眉吐气，但是这种生活状态如果没有品位的支撑，在别人眼里只能演化为粗糙的享乐和令人厌恶的欲望张扬。

如果你问一个女人爱不爱美，回答是肯定的。每个女人都爱美，大街上的美女们都为美而做了很多努力：化妆、染发、穿漂亮衣服、减肥、丰胸、隆鼻等。如果你问一个女人她是否想过有品位的生活，答案不全是肯定的，因为追求品位不一定是每一个人都在努力的。

这主要还是观念的问题。一是大多数女性没有真正认识到品位对生活的重要性，不像漂亮摆在那儿就可以看得到；二是她们通常认为品位一定是建立在物质上的，认为自己没有那么多金钱去折腾。她们潜意识中还会认为品位是名人玩的东西，于是不自觉地逐渐抛弃了对品位的追求。

一颗热爱生命的心，对品位的追求不应该是冷淡的，对品位的追求应当成为生命的一部分。品位是一种态度，是平常生活中点滴的积累，是岁月流转中沉淀下来的精华。它代表着一个人对自然状态的取向，并表现在细节上的不经意雕琢。一个有品位的人，他不会过分执着于物质的享受，他注定经得起物质的考验，并且更注重心灵的体验。

“品位”是一个特殊的词，“品”在前，“位”在后，你要先会“品”，才能得到“位”。而更重要的还在于“品”，品是一种体验的过程，品能检验你的眼力，还有你的感知能力。由“品”得到的“位”让我们的思维变得丰富起来，让我们的意识变得完整起来。品位是一种力量，获得和拥有它便有了感染、影响甚至驱动和驾驭他人的力量，拥有了对未来生命的掌控力。

“品位”二字足够女人琢磨一辈子，学习一辈子，折腾一辈子。如果你真对“品位”发生了兴趣，你将会终生受益。

女性要提高自己的品位，应该去发现美，创造高品位的生活情趣。其实生活中充满了各种各样的美，充满了各种高品位的美感实体，它们千姿百态，多彩多姿，却被人们遗落在墙角。而高品位的生活，只能在实践中才能实现。当你感受到丰富多彩、生机勃勃的生活时，你就会得到感情与心理的充实与愉悦。

在平凡的生活中创造品位，因为平凡的事物中也孕育着美，平凡事物中的美一样可以陶冶自己的情操。在屋里挂上几幅典雅的字画，在茶几上摆上一瓶插花，在窗台上摆几盆生机勃勃的花草，创造一个优美、清静、清新的生活环境，就是生活品位的表现。品位也正是在这一点一滴中积累起来的。

欣赏艺术的美是提高品位的最好途径之一。欣赏艺术不是一种消遣、娱乐，它是用一种美的东西，与你的心灵产生共鸣。通过艺术的潜移默化的影响，感染人的情绪，激发人的感情，培养人高尚的生活情趣，在领悟美的同时，也领悟到深藏其中的人生哲理。我们的生活因此而艺术化了，品位因此而提高了。

现代女性都不忘在床头搁本喜欢的画册、美文集等，等劳累了，一天之后，在若有若无的轻音乐声中翻阅喜欢的书，既可以让人平和宁静，又可以让深感贫乏的知识教养有所提高。假日里，去美术馆、音乐厅感受艺术大师的杰作，拉近自己和艺术的距离，渐渐地你会成为一个充满艺术气质的女人，你的艺术品位也在日渐提高。

文化，是一个高雅的字眼。中国是一个文明古国，文化占据着极其重要的地位。其他品位均是由文化品位派生出来的，“女子无才便是德”的时代已经过去了，现代女性和男人一样受教育，和男人一样创业，文化涵养丝毫不低于男人。女性要想获得事业，获得别人的尊重，就必须提高自己的文化品位。因为文化品位可以影响到其他品位。一个女性的文化品位，直接决定了她能否继续自己的脚步，追求其他品位。

在这个飞速发展的时代里，时尚的脚步越来越快，与时俱进才能让自己的品质不断升值，掌握流行风格，塑造个人品位，是现代女性必修的功课。正在流行的不能不懂，否则很容易就会让自己落伍，但又不能盲目跟从，否则又是庸俗。从流行的因素里找到适合自己的东西，再加上自己个性的搭配，就是最好的你。你并不需要靠全身名牌来打造自己，只要你是突出的、特立独行的、风度翩翩的，是别人所无法模仿和遥不可及的，你就是富于品位的。

相对于品位来说，容貌上的美丽、青春都太过单薄。一个女人拥有品位，就等于享受了增值的自我；一个女人表现出品位，则意味着成功了一半。

女人追求品位，是一种自我完善，是一种美丽的升级，也是一种追求更为崇高生活的价值观。当女人从表面的漂亮，过渡到一种深厚的内在美之后，便呈现出一种升华过后的极致美丽，不可再同日而语。女人的品位，是一种涵养、魅力的象征，它是由内而外散发出来的，其魅力永恒而久远。而时间对于有品位的女人来说，只是一种妙不可言的陪衬，只会使女人出落得更完美，使女人成为一种动人心魄的存在体，一张恒久美丽的标签。

智者寄语

女人的品位，是一种涵养、魅力的象征，它是由内而外散发出来的，其魅力永恒而久远。

第四章　优雅是女人一生的必修课

拥有迷人的体姿对女人至关重要

女性的形体在运动中构成种种姿势，良好的姿势形成优美的仪态。英国哲学家培根认为：相貌的美高于色泽的美，而秀雅合适的动作的美，又高于相貌的美，这是美的精华。秀雅合适的姿势在社会交际中起着十分重要的作用。因此，女性应当注意对体姿的训练。

女人的每一个姿势变化通常都反映了她的文明程度。比如，人际交往中步伐矫健、动作敏捷，能让人感到年轻、健康和精神焕发；步伐稳健、端正有力，给人以庄重、沉着和自信的印象；步履蹒跚、弯腰弓背、垂首无力、摇头晃膀，往往给人以丑陋庸俗、无知浅薄或是精神压抑的印象。又比如，交谈时高跷二郎腿，随心所欲地搔痒，习惯性地抖腿，或是将两手夹在大腿中间和垫在大腿下，或是劈开两腿呈现“大”字形，都是失礼而不雅观的，会给人留下缺乏教养、低俗轻浮、散漫不羁的不良印象。

体姿对女性整体形象的塑造有着很重要的作用。女人的体姿与相貌有同等的重要性，共同显示出女人的气质和风度。如果“站无站相”“坐无坐相”，即使相貌再漂亮也会大打折扣。外表相貌是天生的，而体姿可以通过后天的训练向理想目标转变。

体姿由两部分组成。一是指说话双方的空间距离，二是指各种不同的身体姿势。体姿运用的总体要求是准确、适度，自然、得体，和谐、统一。

第一，准确、适度。所谓的准确、适度，就是要根据说话内容、说话环境、说话对象、说话目的的需要，准确恰当地运用身体姿势。

第二，自然、得体。就是要求体姿语言的运用不矫揉造作，要适合自己的身份和交际场合。无论是从审美的角度，还是从表达功能的角度，体姿语言的运用都要自然、得体，给人以美感，又符合特定的情况。

第三，和谐、统一。这包括两个方面：一是体姿语言和有声语言配合统一，才能准确地表达自己的思想感情和愿望，否则，就不能收到既定的效果。二是各种体姿语言要求一致而协调。

“坐如钟，站如松，行如风”，这是古人提出的姿势范式。在社会交际中，对姿势的基本原则是：秀雅合适，端庄稳重，自然得体，优美大方。具体地说，对各种姿势有以下要求：

1. 稳重的坐姿

在各种场合，都要力求做到“坐如钟”，即坐得端正、稳重、温文尔雅。这是坐姿的最基本要求。

入座时，应轻、缓、稳，动作协调轻柔，神态从容自若。人应走到椅子前，转身背对椅子平稳坐下，若离椅子较远，可用右脚向后移半步落座。若穿裙子则应注意收好裙脚。一般应从椅子左边入座，起身时也应从椅子左边站立，这是一种礼貌。如要挪动椅子的位置，应当先把椅子移到欲就座处，然后坐下去。坐在椅子上移动位置，是有违社交礼仪的。

落座后，应双目平视，嘴唇微闭，面带微笑，挺胸收腹，腰部挺起。重心垂直向下，双肩平正放松，上身微向前倾，手自然放在双膝上，双膝要并拢，亦可双脚一脚稍前，一脚稍后，两臂曲放在桌子上或沙发两侧的扶手上，掌心向下。坐椅子时，一般只坐满2/3。端坐时间过长，可以将身体略微倾斜，头面向主人，双腿交叉，足部重叠，脚尖朝下，斜放一侧，双手互叠或互握，放在膝上。若是着西装裙的女子，最好不要交叉两脚，而是并靠两脚，向左或向右一方稍倾斜放置。起立时，右脚先向后收半步，然后站起。

2. 端正的立姿

在各种场合，都要力求做到“站如松”，即站得端正、挺拔、优美、典雅。这是立姿的最基本要求。

站立时，应头正颈直，双眼平视，嘴唇微闭，下颌微收，挺胸直腰，上体自然挺拔，双肩保持水平，两臂自然下垂，手指并拢自然微屈，双手中指压裤缝，腿膝伸直，脚跟并拢，两脚尖张开夹角45度，身体重心在两足中间脚弓前端位置，双脚呈倒“八”字站立。

站立后，竖看要有直立感，即以鼻子为中线的人体应大体成直线；横看要有开阔感，即肢体及身段应给人以舒展的感觉；侧看要有垂直感，即从耳与颈相接处至脚的踝骨前侧亦应大体成直线，给人一种庄重大方、亲切有礼、秀雅优美、亭亭玉立的美感。

3. 优雅的走姿

在各种场合，都要力求做到“行如风”，即行得平稳、优雅、轻盈，有节奏感。这是走姿的最基本要求。

行走时，应昂首挺胸，收腹直腰，两眼平视，肩平不摇，双臂自然前后摆动，脚尖微向外或向正前方伸出，行走时脚跟成一条直线。起步时身体微向前倾，身体重量落于前脚掌，行走中身体的重心要随着移动的脚步不断向前过渡，不要让重心停留在后脚，并注意在前脚着地和后脚离地时伸直膝部；迈出每一步都应从胸膛开始向前移动，而不是腿独自伸向前。步履应轻捷、娴雅、飘逸，步伐略小，展示出温柔、娇巧的阴柔之美。还应注意，现代女性穿高跟鞋，主要目的不仅在于增加身高，而且在于能收腹挺胸，显示自身走路的动人的身姿和曲线美；而步态高度艺术化的时装模特儿，与其说是展示千姿百态的时装，不如说是在显露高雅优美的走姿。

智者寄语

英国哲学家培根认为：相貌的美高于色泽的美，而秀雅合适的动作的美，又高于相貌的美，这是美的精华。

如何做个优雅、落落大方的女人

在繁花似锦里，她们笑靥如花，优雅脱俗，一举一动有如行云流水。她们是谁？戴安娜、伊丽莎白·泰勒、张曼玉……她们有什么共同点吗？有，她们都一样的优雅，始终热爱生命，在岁月与镜头里不断地修炼自己，在恋爱中不断地成熟，成为光彩熠熠的女人；她们既古典又浪漫，有一点梦幻，有一点恬淡，千般聪慧，万种风情。

她们的气质像竹，亭亭玉立；她们的神韵像兰，超凡脱俗；她们的品质像莲，一尘不染。即使她们身着一袭布衣，你也能捕捉到一种不凡的感觉。她们也不乏充实的内涵和丰富的文化底蕴，她们的优雅是一种境界。

提到优雅，不能不提香奈尔女士，她是一个优雅到了极致的女人，她创造了那么多奇迹，不光为她自己，还为众多的女性。以她的名字命名的香水和服装的诞生，具有开创性的历史意义，那种典雅、简约的美感几十年来征服了全球数亿妇女的心。

香奈尔是一个优雅的女人，也是一个事业成功的女人。她用自己创造的美丽服饰，使女人的身体和心灵同时从沉睡和桎梏中醒来，并让女人懂得了什么是自尊，什么是女性的优雅，什么是工作着的幸福与独立的价值。

没有哪个女人不想成为优雅的女人，只是她们苦于找不到优雅的秘诀，或者缺乏信心。优雅，真的那么难吗？其实不难，秘诀就是从身边的小事做起，坚持独立与自信，保持热情与上进；不需要过度的装饰，也不能将就和随便。

靳羽西曾说：“快乐就是成功！人在可以站着的时候，就一定要坚持站着，而且还要保持着漂亮的样子，这是对自己的尊重，也是对别人的尊重。”

女人要打造自己的优雅不是片刻之功，而是要通过学习来加以改善、提高，最起码你要知道下面这些：

1. 优雅是一种态度

优雅是一种内在的综合气质，时髦不是优雅，不是有钱了，买几件名牌套在身上就能变得优雅的。

优雅是一种生活态度，不会受时间的限制，你30岁可以优雅，60岁一样可以优雅；优雅不受地点的限制，你在社交场合可以优雅，在家里可以优雅；优雅不受物质的限制，富有可以优雅，朴素也可以优雅；优雅不受职业的限制，公司老总可以优雅，清洁女工也可以优雅。

优雅还包括一个女性对美独到的见解和追求。她不会衣冠不整，不修边幅，也不会一味地追求名牌。她的着装永远都是不张扬而富有格调的，那感觉就像是风中传来的笛声，沁人心脾又有点距离。她有着自己喜欢的风格，对于美有自己独到的见解和追求，不会人云亦云。

2. 优雅是一种感觉

优雅与否取决于你给别人的感受，优雅更多地来源于丰富的内心，是智慧与理性和感性的完美结合。

一个容貌美丽的女人未必优雅，而优雅的女人一定美丽。你会从她的举手投足、一颦一笑间体味到那种迷人的女人韵味。如果说女人似水，那优雅的女人就是纯净水，纯粹而高贵。外在的美易逝，而优雅女人的内心世界却历久弥新。

一个优雅的女人要懂得爱自己。只有先爱自己，才有能力去爱父母、孩子、朋友、同事、工作、生活等。

3. 优雅是一种心境

优雅是一个人性情气质的自然流露，是伪装不来的，它和心境有关。

优雅的女人心境永远不老，90多高龄的知识女性杨绛女士，就是一个非常优雅的女性。杨绛女士学贯中西，视钱财如粪土，她与钱钟书一起，辉映着20世纪中国的知识界与文坛。虽然是90多岁了，可她仍能心境平和地著书立说，支撑她的正是她的心境。

其实优雅的女人是同类中的尤物,她们让其他女人心仪,让男人的想象力猛增。优雅也是一种恒久的时尚。优雅的女人是一口井,其魅力是越挖越深,不是别人能“一目了然”的,她会留给别人无穷的想象空间。

当优雅成为一种社会风尚的时候,我们的女性也一定会显得成熟、温柔又善解人意,无需太多的言语就能与他人进行心灵的交流,达成心灵的默契。到那时,我们的社会不一定姹紫嫣红,却会暗香浮动。

智者寄语

没有哪个女人不想成为优雅的女人,只是她们苦于找不到优雅的秘诀,或者缺乏信心。优雅,真的那么难吗?其实不难,秘诀就是从身边的小事做起,坚持独立与自信,保持热情与上进;不需要过度的装饰,也不能将就和随便。

学会如何保持优雅的女人味

对于每一个聪明成熟的女性来说,优雅在心中都有一个说不清却感觉得到的尺度。我们并非一定要去刻意追求所谓的优雅,不过女人一生中的每一步似乎都在无形地塑造着优雅。优雅是隐性的而非显性的,不会以非常露骨的、非常直接的形式表现出来,而是在我们内心的深处不自觉地日益强化。

不管承认与否,随着年龄的增长,我们都希望当岁月已经爬上额头眼角时,逝去的只是青春的容颜,留下的却是永恒的优雅。

优雅的女人无人不喜欢。不管是男人还是女人。一般能让女人也喜欢的女人,往往不是拥有美丽面容、魔鬼身材的女人,而是优雅的女人。女人对于比自己漂亮的女人有一种天生的排斥感,愚钝的女人总是在抱怨:上天是如此不公,为何不将那样的身材与美貌赐予给我?而优雅的女人往往是通过后天的努力,让人心服口服。

至于男人,不管是年轻的还是成熟的,都会很自然地被优雅的女人吸引、折服。优雅的女人像一口井,并不是男人看一眼就能一目了然的,她会给男人留下无穷的想象空间。男人心目中的优雅女人,或许外在的美丽是第一印象,但更重要的是内在的修养。

优雅不是天生的,也不是夸夸其谈地知道几个所谓的时尚代名词就优雅了。优雅是一种气韵,一种坚持,一种时间的考验,优雅更是一种恒久的时尚。从一个女人优雅的举止里可以看到一种文化教养,让人赏心悦目。当优雅成为一种自然的气质时,这位女性一定显得成熟而温柔。

时髦,可以追可以赶,可以花大钱去“入流”;而优雅却是模仿不来、着急不得的事。

女人怎样才能够优雅呢?有人说,除非她遇到一个好男人,这个男人给予她所有优雅的动力与勇气,还有物质条件。男人们总有一种感觉,赚了足够的钞票供养女人,让她衣食无愁,在丰富的物质面前,女人优雅的气质和内容就会表现出来。其实并非如此,女人的优雅不是物质生活堆积出来的,虽然优雅的生活多少与物质有一定关系。

你想知道一个女人是否过着优雅的生活,你首先要问她,她是否有能力创造幸福?她的生活内容是否真实?她的感受是否是自然流露出来的?如果她无法确定,那么她必然是生活在别人设计的图纸上,优雅的生活就无从谈起。其实,只有不断提升自己的品位修养,才能逐渐向优雅靠近。品位高了,你的生活中优雅的内容也就会自然而然地增加。

优雅的生活是简单而丰富的，个人的品位和素养或许才是其中的关键。

外表漂亮的女人不一定优雅，但自信的女人却一定有她别样的魅力。魅力来自于美好的仪态。一个优雅的女人，通过她的举手投足、一颦一笑、姿势体态、语言谈吐，就能看到优雅的影子，她总是在不经意间就将女性的魅力展现于人们的眼中。

所以说，想要成为一个有着优雅气质的女人，单单有美丽的外表还远远不够，你还需要拥有良好的仪态，仪态是身材、容貌、谈吐、气质、内涵的综合体现，包含了娇媚、温柔、情趣、自信、学养等复杂内容，既有先天，更多的则来自后天。你可以不断通过各种仪态方面的训练和内在的修养，使自己逐渐成为一个优雅的女人。

世界上不存在永远新奇的衣饰，却存在永不过时的品位。拥有几套款式大方、质地较好、色彩含蓄的服装，只要经过巧妙地搭配、适度地点缀，就可以在任何环境中都不失其雅、免于流俗。要想具有永恒的魅力，就要保有不变的个性，永不为外界所纷扰。一味追求他人创造的时尚，只能说明你对自己缺乏基本的自信。

优雅，是一种知识的积淀，不管是直接还是间接的，都是一种必需的积累；优雅不是一种形式上的东西，它需要你在生活中学习，需要你以丰富的人生经历来成就。优雅有着终生学习的特性，它是台阶式的，学一点，修一点，修一点也就提升一点。优雅是够一个女人学一生，坚持一生的。它也会让你受益一生。

智者寄语

优雅，是一种知识的积淀，不管是直接还是间接的，都是一种必需的积累；优雅不是一种形式上的东西，它需要你在生活中学习，需要你以丰富的人生经历来成就。优雅有着终生学习的特性，它是台阶式的，学一点，修一点，修一点也就提升一点。优雅是够一个女人学一生，坚持一生的。它也会让你受益一生。

优雅是一种卓越的气质

优雅是盛开在女人身上的花朵，芳香四溢。优雅是女人恒久的风范，任岁月剥蚀红颜的娇媚，却带不走举手投足间无与伦比的气韵与成熟。也许你不够漂亮，但你可以修炼自己的优雅，只有举止优雅的女人才能具有永恒的吸引力。

戴尔·卡耐基曾评价一位女士说："你的粗俗将会毁了你的幸福。我要告诉你的是，只有举止优雅的女人，才会赢得男人的尊重和爱。"优雅，可以表现出女人有修养、有内涵，她们在一举手、一投足之间，都会让人觉得恰到好处，很有分寸。确实，要做到这点，对女人来说，如果没有智慧、没有修养，那是无法想象的。人们往往对举止粗鲁，不讲文明的女人嗤之以鼻，即使这种女人腰缠万贯，也没有人愿意把她们当上宾看待。优雅的女人则不同，即使她们没有钱，没有什么名声地位，就凭她们的优雅举止，也足以赢得人们的尊重，这就是优雅气质的魅力所在。所以说，女人是需要优雅的，男人都希望看到更多的优雅女人。

相信每一个人都喜欢以迷人的优雅气质著称的女影星格蕾丝·凯利和奥黛丽·赫本。格蕾丝·凯利冷漠、智慧而优雅的气质，让她一下子走红，甚至使这位有着"王妃"气质的灰姑娘在某一天成了真正的王妃，自此之后，其装扮言行愈加散发出高贵典雅之气。奥黛丽·赫本的优雅，则是纯净而清丽，仿佛天上仙女般一尘不染，虽举手投足间仍有些稚气，却难掩那份与生俱来的优雅。

20 世纪末,又有一位幸运得叫人嫉妒的好莱坞女孩冒了出来,她就是格温妮丝·帕特洛。这位并不漂亮的女子亦是以现代女孩少有的欧洲式优雅而显得耀眼无比。高挑修长的帕特洛被认为具有高雅而不失现代气息的气质,她品位出众而时尚的衣着更是让人十分欣赏。就是这个五官平平的女孩,她的优雅简洁又透着些新时代随意风格的着装方式说明:脸蛋不漂亮的女人也可以美丽。

对于女性而言,优雅的气质主要包括以下 4 个方面:

(1)吸引力

吸引力来源于女性内心的涵养、对礼仪的理解、优雅的谈吐和得体的穿着。

(2)良好的形象

良好的形象包括仪容、仪表和仪态。

(3)好修养

好修养包括品德修养和文化修养。

(4)好心态

好心态是女性在感情、事业、生活中如鱼得水的保证,也是增添自身魅力的重要法则。

优雅是一种恒久的时尚,当优雅成为一种自然的气质时,这个女人一定显得成熟、温柔。女人必须学会改变自己,去读书、学习、发现、创造,它能让你获得丰富的感受、活跃的激情。要学会爱自己、赞美自己、善待自己也善待别人,让生活充满意义。优雅是不分阶层、不分贫富贵贱的,它是一种处乱不惊、以不变应万变的心态。

智者寄语

优雅是一种恒久的时尚,当优雅成为一种自然的气质时,这个女人一定显得成熟、温柔。女人必须学会改变自己,去读书、学习、发现、创造,它能让你获得丰富的感受、活跃的激情。

练出你的优雅

成为一个充满优雅魅力的美丽女人,想必是每一个女人的心愿!真正想变美丽的女人,绝不懒惰松懈,只要认为是正确的事,她们就一定会立刻实行。松懈是美丽的大敌,因此只要努力不懈,相信你一定会变成一个优雅的女人。

1. 随时保持受人注意的警戒心

站在众人视线下的滋味的确很不舒服,全身从头到脚都充满紧张感,丝毫不能松懈。如果你曾经在舞台上表演或是演讲,那么必定会有这种经验。不过要将自己的想法传送给大家,就必须跨越这种紧张感,极尽努力,而后才能顺利表达你的想法。保持受人注意的感觉,正是驱使你迈向完美女人境界的一个重要起点。

2. 留给别人良好的印象

如果你希望成为一个具有优雅魅力的女人,就不妨把别人的眼睛当成自己的镜子。任何人在出门前一定都会照照镜子,或者走在路上也会看看橱窗里自己的影子,但是,最忠实的镜子,却是周围人的眼睛。

初次会面时,能给人留下开朗印象的人,一定是表现出很坦诚、大方的样子,无论举止、表情、遣词用字等所有的举动都应该优雅得当,对于生活的态度充满了希望,并且是朝气蓬勃的。试想,一个沉默寡言、面色苍白、气若游丝、哼哼唧唧的女人,绝对无法表现出美好的自我个性。每个女人都必须生活积极,和许多人交往,对生活抱有积极开朗的态度,这是使自己增添优雅魅力的至关重要的因素。

3. 坦率地表现自己

人类心中总藏着许多欲望、思虑以及杂念等,能够率直优雅地谈谈自己,也就是内心自然坦率的人,大概就是最可爱的人。那种喜欢转弯抹角或对别人的话从不接受的人,都不是可爱的女人。或许神秘感是特别吸引人的优雅魅力,但它只能在特殊场合出现,那并不是真正的魅力。

优雅,是魅力女人的最高境界,优雅的女人拥有恒久的魅力。有哪个女人不想成为优雅的女人?那么从现在做起,塑造你的气质,做个优雅女人吧!

智者寄语

松懈是美丽的大敌,因此只要努力不懈,相信你一定会变成一个优雅的女人。

培养内涵:女人一生的时尚

女人如花女人如梦,女人装点着大千世界。没有女人,世界不会精彩;没有女人,日月暗淡无光。有人说女人是一道好风景,不仅让人欣赏到她那份美丽,还装点着这个世界。

女人不一定美貌如花,但一定要楚楚动人,即使年老了仍然风采依旧。女人的外在美丽只是昙花一现,而内在的气质修养才是永葆女人魅力的常青树。

时尚女人应该爱读书,圣人言:"读万卷书,行万里路。"没有读过书的女人,即使穿戴再时髦也不能说是时尚的女人。如今已经不是"女子无才便是德"的年代了。"巾帼不让须眉"也好,"贤良淑德的贤妻良母"也罢,没有一定的文化素养,就不会自尊自立,更不要说与男人一起"争霸天下"了。书是女人最经久耐用的时装和化妆品。普通的衣着,素面朝天,读书的女人走在花团锦簇浓妆艳抹的女人中间,会显得有气质,有修养,有着与众不同的魅力,所谓"腹有诗书气自华"。

爱读书的女人,不管走到哪里,都是一道美丽的风景,她内在的幽雅和超凡脱俗的谈吐,清丽的仪态和适宜的装扮总能将人们的目光牢牢锁住。那是静的凝重,动的优雅,是天然的质朴与含蓄的混合体。有文化的女人本身就是一本耐人寻味的好书。一个女人要想让自己可爱,有吸引力那就去读书吧。读唐诗宋词、读古典小说、读优美散文,在阅读中修身养性。

时尚女人应该有修养,有修养的女人知书达理,处世冷静。有修养的女人很美,美得别致,她不是鲜花不是美酒,她是一杯散发着幽幽香气的淡淡清茶,即使不施脂粉也显得神采奕奕、风度翩翩、清丽脱俗。

时尚女人要善良,"人之初,性本善",善良是做人的基本品质。善良会使女人变得可爱,善良是人与人交往的钥匙,没有人会拒绝善良。善良亦是一种智慧,一种远见,一种自信,一种沉稳,是永远不丧失对生活乐观态度的豁达心境。

做女人只要是善良的,她就一定是美的,善解人意的善良让人间温暖,让人心境平和,给人以快乐。保持善良的本性和清醒的头脑，才是女人中的极品。

时尚女人会幽默，幽默是人生的一种潇洒，是站在高处观察人间百态的一种从容和智慧。幽默可以化解矛盾，拉近人与人心灵的距离。女人的幽默绝对不是肤浅的，应是一种品位，是处于高谈阔论之中，见于处世判事之际的精彩。

时尚女人有个性，个性即本色，保持本性，不要刻意模仿做作。万事万物的多样性，才组成了我们这个五彩斑斓的大千世界，丑，有丑的长处，俊，有俊的俏丽。不要掩盖女人的天性，喜怒哀乐出于自然，美丽、善良、温柔、泼辣，一样可爱。做个时尚有品位的女人吧。

智者寄语

女人不一定美貌如花，但一定要楚楚动人，即使年老了仍然风采依旧。女人的外在美丽只是昙花一现，而内在的气质修养才是永葆女人魅力的常青树。

聪敏幽默，凸显女人情怀

如果一个女人才华出众、气质高雅、美貌可爱，那就不能不聪敏幽默。没有聪敏幽默的情怀，就像鲜花没有香味一样，有形而无神，看上去总感觉差了点儿什么。

幽默是什么，是经历过纷扰挫折，经历过生活的历练，仍然保持的一份乐观自信，是绝不轻言放弃的生活态度，绝不妄自菲薄的豁达情怀；也是经过富贵荣华，仍能保持平和自我从容淡定。再大的事，经幽默的她的口轻轻一说，就云淡风轻了。

幽默是生活智慧的提炼，是才华的结晶。明明是同样一个意思，经她的嘴说出来，就如珠落玉盘一样，动听悦耳，又让你开怀。这种聪敏幽默的情怀使人感觉到，原来简简单单的道理也可以用另一种方式去表达；平平凡凡的生活，也可以从另一个角度去解读。女性的魅力就在这一来一往的言辞中变得清晰生动起来，有了迷人的韵味，使周围人心旷神怡。聪敏幽默的女人，总有一种豁达的心态，她们不会因为困难而退缩。因为她们看淡一切，所以她们乐观，原来生活不过如此，你不满也好，困苦也罢，其实都可以一笑置之，让所有的悲伤烦忧都在笑谈中灰飞烟灭。不同年龄的女性，人生经历大不相同，但都应有一种从容的聪敏幽默，懂得自己需要的生活，懂得从生活中提炼出生存的智慧，尽情发挥自己的才情，带着宁静而又不失激情的生活态度，快乐地享受自己的人生。

在社交场合中，聪敏幽默可以使你脱颖而出、一枝独秀，显示你的聪明才情，同时也能感染他人，缓解沉闷紧张的气氛，使大家相处得快乐融洽。聪敏幽默运用得法，能够使你成为交际中的行家高手，帮你巧妙化解矛盾，消灭战火于谈笑之间；还可以缓解尴尬局面，赢得大家的喝彩。但是我们应该注意以下三个方面：

第一，幽默是文雅的、健康向上的，不是那些低级趣味的冷嘲热讽，恶意挖苦别人，使他人丢尽脸面。因此在社交场合中，幽默应该显示人的高尚斯文，温柔敦厚，要有尺度，不能过分，不能最后演变成一场恶意的诋毁。

第二，在社交场合中，如果一味地说俏皮话，无限度地卖弄幽默，其效果往往会适得其反。比如你翻来覆去地把一个笑话不断地讲，最初可能会引起大家的兴趣，但讲得多了大家就会认为你唠唠叨叨，甚至对你产生厌恶。所以，凡事应适可而止。

第三，谈笑要恰如其分，注意场合。符合时宜的幽默会使人情绪高涨，但是，当大家正在聚精会神地讨论一个具体方案时，如果你突然冒出一句全无干系的笑话，不但不会使人生笑，反而会使人觉得你很轻浮，缺乏教养。

爱一个女人，有很多理由，但有一个，就是她的聪明，解人意，解风情，还懂得勇敢地自嘲。没有比一个懂得幽默的女子更加具有迷人的魅力了，这是现代独立自主的女子的代表。做有魅力的女人，就不能不做幽默的女人。女性朋友们，请你轻松地微笑，保持你的聪敏幽默，优雅快乐地过好你的幸福生活。

智者寄语

做有魅力的女人，就不能不做幽默的女人。女性朋友们，请你轻松地微笑，保持你的聪敏幽默，优雅快乐地过好你的幸福生活。

淡然如菊女人香

女人最美的是淡然，就是那种喧嚣的世事面前的柔美，蓦然回首后置之的淡淡一笑，所谓人淡如菊。对于一个男人来说，一生中能有一位淡然从容的女人陪伴，是人生中的一大幸事。这淡然实在是人生的一种境界，一种智慧，淡雅无华、清新自然、悠香而怡静。

淡然的女人像秋夜里的月亮，活的简单而有味道；淡然的女人如静美的秋叶，淡淡地来，淡淡地去，给人以宁静，给人以雅致。淡然从容的女人总是不由自主地吸引着世人的目光，摇曳着朋友的心绪；这样淡然如诗的女人带给男人诗一样的情怀，画一样的意蕴，让友人和亲人不得不去怜爱，疼惜，宠爱。

淡然从容的女人不一定是沉鱼落雁，闭月羞花，但一定懂得修饰自己，滋养自己，用淡然的心境去呵护自己的身体；淡然从容的女人不喜欢浓妆艳抹，喜欢自然的装扮，呈现出来的是阳光般温暖灿烂的笑容和端庄的气质；淡然从容的女人是豁达宽容的，总是与世无争，不以物喜，不以己悲；淡然从容的女人不一定事业非凡，功成名就，但是她们对工作和事业兢兢业业，善待他人，善待生活，淡然从容的女人总会在你失落、孤独、痛苦的时候，静静地陪伴着你，温暖着你的心。淡然从容的女人，爱上一个人，就会把整颗心托付于他，温柔宽容体贴地待他。淡然从容的女人，崇尚简单的生活，对人生、对社会宽容不苛求，她们知道，人生需要执着，但也要明白随缘随性，简单地活着，善良、率直、坦荡，品味人生的百态，享受人生的乐趣。

淡然从容的女人是一幅清新隽永的山水画，无论外界如何风卷云涌，世事如何沧桑变迁，她们的内心总是安详宁静。在山涧小溪，她是单纯清澈的水滴；在飞天瀑布，她是奋不顾身的飞花碎玉；在暴风骤雨来临之前，她又如一只顽强拼搏的海燕，展翅高飞。她总能找寻生活的情趣，总能发现美丽的风景，生活虽一次次受挫，身心虽一次次受伤，但她们却更加宽容，更加淡定，更加感恩，更加接近自然，折射散发出历尽沧桑却依然随遇而安、悠悠的美丽女人香。

淡然与从容是女人的一种品格，智慧与人生态度，是女人的一种极致优雅，年华对于女人来说，是一道道伤痕，青春的花开花落使女人疲惫，四季的风花雪月让女人不堪憔悴，磨砺着女人细腻柔软的心。她们的淡然、从容、柔和，像一杯清茶，洗掉心灵中沉淀的渣滓，熨平思想上的矛盾纠结，她们享受着这份淡淡的情，一切都是那么惬意。雏菊般的幽香使女人展现诗情画意，悄然绽放浪漫的情怀、隽永的意蕴，幽香甜甜地回味，让男人真正去怜爱、疼惜和宠爱。

智者寄语

淡然从容的女人是一幅清新隽永的山水画，无论外界如何风卷云涌，世事如何沧桑变迁，她们的内心总是安详宁静。

无论如何，都要保持女人特有的温柔

大多数男人最喜欢的是女人的温柔，女人最能打动人的也是温柔，当然，这种温柔不是矫揉造作。温柔而不造作的女人，知冷知热，知轻知重，和她在一起，一些内心的不愉快也会烟消云散，这样的女人是最令人心动的。

她可能不是都市的白领，她的学历也可能不是那么高，她的厨艺也许不怎么样，她的细手也许很笨拙，她的长相也许挺一般，总之她绝对不能算得上是一个十全十美的俏佳人，但她却很温柔，说起话来“和声细语”，这足以让男人顷刻间为之陶醉。

在男人眼中，女人的温柔比其他所有的特点都要可爱。温柔的女人走到哪里，都会受到人们的欢迎，博得众人的称赞。她们像绵绵细雨，“润物细无声”，给人一种温馨柔美的感觉，令人内心赞佩、回味无穷。

如果你希望自己更妩媚、更动人、更有魅力，建议你发掘或保持作为女人所独具的这种温柔的禀赋，用亲和力去融化别人。

女人的温柔如和风，可拂去心绪上的烦恼与忧愁；像细雨，可滋润心田上的干渴与浮尘；像彩虹，能映照自暴自弃之人的锦绣前程；是武器，能让剽悍粗犷的男人束手就擒。

温柔的性情是最受欢迎的女人味，不尖刻，内心柔软但又自信，充满芳香而且明亮。温柔的女人是幸福的，没有愁怨，更不会寂寞，是爱让她的心充盈而有力量。她明白自己的力量所在、魅力所在和快乐所在。她优雅的情怀与宽容的气度浑然一体，互相辉映。

现代女人应该注重德才兼备，内外兼修。其实温柔不只是一种品德修养，更是一种处世态度。温柔女人最大的好处之一是，可以一“柔”遮百丑。

做一个温柔的女人，不是换一套衣裙、举一杯红酒就可成就的。温柔的魅力，来自于性格、能力和修养。女人的规矩、内敛、温顺都来源于对自己表情的修枝剪叶，让美丽由内而外熏染而出。

具体说来，女人的温柔体现在以下几个方面：

(1)通情达理

这是女人温柔的最好表现。温柔的女人对人一般都很宽容，她们为人很懂得谦让，对别人很体贴，凡事喜欢替别人着想，绝不会让别人难堪。

(2)富有同情心

这是女性的温柔在待人处世中的集中表现。对于弱者、境遇不佳者、老人、小孩或病人，温柔的女人都会表现出应有的同情，并尽可能去帮助他们。

(3)吃苦耐劳

这是东方女人的传统美德，特别表现在家庭生活方面。

(4)善良

温柔的女人对人对事都抱着好的愿望，喜欢关心和帮助别人。对家人，尤其是对子女会表现出更多的关爱。

(5)细致

让人心动的不是一个淑女做出了多么惊人的工作业绩，更多的情况下，是女人那种适时适地的细心关怀和体贴，最能叫人怦然心动。一同出门时，吃东西弄脏了手，她备好纸巾递上；衣服扣子掉了，一向细心的她正好带着针线……虽然都是些小事，但却于细微之处充分体现了女人难以抗拒的温柔和魅力。

(6)性格柔和

温柔的女人绝对不会一遇不顺心的事就暴跳如雷或火冒三丈。以柔克刚，这是温柔女人的最高境界。到了此境界，即使是百炼的钢铁也能被她随意掌控在手中。

(7)不软弱

现代女人追求温柔，但绝不软弱。温柔是一种美德，是内心世界有力量和充实的表现，而软弱则是要克服的缺点，二者不可混淆。总之，温柔可以体现在各个方面。女人在生活的各个领域，都能体现出温柔的特征。作为一个现代女性，应当通过学习，通过认识自己、认识社会和切身体会等途径，去培养自己的温柔，这样才能更好地独立生存于社会之中。

智者寄语

做一个温柔的女人，不是换一套衣裙、举一杯红酒就可成就的。温柔的魅力，来自于性格、能力和修养。女人的规矩、内敛、温顺都来源于对自己表情的修枝剪叶，让美丽由内而外熏染而出。

第五章　心态是魅力女人的精神家园

起落皆安然，笑对得与失

一个成熟的女人能拥有一颗大气、宽宏的心，不论经历过怎样的悲喜和遭遇，总能宠辱不惊，笑对人生的得与失。

生活就像一条奔流不息的江河，不仅有激情澎湃的时刻，还有静静流动的时候，所以生活并不是一帆风顺的。那么对于生活中出现的起起落落和坎坷曲折，我们应该怎样去面对呢？

成熟的女人大多都知道怎样积极地去面对生活中的这些波折和崎岖，她们大多都有一种豁达和闲适的心境。这种心境用这句话形容最恰当不过了，那就是："宠辱不惊，闲看庭前花开花落；去留无意，漫随天外云卷云舒。"

成熟的女人对待人生中的是非曲直和坎坷辛酸，总是保持着这种平和的态度。她们能够坦然地接受生活的赐予，不是不去努力改变，而是有选择地去放弃和接受。这是一种豁达的智慧，更是一种聪慧的执着。

杨柳在大家眼中一直是一个非常柔弱的女孩，实际上她是一个思想相当成熟，对生活有一定感悟的女孩。

杨柳曾经对她的朋友们说："生活应该像杨柳一样一直充满着绿色，充满着希望。只有这样才不会被眼前的黑暗所吓倒，而停滞不前。"

杨柳的经历相当丰富。她经历过创业的失败，遭受过朋友的背叛，恋人的劈腿甚至亲人的离去。但这些伤痛并没有使杨柳丧失继续追求生活的勇气。相反，这些磨难磨炼了她的意志、坚强了她的性格，使她成为一个内心无比强大的女孩，身上散发着淡定成熟的女性魅力，赢得了许许多多人的赞扬和钦佩。

杨柳目前有一家自己的公司，最近的一个投资项目出现了很大的决策失误，给公司造成了极大的经济损失。面对这一切的变故，杨柳并没有退缩。她告诉自己：这一切只是命运的考验，不能就此放弃；放弃是一种最彻底的失败。

这次风波之后，公司的资金严重短缺，已经不能支付员工的工资。在做过资金的最后核算后，她集合大家开了一个紧急会议。在会议上，她明确地告诉在场的所有员工，公司的资金一时无法周转，想要离开的员工，可以领到工资直接辞职；而留下的员工则要过一季度才能领到自己的所有工资。

这次会议后，员工走了一大半。虽然只剩下与自己共事十几年的同事，但她依旧很感动。她把自己从银行的贷款和向朋友筹借的资金全部投到公司中，为公司的运营继续注入血液。

一个季度后，公司开始盈利，她按时给所有留下来的员工发放了工资。从此，员工对她多了一份信任、一份支持。

不管是面对生活还是工作上的起起落落，杨柳做到了泰然自若，可以说是女子中的“伟丈夫”。人生不如意之事十之八九。杨柳的坚韧和勇敢让人叹服，而这正是一个成熟的女人所应具备的素质。

成熟的女人不会因为失败或者过错而郁郁寡欢。她们会积极地想出解决问题的办法而不是在那里听天由命。古语中有一句话“临渊羡鱼，不如退而结网”。成熟的女人为了让自己登上更高的台阶，她们会毫不犹豫地“退而结网”。

这样的女人经历了生活的磨难，在历练中逐渐看淡了人生的大起大落。在她们的心中，这种大起大落就像海滩上的潮水一样，会有涨潮的时候，也会有退潮的时候。这涨退之间，自会有惊心动魄，自己又何必大喜大悲呢？

在一个风和日丽的下午，一位老者领着自己的外孙女去河湾钓鱼，外孙女十分高兴。在去河湾的途中，外孙女一直在问：“河里有大鱼吗？最大的鱼有多大啊？”

这位老者笑而不答，而外孙女不依不饶。他淡淡地说道：“待会儿你就知道了，说不定还会有惊喜。”外孙女听了不再说话，怀着急切的心情一蹦一跳地跑到了这位老者的前面。

到了河边，这位老者静坐了下来。他慢悠悠地在鱼钩上挂上蚯蚓，当作鱼饵，然后找了一个僻静的地方放下了垂线。由于河边太危险，这位老者让小女孩在稍远的地方边玩边静静地等待。

过了好久，小女孩一个人玩得很没意思，而那边老者还没有钓上一条鱼。小女孩趴到老者的耳边嘟囔道：“鱼儿怎么不出来啊？”这位老者指了指鱼钩，小女孩看到鱼钩轻微动了一下。小外孙女屏住了呼吸，静静地等待。很快，一条大鱼被钓了上来，小女孩高兴得活蹦乱跳。老者再次放钓，一会儿钓上了一条小鱼，小女孩有点垂头丧气……

这个下午，小女孩一会儿高兴得跳起来，一会儿像泄了气的气球，垂头丧气。她的情绪与老者是否钓到了鱼和鱼的大小有关。

天真的小女孩很自然地流露出自己的情绪，这是人之常情。人的一生正像垂钓的过程，在拉出鱼线之前，人们都是充满希望和期待的，拉出鱼线后，看到了等待的结果，便会表现出与结果的好坏相对应的喜悦和失望两种表情。成熟的女人更像那位老者，不管结果怎样，她淡然处之。

没有人可以预知未来。而正因为未来不可预知才充满了神秘。这就是为什么老者一直不肯提前告诉小女孩垂钓的结果。成熟的女人虽不能完全主宰自己的命运，但面对生活中给予的“出其不意”，她们没有惊慌和焦躁，能坦然以对。

智者寄语

一个成熟的女人能拥有一颗大气、宽宏的心，不论经历过怎样的悲喜和遭遇，总能宠辱不惊，笑对人生的得与失。

内心淡然，风吹身摇而心不乱

有一个面容憔悴、骨瘦如柴的人来到了教堂，请求神父的帮助。他向神父忏悔说：“我得到过,失去过,可我总觉得失去的比得到的多。失去的已永远失去,对于得到的东西,我并不珍惜。"

神父说:"无须哀叹。选择你所选择的,并坚信自己的选择是对的。沿着自己的选择一直走下去,不回头,不后悔。"

这个人又说:"我很累,也不快乐。我有我的脆弱和悲哀,谁能够救我?"

神父用右手在胸前画了一个十字,对他说:"愿主保佑你。若心中有累,唯有自己放下才能得到解脱。心绪平和可以让你快乐。细梳自己的情绪,你将得到安宁。"

这个人半信半疑地离开了。他听从神父的话,不再因外物的得失而喜悲。几星期后,他面色红润,遇事从容,成为了一个豁达乐观的人。

无论成败得失,一切都将过去。生活就像是一本书,每个日子都是其中的一页,我们的喜怒哀乐全写在里面。当我们一页页地翻过,最后一切都归为平静,心境自然会平和下来。

可是,敏感女人的心境就像是宽广的湖面。一阵风可以吹皱湖面,一个小石子可以激起千层波……

女人是善于梳妆打扮的,但她们却忽略了自己的心情。当她们专注于修饰自己的眉毛和细心地画眼线的时候,她们是否是快乐的呢?如果把烦恼、忧愁挂在脸上,这样的梳妆打扮又有什么用呢?

看着那些在城市的柏油路上,穿着高跟鞋神色匆匆的女人,她们华丽的妆容掩饰不了她们内心的慌乱。她们看着周围漠然的表情,也在一定程度上反映出了她们的迷茫和不安。

如枫叶般静美的女人,她们保持着一贯的温和,没有大起大落的情绪表现。

小冰是一个感性的女孩。在职场中,由于和自己多年的同事一句玩笑话,她闷闷不乐了几个星期。她这样敏感的触角让办公室的人都不敢妄自对她作出评价,害怕伤了她时刻维护的自尊心。

有一次,经理找她谈话,说她写的策划文案太过于理想化,现实制作中根本达不到设计的效果。如果客户选中了这样的广告文案,公司也无法完成制作,那样将会给公司造成一定的损失。

小冰听了,心里很不是滋味。她没有想到,自己辛辛苦苦写的文案就这样轻易地被经理否定掉。虽然这里面有自己的疏忽,但自己也是为了追求更完美的广告效果。她连续好几天工作都不在状态,也没有心思继续写别的文案了,沉浸在自己的小难过里。一个星期后,制作部通知她,说她有一篇文案已经被客户订了下来,要找她沟通一下,以便完成广告片段的制作。她听到这个消息后,一改往日的愁容,高兴地去找制作部的相关人员了。

她这种短时间的情绪上的起起落落让同事们哭笑不得。然而,这就是她的性格。

对于忙碌的工作、快节奏的生活,每个人都难免会发点小脾气。但小冰的情绪受工作的影响过于明显,这是一种不成熟的表现。

淡定的女人也有自己丰富的内心世界,但她们把这些小愤怒、小欣喜埋藏到自己的心里。在她们的脸上,你看不到过多的情绪波动。她们心境平和,举止优雅,保持着春风般的微笑,给人的印象总是那么端庄、稳重。

每个人都有可能陷入到各种各样的情绪之中。这种或快乐或忧伤,或幸福或痛苦的转换,都具有相对性的情绪反应。对于积极乐观的情绪反应,不管是自己还是他人都乐于接受。而那种消极悲观的情绪反应,不仅影响着自己,也影响着他人。自己要有一个好的把控,避免让情绪越来越糟。

在很久以前的一片森林里，住着一只鹿。在一次大迁徙中，它和自己的伙伴走散了，所以，它就一直待在森林，等待着同伴们能回来找它。

以后它的生活里没有厮杀和血腥。它是一只无忧无虑、自由自在的鹿。有一次，它在森林里散步，看到一只长颈鹿和一头驴同在一棵树下：长颈鹿只要稍微抬头就可以吃到树上的叶子，而那头驴不管怎么仰头，都始终吃不到近在咫尺的树叶。这一幕触动了它的心弦。它一边为长颈鹿感到欣喜，一边又为低矮的驴感到惋惜。

这只鹿走着走着，看到树上有一只嘴里衔着肉的乌鸦，树下是一只狡猾的狐狸。它就在不远处，听到狐狸在夸赞乌鸦美妙的歌喉，并且表示自己诚挚地希望能够听到乌鸦的歌唱。这只乌鸦被赞美声冲昏了头脑，一时冲动张开了嘴，却不想自己辛苦找到的肉掉到了狐狸的嘴里，狐狸一溜烟消失不见了。

这只鹿目睹了这件事发生的整个过程。它感慨万千，不知道自己是该为乌鸦哭泣，还是该为狐狸庆幸。它矛盾着，纠结着，悄悄走开了……女人的情怀就像这只在森林里散步的鹿的情怀。面对生活，面对芸芸众生，女人有自我的感伤，怀抱悲天悯人的情怀。这种心绪的凌乱会让女人心力交瘁，陷入矛盾纠结中。

在这个大千世界里，几家欢喜几家愁。女人收拾好自己的情绪，才能够很好地面对自己，面对社会。

我们的内心世界会因为自我的评价、外界的环境而有所变化。若女人能像鸟儿梳理自己的羽毛一样梳理自己的情绪，就不会有那么大的情绪波动，从而让自己获得心灵的安宁与平静。

智者寄语

我们的内心世界会因为自我的评价、外界的环境而有所变化。若女人能像鸟儿梳理自己的羽毛一样梳理自己的情绪，就不会有那么大的情绪波动，从而让自己获得心灵的安宁与平静。

纵有百般诱惑，心亦如遇波澜而不惊

常听人说，没多少人能够禁得起诱惑。身为世俗之人，在任何诱惑面前保持道德平衡，保持身心的纯洁，这原本就不是一件容易的事情。而聪慧的女人在面对诱惑的时候，纵然不能避开，但也会使自己保持一颗平常心享受平淡的生活。女人若有一颗平常心，再大的诱惑也只是过眼云烟。

一位哲学家问两个男人，如果出100元买他们的妻子，他们是否同意。自然，两人都把头摇得像拨浪鼓。

哲学家又问，倘若是100万呢？这时，其中一个男人点了头，另一个男人还在犹豫当中。哲学家对那一个男人说，倘若是1000万呢？终于，犹豫不决的那个男人也点了点头。

由此可见，人们在面对诱惑的时候，往往不惜抛弃自己原本爱的东西。可以说人有多少欲望，这个世界就有多少诱惑。对女人来说，在她们的一生中将会遇到多少诱惑，这实在是难以定论的事情。所以如何保持一颗平常心，如何不受诱惑的困扰，这就显得尤为重要。

其实，诱惑并非只是在金钱这方面，诱惑来自于生活中大大小小的事务。对于女人来说，诱惑可能是一次说谎,一次醉酒,一次赌博……诸如此类的事情。原本这些行为是不应该发生的,但女人为了达成心中所想,难免要采取一些不恰当的行为,这个时候,也就中了诱惑的陷阱。但人孰无过,若能从诱惑中警醒,不受诱惑的困扰,重新回到原本平淡真实的生活中,才是对付诱惑最好的方法。

小美读师范学校的时候,当时班级里流行织毛衣。小美也想将自己打扮成温婉可人的淑女,自然这种跟美有关的事情是不能落后的。于是,小美毅然加入了编织大军中。一向省吃俭用的小美,从街上买回来漂亮的绒线,开始一针一线地编织自己的美丽。

为了尽快将这美丽的毛衣编织好,小美在老师上课的时候便开始心不在焉,想着该如何编织才能更好看。到了晚上,班级需要上晚自习,小美就谎称身体不舒服,躲在宿舍里面飞针走线。甚至,连吃饭也懒得去食堂排队,让同学带回来。

由于天资聪颖,加上自己的努力,小美所编织的毛衣成了公认的佳作。这么一来,小美的名声便传播开来,小美更是无法收尾了。小美开始帮别人织毛衣,只是为了获得他人的赞赏。每次看着女孩子穿着她编织的毛衣,看着这毛衣吸引来的异性目光,她都有很强的成就感。那段时间,她在女生心目中,简直成了编织高手。纷纷的赞扬迎面扑来,那段时间,她沉醉其中不能自拔。

但好景不长,小美的成绩一落千丈,还有的科目需要补考。农村出生的她感到十分惭愧,拿什么报答自己面朝黄土背朝天的父母呢?羞愧之情无以言表,小美也意识到都是毛衣惹的祸,是自己的虚荣心在作祟,禁不起诱惑,不能自拔。痛定思痛,郑重地跟同学们宣布:即日起退出编织队伍,有关编织毛衣的事务一概不参与,请各位免开尊口。

这件事之后,小美也明白到:禁得起诱惑原本就不是简单的事情。倘若当初保持一颗平常心,又怎么会有今日的悔恨!

女人们常听到“鱼和熊掌不能兼得”这句话。在生活中,当我们选择了一件事情的时候,必然要放下手头的事情去交换。这其间必定有损失,尤其是在当我们知道那件事情是虚荣的,若从事并不会带来丝毫好处的时候。这个时候,调整心态才是最重要的事情。

智慧的女人,往往面对诱惑宠辱不惊;而后知后觉的女人,即便深陷诱惑,也能够适时退出来。这都是难能可贵的。

小玉结婚之后,开始跟先生苦心经营自己的小家。小玉相夫教子,每日两点一线。小玉所生活的城市较小,生存的压力不是很大,因此娱乐生活也少之又少。闲暇之余,男人们常常聚在一起猜拳喝酒,而当地的女人们大都聚在一起打麻将,但她不会打麻将。于是,当和朋友相聚的时候,她也不参与娱乐活动,匆匆而归,成了大家公认的“夫管严”。后来,禁不住朋友的“激将”,她便开始涉足“麻坛”。

虽然没有一点基础,但是凭借天赋,小玉很快掌握了其中的技巧。并且在赢了几次之后,便一发不可收拾。每到周末,她就匆忙做完家务,开始去跟人打麻将。

时间一长,小玉的家再也不像从前。小玉的孩子没有人管,丈夫对小玉的意见也越来越大,两人之间的矛盾也越来越多。

在一次大吵后,丈夫下了最后通牒:要家还是要麻将。

小玉恍然间如梦初醒。麻坛无涯,回头是岸。回想这大半年的时间里,小玉少了对孩子的爱,也疏于和老公交流,家庭环境变得危机重重。小玉不能再这样下去,否则和美的家庭也要被毁掉。

反思之后,小玉从此再也不接受任何打麻将的邀请,专心在家里陪家人,家庭又恢复到原先和美的局面。

诱惑无处不在,而宠辱不惊、坦然对待是女人面对诱惑的最好心境,也是女人人格的升华。女人应当明白,在这个世界上美好的东西真的太多了,必须明确什么才是我们要追求的。这种追求就是一种信念,每个人活着都需要一种信念来支撑。而当人生有了信念的时候,就能够抵制诱惑。又或者说,信念能够让人们拥有坚强的意志来抵制诱惑,战胜诱惑。波澜不惊,淡然处世,这样的女人,才能拥有别样的风采。

智者寄语

诱惑无处不在,而宠辱不惊、坦然对待是女人面对诱惑的最好心境,也是女人人格的升华。

放下,心中花自开

淡定的女人略施粉黛就会有迷人的风采。在《诗经》中,有一句"静女其姝,俟我於城隅。爱而不见,搔首踟蹰"。这句话阐释了静女的可爱和美丽。而何为静女?可以理解为淡定的女人。

然而,人生中有很多的重负,让女人舍不得放下,从而隐藏了自己美丽的容颜,换上了一脸的憔悴与不安。这些重负比如说金钱、荣誉、情感……

如果心灵的空间被占得满满的,女人又怎么能获得生活的轻松与快乐呢?因为心事越多,心绪就越乱。

如果把内心比作一块璞玉的话,心事就是那些瑕疵。一两个瑕疵会更加衬托出璞玉的美丽,但如果瑕疵太多,这块璞玉还会有价值吗?

所以,当你的内心因为这些,变得不透亮,又怎么去享受当下的生活,获得幸福和快乐呢?

唯有放下那些痛苦的事情和不愉快的经历,与世无争,才能找到那片属于自己的天空。

在游乐场里,一位母亲领着自己的女儿游玩。来游玩的人很多,小女孩有点紧张,很害怕在慌乱中和母亲走散。所以,她紧紧攥着母亲的手指,跟在母亲的身后。别的小朋友都在爬假山,母亲让女儿也去玩。女儿害怕离开母亲,就没有去。

女儿很乖巧,也很安静。母亲看到不远处有人在卖气球,红的、黄的、绿的……为了哄女儿开心,她给女儿买了一只红气球。女儿拿到气球后很高兴,走在路上,总不忘抬头看看。

一路上,女孩儿又蹦又跳。她还向母亲指着自己看到的小鹿、大象、狮子……

可是,小女孩一不小心,没有拿好气球,气球飞上了天空,越来越远,最后再也看不到了。小女孩很伤心,她不停地哭闹,说要找回气球。这时候,这位母亲擦干小女孩的眼泪说:"气球飞走了,你也刚好腾出了手。我们去坐木马吧。"

就这样,小女孩被母亲抱着坐上了木马。刚开始,女孩还在低低地抽泣。可随着木马旋转,小女孩渐渐转移了自己的注意力,情绪平静了下来。

最后,她找回了原来的笑容,玩得很开心。

小女孩放下了自己的前一个追求,不再迷恋气球,找回了自己的快乐。人的一生中有很多次的得到和失去。聪明的女人在追求自己喜爱的事物时，就像是游乐园里的那个小女孩。

既然得到是快乐的，失去是痛苦的，那为什么不把这一切看淡呢？

只有在心中放下，自己才会得到解脱，也唯有放下，才能更好地前进，去接纳新的事物。内心之所以有喜怒哀乐，是因为我们被身边的一些事物牵制着。如果想从容地面对生活，达到“不以物喜不以己悲”的境界，就要懂得适时地放下。

小琴是一名化妆品推销员。柜台前，如果没有顾客，就是小琴一个人的世界。一个月下来，小琴的销售业绩并不好；而业绩直接和工资挂钩，微薄的工资仅仅只能维持房租、公交费、日常生活费而已。

面对生活的窘迫，小琴依然笑靥如花。有好多朋友劝小琴换一份工作，让自己的收入多一点，而小琴只是淡淡地一笑。小琴知道，化妆品有其绝对的市场，因为爱美之心人皆有之。如此，小琴又怎能轻易地放弃自己的工作呢？

生活很平静，每一天小琴都很认真地工作，耐心地向前来问询的顾客讲解。对于失落，小琴并非转身即忘。面对压力，一个人总要学会自我安慰、自我解压。所以，每天下班的时候，小琴都会告诫自己，要放下失败带来的绝望，明天是新的一天，会迎来新的希望。

最后，小琴成为了一名优秀的推销员，她的笑容和美丽给顾客留下了深刻的印象，回头客越来越多。

的确，只有放下了挫败才能更好地迎接成功。这个女人很淡定。她坚信自己终将成功，又怎会为一时的失败而烦恼呢？

淡定的女人懂得放下。放下了，才会自由、快乐。生活常给人们设障，我们做事不可能总是一帆风顺。而生活本身就充满着酸甜苦辣，身处其中，每个人都会有自己的体会。

不管是工作上、生活上，还是自己情感上的压抑，当自己无法排解时，不妨先把它们放下来，不去想这些麻烦事。放下之后，才能卸下沉重，让慌乱的心平静下来，才能做出明智的判断。

有时候，放下是为了做出更好的选择。与其困兽犹斗，不如退一步海阔天空。

有一种虫子，它天生喜欢背东西。每天，它在草丛中活动，只要是见到小的物件，它都会把这些物件装饰到自己的壳上。这是一种类似蜗牛的虫子，拖着重重的壳，艰难地前行。它的寿命只有几个月，也只能是几个月。

因为几个月后，它身上的自载量超过了它生命所能承受的重量。它最后是负重而死的。

这种虫子被自己的喜好所累，它不懂得放下。外在的东西，用于装饰的东西有很多，我们不可能把所有美好的东西都纳为己有。女人如果有太多的需要得不到满足，又不懂得舍弃，那么迟早有心力交瘁的一天，就像那只喜欢负重的虫子。女人在现实的纷纷扰扰中，要学会淡定，在淡定中，学会放下。在人生中，女人追求美好的东西，就像不断采摘生活中的小花，这些五颜六色的小花鲜艳夺目。可是如果采摘得太多，这种小花还会保持原来的美丽吗？如果忙于采摘，自己还有时间去欣赏小花的美丽吗？

生活并不需要太多的点缀，当自己的心被外物所累，为什么不尝试放下，让自己重获轻松呢？

智者寄语

淡定的女人懂得放下。放下了，才会自由、快乐。

学会调节不良情绪，培养乐观的心态

美国心理学家艾里斯和贝克指出：人们对某种情境的解释、思考、方法（即认知结构），决定他们的情绪和行为反应。比如，抑郁心理的产生是认知结构歪曲造成的，但一般人意识不到。因为认知结构背后有一种自动思想，它存在于潜意识里不被人察觉，却受当前事件的触发，产生消极情绪和行为。只要我们努力用积极、新的、建设性的思想代替“歪曲的认知”，就能走出一般的异常心理。

一位美国心理学家发现，乐观健康的心理也是可以通过学习而获得的。学会维持乐观的态度不仅有助于避免心理问题，而且实际上有助于提高健康水平。

现代女性要消除抑郁心理，首先应培养乐观的人生态度。积极乐观的人生态度是人类在社会实践中获得的本质力量的体现。乐观的人对自己所从事的工作或学习有浓厚的兴趣，能友好地对待自己和他人，能以愉快的眼光去看待事物，对前途充满希望和信心。这种乐观向上的人生态度促进了生活的各个方面，使人从中得到更多的乐趣。因此，从本质上说，积极乐观的人生态度是健康心理最重要的表现，是人走向自我完善的最重要的特征。

20世纪五六十年代，马斯洛、罗杰斯等人本主义心理学家开始研究人性的积极一面，对现代心理学的理论产生了深远影响，在一定程度上引起了心理学家对于心理活动的积极一面的重视。

在20世纪末的10年研究中，心理学家开始关注对于心理疾患的预防。尤其是在对付抑郁心理方面，积极心理学提出了积极预防的思想。这种思想认为，在预防工作中所取得的巨大进步是来自于在个体内部系统地塑造各项能力，而不是修正缺陷。在此看法中，当一个人处于孕育着抑郁、物质滥用或精神分裂等问题的环境中或其遗传素质较差的情况下，要防止在其身上出现以上问题可能性不大；但是在人类自身存在着可以抵御精神疾病的力量，它们是：勇气、关注未来、乐观主义、人际技巧、信仰、职业道德、希望、诚实、毅力和洞察力等，预防的大部分任务将是建造一门有关人类力量的科学，其使命是去弄清如何在一个人身上培养出这些品质。例如，要防止那些在易于得到毒品的环境中的少年身上的药物滥用，有效的预防并不是对他们进行治疗，而是找出并发展出其自身已拥有的力量。一个关注未来、人际关系良好并能从运动中得到快乐的少年，是不会形成药物滥用的。总之，积极心理学认为：通过发掘并专注于处于困境中的人自身的力量，就可以做到有效地预防各种心理疾病。

现代女性遇到挫折，产生烦恼、愤懑、沮丧、焦虑、彷徨等不良情绪时，应该学会用适当的方法进行调节。调节的方法主要是宣泄和转移。

宣泄，即在适当的时候、适当的场合，向适当的对象倾诉内心的不快，以减少内心的痛苦。现代人本主义大师罗杰斯曾以自己的亲身体会向我们阐明宣泄的妙用。他说：“我以亲身的体会可以证实，当你处于精神痛苦时，如果有人能听你诉说衷肠，同时又不试图评判你，不替你承担责任，不打算改变你，你就会感到非常愉快。”学会向朋友倾诉自己的烦恼，是现代女性平衡心理矛盾的一个有效方法。有抑郁心理的女性经常因过度压抑自己而感到焦虑和紧张，认识自我，学会向朋友倾诉自己的烦恼，不仅能减轻心理压力，同时也能有效地控制抑郁心境，从而轻松、愉快地学习和生活。

转移，即把注意力暂时转移到其他事情上，以缓解或冲淡不愉快的心情。

此外，现代女性无论在生活，还是在心理思想等方面，都必须有意识地培养自己的独立意识。平时要加强心理素质的培养和训练，特别在面对挫折时，要善于积极调整自我的心态，客观分析，积极进取。

智者寄语

现代女性无论在生活，还是在心理思想等方面，都必须有意识地培养自己的独立意识。平时要加强心理素质的培养和训练，特别在面对挫折时，要善于积极调整自我的心态，客观分析，积极进取。

逃离沮丧

桑纳在他的《发现勇气》一书中讲述了这样一个故事：

琼留着红艳欲滴、修剪精致的长指甲，年纪已经四十好几，但双手之滑嫩宛如属于十六岁少女所有。我见到她，真想把我那只满是皱纹、指甲粗短的手藏到口袋里去。但琼会抓住我的手，把我拉近，用一种高声的细语向我讲些她有名的低级笑语。我们咯咯地笑成一团，然后我忘掉了手的粗鄙。

琼住在疗养院，和我继父安迪同一楼层。他刚搬进来时，是琼接待他的，指点他门路——把他介绍给其他住户，并给他情报，哪些管理人员可以找，哪些该敬而远之。

她罹患机能退化症，病况恶化得很快，我认识她的时候，她已经要绑在轮椅上才能坐直了。

有些日子，她会把指甲掐入手掌心，死命地喊着要多吞几颗止痛药。她丈夫早就离开她了，知道她有病之后就不再答理她了。她没有子女，有个男朋友叫约翰，是个五十出头的白发帅哥，他中风过，说话有很大问题，他们常常在日光室坐着，手握着手。

在琼过世之前，我问是什么力量支持她活下去，她说："猫王的福音音乐，还有祷告。"

在这种情况下，一般人早就发疯了，而琼却选择自我实现。写到这里，我的电脑屏幕已经因为我眼中的泪水而模糊不清了。一个人活在人间地狱的煎熬中，却一心要在地狱里找出活下去的意义，再没有一件事比这个更动人心弦的了。想想有一天我们也很可能遭逢重大不幸，再也没有比这个更吓人的念头，我们没有一个人会愿意和琼一样，在黑暗的人生旅途中匍匐前进。

还有，如果我们铸成大错，对别人或自己造成永远无法弥补的伤害，那该怎么办？著名心理学家阿德勒曾说：所有失败者——罪犯、酗酒者、自杀者、堕落者、娼妓，等等，他们之所以失败，都是因为他们缺乏从属感和社会兴趣，从而对生活产生强烈的沮丧情绪。他们在处理职业、友谊和性等问题时，都不相信这些问题可以用合作的方式加以解决，于是对现实充满失望感。

自怜并无助于恢复破碎的自我，一味的沮丧和自怜往往会带来更残酷的现实。她本来可以显得更年轻的，可如今却看起来像个老人；她本可以获得很好的社会地位，可如今却有无穷的经济负担，丈夫对她的自卑态度十分不满，小孩对家庭也没有归属感，这也使她变得愈发的沮丧。

虽然沮丧是人类的正常现象，但如果长年逃避和否定自己，陷入持续的沮丧之中不能自拔，却又习惯把责任一股脑全推给别人的话，那么这样的人大都是些缺乏勇敢和能力承担不幸的人。

沮丧者虽然也大都在各自挣扎,并很想求助于别人,可是孤独和害怕被拒绝的心理使他们往往不敢冒险求人。由于自卑态度,他们也无法正视自己的脆弱,只好以假装快乐的方式来掩饰自己。因此,除了配偶和孩子等家中亲人,周围的人往往都无法了解他们的内心世界,认识到其糟糕的情绪,因而也难以给他们帮助。事实上,即使知道了他们情绪上的沮丧,旁人也常常会显得无能为力。

有些"功成名就"的成功者也会产生沮丧。例如有的事业有成的男人,当他的妻子不安心操持家务,而决定要去读书或要找份兼职工作时,如果他们自己不善于处理家务,面对乱七八糟的家,往往会出现强烈的沮丧感。因为他们觉得自己辛苦工作,赚那么多钱,在社会上也有地位,家中该有的都有了,结果妻子还不安心,还要去寻找什么自我,因此他会产生自己所追求的这些东西究竟有什么意义一类的疑问。如果无法很好地解决这些心理上的困扰,他很可能就会逐渐变得灰心失望,情绪沮丧。

沮丧的人灰心是很自然的。一个人辛辛苦苦地奋斗,其理想不管是大是小,如果他不能获得事业的成就感、家庭的幸福感,那么他是不会感到快乐和欣慰的。他会不断地自问:"我得到的是什么?"这时如果不能够及时调节、克服沮丧情绪,就很容易产生"不死就知万事空"的感觉。

人在其生命的几个重要阶段都很可能出现沮丧。童年时期,健全的感情发育和培养很重要,如果他家庭生活不幸,比如父母亲离婚、丧失亲人等,都容易导致其产生沮丧感;青年时期,健全的社会关系包括恋爱、婚姻、朋友等都十分重要,恋爱、婚姻挫折会使人沮丧,而没有真正的朋友也会使人沮丧;老年时期,健全的人生旅程显得十分重要,如果老年丧偶、丧子很容易使人陷入沮丧无助的情绪之中。

沮丧情绪常常会扩大生活的不幸。所以对被持续强烈的沮丧情绪困扰的人来说,很有必要接受一定的心理治疗,但这些人又常常不愿意承认自己有心理问题,对心理咨询和治疗持拒绝排斥的态度,这就不可避免地会对他们的工作、生活、婚姻、家庭造成进一步的破坏。

有的人在沮丧中形成了对他人冷漠的态度,认为这样可以报复别人,其实这样不但无助于事情的解决,还会进一步损害自己。因为这样做,无论在肉体上、精神上都将进一步影响自己的情绪,使自己无法坚强地面对现实。事实上,用冷漠的方法打击自己倒是最有力的武器。

在生活中,每个人都会有沮丧的时候,但沮丧并不是不可克服的。要拿出勇气改变自己的生活态度,找出引起沮丧的原因并努力设法改变现状。

所以说,应像对待所有其他的不幸后果一样,对于不幸带来的沮丧,我们也不应听之任之,一味地自怨自艾、杞人忧天,而要振作起来,采取勇敢、奋进的态度去直视面对它以及现实中的一切挫折和困难。

女人能够成功,就在于她们能够以开放的心理接受各种情绪的影响,具有较强的情绪承受能力,并能通过适当途径克服消极情绪所带来的困扰,始终保持乐观向上的精神,对生活充满希望和信心,从而才有勇气和耐心去征服生活中一个又一个艰难险阻。

一味沉浸于沮丧之中不能自拔的低情商者,最终只能使自己变得更加的一败涂地。

智者寄语

女人能够成功,就在于她们能够以开放的心理接受各种情绪的影响,具有较强的情绪承受能力,并能通过适当途径克服消极情绪所带来的困扰,始终保持乐观向上的精神,对生活充满着希望和信心,从而才有勇气和耐心去征服生活中一个又一个艰难险阻。

女人更应常怀一颗感恩的心

女人天生都是善良的,应该常有一颗感恩的心,是感恩之心使她们更懂得尊重生命、尊重劳动、尊重创造。

在一个小镇上,饥荒让所有贫困的家庭都面临着危机,因为对于他们来说,最起码的温饱问题都难以解决。

小镇上最富有的人要数面包师卡尔了,他是个好心人。为了帮助人们度过饥荒岁月,他把小镇上最穷的20个孩子叫来,对他们说"你们每一个人都可以从篮子里拿一块面包。以后你们每天都在这个时候来,我会一直为你们提供面包,直到你们平安地度过饥荒。"

那些饥饿的孩子争先恐后地去抢篮子里的面包,有的为了能得到块大一点的面包甚至大打出手。他们心里只想着要得到面包,当他们得到的时候,立刻狼吞虎咽地把面包吃完,甚至都没想到要感谢这个好心的面包师。

面包师注意到一个叫格雷奇的小女孩儿,她穿着破旧不堪的衣服,每次都在别人抢完以后,她才到篮子里去拿最后的一块小面包,她总会记得亲吻面包师的手,感谢他为自己提供了食物,然后拿着它回家。

面包师想:"她一定是回家和自己的家人一起分享那一小块面包,多么懂事的孩子呀!"

第二天,那些孩子和昨天一样抢夺较大的面包,可怜的格雷奇最后只得到了昨天一半大小的面包,但她仍然很高兴。她亲吻过面包师的手后,拿着面包喜滋滋地回家了。到家后,当她妈妈把面包掰开的时候,一个闪耀着光芒的金币从面包里掉了出来。妈妈惊呆了,对格雷奇说:"这肯定是面包师不小心掉进来的,赶快把它送回去吧。"

小女孩儿拿着金币来到了面包师家里,对他说:"先生,我想您一定是不小心把金币掉进了面包里,幸运的是它并没有丢,而是在我的面包里,现在我把它给您送回来了。"

面包师微笑着说:"不,孩子,我是故意把这块金币放进最小的面包里的。我并没有故意想要把它送给你,我希望最文雅的孩子能得到这块金币,是你选择了它,现在这块金币属于你了,算是对你的奖赏。希望你永远都能像现在这样知足、文雅地生活,用感恩的心去面对每一件事。回去告诉你的妈妈,这个金币是一个善良文雅的女孩儿应该得到的奖赏。"

故事告诉我们,要想拥有幸福的生活,就要怀有一颗感恩的心。

有一颗感恩的心,会让我们的社会多一些宽容与理解,少一些指责与推诿,多一些和谐与温暖,少一些争吵与冷漠,多一些真诚与团结,少一些欺瞒与涣散。

一个不知道感恩的女人,只会向别人索取,而不能给予社会什么,只能是一个自私自利的人,更严重的是,她们的生活会因此而缺少快乐,体验不到相互给予的快乐和由自,她们将无法融入社会大家庭,甚至,她们的生存将会受到威胁,以致产生极端心理,做出危害社会的行为。

懂得感恩是女人维护自己的内心安宁感、提高自己的幸福充裕感必不可少的心理能力。"滴水之恩,当涌泉相报"的原意就是告诉人们要知回报。在一个文明的社会,知道感谢,怀有一颗感恩之心是很必要的,可促进社会各成员、群体、阶层、集团之间的关系相处融洽、协调,促进人与人之间互相尊重、信任、帮助。

如果你有一颗感恩的心,你会对你所遇到的一切都抱着感激的态度,这样的态度会使你消除怨气。早上起来的时候，你看到窗外的阳光，你会感恩；吃一块面包，你会感恩；接到朋友的电话，你会感恩；在树上看到一只鸟在唱歌，你会感恩；看到猫咪睡在你的床头，你会感恩，然后你的一天乃至你的一生，就在这感恩的心情中度过，那你还有什么不幸福的呢？

智者寄语

女人天生都是善良的，应该常有一颗感恩的心，是感恩之心使她们更懂得尊重生命，尊重劳动，尊重创造。

保持一颗宽容的心

在孩子们眼里，爱丽斯是一个严厉的老师，只要稍加留心孩子们与爱丽斯相处的情形，你就会看出，这些孩子拘谨而胆怯，甚至不愿和爱丽斯说话。

这样的局面是爱丽斯没有料到的，对她而言，她是为了孩子们好才会那样做的！一直以来，爱丽斯为了让孩子们好好学习，她对他们十分严格。如果哪个孩子犯了错误，爱丽斯都会严厉地批评他，但收效甚微。为此，爱丽斯感到很泄气，她觉得自己就像一个萎靡不振的失败者，渐渐地，她对自己的工作失去了信心，生活也不开心。

有一天，爱丽斯突然意识到问题出在哪里，她对自己说："假如我少批评他们一点，多原谅他们的一些错误，情况是不是就能好转呢？"

于是，她决定试一下。她换了一身充满活力的鲜艳的衣服，满脸笑容地走进学校。在走向教室的小路上，爱丽斯还在全神贯注地想着她的这个新设想。突然，一个皮球从后面飞过来，狠狠地击在她后背上，她吓了一跳，回过头来一看，原来是她班上调皮的迈克干的。在爱丽斯面前，迈克吓得像傻了一样，都忘了把球从地上捡起来。要是在以前，爱丽斯肯定会狠狠地训他一顿，但她忽然想到自己的新设想，就耸了一下肩，轻松地表示不介意。迈克说了句"对不起"便跑开了。在课堂上，爱丽斯也不像以前那么严厉了，她没有过分地指责孩子们的坐姿是不是端正，回答的问题是不是正确，是不是在全神贯注地听她讲课。更让孩子们惊讶的是，她甚至没有批评没能按时交出作业的捣蛋鬼保罗，她只是笑着对他说他一定能在下次把作业交上来。就这样，她用乐观而宽容的心态和孩子们过了一天。

放学时，一向羞涩的琼对爱丽斯说："老师，今天你好漂亮啊！"爱丽斯自己也是这么觉得，她似乎从来没有像今天这样开心她充满了自信。毋庸置疑，她的新设想是成功的：学生们回答问题准确而敏捷，全神贯注地听她讲课，真是太可爱了。这让她明白了一个道理，那就是：要以宽容之心对待别人。

一位女士在中途登上开往费城的火车。她走进一节车厢，挑了一个位置坐下。这时，一位略显肥胖的男士走了过来，坐在她对面的座位上，然后，他开始抽起烟来。这位女士忍不住咳了几声，并且表现得很是烦躁。可这位男士并没有注意到对面这位女士的反应，终于，女士忍不住开口说："你是外国人吗？你不知道车里有一个专门的吸烟车厢吗？这里是禁止吸烟的。"那位男士一句话都没说，很顺从地把香烟掐灭了。

不一会儿，一名列车员过来礼貌地请她换个车厢坐，因为她坐的是格兰特将军的私人车厢。女士听完后十分惊讶，她显得有点慌张和害怕。在站起身往门口走之前，她看了一眼格兰特将军，那位抽烟的男士正是将军，一动不动，脸上没有任何取笑她的表情，也没有让她有什么难堪，和刚才一样，他表现得宽容而大度。卡里尔说："伟人之所以伟大，就在于他们宽容和体谅着普通人。"许多伟人之所以受到人们的爱戴，很大程度上就是因为他们身上具有宽容的美德。对于普通的女性而言，具有宽容的美德会使她显得更有涵养，使她魅力四射，令人无法忽视。

如果你想拥有一颗宽容的心，这里有条不错的建议。德军有一条实行已久的军规："当你对一些事十分不满时，你不能立即表示出来，你一定要忍耐一晚上，等你心平气和之后，你再提出来也不迟。"在社会生活中，如果也实行这条军规的话，相信可以让那些唠叨的父母、喋喋不休的妻子、挑剔的雇主和一些故意刁难的人变得心平气和起来，许多事端就不会发生。

推罪及人而不反躬自省，这是每个人都有的毛病。所以，如果有一天你突然想苛责别人，就想一下在我们生活中的那些鲜活的事例，然后正视这个事实：无论我们所要批评的人是否做错，他都会竭力为自己的行为和做法寻找借口，甚至反过来挑你的毛病。

不留情面地严厉批评一个人，哪怕批评得完全正确，也会让人对你恨之入骨、记恨你一辈子。与其说人是一种有逻辑、有理性的动物，还不如说人是一种充满感情、偏见和虚荣的动物更为恰当。尖刻的批评会伤害他们心中浮夸的虚荣与自尊，有时，还会引来一大堆麻烦。

世界上最笨的人也会批评、咒骂、抱怨他人，并不是每个人都能学会体谅和宽容，只有拥有成熟人格的人才能如此。

如果我们恨我们的仇敌，就相当于让他们变相地胜利了。那种仇恨使我们睡不好、吃不好，我们的血压、健康和快乐会因此受到影响。如果我们的仇敌知道我们如此地为他们而苦恼，他们令我们满心怨恨，那么他们肯定会高兴得手舞足蹈。我们心中的恨意根本不能伤害他们，而我们自己的生活却像在地狱中一样。

迷尔瓦基警察局曾发出过一个通告："如果一个自私的人想占你的便宜，不要去理会，更不要报复。如果你一直想跟他分个高低，那么，你伤害不了他多少，只能伤害你自己……"报复怎么会伤害你自己呢？《生活》杂志报道说："如果长期处于愤怒状态，高血压和心脏病就会随之而来。"所以，上帝所说的"爱你的仇人"不仅是一种道德上的修养，更是在教我们如何才能健康地生活下去。不仅如此，这也是在告诉女人如何使自己更有魅力。因为怨恨，许多女人的脸生出了皱纹，她们表情呆滞，美丽的脸孔变了样子。其实，如果想让女人更美丽，让她心中充满宽容和爱是最好的美容方式，其他的方法连其一半都不如。

如果心中充满怨恨，我们就不会有好的胃口去品尝美味佳肴。《圣经》说："心怀爱心地吃蔬菜，比心怀怨恨吃牛肉要好得多。"

也许，我们确实很难做到像圣人那样，去爱我们的仇敌，但是，你要会爱自己，为了我们的快乐而健康地生活，我们可以去原谅他们，忘记他们，这样做是非常明智的。因为我们不能让我们的敌人控制我们的快乐、健康和外表。莎士比亚曾说："不要因为敌人而燃起怒火灼伤了自己。"有人问艾森豪威尔将军的儿子约翰，将军是否会记恨别人。他骄傲而肯定地回答："不会，我爸爸从来不浪费哪怕一丁点儿时间去想那些自己讨厌的人。"

有句话说得好："不会生气的人是愚人，不去生气的人方为智者。"

智者寄语

有句话说得好："不会生气的人是愚人，不去生气的人方为智者。"

第六章　女人的高情商延长魅力时效

高情商，操控情绪并不难

说到操控情绪，有的女人忍不住会说："控制情绪实在是太难了。"这样，你就已经输了。成功女人绝不会给自己这样不良的心理暗示。她们总是说："我一定能走出情绪的低谷，现在就让我来试一试！"很明显，她的自主性马上就会被这句话启动，沿着它走下去就是一番崭新的天地。

喜怒哀乐是人之常情，想让自己生活中不出现一点烦心之事几乎是不可能的。高情商的成功女人懂得如何有效地调整控制自己的情绪，所以她们才能操控自己的情绪，而不是被不良情绪所左右。

虽然情绪有时候很难控制，但是作为女人如果能掌握一些正确的方法和技巧，就可以很好地驾驭它，做快乐的自己。

首先，要寻找情绪低落的原因。

当你闷闷不乐或者忧心忡忡时，你所要做的第一步是找出原因。只有找到了原因，才能对症下药，合理控制自己的不良情绪。

张颖心是一家网络公司的职员，她待人一向温和，脸上总是洋溢着笑意。可是最近她变了，对同事和丈夫都失去了耐心，内心焦虑，动辄就会发火。后来，她静下心来发现自己的这种不良情绪来自于她对自己工作中一个失误的担心，她说："尽管经理告知我不用担心，但我心里仍对此隐隐不安。"

张颖心将这些内心的焦虑用语言明确地表达了出来，然后她发现事情并没有她想象得那么糟糕。了解到了自己不良情绪的来源后，她便开始集中精力对付它。她在工作上更加卖力，尽力弥补自己的失误。结果，她不仅消除了内心的焦虑，还由于工作出色而被委以重任。

其次，要尊重情绪变化的规律。

加州大学心理学教授罗伯特·塞伊说："我们许多人都仅仅是将自己的情绪变化归之于外界发生的事，却忽视了它们很可能也与身体内在的'生物节奏'有关。我们吃的食物、健康水平及精力状况，甚至一天中的不同时段都能影响我们的情绪。"

塞伊教授做过一个实验。他在一段时间里对125名实验者的情绪和体温变化进行了观察。他发现，当人们的体温在正常范围内处于上升期时，他们的心情要更愉快些，而此时他们的精力也最充沛。

塞伊教授经过研究还发现，一个人的精力往往在一天之始处于高峰，而在午后则有所下降。

也就是说，一件坏事并不一定在任何时候都能使你烦心，常常会在你精力最差的时候影响你。

也就是说，要确保心情愉快，就应养成一些好的饮食习惯：定时就餐，早餐尤其不能省；每天至少喝六至八杯水，脱水易使人疲劳；限制咖啡和糖的摄入，它们都可能使你过于激动；补充碳水化合物，据最新研究表明，碳水化合物更能使人心境平和、感觉舒畅，各种水果、稻米、杂粮都是富含碳水化合物的食物。

第三，要学会放松。

放松自己的方式有很多种，经调查显示，亲近自然有助于心情愉快开朗。著名歌手弗·拉卡斯特说：“每当我心情沮丧、抑郁时，我便去从事园林劳作。在与那些花草林木的接触中，我的不快之感也烟消云散了。”假如你并不可能总到户外去活动，那么，即使走到窗前眺望一下青草绿树也对你的心情有所裨益。

另一个极有效地驱除不良心境的自助手段是健身运动。哪怕你只是散步十分钟，对克服你的坏心境都能收到立竿见影之效。

研究人员发现，健身运动能使身体产生一系列的生理变化，其功效与那些能提神醒脑的药物类似。但比药物更胜一筹的是，健身运动对身体是有百利而无一害的。不过，要做到效果明显，你最好是从事有氧运动，比如跑步、体操、骑车、游泳和其他有一定强度的运动，运动之后再洗个热水澡则效果更佳。

第四，换个角度看问题。

不要抱怨生活的不公正和残酷。你将会看到，任何一件事都有其积极的一面。只要你能站在另一个角度看问题，无论在日常琐碎的生活中还是面对发生的问题，你都会感到好过一些甚至乐趣大增。比如结束一场婚姻总是很伤感的，很容易让人陷入自怜的情绪，觉得自己变得孤独无依，以至越来越绝望。其实你可以换个角度想一想这场婚姻并不美好，能够及早解脱实际上是一桩幸事。摆脱了痛苦的婚姻，你的生活蛮可以过得更好一些，最起码你现在是自由了。

第五，情绪转移法。

即暂时避开不良刺激，把注意力、精力和兴趣投入到另一项活动中去，以减轻不良情绪对自己的冲击。

可以转移的活动很多，最好选择你感兴趣的，对你有一定吸引力的事情。比如你喜欢与朋友在一起，你就可以约朋友去喝咖啡或者唱歌。比如你喜欢独处，你不妨一个人去爬山或者打球。总之要将情绪转移到这些事情上来，尽量避免不良情绪的强烈撞击，减少心理创伤，也有利于情绪的及时稳定。

智者寄语

高情商的成功女人懂得如何有效地调整控制自己的情绪，所以她们才能操控自己的情绪，而不是被不良情绪所左右。

成功女人的情绪不被男人左右

很多女人在被爱情俘虏后，就会以男人的喜为喜，忧为忧，完全失去了控制自己情绪的能力。但成功女人绝不会让自己沦为这种低情商的女人，她们永远是自信而独立的，绝对不会在情绪上被男人左右。很多情商不高的女人往往会把同男人一起看电影、听音乐会之类的活动，视为只有与男人一块儿才能享受的活动。一旦身边没有男人，一切都黯然无光；话题离开了男人，就觉得烦躁不安。这些都说明她们一旦离开男人也就失去了自己，她们的情绪完全由身边的男人决定。其实，很多时候，我们的情绪受制于人常常是连自己也没有意识到的，意识到情爱中情商的重要也促使我们从受制于人的情绪中走出来。当爱情得不到回报时，我们可能经历比死亡更为惨烈的痛楚，因为它是对自尊心的伤害和对自信心的痛苦一击。当我们所爱的人让我们失望，我们在一定程度上要丧失一些自信心，这是相当正常的；但是倘若长期不能自拔又是另一回事了。一个女人的兴奋源与满足源越少，她就越有可能与其中某一项紧密相连。在传统的教养下，女人习惯于从爱情中寻找兴奋和满足；而她一旦决心从爱情中跳出来，要找到爱情的替代物并不容易，世界上比陷入爱河更奇妙、更令人激动的事情的确太少了。

于是，越来越多的女人要为那些“坏男人”悲伤不已。因为“坏男人”身上那种强有力的神秘变化让她无法抗拒，她在他的诱惑面前毫无抵御力。他懂得调情的技巧，他会偶尔给她一个惊喜，他似乎从来都不吝啬为她花钱买礼物。她逐渐在他迷人的光环下迷失了自己。可是，他只是在自己高兴的时候才与自己约会，他似乎总是很忙，他也不愿意把她带到自己的朋友圈里。她虽然尝到了与他相处的快乐，但她的痛苦从此也开始了。看到他的时候，兴奋；看不到他的时候，苦恼，情绪完全受他左右！

女人长期痛苦的一个极重要因素，就是慢慢屈从于让男人来决定自身的价值。在男女的相互作用中，她们丧失了对自己内在力量的感觉。尤其当她们无力留住男人的爱时，她们会把暂时的丧失力量感和更为长久的无力感混在一起。只有高情商的成功女人会明白，一个男人可能离她而去，但并不能真正把她带走。只有她才是自己价值的实现者和实体的所有者，没有人能够真正把她自己偷走。

一个高情商的成功女人，在任何情况都不会把决定自我感觉的权利交给男人。但还是有很多的女人因为被男人抛弃而感到自我价值的丧失。这些女人总是觉得自己被生活的力量所左右。她们自我感觉是生活的受害者，男人闯入了她们的生活，让她们感受到了一种从未有过的感觉；而当他们离开时，则带走了她们感觉良好的能力。承受生活压力的女人倾向于认为这是自己的错，这种自责加剧了痛苦。

智者寄语

只有高情商的成功女人会明白，一个男人可能离她而去，但并不能真正把她带走。

时刻保持快乐的心情

生活中，我们经常看到一些女人愁眉苦脸、抱怨连连。她们习惯把自己的心囚禁在一个狭小的天地里，于是琐碎、烦恼、苦闷、忧郁随之而来。一个愁容满面的女人又如何能感受到幸福呢？

高情商的成功女人，她们的脸上总是洋溢着阳光一样灿烂的快乐。其实，并不是她们的心情总是雀跃的，她们也有烦恼，也有困惑；但是无论怎样，她们都不会忘记让自己时刻保持快乐的心情。

漂亮的女人不少，能干的女人不少，但是快乐的女人却不多。快乐的女人也许不是出色的女人,但快乐的女人是可爱而美丽的,快乐的女人是温柔而善良的,快乐的女人是妩媚而优雅的,快乐的女人更是幸福的。

许多女人在内心深处都渴望能拥有快乐,但这种快乐往往被她们所承担的社会角色所掩盖。不说工作的压力、岗位的竞争和职位的高低,光家里的事,就够女人忙活的了。一个女人要扮演多重角色,妻子、母亲、女儿,家里的一日三餐要张罗,丈夫的西装领带要操心,孩子的作业要检查,每天就像一个陀螺一样忙得团团转。即便这样,临到睡觉的时候还是觉得有一大堆事没有做完。

可是,在这平淡的生活里也处处充满着甜蜜和温馨。一个成功的女人总是能在平凡的生活中找到快乐。比如在累的时候细心体贴的丈夫为你送上一杯热茶,下了班推开家门活泼可爱的孩子喊着"妈妈"扑到你的怀抱,自己的努力和付出得到老板真诚认可,遇到困难得到陌生人热心帮助……快乐的心情是自己创造的,成功女人总是善于调节自己的心情。

智商也许是与生俱来的,但情商却可以通过培养得到提高。如果你也想学会时刻保持快乐心情的绝招,就不妨向成功女人虚心讨教一下:

(1)记录下快乐的理由

任何一个女人的心都是细腻而敏感的。你可以把你每天的快乐心情,使你快乐的人物、事件都记下来,久而久之,你就会拥有一大笔财富,那就是生活中的各种美好。心血来潮的时候拿出来翻翻,你会发现那些人和事也许都淡忘了,但是那份快乐却一直在你的心里延续了下来。

(2)满足自己的食欲

无可否认,所有的女人对食物都怀有特殊的感情,所以不妨在周日的时候,去超市大肆采购一番,抱着一大堆自己喜欢的食物,你的心情会出奇的好。

(3)偶尔奖励自己一下

在一些特殊的日子,女人似乎更在乎收没收到礼物,并以此来决定自己的心情。不要对任何人存有更多的幻想和奢望。在你没有收到礼物的时候,为什么不自己奖励一下自己呢?去买一件心仪已久的衣服或鞋子,或者是去做一次美容或按摩,甚或给自己买一把自己喜欢的花,作为送给自己的礼物,你的心情一定会随之变得雀跃。

(4)合理分配时间

日子是平淡的,生活在很长时间里都是毫无波澜和起色的。如果你觉得有点厌倦,不妨按照自己喜欢的方式分配一周的时间,譬如打球日、逛街日、学习日、睡觉日,这样你就会过一周充实而快乐的生活。

(5)花多点时间爱自己

女人要懂得宠爱自己,每星期定好养颜滋补的时间表,吃燕窝、补品、维他命丸,做面膜……让自己随时都保持在最佳状态。眼看着自己一天比一天迷人,怎能不心花怒放?

(6)改变家居环境

不管在当初设计你的家时,你费了多少心思,每天打开门,看到的都是同一幅景象,时间久了也会审美疲劳。不如抽个周末,和老公或者朋友,把屋里的家具稍作调整,你会发现这个熟悉的家突然焕然一新,你的心情也跟着焕然一新了。

(7)做一点善事

在你力所能及的时候,去帮助别人。任何时候都不要吝啬自己的善心,这会使你感到无比的快乐。所谓"予人玫瑰,手留余香"就是这个道理。

(8)定时给自己充电

社会的发展日新月异,不给自己充电,就会被社会淘汰。女人要保持魅力,就要定期上不同的且对自己有益的兴趣班和训练课程,体验一下不同领域带来的学习乐趣和成就感。只要忙得充实有意义,你的每一种兴趣都带给你不同程度的成就感。

(9)每天进步一点点

善于利用数字,就算今天只比昨天多做一两下仰卧起坐,也能带给你小小的成就感,那份快乐也是无法言喻的。

(10)养成储蓄的习惯

买个可爱的小猪储钱罐,放在你的床头,作为你旅游、买大衣的资金。每天喂它一点,享受细水长流的快乐。

快乐的女人生活得有情趣,虽然平凡却有滋有味。快乐的女人拥有一颗爱心,无爱的女人是不会真正快乐起来的。快乐的女人就像一缕春风,给别人带来轻松愉悦。快乐的女人身上有一种无形的光芒,吸引着你走向她。

智者寄语

快乐的女人生活得有情趣,虽然平凡却有滋有味。快乐的女人拥有一颗爱心,无爱的女人是不会真正快乐起来的。快乐的女人就像一缕春风,给别人带来轻松愉悦。快乐的女人身上有一种无形的光芒,吸引着你走向她。

成功女人会给自己减压

可以说,现代职业女性也许什么都缺,唯独不缺压力,生活、工作的重负压得女人喘不过气。但是压力过大,对于女人各个方面的影响都是很大的。比如,压力会对个人工作产生负面影响:工作效率降低,缺乏热情,与上下级或同事关系不良,失误增多,等等。

而且,一个女人如果长期处于过大压力下,一定会花容憔悴。所以成功女人不会像其他女人一样,几乎把全部的工作之余都花在了美容院里;而是通过自我调节的方法来为自己减压,让自己的情绪得到放松,让自己更健康、美丽,更积极乐观地面对生活。

成功女人给大家的建议非常适合每一个压力之下的职业女性,相信持之以恒地练习,便会在每一天都有新的活力。

(1)音乐减压

当你感到紧张压力大时,可以选用一定的音乐来做引导,情绪就会随着音乐节奏而放松。在心理学上,音乐疗法的效果与行为、态度、压力改变的关系已得到了证实,它越来越受到人们的重视,广泛地应用于压力处理和健康维护等方面。例如,《高山流水》和《阳春白雪》可以让听者完全融于清幽静谧的大自然中,心灵随着丝竹之声而荡漾在天际之间,心理的压力和烦恼就随之消散了。

(2)运动减压

运动减压是通过一定的身体运动来达到减轻心理压力的目的。对于长时间处于高压力、高紧张状态下的女士,身体运动可以及时消除疲劳,转移注意力,恢复身体平衡,消除紧张感。通过脑力劳动与体力劳动相结合,从而提高工作效率。可以进行有氧运动,如慢跑、打羽毛球、游泳、跳舞等;或者进行低密度运动,如散步、清扫屋子等。

(3)冥想减压

早晨或傍晚选择一个较安静的地方,避免外界干扰,坐在椅子上,把全部注意力都集中在一个东西或一个字上,冥想20分钟。也可运用香水冥想法。给自己喷上香水,采用盘坐式,闭上双眼,集中精力,进入较深的意识状态。幻想自己在一个百花齐放的花园里,微风吹来,飘来各种花香,花园里有一条蜿蜒的小溪,小溪里散发着各种各样的美丽花瓣。打开你全身的毛孔,吮吸每一朵花香,感觉这种花香像一股气流,又细又长,慢慢地沉入你的丹田;想象这些花香作用于你的身体细胞后,产生了更多的活力和生命力。

(4)食物减压

一项最新医学研究发现,某些食物可以非常有效地减少压力。比如含有DHA的鱼油,鲑鱼、白鲔鱼、黑鲔鱼、鲐鱼是主要来源。此外,硒元素也能有效减压,金枪鱼、巴西栗和大蒜都富含硒。维生素B家族中的B_2、B_5和B_6也是减压好帮手,多吃谷物就能补充。工作的间隙,可以来一杯冰咖啡,能够很好地舒缓心情。在饮食上下点功夫,可谓举手之劳。

当然了,如果饭局应酬太多,没办法总能很好地规划自己的饮食,或者吃得太多,肚里再也装不下了,那就在包里揣盒维生素片或是鱼油丸之类的,随时补充。不过专家们指出,靠食物或者维生素减压,必须要持之以恒,每天形成习惯,1个月之后就能慢慢见到成效。

(5)情绪减压

正面的乐观的情绪有助于缓解压力。西方人有个比喻:“忧郁像个摇椅,它让你有事可做,却不能让你前进。”常常检查自己是不是有负面的思想或反应,比如你是不是觉得“我怎么努力都没用”或“没有人会喜欢我”。要把这些负面的情绪尽早地扼杀掉。打住负面思想最好的方法就是强迫自己想想别的事,或用不同角度看同一件事;或者写下能够让自己快乐的事,如看一部电影、看书时喝杯咖啡;或是去当义工。每天至少做一件,它能帮助你建立信心和调整情绪,让你有掌握自己生命的感觉。

(6)诉说减压

每周和知心的朋友约会一次。永远不要独自面对压力或焦虑。据英国伦敦的一项研究显示,找到一个愿意真心陪伴你的朋友,定期和他联络谈话,效果和服用抗压药或上心理咨询诊所一样好。

专家建议,很多令人沮丧的问题常常来自家庭,因此,生活中一定要有这种支援性朋友,他们能客观地看待你的问题,也少了情感的纠葛与责难。排出时间和这种朋友相处,每周最少一个小时。

(7)写作减压

把烦恼写出来。写作的内容可以是你的压力体验,你生理、心理上的一切烦恼。早在1988年,美国就有一些心理学家做过测试:一组人员专写压力和烦恼,另一组人员则只写日常浅显的话题,每4天一个周期,持续6周后,结果前一组人员心态更加积极,病症较少。1994年的另一项测试则是将失业8个月的白领分成3组,一组只写对失业的想法以及失业对个人生活带来的负面影响;第二组写今后的计划以及如何找新工作;最后一组什么也不写。结果在连续5天每天30分钟的写作试验之后,在接下来的1个月内,研究者发现那些写自己如何不幸的失业者更容易找到新工作。

这些测试都说明了一个道理:写作是一种效果显著的减压办法,只要一支笔、一张纸,走到哪里都可以实行。在美国,不仅医院大夫鼓励病人记病床日记,就连一些书店也开始卖空白病历日志,甚至还有专门的书籍和杂志指导病人如何操作。

(8)瑜伽减压

早上的热身动作:早上睡醒后,做些热身动作,为一整天的工作做好准备。

先盘膝做好打坐准备姿势,闭目并深呼吸25下,有助于保持头脑清醒。然后向前及向后缓缓拗腰,并稍停数秒,能舒缓背部的倦意,为身体的器官做热身。

智者寄语

一个女人如果长期处于过大压力下,一定会花容憔悴。所以成功女人不会像其他女人一样,几乎把全部的工作之余都花在了美容院里;而是通过自我调节的方法来为自己减压,让自己的情绪得到放松,让自己更健康、美丽,更积极乐观地面对生活。

不被情绪左右

下班的路上,河马碰到了老朋友海龟,河马提议一同到咖啡厅坐坐。

“我不去了,一点心情也没有。我的方案又被老板否定了,这已经是第三次了!”海龟一脸丧气地说。

“嗨,我当是什么事呢,就这么大点事,也值得你不高兴?”说完,河马一个人走进了咖啡厅。

过了一段时间,河马在一个公交站碰到了海龟。这一次,海龟的脸色非常难看,好像生了大病一样。河马关切地询问:“老兄,你看起来气色不太好,怎么啦?”

海龟愤愤不平地说:“没什么,只不过今天公司开会,提到了升职的事。我本以为可以入选,没想到竟然输给了新来的章鱼。我怎么也想不明白,我的资历比它老,在公司的时间也比它长,凭什么让它做主管……”

“也许,章鱼真的有什么地方比你优秀,而你没有发现呢?”

“不可能!怎么能比我优秀?”

一年之后,河马又一次见到了海龟,不过这一次不是在路上,而是在精神病院。海龟因为气性太大,总是钻牛角尖,精神失常了。

女人们往往因为心思细腻,过于注重得失,容易情绪化,受外界事物的影响。殊不知,情绪就好比一颗炸弹,随时都可能将你炸得粉身碎骨。

有句古语说:不以物喜,不以己悲。如果遇到喜事的时候就喜极而泣,遇到悲伤的事情时就一蹶不振,那么你的人生就会都被情绪左右了。情绪有很多种,希望、信心、乐观、快乐、悲哀、愤怒、失望、嫉妒、仇恨,等等,它们可以为你的生活带来精彩,也可能带来惨痛的教训。

生活中,我们难免会遇到愤怒和悲伤的事情,这个时候,一定要学会自我调节,千万不能够任由负面情绪蔓延,它不仅会让女人失去优雅,也会影响女人的健康。

吴尔愉是一名空姐,很多人见到她的时候,都会被她的优雅和美丽折服,其实这一切都是源于她的真诚服务。

和其他女人一样,吴尔愉的生活中也有悲欢离合。可是,每次遇到不痛快的事情时,她都会主动与别人沟通,释放心理压力。与此同时,她在平时非常注意控制自己的情绪。只要有不顺心的事,她一定会找个倾诉者,这样不仅说出了心事,还能够得到朋友的安慰和建议,让自己豁然开朗。

在工作中,吴尔愉也很善于调节情绪。众所周知,空姐是一个服务性行业,要面对各种各样的乘客,遇见一些刁钻刻薄的客人,也是常事。但是,吴尔愉总是有办法能够让客人们满意。当问到她的秘诀时,她说,要控制好情绪,不要被急躁、忧虑、紧张的情绪左右,换位思考,积极沟通,什么问题都能解决。

据说,曾经有位皮肤病患者在飞机上十分暴躁,很多空姐都被他惹得生气了。可是,吴尔愉却非常亲切地为他服务,并让空姐们换位思考,如果自己得了皮肤病是不是比他还要暴躁?在她的劝导之下,空姐们也都理解了那位乘客,并细心照顾他。

吴尔愉的生活准则就是"做自己情绪的主人",这也是她事业成功的秘密。如今,"吴尔愉服务法"已经成了中国民航人性化空中服务的典范,她赢得了千万人的好评。

如果你也懂得如何表达和控制自己的情绪,那么你也会像吴尔愉一样,成为一个受人喜爱、生活幸福的女人。谁都清楚,生活中会有很多意外的情况发生,这时候女人要做的不是自暴自弃、忧伤难过、愤怒发火,而是要学会运用理智和自制,控制情绪。

内心焦躁的时候,试着理智地分析原因,恢复自信,让自己振奋起来。

感到抑郁的时候,不要把自己封闭起来,要试着通过交谈、运动、听音乐、看书等方式来缓冲内心的压抑,让自己慢慢得到解脱。

嫉妒的时候,让自己变得宽容一点,试着去看到别人身上的优点,不要把时间和精力用在议论别人身上。

疲惫的时候,去散散步,唱首歌,驱除一下心中的烦恼,清理一下烦乱的思绪,唤起自己对美好生活的憧憬,体会活着的幸福。

记住一句话:我们改变不了天气,但却能够改变心情。女人要体会幸福,就必须拥有一颗淡然的心。心,只有摒弃了那些无谓的消极情绪,才能乐观地面对每一天。

智者寄语

记住一句话:我们改变不了天气,但却能够改变心情。女人要体会幸福,就必须拥有一颗淡然的心。心,只有摒弃了那些无谓的消极情绪,才能乐观地面对每一天。

驾驭情绪,做积极阳光的主角

对女人而言,最困难的事是什么?

一千个人心中有一千个哈姆雷特,但是对女人而言最困难的事,无疑只有一件,那就是驾驭自己的情绪。

女人总是感性的,外表再坚强的女人,在遇到大事时也很难控制自己的情绪。在生活中,我们很少看见男性情绪崩溃,倒是能看见不少女人在遭遇挫折时痛哭流涕、吵闹不休。

今年四十三岁的罗苗在一家地方企业做质检员,她长相甜美温和,即使是到了四十多岁,看起来也十分年轻美丽。可是,就是这样的罗苗,在单位里人缘却极差,就连中午吃饭也没有人愿意和她一起。

其实，罗苗并不是一个斤斤计较、令人厌烦的人，大家之所以不愿意跟她在一起，是因为罗苗是一个极度情绪化的人。

一般人总是会有情绪的，特别是在遇到不喜欢的人或者不顺心的事时。但是罗苗在这一点上，表现得尤为突出。

“你是什么服务态度？把碗‘砰’地往桌上一放就是你们的服务宗旨吗？万一油汤溅到客人身上怎么办？”中午吃饭时，在快餐店里，罗苗对服务员厉声质问。

“中午这会儿人多，再说不是没溅到您身上嘛！”忙碌的服务员被罗苗拉住，感觉有些无奈。

“难道说还非要溅到我身上我才能说，你服务态度不好还不能提意见了？”罗苗愤愤地摔下筷子，“不吃了！以后你们这家店都不会再来了，态度真差！”

就这样，与罗苗一起吃饭的同事也不得不放下筷子，跟着走了出去。接下来，同事不仅要忍受午饭没吃饱的痛苦，还要在罗苗喋喋不休的抱怨中去买别的快餐。如此时间长了，再也没有同事愿意跟罗苗一起吃饭了。

罗苗的情绪化，不仅仅表现在平时的小事上，就连对工作、对客户，她也经常由着自己的性子来。有好几次，通过罗苗进行质检的客户都因为她的态度而争吵起来，在单位中造成非常坏的影响。

因为罗苗是单位里的老质检员，态度认真负责、专业过硬，老领导一直对她睁一只眼闭一只眼。但是到了今年年初，单位里换了年轻的新领导，没过两个月，就接连两次批评了罗苗的态度。年中，单位裁员的名单上，罗苗的名字赫然在列。

从出生起，我们就在周围环境的影响下，学着驾驭自己的情绪。在牙牙学语的婴儿时期，我们想哭就哭、想笑就笑，但是随着年龄的增长，我们明白生活在这个世界上，不能仅仅凭着自己的喜好做事，我们渐渐学会要顾及他人的感受。

紧接着，我们在成长的过程中，经历了许多挫折与遗憾，这些又教会我们：不能因为他人的失误而让自己不开心，要学会保持乐观的心态。

保持乐观的心态不仅仅是为了自己心境更平和、更开朗，同时也能够为你带来更多的人气与更好的人际关系。人们总是愿意接近具备正能量的人，正因为他们身上有着宽容、乐观、自信、豁达等让人乐于接受的品质。

熟悉张曦的人都说她是一个天生的喜剧演员，不管在哪儿，只要有她在场，所有人的目光必然汇聚在她身上，听到她爽朗的笑声，所有人心中的不快都会飞到九霄云外去。

“张姐，您怎么就能那么乐观呢？”同事小吴向张曦请教她保持好心态的秘诀，“平时也就罢了，有时候明明遇到那些让人生气的事，怎么就您能笑得出来呢？”

小吴说这话并不是无的放矢，之前，她与张曦，还有其他的几位业务代表一同去拜访一位老客户，原本那个单子已经谈得差不多就差签约了，可是，当她们到了客户的办公室时，才被告知客户打算跟另一家公司合作。

所有的业务代表脸色都很不好看，只有张曦还保持着笑容，向客户诚恳地说道：“马经理，这单子还没签合同，就不算您违约。俗话说买卖不成仁义在，就算您不是我的客户，也仍然是我张曦的朋友。不过，我想耽误您几分钟的时间，向您请教些问题。”

“您说。”本来就有些愧疚的客户见张曦这样，更觉得不好意思了。

“我想问一下，为什么您选择了与他们公司合作而放弃了与我们的合作呢？我们是多年的合作伙伴，您认为一家新公司能够比我们提供更优质的服务，那一定是我们的工作产生了重大的失误。不管是哪方面，请您照实告诉我，我也好对我的工作做出改进。”

“其实，主要是董事会的人都认为那家公司的策划案更新奇，预算也更低。”客户想了一想，对张曦说道。

虽然这一单的生意没成，但是后来，张曦仍然与那家公司签成了好几个大单。为此，小吴十分佩服张曦，如果那天张曦没有去，而是只有他们几个，那么在给客户甩了脸子之后，就根本别想从客户那里得到任何生意了。

“这其实也没什么的。”张曦笑笑，“只不过事情已经发生了，再跟任何人抱怨发泄有用吗？只要认清这一点，就懂得该管好自己的情绪，在最大限度内挽回这个客户，即便是努力没能得到回报，那么自己也不会受坏情绪影响，没什么损失，又何乐而不为呢？”

生活就像是一个大舞台，我们每一个人都在上面扮演着自己的角色，没有人会愿意以自己的生活为蓝本，去演闹剧、苦情戏，因此，在遭遇到带有负面情绪的人时，人们的第一反应往往也是避开。

所以说，在自己的舞台上，驾驭好情绪，做一位积极阳光的主角，不仅会让你的生活成为一部温情脉脉的大团圆剧，更会让周围的人感觉到你身上的正能量，被你吸引到身边来，从而使你成为人群瞩目的焦点。

智者寄语

所以说，在自己的舞台上，驾驭好情绪，做一位积极阳光的主角，不仅会让你的生活成为一部温情脉脉的大团圆剧，更会让周围的人感觉到你身上的正能量，被你吸引到身边来，从而使你成为人群瞩目的焦点。

女人看透情商，更好把握幸福

在谈到促使个人成功的因素时，许多专家都得出了一个结论，并做出了分析，认为在一个人成功的因素里，情商的重要性差不多占了80%。因此，情商被比作是开启心智的钥匙，是激发潜能的要诀，是人生成功的力量源泉。

那么，情商是什么？它包含哪些内容呢？

情商指的是一个人适应社会的能力。具体地说即与人交往的能力和掌控情绪的能力。在社会生活日益错综复杂的今天，没有一定的情商素养，就像没有翅膀却要飞上天空，是肯定不会成功的。

关于情商的定义最早出现在20世纪90年代。在1990年，美国的两位大学教授正式提出“情商”这一概念，并把它称为社会智力的一种类型。同时他们还对情商的内容做出了具体的解释，认为情商包括3种能力：

(1)区分自己与他人情绪的能力。

(2)调解自己与他人情绪的能力。

(3)运用情绪信息去引导思维的能力。

后来，许多企业管理者将情商的理论运用到自己的管理实践中去，他们看到了情商的力量。因为许多颇有成就的员工并不是智商高的聪明人，而是对情绪十分敏感的情商人才。

到了1995年，《纽约时报》著名专栏作家丹尼尔·戈尔曼出版了《情感智商》一书，向大众介绍情商知识。这本书很快就成为炙手可热的畅销书，情商的概念也迅速走进了大众视野。

戈尔曼认为情商与智商有别，它不是与生俱来的，而是通过后天训练得到的。它包括5种学习的能力：

(1)了解自己情绪的能力。

(2)控制自己情绪的能力。

(3)激励自己情绪的能力。

(4)了解别人情绪的能力。

(5)维系融洽人际关系的能力，能理解并适应别人的情绪。

既然情商这么重要，而且又是可以通过学习、修炼得以提高的，我们就应该重视情商和不断提高自己的情商，因为我们都想获得成功。

总体来说，影响女人幸福的因素共有4个方面，即爱情、婚姻、职业和处世的智慧。如何才能让这4个方面做得都非常出色，卓而不俗，其中情商起着非常关键的作用。

首先，一个智商高的女人可以在工作中出类拔萃，但不一定能够拥有甜蜜的爱情，因为她常常只顾着爱对方，却连他的样子都没有看清，结婚后才发现他根本不是能带给自己幸福的男人。或者在相处的时候她常常自视清高，缺乏容人的度量，不懂相处的技巧，渐渐地就会失去自身的魅力。

而一个情商高的女人则是智慧的，她不仅拥有一双识别男人的慧眼，而且会将一份爱情打点得“千姿百态”“万紫千红”。比如她会以温情而恰到好处的嫉妒，表明对他的爱和重视；她会适时地利用撒娇任性，来增加爱情的“蜜”度；“战争爆发”的时候，她会就事论事，懂得“收放自如”；她会像母亲一样宠他、呵护他，也会像女儿一样依赖他。这样的女人怎么会不让男人爱恋呢？又怎么会享受不到爱情的幸福呢？

其次，婚姻是女人精神的家园、感情的归宿。但是那些情商不高的女人，常常会把家里弄得战火连天，不仅婆媳关系紧张，就是曾经与自己亲密无间的老公也开始变得冷冰冰的。我们常常能听到有些妻子抱怨说：“是男人打碎了我的爱情梦，是命运夺走了我的幸福，连同我一生仅有一次的青春和美貌！”或者“我婆婆不理我，我还懒得理她呢！”如此的怨言此起彼伏，但是她们的抱怨也暗示出她们将幸福当成了男人的恩赐和命运的玩笑。也许婚姻中本没有对错之分，但是如果我们看一看情商高的女人是怎么经营婚姻的，你就会明白为什么她们能够拥有幸福的家庭。

情商高的女人明白经营婚姻如同经营事业，需要用心。她们不仅支持老公的事业，即使自己是职业妇女，在生活上也尽力照顾对方，早上将洗净叠好的衣服放在他的床头，晚上将热腾腾的饭菜端到他的面前……更重要的是，她们很少无目的、无限制地抱怨、唠叨、发火，她们征服男人的武器不是强制和管教，而是温情、爱和宽容。而在最难处理的婆媳关系上，在她们看来，再简单不过了，努力多爱、多关心，总能赢得对方的心。总之，她们挥舞着高情商这根“魔棒”，把一个小家经营得幸福美满：老公高兴、孩子快乐、婆婆满意、小姑子称赞……这样的女人没有理由不幸福！

智者寄语

总体来说，影响女人幸福的因素共有4个方面，即爱情、婚姻、职业和处世的智慧。如何才能让这4个方面做得都非常出色、卓而不俗，其中情商起着非常关键的作用。

情商高的女人总能把劣势转换为优势

情商低的女人习惯于把成功的原因归结为运气好，如果自己失败了，她们就会抱怨说："都怪我的运气太差。"而在谈到别人的成功时，总是愤愤不平："他纯粹是运气好！"她们把成功视为降临在"幸运儿"身上的偶然事件。

这些情商低的女人确信别人的成功总是因为运气好，而自己又总是运气不佳，而怨天尤人，于是就年复一年重演着失败者的角色，却想不到自己正是造成自我毁灭悲剧的原因。其实人与人之间的先天条件并没有太大的悬殊，每个人都有自己的优势和劣势，但是情商高的女人总能将自己的劣势转化为优势，从而取得成功。

一群农家孩子跟大人们下地干活，没一会儿便都跑到后山上去玩了，他们商量着去抓野兔，于是开始到处寻找。不一会儿，一个小孩高喊："找到啦，快来啊！"他们就开始跑向野兔，并高喊着，想围堵它，但没有堵住。结果野兔受惊了，开始向着山头上逃窜。孩子们也跟着追，认为野兔终会累得筋疲力尽，只要一直穷追不舍，就可以逮住它。可是追了好久，兔子一点也没有累的迹象，依旧跑得很快，他们自己倒是一个个累得不行，最后只得放弃，于是都垂头丧气地下山了。

大人们见状便问怎么了，孩子们说没逮到野兔，大人们都笑了，说："你们一定是往上坡追的，这就犯了一个常识性的错误！"孩子们疑惑地看着他们。于是其中一个大人向他们解释到："兔子的前腿短，后腿长而发达，善于向高处奔跑，尤其是遇到危险时。你们应该往下赶它，向下跑时兔子的后腿会因使不上力而栽跟头，况且向上跑时人容易疲劳，而兔子恰恰利用了这点，把劣势转化为优势而脱险。"

第二天，这群孩子又去了后山，这次他们听了大人们的话，将一只野兔围堵住，逼赶到向下坡的方向，果然，野兔越是想快跑就越是不停地栽跟头，不一会儿孩子们便将它逮住了。

我们应该像往上坡跑的野兔一样，化劣势为优势，跑出光明的未来！

我国著名乒乓球运动员邓亚萍小时候也曾因为自身条件的不足而差点被淘汰出乒乓球队。邓亚萍的父母都是乒乓球运动员，她自幼对这项运动非常喜欢，也取得了很好的成绩。但却没人看好她，因为她长得太矮了，按照乒乓球运动员的选择标准，她是不合格的。她几次想进入国家队，却没有被批准。但这并没有使邓亚萍气馁，她依然在不断练习，等待机会。她的身高很矮，但是却有一个长处，那就是她的反应出奇的敏捷，她利用这一优势，开始着重练习快攻近攻的打法，这样球的运行速度极快，令对手没有反应的时间。邓亚萍凭借这样的打法，技术水平不断提高。后来有一位教练慧眼识珠，力排众议，终于把邓亚萍调入国家队，也成就了这位乒乓球女皇。

优势和劣势常常可以相互转化，情商低的女人都会陷在劣势的沮丧中，不思进取；而情商高的女人却可以通过努力把劣势转化为优势，最终取得成功。你愿意做哪种女人呢？快别为自己的条件抱怨了，把劣势转化为优势，你也能成功！

智者寄语

其实人与人之间的先天条件并没有太大的悬殊，每个人都有自己的优势和劣势，但是情商高的女人总能将自己的劣势转化为优势，从而取得成功。

提高情商要靠学习训练

情商是可以学来的，那么，想要成功的女人还犹豫什么，现在就应该动手，开始你的情商训练。

人与人之间的沟通是人生必须面对的课题，而且是一个人走向成功的必经之路，认识到情商的重要性，对涉世未深的年轻女性是十分必要的。我们强调情商重要，不仅因为它是一个人成功路上的得力助手，还因为情商不仅决定着我们的事业和前途，也影响着我们的生活质量。因此，我们首先要将情商训练放到与智商提高同样重要的地位，甚至要花费比智力学习更大的精力来提高情商。

有人以为，情商可能是天生的，是学不来的。这绝对是认识上的误区。生活中，我们的确看到许多高情商女性成功的例子，看到因情商高而获成功的许多证明。但这并不是某一个人天生就有的，恰恰相反，这一定是她不断学习的结果。她可能从小就受到家长或师长的影响，在潜移默化中得到情商的培养；也可能是在开始职业生涯后，不断地从周围人那里得到启示和规范，逐渐养成了善于与人沟通的良好习惯。久而久之，她就逐渐修炼成为一位具有亲和力的、善于与人沟通的高情商女性。

提高情商要靠书本上的知识，更要靠工作生活中的磨炼。如果你有条件去专门的情商训练机构，从课堂上学习，那固然好，在那里你会很快提高自己的情商水准。但是如果条件不具备，不能专门去进行提高训练，也不必发愁。因为工作和生活实践是你提高情商的最佳训练场所，关键看你是否能意识到这一点，是否有自觉、主动学习的意识。

无论你的工作是开放性的“窗口”岗位，还是隔绝型的封闭机构，你一定都能找到与人沟通的机会，只要你留心。例如，在日常工作中，你一定会与同事或外人交往，那就是学习的机会。你可以学着锻炼自己，看什么样的沟通方式效果最好，与人交谈时如何讲话会博得他人的好感。你还可以向周围的同事或友人学习，借鉴他人成功的沟通经验，引他山之玉为己用，在博采众长中不断地充实自己，提高情商水准。

智者寄语

情商是可以学来的，那么，想要成功的女人还犹豫什么，现在就应该动手，开始你的情商训练。

不要让他人左右你的路

意大利诗人但丁在他的代表作《神曲》中这样写道：“走自己的路，让别人去说吧！”他的一生也正如他所写的文字一样，坚持走自己的路，这也使他成为欧洲文艺复兴时代最伟大的人物之一。

人生的道路常常是很艰难的，情商高的人不会让别人的意见和观点左右自己，更不会因此而退缩。他选择鼓起勇气，充满信心并坚定地走下去，直到有一天冲破束缚自己的藩篱！

脚下的路得我们自己去走，一旦选定了目标，就要坚定自己的信念，勇往直前。

一位名叫塞蒙·纽康的人在莱特兄弟首次飞行成功之前说过以下的“名言”:“想叫比空气重的机器飞上天,不但不可能,而且毫不实用。”曾任伦敦大学天文学教授的狄奥尼西斯·拉多纳博士也曾发表过这样的“高见”:“在铁轨上高速行进根本不可能,乘客将不能呼吸,甚至将窒息而死。”

《信仰的力量》是路易斯·宾斯托克写的一本非常受欢迎的书,他在书中说:“每一个人,无论是贩夫走卒还是英雄人物,总有遭到别人批评的时刻。事实上,越成功的人,受到的批评就越多。只有那些什么都不做的人,才能免除别人的批评。”当你要迈上成功之阶的时候,往往也是最艰难、遭受议论最多的时候。这时你更要坚定自己的信心,应该给自己更多的勇气。

歌剧《费加罗的婚礼》是著名作曲家莫扎特的名作,1786 年,这个歌剧进行了首演。落幕后,拿波里国王费迪南德四世坦率地发表了感想:“莫扎特,你这个作品太吵了,音符用得太多了。”

我们可以不去苛求那个不懂音乐的国王,但美国波士顿的音乐评论家菲力普·海尔于 1873 年表示:“贝多芬的第七交响乐,要是不设法删减,早晚会被淘汰。”

不但乐评家会看走眼,就连那些著名的音乐家,有时也会对好的作品加以诟病。柴可夫斯基在他 1886 年 10 月 9 日的日记中写道:“我演奏了勃拉姆斯的作品,这家伙毫无天分,眼看这样平凡的自大狂被人尊为天才,真让我忍无可忍。”而勃拉姆斯最终成为一位极受人们欢迎的作曲家。

有人在评价著名小说家莫泊桑时说:“这个作家的愚蠢,从他的眼睛里表露无遗。那对眼珠,有一半被上眼皮遮住,如同在看天,又像狗在小便。他注视你时,你会觉得为了那愚蠢与无知,打他一百记耳光仍觉不平。”

曾任维也纳大学物理学教授的艾伦斯特·马哈曾说:“我不承认爱因斯坦的相对论,正如我不承认原子的存在一样。”爱因斯坦对以上批评并不在意,因为早在他 10 岁在慕尼黑念小学的时候,任课老师就对他说过:“你以后不会有出息。”

法国作家雷纳尔以日记文学闻名,他在 1896 年的日记中写道:“第一,我未必了解莎士比亚;第二,我未必喜欢莎士比亚;第三,莎士比亚总是令我厌烦。”雷纳尔又在 1906 年的日记中写道:“你问我对尼采有何看法?我认为他的名字里赘字太多。”连名字都有毛病,那他对尼采文章的看法如何自不待言。

当有人对你做的事说东道西、评头论足时,你完全可以不去在乎。嘴长在别人身上,你越理会,别人反而会说得越起劲。你唯一能做的,就是不要理会这些。时间能证明一切,流言终会不攻自破。如果你在意它们,它们就会渗入你的身体,摧残你的意志,腐蚀你的信心,你会开始怀疑自己。如果你没有做错事,那么就挺起胸膛,勇敢地面对众人的目光吧!很多时候我们很容易陷入别人对我们的评价之中,常常被别人的评论所左右,因别人的言语而苦恼。当你被那些评论搅乱自己内心的时候,你向前迈进的勇气也会渐渐熄灭。

历史上的很多伟人都曾经遭受过他人无数的批评和否定,可是他们从来没有在意过别人的看法和态度,也从来不让别人的评论左右自己。他们相信自己,并意志坚定。路易斯·宾斯托克说:“真正的勇气就是坚守自己的信念,不管别人怎么说。”

回首我们的生活,所有成绩的取得都不是一帆风顺的,都曾遭到过他人的质疑,但是今天一切事实都证明了当初选择的明智!所以请坚定地走自己的路,不要让别人影响了你的人生。

智者寄语

回首我们的生活,所有成绩的取得都不是一帆风顺的,都曾遭到过他人的质疑,但是今天一切事实都证明了当初选择的明智!所以请坚定地走自己的路,不要让别人影响了你的人生。

女人要做自己情绪的调节师

天气影响我们的心情,成败影响我们的心情,甚至一些还没有发生的事也会影响我们的心情。生活中的波折不可避免,一味生气也毫无益处,不妨学会自我调节,换一种角度思考问题,把情绪转个方向,一切都会变得不同。

高情商者会接受不可避免的事实,所以,当他们感到沮丧、生气或紧张时,他们不但没有因为感觉不好就对抗这些情绪或感到恐慌,反而会平静地接纳这些情绪,知道这些终会过去。这种做法让他们可以温和而优雅地离开负面情绪,进入心灵的正面状态。

张女士到商店买衣服,发生了一件很不愉快的事情。买完衣服后,离开商店不久她便发现找回的钱中有一张 5 元的钱是假币。张女士一时气极就怒气冲冲地跑回商店,将钱扔在柜台,结果引起了一场争执,钱也没有换成。

回到家后,张女士还是很生气。不过后来又一想,尽管钱是假的,但自己当时为什么没有仔细检查呢?这就是自己的不对了。既然是自己不对,那何必还自己生自己的气呢?如果自己当时能平静下来,和气地解释,可能事情会完全不一样,事情的结果或许会好一点。现在这样不是既让大家生气又达不到自己的目的吗?这样鲁莽冲动地生气真是不值得。

经过一番对自己的开解,张女士的心情竟然没那么糟了。原来换个方向想问题,事情对自己的影响就会截然不同。

事情都有很多面,就看你有没有发现,换个角度想想,结果往往就不是原来的样子了。当我们习惯于按自己以往的价值取向和思维方式思考时,就会不可避免地陷入阻止我们前进的偏见中。所以明智的人不会去抱怨生活怎样对待自己,而是会思考,自己这种对待生活的方式究竟对不对。就像悲观失望者会把挫折看成绊脚石,而乐观上进的人却会把挫折当成垫脚石一样,思考方式的不同会导致最终结果的不同。当你感到坏情绪在折磨自己的时候,为什么不换个角度来思考一下呢?也许挫折是在考验我们的心智,让我们逐渐学会控制情绪、控制自我。

我们会经常看到交通拥挤的十字路口红绿灯失控时的"惨状",整个路面成了车的海洋,不耐烦的司机在里面鸣笛、叫喊,喇叭声充斥于耳,整个交通处于瘫痪状态。这个时候就体现出交警的重要性了,该停的停,该转的转。如果没有交警的管理疏导,不知道拥堵状况会拖延到什么时候,造成什么后果。人的情绪有时就如杂乱的交通一样让人头疼,这时你就要做自己的心灵交警,给这些情绪做一个疏导,实现合理的情绪转向。

下次你感到难过时,不要抗拒它,试着放轻松。看看除了恐慌,你是否能够保持优雅与镇定。不要对抗自己的负面情绪,只要你很优雅,它就会像落日一样消失在夜幕中。情绪的转向归根结底要取决于产生情绪的行为、态度的转变,只有这些先转变了,作为它们产物的情绪才会转变。所以,要记住:有话好好说。

遗憾的是,情商较低的人常常过多地把他们的注意力、精力放在那些使他们痛苦不堪的思想上,以致情绪总是郁郁不振。反之,情商高的人虽然也会犯错误,但他们的高明之处就在于不拘泥于已有的事实,而把目光投向如何解决、如何改善现状这些有建设性的目标上,所以他们的情绪相对而言都比较稳定、积极。

有些人的自卑也源于自我情绪的固定和僵化,其实完全可以通过情绪的转化来克服。当你自暴自弃、情绪恶劣的时候,你要避免使用一些自咒的语言,诸如“一个傻瓜”“一块废物”“一个笨蛋”等。

一旦你找出了这些有害的咒语,你会发现它们既粗俗不堪又毫无意义。它们只能掩盖问题,导致迷茫和失望。只有抛弃它们,你才能找到并解决真实存在的问题。

冷酷的自咒思想产生了消极的情绪和行为,所以要改善你的心情,首先得停止你的自责思想,然后让自己完全相信那些自责是错误的和不现实的,接着再把信心移入自己的脑海。

怎样才能做到这一点呢?你首先必须认识到:人生是一个漫长的过程。这个过程中,人的肉体不断发生变化,所以你的生活是一次成长的经历,是一股持续中的细流。人生是“不尽言”的,也是“不尽意”的,所以给人生以任何固定的标签和结论就是终结了人生,是极其不恰当和不全面的。

但是你可能仍然相信自己是个弱者。你或许会说:“因为我感到无能为力,所以我肯定是无能为力的。否则的话,我怎么会老是充满了痛苦的情绪呢?”你的错误在于情绪推理,你的情绪并不能决定你的价值。你的情绪只表示你感到舒服与否,仅此而已。懦弱、悲惨的内心情绪并不能证明你是一个懦弱无能的人,它只证明了你自认为是一个懦弱无能的人。由于你郁郁寡欢,你对自己的看法很可能无法做到客观和公正。

轻松愉快的情绪究竟是证明了某人的伟大和非凡,还是只意味着有一个良好的心情?其实人的感觉既决定不了人的价值,也决定不了人的思想和行为。有些人是积极主动、充满活力的,还有些人则是懦弱的。不过只要本人愿做努力,其不足之处是可以得到补偿的。

当你被厌烦、自责等灰色情绪包围时,请记住 3 个关键的步骤,它会帮助你扫清情绪天空的阴云,重新恢复明朗与灿烂。

(1)找出那些消极的思想,不要让它们老是盘旋在你的脑海里,要把它们写在纸上。

(2)客观地看待事实,分析你每一个消极思想的谬误,准确地了解并揭穿你对事实的歪曲,把正确的客观的思想写在纸上提醒自己。

(3)以合理的思想取代自暴自弃的思想,只要你这样做,你的情绪就会开始好转。一旦树立了自信心,你的无价值感、你的忧郁都会消失,你的情商也会提高一大步。

智者寄语

生活中的波折不可避免,一味生气也毫无益处,不妨学会自我调节,换一种角度思考问题,把情绪转个方向,一切都会变得不同。

抛弃重负,让情商之舟轻扬

现代的人生活压力越来越大,所以一定要懂得调节,适当放松自己的情绪。特别是女人,因为你永远要用最好的姿态和最好的笑容面对社会。

你是否每天都背着沉沉的“行囊”,疲惫前行?你是否每天都在给自己设定很多目标、很多要求?你是否一直纠结于生活的细枝末节?问问自己,这些是否重要到让你每天都带着严肃的面孔,是否重要到让你失去轻松纯真的笑容?

在短暂的生命中,苦乐相随,没有人会永远一帆风顺,也没有人会永远水深火热。家家有本难念的经,每个女人都有自己的烦恼,而不同的是她们对待愁苦的态度。面对生活中的磨难,有的女人成天怨天尤人，结果离幸福越来越远。但也有一种女人，她们在磨难中反而如花般绽放，拥有了更加成熟、淡定的隽永气质。这种女人，就是高情商的女人。

人生就像爬山，本来我们可以轻松登上山顶去欣赏那美丽的风景，但由于身上背负了太重的欲望包袱，带着没有止境的索求上路，不但越爬越累，登不上山顶不说，甚至连沿途的美丽风景也会忽略掉，空留一身的疲惫。

其实，女人的压力大多源于自己的心态，而女人心态的好坏又与情商的高低是分不开的。高情商的女人知道如何调整和放松自己，而情商低的女人在巨大的压力面前，则会产生一种莫名的恐惧。

总之，越来越多的女人因为工作关系复杂或家庭生活不协调而感到压力很大，甚至感到恐惧或筋疲力尽。过大的压力会对身体机能产生负面的影响，导致一系列身心疾病的发生。面对情绪负担过重的情况，现代心理学对付它的办法是想办法让自己在紧张与恢复之间找到平衡。

长时间像蜗牛一样背负着沉重的压力，女人终究会被累倒的，没了对工作和生活的热情，爱情也变得疲倦，容颜苍老，皮肤粗糙……对此，对症下药才有效，要缓解女性的这种心理压力，还需要从她的"求全心态"入手。于是，有人提出了"不完美"的观点来帮助女性减压。

女性有抱负当然是好的。但是女性在生活中除了要扮演好工作上的角色，还是一个妻子、一个母亲，如果在工作上对自己的要求过于苛刻，势必会忽略自己的其他角色。所以，高情商的女人会拿捏轻重，不定那些不切合实际的工作目标，以免给自己太大的压力。更重要的是要懂得欣赏自己的成就，不要太在意上司以及别人对自己的评价，凡事尽心尽力，但不苛求，否则，遇到挫折就可能导致身心疲惫。

人的精力毕竟是有限的，对一些职业女性来说，工作和家庭的双重压力，使她们觉得平衡家庭和工作之间的关系简直比走钢丝还难，摇摇晃晃，甚至胆战心惊，还可能免不了失败的结局。

实际上，人类本身还是需要一定的压力的，这样才能活得更充实和满足。现代女性需要了解自己情绪的能源收支情况和培养自己由放松、休息、冷静到再获得力量的能力，视危机、压力为一种挑战，然后积极应战。面对压力的最明智的行为是设法化解，而不是消极躲避甚至被压垮，要力争让恶性的压力转变成你积极行动的正面的推动力。

情商高的女人懂得平衡的智慧，使家庭与事业两不误。比如她们会在孩子起床之前先打点好自己的一切，而那些情商低的女人则在孩子醒来哭闹的时候，还在为自己穿什么衣服而犯愁，结果只会更加手忙脚乱，以致心情烦躁；那些情商高的女人会合理分配家务活，即使是年龄偏小的孩子也让他做点力所能及的事情，而情商低的女人恰恰相反，她们喜欢任何事情都亲力亲为，结果常常因为疲劳而精神不佳。

情商低的女人就像蜗牛，总是负重前行，以致越活越累；情商高的女人懂得为自己减压，凡事不苛求，学会简单地生活，因此她们容易找到心理的平衡。

智者寄语

情商低的女人就像蜗牛，总是负重前行，以致越活越累；情商高的女人懂得为自己减压，凡事不苛求，学会简单地生活，因此她们容易找到心理的平衡。

高情商的女人会隐藏自己光鲜的一面

《易经》中有这样一句话："君子藏器于身，待时而动。"无此器最难，有此器不患无此时。情商低的女人常常怕别人看不出自己有多大的能力,为人处世不懂得低调,实际上,这反而不能给自己带来好处。爱显露自己的女人,就好像是额头上长出了角,必然会容易触伤别人,如果不去想办法磨平自己的角,时间久了别人也必将去折你的角。而情商高的女人懂得低调处世,就能避免许多无谓的伤害,让自己在暗中积蓄实力再出击,获得最后的胜利。

精通历史学、文学和哲学的胡适先生在一封写给朋友的信中说道:“我受了十余年的骂,从来不还击骂我的人,就连一句多余的解释也没有必要。解释是杯水车薪,是不起任何作用的。即便把对方骂得体无完肤,又能怎么样?相互争吵辱骂,既不会给任何一方带来快乐,也不会给任何一方带来胜利,这样的人在旁观者的眼里也不过是一只好斗的公鸡罢了。如果骂我而使骂者有益,便是我间接于他有恩了,我自然很情愿挨骂。”从这封信的内容来看,胡适先生如此做法,也是低调做人的一种方式。他不还击,低调来对待这件事,久之,对手也会觉得没意思,自动停止攻击。

低调做人是一种品格,一种境界,是做人的最佳姿态;同时,它也是一种思想,一种深刻的做人哲学。古往今来,成大事的女人无不能审时度势,放低姿态做人处世,且在暗地里积蓄力量,韬光养晦,等待时机行动。低调做人是最沉稳的中庸艺术。善于低调做人,是赢得成功人生的关键所在,也是体面生存和尊严立世的根本。

与此相反,在现实生活中,我们常会遇到一些夸夸其谈的女人,她们总是想把自己光鲜的一面显现出来。其实,这并不是明智的做法。当你这样说了、这样做了的时候,对方会认为你还不成熟。所以,与人交往时,最好要低调一些。成功的女性不仅在生活中保持低调,在任何时候、任何重要场合都会保持谦虚的作风。

英格丽·褒曼在获得两届奥斯卡最佳女主角奖后,因在《东方快车谋杀案》中的精湛演技,又获得最佳女配角奖。然而,在她领奖时,却一再称赞与她角逐最佳女配角奖的弗纶汀娜·克蒂斯,认为应该获奖的是这位落选者,并由衷地说:“原谅我,弗纶汀娜,我事先并没有打算获奖。”褒曼作为获奖者,没有喋喋不休地讲述自己的成就与辉煌,而是对自己的对手推崇备至,极力维护对手的面子。无论这位对手是谁,都会十分感激,并且认定她是自己可以交心的朋友。

在为人处世中,你的言行举止处处都影响着别人,要学会换个角度考虑问题,不能使对方产生低人一等的感觉。

纵观古今,那些经得住历史沉淀、那些取得成功的人和事,更多秉持的是一种低调的处世原则。当然,并不是说高调做人就不会取得成功,只不过低调是更为保险的人生策略。

智者寄语

古往今来,成大事的女人无不能审时度势,放低姿态做人处世,且在暗地里积蓄力量,韬光养晦,等待时机行动。

情商打造女人左右逢源的交际艺术

情商的高低与女人成功与否,有直接的关系。情商越高的女人越能取得更大的成就。特别是在人际关系方面，一个高情商的成功女人懂得如何自如地经营自己的“朋友圈”，并且把自己的人脉打造得“繁荣鼎盛”。

人际交往是一门复杂的艺术。一个成功女人每天要面对很多不同身份、不同地位的人，如何扮演好多种角色，以便对各种关系都应付自如，就是她们终其一生都在研究的“课题”。当然，成功女人在这些方面还是颇有心得的。

首先，成功女人会处理好与朋友之间的关系。

一个女人可以单身，但是绝对不可以没有几个好朋友。像琼瑶小说《烟雨蒙蒙》中的依萍和方瑜，像亦舒小说《流金岁月》中的蒋南孙和朱锁锁，岁月更迭，人事变迁，两个女孩子之间的情谊却从未更改。这种朋友，有一个温暖的名字，叫作“闺中密友”。

一个女人，尤其是结婚后的女人还能与以前的女朋友保持亲密的联系，实在是一种高情商的体现。比如她在婚姻中碰到疑难问题，或者与老公闹矛盾了，或者与婆婆无法融洽相处了，家丑不可外扬，这些不是随便可以给别人讲的；但是却可以向女友取经，或者就是抱着她大哭一场，心里也会舒服很多。

其次，成功女人会处理好工作中的人际关系。

我们可以发现在工作中，那些情商高的女人更容易获得青睐，更容易成功。那么，如何培养自己的职场情商呢？

大家都看过《宰相刘罗锅》这部电视剧，如果要问刘罗锅与和坤谁的情商更高，估计大多数人都会答是和珅。在我们的印象中，和珅这家伙最会逢迎拍马，情商自是会比那个呆呆笨笨的刘罗锅高了。其实不然，和珅虽然家财万贯，可每天的日子也是过得战战兢兢；虽然善于巴结，但他只巴结了乾隆，而忽视了其他人的存在，等嘉庆一上台，他马上就被赐死，并被抄家产，臭名远扬。刘罗锅做官清廉，虽然不时会碰到些小灾小难，但每到紧要关头总会有贵人相助，留得了一世美名。所以，很显然，刘罗锅的情商要比和珅高多了。

所以，在职场上，想培养出高情商，就不要去学和珅，对上级刻意讨好、献媚；而是要学刘罗锅，让上级对你放心，欣赏你的工作能力。当上级把许多事情交给你做的时候，你要知道，这是上级信任你，千万不能偷懒、耍滑。事情做得越多，上级越信任你，你得到提拔的机会就越大。也不要在背后抱怨，说人坏话，只有那些情商极低的傻瓜才会干这样的事。

最后，成功女人会处理好家庭成员之间的关系。

在家庭中，成功女人首先要安顿好的人就是老公。一个女人情商的高低直接决定了她夫妻生活的质量。所以，处理好与老公之间的关系，是培养高情商的一个重要方面。

作为女人，要懂得夫妻关系中最重要的原则是要互相尊重。夫妻双方都要有独立的人格、独立的经济来源。结婚了，并不意味着老公是你的私有财产。在婚姻中不要去要求对方，凡事多商量，尊重对方，也是尊重你自己。

一加一等于二。很小的时候，我们就会做这道算术题了。可是在婚姻中，经营得好的，一加一会等于或大于三。有了爱情结晶，生活美满幸福，还会只等于二吗？那些经营得不好的，家庭战事不休，到最后两败俱伤、分道扬镳，一加一则会小于一了。

除了丈夫，最重要的家庭成员还有父母。这不仅仅是对一个女人来说，其实对任何一个人来说，都是这样的。遗憾的是，一些低情商的女人却意识不到这一点，她们固执、偏激，不懂得与父母和谐相处。尽管她们心里也对父母心存感恩之情，却不善于表达。所以，要想培养高情商就要从处理好自己与父母的关系入手。

中国有句老话说：“百善孝为先。”但什么是孝？是你每月按时给父母的生活费？这仅仅是孝的一个很小的方面。其实,孝顺就是要让父母高兴。这体现在日常生活的一些细节中。比如父母可能由于自己的学识不够,或者在过去生活中养成的一些陋习等,有些行为让你看着不顺眼,但你一定不能去责怪、质问他们。当父母的观点与你的相左时,你应该放聪明点,一定不能跟父母发生正面冲突,哪怕是他们给你泼冷水。

智者寄语

一个高情商的成功女人懂得如何自如地经营自己的"朋友圈",并且把自己的人脉打造得"繁荣鼎盛"。

第七章 女人味彰显至真至纯的魅力

温柔优雅,女人味更能倾倒众生

女人可以童真,可以娇憨。可以率直,可以狡黠。但是,如果问什么样的女人最引人注目、受人欢迎,那么答案无疑只有一个,就是温柔优雅的女人。

童真娇憨是我们与生俱来的本质,率直狡黠也能够根据脾性在后天很容易“修炼”而成。唯独优雅,它结合了许多名词的含义,是众多女人味的综合体,它散发出特有的迷人芬芳。

一个女人不经过雕琢。就像是一块水晶原石,也许有着绝佳的底子,却始终难以散发出璀璨的光芒。而优雅就是在“水晶”打磨之后最终所能散发出的耀眼光芒。

> 担任一家外企总监职务的阿泉在社交场上是有名的“交际花”,当然,这个“交际花”不是贬义,不是说阿泉空有外貌没有头脑。事实上,阿泉在二十年前就是国外名牌大学的毕业生,在金融和艺术方面都有着非凡的造诣。
>
> 不过,让阿泉能够胜任外企总监的,却不是她的学历,也并不是完全依靠她的能力。阿泉有一种让所有人见到都生不出厌烦之心的感觉。不管是男人还是女人,不管是老是少,阿泉都能够在接触到旁人的第一时间内,让对方折服于自己的气质、谈吐与见识。
>
> 凭借着这种“魔力”,阿泉在外企做得顺风顺水,有时候下属搞不定的单子,客户还有所怀疑的项目,让阿泉出马,不说十拿九稳,多数都会带回来好消息。同事们都纷纷传言:阿泉是修炼了“不老神功”的魔女。不仅让他人看不出她真实的年纪,更让人在见到她的第一时间就生出一股折服和信任感。

阿泉的“魔力”来源于哪里?相信不用说,你也可以猜得到。

没错,阿泉的魔力正是来源于她身上散发出的优雅气质。这种气质让他人感觉到阿泉的稳重、耐心、礼貌、坚韧与可靠,会在潜意识里对她产生莫名的亲近感与信任。

优雅有那么大的魔力,那么,究竟什么是优雅呢?

西方的一位哲人将优雅定义为女人一生中最崇高的境界。在他看来,优雅并不单单是指女人外表上的美丽,更是体现风度举止,是女人内心智慧的外在表达方法。优雅是自然的,同时它也是个性的、简洁的、知性的、充满包容性的。

一位优雅的女人,首先是一位善良而大度的人,她具备学识,腹有才华。因为善良,她眼睛清澈、表情柔和,因为大度,她才能看淡世间杂事,不让它们影响到自己的生活与心态。她有不俗的谈吐,有懂得穿衣打扮、色彩搭配的品位。有着绝不“凑合”着生活的坚韧心态。懂得在小事上发掘趣味,让自已的生活充满快乐阳光。

同时,优雅的女人,还要是健康美丽的。也许一位优雅的女人不够漂亮,但是她心灵纯净、身心健康、气质高雅、谈吐不俗,一样会有令人折服的魅力。

作为一个优雅的女人,还需要有温柔沉静、善解人意的个性,懂得勤俭持家,用小细节体现出生活的美感。

最后,优雅女人还需要拥有的,是永远的微笑和深刻的内涵。微笑是优雅永恒的外在表现,而内涵则让优雅女人像一口清澈的泉水。虽然冰清玉洁,却完全不能让男人一目了然地看透。而是具有自身的底蕴、特长与爱好,会给男人留下无尽的想象空间。

女人的优雅不是可以一蹴而就的事,它是一种恒久的时尚、一种文化和素养的积累、修养和知识的沉淀。想要做一个优雅女人,就要从现在开始“磨炼”自己,增长自己的见识,拓宽自己的视野,保持优雅的形象。相信,在经过一段时间的努力之后,每一位看到此书的女性,都会向优雅的目标更加靠近。

智者寄语

想要做一个优雅女人,就要从现在开始“磨炼”自己,增长自己的见识,拓宽自己的视野,保持优雅的形象。

给自己增加点“女人味”

女人要有女人味。无论你是高级白领还是普通家庭主妇,你首先得有女人味,应有温柔、温顺、贤惠、细致和体贴的特性。在传统和现代之间寻找一个平衡点,在追求性感火热的时尚之美时,不摒弃传统古典的雅致婉约,在事业上与男人比翼齐飞,不失为小女人的小情调、小手段和小幸福。

女人味首先来自于女人的身体之美。一个有着柔和线条,如绸般乌黑长发以及似雪肌肤的女人,配上湖水一样宁静的眼波和玫瑰一样娇美的笑容,会让人感受到扑面而来的女人味。女人味更多的来自于女人的内心深处。一个有着水晶一样干净之心的女人,一个温柔似水、善解人意的女人,一个懂得爱人的女人,其女人味是由内而外,深入人心的。

女人味,静若清池,动如涟漪。

能凭自己的内在气质令人倾心的女人,是最有女人味的女人。

做一个优雅的女人、有味道的女人,是每个女人殊途同归的美丽梦想。不仅如此,男人也在呼唤淑女回归,多少男人在为女人失去温柔而叹息。

女人味是女人的根本属性,女人味是女人的魅力之所在。女人没有女人味,就像鲜花失去香味,明月失去清辉。女人有味,三分漂亮可增加到七分;女人无味,七分漂亮会降至三分。女人味让女人向往,令男人沉醉。男人无一例外地喜欢有味的女人;女人征服男人,靠的不是美丽,而是她的女人味。

身为女人而缺少女人味,无异于在男人心目中被判了死刑。女人味是女人的神韵。就像名贵的菜,本身虽没有味道,但可依靠调味料,女人味如火之有焰,灯之有光。女人味是美酒,历久弥香,抿口便醉。

漂亮的女人不一定有女人味,有味的女人却一定很美。一朵花可能花瓣妖娆,姹紫嫣红,却不一定暗香浮动,疏影横斜。外表漂亮是最靠不住的,美丽的外表会被时间的齿轮磨得失去光泽。

女人味更多的来自于女人的内心深处。女人味是月光下的湖水，是静静绽放的百合。有女人味的女人，是一个晶莹剔透的女人，一个柔情似水的女人，一个善解人意的女人。

女人味还来自于女人的美德。不善良的女人，纵使倾国倾城，纵使才能出众，也不是优秀可爱的女人。

朱自清先生这样描述过女人："女人有她温柔的空气，如听箫声，如嗅玫瑰，如水似蜜，如烟似雾，笼罩着我们，她的一举步，一伸腰，一掠发，一转眼，都如蜜在流、水在荡……女人的微笑是半开的花朵，里面流溢着诗与画，还有无声的音乐。"

女人味是一种品位，没有品位的女人，任你如何修炼都只是浅显苍白的。

女人味是一种雅味，一种淡雅，一种淡定，一种对生活对人生静静追寻的从容。有女人味的女人有独立的人格，独立的经济支撑，独立的思想境界。

女人味是一股韵味。有女人味的女子是何等柔情，她爱自己，更爱他人。她是春天的雨水，润物细无声；她是秋天的和风，轻拂你的脸庞。她以女性的特有情怀去拥抱整个世界。

记住：现在是培养女人味的最好时光。现在的你眉目舒朗，轻松自在，不谈过去，也不太寄望未来。只对眼前或者再前一步的东西感兴趣，一切东西，在你那里，都在可与不可之间。

你应从语言到仪态，从服饰到性情，处处都弥漫着温柔的气息。别说自己还小不懂这些，别说自己不漂亮不用那样卖弄风情。亲爱的，这些都不是理由，温柔与年龄无关，与外表无关。温柔不是软弱，而是一份坦然。在面对艰难时，温柔的女人不会歇斯底里地大叫命运不公，而是从不抱怨，以温柔一笑面对新的生活；在面对幸福和富足时，温柔的女人不会炫耀自己如何受到家人的宠爱、如何富裕，只要她们温柔一笑，幸福感便溢于言表。女人的温柔是大度、仁厚和悲悯。温柔是一种教养，无法速成，所以女人不要小看了温柔。

智者寄语

女人味更多的来自于女人的内心深处。女人味是月光下的湖水，是静静绽放的百合。有女人味的女人，是一个晶莹剔透的女人，一个柔情似水的女人，一个善解人意的女人。

衬衣，尽显女人味

衬衫永远是职业女性的必备单品，无论以何种姿态出现，它都是职业风采的体现，悄无声息中流露的是中性的人生态度。在一年又一年的时尚潮流中，衬衫总在不断地变换着表情，吸引着女性的目光。

较正式的衬衫固然是职业女性所必备的，休闲的衬衫则是最为赶潮流的伊人们欢迎的，无论是在图案、颜色、面料上，休闲的衬衫总会让时尚伊人感到惊喜。在色调上，虽然还是以白色、黑色、蓝色居多，但是又多了粉嫩的、明亮的色彩，比如较流行的有珊瑚粉、鹅黄、草绿、宝蓝等。在图案上，休闲衬衫更是开放了许多，用得最多的是碎花图案，绣花、镂空也比较普遍地运用。在材质上，除了一直流行的带弹性的纯棉布，最值得一提的是各种雪纺、真丝等悬垂的面料。这种面料的衬衫要的不是修身的效果，而是柔弱无骨的女人味。

1. 衬衣衣领

V 领尖尖的领子、大大的 V 型领口露出美丽的脖颈，在知性中透着朦胧的性感，就是大 V 领衬衫的魅力所在。大 V 衬衫的最佳色彩是浅色，米白、纯白、浅咖啡、淡蓝都是上佳之选。图案可以是纯色，没有一点花样，也可以是条纹图案，但是最好是不要形成鲜明的对比，若隐若现最好。大V领衬衫修身、长度适中、色彩清淡，因而很好搭配，与及膝铅笔裙、长裤、九分裤、斜裁花裙搭配，都能浑然一体，和谐大方。

尖领衬衫颇具职业感，也是最经典的衬衫。这种尖领，比较中庸，既不太大，也不太小，一年一年地就坚守这种款式。色彩也是永远富于知性的、含蓄的，比如白色、蓝色、紫色、灰色。图案也是以纯色和条纹居多。这种款型的衬衫永远不会领导潮流，但也绝对不会落伍，就像一些国际知名职业装品牌，更多的是在面料上精益求精，却不会时时地变化款式，因为它们要坚守经典。这种款型的衬衫，最好是与质感较好的一步裙或是合体的西装裤搭配，展示穿着者的专业与严谨。

2. 白衬衫

白衬衫就是白衬衫，无论穿作礼服或工作制服，总有永恒的魅力。白色的鲜明亮丽，以及专业中不带有强烈压迫感的特质，尤其适合职场穿着。

白衬衫简洁而经典，别出心裁的搭配能使白衬衫更具生命力。的确，女人的美丽手段有千千种，利用智慧将一件简洁的白衬衣变化出千种形象，每一次的不同都让人欣喜兴奋！

（1）黑白配。没有什么颜色比黑色和白色搭配在一起更加和谐，例如上等的小羊皮手提包是很好的移动饰品，经典而不会出错。如果你有不知道穿什么而手足无措的时候，那就选择这种搭配吧！

（2）帅气背带。男人穿西装时常用的背带，也同样可以做女性的配饰。在佩戴背带的时候，适当地将上衣扣子解开到第二颗，这样的洒脱爽利是立刻就能拥有的。如果觉得这样太过男人气，选一条女性化的项链来柔化女性气息。

（3）水晶腰带。水晶腰带适合年纪比较轻的女性，由于颜色的过分跳跃会给人一种浮躁的印象，因此在选择下装的时候尽量避免过于花哨的图案和夸张的颜色。

智者寄语

衬衫永远是职业女性的必备单品，无论以何种姿态出现，它都是职业风采的体现，悄无声息中流露的是中性的人生态度。

做个有女人味的小女人

女人味，一个时髦的名词，近来非常流行。大多数女人都觉得要是有人夸奖她有女人味，是一种极高的赞美。

那么，什么是女人味呢？

甜味、苦味，都是味，可女人味是什么，让你真正说出其味道的内涵，只怕很难。女人味是女人的神韵。女人有味，三分漂亮可增加到七分；女人无味，七分漂亮可降落到三分。女人味是神秘的，能让男人意乱情迷。女人味没有固定的模型，没有规定的套数，有如春雨，润物细无声，又如若隐若现的海市蜃楼，给人以无形的诱惑。

作为女人，女人味首先来自于她的身体之美。脸部柔和的线条，如丝绸般乌黑的长发以及似雪的肌肤，再加上湖水一样深邃的眼神和花朵一样甜美的笑容。可是女人的脸蛋和身材已由上帝决定，再无更改的机会，除非动上几刀。先天不足，只能后天补，女人味也是可以后天培养的。外表不漂亮不要紧,有了味的女人一定很美。

不漂亮的女人,如果能突出自己的长处,也可以成为很有味道的女人。例如一个女人,从五官来看一点都不漂亮,但她每次出现在人们眼前,总是面容洁净、神情祥和、言语轻柔、着装得体,如此你也会觉得她浑身充满了女人味。

女人味更多来自于女人的内心深处。一个有着一颗孩子般童真的心的女人,一个温柔似水、善解人意的女人,一个懂得进退的女人,她的女人味会由内而外散发出来,深入人心。

大多数男人觉得性情温柔的女人是最有女人味的女人,温柔的气质就像一只纤纤细手,轻轻地抚摸男人受伤的灵魂,安慰男人痛苦的心。这样的女人是最令人心动的,也最有味道。

温柔是一种最甜蜜的味道。亲和的态度、婉转的音调、平静的微笑,使一个容貌平平的女人洋溢着风情,这种女人味,像弱柳扶风,惹人怜爱。即使无情的岁月拂去了女人脸上的光泽,让女人容颜老去,可她的女人味却会越来越浓。

女人味是"很女人"的标志。男性都期待与有女人味的女人共度一生,那么怎样来培养女人味呢?

1. 偶尔性感

女人性感偶尔就好,时时刻刻都性感的女人,反而容易让男人见怪不怪。偶尔性感的女人,既可展露优美的体形、美妙的曲线,又能突出自己身体的优势部位。一抹红唇,一个眼神,是一种纯感官的表达与享受。偶尔为之,会让男人久久难忘。

2. 适可而止

永远有所保留,风风火火虽是你处事的风格,却不一定每个人都能适应;大大咧咧并没有错,却缺乏矜持之美。要想有女人味,妆要淡,话要少。无论在什么样的场合,懂得适可而止的女人最能触动人的心怀。

3. 仪表得体

女人最吸引人的是充满自信的言行,仪表得体让你更能彻底发挥身上的魅力。衣着和饰物要符合自己的特点,富有女性色彩的装扮最得人心。那种仪态万方的举止,在男人眼中有着难以言表的魅力。

4. 时时微笑

那脉脉含情的目光,那嫣然一笑的神情,那楚楚动人的面容,有时胜过千言万语。时时保持如花灿烂的笑靥,你的微笑将充实男人的内心,抚慰他的辛劳。

菲菲的老公是个喜欢安静的人,喜欢把自己的生活打理得井井有条。相比之下,菲菲却显得很低能,什么都要老公打理,不会做饭,不会干家务,不会精打细算,职位也很一般,可她却浑身上下充满了女人味。

每当老公疲倦地回到家来,菲菲总是会很体贴地为他泡好他喜欢的茶。老公忍不住责怪她没有收拾好家的时候,她会笑嘻嘻地说:"恐怕要等到我变成你的那一天,或者到你再不觉得乱的时候。"老公只好爱怜地帮她收拾好。当老公带她去交际应酬的时候,她也会打扮得光鲜得体,给足了老公面子。

充满了女人味的女人在情感和人际关系方面更容易取得成功,无论世事怎样变化,无论生活变得怎样时尚,一个完整、美满的女人对于男人来说都是至关重要的。男人的勇敢和刚强需要女人的温柔去平衡,男人的拼搏乃至牺牲需要女人的支持和理解,最正派的男人的卧室里也需要知心的会撒娇的女人做妻子。所以,无论你是高级白领,还是普通家庭主妇,你都要努力使自己更有女人味。

有女人味会“很女人”,那没有女人味的女人呢?

丧失了女人味的女人,是一种随时随地都能让人窒息的女人。我们不主张以貌取人,但对于美的追求却是千百年来人们的追求。对于我们这些平凡的俗人来说,在许多时候,对女人的美丽总保持着一种渴望,而有女人味的女人正是男人最渴望的。

没有女人味的女人,不会懂得修饰自己,她们穿着不合身的衣服,肩膀上落满了头皮屑;她们无法清醒地看到自己的不足,拒绝礼仪文化、化妆文化;她们并不是没有时间修饰面容、梳理发型,她们更喜欢把时间浪费在搓麻将上;她们也不缺少金钱,但却从来没有想过去提高、改善自己。她们没有女人味,却有浑身的铜臭味,情调不足,嚣张有余,当然显得索然无味。

没有女人味的女人,一般不注重培养品位,她们穿着漂亮的裙子,脚上却穿一截短袜,外面再套透明的丝袜,离裙子还有一段距离,露出一截白花花的小腿肚子。她们本来是可以很有女人味的,但是因为不注重培养品位,女人味也荡然无存了。

没有女人味的女人是毫无遮掩的。她们在公共场合毫不忌讳地大声聊天、说笑,甚至在洗手间也是如此,自律意识淡薄。遇到点什么事情,她们就大惊小怪。背着人,她们还会飞短流长。她们缺乏人际交往中必须具备的常识和礼貌,她们在不经意间把身上所有美好的元素全丧失了。和她们在生活中的种种努力和辛劳相比,男人其实更在乎女人的美好,可是她们似乎不懂得。

没有女人味的女人心胸狭窄,她们会对陌生的漂亮女人横眉冷对,对熟悉的漂亮女人冷言冷语,会和丈夫无端地争吵,吃无名醋。她们的专长是一哭二闹三上吊,她们严重地神经质,动不动就准备搅得你心神不宁,手脚无措。稍微让她不满意,她就闹出失控局面。和这样的女人生活在一起,就像抱着一颗定时炸弹。

女人味是男人世界里的晴空,给男人的心灵带来温暖;是漫漫长夜里皎洁的月光,给男人带来神秘的美丽;是男人绝望时伸出的一双手,给男人无限的希望;是万家灯火中的那一盏明灯,给男人照亮前进的路途。

漂亮的女人是精品,有女人味的女人是精品中的极品,是男人永恒的梦想。生为女人,追求做极品女人是没有止境的。

智者寄语

漂亮的女人是精品,有女人味的女人是精品中的极品,是男人永恒的梦想。生为女人,追求做极品女人是没有止境的。

女人,要有女人味

社会对不同性别提出了不同的要求,总体要求是“男刚女柔”,即男性要有“阳刚之美”,他们需要具备刚强、果断、勇敢、豁达、豪爽、有开拓创新精神等气质特征;而女性要有“阴柔之美”,要求女性具有温柔、贤惠、文静、细腻、热情、富于同情心等气质特征。

女性要具有上述性格特征,才算是个完美的女人。如果将男女比作两个半球,那么其中男性是刚强的一半,女性则是温柔的一半。

随着社会的发展、时代的进步和事业的需要,越来越多的女性走向社会,也出现了越来越多的女强人。我们时常可以看见智慧型的美丽女人出现在电视上、杂志封面上和报纸上。

随着女性独立意识的增强，这些女强人会丢失一些传统女人身上非常珍贵的东西。女人在事业上追求上进，在感情上变得现实、麻木。真正的温柔之美变得罕见，能让男人佩服的女人很多，而让男人幻想娶回来做妻子的女人却越来越少。

为什么让男人佩服的女人越来越多，而让男人幻想娶回来做妻子的女人越来越少呢？

因为一些女性对自己温柔内涵的理解逐步发生了变化，她们一味地认为若想取得独立，就要像男人一样果断利落，该决断的时候毫不犹豫，在风浪面前处变不惊。但却忘记了作为一个女人的最大财富——女人味。

撒切尔夫人在世界上有“铁娘子”之称，她在政府里决策国家大事，下班回家却又成了一位家庭主妇，为丈夫和两个孩子操持家务，烹调佳肴，关心两个孩子的学习。每天早晨为两个孩子做好早餐，才自己开车上班，一家人生活得和睦快乐。

从最初一个小镇杂货店店主的女儿到后来的叱咤风云的女强人，她在丈夫心中始终占有着举足轻重的地位，二人一直相敬如宾、恩爱和谐。可以说，这一切都与她自始至终保持女人味分不开。

有人说：“女人是社会和家族的灵魂，无论在荷马的史诗里，还是在歌德的《浮士德》中，都随处可见把女人誉为女神，是圣洁的化身，是天使。”冰心女士就如是说：“如果世界上缺少了女人，就缺少了十分之五的真，十分之六的善，十分之七的美。”

做一个女人，要像一个女人，成为一个真正的女人。她必须具备女人的品位和女人的内涵，那种不但令男人渴望、追求、留恋，而且令女人敬慕的风采。

女人不应该仅以具有第一和第二性征为标准，她应该具备女性最本质的品质，那就是纯洁、柔美、温存、高雅、慈祥和神秘的诱惑力。

温柔是夫妻间保持吸引力的有效手段。莎士比亚说，向对方表示温柔体贴，永远不会错。值得指出的是，在婚前恋爱的阶段，一般的恋人都可以柔情似水地相互对待，然而到了婚后，朝夕相处得久了，丈夫或妻子便不再经常地做出努力讨取对方欢心。他们常常以平淡的口气回答对方关切的问题。在对方叙述白天的经历或倾诉感情的时候，不再用眼睛凝视对方，细心地倾听，而是表现出漫不经心的神情。这种态度实际上是放弃自己的吸引力。对方的关切，表明他对你的注意，你为什么不趁机抓住他的注意力，给一个温柔的回报，让彼此的感情来一个呼应？对方要向你倾诉时，说明他心理上非常需要你，需要你的同情、宽慰或帮助，此时正是发挥你的力量，把对方的感情系牢在你身上的好机会。在一些微不足道的小事上埋怨对方，絮絮叨叨，动辄发脾气等行为，都与温柔的态度背道而驰。乖戾行为经常引起不愉快情绪，也令人怀疑到你的教养。另外，相处困难会使对方感到沉重的压力，夫妻生活便会蒙上灰暗的色彩。久而久之对方甚至害怕回到家里，还谈得上什么吸引力呢？

男人之所以离不开女人，决不单纯是因为女人能给他生个孩子，男人的勇敢和刚强需要女人的温柔去平衡，男人的拼搏乃至牺牲需要女人的支持和理解。男人在工作上需要细心精明正派的助手，最正派的男人的卧室里也需要知心的会撒娇的女人做妻子。

男人最欣赏的女人是他永远吃不透的那种矜持的长媚，那种潇洒的举止、会心的默契……如果在他最困难、最痛苦的时候，想到的是你，这意味着你是他的信赖和希望；如果他在最成功和幸福时想到的也是你，这足以证明你是他心里的知音，只有与你共同分享，这成功才是真正的成功。

对任何一个女人来说，女人味就是上天赐予她们的一种有利的武器，无论何时都不应丢弃它。所以,在结婚以后你时刻都应该记住:要以女性角色自居,以女性的气质特点来检验自己的行为举止。在外我们可以强悍、睿智、果敢,但面对丈夫时,我们一定要回归到小鸟依人、弱女子的状态。

开始时可能有演戏的感觉,但不停地演下去,投入真情实感,就会逐步找回失去的自我。要多与女性为伍,从言行举止上与别的女性反复对照验证、反复认同,强化自己的女性举止行为。

还要多注意自己的服装,恰到好处地修饰打扮自己,多选择展现女性柔美特点的服饰装扮自己,使自己变得温柔可爱,这也会强化自己的性别角色意识。通过这些行为,来加强自己在夫妻生活中妻子的角色,对维护自己稳固的婚姻有莫大的帮助。

男人就是男人,女人就是女人,男人与女人向各自的两极发展,这才是真正的男人和女人,才是上帝造人的原意。男者不男,女者不女,反倒是家庭和社会的不幸。

其实,失去女人味的女人就像鲜花失去了香味一样可怜可悲。如果说青春少女是一首浪漫的诗歌,节奏明快、旋律生辉,恰似春光明媚,那么,中年女性则应该是一篇抒情散文,情愫悠悠、蕴涵深邃,令人会心耐读。

"宁可抱香枝上老,不随黄叶舞秋风。"珍惜这份上苍赐予女人的华美礼物吧!让女人味伴随我们一生,这不仅是我们维护自己家庭和婚姻的一种优势,也应该是我们每个女人毕生的一个追求!

智者寄语

"宁可抱香枝上老,不随黄叶舞秋风。"珍惜这份上苍赐予女人的华美礼物吧!让女人味伴随我们一生,这不仅是我们维护自己家庭和婚姻的一种优势,也应该是我们每个女人毕生的一个追求!

性感是一种卓越的女人味

性感之所以是性感,是因为它能引发一种性的吸引力。性感是烙在骨子里的,由内而外散发出来的无言诱惑。性感放在不同的女人身上,会产生不同的味道和意境。一直以来,性感的女人被喻为一朵欲望之花,能够迷惑男人的眼睛,在任何场合,性感女人都会散发出不可阻挡的光芒。不同的女人有不同的味道,很多男人认为性感女人是最有女人味的。

女人的性感指数,可以包括外表、内涵、肢体语言、言语与自信等几种层面,只要能熟练地掌握其中一项,在男子眼中,就算不是国色天香,也算是个性感女神。

如今的性感里还加入了一点野性,狂傲中有一种很吸引人的东西。美中带有侵略性的另一面,似乎她时刻都在准备征服你,而你却无法抗拒她的魅力。

有一位诗人说过,一个完美优秀的女人,不能缺少感性,否则就谈不上是女人。所以,女人的性感和感性往往要交织上演。一双迷人的大眼睛,有时像梦幻般迷离着天性的骚动,有时又静如处子般的稚气。每个人都在爱的疯狂波澜与平实的感性溪流中游动。此一时性感狂热,彼一时恬静温婉,这就是一个有血有肉的真实女人。

如果说女人的感性像涓涓细流,那么女人的性感则像怒潮大海。感性是母性成分过多,而性感是男女的化学物质。感性的女人都自信,自信的性感女人都会自我欣赏。它是由理智、客观地对自己的认识引发出来的自我欣赏。而这种自我欣赏会使女人在为人处事上从容不迫,不陷入世俗的旋涡中。

性感得体的装扮，优雅的举止，丰富的见识，谦逊温和，这些无一不透出女人高贵的气质和个人魅力。能正确自我欣赏的女人，大多具有较好的涵养，既锋芒又内敛，聪明灵慧，在她们身上最不可能犯女人最愚蠢的错误一知半解却自以为是。性感又感性的女人，既不盲目自卑，更不盲目自大。

懂得自我欣赏的女人，光彩照人，落落大方，在灿烂的笑里有一股凛然高贵的气息，让男人仰慕的同时又有些敬畏。

女人魅力最重要的一条，就是由内而外散发出的文化气质。一个完美的女人，仅仅拥有外表的高贵是远远不够的，她需要坚实的内在因素做后盾，这就是良好的文化修养。女人的这种美，是人类社会都认同的，这样的女人反而更具有女人味。温柔贤惠的女人也许不再是好女人的唯一标准。而个性丰富的女人才是女人，才是性感中的性感，感性中的感性，女人中的女人。

那么，女人应该如何由内而外，全面地发掘、释放、表达自己的性感魅惑的潜质呢？这并不是无据可依的，快来看一看我们的性感主张吧。

(1)牛仔裤贴身穿

十之八九的牛仔裤广告都是在卖弄性感，由此可知牛仔裤经营性感的能力。除了牛仔裤广告中的模特本身外，牛仔裤广告中经常投射出的不羁与我行我素的形象，在某种程度上都跟性感有几分微妙的关系。

(2)性感特区戴配饰

女人身上有多个性感特区，如脚踝、耳垂、肩膀、后颈、手臂等，故在脚踝部位戴条小脚链，在耳垂上吊个大耳环或小圆圈，在手臂上戴个臂环或印个小刺青，在锁骨部位戴条精巧的项链，都能令女人的性感指数明显上升。

(3)自我触摸小动作

如今的性感指数已超越视觉，它是一种“全感官”的表达与享受。灿烂的笑脸，天真或带媚态的眼波，沉溺于思考或想象时的忧郁或出神的神态等，都是比较内敛的性感。而一些不经意的自我触摸才是最叫人销魂的性感动作。如不经意地咬手指、托腮，不经意把头发潇洒地向后拨，双手轻轻地捧着脸颊，无奈时耸耸肩膀，交叉双手轻扶肩头或后颈等，都是些性感妩媚的小动作。

(4)阳光健康的肤色

肤如凝脂固然如树上熟透的桃子，令人垂涎，但一身阳光健康的肤色再配上标准的身材，何尝不能散发性感魅力？

(5)率性而为

除非你天生冷艳或清高得不可亲近，否则，不敢或不愿外露真我个性的女人，凡事都抱着不冷不热的姿态，又处处约束着情感的女人，性感都极有限。而那些敢爱敢恨、想笑就笑、想哭就放声大哭、对生命充满热情与敏锐的女性会显得更具感性的性感。

(6)呢喃软语绕耳边

法国人之所以被誉为最性感的民族，正是因为法国人在言语表达时充满感性及跌宕有致，而法语就像一种呢喃软语，在适当的地方停顿，富有节奏感，韵律优美，让聆听者仿佛漫游于你的思维里。这种想叫人与你的思维一起舞蹈的说话风格，不也是一种性感吗？

(7)擅用眼波

秋水翦瞳与微丝细眼是表达性感的眼神。无论是忧郁的、迷惘的、缥缈的、含羞带笑的，还是眼中藏着火焰的，只要有神有韵、眼波流转，就能成为性感的发源地。

(8)穿高跟凉鞋

女性的脚踝及脚部是女人重要的性征，而高跟凉鞋向来就是女性用以张扬腿部性感的武器。

男性喜欢凝望女性穿着高跟凉鞋时裸露的脚踝、婀娜的姿态。

(9)感性与性感

感性与性感从来都是相辅相成的。感性是母性，一个感性又温柔的女人，无论思考、语调、一举手一投足都更细腻和更具感染力。因此说，女人若缺少感性就不真切、不温柔；缺少性感就寡味、没有激情。

(10)拥有童真

曾经，西方流行冷酷性感，但在主张返璞归真的大趋势下，所推崇的性感却是那种有若孩子般的好奇、天真与热情，眼神里流露出的夹杂着纯真及孩子气的另类性感。例如，碧姬·芭铎、玛莉莲·梦露、丽芙·泰勒等好莱坞女星本身都很孩子气，又长着一张娃娃脸，再配合其魔鬼般的身材，凑在一起便是无敌的性感。

(11)沉思

很多女人虽相貌平平，但一旦陷入沉思中，脸上就会不期然地多了一份性感韵味。那种凝望远处，嘟着嘴或微微侧着脸、托着腮的表情就更惹人怜爱。

(12)适时流露慵懒之态

有人认为，唐代之所以有那么多的美女，除了与当时轻纱妙曼的服饰有关外，还因为生活于那个盛世时代的女性都沉湎于一种缓慢之美，而脸上及四肢又总挂着一种诱人的懒态。古代女性宽衣解带时的专注与缓慢，秋波流转的神态，说话时的快慢有致，已足以构成一种叫人觉得性感的风情。从回眸一笑百媚生的杨贵妃身上，你就能发觉她的丰满，慵懒所致的美妙与性感。

(13)着装要露得有意境

露的原则大致有两个：一是若隐若现；二是选择性。若你有漂亮的肚脐、小蛮腰、骨感的肩膀、细长的后颈，那就不妨展示一下。

智者寄语

如果说女人的感性像涓涓细流，那么女人的性感则像怒潮大海。感性是母性成分过多，而性感是男女的化学物质。感性的女人都自信，自信的性感女人都会自我欣赏。它是由理智、客观地对自己的认识引发出来的自我欣赏。而这种自我欣赏会使女人在为人处事上从容不迫，不陷入世俗的旋涡中。

具有情调的女人最可爱

“女人不是因为美丽而可爱，而是因为可爱而美丽。”这话不无道理。什么样的女人才可爱？具有浪漫情调的女人最可爱。浪漫情调是一种美丽的象征，它是女人的天性。因为浪漫，女人把爱她的男人带向海边去感受大自然，这远比到服装店去包装自己的躯壳更有意境；因为浪漫，女人从工薪中抽取部分钱去音乐厅接受“大弦小弦”的陶冶，这远比把成堆的时间耗在“追星”上高雅得多；因为浪漫，女人用自己的主观感受美，又把自己变成美的客观存在的化身。

具有浪漫情调的女人通常胸怀比较豁达，不会和别的女人斤斤计较鸡毛蒜皮的小事，她们会把自己的眼光放在远处，对未来的生活充满美好的憧憬和期待。

现代人的生活大都很忙碌，生活的压力使得每个人或多或少都感觉有些郁闷，一个喜欢浪漫并善于制造浪漫气氛的女人，不仅会使她的容貌变得非常迷人，而且也能使年龄的鸿沟在人们的概念中不知不觉地减到最浅，从而缔造出美丽的情愫来，令他人受到感染也变得豁达起来。一个外表美丽的女人固然能让人动容，但一个情调浪漫的女人则能用她的浪漫影响他人，这才是最出色的动人的美。

作为女人，外表漂亮固然好，但漂亮的外表绝不是构成美丽的唯一条件，而那种在情调上让人回味无穷的美，才是在“美丽”二字意义上的补足。女性是美的象征，但随着人类理念（包括美的视觉、美的感受、美的品位、美的体验，美的内涵等）不断更新，男人不再把反映在女人身上的那种直觉的与直观的美的表象视作唯一的美的评判标准。在出色美的期待下，男人开始将更多的注意力转移到了那些能构成出色美的配件上，比如浪漫。所以，女人想用情调捕获幸福，就要用浪漫做封面，为自己打造一本氤氲朦胧的女人书。

智者寄语

具有浪漫情调的女人通常胸怀比较豁达，不会和别的女人斤斤计较鸡毛蒜皮的小事，她们会把自己的眼光放在远处，对未来的生活充满美好的憧憬和期待。

磁性的声音最具魅力

如果你有一副好听的嗓音，那么，这就是你参与说话讨论的天生资质，你就一定能引起别人的注意，并很可能因此成为讨论的主角。如果你没有一副悦耳动听的好嗓音，那么你也要力求使自己的声音给人以如沐春风之感。那么，怎样才能使你的声音更具有磁性呢？最重要的就是要注意自己聊天的语调。

语调能反映出一个人的内心世界、情感和生活态度。你是一个热情诚恳、令人信服、乐观幽默、可亲可近的人，还是一个呆板保守、具有挑衅性、好阿谀奉承、令人生厌的人；你是一个优柔寡断、自卑、充满敌意的人，还是一个诚实果断、自信、坦率并尊重他人的人。从你说话的语调中，人们就能感受出来。

无论你谈论什么样的话题，都应保持说话的语调与所谈及的内容相协调，并能恰当地表明你对某一话题的态度。动听的语调有助于提升影响力，亲切的话语往往比雷霆万钧更能得到你预期的反应。

美国一家电影公司曾经推出过一部《维多利亚女王》，其中有这样一组镜头：

维多利亚女王很晚才结束工作，当她走回卧房门前时，发现房门紧闭，于是她抬手敲门。

卧房内，她的丈夫阿尔伯特公爵问：“是谁？”“快开门吧，除了维多利亚女王还能是谁。”她没好气地回答。没有反应。她接着又敲，阿尔伯特公爵又问：“请再说一遍，你到底是谁？”“维多利亚！”她依然高傲地回答。还是没动静。她停了片刻，再次轻轻敲门。“谁呀？”这回维多利亚轻声应答：“我是你的妻子，给我开门好吗？阿尔伯特。”门开了。

从上面的影片情节中，我们可以发现：以亲切动人的声音提出要求远比凭借权势地位发出命令更能得到对方的友好反馈。

所以,如果你采用平易近人的语气跟下属或是不如自己的人谈话,更加有助于你提高自己的威信和影响力。因为温和的话语不会给任何人造成压力,反而能为你赢得更多人的喜欢。

要知道声音的力量足以影响世界。而且,我们自己说话的语调,总是随我们自身的变化而变化。它深刻地影响着我们感知自己以及他人反应的方式。

智者寄语

无论你谈论什么样的话题,都应保持说话的语调与所谈及的内容相协调,并能恰当地表明你对某一话题的态度。动听的语调有助于提升影响力,亲切的话语往往比雷霆万钧更能得到你预期的反应。

想念你身上的味道

一个衣着优雅的女人,同时也应该是一个气息迷人的女人,没有味道的女人没有未来。

香水与女人的关系源远流长。在很早以前,香水曾被颇有心计又有地位的女人当作一种实施阴谋手段的工具而备受青睐。美丽的埃及艳后克娄巴特拉每当温柔时刻,也总不会忘了在她的船帆上洒满香水,制造梦幻迷人的陷阱,因这股芬芳气息的迷惑,也因这个美人的千般风情,恺撒与安东尼在这种精心制造的温柔乡中被透透彻彻地沉醉了,艳后则满足了她自己强烈的政治欲望,香水发挥了它的神奇作用。

说到香水,不能不说到一个伟大的人物——可可·香奈儿,这个让人即刻联想到时装、香水、女性解放和自然魅力的名字。香奈儿认为:一个女人不该只有玫瑰和铃兰的味道,一个衣着优雅的女人同时也应该是个气息迷人的女人,没有味道的女人没有未来,香水会增添她无穷的魅力。

女人的优雅,女人的娇艳,女人的爱情,甚至女人的命运都同一瓶瓶香水有着剪不断理还乱的情愫。法国女性认为与其被男性称赞说“你的穿着十分得体,很漂亮”,不如一句“你用的香水非常适合你,你太有魅力了”。对衣饰的赞美只是外在的恭维,可是当一个男人已经注意到你身体散发的香味时,就是从心理上了解你,或者对你有好感了。由此可见,香水与女人之间,一直存在着亲密而微妙的关系,女人的美丽优雅、性感浪漫、恬静柔情、洒脱活泼借着曼妙的香气暗暗传送,展现着独特的个性。闭着眼睛什么都看不见,但脑海中常常浮现出比睁大眼睛见到的多得多的形象,因为那是想象力最活跃的时候,闭着眼睛就能凭气息来判断她是谁。

女人以香水为名片。她们一般选择一种最能表达其个性特征的香水,来展现其独特的魅力。她们精心挑选一款自己喜欢的香水,收获着美,呵护着生命。因为她们知道,没有谁会永远在自己的身边,唯有玉体上的那缕芳香,才会分分秒秒与自己在一起,那是属于自己的香艳人生。

智者寄语

一个女人不该只有玫瑰和铃兰的味道,一个衣着优雅的女人同时也应该是个气息迷人的女人,没有味道的女人没有未来,香水会增添她无穷的魅力。

别落伍，紧紧抓住时尚的尾巴

时尚，也就是Fashion。在这个时代，天天活跃在电视屏幕上、报刊媒体上。频繁地出现在我们的谈论话题中，挂在所有热爱美丽的男人女人的嘴边。

时尚是什么？

不是名牌的奢侈品，也不是标新立异、让人心中一震的奇装异服。时尚，是时与尚的结合体。时，代表了时间、当下，尚，则代表了高尚、高品位、领先。这两个组合起来，就是在一定的时间段内，走在美丽前端的具有高度的品位。

四十岁的女人，听起来似乎跟时尚搭不上边。我们之中有许多人，因为难以苟同年轻人所谓的品味，被指为是“老土”“落伍”。不懂得时尚之美。

在女儿小时候，王媛经常给她买自己喜欢的裙子，从粉粉嫩嫩的小方格，到清新淡雅的扎染印花，她总是想把自己已经流逝的青春时光在女儿身上体现出来。

女儿渐渐大了，王媛仍然像从前那样打扮她，把她当成是自己年轻时的影子。直到有一天，女儿放学回家，王媛拿出给女儿买的新裙子时，得到的不是惊喜的眼神与“妈妈真好”，女儿只是抬了抬眼，打量了一下裙子，有气无力地“哦”了一声，就向自己的房间走去。

“怎么？学校发生了什么事吗？”王媛关切地问道。

“什么也没发生！”在王媛再三的追问下，女儿终于“爆发”了，“我说妈啊，你能不能不要再给我买衣服了，同学们都是自己去挑选，只有我，从小到大穿的都是你给我选好的衣服，你知不知道你的眼光有多老土？我现在天天穿着这样的衣服上学，同学们都说我是从上个世纪穿越来的人！”

“我……”王媛呆住了，她怎么也没有想到，自己费尽心思地打扮女儿，想要让她成为人人羡慕的小公主，到头来却是这样的结果。

不知从什么时候开始，商场里专门开辟出了“贵妇人”的专柜与专层。那些标价奇高的国产服装专柜，十家中有九家的衣服款式基本一样，都是几十年前比较时兴的很老土的款式，但是在那些专柜里，有许多非富即贵的女人，她们多是四五十岁年纪，对那些专柜的衣服十分满意。

时代是在进步的，时尚比时代进步的步伐还要快。如果说时代是车轮，那么时尚就像是飞机的尾翼，永远领跑在时代的最前端。作为四十多岁的女人，也许接受新事物、接受新时尚没有像年轻人那样容易，但是，不要再将眼光沉浸在几十年前了，那不仅会让你看起来老气横秋，就连那些高价卖“贵妇”服装的商家，也会在转过头去后暗暗地嗤笑一句：“落伍！”

多年来沉淀的品位固然可贵，但是，只有沉淀，没有发展，也没有变通，品味就会变成一潭死水，不仅不能让你像想象中那样永远衣着得体、气质迷人，还会让你严重怀疑自己的穿衣品味。

被女儿说了“老土”之后，王媛这才正视起“美丽”这个问题。走在大街上，原本对自己穿着很有信心的王媛，在观察了自己同龄人的打扮之后，隐隐地对自己产生了一丝怀疑。

“我穿的这身你感觉怎么样？”回到家里，王媛叫过邻居兼朋友赵蕊，请她对自己评判。

“没问题啊，”赵蕊很奇怪一向不打扮的王媛会问自己这个，“你穿的跟平时一样，没什么不同啊。”

“不是不是！”王媛有些羞赧，但还是鼓起勇气说了出来，“我是说，我穿的，看起来老土吗？”

“老土……倒不至于。可能是我看习惯了吧。”赵蕊回答，“不过以年轻人的眼光来看，确实是挺土的。你看,现在连我都不穿这种没腰身没曲线的的确良西装裤了,满大街也只有你一个人还在穿吧。”

果然如此。王媛心中有了数,从那天起,她经常翻看女儿买的时尚杂志,也参加了社区里的“魅力讲座”。过了没多久,女儿看见王媛新买的裙子,眼前一亮:“哎,我的妈咪,你最近看起来好像跟以前不一样了哎,年轻漂亮多了,这件裙子在哪里买的,好喜欢,要不先借我穿几天吧!”很多女人认为:自己已经是四十多岁的年纪,不应该盲目地追求时尚,应该有自己的观念与品位。这种想法没有错,但是这样想的女人,却忽略了一个最根本的问题,那就是:时尚,并不代表流行。并不是流行什么穿什么就是时尚。时尚更体现在和谐、气质,体现在元素的美丽与张力上。结合崭新的、人人都关注喜爱的元素,体现出自己独特的风格,这才是四十岁女人应有的时尚。才是我们能够吸引他人目光、保持青春永驻的穿衣秘诀。

智者寄语

结合崭新的、人人都关注喜爱的元素,体现出自己独特的风格,这才是四十岁女人应有的时尚。

第八章　为人处世得当为女人赢得欣赏

女人要学会与不同的人交往

一个女人在人生的路上，会遇到不同的人。当然，你不可能和所有的人都成为朋友，但你应该学会怎样与各种人交往。我们的社会由不同的人组成，只要活在社会上，不管日常生活、工作，还是创立自己的事业，都会和别人产生一种互动关系。也就是说，人是靠彼此互助才得以生存的。即便是流落荒岛的鲁宾逊都要有一位名叫“星期五”的伙伴，更何况身处这一竞争激烈、人际交往频繁的现代社会中的我们？

王小姐在某企业担任打字工作。她是个活泼开朗的人，平时与其他同事关系都很不错。他们的行政部李经理有些特别，是老板的亲戚，为人高傲，动不动就颐指气使，而且不大会做人，总是爱凭空指责别人，甚至无理取闹。部里的人都对他有意见，但王小姐却平和视之。

这一天中午，李经理匆忙回到办公室，向办公室里的人问道：“上午让你们打的那个文件在哪里？我正要用呢，否则一会儿开会就来不及了。”可是当时正值吃午饭时间，谁也不知道那个文件放在哪里。再说平时李经理那副模样，大家也不愿意帮助他。甚至有些人还有了幸灾乐祸的心理。

这时，王小姐对他说：“这个文件的事我虽然不知道，但是，李经理，这件事交给我去办吧。我会尽早送到您的办公室的。”当王小姐把整理好的文件送给李经理时，他那种感激的表情还真让王小姐吃了一惊。

此后，李经理依然颐指气使，但对王小姐明显客气了很多。不久，李经理要调往外地，临走时，他特别向老板推荐了王小姐接替他的位置。老板一想，这李经理平时用人非常挑剔，他能称赞的人，一定是个不错的人，于是就任命王小姐接替了他的位置。

在这个故事里，王小姐就是个善于处理人际关系的人，无论是她喜欢的还是不喜欢的，都能超越个人的喜好，将工作放在第一位，乐于与他人合作。也正是因为她能结交不同的人，才让自己有了更多的机会。

交往是一种生活的必需。也就是说，谁也避免不了与人交往，而交往的人必然各种各样，他们交织在你的工作、学习、生活和情感中。有一位成功的女士将一生交往的人分为以下三种：

第一种是欣赏你、理解你、器重你的人；第二种是曲解你，与你产生分歧，甚至中伤你的人；第三种是与你互不相干的人。第一种人对你有知遇之恩，你可以与之为师为友；第二种人给你伤害，你只需远离他，而不必与他计较，更不该为此而苦恼；第三种人与你无关痛痒，你大可与之和平共处，以礼待之。

对于一个女人来说，怎样与各种人交往和友好相处是一部书，没有人能够真正教你怎样去读懂这些书，只有靠自己用心去品味，用生命去体验。

有人说："三十岁以前靠专业赚钱，三十岁以后靠人脉赚钱。"可见人脉在一个人成功道路上的重要性。如果有了必要的能力，而且在能力之外还有良好的人际关系、人脉优势，那么结果就往往是一分耕耘，数倍收获。

智者寄语

对于一个女人来说，怎样与各种人交往和友好相处是一部书，没有人能够真正教你怎样去读懂这些书，只有靠自己用心去品味，用生命去体验。

做个聪明的"糊涂"女人

"糊涂"女人绝非是指大脑真有问题的智障女人。实际上，我们这里所说的"糊涂"女人智商比任何人都"正常"，之所以说她们"糊涂"，是因为跟许多颇有心计的女人比起来，她们就显得不那么精明不那么灵光了，显得有些"傻"。

女人"糊涂"并非是坏事，"糊涂"是一种生活的大哲学。古来就有"难得糊涂"这一说法。作为扬州八怪的主要代表，郑板桥虽历经"卖画扬州、作吏山东"的沉浮生涯，但倾其毕生，不难发现"难得糊涂"的效用，让其一生无不充满"阳光雨露"。

什么是"糊涂"女人呢？"糊涂"女人在别人看来不太会张扬，从来是老老实实、稳稳当当的。"糊涂"女人令丈夫放心，因为她天生不会说谎，有一不会说二，应变能力和其他的所谓精明女人比起来显得很差，不太会讨人喜欢。精明的女人就不一样了，只要需要撒谎，说出来绝不脸红，反应极快。"糊涂"女人不会算计生活，比如说"糊涂"女人与他人碰上同样喜欢的东西，只此一件，退出的肯定是"糊涂"女人。"糊涂"女人不习惯争执。精明的女人自然不会这么傻，精明的她会去算计一切，包括爱情。"糊涂"女人对什么都很认真，跟她说什么都相信，只是有些东西她绝不会轻信第二次。"糊涂"女人做任何事，都先想着别人，只是最后才想到自己。而相反，在精明的女人眼里，自己永远是第一位的。

"糊涂"女人从来不会耍手腕，"糊涂"女人会为自己拥有的一点点东西而高兴地傻笑不止，所以"糊涂"女人显得很容易满足。精明的女人绝不会这么容易对付。精明的女人做任何事情的目的性总是很强，她会利用一切可利用的东西，得到自己想要却没有的东西。"糊涂"女人却不会，她会时不时地被人利用。"糊涂"女人和精明女人比起来，不像精明女人那么时尚而惹眼，但人们并不会忽视她的存在。"糊涂"女人没有太多想法，活得简单自然，但绝不是没有追求。精明的女人就不同了，她的想法多如牛毛，过什么样的日子，开什么样的车，早在盘算之中。

表面上看来，"糊涂"女人似乎处处不如精明女人，但"糊涂"女人最终却总能得到幸福，所有都像中了老话讲的"傻人有傻福"的预言。"糊涂"女人有疼她、爱她的丈夫，有融洽的人事关系，有安逸舒适的生活。这一点精明女人始终不明白。"糊涂"女人因为傻，人们总会自然不自然地靠近她；因为单纯，人们不会像防诡计多端的精明女人一样去防着她；"糊涂"女人实在，为人厚道，别人会自然真心实意对待她。"糊涂"女人不懂什么是欺骗，也根本用不着。"糊涂"女人因为"糊涂"所以总是在付出，精明的女人因为太过精明所以总是在索取；"糊涂"女人越给别人，自己反而越多，精明女人却越夺，自己的越少。"糊涂"女人什么都不抢，所以别人愿意让着她；精明女人什么都争，所以她争的同时，也激起了别人抢夺的欲望。“糊涂”女人绝不懂什么是“欲先取之，必先予之”，但她确是那么做的。所以她“糊涂”得天然。精明女人总觉得自己聪明，所以事事都要聪明，到头来才发觉，其实谁都不比她傻。“糊涂”女人老傻想着别人，却没料到为她着想的人更多。“糊涂”女人自然不做作，和精明的女人比起来，“糊涂”女人总不显出色。但男人都想娶“糊涂”女人做终身的女人，而远离精明的女人。男人喜欢“糊涂”女人的没心眼，愿意把感情投入其中，而不会担心被骗得人财两空。男人情愿给容易满足的“糊涂”女人更多满足，而不愿意给欲壑难填的精明女人一点希望。男人讨厌有看不到头的压力感。男人喜欢“糊涂”女人对人的信任感，这样的女人懂事不纠缠，用不着有事没事地解释不完，也不用像对付猎人一样感到害怕。总之在男人眼里，“糊涂”女人的傻是他们的爱，他们甘愿被傻里傻气的女人调遣，也决不去招惹聪明绝顶的女人。男人更愿意给“糊涂”女人一个温暖而又富足的家，因为她不会软硬兼施地逼迫或威胁男人怎样怎样。男人感觉对她的爱来得自然简单，所以男人心甘情愿成就“糊涂”女人的幸福。

做个“糊涂”女人实在比做个精明的女人好得多。女人有时候适当地装装“糊涂”是很有必要的。特别是在某些特殊场合下，为了保证计谋的绝密，或者为了把事情办成功，明明知道事情的底蕴却故意装作不知道，分明是看得清清楚楚的东西却装作看不见、看不懂，这种糊涂就是明知故昧。明明知道、明明看见了却装作不知道没看见，这当然是客观情势使然。或者，作为一种计谋，例如为了保全自己，为了使目的达到，你都必须这样做。

人与人之间的矛盾如果以平等互利的方式来解决，都是可以化解的。但是，如果矛盾涉及到了原则性问题，那么就必须站稳脚跟，寸步不让，即使是细节也不能让。睿智的女人懂得，如果原则性问题也要让步就等于失去了做人的方向。

人们所说的原则性问题主要有两种，一是尊严，一是应得的利益。尊严是精神上的原则性问题，一个人格健全的正常人是不能允许别人轻易冒犯自己的尊严的，尊严受到损害有时比物质利益的损失更能让人感到痛苦和难以忍受。在这一点上，女人的尊严显得更为重要。一个人的素质越高，越看重自己的人格与尊严。所谓“士可杀不可辱”，正是这个意思。

我们说在尊严问题上必须寸步不让，但在很多情况下是自己的尊严已被人严重地侵犯了，却还不知如何申辩，结果只能白白地受气。其实，别人侮辱我们的人格，并不意味着他的人格有多高尚。如果我们能够了解对方，稍稍使用一点“手腕”，明知故昧装糊涂，以其人之道还治其人之身，往往可以收到良好的效果，从而为自己讨回尊严。

在某大城市的一户人家，有一位乡下来的小保姆，由于为人实在，干活利索，给女主人留下的印象颇佳。但是，生性狐疑的女主人还是担心这位乡下姑娘手脚不干净，于是在试用期的最后几天想出个办法来试一试她。

一天早晨，小保姆起床要去做饭，在房门口捡到一元钱，她想肯定是女主人掉下的，就随手放在了客厅的茶几上。谁知第二天早晨，小保姆又在房门口捡到了一张五元的钞票，这让她感到很奇怪。“莫非是在试探我吗？”小保姆产生了这样的疑问。但她又很快打消了这个念头。女主人是位刚从领导位置上退休的体面人，怎么会做出这样侮辱人的事情呢？这样想着，她就把钱放在了茶几底下，但心里面还是留了个“心眼”。

到了晚上，小保姆假装睡下，从卧室的窗户窥看客厅中的动静。正当她困意袭来，准备放弃这一念头时，女主人竟真的悄悄到茶几前取钱来了。小保姆彻底惊呆了，怒火冲上了她的心头：怎么可以这样小看人！她咬了咬嘴唇，下定了一个决心。

第二天早晨，小保姆又在房门口发现了一张钞票，这次是十元钱。她笑了笑，把钱装进了自己的口袋。到了傍晚,她在女主人下楼去练气功之前把这十元钱悄悄地放在了楼梯上,准备也测试女主人一番。果不出小保姆所料,女主人之所以怀疑别人手脚不干净,正是因为她自己是一个自私而贪心的人。她在下楼时看见了那十元钱,当时就眼睛一亮,然后趁着左右没人把钱塞在了口袋里。这一幕,全都被暗中偷窥的小保姆看到。

当晚,女主人找到了小保姆,严肃而又婉转地批评她为人还不够诚实,如果能痛改前非,还是可以留用的。小保姆故作懵懂地问:"你是不是说我捡了十元钱?""是呀!难道你不觉得自己有错吗?"小保姆摇了摇头:"不,我不认为我做错了什么,因为我已经将那十元钱还给您了。"女主人一脸诧异:"咦,你啥时啥地还我钱了?"小保姆大声回答:"今天傍晚,公共楼梯……"女主人一听到"楼梯"两个字,顿时像触了电一样浑身一颤,狼狈得一句话也说不出来了……

聪明的小保姆利用了一些"手腕"为自己找回了面子,女主人自然也不会再侮辱她的人格和尊严。试想一下,如果她正面反击,不讲策略,又会是什么效果呢?使用一点"手腕",就可以方圆有道,一劳永逸。可见,做人还是要有技巧的。

明知应故昧,看透不说透!这种明知故昧的糊涂,无论是在军事、政治、外交,还是在日常生活中,常被人采用,而且只要"昧"得深、"昧"得巧,将计就计,总能收到良好的效果。

女人的"糊涂"其实是一种境界,说到底,靠的还是自身的领悟。

有时候我们退让,我们表现得"糊涂",并不是忍气吞声,而是为了更好地防守。"糊涂"的女人容易感到幸福,也离幸福最近,更易收获幸福。因为"糊涂"的女人都有颗极其简单的心。

"糊涂"的女人都是聪明的女人,即便是天生有一双火眼金眼,世事洞明,也不会把所有的事情都探究得一清二楚,懂得留一半清醒留一半醉。相对于怨妇,男人更喜欢在适当时候装"糊涂"的聪明女人。所以,女人不妨在一些小事上装装"糊涂"吧,因为"糊涂"这种方式离幸福很近,那种明了一切却不点破的拈花一笑,最是令人心动。做一个难得糊涂的女人,势必能博得"幸福之神"的宠爱。

智者寄语

女人不妨在一些小事上装装"糊涂"吧,因为"糊涂"这种方式离幸福很近,那种明了一切却不点破的拈花一笑,最是令人心动。做一个难得糊涂的女人,势必能博得"幸福之神"的宠爱。

一定要给别人台阶下

懂得揣摩他人心理的女人,在社交活动中,能适时地为陷入尴尬境地的对方提供一个恰当的"台阶",使别人免丢面子,这是人际交往的一大原则,也是女人为人的一种美德,这不仅能使你获得对方的好感,而且也有助于你树立良好的社交形象。否则对方没能下得"台阶"出了丑,可能会记恨你一生。相反,若注意给人"台阶"下,可能会让人感激一生。是让人感激还是让人记恨,关键在是否给人"台阶"上不陷入误区。

由于自己的不慎和忽视,下列社交误区都可能使对方陷入难堪的境地。

1. 揭对方的错处或隐处

聪明的女人在交际中,如果不是为了某种特殊需要,一般应尽量避免触及对方所避讳的敏感区,避免使对方当众出丑。

心理学的研究表明,谁都不愿把自己的错处或隐私在公众面前“曝光”,一旦被人曝光,就会感到难堪或恼怒。因此,女人在交际中,如果不是为了某种特殊需要,一般应尽量避免触及对方所避讳的敏感区,避免使对方当众出丑。必要时可委婉地暗示对方已知道他的错处或隐私,便可造成一种对他的压力。但不可过分,只需“点到为止”。

2. 张扬对方的失误

如果把别人的失误当成笑柄,自己也就有了被制造笑柄的失误。

社交中谁都可能不小心弄出点小失误,比如念了错别字,讲了外行话,记错了对方的姓名职务,礼节有些失当,等等。当我们发现对方出现这类情况时,只要是无关大局,就不必对此大加张扬,故意搞得人人皆知,使本来已被忽视了的小过失,一下变得显眼起来。更不应抱着讥讽的态度,以为“这回可抓住笑柄了”,来个小题大做,拿人家的失误在众人面前取乐。这样做不仅会使对方难堪,伤害他的自尊心,使他对你反感或报复,也不利于你自己的社交形象,容易使别人觉得你为人刻薄,在今后的交往中对你敬而远之,产生戒心。

3. 让对方败得太惨

女人在社交中,常会进行一些带有比赛性、竞争性的文化活动,比如棋类比赛、乒乓球赛、羽毛球赛等。尽管这是一些文娱活动,但大家都希望成为胜利者。成大事的女人,在自己“实力雄厚”、能绝对取胜的情况下,往往并不使对方失败得很惨而狼狈不堪,反倒是有意让对方胜一两局,这样既不妨碍自己总体上的获胜,又不使对方太失面子。比如有些象棋高手,在连赢几盘棋后,往往会有意走错几步,让对方最后赢一两盘。

我们不但要尽量避免因自己的不慎造成别人下不了台,而且要学会在对方可能不好下台时,巧妙及时地为其提供一个“台阶”。否则,很可能会由于方法不当,本来是帮助对方下台,结果却弄得对方更尴尬。这里也有几点应注意:

(1)要注意不露声色

既能使当事者体面地“下台阶”,又尽量不使在场的旁人觉察,这才是最巧妙的“台阶”。有一则报道很能启发人。一次,一位外国客人在天津水晶宫饭店请客,请 10 个人点了 3 瓶酒。饭店女服务员小丁知道,10 个人点 5 道菜起码得有 5 瓶酒,看来客人手头不那么宽裕。于是,她不露声色地亲自给客人斟酒。5 道菜后,客人们酒杯里的酒还满着。这位外宾脸上很光彩,感激小丁给他圆了场,临走时表示下次还来这里。如果小丁想让这位外宾“出洋相”那简直是太容易了,但那样就会失去一位“回头客”。聪明的女人往往都会这样不动声色地让对方摆脱窘境。

(2)要注意用幽默语言作为“台阶”

幽默是女人人际交往的润滑剂,一句幽默语言能使双方在笑声中相互谅解和愉悦。作家冰心在美国访问时,一位美国朋友带着儿子到公寓去看她。他们谈话间,那位壮得像牛犊的孩子,爬上冰心的床,站在上面拼命蹦跳。如果直截了当地请他下来,势必会使其父产生歉意,也显得自己不够热情。于是,冰心便说了一句幽默的话:“请你的儿子回到地球上来吧!”那位朋友说:“好,我和他商量商量。”结果既达到了目的,又显得风趣。

(3)要注意尽可能地为对方挽回面子

有时遇到意外情况使对方陷入尴尬境地时，如你在给对方提供“台阶”的同时，能采取某些妥善措施，及时为对方面子上再增添一些光彩，那是最好不过的了，会使对方更加感激你。

智者寄语

懂得揣摩他人心理的女人，在社交活动中，能适时地为陷入尴尬境地的对方提供一个恰当的“台阶”，使别人免丢面子，这是人际交往的一大原则，也是女人为人的一种美德，这不仅能使你获得对方的好感，而且也有助于你树立良好的社交形象。

了解对方心理，得体地与之交流

聪明的女人在与人相处时，不可不注意说话的态度和分寸。如批评人时，不能生硬地刺激对方，要考虑对方是否能够承受。在提出建议时，不要过高苛求，要使对方能够接受。俗话说：“打人不打脸，说人不揭短。”我们在说话行事时，一定要采取尊重别人的审慎的态度。不尊重别人感受的人，最终只会引起别人的讨厌甚至憎恨。

说话不看对象，就像打枪不看靶子，不仅打不中目标，反而有可能毁坏了别的东西。聪明女人与人打交道也是一样，见不同的人要有不同的说话方式，一开口就让人喜欢也就不是什么难事了。

乔治·伊斯曼是世界上最有名望的商人之一，他发明了感光胶卷，从而使电影走进了人们的生活。当然，这也为他积累了一笔高达一亿美元的财产。在曼彻斯特，伊斯曼建造了一所伊斯曼音乐学校。他还盖了一个著名戏院，以纪念自己的母亲。当时，纽约高级坐椅公司的客户经理莫妮卡想得到这两幢大楼的坐椅订货生意。于是，她与负责大楼工程的建筑师通了电话，约定拜见伊斯曼先生。会见伊斯曼之前，那位好心的建筑师向莫妮卡提出忠告：“虽然你很想争取到这笔生意，但我还是要告诉你，要是你占用的时间超过五分钟，那你就不会再有一点希望。他很忙，因此，你得抓紧时间把事情讲完。”

进入伊斯曼的办公室时，莫妮卡看到，伊斯曼正伏案处理一堆文件。过了一会儿，伊斯曼抬起头来，说道：“早上好！小姐，有事吗？”建筑师为他们彼此作了引见，然后，莫妮卡满脸诚恳地说：“伊斯曼先生，在恭候您的时候，我一直很羡慕您的办公室，假如我能有这样一间办公室，那么即使工作辛苦一点我也不会在乎的。我从事的业务是房子内部的木建工作，但我之前还没有见过比这更漂亮的办公室呢！”

伊斯曼回答说：“您提醒我记起了一样差点儿已经遗忘的东西，这间办公室很漂亮，是吧？当初刚建好的时候，我对它也是极为欣赏。可如今，我每来这儿时总是盘算着许多别的事情，有时候甚至一连几个星期都顾不上好好看这个房间一眼。”

莫妮卡走过去，像抚摸一件心爱之物那样，用手来回抚摸着一块镶板：“这是英国的栋木做的，对吗？英国栋木的组织和意大利栋木的组织有点不同。”

伊斯曼说道：“是的，这是从英国进口的栋木，是一位专门同细木工打交道的朋友为我挑选的。”接下来，伊斯曼带莫妮卡参观了那间房子的每一个角落，他把自己参与设计与监造的部分指给莫妮卡看。他还打开一只带锁的箱子，从里面拉出他的第一卷胶片，向莫妮卡讲述他早年创业时的奋斗历程。

伊斯曼情真意切地说到了孩提时家中一贫如洗的惨状，说到了母亲的辛劳，说到了那时想挣大钱的愿望，讲到了怎样没日没夜地在办公室搞实验等。

“我最后一次去日本的时候买了几把椅子运回家中，放在我的玻璃日光室里。可阳光使之褪了色，所以有一天我进城买了一点漆，回来后自己动手把那几把椅子重新油漆了一遍。你想看看我漆椅子的活儿干得怎么样吗？好吧，请上我家去，我们共进午餐，饭后我给你看。”当伊斯曼说这话时，他们已经谈了两个多小时。

吃罢午饭，伊斯曼先生给莫妮卡看了那几把椅子，每把椅子的价值最多只有一到五美元，但伊斯曼却为它们感到自豪，因为这是他亲自动手油漆的。对伊斯曼如此引以为荣的东西，莫妮卡自然是大加赞赏。在离开伊斯曼家时，莫妮卡获得了那两幢楼的坐椅生意。

聪明的女人，对对方大加赞美，从而为自己赢得良好的人际关系，有助于自己事业的成功，获得幸福的生活。

智者寄语

聪明的女人，对对方大加赞美，从而为自己赢得良好的人际关系，有助于自己事业的成功，获得幸福的生活。

尊重别人才能尊重自己

聪明的女人在与人交往时应记住两点：第一，别人是重要的；第二，你也很重要。所以，你想得到别人的尊敬，首先要尊敬别人，这是一个大家都明白的道理。但在人际交往的过程中，很多人因为地位、优势等原因，忘记了尊敬别人。不尊敬他人的人永远不会得到人际关系的良好发展，自恃才高的人、自卑狭隘的人，往往容易不尊重别人，这样的人，怎么会让别人喜欢呢？

一位曾经怕得不到尊敬的女士讲了自己的故事：

我记得，那时我刚刚升入中学，正是把友谊看得比什么都重要的年纪。可偏偏我长得太引人注目了：我的个子太高了，要比身边所有的同龄人都高得多。身高常常让我备感孤独，毕竟，有谁愿意一直仰着头和朋友说话呢？为了不让同学们过于注意我的高个子，甚至为了不让有些人取笑我是“傻大妞”，我加入了罗克斯的小帮派。我们的目标与乐趣就是尽可能地给队伍以外的所有人都安上又损又搞笑的绰号。

为了能在队伍中显得“出色”，我甚至给别人起过一些侮辱性的绰号。起初，那些同学仰起脸来狠狠瞪我的目光就像鞭子一样抽在我的心上，但在死党们的吹捧和赞扬下，我也就渐渐麻木甚至扬扬得意起来。直到有一天我当面侮辱了林云。这个女生连看都没有看我一眼，冷笑着从我身边走过。我听见她轻轻地对我说：“因为鄙视，我懒得抬头。”我恼羞成怒地转过身去咒骂她，却看见了站在不远处的我的父亲，我的脸一下子变得煞白。

父亲对我的管教一直非常严格。从小他就教育我，要像对待自己的兄弟姐妹一样与伙伴们真诚而友善地相处。我以为父亲会狠狠地教训我，然而，父亲却只是走到我面前，十分严肃地对我说了两句话，说完便拍拍我的肩膀走了。

那天，我一直呆呆地站在那里，好久才发现自己哭了。

第二天，我非常坚决地退出罗克斯的帮派，我不在乎他们的不解与嘲弄；我真诚地向自己过去伤害过的每一个人道歉，包括我的父亲；我申请加入了校篮球队，一年后，我当上了女子队的队长……

光阴荏苒,很多年过去了,我一直都是非常高的个子。从当初那个青涩的小女孩到现在略显肥胖的中年妇人,我永远要比同龄人高出许多。但个子不是问题,我的朋友们很喜欢和我聊天,他们常常仰起脸来对我露出会心的微笑。我儿子个子也很高,当这个小家伙开始为自己的高个子烦恼时,我就会一遍又一遍地告诉他两句话,也就是父亲当年敲醒我的那两句话:“你只有尊重别人,才会得到别人的尊重。既然大家都要仰头和你说话,请给他们一个仰视你的理由。”

生活中,最珍贵的礼物是尊重和理解。当一个人收到这个礼物时,就会感到幸福,他的自豪感就会得到增进,而馈赠这个礼物的人,也会感到同样的幸福和充实,因为它在尊重和理解他人的同时,自己的精神境界会变得更加崇高,他的人格会变得更为健全。尊敬你身边的每一个好人,你也会得到更多人的尊重。

智者寄语

聪明的女人在与人交往时应记住两点:第一,别人是重要的;第二,你也很重要。

用合适的话题拉近彼此的距离

聪明的女人都知道,在人际交往中,只要交往双方找到了合适的话题,才能将交往顺利地进行下去,即用合适的话题拉近彼此之间的距离。

一位机关干部和一位中学的教师,在朋友家见面了,主人为这对陌生人做了介绍,他们发现都是主人的同学这个共同点,马上就围绕“同学”这个突破进行交谈,相互认识和了解后,也成了朋友。这当中重要的是在听介绍时要仔细地分析、认识对方,发现共同点后再在闲谈中不断地发现新的共同关心的话题。

生活中经常能发现这样的女人,她们能够很快地与人打成一片,这种人有一个有趣的绰号,叫“自来熟”。由于她们在任何交际场合都能有说有笑,因此人缘极好,消息灵通,在与人竞争时无形中就占了先机。她们之所以能成功,就是因为她们可以找到好话题侃侃而谈,让人觉得与她一见如故,相见恨晚。我们怎样才能像她们那样,用合适的话题拉近彼此的距离呢?

1.寻找彼此的共同点

你去朋友家串门,遇到有陌生人在座,作为对二者都很熟悉的主人,会马上出面为双方介绍,说明双方与主人的关系、各自的身份、工作单位,甚至个性特点、爱好等。细心的人从介绍中马上就可以发现对方与自己有什么共同之处。所以,寻找双方的共同点不是件难事。一个人的心理状态、精神追求、生活爱好等,都或多或少地在他的表情、服饰、谈吐、举止等方面有所表现,而且只要你善于观察,就会从中发现你们的共同点。

在火车上,一名中文女教师见到对面座位上一个年轻人正在看一本书,于是主动与他交谈:“你是学什么专业的呀?”对方回答:“我是学中文的。”“哎呀,咱们是学同一个专业的,我也是学中文的,你是哪个学校毕业的?”由于这位女教师观察仔细,轻而易举便寻找到共同点而打开了交谈的局面。

察言观色发现的东西,要同自己的情趣爱好相结合,自己对此也要有兴趣,才有可能打破沉闷的气氛。否则即使发现了共同点,也还是无话可讲,或讲一两句就卡壳了。

2. 投石问路

陌生人相遇,为了打破沉默的局面,开口讲话是首要的。有人以打招呼开场,有人通过借书借报来展开交谈。周小姐在医院里候诊,邻座坐着的一位大姐主动和她闲谈:“你是来看什么病的,听口音不像本地人,你老家是哪里的呀?”当她得知周小姐是山东青岛人时,很高兴地说:“青岛非常美,我以前出差去过多次,那您在什么单位工作呀?”就这样,她们亲切地交谈起来,等到就诊时,她们已经是熟悉的朋友了,分手时还互邀对方方便时到自己家做客。

3. 用闲谈打开办事之门

为了发现陌生人同自己的共同点,可以在他同别人谈话时留心加以分析、揣摩,也可以在对方和自己交谈时揣摩对方的话语。

在公共汽车上,小张不慎踩到了旁边一位老者的脚,她忙道歉说:“对不起,对不起。”老先生笑容满面地说:“你是哈尔滨人吧?”小张惊讶地点点头,老先生忙说:“我曾经在那里工作了三年,那是十年前的事了。现在哈尔滨变化挺大吧?”这样一路下来,小张同老先生谈得很投机,而且得知,老先生就是小张上学的学校的老教授。后来小张还多次拜访过老先生,有很大的收益。可见,通过细心揣摩对方的谈话,可以找出双方的共同点,使陌生的路人变为熟人,进而发展为朋友。

此外,闲谈好比一把钥匙,可以轻易地打开办事之门。我们如果在闲谈中根据不同人的兴趣爱好,从不同的话题入手,常常可以比较容易地开启对方的心扉,深入到对方的心灵深处,激起对方情感的共鸣,从而顺利办成所求之事。

有一次,一位年轻的女销售员到某公司联系业务。一进经理办公室,只见墙上挂了几幅装裱精致的书法条幅,她仔细一看,是隶书,便和经理闲谈起来:“经理,看来您对书法一定很有研究。嗯,这幅隶书写得好,看这里悬针垂露的用笔,就具有多样的变化美!”经理一听,此人谈吐不俗,还懂汉代曹全的悬针垂露之法,一定是书法同好,连忙热情地招呼说:“请坐,请坐下细谈。”这样,经理无意中已把这位“书法同好”视为“知音”了,当后来销售员引入谈业务之事时,自然就“好说”多了。通过闲谈,双方都发现了有价值的东西,迅速融洽了双方的关系,事也好办多了。闲谈并不“闲”在生活中,聪明的女人总能抓住闲谈的机会,让别人认同她,产生一种共鸣,达成一种共识,从而使彼此之间建立良好的关系,一些事情也就轻而易举地办成了。

智者寄语

聪明的女人都知道,在人际交往中,只要交往双方找到了合适的话题,才能将交往顺利地进行下去,即用合适的话题拉近彼此之间的距离。

投其所好,迎合他人

聪明的女人对人说话,应该投其所好。能够投其所好,你的话才能在对方心中发生作用。反之,则发生不了效用。作为一名聪明的女人,在公关交际中,也应该投其所好,迎合他人。能够投其所好,你的话才能在对方心中发生作用。

有一次,中国著名相声演员姜昆到广州演出,市属几家新闻单位的记者纷纷前往采访。他们或者颂扬姜昆相声的优秀,或者自称是相声迷,有的还能说出姜昆相声的段子,但出人意料的是,他们都被姜昆一一婉言谢绝。这使记者们感到万分失望。这时,有一位同样有采访欲望的女记者叩响了姜昆的房门,说"姜昆同志,我与他们一样也是一个相声迷,但我不想谈论你的相声有多么优秀,尽管我对您的表演很欣赏,我想跟您谈谈您演出时的一些应特别注意的细节问题……"姜昆一听,是为了让自己更完美地演出而来提建议的,便十分热情地接待了她。

这位女记者之所以能说服姜昆接受采访,不仅利用了自己和对方对相声的爱好及共同的兴趣做文章,而且知道姜昆早已习惯于一些对他的相声大众化的颂扬,反其道而行之,她以讨论他在"演出时的一些应特别注意的细节问题"入手,从而巧妙地投姜昆之所好,也为她自己打开了对姜昆的采访之门。

罗丝女士是纽约一家面包公司的老板,她一直试着要把面包卖给纽约的某家饭店。一连3年,她每天都要打电话给该饭店的经理。她也去参加该经理的社会聚会,她甚至还在该饭店订了个房间,住在那儿,以便做成这笔生意,但是她都失败了。

后来,罗丝女士决定改变策略。她决定找出饭店经理最感兴趣的东西。终于,罗丝女士发现他是一个做"美国旅馆招待者"的旅馆人士组织的一员。由于他的热忱,还被选为主席以及"国际招待者"的主席。不论会议在什么地方举行,他一定会出席,即使他必须跋涉千山万水。

当罗丝女士再次见到他的时候,就开始谈论他的那个组织。结果,他跟罗丝女士谈了半个小时的话,内容都是有关他的组织。罗丝女士可以轻易地看出来,那个组织是他的兴趣所在,是他的生命火焰。在罗丝女士离开他的办公室之前,他还"卖"了一张他组织的会员证给她。

罗丝女士在与他交谈的过程中一点也没提到面包的事,但是几天之后,他管理的那家饭店的大厨师打电话给罗丝女士,要她把面包样品和价目表送过去。

"我不知道你对那个老先生做了什么手脚,"那位大厨师见到罗丝女士的时候说,"但你真的把他说动了!"

罗丝女士缠了那个人3年,一心想得到他的生意——如果她不是最后用心去找出他的兴趣所在,了解到他喜欢谈的是什么话,那么罗丝女士至今也仍然只能缠着他。

聪明的女人在公关活动中,想要别人对你产生好感,首先要投其所好,谈论对方感兴趣的话题。能言善道、在公关交际往来中如鱼得水的聪明女性,往往在与对方接触的一瞬间,就能找到双方感兴趣的话题,从而引发起交谈的兴致。

投其所好的说话方式在社交活动中是十分有用的。如果你找对了对方的兴趣点,那你的目的也就会很容易达到,并且能取得事半功倍的效果。除了投其所好、寻找对方感兴趣的话题外,与之相类似的还有"借助媒介法",即以一定的物和事为媒介,作为引发交谈的"因子"。比如,眼前有个陌生人手里拿着一份报纸,你如果想结识他,便可以报纸为媒介,你可以对他说:"先生,对不起,打扰一下。请问您手里拿的是什么报纸?有什么重要新闻吗?"如此一来,就开启了双方对话的话头。

聪明的女人,在你的社交活动中,要想顺利达成某项目标,不妨运用一下投其所好的技巧,也许你会收到事半功倍的效果。

智者寄语

聪明的女人,在你的社交活动中,要想顺利达成某项目标,不妨运用一下投其所好的技巧,也许你会收到事半功倍的效果。

说话要把握分寸

说话要把握分寸,不善言辞的人可以少说,但决不能随意乱说,否则会把事情弄糟。

从心理学的角度说,人都有追求完美的愿望,都希望拥有和谐融洽的人际关系,所以交往中一定要掌握分寸。是否有分寸直接表现在说话上,会说话事情就可能朝着有利于自己的方向发展,关键之处说错了任何一句话,就可能弄巧成拙,使事情朝着不利于自己的方向发展。会说话也不是一件容易的事,需要学习和实践,才能磨炼出良好的说话功夫。

在生活中,不是每个人都善于言辞表述。在一次寿宴上,客人同说"寿"字酒令。一个人说"寿高彭祖",一个人说"寿比南山",另一人说"受福如受罪"。众客道:"此言不吉利。且'受'字也不是'寿'字,该罚酒三杯。"这人喝了酒,脑子也犯糊涂了,便随口说道:"寿夭莫非命。"众人生气地说:"生日寿诞,岂可说此不吉利话。"这人自悔道:"该死了,该死了。"众人错愕。

有一个人请客,四位客人有三位先到。这人等得焦急,自言自语道:"哎,该来的还没来。"其中一位客人听了,心中不快:"这么说,我就是不该来的来了?"他起身告辞走了。主人着急,说:"不该走的又走了。"另一客人也不高兴了:"难道我就是那该走又赖着不走的?"一生气起身也走了。主人苦笑着对剩下的一位客人说:"他们误会了,其实我不是说他们……"最后一位客人想:"不说他们就是说我了。"主人的话未完,最后一位客人也走了。

可见,如果我们说话时不注意分寸,就可能引起误解,甚至招惹烦恼。在日常交际中,人们通常讲究"三有三避",即有分寸、有礼节、有教养;避隐私、避浅薄、避忌讳。其中重要的点是把握好分寸,即说话前先看对方是什么样的人,如果对方不是一个可以深谈的人,那么最好还是少说为妙。

科学史上有过这样一件事:一个年轻人想到大发明家爱迪生的实验室里工作,爱迪生接见了他。这个年轻人为表示自己的雄心壮志,开口说:"我一定会发明出一种万能溶液,它可以溶解一切物品。"爱迪生便问他:"那么你想用什么器皿来存放这种万能溶液呢?它不是可以溶解一切吗?"

年轻人正是把话说绝了,陷入了自相矛盾的境地。如果将"一切"换为"大部分",爱迪生便不会反问他了。

词用对了,修饰程度不同,说起来分寸就不一样。比如"好"一词,可以修饰为"很好""非常好""最好""不好""很不好"等,这些比较级的使用要慎重。会说话贵在讲究用词恰到好处,否则就陷入两难境地。

屠格涅夫的小说《罗亭》中,皮卡索夫与罗亭有一段对话:

罗:妙极了!那么照您这样说,就没有什么信念之类的东西了?

皮:没有,根本不存在。

罗:您就是这样确信的吗?

皮:对。

罗:那么,您怎么能说没有信念这种东西呢?您自己首先就有一个。

皮卡索夫在此用一个“根本”,把话说绝了。因此,遇到不十分有把握的事,一定要多用“可能”“也许”“或者”“大概”“一般”等模糊意义的词,使自己的判断留有余地。

有些人说话常常不考虑别人的感受,也不让他人有讲话的机会,所以容易引起他人的不悦。其实,话语不在多少,只要恰到好处说到点上就可以了。古人云,言多必失。话多的人不一定智慧,甚至可能引起别人的反感,所以说“话多不如话少,话少不如话好”。在人际沟通中,说话切记不要旁若无人,滔滔不绝地讲个不停,应该让别人也有讲话的机会,这才是智者所为。

同时,说话恰到好处,就是说既要不亢不卑,又要热情、谦虚、恳切和富有幽默感,这样的谈吐才能留给别人深刻的印象。需要说明的是,“不亢”就是谈话时不要盛气凌人,不自以为是。如果你是一个很有学识的人,也不要轻视别人,要善于用心倾听别人的意见。“智者千虑必有一失,愚者千虑必有一得”,自己的意见不见得全都正确,别人的意见也不见得一无是处。说话时以高人一等的口吻只会引起别人反感。当然,交谈时也不要有自卑感。一个对自己没有信心的人,是难以得到别人的重视和信任的。如果你在说话时装作什么都不懂,显出一副未经世面的样子,也是会被人看轻的。

智者寄语

说话要把握分寸,不善言辞的人可以少说,但决不能随意乱说,否则会把事情弄糟。

第九章　认识自己，并坚持做快乐的自己

正确认识自己的优缺点

“认识你自己！”——这是铭刻在希腊圣城德尔斐神殿上的著名箴言，后来的哲学家喜欢引用它来规劝世人。了解自己比了解别人更重要。如果一个女人连自己都不了解，她又怎能更好地发展自己呢？兵法上讲：“知己知彼，百战不殆。”只有看清楚自己的模样，才能和别人进行对比。不了解自己，即使了解了别人也没有任何意义，因为你失去了了解别人的必要。

认识自己往往比认识别人更难。认识别人，你是站在客观的角度以客观的标准去衡量的；但认识自己却不一样。认识自我受到主观意识的支配，增加了认识的难度。

了解自己最重要的，是了解自己的优点和缺点。其实，能真正认识到自身优点和缺点的人并不多。自卑者常常看不到自身的优点和长处，而自负者也很难发现自己的缺点和不足。了解了自身的优点和缺点，我们就掌握了正确规划人生的第一手材料，这是赢得成功人生的基础。

作为一个女人，该如何正确认识自己的优缺点呢？

1. 借助于外力

认识自己必须站在客观的角度。就如同照镜子一样，人在没有外力帮助的情况下无法看清自己的面貌，但给你一面镜子，你就能清楚地看清自己的模样。同样，你可以通过别人对你真实、客观的评价了解自己。

2. 完全站在客观的角度

要主动排除主观因素的干扰，完全站在客观的角度分析自己，解剖自己；把自己的思想、言行独立于己身，自己作为一个陌生人对已分离的自己进行评价。

“人贵有自知之明”，勇敢地承认自己的优点，勇敢地面对自己的缺点，借自己的慧眼先把自己看清楚，才能明确努力的方向。

3. 留一点时间反省

许多人终日忙忙碌碌，到处奔波劳累，奋斗不息。你想没想过稍稍停下来，留一点时间思考？你每天和同事、朋友、家人打交道，有没有时间和自己进行一次对话？不要说没时间，不要吝惜你的时间，留一点时间反省自己益处多多。

俗话说：批评别人易，反省自身难。人们常常喜欢在别人身上挑毛病，这样也不好，那样也做得不对。出现问题，总是别人的错误造成的，而自己好像一点错也没有，殊不知，反省自我，以自身作为对象进行突破，产生的结果是让自己进步更快一点，离成功更近一些。

智者寄语

了解自己比了解别人更重要。如果一个女人连自己都不了解,她又怎能更好地发展自己呢?

以快乐为圆心,转出美满人生

一个富人看到一个农夫一边做着农活,一边还哼着歌曲。富人就问农夫:“你在这里做着这么辛苦的工作,为什么还这么快乐呢?”

农夫说:“我为什么不快乐呢?有农活做证明我不会饿肚子。天气又这么好,我找不出不快乐的理由。”

富人没有想到农夫会这样乐观,而自己却是一副愁眉苦脸的样子。农夫问富人:“那你为什么不快乐呢?看你的样子像是一个富人,还有什么使你不快乐呢?”

富人说:“我的孩子们都在争夺我的财产,他们没有真正地关心我。我觉得每一个人靠近我都是因为钱,所以我过得一点都不开心。”

快乐与贫富没有差距。如果说快乐是一个人的财富的话,那富人就是个穷光蛋,远没有农夫富有。那快乐跟什么有关呢?其实快乐只跟你的心有关。如果你的心是快乐的,那么任何事都阻挡不了你快乐的生活,就像农夫说的那样:“为什么不快乐呢?”是呀,快乐是不需要理由的,不用去找快乐的理由。越是寻找,快乐离你越远。

女人总是有很多不快乐的理由:没有好的身材,皮肤不够白,人长得不够漂亮;没有一份好的工作,没有嫁一个好老公,孩子也令人费心,等等。这些都是不快乐的理由。

抱着以上心态的女人,即使她真的拥有了美好的相貌,拥有了很多的财富,拥有了满意的老公,她一样不会快乐,因为她会寻找出其他不快乐的理由。不快乐的女人,不是你的生活不完美,只是你的心还没有学会快乐。快乐不在外面的花花世界里,它就住在你的心里。

聪明的女人会接受那些不能改变的,会改变那些能改变的,能用自己的力量去弥补那些不开心的事情所带来的烦恼,长此以往,她们习惯用乐观的心态面对生活,习惯用豁达的心态面对得失。于是,她们形成了快乐的习惯。她们的快乐不需要任何理由。

菲儿和琳琳是好朋友。菲儿长得很漂亮,身材也很好,家里也非常富裕。而琳琳是一个看上去很普通的女孩,家境也一般。

可在生活中,菲儿经常去向琳琳诉苦,总说自己不快乐。琳琳则是阳光,爱笑的女孩儿,好像从来没有什么烦心的事情。

琳琳的生活虽然比较简朴,每天辛苦地忙碌着,租房子住,每天做饭,但从未觉得自己的生活有什么不好;反而经常为菲儿开导她那小小的烦恼。

菲儿每天总是愁眉苦脸的,别人都不愿意和她待在一起,以为那是她高傲的姿态,都敬而远之。所以菲儿虽然长得很漂亮,可是一直都没有男生追她,到现在还是单身。

琳琳就不一样了。她总是一副乐呵呵的表情,大家都愿意接近她;因为和她在一起总是能够感受到快乐。虽然琳琳长相一般,却有很多男生喜欢她,她也很幸运地收获了自己的爱情。

琳琳经常对菲儿说："菲儿，你知道有多少人羡慕你吗？连我都很羡慕你。你知道你有多优秀吗？为什么要让那些小事情来影响自己的心情呢？为此错过了这么多幸福的事情你觉得值吗？没有人让你不快乐，也没有事情让你不快乐，所有的不快乐都是你自己创造的。只要你愿意，你可以很快乐，你的人生也会从此快乐。"

琳琳说得非常对。不是生活让你不快乐，而是你自己不愿意快乐起来。如果要找理由，菲儿有太多快乐起来的理由；比较之下，琳琳也有很多不快乐的理由。想法不同，面对人生的态度不同，两个人就有了两种不同的生活状态。显然，琳琳是幸福的。

菲儿的不快乐来自于她只看得到一些不满的事情，在于她把注意力放在琐碎的小事情上，却不会打开自己的心扉去欣赏更大的世界。琳琳的开心在于自己的满足，在于自己拥有一颗接纳快乐、感受快乐的心。

聪明的女人会在青春的美好年华里去尽情地挥洒美丽，体会简单的快乐；会在步入婚姻生活之后用心地经营婚姻，体会平淡的幸福；会在做了妈妈之后精心地教育孩子，体会感恩的温暖。不管在什么阶段，聪明的女人都能找到快乐，找到属于自己的幸福。

聪明的女人会自己去寻找和创造快乐，不会等待着别人给自己惊喜，不会把自己的快乐寄托到他人身上。她们相信自己有能力让自己快乐起来。她们知道这也是一个独立的人最基本的能力。聪明的女人不会把自己的快乐寄托到触摸不到的未来，不会等到某一个特别的一天。她们不会把自己的快乐寄托在一个不知道何时兑现的空头支票上。

快乐的女人的快乐很简单：只因为还活着；只因为她们努力地生活着；只因为她们知道烦恼是没有意义的，而让自己快乐才是最重要的。因为她们有一颗快乐的心，她们会因为吃了一顿美味而开心，会因为今天阳光很好而开心，会因为有朋友的陪伴而开心，会因为换了一个发型而开心。总之，她们内心快乐的源泉永远不会干涸。

智者寄语

聪明的女人会自己去寻找和创造快乐，不会等待着别人给自己惊喜，不会把自己的快乐寄托到他人身上。

给予也是一种快乐

街边坐着一位妇人，她的身边是一堆金银财宝，可她还是伸着手向路人乞讨。上帝见此情景，便问妇人："你已经如此富有，为何还不满足？"

妇人答："我虽然拥有很多财富，但我还想要爱情、荣誉、成功。"上帝将妇人所说的一切都给了她。

几天之后，上帝又遇到了妇人，她依然坐在金银财宝上向路人乞讨。上帝很生气地说："你要的我已经都给了，你为何还不满足？"

女人说："我虽然拥有了很多，但我不快乐。"

"如果你要得到快乐，就要懂得付出。"上帝说。

一个月后，上帝再次看到妇人的时候，她满脸微笑。这一次，她没有跪地乞讨，而是将她身边的那堆金银财宝分给了穷人，把荣誉和成功给了失败者，把爱情给了失恋的人。

妇人告诉上帝："我现在很快乐。过去，我只想得到更多，却不知道当自己付出时，得到他人感谢的目光，是如此快乐和满足。”

生活中，如果有人感谢你，你也会感谢那个人，因为他接受了你的关爱和帮助，接受了你的礼物，帮助你实现你的愿望，他允许你把爱的礼物洒落在他的身上。这就是给予比接受更快乐的真谛。给予犹如黑暗中的一盏明灯，能够给人带来光明；给予也像是冬日里的一把火，给人带来温暖；给予更像是沙漠中的一股甘泉，给人带来希望。

沙漠里住着一户人家，他们家中有一个蓄水池，过往的驼队经常向这户人家讨水喝，而他们也总是满口答应。有一年，沙漠实在干旱，而水池里的水也越来越少，无奈之下这户人家只能在门前立一个牌“此处无水”。第二天，主人惊奇地发现门前竟然放着几桶水。此后，所有的驼队都有条不成文的规定：上路之前多准备一些水，倒一桶到蓄水池，惠人惠己。给予的确是一种快乐，因为你给予了别人，自己也会收获更多。

王雪是一位残疾人，出门总要坐着轮椅。王雪的脚关节畸形了，总买不到合适的鞋子，每次从摇车上下来，都会疼痛难忍。王雪一直渴望能够买到一双合适的鞋。

有一天，王雪在一家超市一楼的卖鞋处，看中了一双鞋。那双鞋是平跟的，鞋底很软，鞋前面宽大而不尖。可惜，那天王雪身上却没带够钱，于是王雪准备第二天再去买那双鞋。然而，天公却不作美，第二天下起雨来，且一连下了三四天。直到天气转晴了，王雪才再次来到超市。

当王雪埋头摇着车，正想赶往鞋子的摊位时，突然看见有一棵高大的松树立在面前，树上还挂着许多卡片，上面似乎是一些人的心愿，树旁还有一牌子。王雪看到牌子上注明某报社送温暖活动，接着则是列出的一些具体送温暖的内容：一瓶油、一袋米、一床被子、一件衣服……最后写着，请伸出你温暖的手，给需要的人一份关爱！

王雪激动地看着，早已忘记了来买鞋子的事。她经常想给他人一点关爱，可自己身体有残疾，心有余而力不足。现在，她口袋里有50元钱！50元能够买到他人所需的米和油。于是，她从衣袋里掏出那张准备买鞋的50元钱递给组织活动的年轻人，让他帮忙买一瓶油和一袋米送给心愿卡上的老人。

年轻人刚接过她手中的钱，旁边就有人说话了：残疾人捐什么钱？她自己还吃低保呢！听到这些话，年轻人有点尴尬，他对王雪说：“要不，你就别捐了吧！”然而，她并没有去接钱，而是面带微笑、诚恳地说：“我平时总是接受别人的帮助，我也很想去帮助别人！”年轻人激动地收下了她的钱，并摘下那张心愿卡递给她，说：“我替那位老人谢谢你！”她把心愿卡细心地放进刚才装钱的衣袋里，心头顿时荡漾起一种无比的快乐。

每个人都有给予他人关爱和帮助的权利，不关乎身体的健全与否，也不关乎经济条件的好坏，给予是一种善意的举动，也是一种快乐，任何人都无权剥夺它。人们常说：赠人玫瑰，手留余香。给予是从心灵上奉献出的虔诚的花朵，一个懂得给予的女人，就是快乐的女人。她的灵魂是纯洁而高贵的，她也会在真心而无私的给予中，得到他人的尊重和敬仰，体现出自己的价值，感受着“给予别人，快乐自己”的人生乐趣。

智者寄语

人们常说：赠人玫瑰，手留余香。给予是从心灵上奉献出的虔诚的花朵，一个懂得给予的女人，就是快乐的女人。

聪明女人用快乐收获快乐

很多人都觉得工作压力大,很少的人在享受自己的工作。作为上司,他们更愿意看到自己的员工热爱自己的工作,因为只有真的热爱工作的人,才能做出优秀的成绩来。

想一下,如果你整天感觉到工作压力大,你会快乐吗?如果你本身就喜欢这个工作,即使你再忙,你也会感觉到快乐的!如果你没有办法改变自己的工作,你只有去喜欢了,喜欢之后,你就会感觉到非常快乐!

也不知道小芳是走了什么好运了,刚毕业那会儿,很多同学都找不到工作,就她很快被通知可以上班了。要知道,这是她应聘的第一家单位呀!好像过程也挺简单的,通过笔试后她就被通知面试了。面试的时候上司问她想不想来这里上班,她说,当然想了。上司又问为什么,她笑着说,因为这个公司的制度她很喜欢呀!

什么制度?上班时间、下班时间,正好符合她的作息习惯;招聘新员工的程序,比她同学去应聘的其他公司简单多了,其实那么复杂也未必能选出好员工。再比如,公司定期为福利事业做贡献,这个她以前看到过相关报告。

上司笑了,和人事经理不知道说了些什么,之后的第三天,她就被通知上班了。

感到工作来得很容易,于是也很快乐!第一天上班,在公司门口的早餐铺吃早点,正好遇到了上司,上司问她:"习惯吗?"她笑着说:"当然习惯了!比上学的时候轻松多了,也有了更多的快乐!"上司笑了:"小丫头不错,继续努力,好好工作啊!"她爽快地回答:"是!"

之后她好像根本就没有什么成绩,但是也没有出什么错误。一开会,大家都争先恐后地向领导说自己的成绩,而她则笑着说:"好像没啥成绩,就是感觉挺快乐的!"

上司问她:"你为什么总感觉那么快乐呀?"她笑着说:"因为特别喜欢这个工作,做自己喜欢的事情,自然很快乐了!"上司笑了。后来听一个同事说,在她来这里上班之前,也有一个小姑娘本事挺大,工作能力挺强,但是后来辞职了。她问同事为什么,同事说,因为这个小姑娘总感觉不开心,不知道是对工作不满意,还是对薪水不满意,总之整天愁眉不展的。上司拿这个小姑娘确实没有办法了,就和她谈了几次话,后来不知道他们说了些什么,小姑娘就辞职了!

后来有一次上司对小芳说:"你的工作情绪不错,整天开心地工作着。这样的情绪对其他同事也是一个促进作用,别人看见你开心也会跟着开心起来的;相反,如果你不快乐,整天愁眉不展,同事看到后也会感觉不开心,在工作中有抵触心理,对工作是非常不利的!"

听了上司的话,小芳才明白,她的制胜法宝竟然是快乐!

很多人都明白,只有自己真正喜欢的东西,才会下大决心把它做好!你的上司同样明白这个道理!怎样让你的上司认为你在这里工作非常快乐呢?除了要自身快乐地投入工作之外,还要在语言上表现出你的快乐。

快乐是可以感染的,每个上司都喜欢看到自己的员工开心、快乐的样子!其实,只要开心快乐地投入工作,效率也比较高,用快乐会换来更多意想不到的快乐。

智者寄语

快乐是可以感染的，每个上司都喜欢看到自己的员工开心、快乐的样子！其实，只要开心快乐地投入工作，效率也比较高，用快乐会换来更多意想不到的快乐。

女人成功的关键在于保持本色

人格的颜色，需要你用生命去保护。

保持本色的问题，既像历史一样古老，也像人生一样普遍。女人只有保持本色，不人云亦云、随波逐流，才能在竞争激烈的社会中有所作为。每个人都是这个世界上独一无二的个体，上帝在创造独一无二的你时，并没有把个性完全给锻造出来，它需要后天的培养和训练。不愿意保持本色，不愿意坚守自己的个性，是很多精神和心理问题的潜在原因。

在女人成功的经验之中，坚守自己的个性及以自身的创造性去赢得一个新天地，是有意义的。在人类历史上，你是独一无二的，应该为这一点而庆幸，应该尽量利用大自然所赋予你的一切。归根结底说起来，所有的艺术都带着一些自传色彩，你只能唱你自己的歌，你只能画你自己的画，你只能做一个由你的经验、你的环境和你的家庭所造成的你。不论情况怎样，你都是在创造一个自己的小花园；不论情况怎样，你都得在生命的交响乐中，演奏你自己的小乐器；无论情况怎样，你都要在生命的沙漠上数清自己曾经走过的脚印。

卓别林开始拍电影的时候，那些电影导演都坚持要卓别林学当时非常有名的一个德国喜剧演员，可是卓别林直到创造出一套自己的表演方法之后，才开始成名。

鲍勃·霍伯也有相同的经验。他多年来一直在演歌舞片，结果毫无成就，一直到他发展出自己的笑话本事之后，才成名起来。威尔·罗吉斯在一个杂耍团里，不说话光表演抛绳技术，坚持了好多年，最后才发现他在讲幽默笑话上有特殊的天分，他开始在耍绳表演的时候说话，才获得成功。

金·奥特雷刚出道之时，想要改掉他得克萨斯的乡音，为像个城里的绅士，便自称为纽约人，结果大家都在背后耻笑。后来，他开始弹奏五弦琴，唱他的西部歌曲，开始了他那了不起的演艺生涯，成为全世界在电影和广播两方面最有名的西部歌星之一。

在每一个人的人生奋斗过程中，你一定会在某个时候发现，羡慕是无知的，模仿也就意味着自杀。不论好坏，你都必须保持自己的个性和特色。自己的所有能力是自然界的一种能力，除了它之外，没有人知道它能做出些什么，它能知道些什么，而这些是你必须去尝试获取的。个性是一笔财富，生而拥有坚强独特的个性，会使你一辈子受用无穷。

世界上所有的珍贵东西，都是不可仿制的，是绝无仅有的。作为女性大家族中的你，也是这个世界上独一无二的。你完全可以把巩俐、章子怡当作心中的偶像，完全可以惊叹杨澜、吴士宏创造的惊人财富，但你千万不可对自己妄自菲薄，从心中小视了自己，尽管自己存在着或许这样那样的缺陷。

世界上没有两片完全相同的叶子，即使你们是双胞胎，姐妹俩在言谈举止等方面有诸多的相似之处，但在对你倾心的人心中，你依然是一枝独秀，是人世间任何一个“她”都无法比拟和取代的。

她有她的优势，你有你的长处，没有太多的理由拿自己和别人去对照，更没有通过自己有意对比而给自己心理造成某种压力的必要。

唐代大诗人李白曾经说过“天生我材必有用”。既然如此，人家是块金子就能闪闪发光灿烂夺目，你如果是块煤炭也能熊熊燃烧温暖整个世界。

个性就是特点，特点就是优势，优势就是力量，力量就是美。为了模仿他人而削足适履，对于每个女人来说都是不值得的。女人成功就要坚守自己的特点，坚持自己的个性，发挥自己的优势，相信自己“天生我材必有用”，这样的女人才能真正脱颖而出，有所作为，这是女人获得成功的一条捷径。

智者寄语

女人成功就要坚守自己的特点，坚持自己的个性，发挥自己的优势，相信自己“天生我材必有用”，这样的女人才能真正脱颖而出，有所作为，这是女人获得成功的一条捷径。

你的人生需要“快乐”的种子

在实际生活中，漂亮能干的女人不少，但她们中间却很少有生活得十分开心的。不是对生活不满，就是在追求许多东西的过程中丢失了最初的快乐。

其实，快乐从来不取决于财产的多寡、地位的高低、职业的贵贱，每个人都有一颗快乐的种子，关键就看你有没有心思去浇灌它了。想要有美丽的心境，就是要让自己变成个乐观的人。年轻的你，有着许许多多的追求和梦想，但是不要让这些追求变成毫无情感的机械运动，感受生命中的一切吧，尤其是快乐。快乐就像一个懂事的小孩，你希望拥有它时，它与你形影不离；你冷淡它时，它便逃得无影无踪。快不快乐，完全取决于你有没有一种美丽的心境。

有一个快乐的农夫，每一个早晨他都有些迫不及待地向新的一天问好：“上帝，早上好！”他的邻居，一个心事重重的中年农妇，每天早上的问候语与他类似：“上帝，早上好吗？”

这两个人似乎是一个对立的世界，一个总是快快乐乐，一个总是愁容满面；一个乐观自信，一个悲观多疑；一个总是发现机会，一个总是找寻问题……

又一个阳光明媚的早晨，他欣喜地对邻居叫道：“多么晴朗的天空！你曾经看到过这么壮丽的日出吗？”

“是的，天空的确很晴朗。”她回应道，“但它同时也会带来炎热，我真担心它会把农作物烤焦。”

在上午的阵雨过后，他评论道：“这真是一场及时雨啊，农作物今天可以开怀畅饮一次了！”

“但愿老天能见好就收，别一下就下个没完，那样的话，农作物可是吃不消的。”农妇忧心忡忡地说道。

“即便如此，你也大可不必如此担心，别忘了，我们都参加了洪水保险的。”农夫安慰农妇道。

为了让心事重重的邻居开心快乐起来，农夫费尽周折地弄来了一条漂亮的狗。这可不是一条普通的狗，而是一条训练有素、身价不菲的德国犬，它有很多让人啧啧称赞的技能。农夫深信，这条不同寻常的狗一定能够让他的邻居的脸上写满惊喜。

这一天,农夫特意请来他的邻居,请她观赏德国犬的精彩表演。

“把木棍给我取回来!”农夫把一根木棍扔进湖里,大声命令道。德国犬在听到主人的命令后,立即飞快地向湖边跑去,并毫不犹豫地跳进了湖中。它在湖中上下翻腾着,一会儿浮出水面,一会儿沉入湖底,没过多久,就口衔木棍回到了主人身边。农夫赞赏地抚摸着德国犬的脑袋,兴高采烈地问农妇道:“怎么样?这家伙表演得还可以吧?”

农妇手捂胸口,眉头紧皱地回答道:“我都快揪心死了!我看它在湖里上下翻腾,总担心它的水性不够好,生怕它淹死在湖里!”

这样的农妇,一生都在紧张和不安之中度过,和农夫相比,也许他们的境遇相当,但她已经错失了太多的人生风景。生活中,总有一些人,整天开开心心、快快乐乐,烦恼似乎永远找不到他的家门;也总有另外一些人,天天脸上愁云密布,眉头不展,烦忧之事似乎成了家中常客,一件紧接着一件。

对于女人来说,取悦自己最重要的就是扔掉那些消极的思想,把快乐的种子作为一份大礼送给自己。倘若你得不到快乐,其他的东西又有什么意义呢?

快乐的种子有五颗,千万不要落下任何一颗,因为它们是那么珍贵。

第一颗:对自己微笑

即使这种表情一开始是做出来的,但当你对着镜子看到自己的微笑时,你会不自觉地从内心驱走阴霾。几乎每个人都想变得幸福,每个人也都在极力表现得幸福,可是很多人并不知道微笑是通往幸福的一条捷径。真正的幸福是一种面带微笑的幸福,是一种从内心里表现出来的幸福,而不仅仅是外在的光鲜亮丽。从现在开始,对自己微笑,也对陌生人微笑,这样你就将快乐的种子收入了囊中。

第二颗:爱自己,尤其爱自己的不完美

任何人都不是完美的,每个人都有缺陷,这些缺陷不仅仅是一个或者是两个,一般是很多。可是这个世界上是不是存在没有一点缺点的人呢?这是不可能的事情,无论是谁,只要活着,即便在别人眼里一无是处也都有他存在的价值。要想开心地生活,首先要懂得接纳自己,这种接纳是接纳所有的切,包括你的缺点。女人就是要爱自己,爱优点没什么了不起,最重要的是你要爱自己的全部。

第三颗:让不愉快的回忆成为回忆里的风景

人一碰到坎坷,免不了抚今追昔。但是,在这种情景下就容易产生消极情绪。从心理学角度来说,回忆是一种心理压力的来源。当然,回忆的滋味,因人而异、因景而异,不过当回忆袭上心头时,总是别有一番滋味,不论是辉煌的过去,还是灰暗的昔日,最好的是让你的回忆变成你人生中耐人寻味的风景。是戈壁,就欣赏它的壮阔,是大海,就欣赏它的宽广。让回忆变成带你走向快乐的积极力量,而不是心中的沉重包袱。

第四颗:学会宽恕

宽恕的道德意义无须赘言,它的心理价值也是不可估量的。有一位政治家,早年曾在一个有钱人家干活,主人对他百般刁难。后来那个人家破了产,而这位政治家在政界崛起,成为风云人物。有一天,那个破落家族的儿子可怜兮兮地找上门来,希望谋取一份工作,这位政治家非常热情地接待了他，而且还为他在一家船务公司找到了一份工作。

宽恕别人，你才会拥有快乐。

第五颗：乐观

任何事物都具有两面性，有利有弊，不可能有利无弊，也不可能有弊无利。聪明的女人，知道分清哪个利大，哪个弊小，从而“择其大舍其小”。当每个人做出选择时，都是要争取趋利避弊。只有利大于弊，只要从长远看是如此，就应当舍去暂时“优越”的“小利”，而去追求潜在的有发展前途的“大利”。

如果在选择之前心里早已有个“准绳”，有利有弊才是真正的现实，利弊相当是幸事，那么就不会因为失去而失落，不会因为得到而狂妄。这样面对生活，心里肯定是坦荡的。

智者寄语

其实，快乐从来不取决于财产的多寡、地位的高低、职业的贵贱，每个人都有一颗快乐的种子，关键就看你有没有心思去浇灌它了。想要有美丽的心境，就是要让自己变成个乐观的人。

原谅别人的错误是善待自己的最好方式

原谅别人，是女人对待自己的最好方式。因为释放了自己，才能拥有健康自由的心态，也才能获得更多的幸福。

一位台湾作家曾讲述了这样一个故事：

有一个妇人，平时温文有礼，也很懂得持家，常常一大早就在家门口洗衣服，但她有一个不定时发作的毛病：发疯。

她可以黄昏时拿把菜刀、棍子在家门口破口大骂，也可以一大早就如此。刚开始，人们以为那是谁家的广播剧，后来才知道，是这位妇人在发泄情绪。

她最常骂的是“我不甘心”“你这疯人，总有一天有报应”“你去给车撞死”“你怎可以骗我”。

原来，妇人曾被信任的朋友骗过，朋友向她借钱，借了之后就跑了。妇人初期不能接受，但也算平静，十多年后就成了如今模样。十多年来她不能原谅朋友，将怨气积在心中，将自己积出疯病来。

有人给宽恕作了一个十分美的比喻，他说：“一只脚踩扁了紫罗兰，它却把香味留在那脚跟上，这就是宽恕。”我们常常在自己的脑子里预设了一些规定以为别人应该有什么样的行为，如果对方违反规定就会引起我们的怨恨。其实，因为别人对我们的规定置之不理，就感到怨恨，是一件十分可笑的事。大多数人都一直以为，只要我们不原谅对方，就可以让对方得到一些教训，也就是说：只要我不原谅你，你就没有好日子过。而实际上，不原谅别人，表面上是那人不好，其实真正倒霉的人却是我们自己，一肚子窝囊气不说，甚至连觉都睡不好，没多久就积出病来。

在怨恨一个人时，你不妨闭上眼睛，体会一下内心的感受，你会发现让别人自觉有罪，自己也不会快乐。

讲到这里,你或许会问:如果有人做了非常恶劣的事,我还要原谅他吗?那么再来看一个故事。

1987年1月,一名精神病患者持枪冲进麦迪太太家,射杀了她3个花样年华的女儿。这场悲剧使麦迪太太陷入痛苦的深渊,几乎没有人能体会她的悲痛与愤怒。

随着时间的流逝,她在朋友的劝慰下体会到,要使自己的生活恢复正常,唯一的办法是抛开愤怒,原谅那名凶手。后来,麦迪把所有时间用来帮助别人获得心灵的平静及宽恕他人。从她的经验可以证明,即使是遭逢剧变所引起的怨恨,在人性中也依然可以释怀。如果你问麦迪太太,她会告诉你,她抛开愤怒是为了自己,希望自己好好活下去。

令人心碎的事、大病、孤寂和绝望每个人都曾有所体会。失去珍贵的东西之后,总有一段伤心的时期。问题是,你最后到底变得更坚强还是更软弱?

无论怎样,事情已经发生了。如果你不想自己陷入痛苦的深渊就要原谅别人,只有原谅了别人,你才能再次握住幸福的手。

正如耶稣基督受人迫害时说的"原谅他们(迫害者)吧,他们在做些什么,自己也不知道啊"许多的人,他们疯狂地做出一些错事的时候,就是和动物一样的不自知、不自愧,也不知道理的。如果你比他们更有思考力,更知对错,就应可怜他们的不觉醒,就应帮助他们学会达到像你一样的觉悟。深怀这样的悲悯心,还有什么过错不能原谅呢?还有什么别人的过错会使你耿耿于怀,烦恼痛苦呢?幸福的女人不是没有烦恼,而是她们善于原谅别人的错误。

智者寄语

幸福的女人不是没有烦恼,而是她们善于原谅别人的错误。

快乐从心开始

一对贫穷的老夫妇,为了给家里换点有用的东西,决定将家里的一匹马拉到集市上卖。

老头到了集市,先用这匹马换了头母牛,又用母牛换了山羊,随后用山羊换了只兔子,又把兔子换成了母鸡,最后他用母鸡换了一筐烂苹果。每次他与人换东西的时候,都希望给自己的老伴带来惊喜。

老头带着一筐烂苹果回家了。途中,他遇到了一个富人。富人听他讲述了事情的经过,嘲笑他说:"你回家后肯定会挨你老婆的骂。"老头声称肯定不会。富人不相信,说愿意用一根金条和他打赌。随后,富人跟着老头回了家。

看到老伴回来了,老太婆很开心。她耐心地听着老头讲述赶集的经过,每听到老头用一件东西换了另外一件东西的时候,老太婆都非常兴奋,她不时地说:"是吗?我们可以喝牛奶呢!""山羊也不错,以后能喝羊奶。""兔子的毛多漂亮啊!""以后我们可以吃鸡蛋了!"最后,当老头告诉她用母鸡换了一筐烂苹果的时候,老太婆依然很开心,她说:"我现在就去准备,今晚有苹果酱吃了!"

见此情形,富人只得给了老头一根金条。

聪明的女人永远不会站在原地为自己的损失而悲伤,她们会高兴地找出办法来弥补。故事中的老太太,始终用豁达的心情去看待得失,微笑面对生活,最终她用自己的乐观赢了富人的一根金条,可以说她得到的比失去的多。所以,女人在生活中也该学会不为失去的一匹“马”而惋惜,也不要因为自己没有某一样东西而感到悲伤。如果有一袋烂苹果,那就做一些苹果酱;如果有一颗柠檬,那就做一杯柠檬汁。世界上没有不快乐的生活,只有不愿快乐的心。

曾经,有个女人因为自己的鼻子有些缺陷,一直都很自卑,对于她喜欢的异性,一直都不敢表达真情。有一天,她决定去做整容手术。手术很成功,她一扫过去灰暗的形象,变得开朗了许多,每天都把自己打扮得漂漂亮亮,还经常受到男士们的邀约。终于有一天,她遇到了自己理想的对象,并与之结了婚。

婚后,她告诉先生自己曾经做过整容手术,可她没想到,丈夫根本就没有在意她的鼻子。于是,她追问丈夫:“以前我们也认识,但你对我不理不睬的,为什么在我动过手术之后,你决定和我交往呢?”

丈夫告诉她:“以前你总是眉头紧锁,谁敢和你接触呀? 后来你突然变得开朗了,也让人感到容易亲近了,所以我才有机会和你深交啊!”

女人一直以为自己没有找到男朋友是因为鼻子有缺陷,可事实告诉她,别人根本就没有注意到她鼻子的缺陷。她的不快乐与不幸福,并不是鼻子的不漂亮引起的,而是她的心不快乐。有些女人,即便拥有了事业、地位、亲情、爱情、美丽,她也不快乐,这是因为她心中装了太多的东西,而她又不愿舍弃,让快乐的领域被太多无谓的东西占据。很多时候,跟女人过不去的,不是别人,正是她自己。

丹彤硕士毕业,漂亮又好学,毕业后进入一家知名房地产公司做售楼小姐。当时,人们买房的热情高涨,丹彤的销售业绩很高,不到半年时间,丹彤就成了有房一族,而这时候与她一起毕业的同学仍租房住。在别人眼中,丹彤是幸运的,抓住了好的机会,能力也不错,她理应过得非常快乐,可事实并非如此。

她所在的公司,新楼盘马上就要卖完,目前没有再建的打算,丹彤不知道自己该何去何从;房子有了,可不能没有车。她经常在朋友们面前唠叨:“我的压力好大,我该怎么办呀?”朋友们的生活远不如她,所以在她们眼里,丹彤就是无病呻吟。

丹彤每天烦恼的事情太多了,不是股票跌了,就是贷款利息上调了,要么就是家里人催她结婚……她好像真的有那么多烦心事,可事实上呢? 除了快乐,她什么也不缺。

我们无法用过多的言语评述丹彤这样的女人,毕竟生活中多数女人的生活境遇并不如她,甚至和她有着天壤之别。她们每天辛勤地工作,没有自己的房子,也没有那么多存款,但她们也没有丹彤那么多的欲望,她们懂得知足。或许,她们并不富有,但她们活得快乐,这不是外在的,而是心灵作用的结果。

没有不快乐的生活,只有不肯快乐的心。活在这个充满变数的世界里,女人要学会用阳光的心态面对生活。遇到困难的时候,相信“方法总比困难多”;面对不顺的事情,多反思自己的做事方法和做人原则,少一些悲观和绝望;遇到变故的时候,化悲痛为力量,感受自然规律不可违、顺其自然才是福的真谛。

智者寄语

没有不快乐的生活,只有不肯快乐的心。活在这个充满变数的世界里,女人要学会用阳光的心态面对生活。

第十章　读书是女人增添魅力的法宝

打造生活中的才情女子

一本优秀书籍就是一位好的老师，多读好书，汲取丰富的精神营养，提高自己的文化素养，对于自己的性格是一种很好的陶冶。教养教养，人们总是把“教”和“养”联系在一起。确实，只有深入的“教”，才有高度的“养”。“教”的方法很多，父母师长教，学校社会教，更重要的是自己教自己。多读书，多学习，就是一种自我教育。培根有句名言：“读书足以怡情，足以博采，足以长才。读书使人明智，读诗使人灵秀，数学使人周密，哲学使人深刻，伦理学使人庄重，逻辑、修辞学使人善辩，凡有所学，皆成性格。”许多生活实例告诉我们，丰富的知识能够极大地丰富一个人的内心世界。野蛮的人有了丰富的知识，可以变得文明；缺乏教养的人有了丰富的知识，可以逐步变得有教养；骄傲的人，多学一些知识，就能看到知识的无穷，从而变得谦虚起来；自卑感强烈的人，有了丰富的知识，就会看到自身的力量，从而增强自信。丰富的知识不仅能使人变得更加文明，还能使人成熟老练，多谋善断。

女人可以不漂亮，但不能没有才情，才情能重塑美丽。唯有才情能使美丽长驻，使美丽有质的内涵。谚语云：“才情是穿不破的衣裳。”衣裳，自然是与风度之美息息相关的，所以，现代女性中注重培养自身风度之美者，在不断改善自身的意识结构和情感结构的同时，无不特别注重改善自身的智力结构；积极接受艺术熏陶，让自己的风度攫取浓重的才情之美。

“才情之美”的魅力，是拥有独立自主的意识状态和自尊自重的情感状态。才情女子勇于接受来自各方面的挑战，善于从大自然与人类社会这两部书中采撷才情，从而不再留有“男性附庸”的余味。

富于才情的女性，善于对日常应用的思维方式和行为方式进行艺术的提炼。例如，遇人、遇事如何以有效的思维方式，迅速采用最恰当的接待方式，以便使行为方式表现出稳重有序、落落大方的风度。

才情女子的优雅举止令人赏心悦目，她们待人接物落落大方；她们时尚、得体，懂得尊重别人，同时也爱惜自己。才情女子的女性魅力和她的为人处世的能力一样令人刮目相看。

灵性是女性的才情，是包含着理性的感性。它是和肉体相融合的精神，是荡漾在意识与无意识间的直觉。灵性的女人有那种单纯的深刻，令人感受到无穷无尽的韵味与极致魅力。弹性是性格的张力，有弹性的女人收放自如，性格柔韧。她非常聪明，既善解人意又善于妥协，同时善于在妥协中巧妙地坚持到底。她不固执己见，但自有一种非同一般的主见。男性的特点在于力，女性的特点在于收放自如的美。其实，力也是知性女人的特点。唯一的区别就是，男性的力往往表现为刚强，女性的力往往表现为柔韧。弹性就是女性的力，是化作温柔的力量。有弹性的女人使人感到轻松和愉悦，既温柔又洒脱。

真正的才情女子具有一种大气而非平庸的小聪明，是灵性与弹性的结合。一个纯粹意义上的“知性”女人，既有人格的魅力，又有女性的吸引力，更有感知的影响力。她不仅能征服男人，也能征服女人。才情女子不必有闭月羞花、沉鱼落雁的容貌，但她必须有优雅的举止和精致的生活。她不必有魔鬼身材、轻盈体态，但她一定要重视健康、珍爱生活。在瞬息万变的现代社会中，总是处于时尚的前沿，兴趣广泛、精力充沛，保留着好奇、纯真的童心。

才情女子不乏理性，也有更多的浪漫气质。春天里的一缕清风，书本上的精词妙句，都会给她带来满怀的温柔、无限的生命体悟。才情女子内在的气质是灵性与弹性的完美统一，时时散发着令人不倦的魅力。

智者寄语

才情女子内在的气质是灵性与弹性的完美统一，时时散发着令人不倦的魅力。

手边一本书，时时勤阅读

如果说艺术能够带给人对心灵的熏陶、对美好的向往，那么书籍，显然是比我们常态所认为的艺术更进一步、更直接体会到智慧与感悟的载体。

莎士比亚曾经说过：书籍是人类知识的总统。数千年来，人类所有宝贵的知识、经验，不是随着历史的长河而淹没，就是留存在书籍中被保留下来。书籍是人类学习知识的最重要的载体，也是人类思想汇集的全能宝库。

孙森是一家上市公司的副总裁，典型的职场成功女性。见过孙森的人，都觉得她充满了知性气质，办事沉稳干练，没有什么事能难得倒她，更没有什么突发情况能让她蓦然色变。

“像是孙总这样的人，一定见过许多大世面。”下属们都纷纷这样说。

听到了这样的传言，孙森也是微微一笑，不做解释。

只有她自己知道，作为一个女人，一个四十一岁的女人，虽然经历过的事情不少，但是自己却远远达不到他人所说的“见过许多大世面”的地步。她的底气、她的知识，还有她的风韵，很多都来自于她所看的书籍。书就像是一位良师，为她解答了生活中的许多疑惑；书又像是一位益友，在她失态时给她以支持与力量。

孙森的身边，随时可见各种类型的书籍。在她的办公桌上，有财经与管理的书，平时没事儿，她就会翻一翻，为自己补充些专业知识；在她的床头，有如何穿衣打扮、提升气质的书，孙森也经常会订一些时尚杂志，让自己看起来更“潮”一些；甚至在孙森家的休息室和卫生间里，也有寓言、小说这样休闲书籍，伴随着她度过轻松一刻。

俗话说：看万卷书，行万里路。看的书多了，孙森对于社会与生活的认知也更加深刻。有些事情，虽然没有在生活中亲身经历过，但是由于书籍中的“教诲”，孙森会在第一时间有判断，做出正确的决定，这也正是他人将孙森“神话”的原因。

都德曾说过：书籍是人类最好的朋友，它永远将自己的知识、心得与体会毫无保留地呈现在你的面前，它不会欺骗，也不会蒙混，如果你不能深切体会到它所蕴含的深意，那么只能说是你的理解还不够。

培根也曾说过：读书能给人乐趣、文雅和能力。书中自有黄金屋，书中自有颜如玉，将读书作为事业的人往往会被看作是有智慧的人，明事理、善决断的人。如今的社会物欲横流，许多人都把读书看成是可有可无，甚至是“浪费时间”的无聊事，这样的人，他们的身上难以有安静沉稳的气质，也许他们可以在一时赚不少钱，但是对于真正的富豪来说，他们永远是土得掉渣的“暴发户”，整日生活在自己空虚可笑的世界里。

书籍能够带给我们知识，带给我们能力，更能够带给我们心灵上的安宁与精神上的感悟。不过，我们也不必将读书看成是一件很神圣的事情，实际上，读书就好比耕耘，只有时时注意、刻刻留心，才能得到最好的收成。

在闲暇时，在坐公车时，在做饭的空隙中，在夜晚睡不着的几十分钟内，我们都可以拿起手边的书。它可以是专业的教材，也可以是经典的名著，甚至可以是俏皮轻快的小说，它能带给我们的，也许是生活上的帮助，也许是思想深度的拓展，甚至仅仅是轻松一笑。

随着阅读的深入，你会发现：展现在你面前的，不仅仅是你眼中所能看见的那个世界，在你看不见的地方，世界还很宽，还很阔。

智者寄语

如果说艺术能够带给人对心灵的熏陶、对美好的向往，那么书籍，显然是比我们常态所认为的艺术更进一步、更直接体会到智慧与感悟的载体。

坐拥书城铸内秀

只有读万卷书，才能面临大事有静气，成就别人无法企及的大业。有一句话说得好：能闲世人所闲事，方能忙世人所忙事。这里所谓的闲事，就是读书。

一本《汤姆叔叔的小屋》在美国废奴运动和南北战争期间掀起一种强大的舆论浪潮。

甚至有人认为，要是没有《汤姆叔叔的小屋》，林肯就不可能在1861年当选为美国总统。

一个人，他所能体会到的自由的程度和对幸福的理解的深度，与他对于人性认识的广度与深度是成正比的。以此为出发点，他就会塑造出更有精神境界的成功观。

喜欢读书，就等于把生活中平常的时光转换成了巨大享受的时刻。读书，可以增长见识，陶冶性情，使人的情感更细腻，举止更优雅，气质更深沉。淡泊以明志，宁静以致远，非读书是不能达到的。读书为人生带来了最美妙的时光，一个人当他沉浸于文学世界中时几乎可以称得上是世界上最幸福的人。

英国著名浪漫主义诗人雪莱非常爱读书，从书本上源源不断地流向他脑海里的新知识，使他看上去永远是那么朝气蓬勃、热情奔放。据记载，他总是在不停地看书，连吃饭时饭桌上也摊着一本书，他常会忘了喝茶吃烤面包，却不会忘记读书。他会让面前的烤羊腿、马铃薯冷掉，可对书本的热情却丝毫不会冷却。他外出散步时也总是手不释卷，要是独自出门，他便自言自语地吟诵；要是友人同行，他就大声朗读，读到动情处，同行的朋友无不动容。他的一生虽然短暂，却放射出了最炫目的光芒，《西风颂》《云》《致云雀》等抒情诗堪称文学史上的不朽之作。在英国，这样的“书虫”数不胜数。曾一度登上英格兰王位的简·格雷女士，在年轻时，有一天坐在家中窗下沉迷地读着柏拉图对苏格拉底之死的美丽描述。她的父母亲都在花园里狩猎，猎狗的狂吠之声从开着的窗子里清晰地传进去。一位来访者十分惊异:简·格蕾女士竟然不参加他们的游戏!她却平静地说:"我认为,他们在花园里的快乐不过是我在柏拉图那里所获得的快乐的影子罢了。"

读书能补天然之不足,甚至可以铲除一切心理上的障碍,正如通过适当的运动可以矫治身体上的某些疾患一样。看过《三国演义》的人都知道,东吴有位将军名叫吕蒙,自小为人家放牛,不通文字,因作战勇猛而受到破格提拔,却经常被同僚讥笑。后在孙权的劝说督促下,用心苦读,终于成为智勇双全的一代名将,不再是当年的"吴下阿蒙"。清代咸丰年间的山东巡抚张曜,幼年失学,年轻时日夜在赌场中混生活,闲来无事练就一身好武艺,后因参加镇压反军有功,被僧格林沁保奏做了知县,授予五品顶戴。张曜乃一介武夫,认字不多,所以一切公文全由夫人处理。他任河南布政使时,被监察御史刘楠弹劾"目不识丁",难理一省民政财务,遂由文改武,调派为南阳镇总兵。那时,"文改武"是很丢面子的事。张曜愤愤之余,知耻后勇,拜夫人为师,像蒙童那样志于向学,发愤读书,并刻"目不识丁"四字印章一枚,随身佩带以自警。后来,当年奏劾他"目不识丁"的刘楠也被劾罢职,回河南老家,百无聊赖。此时的张曜不计前嫌,"贻以千金",且年年如此。每次给刘楠的信上都要盖上"目不识丁"的印章,以感念刘楠的栽成之德。长期的手不释卷,使得张曜的文学修养比起以往来已是不可同日而语,这足以使他对往日的官场纠葛以阔大胸襟坦然处之。后张曜转任山东巡抚,办了不少好事,如治理黄河水害,整修河堤,兴办水利,修筑道路,开设机械厂局等,凡是有益于官民的事他都尽力去办,在山东留下了较好的口碑。由一个无赖赌徒到颇有政绩的封疆大吏,在这一转变中读书所起到的巨大作用是显而易见的。

在人生的道路上,由于偶然的机遇或出于必然的选择,人们踏上了不同的人生旅程。有时,一本书能够影响到一个人的整个人生。

据说《天路历程》的作者、英国作家班扬平生只熟读一本书:《圣经》。而正是这本书影响了他一生的文学创作。《天路历程》是17世纪英国文学史上的重要作品之一,它以寓言的形式反映了英国王朝复辟时期的社会情况,讽刺贵族阶级的荒淫和贪婪,同时也宣扬了作者的清教徒信仰,由此可见《圣经》对他的影响之大。

法国当代著名作家和戏剧家弗朗索瓦·萨冈,曾满怀感激之情地回顾加缪的《反抗的人》一书对她的影响。在14岁时,萨冈亲眼目睹了一个与自己年龄相仿的小女孩的夭亡,她无法原谅上帝竟允许这件事发生,因而不再信仰上帝,陷入可怕的精神危机之中。恰在这时,她读到了加缪的《反抗的人》,由此发现了一个新的精神世界:尽管没有上帝了,但是还有"人",你不用信仰上帝,却必须信仰你自己,相信人类的天性,相信人类能够主宰自己的命运。她热切地走进这个崭新的精神世界,重新建立起自己的信仰。她由此意识到文学的神圣意义与崇高使命,并在日后坚定地选择了文学创作之路,决心以此帮助那些在人生之旅中迷惘、焦虑的人们,帮助他们飞越精神的荒原与樊篱。古今中外这样的故事还有很多。

当代许多成功女人在回顾自己的成长道路时,也常常将人生一些最真诚、最辉煌的瞬间与一本或几本好书连接在一起。一本好书能够给予一个人最初的人生启蒙甚至终生的影响,这有多么神奇!

人类社会中的诸多杰出人物往往以寻求真知为己任,常常沉迷于书海中乐而忘返。

孙中山先生一生博览群书,知识渊博。不仅好读书,而且好问,遂有"通天晓"之名。

1920年毛泽东在上海,他的居室中堆满书刊,每日回家便埋头读书看报,在他周围的一批湖南青年都称他为"毛夫子"。

鲁迅年轻时发愤求学，潜心苦读，他购书数千卷，日夜攻读，学识日长，几乎达到“心通中外千年史，胸藏古今万卷书”的博学程度。他常常以烧饼充饥，辣椒御寒，节衣缩食省钱购书。因为学习成绩优秀而获得的勋章，鲁迅也都拿去换书，从不保留。

你还可以从文学的镜子里重新认识你自己。文学的核心是人学，是对人和人性的悉心认识和真切体认。而自人类顿悟自己存在的那一天起，“我是谁”便一直是困惑人类自身的斯芬克斯之谜。数千年前，希腊人为此把“认识你自己”作为神谕，镌刻在庄严、神秘的德尔斐阿波罗神庙的墙上。古今中外文学家们的皇皇巨著，都可以视作对于这一问题的苦心孤诣的思索与描述。图腾文学（包括古代神话、传说等）、古典主义文学、启蒙主义文学、浪漫主义文学、批判现实主义文学、现代派文学乃至后现代文学，都是随着人们人学观的渐进认识而渐次发生的。英国著名小说家劳伦斯认为，人是一个既有理智的头脑又有人的本能欲念的思想探险家，人类“从古到今没有停止过思想，最早他的思想体现在木制或石制的小偶像里，后来又体现在方尖碑的象形文字里、黏土卷轴和纸莎草纸上。现在，他在书本里的思想，在封底和封面之间”。人总是在不间断地思想、探索，而书籍这种思想成果形式则会有助于人类战胜命运，并在战胜命运的同时更深刻地认识自身。

诚如人类对自身的探索永远没有穷尽，文学对于人性的思索与探求也就永远不可能终止。一个人，他所能体会到的自由的程度和对幸福的理解的深度，与他对于人性认识的广度与深度是成正比的。以此为出发点，他就会塑造出更有精神境界的成功观。广泛阅读色彩斑斓的文学画卷，无疑是我们体察人性、认识自身，追求辉煌的一条捷径。

智者寄语

只有读万卷书，才能面临大事有静气，成就别人无法企及的大业。

当代女性积累才学资本的途径

华尔街，美国及世界的经济和金融中心，最优秀的社会精英的聚集地。“华尔街学习”也被作为21世纪学习的理想模式，而为美国著名的管理学家彼得·圣吉在其著作《第五次修炼》一书中大加宣扬。“华尔街学习”体现了21世纪学习的4个最本质的进步，即工作与学习之间界限的消失、成才不必去正规学院、建立学习型组织和学习新概念。这些都是当代女性积累才学资本不可或缺的。

1. 工作与学习之间界限的消失

当你在从事知识性工作时，就是在学习；同时你也必须随时随地不断地学习，才能有效地执行知识性的工作。

在旧经济体系中，如砌砖工人或巴士司机这类工业工作者的基本能力具备着相对的稳定性。虽然这些技能的运用会依情况而异，譬如，不同的建筑工地有不同的责任分配，但是“学习”在劳力工作中所占的比例却十分稀少。

在新的经济组织里，学习所占的比例大增。看看那些寻找精神分裂症基因基础的研究人员、创作新式多媒体应用程序的软件工作者、银行里负责制订公司计划的经理人、为客户评估市场情况的顾问、创立新事业的企业家，或是社区学院里的助教，想想你自己的工作是否也是其中之一。工作与学习交互重叠成了工作能力中最坚实的构成要素。

哈佛大学的修夏娜·祖鲍夫问她的听众:“假如你正大大咧咧地坐在椅子上,还把腿跷到桌上,却看到老板朝你的办公室走过来时,你会怎么做?”有位听众回答说:“赶紧把腿放下,假装正忙着做事。”接着,祖鲍夫强调一个观点:对知识性工作者而言,思考——不管双腿放在哪里——就是工作。想要有效率地执行知识性的工作,就必须思考,并要将思考与工作融合。

2. 成才不必去正规学院

由于知识性经济体系需要终生学习,私人企业必须负担起日益庞大的教育职责。斯坦·戴维斯及吉姆·巴特金就写了一本很刺激的书——《床下怪物》,书中对这个多数人都赞成的观点,做了非常适当的表达。此书阐述道,教育的职责早先属于教堂,然后转移到政府,如今则渐渐落在企业身上,因为最终必须负责训练的应是企业。两位作者认为:“由农业经济转型到工业经济时,狭小的乡间校舍就被大的砖造教室所取代。40 年前,我们开始转向另一种经济形态,但是,至今我们都还未发展出新的教育模式,更别提创建未来那种很可能既不是学校,也不算一栋建筑物的‘教室’了。”

因为新经济体系将是知识性经济,而学习则是日常活动以及生命的一部分,因此,企业和个人都将会发现,仅仅是为了要让工作有效率,就必须要学习,企业将会为了竞争而变成学校。根据麦当劳最高信息主管小卡尔·迪欧的说法,这就是为什么麦当劳会有根据汉堡大学的课程,每年提供超过 1 万名员工升学教育的原因。光是 1995 年,麦当劳就有 70 多万名员工接受了各式各样的在职训练。摩托罗拉、惠普和升阳电脑公司,也各有摩托罗拉大学、惠普大学及升阳大学等课程。

身为一位消费者,你必须持续不断地更新知识库:学习利用出租汽车上的仪表显示器;在家用电脑上安装 Win98 甚至是 Win2000;和女儿一起上网探索她的酸雨研究计划,或有关圣地亚哥动物园光盘的信息;使用新式家庭电话系统的互动式训练套装软件;规划你的家庭电影院;或在美国科技公司的 Peapod 网络上采购日常生活用品。

这些知识性产品或知识性服务的供应商,一定要将学习包含在内,一旦进入数字经济体系里,你就不仅是位知识性工作者,而且也是一位知识性消费者,每个人都要对自己的课程表设计负担相当的责任。我们必须制订自己的终生学习计划,自动自发地学习,在工作中学习,并且通过正式的教育渠道及训练,使自己在这个千变万化的经济体系中,永葆盎然生气。

3. 建立学习型组织

学习型组织的概念,经由彼得·圣吉的宣扬,已经广为人知。他认为学习型组织是:“人们可以不断扩充自己的能力,以实现自己真正的梦想。在这里,人们可以培养又新又广阔的思考模式,共同的抱负有了挥洒的空间,也可以不断地学习如何与他人共同学习。”

在网络智慧的新纪元,团队可借网络化而获得更清晰的意识。正如主从式结构的电脑能将其所要整理的资料加以分类与整合;同样,Internet 的运作也可以将人类智慧加以分类与整合,进而建立起一种全新的组织意识形态。

网络成为企业思考以及学习基础的同时,组织型学习也可以延伸到小组以外,使得小组智慧进而转变为企业智慧。组织意识是组织型学习不可或缺的先决条件。

4. 学习新概念

目前网络上已有 2000 多个学习课程,更重要的是,通过信息高速公路就可以进入资料库,并取得人文类的资料。举个例子来说,古腾堡时期前的古籍之一《厄比诺圣经》,原只有少数人得见其庐山真面目。这本古老的《圣经》存放在梵蒂冈,限制每天只准 200 个人观看,而且每个人只可以看4页。现在,这本《圣经》上网了,几天内,就有超过以往10倍的人来看这本书,总数远超过过去500年来读过这本《圣经》的人数。

新科技除了帮助私人部门改变学习形态外,也可以帮助学校转型。教育及医疗保健掏空了纳税人的钱包,但是信息高速公路却点燃了新希望。新的信息科技促使信息与知识能自由交流,大大地提升了教育及医疗保健上税金的使用价值。只要下定决心,将科技的效果发挥出来,教育机构就能达成自我改造。

多媒体使学习过程变得多彩多姿,令人叹为观止,并让所有人都愿意接受学习辅助。当然,学校的课程安排还可以更兼顾学生的需求和兴趣,也应当让信息更容易取得。信息高速公路让教师们可以采用光盘的教学手法,使教育提升到一个更高的层次,正如联合国教科文组织的报告所揭示:"以粉笔和黑板当配备的教师和这些威力强大的新媒体显得格格不人。"国家信息基础建设可以推动学生、教师与专家之间的共同学习;不用离开教室,任何人都可以直接在电脑上进入"电子图书馆",或是来一趟虚拟实境之旅,走访博物馆及科学展。

总的来说,当代女性学习的途径和条件越来越多,而想达到目标,这些才学的资本也越来越重要。

智者寄语

总的来说,当代女性学习的途径和条件越来越多,而想达到目标,这些才学的资本也越来越重要。

内涵让人回味无穷

浅薄的女人让人一览无余,而有内涵的女人却能让人仔细品味,回味无穷。

有一种女人,年少的时候并不美,她像一块平平无奇的鹅卵石,陪衬着光彩夺目的名玉。可是随着时光流逝,她退却了青涩,过滤掉渣滓,留下来的是云清月朗的本质。这种女人便是有内涵的女人。

有人曾形容女性:女人如花,花如女人,千娇百媚!花有万紫千红,女子则有风情万种。

有些女性的外表并不漂亮,也算不上天生丽质,但她们的举止十分得体幽雅,举手投足、一颦一笑都让人赏心悦目。其实女人并不需要过多的装扮,有涵养三分漂亮可增加到七分。台湾著名歌手吴佩慈拥有令人羡慕的身材和演艺条件,在走红的时候重新考研,让人折服。看来,女人拥有内涵比外在美更重要,女人可以不美丽,但一定要有内涵。

做有内涵的女人,仪态端庄,举止优雅,言谈自信幽默,气质超俗不凡。女人的内在气质,是从骨子里流露出来的风度品位,是女人行走的步态、端坐的身姿,甚至一个眼神的流露以及心态的从容。

内涵、修养与智慧是女人一种简单纯净平衡的心态。是一个有内涵的女人对人生感悟的一种平衡,是在淡薄世事之后,才会洞明凡尘,是在清心内敛之时,才会高瞻远瞩。

美貌的女人不一定是美丽的,但是有内涵的女人一定是最美丽的。内涵、修养与智慧将使女人在一生中都散发出无穷的魅力。是一生取之不尽的巨大财富。是伴随你一生永远亮丽的风景线。那么,怎样打造内涵女人呢?

(1)多读书。莎士比亚说过:"书籍是全世界的营养品,生活里没有书籍就好像没有阳光,智慧里没有书籍就好像鸟儿没有翅膀。"女人一定要爱读书，与一些高尚的人交朋友。例如：列夫·托尔斯泰、莎士比亚、罗曼·罗兰、巴金、钱钟书、三毛等，在他们的作品中寻找生命的价值和真谛，你难道就没有发现你获得了人生的充实和安宁吗？就像著名作家王玉君说过："世界有十分色彩，如果没有女人，世界将失去七分色彩；如果没有读书的女人，色彩将失去七分的内涵。爱读书的女人美得别致，她不是鲜花，不是美酒，她只是一杯散发着幽幽香气的淡淡清茶。"

(2)多听音乐。音乐让美有了声音，让心灵得到安静或激发。如果女性生活中能多点音乐，那么她的生活一定就能多点精彩。

(3)及时给自己充电，跟上时代步伐。苏东坡有句千古名言——"腹有诗书气自华"，当今社会，随时"充电"是很必要的。不耻下问绝对是美德，不要担心向比自己年龄小的人请教是很丢面子的事情。和不同年龄层的人接触才能知道各种信息。很多父母会抱怨儿女不和自己交流，反省一下就不难发现，孩子的思想领域、兴趣爱好你了解吗？他和你说"超级女声"你目瞪口呆，和你谈"视频聊天"你瞠目结舌，时间长了自然他就不说了，对牛弹琴的傻事谁会去做？夫妻间的交流也如是，他看足球，你没兴趣就当看帅哥，这样两人才能有更多的话题。

广泛的知识面是人际关系的开始涉猎知识最忌单一，只要不是你特别抵触的活动应该学着参与。各种知识不用太精，略知一二即可，这样才能让自己和周围的人有更好的交流，更多的了解。

(4)语言要高雅得体。今天的美女，似乎早把"出口成脏"当成了时尚，随心所欲，旁若无人。如果不是处在青春期、懵懂、叛逆的孩子，请在想发泄的时候找对场所和对象。记住，"出口成脏"不是时尚。

(5)不做琐碎的是非女人。婆媳关系、夫妻感情、孩子教育、七大姑八大姨的纷杂人际……这些都只是你的家事，请不要把它们广而告之。把你的喜悦传递给别人，把你的烦恼只选择向真正会为你担忧而不是等着看你笑话的朋友倾诉。不要加入东家长李家短的是非讨论，女人们在一起其实也有很多有趣的话题：练习瑜伽的裨益；购物、美容的收获；烹饪和家务的心得，旅游的见闻和乐趣……从交流中开阔视野，从交流中放松心情。

(6)再忙也要留一点时间给自己。蓬头垢面，衣服不伦不类、皱皱巴巴，这样的你自己也不爱看吧，何况你的家人和朋友。从爱自己开始，听听喜欢的音乐，做做皮肤护理，看会儿有趣的电视节目，读些感兴趣的书籍。只要自己喜欢就行，不一定要是旷世名著，因为完全没必要附庸风雅，故作高深。即使忙得团团转也做个干净利落的女主人，而不要让别人误认为是家里的保姆。提高生活的品质和品位，没有质量的日子只会让人面目全非。

智者寄语

浅薄的女人让人一览无余，而有内涵的女人却能让人仔细品味，回味无穷。

书香女人慧婉若诗

著名散文家林清玄在《生命的化妆》一文中将化妆分成了三种境界：三流的化妆是脸上的化妆；二流的化妆是精神的化妆；一流的化妆是生命的化妆。所谓生命的化妆，就是说从内心改变一个人的气质，多读书，多欣赏艺术，多思考，对生活积极乐观，对生命充满信心，真诚友善，自尊自爱自强，这样的人即使不化妆也一定是美丽的，因为她周身必然充满了人性至真至善至美的光辉。而袅袅书香，是对女人生命最恒久的化妆。

世界若有十分美丽，但如果没有女人，将失掉七分色彩；女人若有十分美丽，但如果远离书籍，将失掉七分底蕴。这是一个因女人的存在而变得多彩美丽的世界，什么样的女人才美丽，真正具有女人味呢？漂亮的容貌已经不再是女人独傲群芳的武器。有时候在那些花团锦簇、浓妆艳抹的女人中间，有些容貌不是很漂亮的女人反而格外引人注目，为什么？因为她们优雅的谈吐超凡脱俗，清丽的仪态无需修饰，那是静的凝重，动的优雅；那是坐的端庄，行的洒脱；那是天然的质朴与含蓄混合，像水一样的柔软，像风一样的迷人，像花一样的绚丽，她们显得那么与众不同，焕发着异样的光彩——腹有诗书气自华，书是她们经久耐用的时装和化妆品。

书香女人，心胸开阔，善解人意，她宛如生于山野、长于风雨自然之中的一株清茶，茗烟淡香地潜入你的心扉，牵着你的思绪；宛如山涧淌过的清泉，清秀、姣好、透亮、温文尔雅，让你干枯粗糙的心变细、变润、变湿。书籍使她不断地吸纳天地精华，也许她贫穷但自尊自强，也许她孤独寂寞但自重自爱。书香女人是一缕清风，带来星光月色和鸟语花香；书香女人是一首美妙的旋律，带来心灵的慰藉和家庭的欢乐；书香女人是一颗星星，哪怕是在月缺云多的时候，也能温亮属于自己的一片天际。她的身上始终充盈着智慧和灵性，是一个可交的朋友，是一本百看不厌、百读不够的好书。她能浸润属于自己的一片土地，是那种上得厅堂下得厨房的好女人。

只有知识才能让生活进入深刻的内层，使心灵得到充实和满足，使女人的风度气质完美地凸现。作为新时代的女性，拥有丰厚的内涵和知识素养，与外在的美丽同样重要。因而从阅读中汲取滋养心灵的营养和智慧就成为新知性女人的必修功课。一个女人最具魅力最具女人味之处，即在于心中藏有一座开掘不尽的精神矿藏，它有能力让自己的美丽与时俱进，任岁月渐长，亦能给人一种常青常新的迷人气息。

多读书，正是女人充盈智慧、美丽终身的途径所在。人类的生活智慧完全写在书里，每个女人都可以通过阅读不同主题的书籍来开发自己的智慧。袅袅书香，熏陶出女人丽影清质的芝兰之气，更让女性最美丽的灵光——聪慧与日俱增。以书润心，可以成就一个完美女人。当然，在今天这样一个快节奏的时代，一个聪明的女人不一定需要博览群书，只消读到其中的一部分，适当弥补自己的知识体系的一些空白与不足，就能比别人多几分典雅的风神韵味。

亲近书香，滋润我们的心腑。读书使我们怡情益智，美丽容颜，使我们找到一片心灵的净土，使我们焕发真正的快乐。读书时间是人生最美妙动人的时光，当一个人沉浸于文学世界中时，几乎可以称得上是世界上最幸福的人。一本好书就像是一个好朋友，它对我们始终如一，过去如此，现在仍然如此，将来也会如此。在人们年轻时，好书可以陶冶人们的性情，增长知识，年老时，它又给人们以安慰和勉励，它是最有耐心最令人愉快的伴侣。在穷困潦倒、临危遭难的时候，它也不会抛弃我们，总是一往情深。好书宛如最精美的宝器，珍藏着人一生思想的精华。人生的境界，就在于其思想的境界。若将一本好书的崇高思想铭记于心，那么这本书就成为我们忠实的伴侣和永恒的慰藉。

望着读书的女人，书香萦绕在鼻前，优雅流淌在她翻书页的指间，难以忘怀的是她合上书之后嵌入眼底心间的美丽。男人对于如此温婉智慧的书香女人醉恋其心，一生宠爱。

智者寄语

袅袅书香，熏陶出女人丽影清质的芝兰之气，更让女性最美丽的灵光——聪慧与日俱增。以书润心，可以成就一个完美女人。

用阅读来丰富你的内涵

在传统观念中,书似乎应该与女人无缘,似乎只有“志在四方”的男人才应该读书。而现在是自由平等的社会,女人同样应该用知识武装起来,充实生活的方方面面。有知识的女人,同样有智慧。

英国作家毛姆曾经说过:“世界上没有丑女人,只有一些不懂得如何使自己看起来美丽的女人。”现代女性早已经学会在繁忙和优雅中积极生活,懂得如何读书学习,也懂得开发自身的潜能,从而使自己的女性魅力光芒四射。

女人的真正魅力不是时髦而是自己,为了创造一个货真价实的自己,才需要有品位,才需要对于美的鉴赏力和区别于他人的辨别力。因为你不可能从时尚里创造出品位,却可以从品位里创造出自己的时尚。

今日的女性时尚已经远离过去一味的烦琐和艳丽,而向着简单和个性化转移了。用文化造就自己,用文化装扮自己,会比眼花缭乱的服饰和化妆有着更深刻的美丽内涵。

书对于女人的效力,不像睡眠,睡眠好的女人,容光焕发,失眠的女人眼圈乌黑。女人读书或不读书在一天之内是看不出来的。书对于女人的效力,也不像美容食品,滋润得好的女人,驻颜有术,失养的女人憔悴不堪。读书和不读书的女人,在三个月之内,也是看不出来的。日子一天一天地走。书要一页一页地读。清风朗月水滴石穿,一年几年一辈子地读下去。书就像微波,从内到外震荡着我们的心,徐徐地加热,精神分子的结构就改变了,书的效力就凸现出来了。

爱读书的女人都爱自然。自然能净化人的心灵,让人返璞归真。她爱听属于自然的一切声音,如风声、雨声、松涛声、犬吠、鸡鸣、蟋蟀叫。听到它们的时候,是心情最宁静的时候。这宁静,是没有争逐的安闲,是没有贪欲的怡然。

爱读书的女人,更善于倾听,因为书训练了她们的耳朵,教会了她们谦逊,知道这书上有许多聪慧明达的贤人,吸收就是成长。

爱读书的女人,更乐于思考,因为书开阔了她们的眼界,拓展了原本纤细的胸怀。明白世态如纸,有正面也有反面,一厢情愿只是幻想。

爱读书的女人,更勇于决断,因为书铺排了历史的进程,荟萃了英雄的业绩,懂得了万事有得必有失,不再优柔寡断贻误战机。爱读书的女人,更充满自信。

除了读书,翻阅报纸或杂志也是白领女性们必不可少的功课。

每天早上,当你打开今天的报纸,想看看这个世界又发生了什么事情的时候,你会首先选择自己喜欢的版面先睹为快,你也许会最先翻到国际新闻版、流行消息版,或是体育版、娱乐版,等等。

不论你先看哪一版,从明天开始,你不妨改变一下自己的习惯。随便翻到任何一版,最好是你从来不看的消息,这样做的目的是要熟悉其他人眼中的世界,不论你和他们的共同点有多少,很快你就能和每个人讨论任何话题了。

试着看看房地产消息吧,不要觉得那是无聊透顶的事。或许你对房地产完全没兴趣,可是你迟早会面对一群高谈房地产和房市的人。所以,你最好能每隔几周就瞄一下房地产的消息,当与这类人谈话时就能跟上潮流了。

试着瞧瞧广告版面。假设你和某营销经理签下合同,请他替你们公司的产品做广告,如果你对广告一窍不通,与他的谈话完全没有共同点,你会为此损失许多赚钱的机会。所以,你要每隔几周看一下广告专刊,你很快就能与人谈论企划案、创意人员和电视广告。你用的词不再是"广告词",而是内行人说的"文案"。

如果要和别人谈兴趣及嗜好,可以翻翻跑步、健身、自行车、高尔夫、滑雪、游泳、滑水等各种休闲杂志,大型书店都有销售这类专门书刊。你会发觉,每个月都有数千本各式各样的主题杂志发行上市。

比如,你翻看关于高尔夫球的专业杂志,你就会知道一些专业术语。如果你的下一个大客户平时最爱的运动就是打高尔夫球的话,相信你们会相处得十分开心。

智者寄语

英国作家毛姆曾经说过:"世界上没有丑女人,只有一些不懂得如何使自己看起来美丽的女人。"现代女性早已经学会在繁忙和优雅中积极生活,懂得如何读书学习,也懂得开发自身的潜能,从而使自己的女性魅力光芒四射。

静览书卷,书籍为伴享终生

读书的女人别有一番气质。俗话说"腹有诗书气自华",这句话用在女人身上更能够折射出一种光彩。爱读书的女人,她即便不够貌美,但只要她一开口,必然有人被她的才识折服。那份来自于书中的感悟令女人的思想有更深一层的进步,让女人变得安静祥和,眉宇间折射出来自于生活的底蕴。一本好书,能够陪伴女人一生。女人可以从书中成长,从书中改变自己原有的观念,变得更加安静祥和,更加气质夺人。书香中的女人,总是有美丽的光彩散发出来,一言不发,已经胜过千言万语。

有的女人喜欢书。她们爱买书,爱读书,甚至爱写书。书是经久耐用的时装和化妆品。即便如此朴素的衣着,即便素面朝天,在一群浓妆艳抹的女人中间反而更加引人注目。这是因为书带给了她们气质、修养。她们浑身散发着书卷味,在人群中更显得与众不同。

也可以说,女人博览群书,走到哪里都是一道亮丽的风景。这样的女人不需要外表的美丽,内在的气质就会彰显出她的优雅。因为书让她们拥有优雅的谈吐和清丽的仪态,无须修饰也同样夺人眼球。读书女人的仪态,静得凝重,动得优雅,动静之间风采别样。读书的女人,坐得端庄,行得洒脱,仿佛天然的质朴与含蓄混合,如风一般迷人。读书,令一个女人的品位升华。

颜如玉爱读书,学生时代是班里有名的才女。读的书多,自然写得一手好文章,学校专栏里经常能看见她的文字。她性格内外兼修,读书的时候十分安静。抒写有关人生的感悟,她时常从书中引经据典。在朋友眼里,她似乎没有什么烦恼。朋友们大多都喜欢跟她聊天,因为她读的书多,说出来的话更为受用。学校辩论赛上,她不强词夺理,但说出来的话必然句句在理,一针见血,不得不让人佩服。

她爱读书,也爱音乐,爱时尚,爱玩。她会和朋友到广场上去做体操,会去打球。结婚之后的她依旧保持一颗年轻的心,跟儿子打游戏,下棋,一起评论当今的电影和音乐,还能带着外甥女荡秋千。丈夫说她像个孩子一样。她闲暇的时候会读书,会逛书店,跟那家大型书店的老板都成为老相识了,老板经常给她推荐一些好书。但她很笨,不会搓麻将,也厌恶这种活动。每逢过节的时候,朋友拉着她打麻将,但是每次都是刚学完就忘掉。但是她走到哪里都不会忘记带一本喜欢的书，随手翻几页，喧嚣的心灵顿时安静下来。

丈夫形容她“动若脱兔，静若处子”。她可以抱着一本书，静静地站在窗前聆听雨声，也经常在看书的时候煮一杯香浓的咖啡。爱书的她喜欢这样的生活情调。她会每周去书店一两次，虽然双腿站得又麻又酸，但回家时的那种充实令她满足。每次看完自己喜欢的一本书，她的心灵仿佛经过一次洗涤，又平和又宁静。因为有书，她精神愉悦。

她很知足，时刻抱着感恩的心态生活。她晚上睡觉前会翻几页自己喜欢的书，晚饭后会拉着丈夫去街上走一走。每到节假日，能收到远在他乡的朋友的问候就感到十分知足。她从不攀比，从不羡慕女友们奢华的生活，更不在意自己的丈夫是否是高管，是否是高薪。她不会庸人自扰，她淡泊，从容，自信，优雅，真实，自然。这都是因为她爱书胜过爱美丽的衣服，视读书为人生最大享受。她是一个幸福的女人，人们见到她脸上的表情，总会羡慕着。

不同的女人对书有不同的品味。品味不同，选择就不同，效果也不同。因为这些不同，反而演绎出每个女人独特的魅力，使得她们形成一道特有的风景线。有些女人读书的目的是为了获取知识和才干，她们会选择思想性强、有哲理、有深度的书。在这类型的书中，她们提高了人生境界，生活更加充实，而她们本身所散发出来的魅力也更加耐人寻味。有些女人读书的目的是为了陶冶情操、愉悦身心，她们喜欢读唐诗宋词，读古今中外优美的散文。在这种闲适中，她们领悟到了人生淡泊的境界，因而使得她们的生活如同一首诗歌般清新素静。

一本好书能够影响一个人的心灵，对女人来说，更是如此。女人若喜欢读书，不管学历高低，都一定要有文化修养。爱读书的女人，大都知书达理，处事冷静，善解人意。经常读书的人，她们身上有独特的气质，让人们能够一眼就从人群中分辨出来；因为她们在为人处世中十分从容得体。她们在做每一个结论的时候都会进行合理地推导，人云亦云的现象与她们毫不相干。看看下面对于读书的总结：

读书足以怡情，
读书足以博彩，
读书足以长才。
读史使人明智，
读诗使人灵秀，
数学使人周密，
科学使人深刻，
伦理学使人庄重，
逻辑修辞学使人善变。

由此能够看出读书所能带给人们的巨大改变。会读书的女人必然是会生活的女人，她们能将生活过得有滋有味。女人的岁月伴随读书，读得多了，也想写自己的书。当女人将自己的故事写在纸上的时候，她们整个人都在发生蜕变。这是另外一种对生活的感悟。看女人写的书，大都笔触细腻而温婉，思绪灵动而敏捷。从文字间，能够看出她们独特的精神气质以及对生活的心灵体验。亦舒的理智，琼瑶的多情，迟子建的温暖，池莉的感动，这些文字，都是她们对生命过程的阐释，对生存状态的抗争，对人生价值的追求，显示出一种参与社会的责任感。一个会写书的女人，她所见到的事物必定跟他人有所不同。而这种不同，也使得她们的人生绽放别样的光彩。女人与书，原本就是一个动人而温馨的故事。当女人学会了读书，也就学会了如何更好地行走于人生之路。

智者寄语

女人与书，原本就是一个动人而温馨的故事。当女人学会了读书，也就学会了如何更好地行走于人生之路。

智慧是女人内在的力量

学识渊博型气质的女人要选择内在的力量去征服别人。

魏明帝时，卫尉卿(官名)阮伯玉有个女儿嫁给高阳名士许允为妻。阮女能诗善赋，才德兼备，但深目塌鼻，黑矮粗胖，相貌奇丑。许允行完婚礼，进入洞房，掀开蒙头巾，才知道自己娶了丑妇，一气之下走出洞房，另居书房，再不入内。家里人屡劝不听，都深以为忧。

过了几天，阮女正在窗前读《史记》，忽听外面报说有客人来访相公。阮女便命使女去看客人是谁，使女还报说是沛郡桓范相公，他是许允的好友，经常书信往来。使女担心地说："老爷独居书房，视夫人如路人，太没道理。如果桓相公再言论夫人，恐怕老爷更不会进屋了。"阮女毫不介意地说："不用担心，桓相公不是那样的人，他一定会劝老爷进来看我的。"使女摇头不信。

桓范听了许允的诉苦，果然规劝他说："阮家嫁女与你，自是对你有情意。听说阮女容貌虽丑，却是很有才德，贤弟万不可因小疵而轻大德。"许允无法，只好进了新房。

阮女见丈夫进来，万分欣喜，正欲起身迎接，只见许允来到身边马上又沉着脸要走，心里又气又痛，便向前拉住他的衣襟，低头说道："你我既已成婚，就是百年夫妻，理应朝夕相处，相敬如宾。怎能长居外屋，刚来即走呢？"

许允心里一直不快，现在见她竟然拉住自己的衣襟不让出去，更加厌恶，便生气地质问："古人云：德容工言，妇有四德，你具备了哪几德呢？"阮女抬起头来，从容答道："新妇所缺，唯只容貌。其他女德、女工、女言皆无所缺；然而士有百行，君具有几？"

许允傲然地说："百行皆备。"

阮女见他毫无谦逊之意，便正色地说："百行之中，以道德为首，你看人只看外表，好色不好德，第一行就不合格，能说是百行皆备吗？"

阮女义正词严，使得许允无话可说，面现惭愧之色。阮女见丈夫有悔悟之意，心中暗喜，便请他入座，又叫使女摆酒取菜，与许允对饮。许允见夫人言语温柔，有德有才，也渐渐有了转意，当夜就宿房中，家里人方才转忧为喜。

后来许允为吏部郎(官名)，选官多用同乡。魏明帝以为他结党营私，卖官枉法。命武士逮捕了许允。临行前阮女镇静地对许允说："明主可以理夺，难以请求，这次面见皇上，只要讲明用人选官的道理，万不可一味哀求，那样反会引起皇上的不满，带来大祸。"许允默记于心，随武士走了。

魏明帝怒气冲冲地审问："先祖武帝一向任人唯贤，你选任同乡为官，结党营私，败坏朝纲，该当何罪？"许允挺身答道："陛下曾说举荐官吏是国家大事，一定要举荐自己熟知的人。臣之同乡，都是臣所深知的贤人。春秋时，祁黄羊举贤不避仇人，不遗亲子。臣虽不才，敢忘先皇之训？请陛下派人考查臣所举荐的同乡是否称职。若不称职，臣甘愿领罪！"

魏明帝听许允说得有理，就派人去考查，方知许允说的是实话，又恢复了他的职位。许允方知夫人有先见之明，愈加佩服夫人才德，再也不嫌她貌丑了。

阮女其貌虽丑，却赢得了丈夫的爱，是凭借她内在的魅力、丰富的知识和绝妙的口才。当丈夫质问“妇有四德，你具备了哪几德”时，她有退有进，言语得体，从容应对。之后就是反问，问得大才子许允无言可对。这里阮女所用的论据也是像许允那样以古代社会规范来作为依据的，用的是对比手法。“好色好德”之谈，是源于孔子“未见好色如好德者”，这样就增加了批评的力度。当丈夫面露惭愧之色时，她并不是穷追猛打，而是见好就收。代之以含情脉脉的对酌，终于使丈夫回心转意。而当许允遇上困难时，她洞察秋毫，分析中肯，提出处理问题的正确意见，使许允得免牢狱之苦，为丈夫排忧解难。阮女的才德之美，赢得后世人们的称赞。

人的魅力不完全来自外貌，它主要来自人的内在力量。漂亮自然值得庆幸，但并不代表有魅力。人的相貌是天生的，人的审美观念则是后天产生的，这自然也是客观存在。外貌漂亮的确是一种优势，但这个世界上那种天生尤物毕竟为数不多，大多数的芸芸众生都是相貌平平，甚至丑陋的也大有人在。其实丑陋的人也可以是美的，这就是其内在的品德修养所散发的魅力。

智者寄语

学识渊博型气质的女人要选择内在的力量去征服别人。

第十一章 用魅力与智慧经营幸福婚姻

信任你的丈夫

信任是婚姻关系的基础,我们很难想象夫妻双方缺乏最基本的信任、充满猜疑的婚姻会是什么样子。小时候,我们会不自觉地信赖父母,而且从来没有想过自己为什么会这样信赖父母,因为我们知道父母是爱我们的。但当我们面对"外人"时,我们就会本能地隐藏自己,因为害怕受到伤害,所以不愿意过多地暴露自己。但是现在,丈夫显然已经不是"外人"了,他已经是家庭中的一员,为什么我们还是无法信任他呢?

有这样一对夫妻,丈夫是个生意人,妻子是中学老师。因为双方工作不同,妻子对丈夫产生了严重的不安全感。她每天下班回家后所做的第一件事就是查看家里的来电号码,只要看到不熟悉的电话,就会打过去,如果接电话的是一位女士,就不分青红皂白地痛哭一顿。而且还三天两头打电话到丈夫的办公室,如果接电话的不是丈夫,她就连珠炮般地问:"他去哪里了?他都和什么人交往?他经常出去吗?他什么时候回来……"最后弄得丈夫不敢带手机,不敢把家里的电话号码告诉别人。

丈夫外出办事时,也一再叮嘱别人:"如果我妻子打电话来,就说什么都不知道,什么都不要说。"可以想象,这个丈夫已经在心里开始排斥妻子,并有意疏远她了。

社会心理学家卡拉斯伯伦说过:"信赖就是你可以在另一个人面前敞开你的心扉,而不必担心会受到伤害。美满的婚姻,通常双方对彼此都有无限的信赖,双方都可以暴露出自己的缺点,而且双方也都知道,即便暴露了缺点,对方也不会因此而不爱自己。"在现实中,我们之所以要选择和另一个人共度一生,用一位女士的话来说就是:"我信赖他,所以我才会把自己的一生都交给他。"

卡拉斯伯伦曾经对双方都认为自己婚姻美满的家庭做过调查,调查中发现,在被调查者中,谈到"信赖"的次数比"爱"的次数要多得多。所以卡拉斯伯伦深有感触地说:"对他们来说,'信任'就意味着一切!"

因此,在婚姻中我们不妨套用一句话:"嫁人不疑,疑人不嫁。"

智者寄语

因此,在婚姻中我们不妨套用一句话:"嫁人不疑,疑人不嫁。"

尊重丈夫的观点

在夫妻沟通的过程中,鼓励丈夫说出心中的想法,是夫妻和睦的重要因素。但是,鼓励他说出想法只是第一步，更重要的是要尊重他说出的观点。

在尊重丈夫的观点这个问题上，有这样一个感人的故事：

有一对相濡以沫66年的老夫妻，他们从结婚到老，从来没有斗过嘴，也没有吵过一次架。后来丈夫患了绝症，临终前，丈夫悄悄地把儿女们叫到身旁，背着妻子留下了一个奇怪的遗嘱：我过世后，家里做饭时一定要多放醋。

原来，妻子是山西人，向来喜欢在做菜的时候放醋，可是丈夫有胃病，最反感的就是吃醋。为了迁就丈夫的饮食习惯，结婚60年来，妻子改掉了自己的习惯，一心地尊重丈夫，60年来家里做菜，包括吃饺子，从来没有放过醋。临终时想到这件事，丈夫深感对不起妻子，因此留下了这个特殊的遗嘱。

儿女们含泪答应了。

丈夫去世后，儿女们给母亲做饭吃，破天荒地在菜里放了醋，谁知道菜上来后，母亲只吃了一口，就愣住了，待了半天，突然说出一句话："你们谁在菜里放醋啊，你们的爸爸是最不喜欢吃醋的，他会不高兴的。"

此言一出，儿女们潸然泪下。

看到这个故事，也许你不会认同夫妻双方在饮食习惯上的相互迁就，也许你不会认同这位妻子对丈夫做出的牺牲，但是我们至少能够从中看出这对夫妻相濡以沫60年，恩恩爱爱的奥秘：尊重。

在夫妻之间的沟通之中，有观点的分歧是难免的，有观点不认同的时候更是难免的，孰是孰非需要仔细考虑而不应贸然下决定。很多时候，夫妻之间的争吵并非来自于谁对谁错，而是来自于彼此不能尊重对方的意见，因而产生了武断的争吵，由此造成的婚姻悲剧很多。

而在夫妻之间的这种争吵中，来自妻子一方的武断和不尊重的比例是非常大的。许多离婚的女人在反思婚姻的时候，往往都会后悔自己一时冲动造成了和丈夫之间的争吵，事后反思，却发觉仅仅是一件小事，而最后的结果已经是覆水难收了。

无论你是否认同丈夫的观点，无论最后的结局是你迁就丈夫，还是丈夫迁就你，相濡以沫的奥秘其实就如那对老夫妻一般——尊重。

智者寄语

无论你是否认同丈夫的观点，无论最后的结局是你迁就丈夫，还是丈夫迁就你，相濡以沫的奥秘其实就如那对老夫妻一般——尊重。

不要当着外人与丈夫争吵

作家王海翎曾说："当着外人的面与丈夫争吵的妻子，是最愚蠢的妻子。"

在小说《大校的女儿》中有这样一个情节：一位航天设计师获得了国家奖励，公司专门为他召开庆功会，许多显赫要员都应邀出席，工程师也带着妻子出席，想让妻子一起分享他成功的喜悦。谁知工程师的妻子是一位喜欢唠叨的女人，在庆功会上，妻子突然发现工程师西装的扣子扣错了，着急之下，妻子就当着大家的面数落工程师，甚至把工程师不顾家生活邋遢的事情当着大家的面全数落了一遍，闹得工程师尴尬不已，当场与妻子争吵起来，庆功会就此不欢而散。从此开始，工程师和妻子之间出现了严重的裂痕，最终工程师移情别恋，和妻子离婚了。可悲的是，妻子一直到离婚都不明白工程师为什么变心，逢人就说，我没有什么对不起他的，他这么做太没有良心了。

这位妻子在生活中是位体贴丈夫的好妻子，但是，她却犯了一个最致命的错误：当着外人与丈夫争吵。婚姻结束的责任是相互的，夫妻之间都有错，但是她婚姻命运的转折，确实是从那一次庆功会的争吵开始的。

男人都是要面子的，俗话说得好："家里的事用家里的方式解决。"把家里的冲突拿到公开场合去解决，不但无助于缓和与解决冲突，反而会彻底激化冲突。男人都是有尊严的，就像女人都是有尊严的一样。

其实换个角度思考一下，作为一个妻子，在自己的姐妹面前总希望丈夫能给自己增光添彩，而作为丈夫，这样的期待也是一样的。任何一个丈夫都希望能让外人看到他有一个美满的家庭，贤惠的妻子，能够接受别人羡慕的眼光，而不是在激烈的争吵中成为别人嘲笑的对象。如果真的走到那一步，也就意味着一段婚姻离终结不远了。

不要当着外人的面和丈夫争吵，这是捍卫丈夫的尊严，也是捍卫自己的尊严。

智者寄语

不要当着外人的面和丈夫争吵，这是捍卫丈夫的尊严，也是捍卫自己的尊严。

做个温柔贤惠的好妻子

人们常说，一个成功的男人背后必有为其做出奉献和牺牲的女人；一个男人的一次杰作，必有聪明女人的汗水淌在里面，在漫长的人生路上，只有夫妻是朝夕相伴，一起走完一生的人，每个女人都想做个好妻子，那么，女人应该怎样对待那个和你共度一生的他呢？有人说过，制造一个愉快、温馨的气氛，让男人感觉到家的舒适，是使他留在家里并留住男人心的最好方法。作为妻子，你应当相信这一提示和忠告。给你丈夫一个幸福的家，首先要营造轻松和谐的氛围，其次，应该给他充分的自由度，你做到了吗？

曾经有这样一个女人，她已经努力了20年，想要使她的丈夫成为白领阶层的工作人员。当她起初遇到她丈夫的时候，他是个快乐而且手艺很好的水管工。她羞于让朋友看到自己的丈夫带个工具箱去上班，而朋友们的丈夫却提着公文包上班。所以她决定改变自己的丈夫，让他也成为拿公文包上班的人。为了让自己的太太高兴，这个可怜的丈夫只好去了一家大公司当书记员。虽然他现在已经拿着笔杆，不拿螺丝起子了，但是他一点都不快乐，因为他喜欢做一名水管工。但为了满足太太的虚荣心，他放弃了自己的快乐。现在，他太太感觉可以在人前抬得起头来了，可以告诉她的女伴们，她是如何把自己的丈夫从劳工的阶层里拉上来的。但她从来没有考虑过自己的丈夫是否喜欢她这样的安排。所以，请记住对于任何人来说，做一件他所喜欢的工作，比领取高薪要重要得多。健康、幸福和满足比金钱要重要得多。因此，在婚姻生活中，除非夫妻双方能够相互尊重对方的嗜好，并给各自留一个空间，否则，没有一对婚姻是幸福和美满的。也就是说，希望两个人有相同的思想、相同的意见、相同的愿望是可笑的、愚蠢的想法。因为这是不可能的，也是令人感到乏味的。

每个丈夫都希望自己的妻子给自己一定的空间去享受某些爱好。丈夫偶尔在周末出去打打篮球，或者与一群朋友玩玩牌，这都是很正常的。这点小小的爱好就能让他们获得自由及独立的感受。有些丈夫喜欢在闲暇时将自己关在书房里，静静地待一会儿；有的喜欢研读一本人物传记；有的喜欢在家里鼓捣电器。所以，请女士们一定要记住：不管你的丈夫将这些自由时间做什么安排，只要他不将某种嗜好变为恶习，请尽量满足他，因为只有这样的妻子才是聪明的妻子。

有人说，从一个家庭的厨房，就能看出这个家庭成员的气质。因为，女人烹调出来的食物的美味与爱的氛围会在人的皮肤、笑容、精神上表现出来。作为一个妻子，她怎能忍心让自己的丈夫天天吃速冻食品、方便面在社会上冲冲杀杀？相信没有一个男人会宠爱这样的妻子。因为他没有在你那里感觉到爱。

那么爱做饭的女人真会在厨房里耗尽生命的光泽吗？比起那些学英语、钻研业务、雄心勃勃的女人来，她们那样做、那样想算得上是种浪费、一种倒退吗？让卡耐基告诉你——不，绝对不是那样。

除了以上这些，最后请不要忘了给丈夫一个好心情。“女为悦己者容”，如果你在意他，也要在意自己在他眼中的形象。生活告诉我们，女人一定要珍惜自己，要在意自己的形象，因为形象能增强自己生命的活力。你应该喜欢给每个人以有信心的印象。看着某人，你可能会在心里涌起这样一种想法：“这个人衣着得体，不落俗套。她一定很在乎自己。”要知道，我们都在互相打量。

《女人成功和幸福的十大秘诀》的作者朱迪·欣德林在书中说：

“就像女人忘不了她们的丈夫说过的每一句坏话、做过的每一件坏事一样，我的感觉是，男人也是这样，因为这是人的本性。当夫妻关系不和时，他们会本能地往记忆深处搜索，找出他妻子身上那些负面的、丑陋的东西。

“如果我们关系出现不和，我绝不会愿意我丈夫脑海里浮现出一个古怪的、长得像我的女人，早上蓬头垢面地从床上爬起来——整个儿就是一个黄脸婆。为什么要给他提供攻击自己的弹药呢？所以，每天早晨在杰里起身之前就梳好头发，并涂点口红；这样，他睡眼惺忪中看到我的第一眼就很愉悦，这同样也令我自我感觉良好。”

聪明的女人，只要你多注意一些细节，就很容易走出婚姻的误区，发挥出自己的优势，扮演好自己作为一个妻子的角色，使自己的婚姻和事业都美满。

智者寄语

聪明的女人，只要你多注意一些细节，就很容易走出婚姻的误区，发挥出自己的优势，扮演好自己作为一个妻子的角色，使自己的婚姻和事业都美满。

睁一只眼，闭一只眼

其实每一个家庭都有一套自己的生活准则，作为新婚女性就不要试图改变这种准则，最好的办法是要学会装糊涂，待慢慢适应了这个家庭之后，再试图改变。

要注意从下面几点做起，避免自己刚刚进入的婚姻就出现危机现象。

1. 重要的问题就强调，不重要的就忽略

女作家陈染说：“生活教会了我一样东西——睁一只眼，闭一只眼。”

这句话同样适用于婚姻。婚姻中的男女，对另一半、对家庭成员所做的一切，不要太在意、太敏感、太紧张。

女人做了妻子，最怕的是丈夫又成了第二个“严父”；男人做了丈夫，怕的是妻子又成了第二个“妈”。所以，在琐碎的家庭生活中，如果一方或双方长期唠叨，而另一方被迫忍受，得不到宽容和轻松的生活氛围。长此以往，这个家庭的结局将不堪设想。

如果你是个心细、做事追求完美、喜欢面面俱到的人，一定不要有爱唠叨的毛病。不然可能会冒失去一个好端端家庭的危险。所以，在新婚后，我们发现问题时，重要的就强调一下，不重要的就忽略了吧。

2. 对每一件事都要从多方面去看

“你怎么能那样讲呢？”或“你怎么那样做呢？”这是很平常的指责，可见尊重对方，不是那么简单就能做到的。

红燕与丈夫新婚后不久赶上了双休日，丈夫要露一手，想炒两个菜，中间他问妻子：“肉切宽了，你能凑合吃吗？”爽快的妻子答：“切宽了也是一种风格嘛。只要是你炒的，我肯定爱吃。”听了这话，她的丈夫能不开心吗？

平常丈夫回到家后，喜欢对妻子诉说一天的际遇，这时候，红燕总会灵活变通地开导他。

每逢家里来客人，在招待的场合丈夫也总免不了适时地夸赞红燕，红燕自然心情安适。因此，他们夫妻间的感情一直很好。

3. 不要恶语伤人

“神经病！”“缺心眼！”“成事不足败事有余！”试想，哪一个还有一点自尊的人能忍受这种辱骂？然而，不幸的是，在我们的现实生活中，夫妻之间这种现象并不罕见。

在日常生活中，夫妻间互相辱骂，不停地吵架，这样的事做多了，彼此都没面子，难免越来越僵。这是一种很可怕的行为，所以，我们应当提防。

4. 不要做多疑的女人

多疑的女人有个特点：常以自己的利益为中心，画一个圆圈，落在这个圈里的一切她都要审视一下。

有些利益，一般人都觉得得到不算大，丢了也不可惜，但多疑者常不能这样对待。大的利益，她们想争，但又争不到，她们本应从自己的能力去检讨一下，认识一下，但她们不这样做，总觉得有人在破坏；有些自己不该有的利益，她们也认为自己应该有，得不到就怀疑别人侵占了她们的利益。

她们总在这个小圈内瞎转，转得晕头转向。仔细观察就会发现，她们往往是弱者，或者正处于被动地位，处于劣势。

多疑者大半是多次吃过亏或受过伤害的人，她们会形成一种看法：周围的人都是不怀好意的，有的想捉弄她，有的想占她的便宜，严重时会感到“四面受敌”。

她们既多疑，又敏感，很快便做出反应；她们经常自找麻烦，加深和别人的矛盾，造成恶劣结果。

5. 要尊重对方的感受

许多女性处在婚姻状态时，因为男方家人的种种要求而显得不胜其烦，因此寻找借口和丈夫吵吵闹闹，结果为自己的婚姻播下了危险的种子。

尊重丈夫及丈夫家人的感受，这是我们大家都愿意接受的一个道理，但实际做起来又不太容易。我们经常很难设身处地地体味对方的感受,因此,以对方的感受为感受,就是个值得考虑的问题。

要接受对方的要求和感受,与之商讨,形成一致意见,并委婉地让对方理解你的苦衷,一切都在和和气气之中达成一致。

6.学着了解这个家庭

人为万物之灵,个人的感觉都有其自身的道理,但作为细心的妻子,就应该责无旁贷地了解丈夫的家庭,因为没有了解也就没有更深入的爱,没有更深入的爱也就没有更为稳固的互相谅解。

男女成婚结为夫妻,双方的差异决定着各自行为方式的不同。由于修养等方面的差距,自然不可能完全接受对方的一切行为。但我们要不惜花时间去了解,为了自己的家、为了自己的那一份爱,理当去了解。

只有了解,才能沟通、提高;只有相互的关爱了解,才能彼此敦促,共同提高。

试着去了解,不要过多地指责、教训。

妻子通常爱脸面,尤其受不了婚前倍加呵护、事事顺从的男友,一旦做了丈夫,便换了一副智者先师般的面孔。

“少来这一套。”脸上挂不住的妻子会用“那一套”顶回丈夫的“这一套”。

更可怕的是,妻子会越来越不买丈夫的账:“看你怎么样!”这时一切都不好办了。

新婚后,面对丈夫及其家人对自己的要求,我们要学会接受它,并试着去了解和理解,以拉近与亲人间的距离。

智者寄语

其实每一个家庭都有一套自己的生活准则,作为新婚女性就不要试图改变这种准则,最好的办法是要学会装糊涂,待慢慢适应了这个家庭之后,再试图改变。

不要拿男人与男人做比较

许多女人都喜欢拿别的男人和自己的丈夫做比较,特别是在男人不得志的时候。

其实,这种做法是很错误的。上天生下的每一个人都并不相同,同时,每个人也都有自己的优点和缺点,如果拿别的男人和自己的丈夫做比较,往往会把对方的优点和自己丈夫的缺点形成对比,这样就会对自己的丈夫有一种不好的认识,最终导致夫妻间的感情受到影响,对彼此也是一种伤害。哲人说,“没有完美的人”,我们必须认识到这一点,才能正确地认识和看待与自己共同生活的那个人。

男人是很讨厌女人拿自己和别的男人比较的。当你兴高采烈,或习惯性地说某某怎么怎么样,怎么怎么好时,他可能正在绝情地想:他好,你就跟他走嘛。这会成为他将来抛弃你的隐患。男人是很记仇的动物,他嘴上一般不会反驳你,但心里却埋下了怨恨。

有一位男士年少有为,在二十多岁的时候做了某市的办公厅主任,他的妻子是他的大学同学,貌美有才,在一个大学教书。两人感情很好,妻子为了照顾他,从北京调到了这个偏远的城市。但后来,他因为牵扯到某桩事件中,被从主任的职位上拉了下来,虽然还拿工资，但已是一个闲人，这样，一待就是三年。这三年，他的朋友、同事早已功成名就、步步高升，而他却越来越落魄。这三年，他的妻子不断参与校外的许多社会活动，成了一家省电视台的节目主持人，小有名气。这样，他妻子可以接触到各种成功的人士，有不少人追求她。当然也有令妻子动心的，回来就跟丈夫讲，说某某比丈夫有能力，某某比丈夫有前途。丈夫听了很难受，但他不说，一如既往地对妻子好。可当他后来慢慢恢复公职，有机会出差时，便背着妻子找了情人。其实，这情人不过是普通的打工妹，从哪个角度看，都远不及他妻子。再到后来，这个男人做生意成功，成了有名的大老板，他的情人更是越来越多，甚至把他妻子最好的女朋友也搞到了手，还故意让他妻子知道。但他对妻子还是一如既往的好，给她钱，给她买房子，给她娘家买房。他就是用这种钝刀割肉的方式折磨和惩罚他的妻子，当年在他不得志的时候对他的轻视。后来他妻子被逼远走美国留学，他又追到美国，他说，他爱她，他舍不得她。

智者寄语

男人是很讨厌女人拿自己和别的男人比较的。当你兴高采烈，或习惯性地说某某怎么怎么样，怎么怎么好时，他可能正在绝情地想：他好，你就跟他走嘛。这会成为他将来抛弃你的隐患。男人是很记仇的动物，他嘴上一般不会反驳你，但心里却埋下了怨恨。

爱，需要小心呵护

有位哲学家说过，婚姻像是一颗玻璃球，刚结婚时双手捧着眼也不敢眨，但结婚一段时间后，开始觉得沉重，眼皮无力，这时只要有一点点的风吹草动，玻璃球就会掉落摔个粉碎。

这里所谓的风吹草动，代表的都是很细微的小事，有很多原本幸福的家庭，只因男方失业，付不出房子的按揭款，女方就大哭大闹吵着要离婚；也有男方很有钱，但身体突然生了病要人照顾，女方也吵着要逃走；或者，男方被公司调职到外地或降职，女方从此和他分道扬镳，等等。

在现实世界里，所谓的婚姻和幸福，原本是禁不起一点“风吹草动”的。

事实上，男人要维持长久婚姻的秘诀很简单，就是当他捧着玻璃球的双手发麻时，如果有个贴心的女人及时来接手，让男人的手休息一下，待男人休息好了，再把玻璃球接过来让她休息，如此阴阳合作，自然就可以让婚姻生生不息。

说穿了，婚姻幸福的道理很简单，不管有什么风吹草动，只要当人老婆的，可以在紧要关头放下“自我”，伸出手来捧起玻璃球，让男人休息一下。只要他有心再站起来，就可以再找工作，再去多赚点钱，再把身体养好，再把问题一项项解决掉，你就可以再把球交给男人，如此婚姻自然可以长长久久。当然了，身为男人也要勇于承担起家庭的责任，否则女人再贴心再讲义气也没有用。

因此，婚姻幸福的关键就在于男女双方都要懂一个道理：婚姻幸福不是男女单方面可以决定或创造的，而是彼此体贴合作，才能让这颗光彩晶莹的玻璃球，永远在两人手中绽放光芒。

然而，很多夫妻心里只想到自己，想到自己应有的舒适生活，自己该有的身份地位，自己该有的一切，一旦这些自己该有的东西，突然间不见了，就拼命怪另一半故意搞破坏或没出息，而从没想到自己是否也该为这个家尽点力了。

他们两个都是上班族，男方是一家公司的干部，女方则是公务员。她的上下班时间较固定，而且住家也搬到离她上班附近的地方，一切都为她而考虑。

婚后，基于平等原则，她提出男方也要帮忙家事时，他没有反对。她又提出男方有养家的义务，要求男方负担房贷和水电杂费，生活费则是一人一半，他也没有反对。

新婚生活就这样展开了，刚开始的时候还好，但慢慢两人的步调就不一致了。到了后来，男方担负的压力越来越大，几乎快喘不过气来。

因为，公司对男方的表现很满意，有意要提拔他更上一层楼，他也希望可因此赚更多的钱，让家里的财务可以松一点，当他表明愿意接受某职务时，高层就开始交付给他很多重要的企划。除了忙得天天加班外，往往还要应酬到凌晨，甚至假日时也要和客户打球套交情。

然而，做妻子的却不认为他的事业很重要，也想不通他为何要自找苦吃，因此仍坚持要过她平稳优雅的生活，仍坚持男方还是要承担一半的家事。因此，她经常只做她自己该做的家事，甚至连男方的衣服也不洗只洗自己的，习惯洗完澡后就先睡了。

就这样，男方虽然在上班时惦记着她，但她很少主动打电话到公司关心他的健康和工作状况，等男方半夜拖着疲倦的身子到家时，她早就入睡了，即使他很想叫醒她和她说几句话，也因不忍心作罢了。

不过，早上她仍会起来做早餐，但男方醒来吃早餐时，她早就出门上班了。像这样的同居却不相见的日子，持续了一阵子。

有一天半夜。他一个人默默地吃着餐桌上的冷饭时，心里突然涌起一股莫名的失落感，他突然很想身边有个说话的对象，希望有个人坐在旁边，慰问他一天的辛劳，或听他发发牢骚。

他和妻子已经有快一个多月没有好好地聊聊天了，这样的生活还能叫作夫妻吗?

有一天晚上，他喝了酒索性就把妻子从睡梦中叫起来，要和她聊聊天，结果妻子骂他莫名其妙，甚至怪他破坏了她的生物钟。两人大吵一架，他又气又伤心，半夜找同事出来喝酒，他告诉同事说想找个女人把心事倾吐出来，同事听了就带他去夜总会寻欢。

就这样，他开始把所有的不满都转到外面宣泄，开始和那些眼里只认钱的三陪女往来，经常夜夜笙歌，不回家过夜，家几乎成了他回来换衣服的地方。

他的这些荒唐举动，他妻子看在眼里，却也无动于衷。

后来他被上司警告，才决定不再留恋这些声色场所时，已经是好几个月以后的事了。这时候，他和妻子两人也已经无法回到刚结婚时的样子。虽然他妻子表面不发作，但心底早已划出了一道鸿沟，他们两人之间，已经无法跨越这条又深又宽的鸿沟了。

面面相觑却无话可说的两人当然更不可能有温存的想法，这时，他们只是在同一屋檐下同居的男女罢了。

有天早上他醒来，发现桌上没有早餐，只有一张纸条，上面写着求他放了彼此的字条，和一张离婚协议书。

其实，聪明的女人应该了解，就算自己再忙，也要偶尔走入男人的世界撒撒娇、聊聊天。虽然这是很简单的事，却是维系婚姻幸福很重要的一条红线。就算是一个星期只有一次或两次也好，或者找一天早点睡，半夜时再起来陪陪老公吃宵夜、聊聊天，所用的时间虽不多，但无形中等于接过男人手中的玻璃球，即使只有几分钟，男人也会恢复信心和战斗力，继续为这个家而奋斗。

男人很像小孩，工作不顺利或心慌意乱时，回到家就会想找妻子讲讲话，心情自然就好转起来。

有时候,男人承担重任和压力时,情绪也会因不安而亢奋起来,因此他们也常常会对妻子吹吹牛,说自己多厉害,这时妻子如果聪明就会说:“嗯!我就知道你很厉害……要加油哟!”男人内心的不安和浮躁,也会自然而然地消失,斗志也会源源不断地涌出来。

男人最羡慕的,是那些娶到温柔体贴的老婆的男人,不管男人多疲劳,不管男人的压力多大,不管男人的心里有多沮丧或恐惧,只要有这么一位温柔的老婆在身边打气,男人的身体就似乎变成铁打的,不但不疲劳且越来越有力,抗压能力也增强好几倍,沮丧和恐惧一扫而空。哎!有这种老婆的男人,不成功也难。

智者寄语

因此,婚姻幸福的关键就在于男女双方都要懂一个道理:婚姻幸福不是男女单方面可以决定或创造的,而是彼此体贴合作,才能让这颗光彩晶莹的玻璃球,永远在两人手中绽放光芒。

坚强中散发出来的魅力

约瑟夫·爱森鲍尔在洗表店做了25年的送货员,然而,他突然被解雇了。对于他这样的一个中年人来说,想再找一份工作并不容易,何况,他没有受过任何特殊的训练。爱森鲍尔夫妇正愁于找不到工作,这时,恰好有一家面包店想转让,价钱又不是很高,但是,他们必须把所有的积蓄都拿出来才能买下这家面包店。

爱森鲍尔太太聪明得很,她知道,一切都才刚刚开始,在生意没有步入正轨之前,他们没钱去雇佣工人。所以,她每天做完家务后,就在面包店里招呼客人,他们热情地经营着小店,经常要站十几个小时。任何人在如此繁重的劳动面前都会打退堂鼓的,可他们夫妇却熬过了这段日子。她说:“我知道,这是给丈夫一个重新创业的机会,所以,我做这些事时,感到非常开心。5年过去了,我们的面包店经营得很好,业务特别多,生意特别好,可以轻松地应付所有的开支。我们为自己能够凭借自己的努力重新创业而感到十分骄傲。”

在丈夫失业时,许多妻子都不愿意去做一些可以挽回失败局面的事情。在她们的思想里,无论何时,丈夫都应该承担起家庭责任来,于是,整个家庭的经济就开始日见窘困了。

这些妻子不明白,只有她们给予丈夫一定的帮助,才能挽回失败的局面。

威廉·R.科本太太是一名护士,就像爱森鲍尔太太一样,她也是一位能帮助自己丈夫工作的好太太。婚前,为了拿到高中毕业证,科本白天工作,晚上去夜校上课,天天如此。婚后,为了帮助丈夫取得毕业证,使丈夫能不缺课,她继续她的护士职业。即便是在她生下小女儿的那个晚上,她仍嘱咐丈夫在送她到医院以后回学校上课。6年中,科本从来没有旷过一堂课。

最后,科本在母亲、妻子和女儿骄傲的目光下顺利拿到了毕业证书。接着,他找到了推销不锈钢制品的工作,而妻子成了他的秘书。当他们举办厨具使用示范餐会时,科本太太负责做菜,科本则负责推销。

当科本的父亲不幸身亡后,科本和其兄弟继承了父亲的印刷厂。科本的兄弟想把这家印刷厂卖给他们夫妇,但是他们没有足够的钱,所以,他们必须向银行借贷。为了早日偿还贷款,科本太太又去从事她的护士行业。每天晚上和周末,她都在印刷厂充当丈夫的秘书。

她说："我工作得十分开心，照这样下去，我们就能在5年之内还清所有的贷款了。然后，我就不用再工作，可以专门做一个合格的全职太太了。"

在丈夫需要的时候，科本太太付出了自己所有的精力。她不仅把自己的本职工作做得有条有理，还帮助丈夫拓展业务，使他们家拥有了良好的经济基础。因为她知道这种秘书式的工作只是暂时的，所以她的工作很有效。

当家庭出现危机，如欠债、亲人生病、丈夫失业等这类情况时，妻子要付出更多的努力，她们不是为了在自己的事业上有所进展而工作，而是为了家庭的幸福而努力工作。所以，这种"夫妇搭档"是一种暂时性的"紧急措施"。

乔那森·威特·施坦太太在这方面做得很好，甚至改变了整个家庭的生活方式。

几年前，施坦太太遇上了麻烦。她的丈夫原本是做推销员的，突然，他生了一场重病，不能再工作了。该如何养活这个拥有五个孩子和两个大人的大家庭呢？

施坦太太仔细思考了一下她能做的事。她做不了、也没有经验去做办公室的工作，只有制作餐点是她最拿手的事：她会做孩子过生日的蛋糕和婚庆上的蛋糕，还有宴会甜点。她也很喜欢做点心，从前，她就经常帮助朋友们做一些特别的点心。

施坦太太把她的想法告诉了朋友们，她们可以在需要宴会的点心时请她去做。施坦太太的点心做得棒极了，很快就在人们中间传开了。订单也接踵而来，她必须要请助手才能应付得了。因为所有的点心都是在家里做的，所以丈夫和孩子就成了她的助手。

生意出人意料地红火，以至于她必须雇一名长期员工才能应付大量的订单。施坦太太成了专门承办宴会餐点的人，她为50英里内的宴会制作各种餐点，她还把自己的拿手好戏——开胃菜包装起来，到冷冻食品市场去卖。她还成了宴席顾问。

施坦太太的灵机一动实在是太成功了！现在，施坦先生做了营业经理，他们夫妻俩的合作简直太完美了。

施坦太太说："我喜欢创造新式点心，不喜欢计算价钱、成本，还有开账单，我让我丈夫来管这些生意上的事。我们的分工是非常合理的。"

有谁能知道自己会有什么麻烦呢？当灾难降临时，经济上就会出现困窘的状况，只好亲自去赚一些或者所有的家庭费用。所以，我们就要立即找到我们能够用得上的才能，来应付突如其来的危机。

面对突如其来的危机，你做好准备了吗？

智者寄语

有谁能知道自己会有什么麻烦呢？当灾难降临时，经济上就会出现困窘的状况，只好亲自去赚一些或者所有的家庭费用。所以，我们就要立即找到我们能够用得上的才能，来应付突如其来的危机。

聪明女人会装傻

聪明是把锐利的武器，人世纷争、红尘恩怨，在一双慧眼、一颗兰心面前全部都无所遁形，那种看穿一切的感觉必定非常美妙，但是一定要谨记，聪明不要太过头，锋芒太露容易伤了别人也伤了自己。

真正聪明有大智慧的人,其实一直不显山不露水。只有那种满腹小聪明的人,才会飞扬跋扈、肆无忌惮地卖弄。聪明的人,聪明是他的秘密武器,不到关键时刻,不轻易拿出来;聪明的女人,学会把聪明用在事业上,而在家庭中,懂得装傻才是幸福之道。有些女人才貌双全,在生活中无所不能,在职场上叱咤风云,却往往让人退避三舍、敬而远之。不可否认,她们才华横溢,她们知识渊博,可是与她们相处时,却发现她们一点也不懂得内敛:有的聪明睿智,当别人在谈话中犯了知识性或是逻辑错误时,马上一针见血地指出来;有的说话方式太强词夺理,咄咄逼人让人受不了;有的在表述一个观点或是反驳别人的意见时,总是口若悬河直抒胸臆,也不管别人是否能接受;有的只不过因为别人对某事看法不同,毫不示弱地奋起驳斥……特别是在很多人的场合里,当别人谈兴正浓的时候,她半路杀出,风头抢尽,却不管是否弄得别人没面子。说实话,在很多时候,何必这么聪明呢?既不是商务谈判,也不是什么原则性问题,有必要这样不依不饶吗?肚子里有再多的墨水,也用不着四处炫耀,借别人的难堪来抬高自己。拥有这种锋芒毕露的性格,无论男女,都会让人受不了,所谓聪明反被聪明误,这尤其是聪明女人的大忌。女人再聪明能干,最后也要恋爱结婚,如果在与男人相处时处处将自己的聪明展露无遗,并不是一件好事。一方面,高智商让她们火眼金睛,洞若观火,一眼就能识破男人的甜言蜜语,发现他们的种种瑕疵劣迹,拆穿他们的拙劣把戏,因此很难有男人能入得了她们的法眼;另外,聪明太过形之于外,流露出一种骄傲或是压迫感,只会让男人感到受威胁,缺乏安全感,这样的女人再漂亮多情,也只会让男人敬而远之,让聪明反误了终身。

有人说,婚前要把眼睛睁大,婚后只需睁一只眼、闭一只眼。所谓的闭一只眼,大约就是装傻吧!任何事情都有它的模糊地带,婚姻也不例外,太较真了,只能使婚姻产生细小的裂缝,婚姻不是一朝一夕的事,天长日久,缝隙越来越大,以至于无法修补,后悔晚矣。婚姻是两个人的事,两个人的事远比一个人的事要复杂和烦琐,细究起来,无非是些鸡毛蒜皮芝麻绿豆的小事,当然原则性问题除外。如果不想对一段婚姻放手,那么不妨试试装傻。这样说并不是让谁去忍气吞声,而是换一种思维方式,把生活中的小事模糊处理。

这里的傻当然不是指真的傻,而是在提醒天生聪慧的女人们,要想获得幸福,在适当的时候要学会装傻。恋爱的时候,男人发誓说:"我要把月亮摘下来给你做镜子!我要把星星摘下来给你做项链!"尽管女人心里很清楚,摘月亮摘星星是永远也实现不了的空口诺言,但不妨把它当作男人许诺给自己的体贴和温暖。有时候婚姻的另一方,一不小心撒了谎,大可不必马上揭穿,就算你洞悉一切,仍要傻傻地笑着说:我只是担心你。背后的潜台词是:我什么都知道,但不打算计较。这样说并不是忍气吞声,而是换一种思维方式,为了更好地防守。特别是有第三方在场的时候,你给他留足了面子,他一定会心存感激,感激你的包容和护佑,会把你当成同盟,当成分享秘密的另一方,这种唾手可得的甜蜜,何必推辞掉?

金无足赤,人无完人,十全十美只能是一种奢求,生活中的矛盾是很难避免的。如果遇到事情就要弄清楚谁是谁非,就要讨个"说法",生活中充斥的怎么能是快乐呢?对非原则性、不中听的话或看不惯的事,有的时候,装聋作哑也未尝不是一种聪明的做法,装作没听见、没看见或很快便忘记,家庭和睦便不是难事了。

己所不欲,勿施于人,对待爱人千万不要求全责备。沉不住气时要反复提醒自己:"千万不要发火。"聪明人在处理问题时常常采用"冷却法"。因为随着时间的推移人会慢慢地冷静下来,从前让你火冒三丈的纠纷在无形之中得到了化解。倘若不冷静,急于发泄心中的怨恨,无异于"火上浇油",从而令矛盾激化。聪明的女人,三分流水二分尘,不要把所有的事都探究个一清二楚,就算你天生有一双火眼金睛,世事洞明,到头来伤了的不仅仅是眼睛,还会连累婚姻。只要把握住婚姻生活的大方向,不偏离正常的轨道,不偏离道德的航线,试试在小事上装一次傻,说不定你会爱上装傻这种生活方式,因为这种方式离幸福很近。爱己爱人,装傻并不是真傻。

装傻的女人,其实是一种境界,是聪明人所为。那种明了一切却不点破的拈花微笑,最令男人着迷了。

智者寄语

装傻的女人,其实是一种境界,是聪明人所为。那种明了一切却不点破的拈花微笑,最令男人着迷了。

别用自己的思维推测男人

从孩提时代起,家长就开始带着性别色彩来教育和影响自己的儿女。他们为自己的男孩提供飞机、汽车、刀枪、坦克之类的玩具,对他们进行的是雄性教育。女孩子的家长则为她们提供布娃娃、成套模拟餐具等玩具。

两种不同的教育,造就了两种不同的性格。男人刚毅,感情炽烈、外露,女人温柔,感情细腻、含蓄。西蒙娜·德·波伏瓦提到过在发掘被火山熔岩和灰烬所掩埋的庞贝城时发现的一个事实:"被烧焦了的男尸都处于反抗状态,仿佛他们是在与天抗争或者试图逃避,而妇女却蜷缩着,匍匐在地上,忍受着疼痛。"

由于男性刚毅的性格,所以他们的爱和妻子不大相同。反映在婚姻生活中,他们的爱像大海一样,是豪放的、粗犷的、热烈的、敢于显露在众人面前。他们把这种爱奉献给妻子,同时也希望自己的妻子以同样的爱回报自己。然而由于女性特有的温柔、羞涩,她们的爱多是含蓄的、委婉的、细腻的、希望和对方独享的,也就自然不会按丈夫希望的那样去做。此时,如果双方对爱的要求不能达到一致,而且又都不愿启齿表明各自的心意,那么,不快就会像乌云一样笼罩在家庭上空。

由于男女各自的性格特点所决定,人们还会发现,男性的爱急切猛烈,爱时如狂风暴雨,爱后便雨过天晴,具有明显的"阶段性"。他们很少在干着工作的同时,想着妻子,惦记着儿子。即使是想念至极,他们也有毅力克制自己,只有在工作结束之后,回到家里,才意识到自己的为夫、为父之爱。

女人则希望自己的耳边常常呢喃着爱的絮语,这样,她们的心里便会产生一种稳定感。反之,她们便会觉得不知所措。而男人由于有着充分的自信,他们并不在乎女人是否总在自己耳边说些爱的词句。当然,他们也并非不愿意听,有时甚至比女性更需要。但他们很清楚,一百句爱的表白,也不如一次爱的行动。他们需要的是妻子给予自己的掷地有声的爱。所以,判断爱与不爱,男人多看对方的行为,女人多看对方的语言。

另外,就爱的内容和爱的程度来说,男性和女性也有差异。通常男性注重性爱,渴望实实在在的肉体接触,以为只有性欲的满足才是真正的夫妻之爱。而女性则不然,她们一般比较注重情爱,渴望丈夫温存地爱抚自己。如果能常常依偎在丈夫怀里,和丈夫说上一阵悄悄话,她们就会感到自己幸福,就会从心理上得到极大的满足。

女人神经系统比较敏感，感情极易波动，而男人则比较稳定，不会轻易动情。“身为男子汉，任意的哭显示其意志不够坚强，但是稀罕的哭，却有恰到好处之感”。所以，只有在特别悲惨的场合，或极其悲伤的时候，他们才会流泪。一旦痛哭失声，他们还很难马上平静下来。

女性愿为男性献出一切，而男性则相反，他们不愿将自己的一切献给女性。在热恋中，他们也曾屡次地向女方发誓，“我的一切都属于你”“我什么都可以失去，唯独不能失去你”等。可是婚后，男人的表现则与婚前的誓言相去甚远。为了工作和事业，他们常常忘掉妻子、忘掉孩子、忘掉家庭，妻子只是给他做饭洗衣的女佣，家庭只是供他休养生息的屋子。妻子发怒了：“原来的甜言蜜语敢情都是骗人的鬼话！什么唯独不能失去我，是唯独不能失去你的工作！”

其实，这既不是骗人，也不是受骗。不可否认，热恋时，男性是在运用策略，博得女性的欢心和好感，再加上人在冲动的时候，很容易说出一些偏激的语言，如果不是道德败坏者，这并不是他们的过错。做妻子的只要回想一下当时的背景、情境，便可息怒了。

和女性正好相反，男性的天地在事业，在追求。他们不是不希望有一个美好的家庭，但是家庭只是他生命中的一部分，而不是全部，所以，他们也只是把自己生命的一部分给予家庭，给予妻子。妻子也应该清醒地认识到，只有这样的丈夫才信得过，靠得住，而绝不应该苛求丈夫放弃事业，把一对腾飞的翅膀系在家庭的藩篱上。

女人心目中的交流是抽象的，男人心目中的交流是具体的；女人感兴趣的多半是事情的内容，男人感兴趣的多半是事情的本质。所以交流中，女人多以唠叨见长，男人多以寡言为乐。女性愿结伴，愿把喜怒哀乐向他人倾吐出来，而男性则较孤独，常把忧愁烦恼埋在心里。他们不愿意被人窥探到自己的内心世界，他们相信自己的能力，相信自己的力量。他们往往以表面的沉默、冷静来掩饰内心的不安和激动，并竭尽全力扭转困境。他们宁愿在没有人的地方哭泣，也不愿随便张口求人。除非到了万不得已的时候，他们是不会轻易向别人求助的。他们自豪地认为，只有这样，才能体现男子汉的尊严。

可是，如果妻子不了解男人的这些特点，就会数落丈夫窝囊、没用，关键时连个朋友都没有。有时，因为做丈夫的不向妻子透露自己的心思，反而引起妻子的猜忌和不满。其实，做妻子的应该允许丈夫在他需要的时候“孤独”一会儿，因为这并不是指“孤单”，而是指自由、轻松、不受任何约束。

所有女人都知道男人需要柔情，但并非所有女人都理解男人心目中对柔情的定义。表层意义上的柔情指的是温情脉脉，而深层意义上的柔情却需要以力量为内在的支撑和律动。饱含力量的柔情，是维系男人爱情于不败的法宝。习惯接受别人付出的女人往往欠缺“给予”的训练。但如果女人真心爱上一个男人，在爱里，所有的付出都是无怨无悔的。每一个成功男人的背后都有一个伟大的女人。因此，发挥你的智慧，做一个既能柔情似水又能通晓大义的女人，成为他生命中的掌舵人吧！

智者寄语

每一个成功男人的背后都有一个伟大的女人。因此，发挥你的智慧，做一个既能柔情似水又能通晓大义的女人，成为他生命中的掌舵人吧！

为家庭营造轻松的氛围

每个丈夫都希望有一个好妻子，这个“好妻子”虽说各自理解的内涵不一样、观察的角度不一样，考察的事件及其结局都不一样，但“好妻子”总归还是有一些共同的东西，那就是最起码的——“别让先生受不了”。

你可能以为造成夫妻冲突或离异的主要原因，大概都是外遇、性格不合等重大原因。其实，夫妻之间日常的生活习惯，也很容易造成夫妇之间的矛盾。婚姻协调人员发现，日常生活细节可能比夫妻之间的重大事件还难解决。下列一些太太生活的细节，很容易造成丈夫的不满。

也许你在婚前有一些潇洒的个性，如不修边幅、不喜欢打扫等，在婚后，配偶对你的这些特质经常是受不了，甚至深恶痛绝。爱葛妮丝是个很受同事欢迎的人物。她个性豪爽，不拘小节，不爱化妆，平日总是穿着牛仔裤到处跑，丝毫没有女人扭扭捏捏的味道。加上她又喜欢帮助别人，所以大家都很喜欢跟她相处。在大学时，布鲁克就是这样看中她的。结婚的时候，很多人都认为这是一对神仙眷属。哪知结婚不到两年，同事们就听到布鲁克吵着要与爱葛妮丝分手的消息了，而让大家更讶异的是，布鲁克吵着要分手的理由居然是受不了爱葛妮丝不拘小节、不会化妆的个性。

也许你在上班时相当忙碌，体力透支，希望碰到较体贴的先生，说不定会帮你分担家务。但是万一先生不能体贴的话，你就会在家中面临很多困扰。比较危险的是，很多女性认为她们在外面做事，已经对家里有贡献，理所当然的可以不必辛苦做家事，因此，不知不觉，家中愈来愈乱，招致配偶的反感。

安东妮是个很能干的女性。在学校所学的是国际贸易，但是她的求知欲相当强，人也很聪明，喜欢不断地充实自己。工作后，她在公司里的表现相当突出，很得上司的器重。有一段时间，居然连别的公司也要来挖墙脚。后来，安东妮认识了某家工厂的年轻经理鲍伯。结婚的时候，众人都认为这是一对杰出优秀的夫妻，理所当然会有幸福快乐的生活。哪知，事情的发展却出人意料。婚后半年，鲍伯就有傍晚下班不怎么乐意回家的迹象。原来，在另一家公司上班的安东妮对家里的一切不管不问，下班后从来不收拾屋子，家里脏乱的情景让鲍伯望而却步。

事实上，上班的你并没有不做家务的权利（理想中的家庭，夫妻协力做家务可以让婚姻更甜美），我建议你不妨把家中该打扫的事项列出来，排出时间表（不妨固定化），比如周一清理冰箱，周二擦客厅地板，周三处理卧室地板，周四收拾小孩房间，持之以恒……必然可以使家“看得过去”，而且不致使自己太劳累。

也许你认为自己天生爱干净，家里绝不会出现脏乱的情况。爱干净固然是一种好的习惯，但是要注意适度，不要发展成一种病态——洁癖。有洁癖的女性，对丈夫而言，并不是什么好事。

布拉德利在婚后一年就慢慢地发现，他愈来愈没有朋友了。周末假期，好像除了与太太默默相对，或一起打扫以外，几乎没有同事或朋友来聊天，他似乎在婚后一年间失去了大部分的朋友。朋友不来拜访他，并不是布拉德利为人不好，主要是受不了布拉德利的太太阿蜜莉雅的冷漠。她那一副拒人于千里之外的神情，使人来了一次，就不愿意再来了。布拉德利也不敢再约他们来，因为除了要受阿蜜莉雅的闷气外，他更受不了客人离开家后阿蜜莉雅所坚持的马上进行全家大扫除。凡是客人碰过的东西，走过的地方都要清扫一番。阿蜜莉雅的洁癖，让布拉德利受不了，他再也不敢轻易邀请朋友到家里来。太太过度的洁癖，让布拉德利觉得在一个非常洁净的家庭中，体会不到人情的可贵，享受不到家庭的温暖。

严重点说,洁癖是一种强迫性的精神官能症。有洁癖的人对清理某些东西很执着,她所重视的是“东西”干净不干净,而不是“人”觉得舒服不舒服。对她而言,地板是不是清洁相当重要,但是在外面淋雨后满身污泥却又不可以马上进门的先生或是小孩的感受,她却不闻不问。

也许你在公司的表现令人刮目相看,但是你在家里、在厨房中却是手足无措。刚结婚时,先生抱着让你慢慢学习的心态勉强忍受,但是久而久之,对回家吃晚饭视之为畏途。可是你在这种状况中,仍不知觉醒,反而以叫外卖吃好菜打发。虽然暂时可以解决问题,但是不知不觉中却让家失去了温馨的“滋味”,这是非常不划算的。

因为工作的关系,你固然无法把精力完全放在厨房,但是你应该抓住控制先生的大好机会——先从控制先生的胃口着手。即使不能每天“推陈出新”,也应该自我期许,每两个礼拜应该有一道新菜,学学食谱,参考别人的“佳作”,则假以时日,功力必然可以提高。

美满的婚姻首先重视的是配偶的感觉,为了彼此的感觉,女人尽点心力整理家务,学做一些新菜,也是必备的功课。女人必须警觉,不要太坚持东西应该如何摆或是房子应该如何干净才可以。

智者寄语

美满的婚姻首先重视的是配偶的感觉,为了彼此的感觉,女人尽点心力整理家务,学做一些新菜,也是必备的功课。

爱他就要给他自由

曾经看过这样一个故事:一个待嫁的女儿问自己的母亲,应该怎样去把握好自己的爱情,只见母亲慢慢蹲下,从地上抓起一把沙放在她的手里。女儿用力一握,沙不停地从指间滑落。女儿一脸的疑惑,这时母亲告诉女儿,感情就像是握在手里的这一把沙,你越想抓紧留下的越少。

这位母亲比喻得很贴切,的确,婚姻中的爱情就像手中的沙,只有好好把握才能不会让爱从身边溜走。

冯丹的老公是公司的销售总监,每天都会有很多时间花费在应酬上,而冯丹给老公规定每天晚上9点必须回家,一次晚上,老公9点过5分回家,冯丹的态度已经变得很恶劣了。

冯丹听到一些传言,说老公和自己的秘书走得很近,冯丹慌了,每天打电话查岗,不仅到公司大吵大闹,而且还请了私家侦探监视。这一系列的追踪与吵闹,使本来和秘书没有丝毫瓜葛的老公真的出轨了。她老公最后真的让自己的秘书做了他的情人,用他的话来说“还算年轻漂亮,只图我的钱,除了要钱她不会干涉我的所有事情,这一点让我感觉很轻松”。就这样,冯丹的猜疑让家庭矛盾越演越烈,最终到了无法维持的地步。

冯丹觉得很受伤,她的一切都是为了他好啊,可是她却不明白,她的过多干涉就是在害他。她的关心在老公心里,却变成了无休止的束缚,什么事情都按照她的思维去做,把老公变成了爱的随从,纵使她老公有千般手段万般武艺也无法完成她的感情指标。

冯丹不明白,爱情就像抓在手里的沙子,抓得越紧,你得到的越少。与老公相处也是一样,你越是想控制他,他就越是想挣脱。

爱情是什么?是一辈子长相厮守,但不是每时每刻的相伴;是随时随地的牵肠挂肚,但不是分分秒秒的不分离。很多女人为了爱情活着,但很多男人活着不只是为了爱情。

陈美的老公是广告设计公司老总,他整天没多少时间陪陈美,大部分时间都是去外面谈生意或者去健身房,而陈美从来不问他今天在做什么,为什么不打电话给她,心里还有没有她这个老婆、这个家,是不是在外边有别的女人了。陈美觉得作为女人千万不要问这些问题,让男人觉得你很啰唆,很长舌,给老公一份自由就是给自己一份爱。

也许有人看到陈美的做法会觉得她太过软弱,可是当你看到陈美的老公闲暇时间耐心地陪陈美去商场,一点表现不出不耐烦的样子时,当你看到陈美的老公和她一起手牵手漫步公园时,或者看到两个人其乐融融地在家过二人世界时,你是否会羡慕她呢?其实抓住一个男人的心不是一定要占有,自私地占有只会让男人感到压抑和无所适从,甚至会产生想逃离的欲望。懂得适当放手,多给对方一些自由,才能把家变成男人真正休息避风的港湾。

确实,爱自由是男人的天性。他们要激流勇进,发奋工作,要捶胸顿足地看通宵足球,要海阔天空地畅所欲言,要喝酒打牌结交好友。如果你无休止地围绕着你喜欢的男人转,这样一定会让他感到厌倦。学会放手,学会给他一些空间,让他自由,不要让你的爱禁锢了你爱的人,这样等于是葬送了你的爱情。

婚姻的经营是需要智慧的,做一个聪明的女人应该切记,无论多么爱一个男人,都要给他自由,让他飞翔,让他学会对家的眷恋。其实,女人应该放松那颗为爱情时刻忐忑不安的心,放弃一种患得患失的敏感。对男人而言,这绝对是魅力无穷的。

智者寄语

婚姻的经营是需要智慧的,做一个聪明的女人应该切记,无论多么爱一个男人,都要给他自由,让他飞翔,让他学会对家的眷恋。

满足他的大男人情结

很多女人评价身边的男人时总喜欢用“大男人”这个词,这里面可能更多的包含了自以为是、专制霸道的意思,而我们这里所说的“大男人”不同于前一种,它更多表现的是一种男人与生俱来的征服欲以及英雄主义。

男人的征服欲,一个表现在征服女人,另一个就表现在征服事业上。

从古至今,人们津津乐道的可能就是一个男人是如何征服一个女人的。有人说:世间最有趣的是女人,最无趣的也是女人;让男人无比快乐的是女人,让男人无比烦恼的也是女人。此话颇有点哲学的意蕴。

男人为了争夺女人,在古代是要拔刀相向的,非要拼个你死我活不可。而如今男人为了争夺女人,把钞票当成了刀,把权利当成了剑,刀出剑入,抱得美人归。

美国作家华尔特·汤恩曾把男人分了“段位”:“征服女人,精明的男人无需花费任何钱财,笨拙的男人则靠金钱,最差的男人靠暴力。”为什么呢?因为女人生来性格纤柔,仿佛“又柔又软”的蜡烛,当女人倾心于一个男人的时候,这个男人“要把她捏成什么样,就总能捏成什么样”。但是,一个平庸的男人,又无钱无势,要想得到女人的倾心,那就不是一件容易的事了。无论你身边的男人属于哪个“段位”,起码是你激发了对方的这种征服欲,满足了他的大男人情结。

男人的另一种征服欲则表现在事业上。男人以天下为家,女人以家为天下。一个女人如果以天下为家就是卓越;一个男人如果以家为天下则是他的无趣与无能,也是他的失职与渎职,因为他的责任是要征服整个世界。

男人热爱自己的事业,常常沉迷其间,其极端表现则是以事业为生命,把事业作为自己征服的对象,实际上就是在征服自己。因为唯有如此,男人的生命才具有最大的活力与最灿烂的光辉。

然而,当他的事业在某一天突然完结的时候,即使是取得了伟大的胜利,在短暂的欢呼之后,男人的生命也会因为伟大才华的无从发挥而备感失落。作为卓越的军事家,巴顿将军在第二次世界大战结束后,无仗可打了,便有过一番如此的感受,可惜的是他毕竟不能为此制造一场战争。而在历史上数不清的战争中,有些战争没准就是有些将军为了满足自己的征服欲而刻意发动的。因此,聪明的女人,不要整天抱怨他为了工作而无暇照顾你,殊不知,在他忙着征服整个世界的时候,你的一点关怀和理解会让他多么感激你。

每个男人都想成为英雄,在男人的心中,有一种英雄情结。

1912 年,号称不沉的“泰坦尼克”号首航即在大西洋撞冰山沉没,堪称空前绝后的巨大灾难,也成全了男人们的光荣和骄傲。的确,大难临头,三分之二的人注定葬身海底的时候,男人们义无反顾地把三分之一的逃生机会让给了妇女和孩子,还有什么比这更悲壮的英雄行为?人们极度恐慌,争相逃命之际,四位琴师依然坚持站在逐渐倾斜的甲板上,尽可能平静,尽可能安详地演奏着无人倾听的音乐,直到沉船的最后一刻……即便是信手拈来的小细节,也足以令人感动一百年。

有多少男人能够在落魄时还表现得像个英雄?他们会跳脚、会叹气、会怨天尤人,这就是普通的、家常的、平平淡淡的男人。只有在酒醉微醺时才会喃喃自语:“我等这个机会等了三年,不是为了证明我比别人强,只是要证明我失去的东西,我一定要夺回来。”

正如鱼游于水,它很难体会没有水会是什么滋味。男人一出世也就被抛掷在竞争中,他们很难想象没有竞争与竞赛的生活会是什么样子。竞争是男人的本能,能胜利就更具有男子气概。因此,在男人的心目中,英雄往往是具有战士风格的。

成年男人模仿他们心目中英雄的劲头绝不亚于孩童,不同之处只是他们现在是在一个稍微大些的舞台上模仿,因而不那么显眼罢了。如今,传媒英雄、体育英雄、影视英雄的遣词造句多数来源于对风云人物的模仿。因此,可以说英雄情结是所有男人的心灵之结。

有句话说得好:“妻子若向丈夫要钱要物,或为别人托人情,千万不可说别家男子,对待女人如何如何,否则即是自寻苦恼。”男人的英雄情节不仅表现在外,尤其在自己的妻子儿女面前,他希望自己是他们心中的英雄,是个无所不能的男子汉。相信从妻儿口中说出的一句“你真是个英雄”,足以让男人赴汤蹈火。

作为他身边的一个女人,就要学会满足他的大男人情结,当他觉得自己的一生很有成就感的时候,他的幸福就等于你们两个人的幸福。

智者寄语

作为他身边的一个女人,就要学会满足他的大男人情结,当他觉得自己的一生很有成就感的时候,他的幸福就等于你们两个人的幸福。

爱需要耐心地聆听

夫妻之间的交流,除了语言之外,还有聆听对方的话语。细心地聆听对方的话语,既是一种尊重的体现,更是一种掌握交流主动权的方式。

首先要学会聆听对方讲述他的想法。聆听并不是保持沉默,而是仔细听听对方说了什么、没说什么,以及真正的含义。你要用自己的眼、耳和心去听对方的声音,同时不急着立刻知道事情的前因后果,也不要经常打断对方的谈话或是不停地发问。在聆听时,最好把自己暂时抛开,例如想着该说什么、如何响应对方的话,或盘算着接下来的话题等。

不会聆听的妻子,思想是封闭的,常常根本不听丈夫真正要说什么。这种情况是非常普遍的。人们往往无端地认为"我还不知道你要说什么?"而拒绝对方解释,或根本听不进去对方的话,只管一味循着自己的思路。这样,双方不但无法达到沟通的目的,还会使误解越积越多。当你在不断地喋喋不休的时候,不如仔细思考一下,他是否接受了你的喋喋不休或者他是否越来越充耳不闻呢？与其争论,不如静下来,好好聆听一下他的想法。

如果想知道一对夫妻是感情深厚还是感情已经亮起红灯,只要观察一下他们谈话时候的表情和语气就可以看出端倪。如果他们之中的任何一个动不动就给对方白眼、冷笑或者出语讽刺,那么可以宣告他们之间不太可能长久下去了。如果一个人对另一个人总是居高临下,说明他们之间缺乏最基本的尊重,这是每一对伴侣都应该尽量克服的坏习惯。

尽管很多时候你需要很大的力量克制自己不发表意见,但是一个好妻子不应该对丈夫表示出轻蔑或讥讽。有的时候你的伴侣确实表现得愚蠢,那么不妨换个立场考虑,如果你受到对方的抢白或嘲笑,你必然感觉受到了伤害,这种力量作用到对方身上所受到的打击是相同的。应该学会克制,保留对方的自尊对你们的关系很重要。

常见一些夫妻用自定的标准去要求对方,而使双方都生活得很累,因无法沟通而导致战事连连。若能用心地聆听一下对方的话,站在对方的角度想一想,是不是也会少了很多家庭战争,也会使社会的离婚率降低一些呢?

智者寄语

夫妻之间的交流,除了语言之外,还有聆听对方的话语。细心地聆听对方的话语,既是一种尊重的体现,更是一种掌握交流主动权的方式。

幸福的婚姻有规则可遵循

爱河里找不到成功的捷径,婚姻中也没有绝对的金科玉律。不过有些方法却可以帮助你,让婚姻更美好。

1. 糊涂定律

婚前,双眼都要睁开;婚后,睁一只眼、闭一只眼。

就算你天生慧眼,恐怕也不一定能把爱看个清楚。说不定,当你努力想看清楚的时候,会伤了眼睛,更伤了和气。

所以，耳聪目明的你在结婚以后，一定要懂得“装傻”，大方向一定要计较清楚，例如一个人的品德与价值观。小地方就不妨任由他去，例如：“为什么迟到那么久？昨天口袋里的钱花到哪里去了？”

不要企图改造对方，不要企图将对方变成另一个你。这样做很愚蠢，会伤害对方的自尊心，引起对方的反感和反抗心理。

无论爱情进展到哪一个阶段，这个原则都适用。所以，越聪明的女人越知道幸福婚姻需要模糊地带。

2. 倾诉定律

说得多，不如说得好。谈到沟通，不少人误以为必须把心里的想法和感受全部说出来。其实，夫妻双方必须学习过滤说话的内容，对两人关系有伤害性的内容就不要说。夫妻相处久了，对于配偶的好恶应该有一定程度的了解，知道哪些话题是对方的禁忌，别一再去触碰这个伤口。比如丈夫的学历不高，对有关学历的谈话比较敏感，做妻子的就不要以此为话题，避免伤害丈夫的自尊心。

完全袒露，不如有所保留。常见的婚姻理论之一是夫妻间必须绝对的坦白，不可隐藏秘密。而如果说话毫无保留，完全诚实，结果会使得对方产生负面的情绪，那就不如有所保留。毕竟，负面情绪累积多了，必然腐蚀婚姻关系。例如，妻子说：“我今天遇到你以前交往过的陈小姐，她还是一样的迷人。”丈夫说：“她本来就很迷人，像她这样的女性不多，我想很多男人都会喜欢她。”这位丈夫很诚实地把他的想法和感受说出来，恐怕会让妻子怀疑他仍旧怀念着以前的情人，使两人的关系蒙上阴影。

一吐为快，不如等待时机。一般人只顾自己此时此刻的情绪，非得一吐为快，却忽略了听者现在是否听得进自己所说的话。当一个人烦闷疲惫的时候，不会再有余力去倾听和关注配偶的诉说，反过来也会使说话者因不受重视而心生挫折感。所以沟通意见或讨论事情，最好选择双方心平气和的时机，才能产生良好的结果。

3. 倾听定律

倾听比诉说更重要。婚姻中的你往往急于表达自己的意见，忽略了对方在说什么，而造成各说各的话的后果，沟通品质也大打折扣。倾听是指站在对方的立场上，用心去了解对方的口语与非口语所表达的信息。不只包含听到对方说什么，还观察到对方非口语行为所蕴涵的意义，注意到其手势、表情、神态、声调、身体动作。当一个人心口不一时，往往可从非语言信息中看到真正的含义。然后对于所听到、观察到的，给予适当而简短的反应，让对方知道你在听，也会让对方感受到尊重。

4. 争吵定律

争吵的最好结局是达成新的谅解，而争吵的危险倾向是算旧账、翻老底。

5. 谈判定律

作为女人，应该懂得，撒娇比剑拔弩张更实用。

人与人相处是没有逻辑的。夫妻争执，是无可逃避的家庭现象。要六根清净的人，应该当和尚去，要成立家室，就得不断学习谈判之道。

懂得生活的女性总是刚柔相济，刚毅与温情的完美结合能够创造奇迹。

6. 保密定律

同你的邻居和亲戚谈论你的婚姻问题是个大错误。比如，一个女人对邻居说：“他从不给我钱花,对我母亲很坏,酗酒,经常骂人或侮辱人。”她这样做其实是在贬低她的男人,在邻人的眼里他已不是一个好男人了。为什么要让这么多的人知道你婚姻的消极面呢?

此外,当你谈论你丈夫的缺点时,你实际上在心中建立了坏的印象。有谁来感受呢?只有你自己,因为这是你想到的和你感受到的。

亲戚朋友有时只会以同情的方式为你出一些带有偏见的主意,因为这事与他们无关。任何有损于你们夫妻之间关系的建议都是错误的。还有一点要记住的就是,任何一对生活在同一屋檐下的夫妻,不可能不发生摩擦,有时甚至相互冲突。因此,不要向朋友暴露这些不快之事。

7. 遗忘定律

当天的事情当天了结,不要记在心上。

睡前要原谅对方。家庭是建立在相互尊重的基础上,不要对对方的行为胡思乱想。要相互赞扬对方,减少批评和抱怨。饭桌上不要提及争论的事或令人担忧的事。对你的伴侣说:“你做得真不错,我心里很满足。”如果你们这样做了,你们的婚姻就会变得更加美好。

8. 多少定律

少点儿争吵,多点儿沟通。在发生争执的时候,千万要避免过激的言语和举动,试着把问题冷处理,等双方都心平气和的时候再慢慢地沟通。

少擅自做主,多商量。不管多大的事,和他商量过了再做,让他感觉到自己的重要性,从而增加他对这个家的责任感。

少吩咐,多动手。当你要求他做某件事,他却无动于衷,故意不理睬的时候,千万别发火。自己动手去做,做完了再和他理论。

少批评,多鼓励。有人说,要做到无视他的缺点。当然,对于无伤大雅的缺点这话管用。但遇到一些致命的缺点就需要你去细心地、适时地给他指出来,让他认同你的观点,心甘情愿地去改变,当他有进步时,一定要给予鼓励。

9. 左右手定律

婚后的人们,左手是风花雪月,右手是油盐酱醋。

风花雪月自然迷人,可是,仅有风花雪月的爱情和婚姻,更像个空中楼阁。生活的柴米油盐和鸡零狗碎,就是给这个楼阁建一个坚固的地基,让爱情和婚姻的大厦,变得稳固,坚不可摧。

智者寄语

爱河里找不到成功的捷径,婚姻中也没有绝对的金科玉律。不过有些方法却可以帮助你,让婚姻更美好。

第十二章　健康是女人魅力一生的资本

美丽人生五大守则

现代生活中，亚健康的问题日趋严重，光鲜美丽的俏佳人心中或许有很多的工作或生活压力，多方面的因素时时危害着她们的健康。因此，我们提出女性健康生活五守则，希望帮助丽人们健康快乐地生活，拥有健康快乐的美丽人生。

1. 全面均衡摄取营养，注重饮食调理，合理膳食

营养的摄取要全面均衡，不能以自己的喜好随意安排膳食，不能偏食，也不能过多摄入某种自己喜爱的食物，饮食要做到全面而且均衡，可以自己学习膳食理论或者向营养师咨询。通过饮食也能缓解某些不适症，例如有热潮红、心悸、失眠等情况，可以多吃富含植物雌激素的豆类、五谷杂粮等，并减少红肉类的摄取，避免喝浓茶、咖啡、酒等刺激性饮品。另外还要少食辣椒、大蒜、花椒、芥末、葱、姜等辛辣燥热之物。不要过分依赖那些所谓的营养品、补品、保健品。

2. 科学合理地安排好日常工作和生活

科学地安排时间，起居要有规律，并且注重运动，适度地进行体育锻炼和健身，缓解压力，放松身体，有益促进身体健康，因为健康的体魄是工作和生活的本钱。如果有心理压力以及由心理压力引起了身体的不适，应该找出产生压力的原因，及时采取措施进行自我调节。如果心理压力比较严重的话，可以向心理医生咨询。

3. 保持良好的心境，这是现代女性的必修课

正确理解自己的社会角色以及所处的社会环境，有能力解决自己所面临的问题，合理地制定目标并为之努力。现代女性都具有良好的文化素养，这就可以使得自己很主动、很自觉地去学习培养和掌握自己的心境，保持经久快乐，成为快乐心境的主人。良好的心境使人有万事如意的感觉，振奋精神，自得其乐，凡事都能迎刃而解，而那些消极的心境则使人消沉、厌烦，甚至思维迟钝。

4. 采用合理有效的方法进行心理调适

一个人在日常紧张的工作生活中，会遇到形形色色的人和各种各样的事情，不可能尽善尽美，皆遂人意。矛盾、挫折、失败、不幸，每个人都会遇到。因此，在日常工作生活中，当遇到烦恼、怨恨、失望、悲伤或愤怒的事情时，要善于自我排解精神压力，调理好自己的心态，培养自己的心理承受力以及快乐的心境。

5. 亲情的抚慰

一些长期经受生活和工作压力的女性，感情往往比较敏感脆弱，易于冲动，遇刺激便好动怒。心理学上的“宣泄效应”告诉我们,人一旦出现苦闷、烦躁、愤怒、痛苦等负面情绪,最好是能及时运用合理有效的方式进行转移、排解乃至消除。这种情绪的宣泄越及时、越彻底、越酣畅越好。由此,最可信赖的亲情便具有不可忽视与不可替代的作用,尤其是夫妻间的感情所起的作用尤为明显。

智者寄语

现代生活中,亚健康的问题日趋严重,光鲜美丽的俏佳人心中或许有很多的工作或生活压力,多方面的因素时时危害着她们的健康。因此,我们提出女性健康生活五守则,希望帮助丽人们健康快乐地生活,拥有健康快乐的美丽人生。

学会平衡心态,保持心理健康

情绪是一种强烈的感觉状况,如激动、苦恼、兴奋、悲伤、喜爱、讨厌、害怕和生气等。

人们的情绪非常复杂,它们导致身体的化学过程发生变化,而这种变化又进而影响人们的某些情绪。情绪通过两种方式起作用,这种作用总是在不知不觉中发生。通常我们通过改变自己的心境,活动方式和水平及思维方式来有意识地控制自己的情绪;而由于生理问题或缺陷引起的某些化学成分的增加或缺乏,进而产生的极度的情绪波动却不是我们的意识能有效地加以控制的。

许多精神病有其生物学的根源——也就是说,是由导致化学反应失衡的生理缺陷造成的,但是大部分精神病只能简单地归结于人们习惯的对于生活的糟糕的反应。

是否有一个衡量一个人的情绪是否健康的标准呢?科学在此无能为力,因为情绪具有很大的不确定性。但是,费尔德曼博士还是提供了情绪健康的人所必备的技能——这些技能是每个追求快乐的女性所应掌握的:能控制自己的思维;乐观向上;能准确地断定别人需要什么;非常自信。

除了生理性的因素外,还有什么别的因素能决定我们的情绪平衡呢?有很多因素,其中最主要的是我们后天养成的对生活的态度,也就是我们对自己生活环境的反应。与此相关联的是我们的自我价值和生活目标。幸运的是,无论何时我们养成良好的生活态度和强烈的自信,寻找并关注积极的事业。获得更好的处理生活中的压力的方法都为时不晚。

学习如何维护和保持心理健康,以及出现心理失调之时怎样恢复心理平衡,这对每一个女人都是一件十分重要的事情。心理学家总结的下面这些平衡心态的方法,值得每一个追求心理健康的现代女性参考。

1. 要树立正确的人生态度

俗语说:人为万物之灵。这是因为人具有一切动物所没有的“灵魂”,即人所独有的极其复杂、丰富的主观内心世界。而它的核心部分即是一个人的人生态度。如果有了正确的人生态度,一个人就能对社会、对人生、对世界上的种种事物,持正确的认识和了解,并能采取适当的态度和行为反应,就能使人站得高、看得远,并正确地体察和分析客观事物,做到冷静而稳妥地处理事情;同时也能心胸开阔,保持乐观主义精神,提高对心理冲突和挫折的耐受能力,从而防止心理障碍问题的发生,有利于保持心理健康。

2. 对自己的能力做出客观的评价

一个人的能力是由先天遗传素质和后天发展共同决定的。虽然大多数人的能力基本相同,但是应该客观地认识到,每个人的能力都有一定限度,都具有优势和劣势两个侧面。一个心理健康的人。应当能够对自己的能力做出客观的评价。不对自己过分苛求,把奋斗目标确定在自己能力所及的范围以内。做到这一点,对于保护自己少受挫折及充分发挥才能都是非常重要的。

反之,假如一个人不能客观估量自己的能力范围,仅凭良好的愿望和热情盲目地制定宏伟目标,结果往往是目标落空,在个人心理上蒙受打击,产生挫折体验。这样一来,不仅白白耗费了精力和时光,也给自信和心境造成不良影响。

3. 对他人不能有不切实际的过高期望

在现实生活中,每个人都不是完美无缺的,在个性、行为习惯、价值观念和情绪状态等各个方面都可能会有优点或不足之处。人们在生活、学习和工作中都需要相互关心和帮助,但一个人也不可能凡事都期望于他人,尤其不能有不切实际的过高期望。在做各类事情时,首先应当立足自身,主要依靠自己的力量努力把事情办好,其次才可考虑他人帮助的可能性。即便如此,也应考虑到每个人还会有自身的局限性,还会有他们自己的各种干扰因素。否则,对他人期望过高,而又遇事解决不好,就会抱怨他人,倍感失望,其结果是使自己的心理平衡受到干扰,对自己造成更大的不良影响。所以,在生活中,每个人都应正确处理对他人的期望问题,以避免失望感的产生。

4. 学会情绪的自我调控

稳定而良好的情绪状态,使人心情开朗、轻松、安定、精力充沛,对生活充满乐趣与自信乐观;对身体状态的自我感受是良好的、舒适的。相反地,如果一个人情绪波动不稳,患得患失,喜怒无常,处在不良的情绪状态中,而自己又不会调节控制,就会导致心理失衡和心理危机,甚至精神错乱。因此,要维护和保持心理健康就必须学会对情绪的自我控制。

5. 向别人倾诉自己的苦恼

生活中人们难免遇到令人不愉快和烦闷的事情,有时还可能因此造成有害于心理健康的长期压抑情绪。针对这类情况,你若能找机会与朋友、同事、亲友等将自己的苦闷心情倾吐出来,使不良情绪得以发泄,压抑心境就可能得到缓解或减轻,失去平衡的心理也可以逐步恢复正常。并且在倾诉郁闷的过程中,你还可能获得更多的情感支持和理解,获得认识和解决问题的新思路,增强克服困难的信心等。

6. 积极参加愉快的娱乐活动

一个人如果能够注意培养和发展自己的业余爱好,进行多方面的自我娱乐活动,这样就可以在其寂寞孤独、烦闷抑郁时,通过自我娱乐,以防止心境的压抑,使心身获得有益的休整和放松。通常,人们不可能总是工作,在业余时间,积极参加愉快的娱乐活动,做到积极的放松和休整,才能使自己得到真正的心身保健,并使自己更有效地从事工作。

琴棋书画是中国古人颇为赞许的兴趣爱好,养育鱼鸟、种植花木也是有益身心健康的活动。在情绪不佳或紧张的工作之后,观赏一场相声或哑剧,常常被逗得捧腹大笑,精神振奋;或欣赏一下优美动听的音乐,紧张和苦闷也会随之消除。现代女人应培养广泛的兴趣。用丰富多彩的爱好,调剂、点缀我们的生活。

7. 在与他人竞争时有所选择和侧重

目前,社会和市场竞争越来越激烈,因而竞争意识对人们的影响也愈来愈大。但是,由于每个人的精力有限,又各具不同的优势,假如你盲目地事事处处都要与他人竞争,有可能在某些方面以自己的劣势去同他人的优势进行竞争,从而招致失败,并给自己造成挫折和打击。同时,事事竞争还会给自己造成过度紧张,心理上承受过大压力,从而对心身建康产生不良影响。所以,在与他人竞争时,应该有所选择和侧重。有所选择,是指要注意发挥个人拥有的优势方面;有所侧重,是指在竞争中,应把主要精力放在对自己有较大意义的方面,而避免分散精力,去做无谓的竞争。这样,一方面会有利于充分发挥自己的优势,能够顺利地取得成果,以达到自己所追求的目标,另一方面也有助于维护自己的心理健康。

8. 努力扩大人际交往

人,作为社会的一员,必须生活在社会群体之中。通过社会交往活动,一个人就能与群体中其他成员或其他社会群体进行交往和联系,特别是与志趣相投的伙伴、朋友、同事在一起,进行思想的沟通和情感的交流,就能从中得到启发、疏导和帮助。通过积极的社会活动扩大人际交往,不仅可以使人增进理解,开阔心胸,还可取得更多的社会支持。更重要的是,这可以使人感受到充足的社会安全感、信任感和激励感,从而大大地增强生活、工作的信心和力量及最大限度地减少心理应激和心理危机感。

智者寄语

学习如何维护和保持心理健康,以及出现心理失调之时怎样恢复心理平衡,这对每一个女人都是一件十分重要的事情。

健康的女人更美丽

罗兰说过:我们希望见到的首先是健康的女人,然后才有资格谈美丽。

不错,健康的女人才更美丽,每一个害怕容颜老去的女人都要记住它。外表的美丽、优雅的气质以及充满活力的内心,这样的女人才更加让人赏心悦目。

不管你是什么角色,不管你多么富有,只有健康对每个人来说是相同的。它不会因你的地位、财富、权力变化而增加或减少。值得高兴的是,女性在追求美丽的同时,也不忘记保持身体的健康,那么,身体健康的标准是什么呢?

(1)拥有充沛的精力,能从容不迫地应付日常生活以及工作的压力,而不感到过分紧张。

(2)处世乐观,态度积极乐观,勇于承担责任。

(3)善于休息,睡眠良好。

(4)应变能力强,能适应外界环境的各种变化。

(5)能抵抗一般性感冒和传染病。

(6)体重适中,身材匀称,站立时,头、肩、臀部位置协调。

(7)眼睛明亮,反应敏锐。

(8)牙齿清洁,无空洞,无痛感,齿龈颜色正常,无出血症状。

(9)头发光泽无头屑。

(10)肌肉、皮肤有弹性,走路轻松。

以上10条,体现了健康所包含的身体、躯体的完好状态和社会适应能力三方面的内容。

世界卫生组织对健康下的定义是:"所谓健康,不单单指不生病,还包括以积极的心态去认真对待每件事情的精神和社会的适应状态。"以上内容刚好符合健康的基本内容。但是新时代下,健康的内涵也在不断地扩展。健康新定义:从三维健康到四维健康,健康的新概念是根据人的躯体与精神结合,以及个体与社会结合所提出的,是对健康的一个全面定义。

"三维"健康观念是要求生理、心理、社会三方面达到完美状态。对于生理、心理方面的健康大家可以理解,而"社会健康"是指人在社会中是否处在一个良性状态,如是否有良好的人际关系等。

而我们今天讲究"四维"的健康观念,含义更为宽泛,除了生理、心理、社会外再加上一个环境因素,就是随着科技水平的发展,各类环境污染充斥着现代人的生活,这其中不仅包括化学、噪声等方面的污染,还包括电波、微波、辐射方面的污染。

新时代女性的健康把女性健康扩展到社会生活的各方面。我们越来越认识到:失业、贫困、营养过剩、家庭暴力和社会暴力以及各种各样的精神压力造成的心理危机等,都会给女性的健康带来严重危害。

所以,新时代的女性健康更应该关注到女性地位和女性生存状态的健康。比如,职业女性的环境健康,女性获得医疗保障的健康支持,如何得到劳保、养老、治安等的社会保障,如何制定关系女性保健的政策、法律问题等。这些都需要全社会的共同支持和参与。坚定你的健康理念。思想是我们智慧的一部分,如果你长久地持有并不断地重复一种思想,就会使之转变成一种信念。信念是一种能量巨大的驱动力,它为个体的生命和健康创造出生理基础。人的观念一旦树立,就很难再改变。许多观念完全是无意识的,理智根本无法使我们从工作和生活中一一获知,我们中的许多人并不知道,破坏性的观念会损害我们的健康。

所以,树立并坚定正确的健康观念对你的健康非常有益。从女性的角度来看,在女性一生的活动和使命中,健康是基础,我们需要对自己的健康有更多的了解,包括基因组成和生存环境,只有这样才能确定如何调整自己的生活习惯和方式,获得身心健康。随着对医学知识的了解不断增加,我们渐渐地形成了一种健商观念(健商观念指的是一个人的健康商数、健康智力),从而来确定我们的健康方法,并通过重视饮食、加强运动、良好的心理调节以及养成良好的生活习惯共同来完成。

只有一个身心健康的女人,才能与自己的生活环境和谐相容从而使人生充满意义和乐趣。

智者寄语

只有一个身心健康的女人,才能与自己的生活环境和谐相容从而使人生充满意义和乐趣。

皮肤衰老的原因及抗衰老的食谱

从幼年到青壮年,人的皮肤色泽红润、平滑、柔软而富有弹性;头发乌亮而又松软,这是青春和健康的象征。但到了中老年,皮肤逐渐出现衰老的征象。皱纹是皮肤老化的最初征兆。皱纹进一步发展,会形成皱襞,即皮肤上较深的褶子。25岁以后,皮肤的老化过程开始,皱纹渐渐出现。出现的顺序一般是前额、上下眼睑、眼外眦、耳前区、颊、颈部、下颏、口周。

1. 造成皮肤衰老的原因

造成皮肤衰老的主要原因是由于毛孔经常受到死亡细胞阻塞,影响新陈代谢所致。因为皮肤是由无数的细胞组成,每平方厘米有大约200万个,每个细胞都具有吸收和排泄的功能。它们连续不断地制造角质层,同时去掉死亡的皮肤细胞。因此,皮肤表面每天都产生大量的死皮。

新生的皮肤细胞由皮肤表皮底层分裂生殖往上移,到达皮肤表层的角质层后,便会角质化成为死亡的皮肤细胞而脱落。这就是它们由生到死的新陈代谢过程。这个过程大约要两个月时间。正常情况下,这些死皮将以污垢的形式脱落。

如果皮肤得不到良好的保养或随着年龄增长而衰退,死皮就会附着在皮肤表面而不脱落。从而造成一系列问题,严重影响美容。

为什么有些女性年纪不太大,也皱纹满脸呢?原因是多方面的。总的说来,身体不健康,某些慢性消耗性疾病,如肝、肾及胃病、肺结核、贫血、营养不良尤其是缺乏蛋白质及各种维生素食品,内分泌系统功能障碍,某些妇女,神经官能症,精神紧张,思忧过度,过度疲劳,失眠及性生活不节等,都可以使皮肤产生不同程度的营养失调影响皮肤的正常代谢及活力,发生过早衰老现象。人的喜怒哀乐也会给人的脸上增添皱纹,如爱哭、爱笑和喜欢侧身睡觉的人,眼外角易出现鱼尾纹;视力不佳又不戴眼镜和常沉思的人,易出现前额纹和眉间纵纹;常吸烟和缺牙又不镶补的人,易在嘴角出现皱纹;常在室外风吹日晒及受某些化学物质如酸、碱刺激或使用化妆品不当,均会促进皮肤损伤,加速老化而出现皱纹。

2. 抗衰老的七种食谱

美国科学家佛兰克经过二十多年的研究证实:“细胞的健康有赖于核酸,如果核酸充足,就能有效地抗衰老、延长人的寿命。一些人所以提前衰老或发生各种退化性疾病,大多是由于缺乏核酸引起的。”他开出的富含核酸的菜谱有:

(1)每天吃一种海产品。

(2)每周吃一次动物肝脏。

(3)每周吃一次或两次牛肉食品。

(4)每周吃一至两次的豆类食品,如绿豆、蚕豆、扁豆等。

(5)天天吃不同种类的蔬菜,胡萝卜、洋葱、葱、菠菜、甘蓝、芹菜、韭菜、香菇、鲜芦笋等。

(6)每天吃一种水果或喝一杯果汁。

(7)每天最少喝4杯水。

这样的菜谱可满足每人每天对核酸的需求(1.5克/每人每天),长期食用,终生受益。

智者寄语

如果皮肤得不到良好的保养或随着年龄增长而衰退,死皮就会附着在皮肤表面而不脱落。从而造成一系列问题,严重影响美容。

更年期健康预备

女性到了45~52岁,身体和心理会出现一系列变化。身体上表现为月经次数慢慢减少,直到停经,人体的神经系统功能与精神活动状况的稳定性减弱,从而导致人体对环境的适应力下降,对各种事情的感受力都比较脆弱,以致出现情绪波动、感情多变、失眠、多梦、头昏、健忘等情况。这说明,你正在步入更年期。更年期是女性由成熟走向衰老的过渡阶段。

更年期分为三个阶段:绝经前期、绝经期和绝经后期。绝经前期是卵巢功能开始衰退的时期。卵巢尚有卵泡发育,但不能成熟,或排卵前虽仍有一定量的雌激素分泌,但无黄体形成。绝经期,一般认为年龄超过45岁的女性,停经已达一年。绝经后期指月经停止后至卵巢内分泌功能完全消失的时期,即进入老年期之前的阶段。

1. 应对更年期综合征

失眠、潮热、出汗是更年期综合征最典型、最常见的情况。心理上的表现为健忘、情绪不稳、愤怒等,还会伴随身体的疼痛如关节痛、腰背疼痛,这是由于雌激素下降,骨质吸收加速,导致骨质疏松。更年期身心症状的出现与荷尔蒙分泌减少的速度和程度有关,雌激素减少越迅速,更年期症状就越严重。更年期状况的调整以心理调节为重要着手点。

2. 心态平衡最重要

更年期是女性的多事之秋,临近或进入更年期,多数女性会因为身体的不适应导致性格和心理发生大变化,精神压力加重,这些精神压力又反过来影响身体的健康,从而形成一种恶性循环,所以保持稳定的心态最重要。

首先要对自己充满信心。比如对自己说"我最棒,我还会有很多作为!"不要觉得到了更年期就老了,没有魅力了。其实,很多人更年期后照样活得精彩,照样有作为。运用一些积极的心理防卫方法面对自己的情绪,遇到事情先保持冷静,尽量往好的方面去想。

尽量忍让。任何事物的处理,都不可能是百分之百合情合理的。此时,不妨忍让一下,学会保持"知足者常乐"的心态。

要比过去更注重夫妻、亲子之间的关系。家人的爱和理解对更年期的女性尤为重要。被爱和爱,都能给女性最大限度的释放。去主动关心你的家人你会收获很多。对家人给予的爱,以温柔的回报和激情的响应代替厌倦和排斥,会让你的心情好转。

另外,还可以有意识地充实生活内容,开辟新的生活领域,如有条件时可外出旅游、看书、看电影、参加聚会等文体活动和社会活动。

事实上,能够使更年期心情愉悦的方法措施很多,关键是看你在遇到某些不愉快的事情时,能否积极正确地处理对待。保持心情舒畅、乐观豁达,是减少更年期各种症状、延缓衰老的最佳途径。

3. 更年期健康保健

女人到了更年期因为荷尔蒙的分泌减少,身体各器官的活动慢慢衰退,容易被疾病侵袭,患身体疾病和各种妇科疾病的风险比较高,所以,这个时候我们需要加强自我保健,远离疾病。

(1)合理饮食。严格控制脂肪、糖、盐的过多摄入,尤其应远离烟酒。对有头晕、失眠等症状的女性,多选择富含维生素B的食物,如粗粮、豆类、牛奶、瘦肉。牛奶中的色胺酸有镇静安眠作用,另外还应多吃深色蔬菜和水果。

(2)定期去医院检查。健康需要用心经营,更年期后,许多疾病的发生率均会增加,定期的身体健康检查,可以及早发现疾病、尽早治疗。最好每隔半年至一年做一次妇科检查。定期的妇科普查,主要针对女性的生殖器官较多见的癌症和癌前病变,因为它们是女性生命中最危险的疾病。如子宫颈癌、卵巢癌等,都发生在45岁左右,特别是绝经后期的妇女。

(3)注意仪表。女人都爱美丽,良好的仪表、举止、风度会让你信心倍增,这时候也不要把自己变得一团糟,恰到好处的修饰,能让你更显中年成熟之美。

(4)运动。坚持运动锻炼,不但可以降脂、减肥、降压、减缓衰老,还有提高血液高密度脂蛋白水平的作用,防止冠脉硬化,减少生病机会。跳绳、慢跑、散步,都是更年期女性适合的运动项目。

4.保持健康的性生活

中年的性爱也很美妙,当然,和年轻时一样,对它的感受人人不同。不管处在生命的哪个阶段,四十岁也好,甚至五六十岁或者更老,我们都可以一直拥有健康的、有活力的性生活。满意的和谐的性活动,不仅可以促进女性自身的身体活跃,更是夫妻间情感沟通的重要环节。和谐、健康、适宜的性生活也是维持我们更年期的健康因素之一。

拒绝或自动停止性活动对于延缓衰老是十分有害的,其弊端除了不利于夫妻感情的交流,影响家庭生活的幸福美满外,更重要的是会加速女性体形老化的步伐,使人变得苍老、憔悴,甚至引发精神抑郁症及其他妇科疾病。

很多女性进入更年期后,因为生理上发生了一系列变化:卵巢分泌的雌激素逐渐减少,阴道变得干燥,分泌物减少,甚至产生性交疼痛,于是就认为性生活可有可无,其实不对。

如果因为阴道干涩造成性活动中愉悦感消失,恰当使用一些润滑剂,有助于提升你的性生活满意度。另外,做爱中增加娱乐性、爱抚和亲吻,换换做爱场所,对健康的性爱都有帮助,心理上也要真实地面对自己的欲望,对自己充满信心。

智者寄语

事实上,能够使更年期心情愉悦的方法措施很多,关键是看你在遇到某些不愉快的事情时,能否积极正确地处理对待。保持心情舒畅、乐观豁达,是减少更年期各种症状、延缓衰老的最佳途径。

敲响警钟,四十岁的本钱在于健康

温妮一直是全家的"顶梁柱"。

在一家外企做招聘部经理的温妮是一位外貌温柔甜美的女强人,也是一位性格坚毅、关心家人的好妻子、好母亲。周围的邻居们提起温妮来,都会竖起大拇指由衷地赞叹,觉得温妮的老公是上辈子的好福气,才娶到了这样一个能干又温柔的老婆。

但是,过完了四十岁生日之后,不知是生理原因还是心理原因,温妮总觉得自己精力大不如前。招聘部的工作看似简单,实际上在企业有人才储备压力时压力也很大,况且温妮还要担负员工薪资、职务升降、调解等各项杂务,每天都忙得脚不沾地、腰酸背痛。

没办法,谁让自己在这个位置上呢?温妮总是这样开导自己,人在高位,有时候忙起来真是连饭也顾不上吃。

直到有一天,温妮在长时间的加班之后,揉着额头舒了口气,站起来准备回家。可是,没等她站起来,一阵剧痛就向她袭来,忍耐了几秒钟后,温妮还是忍不住惨叫出声。叫声惊动了外面的秘书,她赶忙拨打了120将温妮送进医院。

医生诊断温妮是由于长时间的空腹与暴饮暴食而引发的急性胃穿孔,还好不严重,只是需要在医院休养治疗半个月。被病痛折磨的温妮虽然牵挂工作和家里,但是病来如山倒,她也只能乖乖地待在医院休养,每天吃苦涩的药。

转眼间,住院结束,温妮再次回到了公司,但是让她傻眼的是:在她休假的这段时间里,老总已经从外部招聘了一位能力和资历都比她更强的HR经理,将温妮降为了他的副手。

气愤的温妮去找老总理论,却得到了令她心寒的回复。老总摊摊手,表示无奈:“招聘齐先生进来也不是我一个人的主意,你休病假那么长时间,我也很同情,可是公司的事总要有人来打理。你是个女人,年纪也大了,要更照顾自己的身体才是,公司的事情,就不要操那么多心了吧。”有首歌的歌词里唱得好:有啥也别有病,没啥也别没精神。无论何时,健康对于每一个人来说都是最重要的事。有了健康,我们才会有追求事业的力气、有关爱家庭的基础,才能去做那些让自己开心、快乐的事情。

四十岁了,我们都已不再年轻,拿健康去换事业、换金钱的时光对我们而言已经一去不复返了。就像是温妮,她牺牲了自己的健康去换取事业上的成就,殊不知,也正是因为健康问题,她被怀疑是否还能胜任经理职位,最终被他人从位置上挤了下来。

所以说,四十岁的女人,在生活更加安逸的同时,更处于一个绝对的“危险期”。这种危险不仅来源于四十岁的我们身体每况愈下,更来源于我们不会保养自己、关照自己的心态。

虽然每个人都不想承认,但是四十岁时,我们却不得不面对自己生理功能减退的事实。专家认为:女人在绝经期前的十年,也就是从四十岁到四十九岁这个阶段,肝脏、脾脏和肾脏都会前所未有的虚弱。肾虚会导致头发干枯、发白,脾虚容易在身体表面生出皱纹,肝胃不和、内热则很容易起色斑,这些都是衰老症状的提前体现。

这些症状如果不及时调理,甲亢、内分泌失调等疾病就很容易乘虚而入。因此,四十岁年龄段的女人,不应再像从前那样不注意自己的身体,而是应该注意保护内分泌功能,疏肝理气,适当地保养脾肾。

在平日的生活中,我们应当按时按量进食,注意摄入蛋白质和脂肪,不要再像从前那样,因为害怕发胖而对它们丝毫不沾了,适量的蛋白质和脂肪不仅能够帮助我们保持正常生活所需要的热量,更能够给皮肤和肝脏提供充足的营养,减缓衰老的过程。

另外,在进食方面,主食一定要吃够,用水果和蔬菜代替主食的做法,容易导致脾胃损坏、皮肤衰老。除此之外,四十多岁的女人,应该多吃蔬菜水果,多喝水,少吃甜食,这些都能够帮助我们保持健康的状态。

除了在日常生活方面保养自己,每年的健康检查也不能少。有时候,我们难以倾听到来自于身体深处的声音,往往会忽略某些潜在疾病,而每年的健康检查正是基于这个忧患而考虑进行的,特别是妇科检查,要知道,四十岁的女人可是乳腺癌和宫颈癌的高发人群。很多时候,提前发现身体的不适,我们才能够根据情况,做出积极的应对。

智者寄语

四十岁年龄段的女人,不应再像从前那样不注意自己的身体,而是应该注意保护内分泌功能,疏肝理气,适当地保养脾肾。

亲近自然,化解紧张状态

前面我们曾提到过副交感神经系统,那么在这里,就不得不提一下与之相对的交感神经系统。

交感神经系统与副交感神经系统相对,它在人体处于紧张活动状态时会起到主要的作用,也就是说,当我们有工作压力、家庭负担、婚姻失败等焦虑担忧时,是交感神经系统在起主要作用。这种症状一旦严重,极有可能会引起植物神经失调症。

最大限度地化解压力,保持轻松愉快的心情,是维持健康状态的秘诀。那么,在生活中,什么样的东西会让我们无端焦虑、陷入紧张状态呢?

苏芮原本在家做全职太太,由于孩子上了大学,自己长时间地闲下来,她决定出去找个工作。

虽然已经四十多岁,但是中文本科毕业的苏芮还是很快地找到了一份打字兼接待的工作,工作内容主要是在限定的时间内为公司打出需要的资料。

虽然工资不高,但是长时间没有工作的苏芮还是很愉快地接受了。不过,在工作了一段时间之后,苏芮发现自己以往淡然的心态似乎悄悄变了,变得有些暴躁、易怒,总是不自觉地紧张与小心翼翼。这种情况发生在工作中,苏芮还可以解释,自己是因为刚刚接触工作,还不够适应。但是回家之后仍然这样,苏芮就很难想通了。丈夫常常笑称苏芮是进入了更年期了。

怎么会在这么短的时间内进入了更年期呢?苏芮有些疑惑。她尽量地舒缓自己,放松心情,在接下来的几个月里,她终于发现了事情的端倪。

原本自己因为视力问题,常常会有眼干、眼涩的毛病,而这些不适在自己长时间面对电脑时会更严重。但由于工作性质,苏芮不得不长时间对着电脑,除了眼睛的不适之外,她也因为总是重复同类型的工作,并且不得不谨慎小心地检查而感到心浮气躁。

了解到了自己不舒服的原因,苏芮就开始想办法解决。她尽量地减少自己面对电脑的时间,并设置了淡绿色的桌面做屏保。除此之外,她还在自己的桌上养了一盆仙人掌和几朵小花,工作有了空闲,她就会伺候伺候花草,让自己的眼睛和精神都放松一下。

电脑等办公设备虽然为我们的生活提供了很大的便利,但是提供便利的同时,它们也会为我们带来辐射、毒性与其他一些负面的东西,紧张的情绪就是其中之一。

科学家曾经做过实验:他们在同一个时间段里,对生活在同一个城市的人做了关于紧张程度的抽查与测试。实验结果表明:那些面对着大自然、从事较重体力劳动的农业工作者,在心境与性格上反而比那些终日埋头在办公室里面对着电脑、数据与图表的"精英人士"更加健康平和,同时,他们的头脑也更加清醒,不会轻易产生失眠、健忘等状态。

也就是说,当我们还依赖着电脑、电视、家用电器为我们带来的便利时,它们的存在也在侵蚀我们的智力与动手能力;过于优越的生活环境,会扼杀我们的创造力与想象能力,并且随着科技的发展,越来越快的社会节奏也会让我们的情绪陷入深深的焦虑中,这一切都是文明发展带来的负面影响。

了解到这些之后,我们能得到保持健康的秘诀之一,就是亲近自然。

大自然能够带给我们清新的空气、广阔的天地与放松的心情。闲暇时,不要再待在家里,而是与丈夫和孩子一起去公园或是郊外,享受满眼的绿色与鸟语花香,这是缓解紧张状态的最健康的办法。

智者寄语

大自然能够带给我们清新的空气、广阔的天地与放松的心情。闲暇时,不要再待在家里,而是与丈夫和孩子一起去公园或是郊外,享受满眼的绿色与鸟语花香,这是缓解紧张状态的最健康的办法。

做个健康“水美人”

女人卓尔不群，她清纯、顾盼生辉，她是水做的。女人因水而拥有天生的妩媚，女人因水而被视作人世间一切诱惑的根源。但是，如果一个女人缺少了水的滋养，情形又将变得怎样呢？干瘪，失去水灵，这是最直接的表象，进一步，自然是衰老而失去女人应有的诱惑力。

空调、环境污染、夏季干燥、电脑、年龄增长、皮肤衰老、代谢减缓等因素以及本身属混合型肌肤都会令肌肤水分流失，肌肤粗糙形成干纹并引发诸多肌肤问题。二十多岁的女人，如果开始有意识地为身体补水，就会推迟生命衰老的脚步。做美人，更要做水美人，这胜过服用任何仙丹妙药。

人体喝水少，首先反应是尿量减少，尿中的很多成分浓缩，造成结石，而缺水加上出汗多，就可能增加血液的黏稠度，血液输送营养物质的能力减少，引起营养不足的一些症状。但是相反，喝水多也不一定是好事情，因为人体就如同一个水泵，水太多会引起水肿，心血管的承受能力也会减少，此外，体内水过多引起排尿量增加，因此，人体内的矿物质也很容易随着过量尿液排走。

值得指出的是，顺其自然、渴了才喝水的习惯也不好，因为“渴了”，是身体细胞内也缺水的一个机体反应。人体细胞内外水保持钠钾离子的平衡，最开始的身体缺水，先动用细胞外的水，等细胞外水不够了，再动用细胞内的水。“渴了”是细胞内也缺水的反应，所以要赶紧喝水不要耽搁。喝水最好把它养成定时定量的一种习惯，而不要渴了才喝。

喝水不一定要 8 杯，因为杯子有大小，每个人从食物中摄取其他水分的量也不同。所以你要自己做个评估师，根据爱不爱喝汤、爱不爱吃水果、运动多不多、出汗多不多、自己日常大概需水比一般的多还是少等估计，一般来说，200 毫升的水杯每天喝 8 杯左右，基本就差不多。另外，关于喝水的频率和习惯，有人制订了和食谱一样的喝水时间表，其实大可不必。喝水只要分次喝达到量即可，稍微需要讲究的是早上因为人体经过一晚上休眠和蒸发，可以适当多喝一点水；晚上因为怕夜尿多造成肾脏负担，要适当减少；饭前人饥饿状态时因为有胃酸分泌，喝太多影响浓度，影响消化。

补水有三大误区：

1. 晨起喝淡盐水

许多女性认为夏季盐分流失过多，因此，会在早上喝一杯淡盐水。事实上，生理学研究认为，早晨起床时血液呈浓缩状态，此时如饮一定量的白开水，会很快使血液得到稀释，纠正夜间的高渗性脱水。喝淡盐水则反而加重高渗性脱水，令人倍加口干。

2. 长期喝纯净水

女性善感，“纯净水”给人带来的感觉是纯净、能清理肠胃。但事实上，纯净水是一种酸性水，它的 pH 值在 5.07.0 之间，人体只有在弱碱性状态才是健康的。长期喝纯净水，反而使人体内有益的生命元素向体外流失，使身体内环境越喝越酸，失去酸碱平衡，从而加速人体老化。

3. 警惕酸味饮料

各种果汁饮料多采用柠檬酸作味剂，柠檬酸食用过多，大量的有机酸骤然进入入体，当摄入量超过机体对酸的处理能力时，就会使体内的 pH 值不平衡，导致酸血症的产生，使人疲乏、困倦。特别是在盛夏，由于天气炎热，出汗较多，人体会损失大量的电解质，如钾、钠、氯等碱性成分,大量的酸味饮料更容易令体液呈酸性。因此,在夏季不宜过多饮用添加有机酸的酸味饮料。

4. 甜饮料的陷阱。

如果口渴的时候首先想到的是饮料,可是相当危险的。可乐、雪碧、芬达的含糖量是11%,超过了西瓜、苹果、柑橘等很多种水果,一听350毫升的可乐所含的能量等同于一片面包、一个玉米或250克水果。各种果汁的含糖量与此相当,甚至还要更高于它。脉动、激活等看上去像水的维生素饮料也含有3%的糖分,如果喝上一大瓶(600毫升),对体重的影响相当可观。

正确饮水策略应该是:

1. 选择碱性饮品

当人体的血液pH值在7.4左右(内环境呈弱碱性)时,才是最平衡、最健康的。现代人由于喜欢吃肉类食品、加工食品、油腻食品等酸性食品,加上缺乏运动、心理压力过大等造成身心高度紧张,致使酸性物质阻塞体内,身体长期处于偏酸性亚健康状态。因此,夏季适当饮用茶、醋、蔬果汁这样的碱性饮品,都有益于维持人体的酸碱平衡。

2. 8杯弱碱性天然水

饮料再好,也不能喝多。因而每天畅饮8杯弱碱性天然水才是正道。那么,我们如何知道哪些是对人体最有利的弱碱性水呢?一般来说,重视水的酸碱度的品牌,都会在瓶贴上标明,比如说法国的依云,国内的农夫山泉天然水等。

3. 富合天然矿物质的水

夏季水分和矿物质流失较多,因此,选择饮用含天然矿物质(非人工添加)的水是非常必要的。好的天然水源远离污染,水质经过蓄水岩层过滤矿化,含有丰富的钾、钙、钠、镁等人体所需的矿物质和微量元素,是自然赋予人类的珍宝。它的pH值均衡,大多呈弱碱性。

智者寄语

如果一个女人缺少了水的滋养,情形又将变得怎样呢?干瘪,失去水灵,这是最直接的表象,进一步,自然是衰老而失去女人应有的诱惑力。

颈椎——你不得不防的白领病

珊珊是一家广告公司的文案策划主管,平时上班在电脑面前一坐就是三四个小时,晚上加班到九十点钟更是“家常便饭”,上周公司接了一个大项目,忙得“天昏地暗”,珊珊更是创造了连续多天在电脑前工作十六个小时的“纪录”。项目圆满结束后,老总给他放了一星期的假,没想到假期的第一天,珊珊就发现脖子痛得不得了,稍微转个头就钻心地疼,去医院一查才发现患了重度颈椎病,一周的假期只能在病床上度过了。

几乎在所有的办公室里,都能遇见经常嚷嚷着肩酸颈痛的人,颈椎病伴随着都市生活节奏的加快,正逼近每个人,用“肆虐”这个词来描述颈椎病并不过分。有专家估计,中国的颈椎病患者数可能已达1.5亿,这意味着在10个人中就至少有一个人是颈椎病患者。发病急剧年轻化的趋势也令人惊讶,一向被老年人“青睐”的骨伤科门诊已不知从何时起被年轻白领“瓜分”。在英国,因受颈椎病困扰,每1000名男性上班族,每年要失去627个劳动日,每1000名女性上班族，每年也要失去374个劳动日。

白领一般每天要在办公室工作7～8小时，而且大多数时间是坐在电脑前度过的。但是，很多白领在办公室坐着时习惯于驼着背、弯着腰，加上长时间低头伏案，或抬头对着电脑，使颈椎长时间处于屈位或某些特定体位，不仅使颈椎间盘内的压力增高，也使颈部肌肉长期处于非协调受力状态，颈后部肌肉和韧带易受牵拉受损，再加上扭转、侧屈过度，更进一步导致损伤，所以极易诱发颈椎病。由于缺乏运动而导致颈肌慢性劳损，成为办公室人员得颈椎病的重要原因。

所以，年轻的你要想避开颈椎病的困扰，预防最重要。

(1)枕头的高度是一个值得关注的问题。枕头过高，使颈部前屈，导致颈部肌肉和韧带紧张，这会诱发或加重病情，所以在枕头的选用上，切忌高枕，而应该使用不高且较软的枕头，能正好维持颈椎的自然状态，使枕头与颈部生理曲线处在一条线上。

(2)要改变不良的工作姿势，无论是写字还是在电脑前操作，都要挺胸抬头，腰与大腿、大腿与小腿保持在90度角。同时，把座椅调整到合适的位置，让显示屏高度与双眼等平。

(3)长时间静坐办公对健康不利，最好每隔一到两个小时就起身活动一下，做做颈部保健操，呼吸一下新鲜空气。

(4)要做好颈部的保暖，因为寒冷易引发肌肉的收缩和痉挛，这对颈部已有不适感的人来说更是“雪上加霜”。

上面的预防措施看起来很简单，但是光了解是不够的，一定要付诸实际行动。记住，颈椎是你身体上的一个“零件”，如果你想要身体“运转正常”，就要保养好这个关键的“零件”。很多年轻的白领，颈椎痛就惯于去做个“盲人按摩”，似乎一下子就能缓解不少。但强力且粗暴的推拿手法是非常有害的，会造成患者韧带、肌肉及骨骼的损伤，加重疼痛，甚至可能因颈动脉的突然阻断而昏厥，因颈部按摩而导致的医疗纠纷也是时有耳闻。所以，做颈部推拿一定要到正规医院，而不要到理发店或按摩院去做。

其实不是非得做按摩，一种简简单单三分钟保健操也能帮助你改善颈椎。

步骤一：身体坐正，抬头挺胸，深吸一口气。

步骤二：头缓缓低下，直至下巴顶住锁骨处，同时缓缓呼气。此过程共10秒钟左右。

步骤三：头缓缓抬起至原始位置，此过程10秒钟左右。

步骤四：头缓缓仰起，直至不能再向后仰为止，同时缓缓吸气，此过程10秒钟左右。

步骤五：将头回复原始位置，此过程10秒钟左右。

步骤六：重复步骤1～5数次。

这样的保健操能有效地放松颈部肌肉和周围韧带，有利于预防颈椎病的发生和缓解酸痛的症状。所以，在工作几小时后，别忘了做。另外，俗话说：“流水不腐，户枢不蠹。”运动是预防颈部肌肉劳损的一个有效方法。所以建议工作压力大的白领们，闲暇之余不妨抽20分钟左右做些运动，建议可以去打球、慢跑、健身等，让你的颈部肌肉“活”起来。当然，颈椎病预防是关键，但是如果你已经得了比较严重的颈椎病，那么不要忽略它，还是需要及时去医院就医。

智者寄语

颈椎病预防是关键，但是如果你已经得了比较严重的颈椎病，那么不要忽略它，还是需要及时去医院就医。

乳房健康，你的美丽中心

乳房为我们增添了女性魅力，乳房同样使不少人受尽折磨。我们要它挺拔，要它丰满，要它性感，要它有漂亮的形状……只有在乳腺疾病发生的时刻，女人才想起问自己一个问题：对乳房，我们是不是太苛刻了？

有调查指出，世界上有80%的女性每天都戴着不合适的胸罩。面料、罩杯心、肩带、上胸围松紧带、钢丝、背钩、调整环、捆条、左右护翼、装饰花、缝线、蕾丝花边差不多每个女人每天都在使用胸罩，每天要披挂着上面说的那些密密麻麻的小零件走来走去。

不穿胸罩更舒服自在，但为了美丽，不能不穿——比起有些人动刀子，穿胸罩实在不算什么。

可是临床发现：每天戴胸罩超过8小时的女性患上乳腺疾病的概率是其他人的两倍。医院乳腺门诊的不完全统计发现，25～45岁女性中，每四个人中就有一个患有不同程度的乳腺疾病，令人谈之色变的乳腺癌发病率更是呈上升趋势。

其中，胸罩的罪责不可推卸，尤其是调查发现80%的女人戴着不合适的胸罩而不自知。为了舒适、为了降低乳腺患病概率，我们有充分的理由给乳房"松绑"。

(1)睡眠时：在睡前给乳房自由。8小时香甜的睡眠给了乳房8小时血液畅通的机会，是对束缚了一天的乳房最基本的养护。

(2)周末：让它最舒适地待着。专家建议每周至少裸胸一天对乳房健康有益。

(3)外出度假：无角色时间更有理由还乳房一个自由。没有胸罩捆绑的身体会带动精神一并放松下来。

(4)春秋冬季：夏天的薄衣服让你不得不穿，那么剩余的三个季节可以还乳房自由。

除了给乳房松绑，我们还应该给它一个舒适的家，穿对胸罩非常重要。既然胸罩对多数女性来说还是要穿的，问题的关键是要选对尺码和型号。胸罩尺码是下胸围尺寸和罩杯代码的结合，罩杯代码为上下胸围差，如差为10厘米左右为A杯，12.5厘米为B杯，15厘米为C杯，以此类推。如果你的上胸围为83厘米，下胸围为74厘米，那么，适合你的正确尺码就是75A。女人每月需要两种尺寸的胸罩：月经前与月经后各一种。因为荷尔蒙变化使得这个器官的尺码即使在同个月内也会缩水。

有专家建议女人每隔三个月就需重新量体，以根据自己的体形变化置办新的合适的胸罩。即使是平时呵护有方，一个胸罩的平均寿命也不应超过10个月。定期更新是保障健康的必须。

乳房的大小取决于乳腺组织与脂肪的数量。年龄在20～25岁的女性，是乳房发育的最佳时期。因此，适度地增加胸部的脂肪量，是提高丰挺度的最自然、健康的方法。毕竟，做丰胸手术或者盲目用丰乳霜都是非常危险的做法。

(1)木瓜、鱼、肉及鲜奶等含丰富蛋白质的食物，均可健胸。

(2)黄豆、花生、杏仁、桃仁、芝麻及粟米等种子和坚果类，是有效的健胸食品，不妨多吃。

(3)橙、葡萄、西柚及番茄等含维生素C的食物，可防止胸部变形。

(4)芹菜、核桃及红腰豆等含维生素E的食物，有助胸部发育。

(5)椰菜、椰菜花及葵花籽油等含维生素A的食物，都有利于激素的分泌。

(6)牛肉、牛奶、豆类及猪肝等含B族维生素的食物,亦有助于激素的合成。

(7)牛奶炖鸡——以嫩鸡加入牛奶同炖,能有丰胸的作用。

丰满、挺拔、健康的乳房,是女性美的诠释,也是现代女性的追求。不过,乳房也是女性最脆弱的部位,很容易受到疾病的侵犯。一旦中招,不仅意味着失去美丽,还会被夺去健康甚至生命。

乳房健康需要精心呵护,乳房的自我检查是预防乳腺病的重要措施,也是简便易行的检查方法。月经结束后的2~3天,如果是完经的女性,最好选择每个月的第一天或最后一天,做自我诊断。

两手叉腰,肩与肘向前伸出,胸部用力向前弯下。看着镜子观察两侧乳房的大小(大小是否一致),皮肤色泽(是否发红、产生条纹、变得像橘子皮样),皱纹(是否有了皱纹或存在凹陷的部分),乳头(颜色是否变化,是否凹陷,有无分泌物)。

两手放在头部后侧,双手交叉,胳膊用力,胸部向前伸出,观察乳房的变化。有癌组织时,胸部的形状或轮廓会变得与平时不同。

用手触摸乳房时注意非正常的瘤。检查乳房的侧面和腋窝,还有整个乳房(有无厚厚的硬结或瘤,是否能触摸到米粒或红豆大小的硬块,有无凹凸不平,有无疼痛)。

将受检乳房一侧的胳膊举过头顶,用另一只手的中间3个手指指尖前部的掌面,在一个部位上揉按3次。先轻轻地按压皮肤表皮的部位(有无硬结、硬块,有无疼痛),接着用一点力揉按中间的部位,再加力按压至乳房深层部位。

从上下和两侧挤压乳头,注意有无分泌物。如果有血迹应当向医生咨询。

取仰卧位,在要检查一侧的肩部下面,用叠好的厚毛巾垫住,将胳膊放到头顶部。用另一只手仔细触摸整个乳房,看有无硬块和疼痛感。

倘若发现异常应及时到医院进行检查和治疗,不要掉以轻心,以免为乳腺癌的发生、发展留下隐患。

智者寄语

乳房健康需要精心呵护,乳房的自我检查是预防乳腺病的重要措施,也是简便易行的检查方法。

办公室一族的自我保健

很多白领都是办公室一族,整日离不开电脑和手机,殊不知过度使用电脑和手机都会给身体带来负面影响。

长期面对电脑屏幕,不知不觉中会生出一张表情淡漠的脸,影响日常的人际交往,且容易产生人格障碍与性格异常。长时间的人机对话会出现面部表情不丰富甚至无表情、表情淡漠的情况。另外,屏幕辐射产生静电,最易吸附灰尘,长时间面对电脑,更容易导致斑点与皱纹。

我们在日常操作电脑时,身体与电脑屏幕应保持不小于70厘米的距离。硬件上,应配置一台辐射较小、没有眩光、显示稳定的电脑,有液晶显示屏更好。同时,要挑选适合自己的电脑桌椅,尽量把它们调节到最适合自己的状态。要注意让眼睛休息,最好一小时休息10分钟,每天做两次眼保健操。上网结束后,第一项任务就是洁肤,用温水加上洁面液彻底清洗面庞,将静电吸附的尘垢洗掉，涂上温和的护肤品。久之可减少伤害，润肤养颜。

(1)鼠标手。坐在电脑前使用鼠标，长时间牵拉腕管内的肌腱使其处于高张力状态，加上手掌根部支撑在桌面会压迫腕管，在这种状态下，手指的反复运动容易使肌腱、神经来回摩擦，发生慢性损伤，造成炎症水肿，继而引起大拇指、食指、中指出现疼痛、麻木、肿胀感等，还可出现腕关节肿胀、手部精细动作不灵活、无力等。人们使用鼠标时，反复机械地集中活动一两个手指，而为了配合这种单调轻微的活动，还会拉伤手腕的韧带，导致周围神经损伤或受压迫。

每工作一小时就要起身活动身体，做一些握拳、捏指等放松手的动作。使用电脑时，电脑桌上的键盘和鼠标的高度，最好低于坐着时的肘部高度，使用鼠标时，手臂不要悬空，移动鼠标时不要用腕力而尽量靠臂力做，不要过于用力敲打键盘及鼠标的按键。另外，鼠标最好选用弧度大、接触面宽的，有助于力的分散。

(2)键盘腕。医学上称为“腕管综合征”。主要症状表现为手腕、拇指、食指及中指的麻木和疼痛，常感觉大拇指笨拙无力，拇指、食指、中指感觉迟钝和异常，而小指和无名指内半侧完全正常，如果让患者将两手搁在桌子上，前臂与桌面垂直，两手腕自然屈掌下垂，大约一分钟即可出现食指和中指的麻木。主要原因是长期从事电脑打字工作、敲击键盘所致。

专家建议在使用键盘时，应让长期操作电脑者将腕部垫起，避免悬腕操作。工作一个小时左右应做短暂的休息，同时活动一下腕部。治疗时应该暂时停止使用电脑，并遵从医嘱用物理、封闭、手术等方法治疗。

(3)手机肘。“手机肘”在医学上被称作“肘管综合征”。患“手机肘”的人大多是一些白领人士，每天接打手机、发送短信的时间超过四个小时。据了解，“手机肘”早期表现为肘关节疲惫麻木、疼痛、胳膊有时抬不起来，因为接打手机时间太长，打电话时总把手臂圈起来，长此以往就会造成神经牵拉受损。症状较重者为持续性疼痛，手臂无力，甚至持物会掉落，在前臂旋转向前伸时，也常因疼痛而活动受限。

专家建议常用手机的人士，打电话时应尽量使用耳机，避免手臂长时间弯曲，或尝试“左右开弓”，让双手轮流放松休息。一般打完电话后应进行适当的活动，还可以用毛巾热敷缓解肌肉紧张。专家提醒，如果发现手臂等部位酸痛、麻木等症状出现的频率增高，或者在极短时间内就出现此类症状，应立即去医院就诊。

(4)视疲劳。在办公室经常用电脑的办公族普遍感到眼皮沉重、眼干涩、酸胀、疼痛、有异物感、畏光、流泪、视力模糊、重影、眼部充血等。这种病的名字就叫“电脑视疲劳综合征”，是电脑普及后才出现的新病种，不过10年时间，它已是眼科常见病之一。

对经常上网的人，增加营养很重要。维生素B对脑力劳动者很有益，如果睡得晚，睡觉的质量也不好，应多吃动物肝脏、新鲜果蔬，它们含有丰富的维生素B族物质。此外，肉类、鱼类、奶制品也有助于增加记忆力；不定时地喝些枸杞汁和胡萝卜汁，对养目、护肤功效也很显著。另外，平时准备一瓶滴眼液，以备不时之需。上网之后敷一片黄瓜片、土豆片或冻奶、凉茶也不错。方法是：将黄瓜或土豆切片，敷在双眼皮上，闭眼养神几分钟；或将冻奶、凉茶用纱布浸湿敷眼，可缓解眼部疲劳，营养眼周皮肤。

智者寄语

很多白领都是办公室一族，整日离不开电脑和手机，殊不知过度使用电脑和手机都会给身体带来负面影响。

上班族防“辐射”

网络时代已经到来,互联网的迅速发展给人们带来了巨大的方便,同时电脑对人体的辐射伤害也不容忽视,尤其是白领人士每天在电脑前工作最少8小时,接受的辐射不言而喻,因此一定要引起重视。

电脑辐射对人体造成的伤害有十几种,很多经常坐在电脑前工作的人士会感到眼睛干燥、酸涩、痒等,其实这只是眼睛的功能性损伤阶段,如果不注意保护,长期处于这种干燥的状态,就会引起角膜上皮细胞的脱落,造成器质性的损伤,使症状进一步恶化,严重影响视力。

很多的白领人士在中午休息的时候总是趴在电脑旁睡觉,甚至有些人趴在键盘上就睡,其实如果只关掉显示器而不关掉电脑的开关对人体的辐射仍然很大,尤其是键盘所产生的辐射,很多人都以为显示器的辐射最大,其实不然,显示器只不过对眼睛的伤害最大,其实整个电脑所产生的辐射属键盘最强,对人体造成的辐射伤害当然也最大,因此,如果想趴在电脑前睡觉要关掉整个电脑。

辐射影响人们的心血管系统的表现为:心悸、失眠,部分女性经期紊乱、心动过缓、心搏血量减少、窦性心律不齐、白细胞减少、免疫功能下降等。电脑辐射污染会影响人体的循环系统、免疫、生殖和代谢功能,严重的还会诱发癌症,并会加速人体的癌细胞增殖。

为了减少电脑辐射的危害必须采取一定的措施,在电脑旁放上几盆仙人掌,它可以有效地吸收辐射。电脑的荧光屏上要使用滤色镜,以减轻视疲劳。最好使用玻璃或高质量的塑料滤光器。用电脑时要有一个良好的姿势,使双眼平视或轻度向下注视荧光屏。

在工作和生活中也应该防止接受不必要的电磁辐射。所以白领要把办公室的复印机移到远一点的地方,把电脑显示屏换成液晶的,经常离开电脑走动一下是必要的。同时生活中的坏习惯也得改:不要煲手机,看电视不要离屏幕太近,“随身听”和助听器不要老戴着,不要站在工作的电磁炉和微波炉近旁。

平时多吃一些富含维生素A和有明目作用的食物也可以预防电脑辐射,如鸡蛋、鱼类、鱼肝油、胡萝卜、菠菜、地瓜、南瓜、枸杞子、菊花、芝麻、萝卜、动物肝脏等。多吃含钙质高的食品,如豆制品、骨头汤、鸡蛋、牛奶、瘦肉、虾等。茶叶中的茶多酚等活性物质有利于吸收与抵抗放射性物质,平时可适当地饮茶,还有螺旋藻、沙棘油也具有抗辐射的作用,可以适当吃些。

智者寄语

网络时代已经到来,互联网的迅速发展给人们带来了巨大的方便,同时电脑对人体的辐射伤害也不容忽视,尤其是白领人士每天在电脑前工作最少8小时,接受的辐射不言而喻,因此一定要引起重视。

胃肠职业病

上班族在紧张的工作状态下要特别注意自己的胃肠,否则功能性消化不良、肠易激综合征和消化性溃疡这三种“白领胃肠职业病”就会悄悄找上你,甚至会伴随你一生。

有专家介绍说，白领最容易得的胃肠道疾病包括：功能性消化不良、肠易激综合征和消化性溃疡，这三种病都和他们的工作、生活状态有密切联系。

现代社会人们的生活节奏加快、工作效率提高，尤其是工作的紧张程度更是大幅度提高，功能性消化不良和肠易激综合征的患者比以前增加了不少，并呈逐年上升的趋势。尤其是肠易激综合征，白领患者非常多。有人认为这可能与他们在工作餐时间常讨论工作的习惯有关。但事实上很多人都喜欢在吃饭时聊天，却没有因此而患上胃病，这说明只要是在情绪放松的情况下，吃饭时谈话对胃没有太大的损害。但是，情绪对胃肠的影响就十分明显了。像功能性消化不良及肠易激综合征，就和焦虑、抑郁等异常的心理因素有直接关系，消化性溃疡也有显著的情绪障碍表现。现代研究证明，情绪越急躁的人越容易患这种疾病。

临床实践证明，社会环境和人的精神状态直接影响内脏。根据巴甫洛夫教授的条件反射理论，人的大脑皮层是人类思想和行为的最高调节机构，负责调节人的中枢神经，对躯体疾病特别是内脏疾病有很重要的作用。而人体的内外感受器官在强烈情绪的刺激下会使大脑皮层过度兴奋，让人感到疲劳、衰竭，于是大脑皮层发出了抑制信号，这可能引起植物神经的功能性紊乱，胃及十二指肠壁的平滑肌和血管就会痉挛、收缩，使胃肠组织供血不足，营养供应发生障碍，这时胃及十二指肠黏膜的抵抗力减弱，不适的感觉就会出现。而这种疼痛反过来又会反射回大脑皮层，加重大脑皮层的功能性障碍，形成恶性循环。所以，性情急躁、容易焦虑的人在工作紧张的情况下很容易得上功能性消化不良、肠易激综合征和消化性溃疡。

工作繁忙的白领们如果自己不注意调养肠胃，天天重复不良的生活习惯来伤害自己，医生就是有妙手回春的本事也治不好这些“胃肠职业病”。

(1)高脂肪的食物会抑制胃排空，增加胃食管反流，所以每天油脂的摄入量最好控制在适度的范围内，吃太多会不容易消化，直接给肠胃造成损伤。

(2)胃口不好的人要养成良好的饮食习惯，绝不能饥一顿、饱一顿的。同时少吃产气的食品，比如：奶制品、大豆、豆角、卷心菜、洋葱等。

(3)葡萄汁、苹果汁和梨汁有可能引起腹泻。

(4)高纤维质的食物，如魔芋可以促进胃肠蠕动，是良好的肠胃动力提供者。

智者寄语

上班族在紧张的工作状态下要特别注意自己的胃肠，否则功能性消化不良、肠易激综合征和消化性溃疡这三种“白领胃肠职业病”就会悄悄找上你，甚至会伴随你一生。

忽略细节导致心脏病

很多上班族以为多运动、少吃油腻食品、戒烟戒酒就可躲过心脏病的魔爪。其实这种做法并不完全有效，因为还有些日常忽视的生活细节也有可能伤害你的心脏。

(1)运动不得当。雾天在户外运动是对心脏不利的。在空气污染严重的雾天里进行户外锻炼，会阻断血液中氧的供应，从而使血液更容易凝结。另外，做运动并不是一定要时间长，任何经常性的身体活动都可以减少患心血管疾病的风险，即便每次只运动5到10分钟。

(2)胸前口袋放手机。有些男士习惯把手机装在上衣左边的口袋里，紧贴着心脏。虽然目前还没有直接的证据证明手机辐射对心脏有多大的影响，但手机最好不要装在上衣左边的口袋里，手机开启的瞬间，也最好远离身体。

(3)事业至上、忽视减压。佛罗里达大学的一项研究发现，精神压力最大的冠心病患者比精神压力最小的冠心病患者死亡的可能性要大三倍。因此，每天沉思 20 分钟会减少你 25% 以上的焦虑和抑郁。

不要尚未起床就盘算着当日的工作计划。血压在早上会激增。不过听音乐可以帮助控制血压，从而使早上心脏病发作的可能性降低。

(4)压抑愤怒。压抑愤怒会加大对心脏的压力，如果发泄出来，会使心脏感到更舒适，降低心律不齐、心绞痛的概率。

终日愁眉苦脸也对心脏不好。哈佛大学的研究人员跟踪观察 150 位健康的人士长达十年，最后发现，在这次试验一开始态度就非常乐观的人得心脏病的可能性比那些态度比较悲观的人要小一半。而在工作中结交朋友最少的人，其心率也最高，血压指数也最不健康，即使是在非常平静的时期也是如此。

(5)狂热一时的节食计划。执行狂热一时的节食计划，使体重波动大的人与体重缓慢下降而很好地保持下去的人相比，心脏要弱得多，血流要差得多。

另外，三餐进食不可过饱。胃壁扩张，会使肺内压力升高，导致心脏代谢增加，容易诱发致死性的心肌梗塞。

智者寄语

很多上班族以为多运动、少吃油腻食品、戒烟戒酒就可躲过心脏病的魔爪。其实这种做法并不完全有效，因为还有些日常忽视的生活细节也有可能伤害你的心脏。

健康美丽始于足下

脚是女人的传情之物，一双玉足不经意间流露出风情万种的别样温柔往往更让人心动，用脚传情更亲昵，更私密，美妙更在于一种不经意中。大多男人喜欢女人脚的三种形态，一种是光脚，光着脚满地跑，这时的女人天真、活泼，是女人最放松的时候。一种是穿着单带、带有趿拉板声音拖鞋的脚，这时的女人多是轻松的居家状态，刚刚洗完澡，被水泡过的脚很舒服，白里透粉。一种是在迷离的灯光下，一双柔润嫩白的脚，穿着酒红色的很细很高的高跟鞋，这是一双性感的脚。

女性双脚美丽的标准应当是看起来发育良好，外形匀称，皮肤光洁，脚趾圆润，摸起来光滑细腻富有弹性，动起来灵动自如。无瑕疵的玉足加上说得过去的容貌和可爱的女人味就是美人。

(1)足部的触觉美：足部的触觉美是建立在视觉美的基础之上的。一双美丽的脚摸起来必须光滑细腻，圆润富有弹性。

(2)足部的嗅觉美：足部的美必须以气味的清爽为保障。不求有香，但求无味，这才是足部恰到好处的美。足部只要天天洗，保持通风，就不会有异味了。

(3)足部的动态美：步态的美增添了女性高雅的气质。那些时装模特优雅的步态美，要求双脚踩出猫步，产生灵动的摇曳之感。

(4)足部的装饰美：姣好的脚形，纤细而匀称的小腿，再配上各式各样精美的女鞋，如绚丽典雅的高跟鞋、中国色彩的绣花鞋，或华丽或经典，都能使女人的美足大放异彩，展现十足的女人味。长长短短的丝袜，或小巧或夸张的脚链儿，使玉足更添诱惑。脱下丝袜，光脚穿凉鞋，天然一双赤足，那份别致的美，最惹人怜爱，给人舒适、自然、洒脱、浪漫之感。

足部的美对于女人来说，是一种自信，是一种完美。对于男人来说，是一种诱惑，一种欲望。提醒女人，不要疏忽自己的双足，也许你改变不了你的脚形，但你可以让脚更灵活，更柔嫩，更传情。想要做到这一点，足浴是个好办法。

有一首民谣：春天洗脚，升阳固脱；夏天洗脚，暑湿可祛；秋天洗脚，肺润肠濡；冬天洗脚，丹田温灼。这首民谣道明了足浴能够四季养生。浸泡、按摩、去角质、深度滋润……只要你有耐心，关注足迹，细心地呵护，就能拥有一双美足，打造女人终端美。下面介绍一套在家里就可以完成的足部护理保养过程。

1. 泡：天然猪鬃毛刷，浴足盐

水温不要超过37摄氏度，在水中加入浴足盐和两滴薄荷油，薄荷油可以起到防臭留香的功效。以天然猪鬃毛刷清洗脚部时先轻轻揉摩，然后打上浴足盐揉摩，天然猪鬃毛刷有助于刷去脚跟、脚侧和脚背的污垢，彻底净化足部；而浴足盐蕴含着天然矿物质盐和多种微量元素能够促进血液循环，补充肌肤营养，消除疲劳，还有助于祛除脚气，美化脚趾。这样的浸泡可以达到脚部皮肤软化的效果，方便后面的清洁护理。

2. 磨：磨砂膏，脚皮锉、磨脚石，足部按摩膏

使用磨砂膏清除脚部的死皮以及漂白皮肤，同时起到按摩、舒缓压力的作用，让双足倍感清凉舒爽，然后用脚皮锉锉趾缝、脚趾侧面、尾趾的死皮，之后用磨脚石轻柔地磨掉脚跟的硬皮，最后用足部按摩膏揉摩，足部按摩膏可以促进血液自由循环，焕发活力。注意磨洗的时候不要太用力，以免磨伤皮肤。

3. 抹：足部浸剂，香喷剂，护足液

含天然药物的足部浸剂能够让你的双足在浸泡中清热去湿，杀菌祛味，解除脚痒的现象，将香喷剂喷洒足部，尤其是趾缝间和鞋子、袜子内部，能够让你足下生香，爽利清朗，免除尴尬；最后给足部抹上护足乳液，这可以减少厚皮增生，保持皮肤的柔润，让足部能够得到充分的滋润和营养供给。

智者寄语

足部的美对于女人来说，是一种自信，是一种完美。不要疏忽自己的双足，也许你改变不了你的脚形，但你可以让脚更灵活，更柔嫩，更传情。

第十三章　行走于职场，闪耀魅力光芒

智慧白领如何出人头地

做女人难，做一个成功的女人更难。女人除了要尽心尽力做好工作外，还要学会“表现”自己，学会在别人面前巧妙地推销自己，学会在适当的时候出出“风头”。

1. 在公司的会议上，让上司和其他同事注意你

一定要事先计划好你想说的和你要达到的目的，列出可能遇到的疑难和对策。开会时不要坐在会议室的角落里，要大声清晰地说出你的意见。善用眼神进行交流。

2. 主动摆出你的成绩

男人往往做出成绩就大张旗鼓地让每个人知道。女人也不该默默无闻地做贡献。

3. 别企盼在工作中结交朋友

工作仅仅是完善自我的一部分，把交友这一项从工作目标中划掉。当然，如果能遇到知己是你额外的运气。

4. 坦然面对变化

培养良好的心理素质，从日常工作和生活中锻炼自己，好的机会和坏的事情也许就发生在5分钟以后，如果你平时就有所准备，你的镇静对策会让老板和同事刮目相看。

5. 敢于冒险

经验是一位老师，教导你之前先会考验你，但患得患失只能令你停步不前。成功者多数是敢于把想法变成行动的人。

6. 尽量避免承担那些你不能直接控制的工作

如果项目中的主要或是关键人员不是向你汇报，而且你并未得到足够的授权，就不必自告奋勇地站出来。同事间的相互帮助不是用这种方式表现的，把有限的精力投入到那些能真正给你事业带来发展机会的工作中吧。

智者寄语

做女人难，做一个成功的女人更难。女人除了要尽心尽力做好工作外，还要学会“表现”自己，学会在别人面前巧妙地推销自己，学会在适当的时候出出“风头”。

怎样做个白领俏佳人

白领丽人是都市生活中一道独特而靓丽的风景。因为人们对她们的期望值高，所以她们对自己的着装亦更为讲究。那么，白领小姐究竟该怎样打点“行头”呢？

1. 必须备有深色西服三件套

西服套装是白领小姐的主流职业装，简洁、大方、精干是其特点。深色不单是黑色。还有普蓝、深灰、深灰蓝等。此三件套分别为上衣、西装裙、合体长裤。在多数正式场合，它们可相互配套或分开搭配，使之充分显示成熟、稳重与自信。

2. 必须备有浅色无领三件套

此三件套由上衣、连衣裙、宽松长裤组成，与深色套装的外形特点拉开距离：上衣一长一短，颜色一深一浅，领型一有一无；裙款，一为西装裙一为连衣裙；长裤，一宽松一合体，这样可以给您的服装搭配留有较大的空间，体现不同的风格。

浅色无领套装，内为短袖齐膝合体连衣裙。在秩序井然的办公室里，这套服装能带给别人温柔而甜蜜的心情。它亦可拆开穿用，脱去外衣，是典雅的连衣裙，简洁、轻巧，而又清新宜人。

3. 必须备有款式多样的衬表

在严谨，格式化的套装限制下，衬衣自然成了白领丽人体现个性和展示女人味的最佳选择。

衬衣应准备5件至8件，领型包括无领、高领、翻领、叠领等；颜色应有深色、浅色、灰色、印花等；衣长和袖长宜有长短之分。其中一款衬衣应可配裙成为两件套，并可直接与套装中的上衣搭配。编织物是衬衣常采用的面料之一，一套合体的编织套裙，一件编织上衣下配半截裙或长裤，都能使身段姣好，腿型优美的白领女性以最合理的方式去展示。编织物和淡色印花衬衣如同轻丽的内衣一样，最易在理性的外衣下悄悄传达和表露女性的细腻情感。

4. 必须懂得组合搭配

在正规场合，白领女士着一套“天地一笼统”的套服或套裙最为适宜，但如果平时也像这样中规中矩，那不啻于自我“禁锢”。其实，套服、套裙也可以像其他服装那样拆开来重新组合，使原有的“棱角”化解，而平添一股舒适、随意的韵味。

比如一套上长下短的黑色西服套裙，将其拆开，下配一条黑底白花、悬垂感较强的丝绸长裙，休闲风度立马透露而出；而短裙无论配什么样的上衣，都不失为明智的搭配. 因为黑色是最理想的陪衬色。

又比如蓝底白花的大摆裙及领、扣、包镶裙料的蓝色上衣的组合套裙，将其拆开，上衣既可配白色休闲裙、裤，也可配蓝色体闲裙、裤，两者皆可起到上下“呼应”的作用；而下面的大摆裙则可配蓝、黑、白、黄等单色T恤，下松上紧，上短下长，同样可以体现一种如水的休闲风。

套服的重新组合搭配，必须注意以下几点：

一是尽量采用邻色搭配和同色搭配，以营造一种和谐美；

二是尽量采用长短搭配和松紧搭配，以营造一种参差美；

三是尽量使上下面料厚薄一致，以营造一种质材美。

此外，还应当注意在这些重新组合中辅以适当的配饰，方能起到“画龙点睛”的作用。比如素色上衣配光泽度较高的金银首饰，休闲上衣配各种天然质材的首饰。白西裤上面配一件夕阳红的丝绒紧身短袖衫，再在脖子上挂一串珍珠项链，秀雅、端庄又不失性感；而白西服则套在一条碎花纯棉连衣裙的外面，再在腕上戴一对木头手镯，其白领形象“硬中有软”，不乏娇娇俏俏的女人味。

智者寄语

白领丽人是都市生活中一道独特而靓丽的风景。因为人们对她们的期望值高，所以她们对自己的着装亦更为讲究。

决定女性成功的8个细节

现代社会对女性的要求越来越高，女性柔弱的双肩上，有家庭的负担，也有工作的压力，想要在事业上有所建树的女性，往往要付出比男性更高的代价。以下几点是女性必须牢记的：

1. 尽快学习业务知识

你必须有丰富的知识，才能完成上司交代的工作。这些知识与学校所学的有所不同，学校中所学的是书本上的死知识，而工作所需要的是实践经验。当上司分配你某件工作时，首先你必须进行事前的准备，也就是拟订工作计划，无论是实际做出一个计划表，或仅有一个腹稿。总之，你需要对整个工作的进行排出日程、进度，并拟定执行的方法等。如此才能提高工作效率，成为上司眼中的好职员。

2. 在预定的时间内完成工作

在“时间就是金钱”的现代社会里，一个具有时间观念的女性是受人欢迎的，尤其是在进行工作时，更要注意按时完成任务。一项工作从开始到完成，必定有预定的时间，而你必须在这个时间内将它完成，绝不可借故拖延，如果你能提前完成，那是再好不过的了。

3. 随时运用智慧

工作时难免会遭到困难与挫折，这时，如果你半途而废，或置之不理，将会使上司对你的看法大打折扣，不再赏识你和提拔你，如此，昔日的优良表现，岂不是付诸流水！因此，随时运用你的智慧，或许只要一点构想或灵感便能解决困难，使得工作顺利完成。

4. 在工作时间内避免闲聊

聊天的确是人生的一大享受．尤其是三五好友聚在一起，话题更是包罗万象。但是，并非每个场合、任何时间都适于聊天，尤其是工作时间应绝对避免。工作中的闲聊，不但会影响你个人的工作进度，同时也会影响其他同事的工作情绪，甚至妨碍工作场所的安宁，招来上司的责备，所以工作时绝对不要闲聊。

5. 整洁的办公桌使你获得青睐

有人说过，可以从办公室的桌上物品的摆置，看出一个人的办事效率及态度。凡是桌上物品任意堆置，显出杂乱无章的样子，相信这个人的工作效率一定不高，工作态度也极为随便。相反的，桌上收拾得井井有条，显出干净清爽的样子，想必这是个态度谨慎、讲求效率的人，事实也的确如此。一张清爽、整洁的办公桌确可增加工作效率。另外，还可以使别人对你产生良好的印象，认为你是一个做事有条理的女性。

6. 离开工作岗位时要收妥资料

有时工作进行一半,你因为上司召唤,客人来访,或其他临时事故而暂时离开座位。在这种情况下,即使时间再短促,也必须要将桌上的重要文件或资料等收拾妥当。或许有人认为,反正时间很短,那么做很麻烦而且显得小题大做,其实问题往往发生在你意想不到的时刻。遗失文件已经够头痛了,万一碰巧让公司以外的人看见不该看见的机密事项,那才真正叫你"吃不了,兜着走"呢。

7. 因业务外出时要保持警觉

商业间谍早已不是什么新鲜名词,更何况业务机密的泄漏,往往是人为的疏忽造成的。作为公司的一位女职员,免不了要因业务外出,在外出搭乘交通工具,或中途停留于某些场所时,应提高警惕,留意自己的举止。即使是在上班时间以外与朋友会面,也应避免谈及公司的事情;不要将与公司相关的文件遗忘在外出地点;当对方询问有关公司的事情时,应该采取避重就轻的回答方式;外出公干时不可为了消磨多余的时间而随意出入娱乐场所。

8. 做琐事时要有耐心

一位缺乏经验的新女职员,自然无法期望公司将重要的责任交给她来承担。换言之,新职员刚刚开始接手的工作往往以一般的杂务居多。这种情况对于刚刚踏入社会,雄心勃勃地准备一展才干的女青年来说,极易令她们产生不满。可是无论心中多么不乐意,也不要让这些想法溢于言表。从公司的角度来讲,培育一名新人不容易,必须由基础开始,让她们一点一滴地学习工作内容,等熟练后,才逐渐委以重任。你明白了这一点,便会自觉地做那些琐碎的杂务。总之,你应当记住:"一屋不扫,何以扫天下。"

智者寄语

现代社会对女性的要求越来越高,女性柔弱的双肩上,有家庭的负担,也有工作的压力,想要在事业上有所建树的女性,往往要付出比男性更高的代价。

职业女性的5项自我修炼

"明天我会失业吗?"已成为每个人关注的话题,不管你是管理人员还是普通员工,如同人的生命一样,职业生涯也要不断"投保",只有平时日积月累地"投保",不断提高自己的"含金量",将来的身价才能扶摇直上。怎样才能使自己始终稳如泰山而不被裁掉呢?

1. 积极进取言听计从

对于积极进取、言听计从的员工,任何一个老板都难以"忍痛割爱"。如果阁下自问工作并不那么积极,担心老板划入"懒虫"之列,则听听香港人力资源协会发言人的指导:"即使平日惯于偷懒,在表现评估前一两个月都要扮积极,向老板汇报自己的进修情况,谈谈帮助公司发展的计划与公司的'明日之星'拉拉关系,希望在讨论裁员之时,请他们帮你说上几句话,立体声总比单声道好嘛!"不要浪费时间去猜测老板的心思,你一辈子也猜不透的。多数老板喜欢以自己为中心,最喜欢听自己讲话,你只不时地以"嗯""是"等音节来回应他,就可以令老板相信你。白痴才会真的向老板提意见。古今领袖人物,都不喜欢对方批评自己,更何况老板,他花了钱请你来对其说三道四,试想,他会开心吗?

2."千手观音"人见人爱

有些专业人士,自以为学历高,拿着洋文凭,就能身价百倍,一生不愁衣食,一旦被裁,就像突然掉进汪洋大海,捞不到一根救命草。这些专业人士之所以被裁,原因往往是她们只"专"于某一方面,未能成为公司工作的多面手。因此,老板在裁员之后,往往叫其他职工兼任离职人员的工作,如果你是"千手观音",上天能飞,入水能潜,老板绝对不会炒你的鱿鱼。职业咨询专家认为,如果你想成为对公司最有价值的"千手观音"型的员工,"立于不炒之地",就必须学习、学习、再学习。当会计的不妨学学行政管理,最好还懂法律,令自己成为多面手。如果自以为是专业人士,抱残守缺,不思进取,老板随时可以用一半的价钱雇用同等的"专业"人士顶替你的工作。"千手观音"最大的特点是学习能力强。你应确保你的知识和技能是最新的,这需要你在百忙之余,经常学习新的知识。如果你所在的单位提供某种培训,一定得参加。

3. 安其天下舍我其谁

这并不是说,离开你公司就不能运转了,而是说离开了你,公司会出现不良的运转,这时老板就不能不考虑到,裁掉了你可能得不偿失。在裁员风波中,有些人认为公司无理解聘,自己当街叫屈。毫无疑问,这些人多半是没有"埋堆"的游离分子。所谓"埋堆",其实是参加一个无形的小集团,平日一起逛街、上茶楼、去夜总会,有钱一起花,有事互相帮。同事之间,更盛行"埋堆",从地盘工人到娱乐圈红星,都自动结合成一个个小圈子,大有"一损俱损,一荣俱荣"之势。既然游离分子被裁的可能性较大,所以打工专家传授一个招数,叫作"拥兵自卫"。如果你有较好的资历,或者"人缘"甚好,不妨招兵买马,大量吸收游离分子"埋堆",以巩固自己在公司的地位。此招对于一些与营业额挂钩,或者讲究"班底"的行业,诸如酒店业、保险业,尤其奏效。从公司的角度看,主管和HR部门一般会考虑你的去留给公司造成的影响。有两种情况,部门将因为你的离去而受损,部门领导就会谨慎;或者你的主管和工作搭档根本就不在意你的离去,那么凶多吉少。

4 . 核心人物稳坐泰山

如果你是搞销售的,就应考虑成为核心销售人员。如果手上掌握有不同领域和重量级客户名单,这将使你非常不容易因为公司业务收缩而被裁掉。即使你所服务的企业关门大吉,在重新就业时,你也可以很容易找到新的发挥你销售专长的工作岗位。道理很浅显,在经济整体环境不景气的情况下,销售的重要性越发显得突出。如果你是技术人员,就应紧跟企业发展,提高业务能力。如果你所在的企业宣布进军电子商务,你要非常清楚这些将对你产生何种影响,现在IT业的裁员经常是一个部门整个因为业务调整而被端掉。要想坐稳你现在的位置,就必须未雨绸缪,事先察觉公司的战略变化,提高业务能力,使自己能够承担除现在本职工作以外的其他工作。

5. 化简为繁消极自保

公司要减员,老板考虑的大前提是:用最少的人力维持正常运转。所以,很多公司会将简单、重复性的工作岗位裁掉,由其他员工兼管。工作任务简单,有可能被裁掉的员工,如果想保住自己的饭碗,不妨试用"化简为繁"的招数。其实工作的简单与繁复,有时可以"因人而异",例如将档案输入电脑,可以很简单,也可以搞得十分复杂,关键在于操作者怎样去处理。

方小姐在一家大型会议公司做计划执行员,每天要处理上百位外国与会人士、演讲者的登记,她成功地建立了一套复杂的资料库系统,全公司只有她才能运用这个系统。所以,老板要维护公司的正常运作，就必须继续雇用她不可，对于裁员，她是“临危不惧”。

职业专家认为：“化简为繁”这一招只适用于小公司，大公司分工较细，切勿乱试，如果搞得电脑系统乱七八糟，老板会即时解雇你，另请新人来重头做起。

智者寄语

职业生涯也要不断“投保”，只有平时日积月累地“投保”，不断提高自己的“含金量”，将来的身价才能扶摇直上。

养成良好的工作习惯

好的工作习惯之一：除了手上正在处理的事情，桌上其他文件一律不放。

西北铁路公司总裁威廉斯曾说过：“桌上整洁干净的人比堆满各式文件的人更能轻松地高效率工作。我管这叫‘好管家’，这是提高效率的第一步。”

如果有机会，你可以去华盛顿的国会图书馆，在那里你会看到天花板上刷着8个醒目的大字，这些字出自诗人波普：“天堂首条规则——秩序。”秩序更应该是企业的首要规则。果真如此吗？未必，一般人的办公桌上都堆放着几个礼拜都没看过的废纸。有一次，《新奥尔良报》的发行者说，他的秘书整理某张书桌时，失踪两年的打字机竟意外现身。

只是看到桌上一堆来往的信件、未完成的备忘录及报告等，就足以令人紧张发愁。更惨的是，这些文件不断提醒你“还有那么多事要做，可又没时间”，不但烦人，还会让人愁出高血压、心脏病及胃溃疡来。

宾夕法尼亚州大学医科院教授史图克向全美医学会报告过，并发表了他的一篇研究论文，标题是《神经官能症类似综合官能疾病》。在文中，史图克医生发现“患者的心理状态”下存在着11种情形，他谈到的第一种情况就是：“感觉必须与义务绝对，总有没完没了的需要处理的事。”

这种“无止境，必须做又做不完的事”的感觉，怎么可能凭借保持办公桌整洁干净就能避免呢？

著名心理学家塞德勒医生接治过一个病人，由于运用这种简单的方法，避免了精神崩溃的厄运。这位病人是芝加哥某家大工厂的高级主管。他去拜访塞德勒医生时，正处于紧张忧虑的状态，他清楚自己情况不佳，却又不能就此辞职甩手不干，只有向医生求助。

塞德勒医生说：“当他讲述病情时，我的电话响了，是医院打来的，我毫不犹豫就当即做出决定。我习惯尽可能当场解决问题。刚放下电话，又有电话进来，又是一个紧急情况，我费了点时间和口舌。再一次打断我们谈话的，是我的同事找我请教有关另一位病人的问题。我处理过后，就赶快回过头来向我的病人道歉，耽误这么长时间。可是他的表情全变了，变得豁然开朗起来。”

那位病人对塞德勒说：“没关系，在等待的这10分钟里，我已经看清楚自己的问题了。回到办公室，我就要重新调整自己的工作习惯……不过我告辞之前，能让我看看你的办公桌里面吗？”

塞德勒打开办公桌的抽屉,几乎是空的——除了一些必备的文具用品。病人又问:"告诉我,你未完成的工作放在哪里?"

塞德勒回答:"已经完成了!"

"那么,没回复的信件放在哪里?"

"早都回复了,"塞德勒说,"我的工作原则是未回复的信不放在桌面上,而是立刻把回信念给秘书,让她打字。"

六个星期后,这位病人邀请塞德勒去他的办公室参观。他有了很大改变——办公桌也改变了。抽屉打开之后,里面没有一件未完成的事。"六周前,在两个办公室里我放了三张办公桌——到处堆着事情,我永远也干不完。跟你谈过后,我回来立即清除了一堆旧报告及废纸。现在我只有一张办公桌,工作一有,我就立即处理,再也没有让我紧张、烦躁不安且堆积如山的公文。出乎意料的是,我的健康完全恢复,任何不适都没有。"

"人不会因为工作过度而累死,却有人因纵欲和忧虑死亡。"美国最高法院院长查尔斯·休斯曾说,空耗自己有限的精力,无限纵容自己忧虑,看来永远不能使自己的工作完成,这是对人的两大危害。

好的工作习惯之二:分清主次轻重,先处理重要的事。

美国一家城际业务服务公司的创始人道尔说,无论付出多少薪酬,他都愿意求得两种难觅的高级人才。

这两种稀世无价才能是:第一,有超强的思考能力;第二,能分清事务的轻重缓急。

拉克曼在12年里,从一个涉世未深的小伙子快速荣升为一家派索登公司的总裁,当时年薪10万美元,并且可同时获得额外利润百万美元。拉克曼把他的成才之路归功于道尔迪要高价求购的两种工作能力。拉克曼说:"从我记事的时候起,我就每天早上5点起床,因为这个时候我最清醒,我要利用这段宝贵时间来计划当天的日程,并依据重要性排列处理事务的先后顺序。"

全美保险业务员贝特格,并不等到第二天早上5点才制订计划,他早在前一晚就计划好了——自己制定一个短期目标——销售保险额度的目标。如果当天并未达标,第二天再累积到一起完成,依此类推。

有经验的人都知道,按事情的轻重缓急办事并且持之以恒是不容易的。不过,提前订出计划,先做计划中的第一件事,绝对比随性所至、胡干一气要有效率。

如果萧伯纳没有严守这个规则,终其一生,他也不过是位平凡的银行出纳,绝对完不成写作成名的大业。他计划每天要写5页。在穷困潦倒的窘境下,他还是严守这个目标,每日完成5页,一下就坚持了9年,他9年的总收入不过是30元——平均每天进账1便士。即使是《鲁滨孙漂流记》的主人公鲁滨孙,在荒岛上生活,还把每小时要完成的事订了个表格呢!

好的工作习惯之三:遇到麻烦,尽快当时当地解决,切勿犹豫不决。

从前有位学员郝威尔,当他身为美国钢铁公司董事成员时,每次召开董事会总是讨论一些老问题——讨论的时间倒是充分,决策却很少敲定,总是毫无结果。最后每位董事都得捧着一堆资料回家研究。

后来,郝威尔终于说服大家每次讨论一个问题,并且当即做出决策,不准拖延时间。某些重要决定可能需要收集更多的参考资料,有些需要切实采取某种行动,有些要静观其变。反正,每个问题都有了相应的解决办法,再探讨下一个问题。郝威尔说这种工作方式的效果出奇好,备忘录不再记满各种事项,大家也不用再把公事带回家,更不用因想到来解决的问题而感到心烦。

好习惯当然不只适用于美国钢铁公司,而是对大家都适用的。

好的工作习惯之四:学会组织、委托与督导。

多数人因为从来不懂得把职责分放给他人,总是凡事亲力亲为以至自己受累过度,早日走入坟墓。结果是成天围着琐事团团转,紧急仓促、忧愁、焦虑及精神紧张的感觉挥之不去。我知道,委托并非易事,对我来说就相当困难,真的非常困难。委托授权给一个错误的对象,可能导致后果可怕的灾难。可是尽管困难重重,企业主管们想要免除操劳、倦怠与紧张,还是要学会通过授权这个捷径。

白手起家的老板们如果不懂得组织、委托与督导,大概到不了五六十岁就会患上心脏方面的疾病——而这些心脏问题又主要是由紧张烦恼引起的。想亲眼见证这类事实吗?看看媒体上的讣闻报道就知道了!

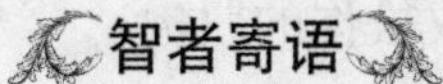

智者寄语

女人在工作中一定要养成良好的工作习惯。

学着在工作中放松自己

有个科学结论可能令我们大吃一惊:只从事脑力劳动是不会令人疲乏的。这个结论听起来难以置信。但几年前,科学家试图估算出人脑要集中精神多久才会有“超负荷”的疲劳,也就是为“疲劳”下个精确定义。科学家发现,当人脑活动时,流经脑中的血液毫无疲劳迹象!可是如果从正在紧张工作的工人身体中抽取的血液,就含有“疲劳毒素”以及疲劳代谢物。如果把爱因斯坦脑血管的血液进行化验,就会发现其中并不含疲劳毒素。

工作 8 个小时,就脑力活动来说,甚至消耗 12 个小时的体力后的身体状况与工作前并无明显差异,头脑是不会疲倦的,可是到底是什么使你感到疲倦的呢?

心理学家声称人们会感觉倦怠,主要来自心理态度及情绪状况。著名的英国心理学家海菲德在其著作《心理的动力》中提出:“我们的倦怠感绝大部分来自于心理状况,因生理产生的纯粹疲倦是很少见的。”

美国著名的心理学家布利尔阐释得更加清楚透彻,他说:“身体健康的工人感到疲倦的原因,百分之百是由于心理作用,也就是情绪性因素。”

什么样的情绪促使工人感到疲乏易倦呢?是快乐?是满足感?不!肯定不是的!而是呆板、满腹怨气、厌恶、被忽视的感觉、焦急、烦躁及忧虑的情绪。这些情绪使人疲惫、易患感冒、生产能力下降,并把神经性头痛带回家。确实,之所以感到疲倦,完全是因为情绪引起生理方面的紧急反应。

在谈论“疲倦”的小册子中,大多保险公司指出:“工作辛劳,很少会引起恢复不过来的疲劳……心烦意乱、神经紧张、情绪困扰才是引起倦怠的三大主因。人们总是指责体力或是脑力工作是原因,请记住紧张的是工作中的肌肉,平时放松,才能节省精力,对付关键的任务。”

现在立刻停下手里的工作,做个自我检查。在阅读这几行字时:是否眉头紧皱?双眼觉得酸痛吗?是在椅子上轻轻松松地坐着吗?你的双肩耸起吗?面部肌肉紧绷吗?只要全身放松,像个布娃娃就好了,否则你现在就在让神经及肌肉紧张,正在制造疲劳。

为什么人们会下意识地产生这些无用且有害的紧张呢?乔瑟林说过:“我发现最主要的心

理阻碍是世上所有的人都相信工作努力必须表现出一种很费力费心的感觉,否则事情不算办得好。因此,精神集中时就会皱眉,耸着双肩,使我们的肌肉进入一种‘费力’的状态,其实这对我们的思考毫无裨益。”

可悲的是,许多人在金钱方面非常节俭,却毫无节制地奢侈透支自己的精力。

这属于精神倦怠,我们该如何处理呢?答案是放松、放松、努力放松!在工作中学会放松。

很容易吗?当然不容易,可能你一辈子都得为改变这种不良习惯而努力,不过这种努力是物有所值的,因为这可能改变你的人生并有巨大的变革作用!威廉·詹姆斯在他的论文《放松的佳音》中说:“美国人紧张过度、生活无规律、躁动不安把自己搞得喘不过气来……其实所有这些都是坏习惯。”紧张是一种习惯,放松也是一种习惯。坏习惯当然可以改正,良好的习惯也可以培养。

怎样才能放松?是从大脑开始,还是从放松神经开始?都不是!首先要放松你的肌肉。

让我们试试,比如先从眼睛开始放松,先读完这一段,往后仰,轻轻闭眼,心里对自己说:“放松!放松!不紧张了,不再皱眉了,放松,放松!”重复、重复,至少坚持一分钟……

有没有发现,几秒钟后眼睛开始接受你的指令,紧张开始清除,确实这么神奇,在一分钟内,你已体会到放松的秘诀。下巴、脸部肌肉、脖颈脊椎、肩膀及全身都可以运用这个方法。芝加哥大学的雅库森博士非常大胆地预言,只要你的眼部肌肉能放松,一切烦恼皆可避免!眼睛在消除精神紧张方面至关重要,主要因为双眼消耗了人整个身体 1/4 的精力,许许多多视力正常的人饱受眼睛紧张的痛苦,就因为眼睛很容易疲倦。

著名小说家维琪·鲍姆在童年时代,曾经有人给她上过使她受益终生的一课。有一次,她从高处摔下,膝盖跌破了,手腕也受伤了。一位曾做过马戏团小丑的老人抱起她,对她说:“你受伤完全是因为你的全身太僵硬,你必须想象自己非常柔软,像个软布袋。来!让我教你怎么做。”

那位老人从此教维琪还有其他孩子学习如何有技巧地摔倒、翻筋斗。而他不断提醒:“想象自己是个软袋子,你就会完全放松!”

在任何地方你都可以放松自己,只是不要勉强去做。放松是一种无紧张不用力的状态,心里想着放松,从眼部及面部的肌肉开始放松,反复数遍告诉自己:“放松……放松……放松。”用心体会紧张力量从你的面部肌肉回到体内,想象自己如同婴儿般放松。

声乐家寇奇也是使用这种方法的。寇奇在演出前,坐在椅子上放松面部肌肉,下巴松得就像悬挂在那里。这样做,使她在上台演出前就免除了紧张情绪,也等于驱除了疲劳。

工作是我们都要面对的,无论是在公司与男人一样冲锋陷阵,还是在家里与孩子和家务斗智斗勇,我们都要懂得恰当地放松,否则,疲倦与崩溃的感觉迟早会不请自来。

智者寄语

工作是我们都要面对的,无论是在公司与男人一样冲锋陷阵,还是在家里与孩子和家务斗智斗勇,我们都要懂得恰当地放松,否则,疲倦与崩溃的感觉迟早会不请自来。

体恤员工,用女性特有的优势去感染别人

每一个成功女人都懂得,如何用女性与生俱来的亲和力去感染别人,如何与员工建立良好

人际关系。

研究表明，大多数员工，宁愿和讨人喜欢的傻瓜领导一起工作，也不想为有本事却苛刻的老板打工。成功女人正是深知这一点，所以在平时的工作中，非常注重体恤员工，让他们都能感受到女领导不同于男上司的体贴和细心，从而得到更多人的支持。

38岁的罗敏薇是一家电器公司的董事长，她经常带着秘书一起去巡视工厂，目的就是更了解员工的生活，以便更好地体恤他们的难处。身为一家公司的董事长，步行到工厂已经非同小可；更妙的是她经常亲自做饭给员工们吃。这让员工们大吃一惊，有点不知所措，又有点受宠若惊的感觉。但是，员工还是很喜欢罗敏薇的做法，私下里都亲切地称之为"最爱下厨房的女老板"。

罗敏薇对员工的体恤，使她和职工建立了深厚的感情。即使是星期天，罗敏薇也会到工厂转转，与保卫人员和值班人员亲切交谈。她曾经说过："我非常喜欢和我的职工交往。无论哪种人，我都喜欢和他交谈，因为从中我可以听到许多创造性的语言，获得巨大收益。"的确，通过对基层群众的直接调查，不仅获得了宝贵的第一手资料，而且弄清了企业亏损的种种原因，还获得了许多有价值的建议，更重要的是赢得了员工的好感和信任。

员工对老板总是充满了敬畏。如果你具有亲和力，不摆架子，也不高人一等，就会让别人感觉很"安全"，让别人容易接受并欢迎你。

所以对于成功女人来说，体恤员工也是一种不容忽视的能力，是赢得成功无形的资本。那么，女性应该如何发挥自身的这种独特优势，去感染更多员工呢？

首先，要正确地认识自我。人贵自知，一个人只有深入地了解自我，才能有了解他人的基础。所以，先深刻地认识自己才是真正具备良好的人际亲和力的基石。

其次，多和别人交流。想和做永远是两回事。亲和力的能力不是从想象中得来的，而是在和别人交流的实践中得来的。在与他人的交流和实践中，可以不断强化自己的实战能力，随时地修正自己。所以，实践是增强人际亲和力的必经课程。

第三，不迷信自己的个人魅力。过于相信自己就是迷信自己，这种人不仅回避和抵制批评，甚至不能容忍任何不同意见的存在。她们内心世界的大门永远是封闭的，与任何人都保持情感上的距离。其实，没有人永远是对的，不如敞开心扉去接纳别人的观点，同时也接纳别人，这样别人才会接纳你。

第四，保持轻松愉快的心情。当人们处在高度的压力下，就会出现焦虑的情绪，变得烦躁不安；即便内心懂得与人交往的亲和原则，还是会不由自主地发脾气，让人不敢靠近。所以在压力较大的今天，要懂得劳逸结合。有一份好心情，才能有良好的人际亲和力。

第五，培养良好的人际沟通和亲和能力。具有良好的人际沟通和亲和能力是我们每个人都梦寐以求的。良好的人际亲和力不仅使我们获得更多的友情，感受到人与人之间的关爱与温暖，还使我们获得更多的人际资源，让我们获得意想不到的好前途和机会。

劳伦是位来自洛杉矶的、经验丰富的女商人。她有着时髦的行头，讲究品味。劳伦因为想放慢生活节奏，得到更多的归属感，就搬到西南部的一个小城镇。

尽管她喜欢这个城市和那里的居民，但是她感到她不受欢迎。最终，她的同事给她指出，她的穿着和交谈方式让当地人觉得她在装腔作势，高人一等。

从那以后，劳伦特意穿得很随意，与人谈论当地的事情，多参加社交活动，试着让自己更加容易接近。虽然一开始她很不舒服,不习惯穿卡其布,不习惯谈论经营牧场。但是她发现,她与新邻居和同事容易交流了。

良好的人际沟通能力和人际亲和能力,都是通向我们事业成功的桥梁。一个具有良好人际亲和能力的人在工作中会有很好的人缘,也容易得到同事的支持和鼓励。

智者寄语

每一个成功女人都懂得,如何用女性与生俱来的亲和力去感染别人,如何与员工建立良好人际关系。

表扬下属,让上下级之间的关系会更亲密

表扬能给人前进的动力,是承认别人价值的表现。对于领导一个企业的成功女人来说,关注下属的成绩,并在适当的机会给予表扬,是提高下属工作热情和积极性的一个有效手段,更是让下属愿意亲近自己、保持亲密关系的最佳途径。

人都有被认可的心理。在工作中,那个能适时给自己表扬的人一定会给我们留下深刻的印象。所以为了既能与下属保持亲密的关系,又能达到激励下属的目的,成功女人从来不会吝于对取得成绩的下属给予表扬。

谁愿意自己辛辛苦苦地干了半天,却得不到领导的一点肯定?假如一个下属老是得不到肯定的话,那么他不仅会失去对工作的兴趣和对工作的主动性,还会对从不懂得表扬的领导满腹怨气。领导如果了解下属这一心态,就要随时表扬工作出色的下属,以达到融洽关系、鼓舞人心的效果。

刘雪梅所在的公司是一家大型食用品跨国公司,在一个国家内建立几个分部。它在中国就建有三个分部,这几个分部也存在着严重的竞争。刘雪梅就是其中一个分部的经理。为扩大销售量,她前几天刚刚召集下属出谋划策,收效非常好。

下属杨天华和孙晓浩根据多年的营销经验研制的一套新的营销方案受到了总部美国老总的赞扬,刘雪梅自然高兴,可是她嘴上并没有说什么。

今早上班她早到了十多分钟,刚刚步入大厅时,正好听到了有人对话。她于是驻足细听。

“老兄,上次我们俩研究的新营销方案,真的是一流的呢,还是只是我们自己的空想呢?”这是杨天华的声音。

“嗯——我们运用自己的营销方案已经见效了,这个星期的销售量不是明显提高了吗?”

“我敢说这个营销方案是一流的!”孙晓浩的声音很激动。

“是啊!可你能相信她居然对此只字不提?我知道她是个要求很高的老板,希望我们每个人能尽心尽力地工作,但她至少应该有点表示啊!”

刘雪梅自然知道,这里的“她”指的就是自己。一般情况下,中国人做事不喜欢自我邀功,但是这并不代表他们不需要表扬。如果你对下属的成就无动于衷,就不要幻想他们会做出高质量的工作。

是的,下属呈上的是最好的工作作品,而你却视而不见,这样很容易让下属感到失落,觉得何必这么辛苦工作,何必要求自己做这么多、这么完美。他们的工作品质就会因此而渐渐下降。慢慢地,他们的工作表现必定也会变差。毫无疑问,任何人都是需要表扬,需要被别人承认的。因此,当一个人费尽心机干完一件事后,你至少应该对他说句:“嘿,干得不错。”

邓朋宇完成了一项发明,公司女老板立刻对他说:“这是一个非常好的产品。”随后就将其投放了市场,很快就取得了很好的效益。在随后的颁奖大会上,女老板除了为邓朋宇颁发了奖金和证书外,还给其父母、爱人、孩子买了不同的礼物,并且表扬他刻苦钻研的精神。邓朋宇当场就感动得流下了眼泪。女老板实际上并没有花费多少金钱,但是他从女老板的赞扬声中得到了很大的精神上的鼓励,所以感动得掉了眼泪。

对于下属,不论他们的想法多么少,他们的建议多么微不足道,成功女人只要发现,就要给予适当的鼓励。即使是简单的一句“干得不错”,下属也能感到你对他的重视。

通常情况下,身为领导的成功女人,对下属的要求大致如下:工作是否达到了目标,对事业有无贡献,是不是进步了,有没有造成损失。有些女领导硬将这几点放在一块作为评价的标准,未能同时达到的就不加以奖励。但事实上,能同时达到这些标准的下属几乎没有。因此,作为女领导应从鼓励下属的愿望出发,只要下属能达到其中的任何一项要求,就应当给予表扬奖励。

王娟经理有个习惯,就是经常到各工作场所巡视。一旦发现工作出色或者在动脑筋设计新方案的下属,就在全体下属集会时,当众加以赞扬。

数年后,这个公司的一位退休人员说:“几年前,我曾为公司设计出一种新产品,得到了经理的奖赏。当王娟经理在开会提到这件事时,我很吃惊,也很感动,觉得死而无憾。多年来,默默为公司所做的努力,终于以这种形式被经理承认,我感到非常满足。而且,在退休欢送会时,王娟经理又再度提起这件事,我禁不住流下眼泪。”

通过这个小小的事例,可以看出,表扬的力量是多么惊人。下属的努力工作如果能经常被赞赏的话,那么下属的心理就在很大程度上得到了满足。更重要的是,上下级之间的关系也会变得前所未有的亲密。

汤姆·彼得斯说过,经理最高级的一项工作是让下属欢欣鼓舞。这句话也就是说,成功女人作为一个领导者,首先应该做到的是能够留意下属出色的工作,并加以赞许。对任何领导者来说,这都是很好的建议。

智者寄语

对于领导一个企业的成功女人来说,关注下属的成绩,并在适当的机会给予表扬,是提高下属工作热情和积极性的一个有效手段,更是让下属愿意亲近自己、保持亲密关系的最佳途径。

尽显职场女人味

只要有魅力,即使不是美女,依然有着动人的“女色”。

(1)女人娇媚和温柔的特质,在面对冲突时是最好的润滑剂。当你和办公室的男士意见不统一时,先别急得脸红脖子粗,应该保持风度,维持笑容,气定神闲,甚至可以摆出一副低姿态来促成僵局得到有效化解。魅力是一种优雅的风格,能让女人在追求事业的时候获益良多。

(2)恰当的装扮。工作中除了具备扎实的专业知识和出色的工作能力之外,合适的穿着,绝对是引人注目的法宝。一件能充分显示线条美的裙子,或是略显性感的短裙套装,加上摇曳生姿的高跟鞋、浓淡相宜的妆容,既有女人味,又不失端庄。不过,切记:你的目的是要你的上司、你的同事、你的客户欣赏你的穿着品位,喜欢你,并认真看待你的工作能力,而不是要他们把你当作性感尤物,或是产生性幻想。一旦你的外表、你的穿着打扮给人深刻而良好的印象,许多契机就会悄悄降临到你身边。

(3)聊他人感兴趣的话题。在职场建立友谊,让同事注意你,甚至喜欢你,绝对好处多多。当他们和你成为朋友时,你在工作上的各种困难,自然就会因为有人帮忙而获得顺利解决。不过,可不是要你有事没事就和男人打情骂俏,而是要你保持幽默感,脸上时时带着笑容,让男同事了解你,欣赏你的魅力。

(4)温柔幽默的话语。女人应当注意培养自己的幽默感,因为在适当时机加入适度的幽默,不但可化解僵局,还可以消除双方的紧张和压力。

(5)适时赞美鼓励,突破对方心理防线。很多人都喜欢被人赞美和崇拜,你也别辜负女人善于甜言蜜语的才能。当你觉得某位同事表现突出时,大方地说出你对他的肯定,"你真行""令人难以置信"之类的赞美语句能给对方极大的激励和勇气,也容易突破对方的防线,赢得对方的友谊。

(6)左顾右盼,扩大交际圈,扩大自己的工作舞台。有空的时候,不妨到一些自己不熟悉的部门看看,了解其他部门的工作性质。多接触其他部门的同事,扩大自己的人际交往范围,不但有利于开阔视野、结识朋友,也有利于不断根据自身特点和岗位需要调整自己的奋斗目标。

(7)凭工作业绩说话,赢得同事钦佩。工作实绩是衡量一个人素质高低的砝码。突出的工作成绩最有说服力,最能让人信赖和敬佩。要想做出一番令人羡慕的业绩,就要善于决断,勇于负责;善于创新,勇于开拓;善于研究市场,勇于把握市场。唯有如此,企业的航船才能在市场经济的大潮中,顶住风浪,乘风破浪,避开商战的"险滩"和"旋涡",中流击水,立于不败之地。当你力挽狂澜以骄人的业绩振兴企业时,你的影响力也就顺理成章地达到了"振臂一呼,应者云集"的地步。

智者寄语

只要有魅力,即使不是美女,依然有着动人的"女色"。让你在办公室尽显你的"女色"魅力。

魄力加魅力决胜职场

对于一个职场女性而言,魄力应该说是第一位的。因为一个女性身处职场,只有魅力而无魄力,只能是一只好看不好用的"花瓶"。而一只"花瓶"用的时间久了,则会被淘汰出局,那下场自然也是很悲凉的。因此,职场女性应该培养自己的工作魄力。

(1)要树立目标。一个职场女性没有远大的目标,也就没有了奋斗的雄心和方向。所以,职场女性从进入职场的第一天起,就应该明确自己的未来发展方向,尽快为自己制定出短期和长期的奋斗目标,并积极主动地为之不懈努力。

(2)勇于挑战。一个职场女性如果安于现状,那么必将会在一生当中碌碌无为。很多职场女性的成功事例表明,任何一个有所作为或大有作为的成功女性,一般来说她们大都有着敢想敢干的劲头,跟男人一样富于积极的挑战精神。

(3)作风果断。优柔寡断不仅是个别男人常见的毛病,也是很多女人最常见的毛病和缺点,优柔寡断常常会贻误战机,给事业造成损失。所以,必须要注意培养自己果断的工作作风,办事果断,当机立断。

(4)永不放弃。一般而言,女性有比男性更强的耐受力,这种较为长久的耐受力运用到职场上,那就是职场女性的永不言败的精神。无论遇到的处境有多么艰难坎坷,也不应该放弃自己心中的理想和信念。与此同时,作为出色的职场女性,还要注意力戒"娇""骄"二字,不能娇气,也不能骄傲自满,特别是在关键时刻要敢于挺身而出,勇于承担重任,等等。我想,一个职场女性如果做到了这些方面,就有可能成为优秀职场女性了。

对于一个职场女性而言,魅力应该说是一种职场形象品牌,也是必不可少的。如果一个职场女性仅仅有工作上的魄力,而没有作为职场中女性特有的魅力,那么也不能被称作是一个出色和成功的职场女性。过去很长一个时期,中国好多出色的职业女性忽视了自己的女性魅力的培养和塑造,虽然工作能力很强也很有魄力,但也经常给人们以缺乏女性魅力的感觉,就好比车床缺少了润滑油,工作起来干涩、缺乏生机和活力。因此,作为一个职场女性,在职场上的魅力同样不可缺少。女性增强魅力可以注重以下三个方面:一是外表打扮一定要得体。西方有句谚语:"世界上没有不好看的女人,只有不懂得打扮的女人。"根据场合、身材、肤色、年龄,职场女性可以借助越来越多的手段来把自己扮靓,不过同时也应注意稳重与得体,那种透视装、超短裙、低胸露背、浓妆艳抹以及过于前卫的发型装束,应该说都有失职场女性风范。二是打造良好的仪态。一个职场女性仅仅有美丽漂亮的外表还不够,在公众和外交场合中举手投足之间是否得体,流露出的气质与涵养是否让人家无可挑剔,在与人沟通时是否有礼有节,等等,也都是要认真学习和注意积累的。三是更多地体现人情味。中国女性与生俱来的一些特有优点,如善良、谦虚、善解人意、细腻委婉等,都可善加运用,以此来尽可能地体现一个职场女性独有的性别优势。

女性的魄力加魅力,完全可以造就中国现代女性决胜职场的战斗力和影响力。

智者寄语

女性的魄力加魅力,完全可以造就中国现代女性决胜职场的战斗力和影响力。

培养自己的领导气质

威信是一种客观存在的社会心理现象,是一种使人甘愿接受对方影响的心理因素。任何一个领导,都以树立威信为自己的行为目标。

作为一名领导,你首先应该明白,从人格角度和自然人角度,你和你的员工之间是平等的,没有高低贵贱之分,从这个意义上说,你是毫无特权可言的。甚至你手中"赏罚"的权力,都必须是在员工认可的前提下,说到底是靠不住的,当员工炒你的"鱿鱼"时,你会发现一切的"赏罚"都会变得毫无用处。那么,你用什么来体现自己的领导意图呢?很多领导都会不约而同地告诉我们同一个答案:威信。

威信使员工对领导产生一种发自内心的由衷的归属和服从感。这又好像有一点精神领袖的味道,实践表明,当一个组织的行政领袖和精神领袖重合的时候,这个组织的战斗力将得到最大的发挥。当二者不同的时候,组织中的普通人员更倾向于行政领袖,优秀人员更倾向于精神领袖。

那么,我们如何衡量一个领导的威信呢?下面的"四力"是主要标志:

(1)感召力。领导的命令有人执行,令出则行,禁出则止,一呼而百应,不但接受指挥的职员所占的比重大,而且指挥的灵敏度很高。

(2)亲和力。领导应成为一个被欢迎的角色,使员工能主动接近你,主动缩短心理距离,乐于向你袒露心胸,乐于听你的教诲。

(3)影响力。领导的语言、行动、举止、装束等都成为员工乐于效仿的。尤其是领导的价值取向、思维方式和行为准则等会对员工产生决定性的影响。

(4)凝聚力。员工以一种归属的心态凝聚在领导周围,乐于接受以领导为核心的组织结构。

关于威信这个问题,大多数朋友对威信的理解都有其偏颇之处,下面是几种常见的误区,你在创业之时一定要加以避免:

(1)以"压服"为威信。这其实是一种封建家长制式的东西。有些领导认为威信就是我说你听、我令你做,不得违背,习惯于用权力来压服员工,甚至于"牛不喝水强按头"。如有稍悖,就轻率地采用惩罚措施。这种"威信"必然只是表面上的,如果你想培养自己的员工阳奉阴违的能力,倒不失为一种好方法。

(2)以"好感"为威信。这与压服式的"威信"是一种截然相反的观点。有些领导喜欢充当一种"老好人"式的角色,他们不敢冒丝毫触动员工利益的风险,为了不得罪人的目的而到了姑息迁就的程度。但好感决不等于威信,好好先生是做不了现代企业的领导的。

(3)以"清高"为威信。一个出色的领导必然会有其过人之处,但这种过人之处只可能集中在某些侧面上。有个朋友认为领导为树立威信就要时时处处显得比员工高明。其实,这毫无必要。某厂长一次下车间巡视,指出一车工技术粗糙,该职工微有不服之态。此厂长二话不说,换上工作服,上车床操演起来,果然又快又好,一时围观者为之叹服。如果事情到此为止,那么不失为以行动树立威信的范例。错就错在该厂长以下的言行:大概得意忘形,该厂长竟一拍胸脯言道:"技术不比你强,我敢做这个厂长吗?这不是吹牛,车钳铆焊,有谁的技术比我好,我马上拱手让位。"此君把威信理解为狂傲了。这种狂傲反倒给人一种极端不自信的感觉。

(4)以"神秘"为威信。领导为了神秘而神秘,为了威严而威严时,就会显得不伦不类。千万不要低估员工的判断力,故弄玄虚是一种不自信的表现,对别人是一种愚弄,绝不是长久相处之计。

(5)以"说教"为威信。首先,我们承认,善于言辞表达是一项优秀的领导素质。但正所谓言多必失、言多必无信。

(6)以"刚愎"为威信。有缺点和错误的人更容易赢得别人的尊重。有许多老板都有自我护短的倾向,他们明知自己错了,却不许员工议论和反对。这是一种"虚荣"心理在作怪,当这种虚荣上升到一种偏执的程度,便会表现出一种神经质式的刚愎自用来。其实,这种表面的"刚",恰恰是内心无"刚"、缺乏勇气的表现。

智者寄语

作为一名领导，你首先应该明白，从人格角度和自然人角度，你和你的员工之间是平等的，没有高低贵贱之分，从这个意义上说，你是毫无特权可言的。

正确对待上司的弱点

"金无足赤，人无完人"，每个人都有优点，同时也会有自己的弱点。上司也一样，虽然上司的工作能力很强，但这并不代表上司就不会犯错误，这就要求下属去发现，去了解上司的缺点。在必要的时候挺身而出，替上司巧妙地掩饰，从而起到意想不到的效果。

人都有一些不想让人知晓的弱点，并且人的弱点各不相同，有些人怕黑，有些人怕高，有些人喝醉了爱撒酒疯，有些人五音不全。人们平时都会把自己伪装起来，掌握了上司的弱点，可以在适当的时候帮助上司来掩盖这些弱点，这样，上司就会由衷地感激下属，而对下属产生好感。

高颖刚到一家公司上班的时候，并不被自己的上司所喜欢。上司是行业中的精英人士，多少有些心高气傲。她总是要求下属发挥百分之二百的力量来为公司工作。高颖刚进公司，并不了解情况，刚走出大学的校门，也有点心比天高，对即将面临的社会还怀着激情，所以对一些事情总是不以为然，还和上司闹过意见，结果吃亏的还是高颖。有一次，高颖和上司一起陪客户吃饭。客户是个嗜酒如命的人，特别喜欢喝酒，开席的时候就说谁也不能不喝。席间客户拼命地想要灌倒高颖的上司，而高颖的上司恰恰是个滴酒不沾的人，几杯酒下肚说话就有些不利索了。上司有苦难言，万般无奈，只好悄悄地告诉高颖自己不能喝酒，一会儿借去洗手间的机会离开。高颖看到这个情况，感觉到上司再喝下去恐怕就要在客户面前失礼，要是不辞而别的话又不礼貌，于是主动和客户解释说自己的上司这两天一天喝两顿，今天中午还喝了半斤二锅头呢！估计晚上是不行了，可不可以让自己替上司喝。客户听到这话自然不好勉强，就再也没有灌高颖的上司，避免了上司的尴尬。从此以后上司对高颖的态度有了一百八十度的转变，以后有应酬上的事总喜欢让高颖陪同。

其实这样的事情在上司和下属之间是经常发生的。上司需要一个能够帮自己掩盖不足的忠心下属，而下属又需要通过这种机会加强和上司的沟通，两全其美，何乐而不为呢？

当然，了解上司的弱点的作用并不单单是为了和上司沟通，讨好上司，同时也可以避免下属在上司面前犯错。试想高颖的上司自己不喜欢喝酒，那么他就很可能对那些嗜酒成性的人心有成见。平时公司聚会喝酒在所难免，上司自然不会流露出对喝酒的反感。因为这也是上司了解下属的大好时机，酒后吐真言嘛！这个时候，如果下属事先了解了上司的喜好，那么你一定会注意自己的言行，而避免去撞钉子。

了解上司的弱点可以使自己在面对上司时，冷静对待，应付自如，而不至于心情紧张，手足无措，同时能够好好利用他们的弱点，避免做上司不喜欢的事情，出力不讨好。如果下属面对的是一个工作能力强的上司，那么了解他们的弱点就更有实用价值，毕竟，上司为了在下属面前树立自己的形象，往往不希望自己的弱点被暴露出来，这时候如果下属掌握了他们的弱点，到关键时候，为上司掩饰一把，下属立功的机会就来了。

智者寄语

掌握了上司的弱点，可以在适当的时候帮助上司来掩盖这些弱点，这样，上司就会由衷地感激下属，而对下属产生好感。

在职场中遇到不顺心的事时也不要自卑

有一个外企女职员，在大学学习的时候，是一个十分自信、从容的女孩。她学习成绩在班级里是出类拔萃的，相貌也是一流的，追她的男孩子也特别多。

毕业以后，她成了外企职员。在那儿干了一个月之后，旁人惊讶地发现，原先十分活泼可爱、说话很多的她，竟然像换了一个人似的，不但说话变得羞羞答答了，连行为也变得畏头畏尾；而且说起一些事情的时候，总是显得特别不自信，和大学时候的自信形成明显对比。每天上班前，她能够为了穿衣打扮花上整整两个小时的时间，为此不惜早起，少睡两个小时。她之所以这么做，是怕自己打扮不好，长相不好，而遭同事或上司耻笑。在工作中，她更是战战兢兢，十分小心翼翼，以至到了谨小慎微的地步。

是什么使她有如此突然的变化？为什么原来活泼自信的她，到了外企公司就变得自卑了呢？是因她工作干得不好而屡遭批评吗？

其实，并不是因为她的工作业绩不如别人。她之所以自卑，主要是心理上的原因。到了外国人的公司之后，由于发现别人的服饰举止都显得特别高贵、严正，她一下子就感觉到自己像个小家碧玉，上不了台面。她对自己的服装产生了深深的憎厌。所以，第二天她就跑到高档商场去了。可是，当时工资还没有发，她买不起那些名牌服装，于是，只好灰溜溜地回来了。第一个月，可以说，她是低着头度过的。她不敢抬头看别人穿的正宗的名牌西服、名牌裙子，因为一看就会感觉到自己的穷酸，她恨自己的贫穷。

而服饰还是小事，她和同事们的另一个不同在于，她们平时用的香水，都是法国货，在她们所及之处，处处清香飘逸，而自己用的，只是国产的劣质香水。女人与女人之间，聊起来无非是生活上的琐碎小事。而所谓生活上的琐碎小事，主要的当然是衣服、化妆品、首饰什么的。而这些，她几乎什么都没有。这样，她在同事们中间就显得十分孤立，也十分羞赧。

在工作上，她也感到不适应，洋人工作起来风风火火，一天 8 小时，从第一秒到最后一秒，都是满打满算，而且，都要充分利用。这样，在平时的工作中，职员们都是全力以赴，大气都不敢喘一口，连上厕所都要跑着去。而她呢，刚从高校出来，一开始根本不能适应这种工作作风。于是，她在工作的第一个月，连遭上司的指责，她感到非常委屈。还有一点让她觉得抬不起头来：刚进公司的时候，她还要负责做清洁工作。早上和晚上，刚上班时和将下班时，她都得拖地、擦桌子。早上还要打开水，第一天她还想提建议来着，可上司告诉她，新来的职员都要这样做的。

看着同事们悠然自得地享用着她倒的开水，她觉得自己简直是个清洁工。这也加强了她的卑贱意识。

渐渐地,她产生了严重的自卑心理,觉得自己处处不如别人。其实,她的自卑,完全是自己跟自己过不去,是她自己的认识有误才导致的结果。

就生活来说,一个大学刚毕业的人穿着打扮上不如别人,同事是不会十分介意的,自己也没有必要耿耿于怀。至于工作,刚毕业的学生有个适应期、磨合期,这也是正常的。在磨合期里受点批评甚至训斥,也在情理之中,只要自己认真改过,上司和同事完全能够谅解。而多干些打开水、扫卫生的杂活儿是应该的。其实,其他老同事也都是从这一步走过来的。所以,他们也不会因此产生高傲感。

因此,刚到工作岗位的人,不管遇到什么不顺心的事,都不应该产生自卑感。只有具备了足够的自信和自尊,在职场才会有一种主人翁的责任感,才能充分发挥自身的潜能,在工作中大显身手,不断迈向更卓越的工作环境。

智者寄语

刚到工作岗位的人,不管遇到什么不顺心的事,都不应该产生自卑感。只有具备了足够的自信和自尊,在职场才会有一种主人翁的责任感,才能充分发挥自身的潜能,在工作中大显身手,不断迈向更卓越的工作环境。

第十四章　深谙礼仪之道，突显优雅得体

职场中的礼仪修养

职场礼仪不同于社交礼仪，职场礼仪没有性别之分。比如，为女士开门这样的“绅士风度”在工作场合是不必要的，这样做甚至有可能冒犯对方。请记住：工作场所，男女平等。

了解、掌握并恰当地应用职场礼仪会使你在工作中左右逢源，使你的事业蒸蒸日上。

1. 介绍礼仪

介绍的原则是将级别低的介绍给级别高的，将年轻的介绍给年长的，将未婚的介绍给已婚的，将男性介绍给女性，将本国人介绍给外国人。例如，如果你的首席执行官是琼斯女士，而你要将一位叫作简·史密斯的行政助理介绍给她，正确的方法是“琼斯女士，我想介绍您认识简·史密斯。”如果你在进行介绍时忘记了别人的名字，不要惊慌失措。你可以这样继续进行介绍，“对不起，我一下想不起您的名字了。”与进行弥补性的介绍相比，不进行介绍是更大的失礼。

2. 握手礼仪

握手是人与人的身体接触，能够给人留下深刻的印象。愉快的握手是坚定有力的，这能体现你的信心和热情，但不宜太用力且时间不要过长，几秒钟即可。如果你的手脏或者很凉或者有水、汗，不宜与人握手，只要主动向对方说明不握手的原因就可以了。女士应该主动与对方握手，同时不要戴手套握手。另外，不要在嚼着口香糖的情况下与别人握手。

3. 电子礼仪

电子邮件、传真和移动电话在给人们带来方便的同时，也带来了职场礼仪方面的新问题。虽然你有随时找到别人的能力，但这并不意味着你就应当这样做。

在今天的许多公司里，电子邮件充斥着笑话、垃圾邮件和私人便条，与工作相关的内容反而不多。请记住，电子邮件是职业信件的一种，而职业信件中是没有不严肃的内容的。

传真应当包括你的联系信息、日期和页数。未经别人允许不要发传真，那样会浪费别人的纸张，占用别人的线路。

手机可能会充当许多人的“救生员”。不幸的是，如果你使用手机，你多半不在办公室，或许在驾车、赶航班或是在干别的什么事情。要清楚这样的事实，打手机找你的人不一定对你正在干的事情感兴趣。

4. 道歉礼仪

即使你在社交礼仪上做得完美无缺，你也不可避免地会在职场中冒犯了别人。如果发生这样的事情，真诚地道歉就可以了，不必太动感情。表达出你想表达的歉意，然后继续进行工作。

将你所犯的错误当成件大事只会扩大它的破坏作用，使得接受道歉的人更加不舒服。

5. 迎送礼仪

当客人来访时，你应该主动从座位上站起来，引领客人进入会客厅或者公共接待区，并为其送上饮料，如果是在自己的座位上交谈，应该注意声音不要过大，以免影响周围的同事。切记，要始终面带微笑。

6. 名片礼仪

递送名片时应用双手拇指和食指执名片两角，让文字正面朝向对方，接名片时要用双手。如果接下来与对方谈话，不要将名片收起来，应该放在桌子上，并保证不被其他东西压起来。参加会议时，应该在会前或会后交换名片，不要在会中擅自与别人交换名片。

智者寄语

了解、掌握并恰当地应用职场礼仪会使你在工作中左右逢源，使你的事业蒸蒸日上。

递接名片，也有礼仪

一个识“礼”的女人，定会注重职场交换名片的相关礼仪，这些细节更能体现女人的修养和个人魅力。

不可否认，现在很多职业女性走进了个性的误区，忽视了对礼仪的修养。事实上，职场的礼仪学问，比如递接名片就值得重视，千万不要让你悉心维持的淑女形象毁于这些小细节。

名片主要就是人们在交往时作为自我介绍之用，也可作为简单的礼节性通信往来，表示祝贺、感激、介绍等。在人际交往中，熟悉和掌握名片的有关礼仪是十分重要的。

(1)递交名片的姿势。递交名片要双手递过去，以示尊重对方。将名片放置于掌中，用拇指夹住名片，其余四指拖住名片反面，名片的文字要正向对方，以便对方观看。女人在递交名片时，动作要从容，表情要亲切、自然。而且要把自己的名片事先准备好，整齐地放在名片夹、盒或口袋中，以便易于掏出，在适当的时间得体地递交给对方。

(2)递交名片的时间。递交名片的时间，应当根据实际情况来定。如果双方只是偶然相遇，可在相互问候后，得知对方有与你交往的意向时，再递交名片。如果你与他人事先有约，一般要在告辞时递交名片。

(3)递交名片的顺序。与多人交换名片时，一定要注意讲究先后次序，这是基本礼仪的体现。切不可像散发传单似的乱发一气，这种乱发的名片往往被认为没有价值的。

接收他人名片时，应起身站立，面带微笑迎向对方，恭敬地用双手的拇指和食指接住名片的下方两角，并轻声说：“谢谢，能得到您的名片十分荣幸。”当着对方的面，用30秒钟以上的时间，仔细通读对方的名片。不懂之处应当即请教：“尊号怎么念？”随后郑重其事地将名片放入自己携带的名片盒或名片夹之中。要像尊重主人一样爱惜他的名片，千万不要弄脏或弄皱、反复把玩、乱掖乱塞。须知，污损了对方的名片等于污辱了对方本人。

在一般场合中，名片交换有一个规则，地位低的人要先把名片给地位高的。尤其是作为女性，最好不要去问别人要名片，最好是人家给你。

如果你非常想认识这个人，或者因为公司的事务必须要得到他的联系方式，你也可以主动索要名片,不要认为女性索要名片就一定可以要到,你一定要遵守礼仪,才能既得到名片又给对方留下好印象。

(1)遵守交易式。积极递交自己的名片,礼尚往来,你首先给对方名片,按照交换原则,对方也应该给你名片。

(2)明示法。在递交自己的名片给对方时候,对方觉得还不了解你,不愿意给你名片,要是你想要对方的名片而又得不到的话,就显得很尴尬,这个时候随便寒暄一下:“您好,能不能有幸和您交换名片?”如果你的态度诚恳,话语又坦白,一般来说对方都不好意思拒绝。

(3)谦恭法。就是和对方说客气话。当自己递交名片的时候,顺便说一句:“您好,以后我怎么向您请教呢?”对方见你态度这样谦和,当然要给你请教的机会,就会给你名片让你知道他的联系方式了。

(4)平等法。当自己递交名片的时候,顺便说一句:“我以后怎样和您联系呢?”这种方式适合平等职务之间的交往使用。

存放名片的方法大体上有四种,它们还可以交叉使用:按姓名的外文字母或汉语拼音字母顺序分类;按专业或部门分类;按姓名的汉字笔画的多少分类;按国别或地区分类。在参加社交活动前,要提前准备好名片,并进行必要的检查,以免漏掉。随身所带的名片最好放在名片夹里,千万不要放在手提包、钱包里,这样既显得不正式,又感觉杂乱无章。另外,在自己的办公抽屉里也应经常备有名片,以便随时使用。在社交场合,如果感到要用名片,就应当事先预备好,不要使用时盲目翻找。

在社交活动结束后,应立即对收到的他人名片加以整理,以便今后方便使用。不要将它随意夹在杂志报刊中,或是扔在抽屉里不管。要想做一个有修养的女性,就要懂得社交中有关名片的礼仪,一定会让你认识更多的朋友,一定会为你的成功锦上添花。

智者寄语

一个识“礼”的女人,定会注重职场交换名片的相关礼仪,这些细节更能体现女人的修养和个人魅力。

掌握礼貌用语,让你更有修养

一个女人良好的谈吐离不开必要的礼貌用语。这些礼貌用语代表精神、睿智和学识修养,能增长智慧,使人魅力倍增。小说家亚诺·本奈曾说:“日常生活中大部分的摩擦冲突都起因于恼人的声音、语调以及不良的谈吐习惯。”因此,一个有修养的女人要特别注意自己的谈吐礼仪。

诚然,说出去的话就等于泼出去的水,一旦说错,想收也收不回来。一个注重个人形象的女人,绝对不是一个满口粗语、脏话的人,因为你说出来的每句话都关乎着你的形象。那么,如何在语言上做一个识“礼”的女人呢?一般来说要做好以下几方面。

1. 谦语的使用礼仪

谦语的习惯用法如下:自己言行失误,要说“对不起”“很抱歉”“很惭愧”“不好意思”“失礼了”等;请求他人谅解,要说“请原谅”“请多包涵”“请别介意”等;对他人的致歉报以友好的态度,要说“没关系”“别客气”“您太谦虚了”等。

此外,使用谦语时要注意以下事项:

冠以“家”等字的谦称,其中已包含有“我的”意思在内,所以,不能再赘称“我家兄”或“我小儿”等,这样就无疑是画蛇添足,多此一举了。

与人交往中,即使你是率直、不拘小节的人,在与别人说话时也应尽量使用礼貌及谦和的态度,经常不忘以诚恳的口吻说“请”“谢谢”“对不起”“您好”“麻烦您”“抱歉”“请原谅”等谦语。

敬语和谦语是相对应的。对方出于礼貌,在问及你的姓名、年龄时,总是会用到“贵姓”“贵庚”等,这一个“贵”字就把你的地位抬高了,表示了对你的尊重。在回答对方时,要说“免贵,姓某”,这就把自己降到了与对方同一高度的位置,表现出谦虚的态度和对对方的尊重。

不可滥用谦语。如果大家在一起相处很久了,那么对于彼此互相帮忙的一些小事就不必多用敬语和谦语了。熟人之间用多了敬语和谦语反而会给人一种虚伪的感觉。

2. 致谢的礼仪

致谢属于一种礼仪交际。致谢的常用语主要有“谢谢”“非常感谢”“感激不尽”“多谢您”“恩重如山”“不胜感激”“谢谢,真不好意思”等。

要想改善人际关系、加强感情交流、保证致谢的交际效果,就必须讲究方法。

说“谢谢”时必须诚心诚意、直截了当,并且在称谢的同时要称呼被谢人的名字,使你的道谢更亲切、诚挚。不仅如此,还要轻点头部,目光注视被谢人并面带微笑。

同时感谢和称赞,效果更好。比如,你在说完“十分感谢你的这次帮助”后要是能再加上一句“要不是你来帮忙,事情一定不会有这么圆满的结局”就会让听者更为高兴和满足,同时也能更加彰显出你的诚意。

谢人酒宴招待,不妨称赞菜肴可口,厨艺独特;谢人代购物品,不妨夸奖代购者的眼力。

谢人称赞,不妨说“不敢当,您过奖了”;谢人帮助,不妨说“劳累您了,真叫我不知道怎样谢您”等。

致谢语无一定规范,要因事而异、相机而言,使对方切实感到答谢人的诚恳,从而产生进一步发展情感的愿望即可。

3. 致歉的礼仪

确认自己言行不当时,可以说“对不起”“失礼了”“真抱歉”“很惭愧”等。请求对方谅解时,可说“请原谅”“请多包涵”“您宰相肚里能撑船”“请高抬贵手”“请多批评”等。

4. 礼貌用语的禁忌

(1)切忌缺乏诚意。道歉最重要的是诚意。道歉时,应把检讨的心意向对方表白。

(2)切忌犹豫不决。如果自己的过失对对方产生坏的影响,这时道歉越是犹豫不决,越是会失去道歉的机会,而且给对方的印象就更坏了。因此要立刻向对方道歉,越早越好。

(3)切忌不及时道歉。当自己言辞出错时,一定要及时道歉,这样多少能挽回一些影响,还能得到挽回损失的机会。这时必须拿出勇气去说。

(4)切忌道歉时先辩解,先逃避责任。不管怎样,首先要道歉,事后等对方变得冷静的时候,再申诉自己的意见和主张。

智者寄语

一个女人良好的谈吐离不开必要的礼貌用语。这些礼貌用语代表精神、睿智和学识修养,能增长智慧,使人魅力倍增。

礼仪决定你的身价

十几岁的时候,人们对于女孩"礼仪"的要求,只在懂"礼",而不求"仪"态。即使天天穿着脏脏的网球鞋和工装裤出入各种场合,也会被认为是"潇洒不羁"。然而二十几岁的女孩们,已经到了修炼品位,提升职场能力,甚至谈婚论嫁的年纪,如果这个时候还是那么"不羁",则不但会给人以身价不高、不值得信赖的错觉,还会影响到未来的职业发展。

舒子文已经年过四十了,在一家知名的杂志社担任副主编。长期的熬夜工作让她并不比其他同龄人年轻,甚至眼角纹和黑眼圈比一般人更甚。但是,几乎所有见过舒子文的人都会觉得她是自己见过的人中最有"范儿"的,因为她有着十足的优雅。她的着装永远不会流俗,却也不突兀,无论是公司酒会还是日常采访,她的衣着都是最恰到好处的,会博得男人和女人的一致赞赏。

她在任何的场合,都是那么不卑不亢,行为得体。即使仅仅是让人厌烦不已的应酬,她的举手投足、来往应答也都让对方觉得如沐春风。无论是她的背影,还是她的微笑,都会让人觉得舒子文绝对出身于贵族或者世家。她的身世也成了大家经常猜测的话题。时间长了,大家才懂得,舒子文的魅力正在于不管在任何场合,她都拥有完美的"礼仪"。杂志社里不乏年轻漂亮的小姑娘,但几乎所有的男性都更愿意围拢在舒子文的身边。而那些小姑娘们也觉得舒子文老师是让自己可望而不可即的,因为那种高雅的礼仪和贵族气质是自己无论怎样打扮也修炼不来的。

拥有完美的外表仅仅是为我们的形象做"表面功夫",虽然表面功夫非常重要,但是我们仍然认为社交场合对一个人行为举止的要求远胜过对外表的要求。没有良好举止的人决不会有魅力。礼仪能体现出一个女人的修养,良好的礼仪能为女人增添更高的身价。

即使一个女人天生丽质、貌若天仙,如果她整日浓妆艳抹,满身名贵饰品,充其量人们只会承认她阔绰,而决不会称道她的"品位"。而一个女人如果讲究礼貌、仪表整洁、尊老敬贤、助人为乐、一言一行与礼仪规范相吻合,人们便会为她的教养与风度所称道。美女遭人妒忌,而品位女人却遭人艳羡。因为所有的人都知道,美貌天生成,并不是你绝对值得炫耀的资本;而品位后天养,所谓"腹有诗书气自华",那才是女人值得骄傲的资本。

一个行为得体的人,会让别人交往起来觉得舒服,而一个谈吐不俗的人,更会让他人如沐春风。这些予人的良好感觉完全源自于你对待他人、他物的态度。

如果一个人只能做到金玉其外却举止粗鲁,那就只会让人觉得碰见了个暴发户。经常在电梯或餐厅里碰见绝色美女,但张口"满嘴跑脏话",马上就漏了她教养不够、学识太低的底儿。这类人给人的永远是瞬间的美好印象,但却无法将这种好印象持续下去,甚至在交往的一瞬间就将它破坏殆尽。一个人只有具备很好的外在形象,又举止文雅,言行得体,这样才能赢得每个人的赞许和尊重。并且适度的礼仪也会为对方带来一种被尊重的良好感觉。

古语曰:礼者,敬人也。敬人者,人恒敬之。尊敬他人是获得他人好感并进而友好相处的重要条件。反之,自高自大,忽略他人的存在,那就很难得到他人的肯定与合作。比如与人初次相见,对方双手将名片恭恭敬敬地递给你,你连看都不看一眼便往屁兜里随便一塞,对方肯定内心不悦。如果此人原本对你有爱慕之心,这时肯定会想,这种人值得自己付出吗?如果你用双手将名片接过,用不少于30秒钟的时间从头到后地看一遍,并客气地向对方道声"谢谢",对方则会觉得由衷地欣慰和感激，内心会有一种被人重视的优越感，从而为你们话题的深入与关系的进展打下一个好的基础。

在人际交往中，人的潜意识里通常会将人的形象分为三个层次：对于那些只知其名未曾见面的人来说，一个人的形象主要与他的名字相关，对于初次相见只有一面之交的人来说，他的形象主要和他的相貌、仪表、风度举止相关，对于那些相知相交很深的人来说，他的形象更多的是与他的品行、文化、才能有关。

女人都想成为第一眼魅力女人，做到这点，就必须明白第一印象是由人的相貌、仪表、风度举止等综合因素形成的。不要仅仅将注意力集中在你的妆容有多完美，眼角的鱼尾纹有没有被遮住上，还应该注意自己的每个动作与说出的每一句话。要知道，你十个姿态万方的动作都抵不上一个不礼貌的"哈欠"。留给别人良好的第一印象，就要在平日里多多在礼仪上下功夫，不要让你的言谈与行为出卖你。

交往的第一印象具有"首因效应"，并会对人形成较强的心理定势，对以后的信息产生指导作用。因此，作为个女人，对"第一印象"应予以高度重视，要充分利用"首因效应"，不仅仅懂得依靠漂亮的五官、健美的身段及得体的服饰等这些表象的东西，更要会以优雅的举止、熟练的礼仪作为手段，对自身的形象精心设计，展示自己充满魅力的女性风采。因为只有二者的结合才使人更有教养和风度。

如果你在某种场合总感到不大自在，不知道该如何自处，那就不妨研究一下自己的举止，看看礼仪方面的书，或者观察其他充满魅力的女人在社交场合待人接物的方式态度。

优雅的举止不是为了某一个场合的刻意表演，对于礼仪的修炼应该开始于生活的点点滴滴。每天你都拥有无数个展现自己良好举止的舞台，即使在喧闹的菜市场和拥挤的公交车上，你也不应该表现得像个小妇人。不要因为环境的不同给自己披上不同的外衣。一个高品质的女人什么时候都是高品质的，她们从不跟着村妇就当村妇，扔在烂泥堆里就做烂泥。

也许有的时候，你身边的环境不够好，你完美的礼仪根本就派不上用场，身边的其他女人还会因为你和她们格格不入而排挤你，但是不要因为这样就自降身价。要记住，如果环境配不上你，就让环境去改变，如果你配不上环境，那么你就去积极改变。

礼仪是门行为科学，良好的礼仪是他人猜度你身价的试金石。行为改变习惯，习惯改变素质，素质改变命运。如果说，个人礼仪的形成和培养需要靠多方的努力才能实现的话，那么个人礼仪修养的提高则关键在于自己。

智者寄语

拥有完美的外表仅仅是为我们的形象做"表面功夫"，虽然表面功夫非常重要，但是我们仍然认为社交场合对一个人行为举止的要求远胜过对外表的要求。没有良好举止的人决不会有魅力。礼仪能体现出一个女人的修养，良好的礼仪能为女人增添更高的身价。

电话礼仪：小事情，大学问

这个时代，越来越多的人得了"手机病"，除非24小时携带手机，否则就觉得坐立难安，这也正是说明了电话的重要性。现代人的沟通和交往在极大程度上已经依赖于各式各样的便捷通讯工具，大多数时候，事情都不是面对面的解决，而是通过电话。正因为"只闻其声，不见其人"

的特性,人们在接打电话时一不留神就会给对方留下不良印象。而一次成功的电话沟通又往往具有神奇的力量。

小林收到的施工图不合规范,工期紧迫,脾气暴躁的他怒气冲冲地打电话去质问设计单位。接电话的是一位女性,她一听出了这么大的问题也十分焦急,但是仍然保持语气平和、语速平缓,声音清柔,条理清晰简洁,通话没几分钟,小林的火气就像夏天的燥热遇到一场清凉细雨一样被熄灭了。有了良好明快的沟通氛围后,问题便很快找到了妥善的解决方法。

越来越多的场合都在依赖着电话解决问题,所以如何讲究电话礼仪也就成了不容忽视的事情。也许只是“您好”“再见”几句话,但在这短短的几分钟内,就已经决定了你的形象与成败。

拨打电话时有五点基本礼仪必须遵守。

1. 要选择对方方便的时间

不要在他人的休息时间内打电话,每天上午 7 点之前、晚上 10 点之后、午休和用餐时间都不宜打电话。另外公务电话不应占用私人时间,私人电话应避免在对方的通话高峰和业务繁忙的时间段内拨打。倘若是国际电话,必须搞清地区时差。

2. 先说“你好”

打电话时,需要先说“你好”,声音清晰、明快。商务电话只有在确认信号好坏的情况下,才能开口喊“喂”,其他场合,均为禁例。

3. 不要遗漏谈话内容,反复拨打对方电话

在打电话之前,要将所讲事情的要点写在纸上,准备好相关资料,避免在打电话时有所遗忘。为了告知自己忘记说的事情,又重新打电话给对方,会多次打断对方的工作,给对方带来麻烦。

4. 坚持“三分钟原则”

所谓“三分钟原则”是指:打电话时,拨打者应自觉地、有意识地将每次通话时间控制在三分钟内,尽量不要超过这个限定。对通话时间的基本要求是:以短为佳,宁短勿长,不是十分重要、紧急、烦琐的事务一般不宜通话时间过长。

不仅打电话要注意礼貌,接电话更要注意。接听电话最重要的是注意三点,一是要及时接听,铃响不要超过三声;二是要有礼貌,要自报家门,并向对方问候;三是要有耐心,对打错电话者不要训斥。另外:

1. 第二声铃响接电话

电话铃声响起后,应尽快接听。但也不要铃声才响过一次,就拿起听筒,这样会令对方很突然,而且容易掉线,电话铃声响过许久之后才接电话,要在通话之初向对方表示歉意。

2. 主动报名

在礼貌问候对方之后,应主动报出公司或部门名称以及自己的姓名,切忌拿起电话劈头就问:“喂,找谁?”结束电话交谈时,通常由打电话的一方提出,然后彼此礼貌地道别。无论什么原因电话中断,主动打电话的一方应负责重拨。

3“稍候片刻”不超过 30 秒

向对方说“稍等片刻”,但这“片刻”若超过了 30 秒,会让打来电话的人觉得时间过得很慢,容易引起对方的不快。

4. 面带微笑

打电话时语调应平稳柔和,这时如能面带微笑地与对方交谈,可使你的声音听起来更为友好热情。千万不要边打电话边嚼口香糖或吃东西。边听电话边看文件、电视也是不应该的。

5. 倘若响了另一个电话

接听电话时,千万不要不理睬另一个打进来的电话。可向正在通话的一方说明原因,要其稍候片刻,然后立即去接另一个电话。待接通之后,先请对方稍候,或过一会儿再打进来,随后再继续刚才正在接听的电话。

6. 谁先挂电话

商务电话中,原则上应该由打来电话的一方先挂断电话。放下话筒时,务必注意轻放。

挂断电话的方法不可轻视。将话筒胡乱抛下,这是对接听电话一方的极大不敬。电话被挂断之前,对方一直都把听筒贴在耳朵上听着,“咔嗒”一声响,会使对方心情不悦。

当然,打电话毕竟是一件公共行为。你如何打电话,也会被周围的人看在眼里,很容易让他们对你的品质与素养做出判断。因此,必须要注意自己的举止。首先,打电话时,不要把电话夹在脖子上,也不要趴着、仰着、坐在桌角上,更不要把双腿高架在桌子上。其次,不要以笔代手去拨号。再次,话筒与嘴的距离保持在3厘米左右,嘴不要贴在话筒上。最后,在公共场合使用手机时,注意不要给他人带来“听觉污染”。

(1)不要在公共场合,尤其是楼梯、电梯、路口、人行道等人来人往处旁若无人地大声打电话。

(2)在开会、会见等聚会场合,不能当众使用手机,以免给别人留下用心不专、不懂礼貌的坏印象。

(3)不要骂骂咧咧,更不要采用粗暴的举动拿电话撒气,公共场合,和情侣的电话注意分寸,不要当众撒娇或说不得体的话。

智者寄语

越来越多的场合都在依赖着电话解决问题,所以如何讲究电话礼仪也就成了不容忽视的事情。

酒桌礼仪:葡萄美酒夜光杯

对于聪明的男人来说,判断女人最直接的方法,就是和她约会,看她在餐桌上如何表现。有品质的女人永远懂得:约会时,不在于吃什么,而在于怎么吃。而餐桌上,最让男人心醉的就是女人如何饮酒,毕竟,女人正如酒,滴酒不沾的女人无味;像男人一样频频干杯的女人又辣过了头,不值得细品;真正的品质女人常常在那浅斟酌饮,细细品味的一瞬散发出缠绵而香醇的味道。一个深具魅力的女人,应该是一个懂酒的女人,一个能将气质融进酒杯中的情调女人。当然,最重要的是,女人懂酒并不见得是要去取悦任何人,而是在葡萄美酒夜光杯中慢慢去品味自己的人生。

酒难懂,礼易学。在学会品酒之前,至少先学会品酒的姿态。

不管是中餐还是西餐，喝酒都有一套基本的礼仪在。首先，点酒时不要硬充内行。在高级餐厅里，会有精于品酒的调酒师拿酒单来。对酒不大了解的人，最好告诉他自己挑选的菜色、预算、喜爱的酒类口味，请调酒师帮忙挑选。

其次，接受斟酒要优雅。如果是啤酒，只需要用手指尖握住酒杯的中央。如果双手握住酒杯会让啤酒变热，女性可以一只手握着酒杯，一只手扶在杯底，这样会显得比较优雅。如果是葡萄酒，可以把葡萄酒杯放在桌子上，等待酒倒好，不能用手去扶着杯子，也不能把酒杯倾斜。当别人为你斟酒时，如不需要，可简单地说一声“不，谢谢”，或以手稍稍盖住酒杯，表示谢绝。

另外，还需知道，在主人和主宾致辞、祝酒时，其他人应暂停进餐，停止交谈，注意倾听。碰杯时，主人和主宾先碰，人多可同时举杯示意，不一定碰杯。祝酒时注意不要交叉碰杯。主人和主宾讲完话与贵宾席人员碰杯后，往往到其他各桌敬酒，遇此情况应起立举杯。碰杯时，要目视对方致意。

还有，喝酒时绝对不能吸着喝，而是倾斜酒杯，像是将酒倒在舌头上似的喝。轻轻摇动酒杯，让酒与空气接触以增加酒味的醇香，但不要猛烈摇晃杯子。

女性出席正式场合常常会擦唇膏。但是，将口红印留在酒杯沿上的女士，在社交界通常被认为是没有礼貌的粗俗女人。如果不想给人留下这样的印象，建议用餐时最好使用不脱色的口红，或者是在涂了口红之后用面巾纸轻轻按压，这样就不容易脱色了。

如果实在不小心将唇印印了上去，可以及时用干净的手指尖抹掉口红，再用纸巾擦拭手指尖。直接用纸巾擦拭酒杯的做法是不礼貌的。

葡萄酒是女人最常喝是最喜欢的一种酒，但是喝过了那么多的葡萄酒之后，很多人却未必知道怎么喝。

1. 试酒

通常在选择好葡萄酒后，由做东的人试喝酒，一般由男士来试酒。试喝酒的过程应为：

整瓶酒送来后，先确认和自己点的葡萄酒牌子是否一样，如果没问题就示意服务生开酒。

拿起盛着葡萄酒的酒杯，向外倾斜，首先看看酒杯内是否有如木屑的东西，这些东西可能会影响酒的品质。再看看葡萄酒的颜色。已成熟的酒（低下档的轻清型葡萄酒例外），杯沿的酒带褐黄色，而杯中央的酒色泽较深。未成熟（可贮藏更久才饮用）的酒内外则多呈紫红色。

然后，拿着酒杯向内逆时针摇晃，如果是左手拿杯的人则可以顺时针摇晃。把酒向内倾斜，低头用鼻子闻闻味道是否香浓。

呷口酒，不要太多，也不要太少，转动舌头去体会，在餐厅用酒时，你需要在此刻决定是否接受这瓶酒。

如果试喝酒结果满意，便可示意服务生继续倒酒。如不满意，可对服务生表示不接受。这时，服务生可能会自己也喝一点证实，如果酒真是有问题，高级西餐厅一般会收回该瓶酒。

需要注意的是，喝酒前应用餐巾抹去嘴角上的油渍，以免有碍观瞻，且影响对酒香味的感觉。

2. 葡萄酒杯的拿法

正确的握杯姿势是用三个手指轻握杯脚。为避免手的温度使酒温升高，应用大拇指、中指、食指握住杯脚，小指放在杯子的底台起固定作用。

在正式的西餐宴会上，酒水是主角。酒与菜的搭配也十分严格。一般来讲，吃西餐时，每道不同的菜肴要搭配不同的酒水，吃一道菜便要换一种酒。

西餐宴会上的酒水，可以分为餐前酒、佐餐酒和餐后酒三种。

餐前酒又叫开胃酒，是在正式用餐前或在吃开胃菜时与之搭配的。餐前酒有鸡尾酒、雪利酒和香槟酒。

佐餐酒又叫餐酒，它是在正式用餐时饮用的酒水。常用的佐餐酒为葡萄酒，而且大多数是干葡萄酒或是半干葡萄酒。有一条重要的讲究，就是“白酒配白肉，红酒配红肉”。这里所说的白肉，即鱼肉、海鲜、鸡肉，吃它们时需要和白葡萄酒搭配。所说的红肉，即牛肉、羊肉、猪肉。吃这些肉的时候要用红葡萄酒来搭配。这里所说的白酒、红酒都是葡萄酒。

餐后酒，指的是用餐之后，用来助消化的酒水。最常见的是利口酒，又叫甜酒。最有名的餐后酒，则是有“洋酒之王”之称的白兰地酒。

3. 西餐用酒有九个禁忌

(1)饮酒时应注意酒忌，不能故意把人灌醉，更不能偷偷地在他人的饮料里倒上烈性酒。

(2)不能通宵达旦无节制地狂欢酗酒。

(3)不能在酒席上出现争执、恶谑、佯醉等言行举动。

(4)女性在饮酒的时候更要特别注意举止优雅，“浅尝辄止”，不要因为自己的酒量大，就不顾礼仪，失了风度。

(5)喝酒时不能发出声音。

(6)如果弄倒了杯子，把酒洒得满桌都是，不要大喊大叫，可做手势请服务生过来帮忙收拾残局。

(7)除主人与侍者外，其他宾客一般不宜自行为他人斟酒。侍者斟酒时要表示谢意。如果男主人亲自斟酒时，宾客应该端起酒杯致谢，必要时，还需起身站立，女士则欠身点头为礼。

(8)西餐通常只使用香槟酒来干杯，所以这时绝对不可以用啤酒或其他葡萄酒代替。干杯时，应喝下杯中一半的酒为宜。

(9)在西式宴会上，不能随便离开自己的座位，去与相距较远者敬酒干杯，尤其是交叉干杯，更不允许。

智者寄语

一个深具魅力的女人，应该是一个懂酒的女人，一个能将气质融进酒杯中的情调女人。当然，最重要的是，女人懂酒并不见得是要去取悦任何人，而是在葡萄美酒夜光杯中慢慢去品味自己的人生。

做客的礼仪

做客拜访是日常生活中最常见的交际形式，也是联络感情、增进友谊的一种有效方法。西汉戴圣《礼记·曲礼上》：“礼尚往来。往而不来，非礼也；来而不往，亦非礼也。”指礼节上应该有来有往。人与人之间的关系往往就是在这有来有往中建立起来的。在走亲访友之前应做好必要的准备，如果计划不周，到主人家里时会手忙脚乱，甚至出现令人尴尬的场面。

(1)预约。当你决定去拜访某位亲友时，事先最好给对方去封信或打个电话，预先约定一个时间以使对方事先做好安排。如果事先已经约定好了时间，就应遵守约定，准时到达，以免让别人久等。如果发生了特殊情况不能前去，应尽可能提前通知对方，并表示歉意。随便失约是很不礼貌的事情。

(2)应约。当接到别人邀请做客的信件或电话后,要认真考虑是否愿意前往,无论答应还是拒绝都要及时告诉对方,以免让友人焦急等待。一旦应邀,一定要守约,没有特殊理由不能失约。

(3)服装仪表。应邀做客时服装和仪表都应该注意修饰,服装应整洁、庄重,仪表应端庄大方,以示对主人的尊重。但不要过于华丽,避免炫耀之嫌。如果是赴宴,客人赴宴前应根据宴会的目的、规格、对象、风俗习惯和主人的要求考虑自己的着装,着装不得体会影响宾主的情绪,影响宴会的气氛。

(4)叩门按铃。到达主人门前,应先擦干净鞋上的泥土,然后按铃或敲门,敲门要把握好力度和节奏,切忌用力敲打或用脚踹门。

(5)进门问候。到达主人家里,不应直接进入屋内,除了向主人问候寒暄外,还要同主人的家属及客人打招呼。待主人安排或指定座位后再坐下,同时要注意坐的姿势。

(6)接受烟茶。主人端茶递烟要起身道谢,双手应接,主人端上的果品,要等年长者先动手之后,自己再取,果皮果核不要乱扔乱放,烟灰烟蒂应弹在烟缸内。

(7)谈话要专心。不要在房间里走来走去,切不可左顾右盼,更不可乱翻东西。

(8)辞行的机会。在与主人谈话过程中,如果发现主人心不在焉、长吁短叹、蹙额皱眉或不时看表,来访者应寻找“煞车”的话题并告辞。告辞不应在对方说完一段话后立即提出,可选在两人沉默的空间。如果主人有新客人来访,应同新客人打过招呼之后,尽快告辞,以免妨碍他人。

(9)告辞的方式。告辞之前要稳定,不要显得急不可耐。辞行时应向主人及家属和在场的客人一一握手或点头致意。如果来访的客人很多,自己有事提前离开,就应低声向主人告辞并表示歉意,以免惊动其他客人;如果已被其他客人发现,就应礼貌地致歉和告别。

(10)进餐。如果被留下就餐,主人安排好了菜,客人就不要再点菜了。如果你参加一个尚未安排好菜的宴会,就要注意点菜的礼节。点菜时,不要选择太贵的菜,同时也不宜点太便宜的菜,太便宜了,主人反而不高兴,认为你看不起他,如果最便宜的菜恰恰是你真心喜欢的菜,那就要想点办法,尽量说得委婉一些。进餐时举止要文明礼貌,“不马食,不牛饮,不虎咽,不鲸吞,嚼食物,不出声,嘴唇边,不留痕,骨与秽,莫乱扔”。面对一桌子美味佳肴,不要急于动筷子,须等主人说“请”之后你才能动筷。主人举杯示意开始客人才能用餐。

(11)注意做客的时间长短。在《北京土语辞典》中,有个词儿叫“屁股沉”,这个词语形象地刻画出了一些客人的“韧劲儿”。这种客人去别人家做客一坐就是几个小时,就跟屁股沉轻易挪不动似的。谁家都有自己的事,谁都想在闲暇时享受自己的私人空间。就算是人家有时间,也真诚地欢迎咱去做客,我们也应该注意把握火候,只要将诚挚的问候送到即可。千万不要把别人家当成是自己家,嗑着瓜子、看着电视自得其乐,或是干脆就把主人当成是自己发泄的对象,非要说得眼冒金星、夜幕沉沉,甚至把主人都熬困了才肯罢休,或者干脆摆出一副一醉方休的架势,在别人家的宴席上从中午喝到晚上。如此丝毫没有意识到对方的难处与不便的“屁股沉”的做客方式,对主人的耐心来说真是一种考验。

智者寄语

人与人之间的关系往往就是在这有来有往中建立起来的。在走亲访友之前应做好必要的准备,如果计划不周,到主人家里时会手忙脚乱,甚至出现令人尴尬的场面。

鲜花的赠送礼仪

鲜花作为一种礼物，在历史发展中，人们已赋予花许多象征意义，所谓的“花语”也即花所能代表传递的信息。比如在欧洲一些国家中，人们习惯用一枝红蔷薇表示求爱。如回赠一枝香石竹就表示拒绝，紫藤花表示喜欢，水仙花表示尊敬你。送一枝并蒂莲，表示夫妻恩爱。送一枝红豆树，表示使人最相思等。在社交活动中，应多多了解“饰物语言”，通过饰物来传情达意，往往能达到“此时无声胜有声”的境界。

正因为一枝鲜花就有如此丰富的内涵，我们在选择鲜花作为表达感情的媒介的时候，一定要注意根据不同人、场合和目的，有所选择。否则可能闹出误会，适得其反。

在朋友生日时或拜访好久不见的朋友时，可以送上一束花，表达祝福之意。可选择对方喜爱的花或颜色来搭配。平日多观察对方喜欢或讨厌的花和颜色，就能投其所好。如果不晓得对方的喜好，也可以选择观叶型的植物或者可以养在室内的小盆栽，不过，要注意的是盆栽容不容易养活。

送花给个性比较保守的长辈，最好避免整束都是白色或黄色的花，可能会触犯到某些人的禁忌。有些花也要谨慎地送，例如菊花在日本是品格高逸，有君子之风的花；但是在台湾，菊花是丧事用的花。不宜送易凋谢的花或难种植的盆栽。赠花给男性，不宜送康乃馨，容易引起对方误会。

送花给病人最好不要送盆栽以及浓香的花。这是日本的风俗，送盆栽意味着“根留医院”。也不要送有花粉及有浓厚香味的花，像百合花，要小心剪除花蕊，以免花粉散落，引起病人过敏或其他不良反应。风信子、玫瑰、百合等都有颇浓的香味，不太适合送给病人。如果病人喜欢有香气的花，可以送他兰花、郁金香等有淡淡香气的花。

下属赠花给上司，不论是异性还是同性，不要送玫瑰，以免误会。

同事方面，特别是异性也要小心。若贸然送黄玫瑰给对方，或者在对方生日时送他水仙，就不礼貌了。因为黄玫瑰代表嫉妒，包括工作上和感情方面；后者指对方自大、虚假。

如今，送花已渐渐地成为一种时尚，与此相联系，在国际上也形成了公认的“花语”。如：玫瑰代表爱情，紫罗兰表示诚实、朴素，白菊代表真实，白桑表示智慧，松柏表示坚强伟大，竹子表示虚心正直，橄榄表示和平，百合花表示高洁，康乃馨象征母亲，牡丹花象征富贵，菟丝子表示战胜困难，万年青表示友情长存，等等。所以，送花时可根据具体情况送不同的花束。如探望病人时，多用红罂粟和野百合花组成花束，表示祝他早日康复；勉励别人时，常用鸟不宿、红丁香、菟丝子组成花束，表示愿君成功；送别亲友时，常用松枝、胭脂花组成花束，表示友情长存。要赠送鲜花，这些“花语”是必须要了解清楚的。

智者寄语

正因为一枝鲜花就有如此丰富的内涵，我们在选择鲜花作为表达感情的媒介的时候，一定要注意根据不同人、场合和目的，有所选择。否则可能闹出误会，适得其反。

问候的礼仪

在被介绍给他人之后，应当问候对方。若只向他点点头，或是只握一下手，通常会被理解为不想与之深谈,不愿与之结交。碰上熟人,也应当问候。如果视而不见,不置一词,则显得自己妄自尊大,会不利于你的社会交往。

在路上若遇见熟人,要主动打招呼,互相问候,不能视而不见,把头扭向一边,擦肩而过。这是最基本的礼貌要求。但也不宜在马路上聊个不停,影响他人走路。

很多人都有这样的感受,就是在路上遇到不很熟悉的异性很觉尴尬,不打招呼显得不礼貌,打招呼又不太好意思,或怕对方误会。正确的做法应该是,一位女士偶然在路上遇见不很熟悉的男士,理应点头招呼,但不要显得太热情,亦不要用冷冰冰的面孔来点头。

见到很久不见的老朋友,不要大声惊呼,也不要隔着几条马路或隔着人群就大声呼唤,如果边喊边穿马路,那就可能会有危险了。寒暄之后,如果还想多谈一会儿,应该靠边一些,避开拥挤的行人,不要站在来往人流中进行攀谈。

两人以上同行遇到熟人时,你应主动介绍一下这些人与你的关系,如“这是我的同事”,但没必要一一介绍,然后应向同伴们介绍一下你的这位熟人,也只要说一下他(她)与你的关系即可,如“这是我的邻居”,被介绍者应相互点头致意。

比较常见的问候词有:“早上好”“下午好”“晚上好”“您好”“很高兴认识您”“请多指教”“请多关照”等。

跟初次见面的人寒暄,最标准的说法是:“您好”“很高兴能认识您”“见到您非常荣幸”。比较文雅一些的话,可以说:“久仰”“幸会”。要想随便一些,也可以说:“早听说过您的大名”“某某某经常跟我谈起您”,或是“我早就拜读过您的大作”“我听过您作的报告”等。

跟熟人寒暄,用语则不妨显得亲切一些,具体一些。西方人爱说“嗨”,中国人则爱问“去哪儿”“忙什么”“身体怎么样”“家人都好吧”“好久没见了”“又见面了”,也可以讲:“你气色不错”“您的发型真棒”“您的小孙女好可爱呀”“今天的风真大”“上班去吗”等。

为了避免误解,统一而规范,在社交场合中应以“您好”“忙吗”为问候语,最好不要乱说。

一个富有吸引力的交谈和持久的友谊首先是以问候开始的。在我们的日常生活交往中,善意和得体是好的问候语的关键。

智者寄语

一个富有吸引力的交谈和持久的友谊首先是以问候开始的。在我们的日常生活交往中,善意和得体是好的问候语的关键。

宴会中必知的礼仪

几个亲密的朋友聚在一起举办家庭宴会是一件愉快的事情。这种宴会不仅可以在圣诞节或生日的时候举办,用任何一个理由都可以举行。

如果自己应邀去参加家宴,不管你与对方多么亲密,都要带上礼物。一般可以带大家都能饮用的酒或者果汁,以及能作为甜食的点心或者糕点前去赴宴。如果有拿手菜,那么大家每人带一份亲手烹调的菜肴作为自助餐也是很好的。

另外,最好按照当天约定的时间到达。如果比约定的时间提前,而主人的准备工作还没有做完,那将是十分尴尬的。如果去得太晚,导致大家无法按时吃饭也是非常失礼的。如果因为工作需要晚到的话,必须提前打电话。

除了家庭宴会以外,如今我们常会应邀参加一些正式的宴会,但一些人在宴会上言行不拘小节,虽无恶意,却也给宴会带来不和谐,使主人难堪,他人也无法尽兴。为此,这里对宴会上的一些礼节加以提及,但愿能对朋友有所帮助和启示。

若没有特别指定穿什么衣服的话,穿普通衣服加上一些装饰品,就可以制造出华丽的效果、优雅的仪态。鞋子宜穿高跟鞋,皮包则应用跟上班时不同的小皮包。此外,一部分宴会是站着用餐的,脚部比较容易累,所以不要穿过高的高跟鞋。如果宴会上是站着享用餐点,应有意识地注意一下自己的站姿,最好能保持轻松的站姿,又不弯腰驼背。

化妆方面,可以比往常多用一点色彩,将你的气质生动地衬托出来,头上也可以使用一些发饰等。在这个时候可以让别人看到你不同于工作时的一面。在宴会中常要拿着杯子到处走动,因此手部也会格外地引人注目。虽然不需刻意地装饰它,但是戴个戒指及手链的话,会使你的整体装扮更加出色。

当你是主办者一方时,最好于宴会前先稍微进食,宴会时只是形式上用一点就好。要记得自己还有招待客人的任务,别光是用餐,同时尽量少喝酒。

在宴会上见到陌生面孔时,首先要走近对方,亲切地表示问候,问候完毕,可以再问她的近况,称赞一番她的衣服品位等。除了与客人聊天之外,互相介绍、招呼一下用餐的客人也是不可忘记的事。在宴会中,从头到尾进行一对一的交谈是很不礼貌的行为,只要足以使对方留下印象即可,因为还有其他的客人需要你去招待。最理想的状态就是兼顾八方,如招呼晚到的客人、将新朋友介绍给大家认识,等等。

若是被爱闲聊的人捉住不放,等到话题告一段落时,立刻说"很抱歉,那边还有一位不能不招呼的客人"或者"今天轮到我当'值日生',所以有较多的事要做"。离开客人时,别立即转身就走,先后退一步,然后转身离开,如此才能更加显出你的气质出众。

当你是客人时,懂得享用餐点才是礼仪。如果你以客人的身份出席的话,可以稍微空着肚子赴宴,津津有味地享受餐点也是一种礼貌。刀叉是西餐中最主要的进餐用具,习惯用法是左手持叉,右手握刀。左手用叉按住食物,右手将食指按在刀背上,用刀把食物切成小块。然后将刀斜放在盘子上,腾出右手改持叉子将小块食物送入口中,甚至可以将叉齿向上,把食物铲着送入口中,然后,叉子再改用左手持,右手再持刀切割,周而复始。你要注意的是:必须切割一块吃一块,而不能将盘中食物先全部切碎,再持叉一块接一块吃。有的食物如用叉子可以分割,就不一定非用刀不可。

宴会是联络人际关系的绝佳时机,别从头到尾跟你的死党粘在一块儿,尽量鼓励自己和初次见面的人谈话。一句"你好!"就可以开始聊天,为了使话题不枯燥无味,最好事先准备可提供话题的材料,能从最近热门的话题中挑选出来是最好的。聆听对方谈一些自己的志趣也是很重要的。适时发问和热切的反应,会使对方说得更尽兴,也会使对方对你产生好感。当双方都结束话题时,说句"今天真高兴能和你谈话"之后就换另一位继续聊类似的话题。若能交换一下名片,制造下一次见面的机会,也是很不错的。

以客人的身份参加宴会时,临时有事必须中途离席并非不可,只是要避免在别人演说时离开。回去时一定要记得和招待的人打声招呼,但尽量别打断别人的交谈。几天后,若能打电话或写张明信片给邀请你的人,说两句再次致谢的话,会让人对你更加有好感。

当然,宴会中的这些礼节并非要一一照办,可因时因事变通,但万不可"为所欲为"。

智者寄语

宴会中的这些礼节并非要一一照办,可因时因事变通,但万不可"为所欲为"。

拒绝时要迅速、有礼

生活在这个社会上,我们不可避免地会遇到亲友真诚地向自己诉说难处,请求帮助。人们求助别人办某件事并非是盲目的,往往是经过周密的分析,认为你有可能办成才开口的。假如你确如朋友分析的那样有"手到擒来"的本事,亲友会觉自己分析得不错。假如你的能力并不像朋友所估计的那样(而这一点你比谁都清楚),你怎么办?是硬着头皮接下来?

当然,这样也许当时不会伤了你们之间的和气,然而却是后患无穷。一旦事情办不成,你的朋友也错过了另求别人的时间和机会。因为你不好意思拒绝,而把一件别人可能办成的事情给耽误了,那朋友们会对你作何感想呢?如果当时你能直言相告或婉言拒绝,使他知道你在办这件事上的种种不便和种种不利,以及成功的可能多么小,虽然你的朋友对你的诚意产生怀疑,但当他们了解到实际情况之后,不但会理解你的处境,还会对你的坦率表示敬意,相比之下,你又会失去什么呢?

很多人在想要拒绝对方的时候,会产生一种"不好意思"的心理,这种心理阻碍了人们把拒绝的话说出口。由于这种矛盾的心情,态度上就不那么热心,说话吞吞吐吐,欲说又止欲藏又露。在这种心理的制约下,最终往往是依照对方的意图行事。即使拒绝对方,其态度也容易使对方产生误解,认为你成心拿架子,不够朋友。因此,要想使自己在工作和社会交往中,不至惹出许多麻烦,首先要克服这种"不好意思"的心理障碍。

研究拒绝艺术的专家强调,要建立这样一种意识:"你有权力说'不',你不必因为拒绝了别人而感到不好意思。"这样,你在拒绝时就会心情坦然、举止大方、态度明朗,避免被误解和猜疑。即使对方开始会对你的拒绝产生一点失望和遗憾,但由于你的态度表情向对方表明你是坦诚的,使对方受到感染,容易弱化对方心中的不快。如果你自己都觉得拒绝不应该,心里发虚,那么你的态度表情就会迟疑不决,对方也会觉得你拒绝的理由是不可信的。

在时装店,你在挑选一件裙子,样式和做工都令人满意,但在价钱上你却觉得不够理想,但看到售货员的热情服务,使你不好意思不买它。售货员就是利用你的这种心理,越是看到你在犹豫,就服务得越热情越周到,帮你量好尺寸、试大小,甚至动手包装好,放进你的购物袋里,造成既成事实。

初次交男朋友,你也许会感到左右为难,因为他的长相实在让人爱不起来。但是,由于是你的上司介绍的,或者是上司的儿子,使你在拒绝上产生了犹豫。虽然每次会面都使你感到不舒服、不愉快,恨不得马上逃得远远的,但你一想到小伙子的身份,上司的威严,你就不得不仔细斟酌。小伙子却对你一见倾心,脉脉含情,你的上司也觉得好事可成。随着时间的推移,你一再丧失拒绝的机会,勉强自己,这样成就的婚姻是不会幸福的。

不知生活中有多少人因为不好意思说出那个"不"字,而买了不称心的裙子,嫁给了自己不喜欢的男人,答应了自己办不到的事情。

那么,遇到应该表示拒绝的时候,怎样才能不伤朋友的面子呢?

有经验的人们告诫我们,坦诚直率地表明态度,只是拒绝的开始而不是结束。如果要使对方不积怨,仅仅说出"不"字还远远不够。在可能的情况下,要尽量申明拒绝的理由:因为自己力不胜任,现在没有时间,有某种为难之处,等等。

当然,对方求助于你,事前多半思考过你有应允和不应允两种回应,而应允的可能性较大,才来求你。因此，你只有说明你不能应允的理由，才能改变他们的心理定势，对你的拒绝表示谅解。在你申明理由时，可信度越高越好，千万不要随意编造虚假的理由。因为这里潜伏着一种危险：一旦对方发觉你在撒谎，认为你不够朋友，你们之间的友谊马上就会结束，甚至招致积怨难消。

拒绝别人时，要坦诚明朗，不要优柔寡断。当然，这并不是主张在任何情况下，对任何人都直来直去地说出这个“不”字。对于那些自尊心较强、反应敏感，或是“脸皮薄”的人来说，只婉转地表述拒绝的理由，而不说出拒绝的话会更好一些。因为对方会从你的话音中体察到你拒绝的意图，做出相应的反应来。这种拒而不言不、不言推的方式，可以避免对方感到下不来台，丢面子，避免破坏交往的友好气氛。

比如，当别人在你正要出门时来访，你在表示欢迎的同时可以说一句：“你来得真巧，稍晚一会儿定会扑空！”这等于暗示对方，你马上要出门办事。如果对方是知趣的人，便会简短地说明来意后很快告辞，或者另约时间再访。这比由你发出明确的“逐客令”要好得多。需要注意的是，你的暗示必须含义清楚，使对方易于觉察。

当对方确有为难之事求助于你，你又无力承担或不想插手时，你可以用为对方寻找其他出路的方法，来弱化可能产生的不愉快。比如，“这件事我实在没有时间帮你去办了，你不妨去找某某试试。这份资料我这几天还要用，不过图书馆里还有一份没借出去，你赶快去还可以借到。”因为对方有了其他出路，就会对你的拒绝不在意了。

但是，我们不要轻易地拒绝别人。每个人一生中都有许多需要别人帮助的事情，也常常会无意识地打扰对方。你求助别人的时候，还会有很多的。

另外，在你拒绝对方的求助之后，不要以为这件事已经到此结束了。许多善于交往的人常常会事后问对方他那件事办理得怎样了，以示关心，顺便再次表示歉意。

要说出表示拒绝的话的确不是一件容易的事，尤其是面对老朋友。但是，为了你的声誉，为了你的利益，为了彼此都能正常地生活，为了大家都不至于误解和猜疑，有话还是明说好，有一说一，有二说二，不要打肿脸充胖子，因为那样做后果不知会变成什么样。

学会拒绝别人就像学会向别人倾诉一样，给你带来的益处，就是你能坦坦然然地做人，轻轻松松地生活。

智者寄语

学会拒绝别人就像学会向别人倾诉一样，给你带来的益处，就是你能坦坦然然地做人，轻轻松松地生活。

现代女性职场办公室礼仪

有魅力的女性，在职场办公场合同样会有良好的职业形象。美好的形象永远会为你的工作能力加分，为你的魅力添彩！

对职场女性来说，办公室就是你的另外一张脸，同样需要你细心去呵护。办公室礼仪主要包括办公室环境礼仪和办公室个人礼仪两部分。

1. 办公室环境礼仪

办公环境应给人以高雅、宁静、紧张、有序的感觉。办公室既是工作的地方也是社交的场所。办公环境是一种无声的语言,向来访者传递着你所在公司(企业)的风格和精神面貌。在一个整洁干净、格调高雅、高效有序的办公环境中,人们会自觉要求自己的行为与周围环境相协调,从而使自己在八小时工作中身心愉悦。办公室的环境上档次了,但是职员的礼仪没有跟上也会使你公司(企业)形象大打折扣。

办公桌是办公场所最应该修饰的。办公桌是办公的集中点,是进入办公室办理公务最为集中的地方,办公桌摆放合适了,办公环境就整理好了一半。

向阳摆放办公桌。让光线从左边射入,以合乎用眼卫生。桌面不能摆放太多的东西,只摆放需要当天或当时处理的公文,其他书籍、报纸不能放在桌上,应归入书架或报架;除特殊情况,办公桌上不放水杯和茶具。招待客人的水杯、茶具应放到专门饮水的地方,有条件的应放进会客厅;文具要放在桌面上,为使用的便利,可准备多种笔具:毛笔、自来水笔、圆珠笔、铅笔等,笔应放进笔筒而不是散放在桌上。

办公室的窗户要经常打开换气,地面要保持清洁,瓷砖地面要常清扫、擦洗,地毯要定期吸尘,以免滋生寄生虫、螨虫等。

办公室的墙壁不可乱刻乱画,不能在办公室的墙上记录电话号码或张贴记事的纸张。墙面可悬挂地图、公司有关图片。

2. 办公室个人礼仪

办公室个人礼仪关键是四个方面:仪表端庄、谈吐文雅、举止得体、注意小节。办公室里最合适的仪表是职业套裙,它会显得正规和气派。那些时尚、轻薄、裸露、另类的服饰与办公环境相悖。当然你应穿皮鞋,着深色袜子;女士若穿裙就应穿连裤袜。办公室里可以脱下西装挂在衣架或椅背上,但不能卷起衬衫袖子。

办公室里的问候应是常见的,走进电梯、办公室、洗手间都应愉快地问候同事;遇到女同事神采奕奕的样子,不妨恭维几句。粗话、脏话及流言蜚语应与办公室无缘,也不应该在私下议论领导、薪水及女士的年纪、婚姻状况等话题,不在公家电话中长谈私事,不将家中私人情感带入办公室"分享",时时面带微笑,关心和帮助你的同事,在精神饱满中开始每一天的工作。

即便你一人一间办公室,那也毕竟不是你家里,自然、得体的行为是不可忽视的。注意日常走姿、坐姿和站姿,哪怕接个电话也应注意自己的语言形象和形体姿态,进出别人办公室要敲门并随手关门,不在办公室中吃早餐或零食,也不要因天热而卷起袖子、裤管,不叼着香烟到处乱逛,有客来访应积极接待,遇到棘手问题不要直接越级找领导,下班前整理好办公桌。

智者寄语

有魅力的女性,在职场办公场合同样会有良好的职业形象。美好的形象永远会为你的工作能力加分,为你的魅力添彩!

下篇
财 富 篇

第一章　理财观念是打开财富之门的钥匙

“财”女不该是这样的

如果你是一个美女、才女，还想做一个独立自主的现代女性，那么，你还得是一个“财”女——高财商的女性。你不仅要懂得赚钱，还要懂得理财，学会投资，为自己计划一个安全美好的未来。从现在开始，从消除自己对理财的误会和抵触做起，把自己修炼成一个财务自由的新“财”女。

结婚后的琳达辞掉了工作，自然在经济上完全依赖自己的老公。作为商人的老公满足了琳达有车有房的富足生活。可是，时间久了，琳达的地位在家中变得越来越低，老公觉得她离不开自己，对她的态度也不如从前。终于时久生变，两人的婚姻走到了尽头。

刚离婚的时候，琳达比任何时候都失落。她这才发现由于之前的生活依赖，自己基本上失去了独立性。痛定思痛后，琳达下定决心要掌握自己的未来。虽然几经波折，但总算挺了过来，现在的她俨然一副知性女强人的样子，不仅更有尊严，在经济上的独立也让她变得自由、自信。

现在的她是绝对的“财女”，不仅有了财务上的独立，而且懂得如何理财，让自己前所未有地充满了自信。

独立或是依赖在生活中没有绝对的正确与错误，但是需要明确的一点是，只有在经济上真正独立的女性才能真正成就自己的幸福。

现代的聪明女性，不仅需要保持乐观、自在的心态，更需要拥有独立的财富，把感情、事业、婚姻、健康的投资牢牢抓在自己的手上。经济独立、思想独立、生活丰富的女性才能永远魅力迷人。

下面几个错误的认识和不科学的做法会阻碍女性成为理财高手，所以必须逐一清除它们。

1. 我不是理财那块料

生活中常发现一些女性在理财方面缺乏信心，她们认为自己不具备理财的能力，张口闭口就说自己对数字没兴趣，不敏感等。这些女性往往具有态度保守，甚至对理财心存恐惧的心理特征。其实，身为新时代的女性，不仅要在经济能力上不输男性，而且在理财上也要迎头赶上。可喜的是，现在已经有不少女性开始加入到理财大军的队伍中来了。其实只要肯多花一些心思，建立在理财上的信心，你就会在理财领域上表现得很好。

2. 我现在还年轻，还用不着理财

有些年纪较小的女性，她们通常认为理财是三四十岁以后的事，自己二十几岁没必要考虑。

其实这是女性在理财上所犯的最大错误。我们不难发现,女性的平均薪水多较男性低。即使有养老金可领,因为职位多低于男同事,她们可领取的金额也会比男性少。因此,理财得成为女性生活和工作的一个重要部分,只有如此,才能让财富更快增长,也才能让自己过上更优质的生活。

3. 我只把钱存在银行

有调查显示,一般女性最常使用的投资工具是储蓄和保险。她们认为这样最稳妥,而且有一定的利息可赚。实际上,这些女性多是不相信自己在理财方面的能力,态度保守,甚至对理财心存恐惧。虽说这样的投资能带来资金的安全感,但不能忽略"通货膨胀"这个无形杀手,因为它不仅可能将利息吃掉,甚至可能连老本都不保。

4. 会员卡消费节省开支

"卡片族"成为很多现代都市女性身上的标签。她们对各种会员卡、打折卡可谓情有独钟。乍看起来,这些卡的确能为消费者省下不少钱,但并不是所有情况下都能如此。比如有的商家规定消费必须达到一定数额后才能取得会员资格,取得该资格后才能给一张优惠卡。这样很容易让一些女性误入突击消费的圈套,如此一来,省钱就不大可能了。

5. 自己能挣不如嫁个有钱老公

很多女性常常把自己的未来寄托在找个"金龟婿"上,往往忽略了个人创造和积累财富的可能;还有的已婚女性凡事依赖老公,总是抱着"望夫成龙"的心态,认为养家是男人天经地义的事情,自己只要管好家就行了。但需要提醒这部分女性的是,经历爱情和婚姻并不意味着你要放弃个人财务自主的理由。要知道不稳定的婚姻,不仅使你失去金钱还将使你失去爱情。

6. 随大溜避免理财损失

不少女性在理财方面存在从众心理,她们喜欢跟随亲朋好友进行相同或类似的投资,而却忽视了自己的财务需求。如此一来,往往由于采取了不适当的理财模式,造成财务危机。

7. 我太爱花钱,根本攒不下来

绝大多数女性对于"血拼"情有独钟,这是导致她们个人理财失败的重要原因。

由此可见,要想成为"财"女,需要有清醒的头脑和科学的思路。在走向成"财"的路上,我们一定要避免一些不科学的认识和做法。

智者寄语

要想成为"财"女,需要有清醒的头脑和科学的思路。在走向成"财"的路上,我们一定要避免一些不科学的认识和做法。

女人理财要趁早

张爱玲说:"出名要趁早。"

女人们说:"理财更要趁早!"

因为越早理财,就能越早拥有更多财富。其实道理很简单,下面两个理财方案就能告诉你答案。在年理财收益率为7%不变的情况下,你会选择哪种理财方式?

方案一:从20岁开始每年存款1万元,一直存到30岁,60岁时全部取出作为自己的养老金。

方案二:从30岁开始每年存款1万元,一直存到60岁,60岁时全部取出作为自己的养老金。

两种方案哪种可以让你获得更多的养老金呢?相信很多女人会选择第二种,道理很简单,因为第二种方案的储蓄数额显然要高过第一种,也就是说,第二种方案的30年的30万储蓄本金要超出第一种方案10年10万的储蓄本金多得多。所以看起来第二种方案得到的养老金要比第一种高出很多。

事实真的是这样吗?当然不是。只要通过具体的数据计算我们就会发现:在年理财收益率为7%的情况下,以每年1万元的存款方式做储蓄,从20岁存到30岁,到60岁全部取出时可以得到的存款金额为70多万;而以每年1万元的存款方式做储蓄,从30岁存到60岁,最终得到的存款金额却只有60多万。

想知道为什么会有这么大的差别吗?那女人们就要去学习一下"复利效应"了。这种被爱因斯坦称为"世界第八大奇迹"的东西,其威力甚至超越了原子弹。所谓"复利"就是利上有利,复利的计算是对本金及其产生的利息一并计算,也就是把上期的本利相加的总和作为下一期的本金,所以在计算时每一期本金的数额是不同的。这也就是为什么从20岁存到30岁的10年储蓄本金最终所得要高于从30岁存到60岁的30年储蓄本金最终所得的症结所在了。

如果你觉得这个概念还是很模糊,那么就让我们来亲手做一道更加简单的算术题,看看你在100万元钱和1元钱之间是怎样选择的:

你是选一次性给你100万元钱,还是第一天给你1元钱,以后每天所给的钱是前一天的倍数,如此累加一个月?可能会有很多人选择100万元钱,因为1元钱的吸引力实在太小了,很多人都不会费心去计算一个月后它会有多少,而且想必大家已经从主观上断定它肯定是"没多少"的了。然而事实真相却是这样的:经过一个月的累加,这1元钱在第30天时已经超过了10亿。

惊讶吗?也许对复利的初步了解,你已经觉得它可能不会是一个小数目,但是却万万没有想到它会有10亿那么多吧?这就是强大的复利效应,不信的话,你可以拿出纸笔亲自算一算。

尽管"复利效应"没有将投资的风险和客观因素的影响计算在里面,且数据中永远的"7%"或倍数增加也许很难实现,但是持之以恒的"以钱生钱"的理财策略为你所带来的财富必定会远远超出你的估量,这一点是可以肯定的。

如果我们因为自己还年轻,就认为理财尚早,而忽略了时间的复利效应,我们就浪费了大量的财富增值机会,也就等于让大笔财富无形中从我们手中溜走。同时,也只能眼睁睁看着别人的财富越来越多,忍受着自己和对方的差距越来越大。自己起跑晚了,又怎么能够责怪别人比自己跑得快呢?

不要说你对财富漠不关心,"钱"对你来说有多重要,想必只有你自己心里最清楚。对于一个女人来说,最可怕的事情也许并不是"没有钱",但是对一个年届三十却依然单身的女人来说,"没有钱"恐怕或多或少都是让人恐慌的一个事实。即使女人们有了爱情、有了家庭,也依然需要"柴米油盐"的基本物质保障作为生活的支撑,房子、车子、孩子,哪一样不需要钱呢?所以,女人们应该趁着年轻就开始自己的理财之路。早一天理财就能早一天让自己获得更加稳固的生活基础,也只有生活的基础足够稳固,你才拥有了享受幸福的可能。

"女人理财要趁早"并不是一个空洞的口号,而应该将它变成你的实际行动。也许你现在对自己的“月光”生活感觉很惬意,也许你认为自己以后还有大把的青春和时间可以储备足够“过冬的粮食”,也许你觉得凭自己的姿色完全有“钓得金龟婿”的可能,也许你有一个让你取之不尽的“富爸爸”做后盾,也许你本身就已经拥有超凡的“挣钱”能力……但是,无论你现在是否缺钱、是否能挣钱,你都应该为自己的以后做好打算。因为现在不缺,不等于以后不会缺,能挣钱并不代表能积累财富。这个世界的变数如此之大,连花旗银行都会破产,你又凭什么认为自己一直可以这么顺风顺水、洒脱度日呢?

懂得未雨绸缪是智慧的表现,每一个聪明的女人都应该为自己的幸福做长远的打算。尤其是在你已经见识到时间复利的巨大威力之后,你还有什么理由不从这一刻就开始自己的理财之路呢?

智者寄语

懂得未雨绸缪是智慧的表现,每一个聪明的女人都应该为自己的幸福做长远的打算。尤其是在你已经见识到时间复利的巨大威力之后,你还有什么理由不从这一刻就开始自己的理财之路呢?

理财要掌握一种态度

每到月末月光光、心慌慌的场面经常上演,奋斗数年积蓄微薄的情况已使人麻木,看着这一片“满目疮痍”,到底应当如何是好?记住索罗斯的名言:“理财永远是一种思维方法,而不是简单的技巧。”我们首先需要掌握的仅仅是一种态度而已。

很多女人明明已制订了完善的理财计划,拿到薪水后却照旧是“月月光”。原因何在?还是先检测一下你的理财态度吧,理财能否见成显效,与你的态度有很大关系:

1. 制订理财计划要从实际出发

制订理财计划,要从自己的实际出发,确定理财目标,选择适合自己的理财产品。具体来说,首先要留出日常生活开支的预算;其次,应该给予自己和家庭足够的保障;最后才是各类投资的规划。要注意的是,当理财计划制订之后,除了要按计划实施外,还要定期对计划进行修正,特别是当经济情况发生变动时,比如结婚、生子、工作变动等。女人要兼顾家庭和事业,而投资理财又需要时时关注,各方面的限制使得很多女人觉得理财很深奥,没有精力去应付。其实你完全可以通过专业人士,特别是独立的理财顾问来理财。专业人士会根据你的实际情况提供理财建议,帮你制订理财规划,并定期提出修正建议,这样你就能轻松理财了。

2. 让信誉好的基金公司帮你做投资决策

对于要兼顾工作和理财的女性来说,在经济平稳增长的情况下,最好的投资方式是购买证券投资基金。一般来说,股市投资风险较大,而且很多女性很难有时间和精力管理自己投资的股票。而投资基金却不存在这个问题,因为支撑基金业绩的是优秀的基金经理、强大的投资团队以及有效的投资模型,让信誉良好的基金公司帮你做投资决策绝对是省心省力的投资途径。

3. 婚前婚后理财方式应有所侧重

人生的不同阶段,理财的重点应有所不同。女人结婚前没有太大的家庭负担,精力旺盛,主要是为未来积累资金,所以,婚前理财应侧重于财富的快速积累。有人说,女人30岁之前唯一的理财目的就是积累资金,虽然比较偏激,但是却道出了婚前理财的实质。婚前你可以考虑选择风险较高的投资品种,比如证券投资基金和股票;婚后,应从稳健的角度出发,选择适合的保险以转移风险,投资主要以有长期稳定收益的方式为主,比如不动产。

4. 根据自己的实际情况适当炒股

现在不少人热衷投资房地产。但受国家宏观调控影响,房地产将面临结构性的调整。所以,作为普通投资者,近期最好不要将多余的资金投资于房市。与此同时,无论是从市盈率、上市公司质量等指标来看,还是就整个证券市场环境、外部政策环境来看,当前的中国股市具备投资价值。所以,不妨根据自己的实际情况,适当参与股市。

5. 投资艺术品显能耐

时下,民间艺术品的收藏十分火爆,且当今从事艺术品收藏的,绝大部分是一种投资行为。

投资艺术品,关键要"练眼"。明面上摆放的一般是普通藏品,贵重藏品均珍藏在深屋,不会轻易拿出示人。所以,投资艺术品水阔水深皆似海一般,就看你的能耐如何。

智者寄语

记住索罗斯的名言:"理财永远是一种思维方法,而不是简单的技巧。"我们首先需要掌握的仅仅是一种态度而已。

女人的理财观念要随着年龄变

25 岁以前是一个理"才"重于理"财"的时期;25 ~ 30 岁的年轻女性主要处在财富的积累期;女人过了 30 岁,往往就开始追求稳定的生活,理财需求的重点倾向于购置房屋或准备子女的教养经费;步入老年时,女人可以继续发挥余热,以事业、爱好为主,安度心理空巢期,同时享受年轻时合理理财带来的累累硕果。

在当今的社会环境下,对于处在不同年龄层次以及不同人生发展阶段的女性,如何与时俱进,重现自己"首席财务官"的风采呢?

25 岁以前是一个理"才"重于理"财"的时期。这个阶段投资自己比自己投资更重要。经常听到有很多年轻的女性振振有词地说,钱是赚出来的,不是省出来的。这话固然有理,然而要能赚到更多的钱,首先需要有赚钱的本领。对于理财,这个年龄段的女性要么没有概念甚至排斥,要么有父母协助打点,指望她们看紧自己的钱包一般比较困难。但她们可以在花钱的方面多些算计,消费的时候尽可能地使用最少的钱来实现自己最大的愿望。现实生活的教育是理财成长道路上一个必不可少的环节。

25 ~ 30 岁的年轻女性主要处在财富的积累期,在理财上应采取比较积极的态度,好好冲锋陷阵一番。努力充实自己所需的资本,也为步入家庭做好准备。理财计划是越早制订越省力,同时对风险的承受度也越高。对于不同形式的理财工具应多方了解,此时可学到的经验最宝贵。失败了不要紧,年轻就是本钱,大不了一切从头来。

女人过了 30 岁,开始追求稳定的生活,于是,理财需求的重点倾向于购置房屋或准备子女的教养经费。但是,这一时期正是现代女性们生活上变动概率最大的阶段,比如离婚。所以,理财心态应保守、冷静,尤其应设定预算系统,以安全及防护为主。应该先存够保障安全的资金,然后再考虑风险性大的投资，如购买股票、基金等。

中年女性生活模式大致稳定，收入也较高。在前些年的准备里，子女的教养费用应有着落。但同时，这一阶段又是女性的生理转折期，身体比较容易出毛病。现在，应开始审视自己未来退休生活筹措的资金是否足够。想清楚自己在退休后期望什么样的生活水准与生活计划，所安排的相关医疗保险是否合适。在此阶段投资心态应更为谨慎，建议逐步加重固定收益型工具的比重，但仍可用定期、定额方式参与股市投资。定期检视投资成果是一定要做的功课，因为能让你重新来过的机会已经没有了。

当步入老年时，女性面临一个心理上的空巢期。工作忙碌了一辈子，真的要一下子停下来，可能会不适应。一些思想比较传统的女性可能还想给子女多留一点遗产，这时不妨自主立业或从事一些社会工作，继续发挥余热。

智者寄语

女人的理财和观念不是一成不变的，而是随着年龄的变化而变化。

女性理财的误区

直到今天，很多传统的中国女人仍然有着“干得好不如嫁得好”的观念，她们只会整天盯着丈夫口袋中的钱，从来不关注自己的钱包。但随着社会趋势的大发展，女性在职场中，已经和男人没有多大区别了，但在女性财务独立的同时，她们关于理财的意识仍然相当落后。无论是以家庭为中心的传统女性，还是以自我为中心的现代女性，她们在理财上，不是斤斤计较的“抠门族”，就是毫无计划的“月光族”。这说明很多女性在投资理财方面非常盲目，这主要体现在以下几点：

1. 缺乏理财观念

调查显示，美国有一半以上的已婚女性能够达到一半或以上的家庭收入，这充分显示了女性已经有了充足的经济能力来规划自己的财务。只是女性还缺乏财务规划的主动性与习惯，53%的女性没有定出财务目标并且预先储蓄。有超过六成的女性没有准备退休金，其中有不少女性认为“钱不够”规划退休金。在中国这种情况也相当普遍，很多女性觉得“我的目标就是养活自己，很多其他问题留给另一半去做”。

2. 态度保守，心存恐惧

有很多女性不相信自己的理财能力，她们理财态度保守，甚至对理财心存畏惧。有调查显示，大部分女性最常进行的投资竟然是储蓄存款。这样的投资习惯可以看出女性寻求资金的“安全感”，但是却可能忽略了“通货膨胀”这个无形杀手。

3. 容易陷入盲从

大多数女性不了解自己的财务需求到底是什么，她们毫无主见，常常看到亲朋好友怎么做，她们就怎么做，这样的投资明显地不同于男性追根究底的特性。这样做的后果是，假如采取了不适当的理财模式，很容易造成财务危机。

4. 为感情丧失理智

很多女性常常在情感中迷失自己，她们往往在交出自己的感情的同时，也不自觉地将自己的经济自主权交到了男人的手上。她们难道就没有想过,一旦感情出现问题的时候,她有可能人财两空。

那么,怎样才能做个理财能手呢?

其实,因为女性在性格方面比男人更有耐心、更细心,所以,在理财方面她们就比男性有先天的优势,只要她们能摆脱以上那些错误的认识并做到以下几点,相信她们一定能做好自己的财务规划。

1. 现在就开始投资

不要把"没钱投资"和"没有时间投资"作为不去理财的理由,一个懂得如何现财的女人才能拥有自己的财力,才能让自己活得更美丽。每个月领到工资的时候,直接拿出其中的10%作为投资所用,而不是拿着钱直奔商场。把精力花在学习投资理财知识上,不要总是担心股价太高,别忘了股价永远会有新高。

2. 制定目标

不论是准备好小孩子的学费、买新房子的款项还是50岁以前金钱无虞地退休,任何目标都可以,但必须要定个目标,全心去达到。只有目标明确,才能让自己拥有理财的想法,才能按时地将得到的钱分配到各种积攒、储备金钱的方式上去。

3. 每月固定投资

投资必须成为习惯,成为每个月的功课,不论投资金额多少,只要做到每月固定投资,就足以使你超越大多数人。只有投入,才能有产出。学习投入、按时投入,才能使自己在年终的时候拥有固定工资之外的更多收入。

聪明的女人不是依赖男人而过上幸福生活的,是充分运用自己的头脑理财而获得财力,使自己拥有固定、可观的财富的。

智者寄语

聪明的女人不是依赖男人而过上幸福生活的,而是充分运用自己的头脑理财而获得财力,使自己拥有固定、可观的财富的。

相比男性,女性理财更具优势

很多女人在学生时代最讨厌的科目恐怕就是数学了。初中时候成绩还马马虎虎,感觉数学有点意思,可是一到高中之后,什么函数、微积分……现在想想,都会让人感觉头疼。

女人本身就对机械的数字没有什么感情,现在却还要把它当作理财的工具,看着那些枯燥乏味的数字怎会不让她们感到害怕?面对理财这种难题,相信很多女人都会冒出这样一个念头:这么烦琐复杂的事情,还是交给男人来做吧。

的确,在我们还不了解理财的具体操作步骤之前,对于这个陌生领域的陌生事物我们没有好感,心里排斥也是无可厚非的。但是,姐妹们,这种懒惰的想法必须从你的脑子里除掉。你的财产终究是要靠你自己打理的,如果交到了别人的手上,最后能属于你的还有多少恐怕连你自己心里都没底吧。

再说,理财说起来也并不是多么可怕和困难的事情。又不是要你去计算原子弹爆炸和运载火箭升空的公式，只要你会加减乘除，只要你会计算，没有必要担心自己不会理财。而且，相比男人，女人理财还有自己的优势呢。

第一，女性更加感性，更加注重细节，更注重家庭。女性作为家庭的首席财务官，她的投资目的很简单，那就是改善生活。而男性的投资则很大程度上是自我价值的一种实现，也是得到别人认可的一种方式。正是由于这种单纯的投资目的，使女性理财体现出以分散投资、追求低风险、稳定收益为主的特点。

第二，女性更善于接受别人的建议，善于和别人交流。女性会多方听取别人的意见，更多从保障角度出发，从而有效地控制投资风险。一个很简单的事实就能证明这一点：找理财顾问进行财务规划的人当中，女性比例要明显高于男性。女性喜欢听取别人的意见，而男性则更喜欢自己拿主意。

第三，女人更懂得精打细算。与男人的粗枝大叶相比，女人们精打细算的优势很容易被凸显出来。因为本身心思细腻，所以很容易从生活的各个方面发现省钱和生钱的契机。买东西会货比三家，选择性价比更高的商品是女人的强项；同时，多年的血拼砍价经验会为你省下不少银子，这一点男人们肯定没法比；还有，别看大部分的女人上学时对数学极不“感冒”，但是到了个人消费上，小算盘照样打得叮当响。不管这种能力被男人们定义为“精明”还是“小气”，但都不失为一种理财天赋，非常值得姐妹们发扬光大。

第四，女人比男人更有耐性。相对于男人理财上的浮躁，女人则更具有耐性，在理财投资上不会像男人那样轻易改变方向。在投资的内容上女人更加沉得住气，不做好调查绝对不会贸然做出改变。这其实跟女人的性格有很大的关系，都说“女人善变”，其实这种说法是很不准确的，女人变是因为她们没有安全感，没有找到一个让自己安定下来的理由。一旦满足了令自己放心的心理需求，女人才不愿意去做任何改变呢！这条定律不仅符合对男人的态度，对于理财投资也同样适用。所以，西方的一项调查显示：女人理财收益更高。原因就是女人不愿意在自己做出选择之后轻易改变，如此一来就更容易做“长线”交易，所谓“放长线才能钓大鱼”就是这个道理。

第五，女人无敌的“直觉”。女人的“直觉”有时候非常“可怕”，因为常常准到让人目瞪口呆。至于什么理由，她自己可能都说不清，纯粹就是凭感觉。好像做哪项投资只要“跟着感觉走”就能赚到钱，这是所有男人都望尘莫及的“超能力”。其实女人的直觉并不是完全没有根据的，因为女人天生敏感，这就让她们比男人的思维更加敏锐，跳跃性更强，同时加上平时自己有意无意的细微观察，便能在很多事情没有发生之前就捕捉到气息的变化，自然就能做出先发制人的惊人之举了。

综上所述，我们可以得知女性理财具有天生的优势，而且这种优势是男人无法超越的。所以，女人完全没有必要将自己或家庭的财政大权交给男人，要知道，女人本身就是一个理财的好手。只要你用心去做，就会发现理财其实也没有那么难。只要做好以下四个方面，你就能让自己的理财之路畅通无阻：

第一，清点你的家私。也就是搞清楚你现有的财产状况以及未来的收入预期，只有先弄明白自己到底有多少财可以理，理财之路才不会毫无头绪，这也是女人们理财的大前提。

第二，给自己的财富发展定个方向。你要知道自己的财富目标是什么，才能从时间、数额和完成步骤上制订出具体的计划和合理的安排，才不会盲目行事。

第三，寻找适合自己的理财类型。自己承担风险的能力、对各个理财类型的驾驭能力、自身所承担的家庭责任都要在你的考虑范围之内。在能最大限度地降低自身和家庭财务风险的情况下选择适合自己的理财种类,才能对自己的财富操控驾轻就熟。

第四,对你的资产进行战略性分配。合理安排自己现有的资产,哪些钱是用来做什么的一定要做好规划。投资的话一定要用自己手里的"闲钱"。要保证自身生活不受影响。至于"拆东墙补西墙"的事情,姐妹们还是少做为妙。

可见,理财并不是一件难事,只要你肯认真学,并一步一步踏踏实实地执行,相信你也会成为一个理财高手。

智者寄语

可见,理财并不是一件难事,只要你肯认真学,并一步一步踏踏实实地执行,相信你也会成为一个理财高手。

无论有钱没钱,理财都是必须的

在生活中,很多人都会有这样的想法,我现在毕业刚参加工作不久,还没什么钱,等将来有钱了再理财也不晚;而另外一种有钱人的想法就是反正我有钱,理不理财都不重要。事实上,这两种人的想法都是错误的,不管你有钱没钱,理财都是必须的。尤其作为一个女性来说,学会理财反而会让你的生活更加丰富多彩。

我们中的大部分人都出生在普通家庭,但是,随着年龄的增长却会出现两种完全不同的情况:一部分人通过投资、理财,经济状况日渐好转,过上了比较富裕的日子;而另一部分人却生活依旧,终日为一日三餐而发愁,更谈不上个人发展了。是否善于投资、理财,对缺钱人来说,结果也往往截然不同。

生活中缺钱的人大致可分为两类:一类是安于现状、坐等机会、不思进取者,其结果自然是永远不会有钱;另一类是设法去理财、投资的人,其结果有两种:失败或成功。如果投资失败,就会雪上加霜,不过这也没有什么大不了的,反正都是没钱,只不过比以前更穷些罢了;如果投资成功,就可以告别穷人的生活。按概率来讲,在投资结果中成功的机会至少有一半,而不投资,其成功机会就为零。可见,投资理财总比不投资理财要好。

你也许觉得自己目前收入相对不稳定,不能理财投资。其实不然,这样的人也能投资。收入不稳定,生活就有风险,一旦某一段时间收入中断,生活就会陷入困境,生活质量时高时低,没有保障。这种不稳定的状况本身就是一种风险。你想使自己能保持稳定的生活,就必须要居安思危,及早做出投资、理财的安排。趁现在还有收入时,或加大储蓄,或购买债券,或投资于兑现性较强的项目,扩大进财渠道,这样才能逐渐稳固经济基础,增强抗风险的能力,让自己不至于真正沦为没钱的人。

穷人时常会碰到缺钱时的尴尬,但富人也不是时刻有钱花,他们也会碰到经济紧张的时候。影视剧中经常有这样的场面:一些富豪们或在赌桌上将家产一夜之间输得精光,或无所事事、好吃懒做、贪恋女色、挥金如土,最后沦为乞丐。当然,这些是有些夸张成分的,但也反映出不善理财的后果就是坐吃山空、先富后贫。

随着我们的生活水平不断提高,个人的物质生活和精神生活消费都在呈上升趋势。对有钱人来说,理财自然非常重要。因为有钱是相对的,也许十年前你是一个比较有钱的人,但若十年后你的金钱或财富仍保持在原有水平,甚至有所消耗,那么你也许已是相对的穷人了。对一般的职业女性来说,你也许算是个有钱人,因为你有不菲的收入,每月奖金也不少。但是,若你买了房、买了车,每月就必须要到银行交按揭款,此时你可能就不很宽裕了。所以,不要以为有钱就不需要理财、投资,就可以放心享受了。明白这一点,你对那些百万富翁、亿万富翁仍积极投资的现象就不难理解了。

从某种程度上来说,有钱是一种优势,一种拥有做事业的资本优势。理财对有钱人来说首要的是保本,即保持有钱的优势。除此之外,还可通过理财将自己的财富像滚雪球似的越滚越大,使事业不断发展。因为有资本,有钱人比穷人更容易获取财富。有钱的时候去理财,远比出现经济危机时被迫去理财要好得多。

假如你的工作稳定,收入也比较丰厚,那么你更需要理财了。因为你的收入稳定,就意味着你发大财的可能性较小。而安逸的生活往往会慢慢磨掉你的斗志,让你逐渐安于现状,那么你必须通过合理理财来丰盈你的资产,使你的物质生活更加丰富。这样,你就可能实现自己买房、买车这些看似不可能的愿望。

俗话说:“人无远虑,必有近忧。”虽然你现在工作很稳定,但是,你不能保证目前的这一切永远不会发生变动,现在已经没有铁饭碗可抱了!只有早一步投资、理财,你才能使自己的生活真正无忧。所以,即使你目前的工作看起来像金饭碗,也一样要为自己的未来打算,为自己未来的安定提早设计一套投资、理财方案。

总之,不论你是金领一族,还是蓝领一派,也不论是有钱还是没钱,都要先确定自己对待金钱的态度,都需要用心挖掘理财道路上的宝藏,做一个理财高手。

智者寄语

不论你是金领一族,还是蓝领一派,也不论是有钱还是没钱,都要先确定自己对待金钱的态度,都需要用心挖掘理财道路上的宝藏,做一个理财高手。

理财要坚持到底,不要轻言放弃

姐妹们如果已经将理财提上了自己的日程,而且抱着积累财富的巨大决心,那么就不要三心二意。不要妄想自己能够一夜暴富而好高骛远,这只会让你对当下的财富积累速度异常失望,进而打消你理财的积极性,毁了你的财富未来。

李嘉诚曾说,理财必须花费较长时间,短时间是看不出效果的。“股神”巴菲特也曾说:“我不懂怎样才能尽快赚钱,我只知道随着时日增长赚到钱。”

任何一种理财方式,都不是立马就能见分晓的,它需要经过时间的考验。正因为如此,许多性子急躁的人往往会失去更多。就以基金为例,在众多的理财方法里,基金定投最能考核人的坚持劲。这种方式能自动做到涨时少买,跌时多买,不但可以分散投资风险,而且单位平均成本也低于平均市场价格,但其难度就在于是否能够长期坚持。

有的人,能够坚持十年,在这十年中,经历过不少惨境,也经历过小涨小跌的平缓期,但都没有半途而废,而是用十年的时间,最终让自己收益达到同期基金中的最高水平。

1998 年 3 月,当我国发行第一只封闭式基金时,王女士参加了申购,从此开始了与基金长达十余年的不了情。最初,她用两万元申购到了一千份基金金泰,上市后价格持续上升,身边炒股的朋友劝她卖出,但她坚持没卖,直等涨到两倍时才卖,用一千元本金居然轻松挣到了一千元！这是王女士在基金上也是在中国证券市场上挖到的第一桶金，心里别提有多高兴了。之后，基金市场一直火了好几年。

但天有不测风云，中国股市火了几年后，熊市悄悄来临了。漫长的熊市让大家感到痛苦和无奈，经济学家的预测不灵了，基金的投资神话似乎也破灭了。终于，在2005年，黎明前的黑暗中，王女士将封闭式基金卖掉了，只留下一千份基金兴华。

时间到了2006年9月，她不经意间听了一场基金讲座，让她忽然发现中国的证券市场已是冬去春来了！于是，在王女士40岁生日这天，她果断地将10万元投资到华夏红利基金中，“周围的人都认为我疯了，但是我知道，坚持一定会有收益，等了这么多年，该是收益的时候了！”

果然，仅8个月的时间，王女士的收益已翻倍有余。她庆幸在最惨淡的时候，她没有半路放弃，而是咬牙坚持了下来，整整十年，最终得到的还是收获。

试问一下，像王女士这样能够坚持十年的，又有几个人能做到？尤其是对于那些患得患失的女性朋友来说，上涨的时候就会满怀兴奋、信心十足，一旦稍微下跌，就会动摇甚至放弃，如此反复，又怎能奢望有好的收益呢？

理财最重要的就是要坚持，尤其是在最糟糕的情况下坚持，坚信时间会改变局势。对于那些半途而废的理财人士，当他们看到本来可以到手的利益因为自己的提早放弃而流失时，相信他们一定会懊悔自己当初信念不够坚定。投资本身就带有风险性，相信很多理财人士在投资之前都有遭遇风险的心理准备，按理说，应该能经得起时间的考验。可事实并不是这样，当风险来临时，很多人都没有了当初的豪言壮语，反而都跟风放弃了。有坚持的想法，却没有坚持的决心；有坚持的理由，却没有坚持的行动，最终也就只能是小打小闹了。这种坚持之心，也不是通过训导能够说服的，只有我们亲身经历过，尝过一次甜头，才会真的相信坚持的魔力。

因此，我们不要羡慕那些拥有巨额财富的世界富豪。因为他们当中的大部分人其实和你一样，都是从一点一滴开始积累的。不同的是他们成功了，而他们成功的原因并不在于他们有多高的智商，而是因为他们更懂得坚持，并且将其发挥到极致。如果我们能够做到和他们一样的坚持，就算成不了“大富豪”，当一当“小财女”也还是绰绰有余的。

智者寄语

理财最重要的就是要坚持，尤其是在最糟糕的情况下坚持，坚信时间会改变局势。

财商决定你的未来

女人要生活得快乐，就不能把希望寄托在别人身上，不管那个人有多么爱你，多么愿意为你付出，他也只能是你生活中的备用方案。女人只有自己掌管金钱，才能在人格与地位上获得独立，也才能够自由自在、快快乐乐地生活。

女人表面上看似很软弱，但是在对待事情的执着上，女人总比男人更能坚持，也更有计划性。作为女人，必须时刻记住：任何时候，都要掌握一定的财富。爱情很美，可是不能代替物质生活。正所谓“贫贱夫妻百事哀”，柴米油盐的种种计较足以消磨一个人的所有激情，爱情是需要经济基础作为支撑的。女人要学会用自己的智慧来获取财富。青春易逝，财富能够给你很多保障。你必须学会如何获取财富，如何让你的财富不断升值。而你要想做到这些，就必须学会理财。

首先,要对自己有信心。面对理财,女人最缺乏的并不是才能,而是勇气和信心。要知道,做任何事情都不是容易的,投资也是。其中必然有一些枯燥的环节,没有看电视剧安逸,也没有逛街购物轻松。所以,解决好心态问题是一个关键,要时刻保持斗志,保持良好的心态。

其次,要掌握管理资产的技能。女性要管理好资产,必须把握两个原则:一是资本原则,也就是你要积累资金用于投资。要想积累投资资本,就需要开源节流。实际上,你所能够积累的资本的多少,很大程度上不是取决于你能赚多少钱,而是在于你花多少钱。因此,学会理财的第一个要点就是你是否能够量入为出,积累起投资的资本。二是复利原则,也就是要把所赚到的钱再进行投资,让钱再生钱。大多数人往往会低估复利的收益。

理财的这两个原则其实很简单,概括起来就是要量入为出,尽快地积累起投资的资本;尽早投资,哪怕是有限的收益率,假以时日,你就能获得可观的收入。

再次,对于具有较好的理性思维的女性来说,对各种不同类型的事物往往具有高度的观察能力和分析能力,但女性必然会有感性的一面,在理财中难免会遇到感情用事、目标模糊、遇事不果敢的时候。所以,女性在实施自己的理财投资计划前,必须要注意以下3个问题:

1. 明确目标

细心了解自己现在的经济状况,包括收入水平、支出的可控制范围,以及你希望在短期(1~2年),中期(3~5年)或者长期(5年以上)内看到的情况,根据可以判断的条件,制定一个目标,而且一旦目标订好了,就不要更改。

2. 明确风险底线

任何投资都是有风险的,要明确当遇见不利时自己愿意接受的成本的程度是多少。明确这个目标是为了面对不测的风险时能做出果断的决策。

3. 学习培养兴趣

对自己投资的项目越了解越好。多留意财经信息,多听专家意见,同时还要学着判断资讯及他人意见,结合自己情况作取舍。不要人云亦云,跟风是很危险的。

智者寄语

女人要学会用自己的智慧来获取财富。青春易逝,财富能够给你很多保障。你必须学会如何获取财富,如何让你的财富不断升值。而你要想做到这些,就必须学会理财。

理财好处多多

如果问,女人为什么理财呢?相信大多数女人都会回答:“为了钱啊!”

的确,理财能够为女人带来财富,让女人们可以不必为了钱而烦恼,可以买自己想买的东西,拥有自己心仪的名牌包包、高级服装、高档化妆品……但是女人理财并不只是能为她们带来享乐,理财所给予女人的也并不仅仅是钱。

理财能够让女人所拥有的财富资源得到合理的配置,从而获得最大的人生收益。可以毫不夸张地说,理财带给女人的收益是全方位的,包括了各个方面。

1. **理财能够平衡一生的收支**

理财可以让女人在人生的各个阶段都拥有经济保障,不会为生计而苦恼。女人一生分为几个不同的阶段,在不同的阶段其经济收入能力是不同的。如妊娠、哺育、老年等阶段,女人的经济收入会大幅度降低,而支出却会增加。这样一来,女人们很容易陷入经济拮据之中,甚至很有可能会出现没有钱买奶粉,没有钱看病。相反,理财却能够避免这种情况出现,让女人一生都有钱可花。

2. **理财可以帮助女人抵御不测的风险和灾难**

人的一生会遇到很多风险,如疾病、失业、婚姻失败、天灾等。当这些风险成为现实,女人往往会遭受巨大的经济损失、精神损失。要想渡过这些危机,除了坚忍的心理外,女人还需要坚实的经济后盾,而理财能够帮助女人建立起这个后盾。比如,女人离婚后很可能面临着独自抚养孩子的问题,所需的一笔庞大的教育资金无疑会使女人头疼,但是如果采用科学的理财方法(如为孩子购买教育保险),则能够帮助女人解决问题。

3. **理财能够提高女人的生活品质**

高品质生活并非是指富贵无比的生活,也并非经济上不够富足就无法获得高品质的生活。其实,高品质的生活主要取决于身心的和谐度,而科学的理财正是身心和谐的保证。比如,如果没有房产,女人会没有安全感,而房产问题则可以通过投资住房公积金或者房贷来解决。再比如,身体不舒服,女人则很难快乐起来,但是通过理财,每个月支出一定的资金用于健身,则能够常保健康,避免病痛,从而给女人带来快乐。科学地理财能够合理地将资金分配到女人生活的各个方面,保证它们的和谐,从而带给女人高质量的生活。

4. **理财能够让女人获得人格上的独立**

俗话说"吃人嘴短,拿人手短"。不懂得科学理财,女人就容易陷入缺钱的窘迫中,从而不得不向他人"伸手",这样一来,就很容易受到他人的制约,从而不能自由地过自己想要的生活;又或者很容易在心理上对他人形成依赖,丧失独立人格。因此,女人如果想要保持人格上的独立,最大化地实现自我价值,就一定要学会理财。

5. **理财是个人的信誉保证**

生活中,因为陷入财务危机中而挑战社会道德底线和法律的实例比比皆是。而理财实际上就是科学地规划个人财务,保证自己的财务安全和自由,避免自己陷入财务危机中。因此,一个不善理财的人,个人信誉很难有保证。而人们也更加愿意相信那些善于理财、拥有经济保障的人。

总之,理财能够让女人生活得更好,是女人必须具有的一种生活智慧和技能。

智者寄语

理财能够让女人所拥有的财富资源得到合理的配置,从而获得最大的人生收益。

第二章　从恋爱到结婚有一本理财经

举行婚礼时坚持能省则省原则

筹办婚礼时，做一个详细的规划非常重要。首先要确定婚礼的大体规模以及花费的总额度，在此基础上，能够算出每个部分在总费用中所占的比例。

新娘的礼服绝对不能敷衍，因为这是女人一生中最美丽的时刻。可以花大价钱做个旗袍，女子在婚礼上穿旗袍，显得典雅端庄，更重要的是以后还可以穿。如果选择买昂贵的婚纱，就只能在婚礼上穿一次，以后只有摆在衣柜里看了。

婚宴是婚礼中的重头戏，它的花费也是最大的，将占到婚礼总预算的50%左右。传统的婚宴会按习俗选择双数，如8桌、10桌或16桌。除此之外，还有酒水、香烟糖果、婚礼蛋糕、车队、请柬等费用。

如果这笔钱可以省下一部分，你可以花在更有意义的地方，比如给家里添一件大电器、度蜜月的飞机票、教堂婚礼的义捐等。

在婚宴上，你可以只准备甜点和香槟招待客人，这比准备大餐要节省很多开支，一场鸡尾酒会也可以为你省钱；你可以用鲜花装饰婚礼蛋糕，糖花要比鲜花贵多了；你可以购买婚礼商店的样品，虽然它们和原商品看起来一样，价格却便宜很多；你还可以在批发商店购买饮料和其他小物品，这样会省下不少钱。

请柬不必花钱雇人写，你可以和家人一起写，只要写得工整就行。在朋友圈子里，你可以借到婚车，如果你的朋友没有那么多车，还可以请他们出面向他们的朋友借。你还可以找个口才好的同事或朋友帮忙主持婚礼，由于大家彼此熟识，氛围会更加愉快融洽。这个熟人司仪不但会为你尽心尽力，而且分文不收。

现在最流行的就是露天婚礼，你们可以找一个外景场地举行典礼。为达到省钱的目的，不要去著名的旅游景点。最好找一个未开发的、山清水秀的地方，比如郊区山里的某个小溪畔。既达到了省钱的目的，婚礼又可以办得意趣盎然。你还可以选择冬季结婚，冬季属于结婚淡季，商家自然会给你打折。

漂亮的花实在是太诱人了，一不小心就很容易超支。鲜花大致包括：新娘手捧鲜花、新郎及贵宾胸花、伴郎伴娘捧花、花童捧花、婚礼上敬献给双方父母和主婚人的花、婚礼宴会用花、花车装饰用花等。

其实，结婚典礼上的花可以重复使用。例如你可以把结婚典礼时用的花用于婚礼宴会上招待客人，这样又可以省下一笔开支。记住要选择应季鲜花，应季的花和温室中培育的花一样好看，但价格却便宜很多。

新郎、新娘的服饰、化妆等花费约占总花费的30%，包括新人的礼服、鞋子、披肩、耳环、手套、化妆、发型设计等。这笔花费也可以节省一部分。

摄像的费用约占总费用的10%，包括摄像、拍照，婚礼相册、制作光盘等。现在的家庭一般都有照相机和数码摄像机，你可以请擅长拍照或摄影的朋友帮忙，这样又可以省去一笔费用。

还有大约10%的零星花费，花在不起眼又必不可少的地方。至于这些花费如何节省，你就要根据自己的实际情况量力而行，能省则省。

智者寄语

筹办婚礼时，做一个详细的规划非常重要。首先要确定婚礼的大体规模以及花费的总额度，在此基础上，能够算出每个部分在总费用中所占数的比例。

牢记理财的八大法则

1. 理财需自律

为了成功地进行储蓄和投资，没什么比自律更重要了。这意味着看准股票、债券和基金后再进行投资，然后坚持持有这一投资组合，无论动荡的市场多么令人烦恼不安，也无论你是多么想购买最新的热门股。更重要的是，你不能轻易自满，可进行适量的定期储蓄。

2. 别患上享乐适应症

花钱并不能给你带来快乐，然而许多人都这么做，于是他们一生都要面对高额的信用卡账单以及失望的情绪。知道这个心理循环吗？你看中了某件商品，然后认定非要得到它不可，于是付账。然而几周或几个月之后，你就把这件事忘得一干二净，又开始新的物质追求了。

专家们把这种现象称为“快乐水车”或“享乐适应症”。从中可以吸取的教训就是：如果你想得到快乐，别到购物中心去寻找，那里是找不到的。

3. 我们就是市场

尽管大家都在谈论跑赢大市，但事实上我们的前进道路上存在着许多不可逾越的障碍。不可能所有的人都跑赢大市，因为我们本身就是市场的组成部分。如果有人跑赢大市，那么必然有人被市场打败。实际上，如果再算上投资成本，能跑赢大市的投资者就寥寥无几了，而大多数投资者都落后于市场平均水平。

4. 谁分了你的钱

不管你是否乐意，你还有两位投资伙伴：金融机构和收税员。你们三个人共同分配你的投资收益。想自己多留一点，给金融机构和收税员少点，最好的办法是降低投资成本，同时最大限度地利用避税的退休金账户。

5. 请专家帮忙

十年前，我认为大多数投资者有能力自己进行投资。如今，我可不这么想了。大多数投资者是没有时间、兴趣和精力亲自进行投资的。不过遗憾的是，即使你聘请了经纪人或是规划师，你的感觉也好不了多少。许多顾问收费昂贵，但他们中的许多人也只受过少得可怜的正规教育。因此，在挑选顾问的时候要特别小心。

6. 投资多样化

当专家们讨论投资多样化的时候,他们会指出,购买各种投资产品能降低投资风险,因为其中一些投资会带来收益,而另一些会出现亏损。

但问题在于:每当我们面临重大金融危机的时候,投资多样化——特别是在全球股票市场上进行多样化的投资——常常被证明是起不了什么作用的,因为所有的股票都在暴跌。

不过我觉得这种想法忽略了关键要点。即使美国股票和海外股票一同涨跌,它们的年投资回报还是存在着惊人的差距。而那些仅仅投资于一个市场的投资者们可能会面临较长的低迷时期。

7. 家庭很重要

孩子是你的继承人。他们将继承你的资产,也极有可能继承你的观念。家庭是你最大的资产,同时也是最大的负债。如果你的孩子或父母陷入了困境,你必须伸出援手。同样,在你碰到困难时,他们也会伸出援手。

记住这些很重要。可以与你的父母谈谈他们的状况,也可以教导孩子们如何理财。想想你自己是如何管理理财产的,特别是想想当出现问题时,你的财务状况会给家庭带来什么影响。

8. 进行长期投资

在金融市场开盘的交易日里,许多理财人士通常很注意查看与通货膨胀挂钩的国债的收益率。在他们看来,与通货膨胀挂钩的国债可作为其他所有投资的基准。如果购买了十年期通货膨胀挂钩国债,今后十年内他们获得的投资收益将比通货膨胀率高 2 ~3 个百分点。

除非他们确信其他投资的表现优于这一基准,否则他们将长期持有十年期通货膨胀挂钩国债。在他们看来,这项投资是最后一根救命稻草。

智者寄语

投资理财不可盲目,应牢记理财的八大法则。

理财是一辈子的事

常听人们以“没有数字概念”“天生不善理财”等借口逃避理财问题。似乎一般人易于把“理财”归为个人兴趣或是一种天生具有的能力,甚至与所学领域有裙带关系。没有商学领域学习经验者自认与“理财问题”绝缘,因而自暴自弃、“随性”而为,一旦被迫面临重大的财务问题,不是任人宰割就是自叹没有处理金钱的能力。

事实上,任何一项能力都非天生具有,耐心学习与实际历练才是重点。理财能力也是一样,也许具有数字观念或本身学习商学、经济等学科者较能触类旁通,也较有“理财意识”,但金钱问题乃是人生如影随形的事,尤其现代经济日益发达,每个人都无法自免于个人理财责任之外。

现代经济带来了“理财时代”,五花八门的理财工具书多而庞杂,许多关于理财的课程也走下专业领域的舞台,深入上班族、家庭主妇、学生的生活学习当中。随着经济环境的变化,勤俭储蓄的传统单一理财方式已无法满足人们的需求,理财工具的范畴迅速拓展。配合人生规划,理财的功能已不限于保障安全无虑的生活,而是追求更高的物质和精神满足。这时,你还认为理财是“有钱人玩的金钱游戏”,是与己无关的行为,就证明你已落伍,该奋起直追了!

在我们身边，许多人一辈子工作勤奋努力，辛辛苦苦地存钱，却又不知所为何来，既不知有效运用资金，也不敢消费享受。也有些人企图“以小搏大”，不看自己能力，把理财目标定得很高，在金钱游戏中打滚，失利后颓然收手，最后落得后半辈子悔恨抑郁再难振作。

要圆一个美满的人生梦，除了要有一个好的人生规划外，也要懂得如何应对人生不同阶段的需要，而将财务做适当计划及管理就更显其必要。因此，既然理财是一辈子的事，何不及早认清人生各阶段的责任及需求，制订符合自己的理财规划呢？

有钱人认为，一生理财规划要趁早进行，以免年轻时任由“钱财如水流”，蹉跎岁月之后，反而无财可理。同时，理财决不能流于“无头苍蝇瞎撞”。有目标才有动力，若是毫无计划，只是凭一时兴起主导理财生涯，则可能产生“大起大落”的极端结果。财富是靠积少成多逐渐累积的，平稳妥当的人生理财规划应及早拟定，逐步实现“聚财”目标。

智者寄语

财富是靠积少成多逐渐累积的，平稳妥当的人生理财规划应及早拟定，逐步实现“聚财”目标。

钱靠赚而不靠攒

金钱是人生无法或缺的一部分。早在两千多年前，犹太人就有谚语说：“钱不是罪恶，也不是诅咒，钱会祝福人。”

犹太商人的经营方式和生活方式有着鲜明的与众不同。他们大多经营金融行业和投资回报较快的行业，且把注意力集中到“钱生钱”，而非“人省钱”上面。他们认为靠辛辛苦苦攒点小钱是永远也不能成为富翁的。

犹太商人做生意精打细算的程度到了让人感到不可理喻的地步，产品成本能省则省，价格能高则高，利润一定要算税后利润，以免白白地为税务部门做贡献，然而，他们在生活上却大手大脚，极其奢华。有一次，英国犹太银行家莫里茨·赫希男爵在自己的庄园里举行社会名流聚会，仅狩猎游戏一项，宾主射杀的猎物就多达一万头，这种场面虽然在犹太商人中也并不少见，但他奢侈的程度实在令人大跌眼镜。

对于犹太商人的这种奢侈生活，同为当今世界著名商人的日本商人也赞叹不止。犹太商人不管工作怎样繁忙，他们对一日三餐却十分认真，总要吃得舒心才满意，而且进餐时不谈工作。日本商人感慨万分，同时对自己的人生格言“早睡早起，快吃快拉，得利三分”大觉羞愧。正如有位日本商人所说“仅仅为得三文钱，就必须快吃快拉，这是何等贫穷的表现！”

其实，犹太商人不仅在吃饭时不谈工作，他们每周同样要过两个不谈工作甚至不想工作的休息日！因为犹太人最懂得“平常心即智慧心”的道理：犹太教正是靠尊重信徒的自然生理、心理要求，才保持住了他们的虔诚，犹太商人也是同样靠“尊重”自身内在的自然要求而保持住自己经商的心理平衡。

好莱坞巨头、白手起家的刘易斯·塞尔兹尼克在训诫其子大卫时说：“过奢侈的生活！大手大脚地花钱！始终记住不要按你的收入过日子。这样能使一个人获得自信！”刘易斯·塞尔兹尼克的这句话现在已经成为好莱坞的经营原则。一个在任何问题上都能拿得起、放得下的商人，必能找到开启财富大门的钥匙。

智者寄语

一个在任何问题上都能拿得起、放得下的商人，必能找到开启财富大门的钥匙。

改变你的金钱观念

一个人要想拥有财富，必须要有正确的财富观念，为致富大厦奠定基础。只有这样，在大多数人看来仿佛是奇迹的事，在你的身上才可能发生。你只有了解在致富道路上所必须的工作，知道如何看待金钱，及时改变不正确的金钱观念，才可能顺利地奔跑在财富的路上。博多·舍费尔是德国的大富翁、著名的财经作家，他多年来在荷兰、德国等多个国家举办过致富讲座，被认为是欧洲著名的智能型致富专家、欧洲最知名的致富教练。以下是他关于改变金钱观念的十五个建议：

(1)个人的现状是其观念的真实反映。

(2)从根本上说，你今天所拥有的，正是你为自己量身订制的东西。

(3)为富裕所做的最好准备就是学会因有钱而自由。

(4)有人对富足持消极思想，从而无法看清富足能够带来的许多自由。

(5)经济状况和对理财的所见所闻对你有相同的影响。

(6)抛弃有害观点是有效改变财富现状的前提。

(7)不了解或无力改变自己的观念却指望发财致富只会适得其反。

(8)建议虽然给你指明了方向，但也划定了界限。建议常常就是建议者的痛处。

(9)树立有益的信念可以帮助你实现目标。

(10)你可以在30分钟内改变任何一种信念。

(11)每个人在过去都曾经改变过观点或想法。当时的无意识或偶然行为，现在同样可以变为自主行动。

(12)决定信念的准则只能是：这种观点能否帮助我成功？

(13)只要生活与想象出现矛盾，你就应当先找出在内心作怪的观念。

(14)为了变愿望为决心，我们往往需要使用杠杆。你可以自己制造杠杆，将痛苦与半途而废联系起来，将快乐与实现目标联系起来。

(15)每个实现了目标的人，在开始时都用90%的精力解决做什么，而只用10%的精力解决如何做的问题。

对照以上几点建议，如果你还没有创造财富，那么，马上行动起来。开始用90%的精力去解决做什么，然后用10%的精力去解决如何做的问题。你在此之前之所以还没有财富就是因为你用90%的精力去思考如何做，而只用10%的精力去思考做什么，因此永远实现不了自己的目标。

金钱其实就是货币的一种世俗化的称呼。它能和一切商品进行交换，并表现一切商品的价值，并不是由于它本身具有什么特殊的力量，而是因为它可以充当交换的标准与象征物。

金钱无罪，但有些人却使之蒙羞，使之染上斑斑血迹，充满腐臭气味，使之变得极度肮脏、丑恶。人本来应该是金钱的主人，可是很多时候，金钱被异化了，人成了金钱的奴隶，被金钱支配、奴役。这是笼罩在善良人们心中的一道巨大的阴影，是压在人们心头并使其害怕致富的沉重桎桔。不破不立，是该挤除这些脓疮的时候了。可以相信，在对这些脓疮进行清理消毒之后，人们将会丢下心理上的包袱，愉快地奔向致富之途。

穷人认识不到金钱的实质意义，他们认为金钱只是维持自己生存不可缺少的东西，常常因为贪婪而沦为金钱的奴隶。而有钱人虽然认为金钱在人生中扮演着重要的角色，但他们对金钱在人生中的地位有一个理性的认识。

智者寄语

一个人要想拥有财富，必须要有正确的财富观念，为致富大厦奠定基础。

你是买婚房，不是买“昏房”

很多人都认为结婚就要有一套属于自己的房子，婚房依然是房地产市场消费的主力。安家就要有房子，而租房也需要花钱，不如尽自己的能力买一套“小二居”，以后有了条件再换大的。有人认为，结婚买房不合理，不应该这么早买房，因为中国大部分结婚的人都只有二十六七岁，买了房子之后就固定下来了，不能全心全力去打拼。但是，试想，如果没有一个安稳的家，没有一个稳定的住所，打拼的动力也是很小的。有人认为，既然为了结婚买房，就必须一步到位，考虑到以后孩子、父母的问题，干脆直接买个“三居”。而现实的状况是，如果让自己每个月还的月供过高，岂不是压力过大，怎么还有心思再去拼搏事业。也有人认为，买婚房时小两口的积蓄太少，不如买个小点的、远点的，等到以后再换，可是如果买的房子过小、过于偏远，等到想要改善住房条件时，更换起来太难，也不好脱手。

真是众说纷纭，估计很多人未“婚”先“昏”了。那么，购买婚房应该注意什么呢？

1. 切忌过于精挑细算

一对小夫妻从结婚前就得到了双方父母的资助，打算在结婚时买套房子，结果夫妻俩挑来选去，不是觉得位置不好，就是觉得房屋结构有问题，又或者交通不够便利。结果到现在孩子已经快满月了，婚房还没有着落。

谁不想有一套皆大欢喜的房子，谁不想有个温馨的家？然而，“萝卜青菜，各有所爱”，挑一个各方都满意的房子简直太难了。再加上小两口在选择婚房时一般都是父母资助，很多父母也会对房子的选择提出“指导性意见”，而小两口又怕将父母的钱打了水漂，必然会对房子千挑万选。

其实，每套房子都有其优点和缺点，挑一个大家都能够接受的就可以了。

2. 要根据经济状况进行选购

购买婚房的人大多是首次置业，所以千万要避免盲目的现象发生，也不能过分迷恋品牌，要仔细观察，做到货比三家，量力而行。

在购买婚房时，要考虑到夫妻两人的收入状况以及以后的工作发展状况，要有一定的前瞻性。一般说来，月供是每个家庭最重大的支出，将其控制在三分之一左右比较好，切忌一味地贪大求全，要为自己将来5到10年提前订好计划，否则压力过大，影响到婚后生活就得不偿失了。

3. 要考虑到交通状况

现在稍微大点的城市，上下班高峰堵车是家常便饭，如果选择一个交通不便的地方，打车打不到,公交车不接驳,又没有地铁,这种房子住着不方便不说,即使将来想要租出去也很困难,或者租金上不去。

小牛曾经在北京某郊区区县工作,爱人也在北京市与该区较近的区域工作,由于当地的房价比较低,小牛和爱人便买了一套"4人居"当作婚房。开始两年,两人的生活都很惬意,小牛工作地点离家近,每天下班回家都是做好饭菜等待爱人回家。虽说没有公交车直接到家附近,但是每天小牛都坚持到公交车站接送妻子,小两口过得和和美美。

婚后第三年,小牛有了更好的机会,便跳槽到北京市里的某公司,每天上班单程就需要两个半小时,披星戴月、劳累不堪不说,妻子也开始有了怨言。上下班都需要走20多分钟才能到公交站,晚上回到家还要自己做饭,吃完饭又要睡觉了,两人根本没有时间聊天。好不容易熬到周末,又要补觉。加上平时上班太累,周末小牛根本不愿意再出去游玩。

小牛也觉得这样的生活不能再持续下去:上下班的劳累及爱人的抱怨还在其次,关键是离单位太远,老板有急事叫过他几次,他都不能赶过去,慢慢地也不愿意叫他了。他觉得自己逐渐被老板和同事疏远了,因为大家为了照顾他,有事的时候都会说"小牛住得太远,赶紧回家吧",或者"小牛太不容易了,这次聚会不用参加了"。

两人商量后决定把房子租出去,到市里租套房子。结果这才发现由于交通不便,房子根本租不上好价格。

因此,在买房子的时候,一定要考虑到交通状况,因为这本身就是房子的价值所在,地点好的房子以后卖出和出租都会非常方便。

4. 切忌过于看重附赠价值,而忽略房子本身

现在开发商为了促销,会赠送各种各样的东西,消费者往往觉得赠送的东西"很合适",就匆匆购买了,等真正入住后才发现里面有各种各样的猫腻,悔不当初。

很多人考虑到噪音、隔热、潮湿、卫生等问题都不愿意买一楼的房子,开发商为了将一楼的房子变成"香饽饽",往往会打出"买房赠花园"的促销方式。可是,赠送的花园到底是不是业主自己的,必须问清楚。

蒋女士在购买婚房时看上了附赠"私家花园"的一楼,虽然一直以来她都觉得一楼"脏、乱、差",可是考虑到能在花园里种植花草、蔬菜,她还是高高兴兴地交了钱。装修的时候,就已经考虑到"某块儿地方种葡萄、某块儿地方种西红柿、某块儿地方种月季……"并让装修公司装上好看的篱笆。但是正当她实施自己的"伟大计划"时,物业公司却通知她:为了增加业主的停车位置,需要把她家的花园划出一部分。蒋女士郁闷万分,就将物业公司投诉了。谁知这才发现,原来自己的花园是当初规划时的绿地,属于业主共同所有。

有的开发商不赠送花园,而是赠送各种家电、家具,提出让业主"拎包入住"。龚先生就是看上了这样的一套房子。谁知道入住一个月后,连蜜月都没度完,就发现空调不能用了。这大夏天的没了空调,对于身材本来就有些肥胖的龚先生来说,实在难挨。于是,他便按保修卡上的电话打了过去,对方让他准备好发票等待维修人员进行维修。这时候,龚先生才发现自己根本没有发票,找到开发商要发票时才发现,当时开的是团购发票,只写了"家电",根本没有写空调的名称及型号。另外,开发商购买这款空调已经一年多了,过了保修期,如果龚先生想要修的话,还要自掏腰包。好好的空调,只用了一个月就坏了,龚先生的心情可想而知。

除了赠送花园、家电，有一些开发商还说可以让孩子上重点小学。比如孙先生买房时，就看中了开发商打出的广告："买房后可以入读某重点小学。"冲着学区房的诱惑，看着爱人逐渐大起来的肚子，虽然这个楼盘比别家的要贵，他还是咬牙买下了。谁知道，刚入住没多久他就听说，自己的小区根本不在该重点小学的招生范围内，如果要上的话需要交4万元的赞助费。气愤的孙先生联合很多业主去找开发商，开发商却说："广告上说的是可以入读，并不是免费入读。"

所以，在购买房子时千万不要被房子的赠品所迷惑，一定要考虑房子本身的价值。如果真有赠送的话，一定要让开发商在合同上写清楚，避免以后产生误解。

5. 考虑治安状况

小夫妻刚刚成立家庭或刚刚要小孩，这时候孩子小、工作压力大，如果周围的治安环境再不好，难免会影响到工作和生活，所以买房子一定要考虑到治安状况。在医院、客运站、火车站附近的房子一般交通比较便利、医疗配套设施比较好，但是往往人流量大，人员结构比较复杂，治安状况偏差，购房的时候千万不能因为贪图方便就忘了潜在的隐患。

6. 要考虑到以后的变化

现在结婚的人大多是"80后"，而"80后"身为独生子女一代，缺乏必要的责任感，很多人"换对象就像是换衣服"。而现在不管是什么样的家庭，房产无疑都是大宗资产。所以对于打算结婚的准夫妻来说，婚姻和财产这一问题不可避免地需要拿到台面上来讨论。

随着现在社会越来越开放，"丑话说在前头"的方式已经能为越来越多的人所接受。所以，如果房产真的是某方单独出资购买，为公平起见，应当谁出资就写谁的名字。而这时，千万不能因为一时的意气，只为表达自己的大度和诚意，就放弃对房子的权利，只写对方的名字，否则一旦婚姻发生变化，损失就是不可估量的了。

而对于双方一起出钱买的房子，也要写上双方共同的名字；如果出资的比例不等，或者是某方出首付、双方共同还贷，也需要说明比例情况。但是，如果双方还打算买二套房，就要考虑只写一个人的名字，因为现在很多城市都有限购措施，一方名下没有房产，还能有一个购房名额。

除了上面要考虑的几点之外，买房子的时候还要从其他方面进行考察，比如房子的格局是否合理、房地产商的信誉如何、物业管理水平高低，等等。

房子在每个家庭中都占有重要地位，是家庭财产最重要的组成部分。买房子的时候一定要考虑到房子是否能保值、是否容易出手、是否容易出租、是否有涨价的空间等诸多因素，切忌为了买婚房而买了"昏房"。

智者寄语

买房子的时候一定要考虑到房子是否能保值、是否容易出手、是否容易出租、是否有涨价的空间等诸多因素，切忌为了买婚房而买了"昏房"。

第三章　女人理财从日常的记账开始做起

记账拨响女人财商的金算盘

人的欲望是无穷的,但是你口袋里的钱却是有限的。从这个意义上说,理财的关键就是如何取舍,而记账则能使你了解自己的财务状况,帮你解决这个难题。逐笔记录自己的每一笔收入和支出,并在每个月底做一次汇总,久而久之,你就对自己的财务状况了如指掌了。

随着物质财富的不断积累,很多人都认识到理财规划的重要性,但很多人又都在为如何做好理财规划而犯愁。如果真的不知道该怎么办,那就从记账开始吧!

其实,理财不外乎了解收支状况、编列预算、设定财务目标、拟定策略、执行预算、分析成果这6大步骤。至于要如何预估收入、掌握支出,进而有所改进,这有赖于平日的财务记录,简单地说就是要学会记账。这样,女人才能轻松拨响理财的金算盘。

一提到记账,很多人就会联想到令人头痛的财务报表。其实我们所说的记账只不过是记流水账,只是为了清楚记录钱的来龙去脉。毕竟每个人口袋里的钱是有限的,而生活中每一方面的需要都要适当满足。较科学的记账方式,除了需忠实记录每一笔消费外,更要记录采取何种付款方式,如刷卡、付现或借贷等。

平日养成记账习惯,可清楚得知每一项目花费的多寡。只要肯花时间,坚持每天记账,把自己的财务状况数字化、表格化,不仅可轻松掌握财务状况,更可规划好未来。

如果说记账是理财的第一步,那么集中凭证单据则是记账的首要工作,平常消费应养成索要发票的习惯。在索要的发票上清楚记下消费时间,金额、品名等项目,没有标志品名的单据最好马上加注。

此外,银行扣缴单据、捐款、借贷收据、刷卡签单及存、提款单据等,都要一一保存,将其按消费性质分成衣、食、住、行、育、乐六大类,每一项目按日期顺序排列,最好放在固定的地方,以方便日后统计。

掌握收支状况是达成理财目标的基础。如何了解自己的财务状况呢?每个月的月底要对自己记录的每一笔收入和支出做一次汇总,这样就能做到对自己的财务状况了如指掌了。

另外,消费之后不要忘记索要发票。索要发票一来可以更好地保护自己的权益,做真正的纳税人,二来可以在记账时逐笔核对。当发生大额交易,而又没有及时拿到发票时,请及时在备忘录中做记录,以防时间长了会遗忘。

记账只是起步,是为了更好地做好预算。由于家庭收入基本固定,因此家庭预算主要就是做好支出预算。支出预算又分为可控制预算和不可控制预算,诸如房租、公用事业费用、房贷利息等都是不可控制预算,而每月的家用、交际、交通等费用则是可控的,要对这些支出好好筹划。

合理、合算地花钱,使每月可用于投资的节余稳定在同一水平,这样才能更快捷、高效地实现理财目标。

智者寄语

平日养成记账习惯,可清楚得知每一项目花费的多寡。只要肯花时间,坚持每天记账,把自己的财务状况数字化、表格化,不仅可轻松掌握财务状况,更可规划好未来。

记账省钱,精打细算过日子

虽说势头强劲的金融风暴并没有直接吹到上班族的脸上,但寒意还是渗透到人们的周围,很多上班族收入的增长预期变得黯淡起来。很多白领曾经不屑于计算那些"鸡毛蒜皮"的支出,但现如今,已经有越来越多的白领开始静下心来,记录自己每天柴米油盐酱醋茶的各项开支。她们都开始相信这句话:对自己花销了解越清楚的人,就越明白怎样做到节俭持家。

她叫林新,是一个很会过日子的家庭财务主管。林妈妈以一个过来人的经验向我们证实,年轻的时候虽然收入还有很多上升的潜力,但如果肆意挥霍,收入再多也没有用。"不能把收入的一部分留存下来,就等于零收入。"林妈妈这样说道。

现在的人总是经常感叹"存钱难",可是10多年来一直做家庭支出预算,并坚持每天记账的林妈妈说,年度预算可以作为控制开销的开始,这就要求你心里清楚有哪些年度性的事务要做准备,如缴保险费、缴学费、装修甚至是买房子。同时,可以根据以往的经验确定每个月的生活开支额度。清楚了每年甚至每个月需要花多少钱之后,你才能有效地"截流"住不该支出的家庭收入,同时对还有多少能力去做其他事务的各种投资做到心中有数。

林妈妈的账记得非常精细,除了基本的项目外,甚至还有"审计"。通过这个,来更好地了解钱的开支方向。就是通过这样的一个记账习惯,林妈妈家里现在早已是小康有余了。

当记账成为生活中的习惯时,你的开销就能得到控制,不必要的逛街、"血拼"减少的同时,闲置物品和空虚感也会相应减少,而你的未来却在进行着开始富足和丰富的储备。

其实,省钱是最基本的理财方式。不过,如果离开了记账,省钱就变成了空中楼阁。不怕多花,就怕花钱没计划。随意性的开支是"月光族"产生的根源。而通过记账,可以清楚地知道自己把钱花在了什么地方,哪里多用了,哪里最不该用,都可以一目了然。了解到这些后,才能有的放矢地设定省钱目标,拟定省钱策略,最后,严格根据策略执行,就能达到省钱的目的。

至于怎么记账,还是需要一点"道行"的。现在,我们就为您提供几种不同的记账方式以供参考:

1. 分门别类的"流水账"

一般人常用的记账方式是流水账,按照时间、花费、项目逐一登记。不过,若要心中有一本"明白账",除了须忠实记录每一笔消费外,还需要记录这笔消费用何种方式付款,是刷卡、付现还是借贷。

2. 支出记账分两类

就一般工薪族而言,收入应该比较明确,所以支出是记账的重点。支出大体分为两部分:一是经常性支出，包含日常生活的花费，称为费用项目，如超市购买的日用品，商场购买的服装等；另一部分是资本性支出，称为资产项目，资产项目提供未来长期性的服务，例如买一台冰箱，如果寿命为5年，它将提供5年的长期服务；购买住房和股票等投资行为也是资本性支出项目。

3. 信用卡帮忙来记账

“刷卡”消费也是一种记账方式；在日常消费时，能用信用卡，就尽量刷卡消费，一来可免除携带大量现金的烦扰，二来可以通过每月的银行月结单帮助记账。

4. 网络记账赶潮流

如今网络记账逐渐流行，成为年轻一族喜爱的理财方式。有些网站专门提供网络记账的功能；也有一些可以记账的软件，赶潮流的女性不妨运用一下。

5. 阶段性汇总不可少

不管何种记账方式，每隔一段时间要进行一次汇总。这样不仅能梳理这段时期的收支情况，而且可以对下阶段的支出进行合理预算，从而达到理财的目的。

6. 选择性吸收他人建议

除使用网络记账功能，更多人开始勤写网络日记总结理财心得。很多网络上“账客”之间经常发帖寻求理财问题的解决之道。对这种网上理财的求助现象，理财师提醒说，这种理财咨询有利有弊，有利的一面是网络回复数量的优势，可以得到各方面的理财建议；有弊的是很多网友并非专业理财人士，在具有某方面的理财经验的同时，不具备综合系统的理财策略，因此在网络互助理财时要注意有选择性地吸收。

智者寄语

当记账成为生活中的习惯时，你的开销就能得到控制，不必要的逛街、“血拼”减少的同时，闲置物品和空虚感也会相应减少，而你的未来却在进行着开始富足和丰富的储备。

算算你的生活成本有多少

不管做什么事，都需要付出成本。但你能清楚地知道它的所有成本吗？

比如，你想创业，那么首先你需要知道的是，自己创业之后能得到哪些收入或者哪些好处——更多的金钱收入当然是首要考虑的，除此之外，你完全可以这样想，自己当老板的弹性工作时间，也算是一种收入。

不过成本呢？做一件事的成本仅仅是最开始的投资吗？

创业也是一种理财方式，只不过自己的钱从此不趴在银行睡大觉（事实上，只是你一厢情愿地认为自己的钱在睡觉，实际上银行一直在用你的钱做流动投资，这笔钱所赚取的收益，银行却仅仅分给你那么一点点利息，它用你的钱赚的钱绝对远远大于你的利息），而是将其投入到你自己正在努力的一项事业中，然后通过经营获得收入。如果两者之间有差额，收入大于支出就会产生利润，这意味着你的理财方向是正确的，可以一直继续走下去，这样你就是个成功人士了。

不过，如果遇到下面这两种情况，你又该如何抉择呢？

如果你在农村种地，每年可以从土地上得到1万元的收入，后来你发现在市场摆摊卖衣服，每年可以赚到5万元，那么你会做这个生意吗？

可以想象,大部分人的答案都是肯定的。

但是,如果你现在是一个大学副教授,一年收入少了算也有6万多元,那你还会去市场卖衣服吗?

估计大部分人的答案都是否定的。

为什么同样的金钱投入、同样的产出,对不同的人会有不同的答案呢?

这是因为,除了金钱上的成本投入外,每个人还有其他的成本投入,上面这两种情况,成本就是每个人做其他工作的收入。也就是说,同样的时间,每个人都要选择利润最大的工作,才算符合理财的意义。

那我们管这种成本叫作机会成本,经济学上的严格定义是:为了得到某种东西而需要放弃的另一种东西的最大价值。

这个定义显然有点枯燥而无趣,我们不妨用一个例子来看看张红的两难选择。

张红一毕业就进了一家韩国公司,32岁时凭借出类拔萃的工作能力,年薪达到50万元。除了买房、买车外,还积攒下100万元。这时,她心中一直以来的梦想被逐渐激发起来:创业。这些年让她这么卖命工作的主要动力就来自于这个梦想,她一直想积攒足够的经验和资本,为创业做准备。

既然积累得差不多了,说干就干,于是她开始进行前期的市场调查。张红发现,如果把这100万元投资在基金上,每年可以有10%的收益;如果做自己的事业,她未来的公司每年的销售额可以达到400万元,而成本是345万元。这样一来,张红对是否把这部分钱用来投资公司有了几分犹豫。

如果她继续在韩国公司工作的话,每年的收入是50万元,如果自己开公司的话,每年的收入是400万元减去345万元,即55万元。但是,如果她继续工作的话,这100万元还是自己的积蓄,每年可以得到10万元的利息,也就是说,继续工作每年收入60万元;一旦开公司,除了年收入少5万元之外,100万元本金也说不好是否能够保住。

内心经过一番激烈挣扎之后,张红发现,“下海”并不是一个明智的选择,起码现在这个项目并非是个非常优质的项目,于是她最终搁置梦想,在韩国公司继续工作。

从这个例子可以看出典型的“机会成本”法则。如果说前面讲的“机会成本”的经济学定义很课本化的话,这个例子告诉我们,所谓“机会成本”,是为了得到这种东西所放弃的东西。这也正是著名的经济学教授曼昆对“机会成本”的通俗解释。

举个例子,有朋友请你吃饭,表面上看你根本没掏钱,没有成本,不吃白不吃,但实际上是有各种各样的成本的。其中最重要的就是时间成本,赴约是需要付出时间的,而有这个时间你可以干工作、休息、看看书或者做做运动,这些就是你去参加这个宴会所需要付出的成本。越是名人,时间成本越高,吃饭的成本也就越高,这就是为什么请巴菲特吃一顿饭,还需要给他262万美元,人们还那么“贱”地去疯抢。

比尔·盖茨曾说:“如果我掉了2000美元,那么我不应该把它捡起来。”他给自己做了个计算:捡起这笔钱需要6秒钟,而他用这6秒钟工作的话,可以得到远比2000美元多的收入。这便是比尔·盖茨捡钱的机会成本。

比尔·盖茨或许也就这么一说,但他说的这句话折射出一个道理:站在理财的角度上考虑机会成本,不仅仅要考虑你为做一件事而放弃别的事情,还要考虑你从放弃的这件事情上所收获的价值是否大于要做的这件事情所收获的价值。真正的机会成本,是你放弃的最大价值的事情。也就是你做哪件事情更具优势,就尽量选择哪件事情。

曼昆曾在他风靡全世界的《经济学原理》一书中有这样一个经典案例。

迈克尔·乔丹是NBA中最优秀的篮球运动员之一,他能跳得比其他大多数人高,投篮也比其他大多数人准。很可能,他在其他活动中也出类拔萃。例如,乔丹修剪自己的草坪大概比其他任何人都快。但是仅仅由于他能迅速地修剪草坪,就意味着他应该自己修剪草坪吗?

为了回答这个问题,我们可以使用机会成本和比较优势的概念。假设乔丹能用2小时修剪完草坪。在这同样的2小时中,他能拍一部运动鞋的电视商业广告,并赚到1万美元。与他相比,住在乔丹隔壁的小姑娘杰尼弗能用4小时修剪完乔丹家的草坪。在这同样的4小时中,她可以在麦当劳店工作赚20美元。在这个例子中,乔丹修剪草坪的机会成本是1万美元,而杰尼弗的机会成本是20美元。乔丹在修剪草坪上有绝对优势,因为他可以用更少的时间干完这个活儿。但杰尼弗在修剪草坪上有比较优势,因为她的机会成本低。

如果你仅仅是因为乔丹的绝对优势就安排乔丹去修剪草坪,那我告诉你,你还是放弃理财的想法吧,因为你根本还没有入门。

在这个例子中,乔丹即使修剪草坪再牛,也不应该干这个工作。最好的做法是,他还去拍他的广告,而应该雇用杰尼弗去修剪草坪,只要他支付给杰尼弗的钱大于20美元而低于1万美元,双方都能达到利益最大化。

我们在进行理财投资时,也需要在注意到机会成本的同时,注意绝对优势与相对优势的区别。比如,你将10万元投入到基金上,一年时间赚到了1万元,年投资收益率达到了10%。你就此认为自己的投资是正确的吗?

答案是不一定,你还需要考虑资金投入到其他地方可能产生的收益,比如股票、黄金、存款等,只有基金上的收益比其他收益都高时,才能说明你的投资决定是正确的。

在生活中,我们会面临着各种各样的选择,这种选择很多也是来自投资理财方面的。在做出选择时,一定要考虑到这项选择的机会成本,要比较各种机会成本的大小。只有当选择的方案收益大于其机会成本时,这个方案才能说是正确的。

所以,机会成本对我们每个人来说都是非常重要的,只有充分地考虑到机会成本后,才能让我们的选择更加明智。

智者寄语

机会成本对我们每个人来说都是非常重要的,只有充分地考虑到机会成本后,才能让我们的选择更加明智。

花钱也要花得有技术含量

既然要花钱,而且想方设法花银行的钱,那么,你必须告诉自己的是,钱不能胡花,花钱也要讲究一定的技术。

每次走进商场,你有没有"刘姥姥进大观园"的感觉?比如,你想买个液晶电视,一定会碰到LED、LCD高清、3D等概念,而如果你想买个空调,那么这个空调可能是直频、变频、除甲醛……

我们不想评论这些产品的附加价值,这是科技进步的发动机,但是,我们想对每个消费者及注重自己钱包的理财者说:"这些真的是你需要的吗?"你是否考虑过,你真的需要一个能看电视的洗衣机吗?或者你真的需要一个能当电风扇使的电视机吗?那么能听音乐的水龙头呢?

这好像是无稽之谈,但是重新审视一下周围的广告,再看一下你为某个用不着的附加值而购买的东西,就会发现这里有太多的猫腻。

如果一台普通空调卖2000元,假如真有一种可以看电视的空调卖4000元,这时你就要注意了,必须问自己:对我来说,这个空调"能看电视"的功能值2000元吗?

所以,买东西时必须知道买的东西是否是合理的。比如我们一般认为大瓶装的东西比小瓶装的更实惠,但是如果同一种洗发水,750毫升的每瓶39元,而250毫升的每瓶12元,你应该怎么购买呢?当然是3瓶250毫升的!一样的量,反而是小瓶的要便宜。

很多女人都对一些小巧可爱的东西很感兴趣。走在大街上,突然碰到个卖盘子的,一看做工精致、造型奇特,就不管家里需不需要,都要买一些回去。结果呢?家里堆满了各种各样的碗、碟,以至于又不得不再买一个碗柜来装它们。自认为打理得井井有条:盛水果的、盛汤的、盛米饭的、盛凉菜的、盛面条的、盛肉食的……分门别类,貌似各有各的用途,但现实生活是:她甚至很少在家做饭吃,那些盘子大多买来后就再也没用过!

小刘要买个微波炉,当时有一款微波炉做促销,商品旁边贴着一张大海报,大意是:同样的价格,可以赠送一个电饭锅、一个小咖啡机、一套微波饭盒、一些保鲜盒,赠品摞起来足有一人高。小刘马上被吸引了,心里盘算:同样的价格,还多得这么多赠品,毕竟比什么都没有强,就它了!

拿着赠品和微波炉回家之后,小刘才发现,东西虽然多但实用的几乎没有。电饭锅的质量没法说,做出来的饭不是不熟就是煳锅;小刘自己从来不喝咖啡,家里也很少来人,小咖啡机到现在没用过一次;饭盒和保鲜盒早不知道被扔到了哪里。这些都无所谓,反正也是赠送的,用着不好或者用不着也就罢了,关键是微波炉,没用几天就报修,修理几次后,她被搞得心烦意乱,甚至因为与修理处的争执而影响到工作。于是同事们问道:"当初怎么不买一个大品牌的?毕竟质量好,售后服务也好。"

小刘无言以对,就在前几天,实在忍无可忍,那个只用半年的微波炉也被她淘汰了。

现在由于市场竞争的压力,商家在销售商品时,为了增加商品的销量,常常会进行促销。而在促销商品时,惯用的伎俩就是送赠品,这种现象屡见不鲜。从表面上看,这似乎可以让你用更少的钱享受更多的服务或得到更多的商品,但实际上,这种不理智的消费造就了多少个"小刘"呢?

总之一句话,花钱消费第一是买用途,第二考虑心理的舒适度。为了小便宜而选择有质量问题的产品,必然会影响心情。其实,从今天开始,为自己树立一个消费理念:你要买的东西是否用得着?是否真的用得着?你在说服自己"这个在家里来人的时候可以拿出来用"的时候,是否能追加一个问题:家里一年来几次客人?

只要你能够记住消费的两个原则——用途和使用频率,你就会慢慢变成一个会花钱的精明人。

智者寄语

只要你能够记住消费的两个原则——用途和使用频率,你就会慢慢变成一个会花钱的精明人。

看看你的钱都花到哪里去了

仔细想一想："到目前为止，生命中所曾拥有过的钱都跑到哪里去了？你满意当初所做的选择吗？"

我们处于一个重视物质生活的社会，大部分人都有一张"希望拥有哪些东西"的梦想清单——虽然我们已经拥有很多了；我们也处在一个鼓励消费的社会，不管有钱没钱，我们会把钱花在商品、假期、娱乐和赌博上——这些还只是冰山一角。环顾你的四周看看，有多少东西是用钱堆积起来的。但是，你有没有好好算过，这些东西究竟花了多少钱？

当然，我们可以选择花钱的方式，但是了解自己所做的选择，与确定自己是否满意自己的选择，将是确定理财观念的最大前提。

回想过去一年里，你都把钱花在哪里？拿出纸笔，把想到的列出一张表格，也许会有诸如以下的花费：

①培训科目或课程。

②物质上的东西，例如 CD 音响、计算机、电器用品或厨房设备等。

③抵押借款或租金。

④一大堆账单。

⑤衣物、鞋子、化妆品、装饰品。

⑥旅行。

⑦休闲娱乐——外出用餐、看电影、看表演、参加俱乐部等。

⑧贷款或还款金额。

⑨酒或药品。

列完后，再将花费最多的前三项标示出来。想想看这些花费对你来说有多重要，又有什么样的感想，下面的问题请你回答：

①对于花费最多的前三项，每一笔都花得很开心、值得吗？

②对于把自己的花费罗列出来觉得高兴吗？之所以花这些钱，是因为有某方面的益处，还是只为了自己高兴？

③这花费最多的前三项，对你而言也是最重要且最该优先花费的吗？

④如果能回到从前，你会想做什么改变？

这些问题的答案，可以对你自己的花钱方式和花钱后的心情做一次整理。

从今天起，对于该做些什么改变，以及什么才是真的需要，自己将会更清楚明确。如果你常在一些不必要的东西上做过度的消费，那么，这时候你真得要好好考虑如何改变自己的理财观念了。

智者寄语

从今天起，对于该做些什么改变，以及什么才是真的需要，自己将会更清楚明确。如果你常在一些不必要的东西上做过度的消费，那么，这时候你真得要好好考虑如何改变自己的理财观念了。

月光族理财从记账开始

美国理财专家柯特·康宁汉有句名言:"不能养成良好的理财习惯,即使拥有博士学位,也难以摆脱贫穷。"记账就是一种看似琐碎,却对理财有大益的好习惯,它能帮你每个月省下不少的开销,让你把钱投入为未来幸福而理财的计划当中。

虽然养成好的记账习惯可能是个痛苦的过程,但这习惯却可以让你"有钱一辈子"。因为记账可以让你发现自己是不是花掉了不该花的钱;还可以让你知道每个月手头的钱流向了哪里,使它们不至于流失于无形;甚至还可以让你认识那个镜子里没有的自己,因为你也许"言行不一致",以为自己不会花费的事项,却时有支出。

1. 记账让你心中有数

在外企工作的黄女士一开始是瞧不起记账的,她总觉得那只是在记小钱、弄小钱、操心小钱。她个人收入不菲,但从来不记账,反而觉得那是一种洒脱。随着岁月的积累,她才发现事情不是这样的,身边不少女性朋友都在记账,而且个个都目标明确,这才让她觉得记账并不等同于"斤斤计较",这种观点是对记账的学问太模糊而产生的误解。

在朋友的影响下,黄女士也开始记账了,当她记了半年以上的账后,她发现对家庭财务情况进行全面的整理后,以前筹划的"五年中存足孩子的教育经费""十年把房子的贷款完结"这些目标还有多远心里很清楚。根据情况,她把每个月的财务安排做出相应的调整,这样就能做到重新合理地分配有限的资源,不偏不倚,平衡有度,不会偏离既定目标。

久而久之,黄女士发现自己家的总资产在风险承受范围内稳步增加,总负债稳步减少,金融资产净值逐步由负数向正数转变。原来记账还可以推动自己达到改善家庭生活品质,实现最终财务收支自由的目标。黄女士发现现在生活很轻松,不再像以前那样不成熟,也更知道自己想要什么了。

其实每个月的记账,并不完全是重复琐碎的工作,而是为每个时间段监控提供数据依据,这样才能够在家庭账务上做大事,做平衡和资产的配置。因此每一月和每一年的数据都是家庭理财最佳决定的理由。记账最直接的作用就是使家庭每月节余不少"不必要"的支出,改变家庭成员的理财观念,学会对资金控制的方法。让你尽早拥有可以理财让"钱生钱"的"第一桶金"。没有钱,一切计划都只是奢谈而已,往往我们更容易成了卡奴或房奴,成为账单的奴隶。如果你不想这样,就一定不要放弃。心中有数是个很难达到的目标,但它也是一切行为的根由,如果你记了账,你就离这个目标越来越近了。

2. 记账需要掌握方法

刘女士以前也是记账的,但是丈夫嘲笑她记出来的账是一百年前老太太的流水账,很没有技术含量。之后,刘女士经过琢磨,找出了一套"先进"的记账方法:

首先,在记账时,就集中好凭证单据,例如购货小票、发票、借贷收据、银行扣缴单据、刷卡签单、银行信用卡对账单及存、提款单据等都保存好,记录的时候就会井井有条。

其次,每月她都将收支细化并且分类,这样收支情况才会一目了然,易于分析。她把收入分为:工资,这部分包括夫妻双方的基本工资、补贴等固定收入;奖金,一般情况下它的变动性较工资大;利息及投资收益,包括存款有利息、房租、股息、基金分红、股票买卖收益等都属于这一类;其他,这项属于偶然性较大的收入,如礼金、抽奖所得,等等。而支出也可下设四个明细项目:生活费，这部分包括家庭的柴米油盐及房租、物业费、水电费、电话费、手机费等日常费用；衣着，这部分包括家庭购买服装鞋帽或购买布料及加工的费用；储蓄，每月定期或不定期增加的活期、定期存款，购买基金、股票的部分；其他，指的是不很必要、不经常性、变化较大的消费，如礼金支出、旅游，等等。如果家庭有需要，还可增加医疗费、赡养父母、智力投资等固定明细的收支。

通过这样看似烦琐，实则轻松的明细归类，刘女士的记账水平明显提高了不少，对于家庭收支的去向，一翻账本就清楚明了了，为她省了不少心。

家庭事务大部分都是一些零零碎碎的小事情，特别是家庭开支都很细碎，如果采用流水账记账法，复杂，看不清，枯燥，工作量也大，所以它是应当彻底改良的，要保证自己记出效果来。最好采用家庭理财软件来记账，这种软件很多网站都有免费的提供，例如“账客网”，你可以找一个自己最得心应手的，把它用好就不错了。

3. 家庭记账方法

这里提供几个记账小技巧，让您进行合理的家庭记账，以帮助您达到省钱、理财的目的！

(1)两抽屉法。把您的记账表分为两类，一类叫作消费抽屉，一类叫作储蓄抽屉。在日常生活中，刚开始可能因为计划不合理，会经常动用储蓄抽屉的钱，但慢慢地要逐渐提高消费抽屉的可运用的日期，直至完全不用储蓄抽屉的钱为止。这样慢慢地就会有很多余钱用于储蓄。

(2)多信封法。更加细致一些的分类方法，把记账表分为很多信封，包括储蓄信封和衣食住行娱乐费用信封，其实也就是把两抽屉法的消费抽屉拆分为很多单项，单项费用超支就需要从其他费用信封中支出，直至养成习惯，不用储蓄信封为止。

(3)多账户法。更为专业的分法就是按照会计的分类方法，把账户分为定期定额账户、房贷扣款账户、信用卡账户、现金领用账户，等等，便于记账管理和控制花销。

(4)定额提款法。如果实在懒得记账，但还要控制自己的支出，就可以每周定额从自己的提款卡里提取固定金额，大概为月收入的二成，剩下的为储蓄。然后，就通过不断控制提取数量，直至提取费用的次数、金额不超过目标额为止。

家庭记账中最大的门道还在于将每月收入进行细化分类，无论是上文介绍的抽屉法、信封法、账户法还是提款法……都是这个理儿。当然，在这些五花八门的记账技巧中，还有一点最不可忽视：诸位财友的意志力。

记账并不是简单的记录，重要的在于它从庞杂的细碎中为你找到了理性分析金钱出入的线索，让你可以“跳出五行外”地客观平衡自己的财务状况。

智者寄语

记账并不是简单的记录，重要的在于它从庞杂的细碎中为你找到了理性分析金钱出入的线索，让你可以“跳出五行外”地客观平衡自己的财务状况。

第四章　储蓄,最终是为了获得更多财富

储蓄是实现财富梦想的第一步

一个不懂得储蓄的人,是没有可能成为一个富人的。储蓄是财富增值的第一步。任何财富的积累都是从储蓄开始,一步一步走向辉煌的。

曾经听过这样一个故事:

一个富人有一位穷亲戚,他十分同情这位穷亲戚,想帮他致富。于是,富人送了一头牛给穷亲戚,并告诉他说:"我送你一头牛,你好好地开荒。等春天到了的时候,我再送你一些种子,这样到秋天的时候,你就能获得丰收脱离贫穷了。"一开始,穷亲戚也踌躇满志地开荒。可是几天过后,牛要吃草,人要吃饭,日子反而比以前更难过了。于是,穷亲戚把牛卖了买了几只羊。他打算先杀一只羊解决温饱问题,剩下的羊养着生小羊,然后,小羊变大羊,羊再生羊……最后,可以赚更多的钱。

起初这计划实施得很好,然而,在他吃完一只羊以后,大羊还没有把小羊生下来。他又想,反正也不是只剩下一只羊,于是他忍不住又吃了一只。直到只剩下一只羊的时候,他想,这样下去不是办法,不如把羊卖了换成鸡。鸡生蛋、蛋变鸡的速度要快一点,而且鸡蛋也可以卖钱,日子应该会好转。

计划实施几天后,他忍不住又杀鸡了,最后,终于杀光了所有的鸡。等到春天,富人来给他送种子了,然而,富人看到他的这个穷亲戚正就着咸菜喝稀饭,牛早就没了,他也依然一贫如洗。于是富人气得一甩衣袖走了,再也不管他了。而他被自己的习惯所害,注定了要一生都在贫穷中挣扎。

这个穷人太习惯于吃干花净,今朝有酒今朝醉,明日愁来明日愁,不花掉身上的最后一分钱绝不回家。这样的习惯使他与财富无缘。

储蓄是理财的第一步,一定要坚决地执行它。没钱时,不管怎么困难,也不要动用积蓄。积蓄是财富的种子,如果我们把"种子"都吃掉了,那么致富也就成为不可能的事情了。

因此,如果女人们不甘贫穷的话,就一定要养成储蓄的习惯,宁肯饿肚子,也要把储蓄留下来。

收入是河流,财富是水库,支出就是流出去的水。要想水库里有水,就要关上闸门,让河水一点一点地流进来。同样,我们的第一桶金一定要靠"攒"才有。

有一个人从穷人变成了一个非常富有的人,有很多人来向他请教致富的方法。而他却反问来求教的人说:"如果每天你能拥有10个鸡蛋,但你每天都只吃掉9个,把剩下的那个放进篮子里,最后会如何呢?"

所有的人都回答:“篮子再大,早晚都得有装不下的一天。”

这个富有的人笑着说道:“致富的首要原则就是如果你有10个硬币,最多只能用掉9个,一定要留下1个。”

“九一”法则是理财的首要法则:至少把自己收入的10%“攒”起来放在钱包里,无论什么情况都不破例。即使你的收入只有一元钱,也要存起一角钱。水库流进来的水比流出去的水多,即使这个差量很小,水库也有被放满的时候。同样,只要坚持“攒”的习惯,你就能为自己攒够第一桶金。

那么女人们怎样才能够为自己攒下第一桶金呢,有没有比较容易的方法呢?答案就是先储蓄,后消费。

女人们都知道,哈佛教育出来的人,大都和贫穷不沾边。这在很大程度上归功于他们严格遵守哈佛教条:储蓄工资的30%是硬指标,剩下才消费,必须完成储蓄后才能消费。巴菲特说他从小就有储蓄的习惯,从6岁开始,每月存30元。到13岁时,他用自己存的第一桶金——3000元买了一只股票,终于迈出了追求财富的第一步。巴菲特年年储蓄,年年投资。储蓄和投资已经变成了他不可改变的习惯,如今他85岁,是美国首富,比“微软”创始人比尔·盖茨还富有。

因此,如果谁不想穷一辈子,谁就定要养成“先储蓄,后消费”的合理储蓄习惯。将每个月薪水的15%~30%先存起来,用于储蓄或投资;剩下的才能消费,并且严格规定自己只能用剩下的这部分钱消费。消费不能超支,储蓄不能动用,而且没有例外。

智者寄语

一个不懂得储蓄的人,是没有可能成为一个富人的。储蓄是财富增值的第一步。任何财富的积累都是从储蓄开始,一步一步走向辉煌的。

超实用的“攒”钱游戏

对于“月光女人”来说,要存钱并不是一件容易的事情。缺少定力、抵抗不了诱惑是一个方面,还有另外一个原因来自存钱本身,就是长时间单一的存钱方式很容易令人产生厌倦。这是因为相对于各式各样令人愉快的花钱方式而言,存钱方式不仅单一,而且带有强制性,像是在被强迫做件事情。所以花钱总是让人能够感觉到新鲜和享受,而存钱反而像在受惩罚,让人感觉并不舒服。也因此,大部分人的实际存款数远低于他们能够达到的存款数。

面对这种情况,女人们不妨将存钱当成一个游戏,通过各种新鲜的方式来刺激自己攒钱。至于这个游戏应该怎么玩,这里为女人们推荐几种方式来作为参考,看看能不能让你的存钱变得有效和有趣?

1.“钱母”游戏

把你钱包里的钱全部倒出来,拿出一部分票面很新或者号码“吉利”的,放进一个信封或口袋里,然后放在衣柜或书架的最底层当作“钱母”来“压箱底儿”,提醒自己那是用来“招财进宝”的——虽然有点小迷信,但是这样你就不会乱花了。这些钱平时不要动,当然,关键的时候可以拿来应急。

2.专设储蓄卡

打开钱包,取出你所有花花绿绿的信用卡,然后看看还有哪家银行的信用卡你还没有申请。

别误会，这可不是要叫你去申请这家银行信用卡，你要做的应该是申请一张这家银行的储蓄卡。这张储蓄卡是为你储蓄专设的，选择一个适合你的存储方式，然后只管往里存，绝不往外出，但是不要给自己压力。可以从小数额起存，只要你收入的10% ~30%就可以，以后可以逐月有所增加，这样可以让你的正常生活和消费不受干扰，也就减小了半途而废的概率。同时，因为你没有这家银行的信用卡，就不会动不动就拿它来还你信用卡的账单了，保证了储蓄不受干扰。

3. 漂亮的存钱罐

尽管你已经不是小孩子了，存零钱对你来说也许有些幼稚可笑。但还是建议你准备这样一个漂亮的小罐子或者小盒子，只不过不是要你用以前的方式去间或存进去一些零钱，而是要你每天从钱包里拿出5元或者10元放进去，等达到一定数额之后就将它拿出来存进你的专设账户。5元或10元对于你每天"不明方向"的花销而言并不是一个很大的数目，每天拿出来一些并不会对你的生活造成多大的影响。但是这些小钱却可以变成大钱，每天10元，每月就是300元，每年就是3600元。10元钱可能什么也做不了，但是3600元却可以做很多事，如果你能坚持十年，产生的效果会更加让人"心动"。

4. 特设"基金"

此"基金"非彼"基金"，不是银行的某款投资产品，而是你为自己特设的某个"梦想基金"。比如一次欧洲之行，一项进修计划，一台时尚笔记本、一条珍珠项链，一辆代步工具……这些承载着你小小梦想的消费计划，可以成为你存钱的动力。也许你目前所有账户加起来的数额已经足够让你满足自己的梦想，但是我奉劝你还是不要动用的好。因为其他的钱有其他的用处，既然这是你的梦想或愿望，那就另外开设一个梦想基金为自己买单吧。这样既能刺激你储蓄，也能保证你在为自己梦想买单之后，不会再次变得"一贫如洗"。既然买一双高跟鞋或一套化妆品所带给你的愉悦是不同的，那么为一双高跟鞋或者化妆品存钱的感受也应该是有别的。是一次性购买梦想更感惬意，还是不间断存储梦想更有成就？那就不妨先开设自己的特设"梦想基金"来试试看了。

5. 拆分工资卡

如果你所有的钱都在你的工资卡上，除非你从来不动用，否则就是一件很危险的事情。但是，很明显，你不可能不动用。因为所有的收入几乎都在里面，你可能就不会费心去管里面到底有多少钱，需要时只管去取就是了，这就让你花钱很没有计划，而且也很难将工资卡上面的数字留住。所以，建议女人们每次发完工资都去核对一下，然后将里面的数额做一个拆分，分散储蓄，一部分存进你只存不取的专属账户，一部分存消费账户，一部分存进特设基金，一部分还卡债，一部分零花……这样做虽然很麻烦，但是却能保证你的"鸡蛋"不会放进一个"篮子"里。要取时也比较费时间，而且因为每个上面的存款数额可能都不多，这就会让你在花费时有所收敛，不至于太过大手大脚。

花钱的名目可以有很多，存钱的理由也不例外，存钱可以和花钱一样让你愉快。如果你能把存钱也当成一种游戏，那么生活中就会多一样乐趣，而有了乐趣也才能让你的攒钱之道更加行之有效。

智者寄语

如果你能把存钱也当成一种游戏，那么生活中就会多一样乐趣，而有了乐趣也才能让你的攒钱之道更加行之有效。

恰当储蓄获利多

现代白领女性虽然工作好、收入高，但是假如没有一个好的理财方法，那么她们也将很难积累更多的财富。因此，恰当的储蓄方式就成为一个很好的生财之道。储蓄生财主要有如下几种技巧：

1. 少存活期

同样存钱，存期越长，利率越高，所得的利息就越多。如果手中活期存款一直较多，不妨采用零存整取的方式，其一年期的年利率大大高于活期利率。

2. 到期支取

储蓄条例规定：定期存款提前支取，只按活期利率计息，逾期部分也只按活期计息。有些特殊储蓄种类（如凭证式国库券），逾期则不计付利息。这就是说，存了定期，期限一到，就要取出或办理转存手续。如果存单即将到期，又马上需要用钱，可以用未到期的定期存单去银行办理抵押贷款，以解燃眉之急。待存单一到期，即可还清贷款。

3. 滚动存取

可以将自己的储蓄资金分成12等分，每月都存成一个一年期定期，或者将每月的余钱不管数量多少都存成一年定期。这样一年下来就会形成这样一种情况：每月都有一笔定期存款到期，可供支取使用。如果不需要，又可将其本金以及当月家中的余款一起再这样存。如此，既可以满足家里开支的需要，又可以享有定期储蓄的高息。

4. 存本存利

即将存本取息与零存整取相结合，通过利滚利达到增值的最大化。具体点说，就是先将本金存一个5年期存本取息，然后再开一个5年期零存整取户头，将每月得到的利息存入。

5. 细择外币

由于外币的存款利率和该货币本国的利率有一定关系，所以有些时候某些外币的存款利率也会高于人民币。储蓄时应随时关注市场行情，适时购买。

智者寄语

现代白领女性虽然工作好、收入高，但是假如没有一个好的理财方法，那么她们也将很难积累更多的财富。因此，恰当的储蓄方式就成为一个很好的生财之道。

人生的第一桶金是存出来的

人生总有许多梦想脱离不了钱的必要性，有了第一桶金，便可以作为投资本金、创业基金、出国深造学费，甚至是第一间房子的头期款，而有了第一桶金后，接下来的第二桶金、第三桶金……便可更容易、快速获得，因为用钱来滚钱，才是累积财富最根本的方式。而一开始的本金还是得靠储蓄来累积，包括那些超级富豪，他们的第一桶金也都是“存”出来的。也许你会不相信，那下面就来看看他们的存钱经历吧。

巴菲特曾经在他的书中写道，他从6岁时就已经开始储蓄了，每个月存30美元，一直存到13岁时，他已经拥有了3000美元。他用这些钱购买了生平第一只股票，开始了他的投资之路。在以后的日子里，他每年都坚持存钱，坚持投资，一直坚持了几十年，成为世界闻名的“股神”。说巴菲特的第一桶金是存出来的不算过分吧？

日本麦当劳的开创者藤田田的第一桶金也是存出来的。他大学毕业后在一家电器公司打工，并下决心在十年之内存够10万美元，当作自己的创业基金。为了存出这第一桶金，他坚持每月存款，而且雷打不动。不管遇到什么困难都没有改变过。即使遇到突发状况或者额外用钱也照存不误，甚至不惜厚着脸皮四处借贷渡过难关，也不让自己的存款受到任何影响。他每月去银行报到，其坚持不懈的毅力甚至连银行的工作人员都为之动容。在近6年的时间里，他存了5万美元。当时日本的快餐连锁开始兴起，藤田田看准了麦当劳的发展潜力，于是决定创立自己在日本的麦当劳事业。但是当时申办麦当劳连锁店需要75万美元和一家中等规模以上银行的信用作为支持。只有5万美元的藤田田不愿意让机会溜走，于是他四处借贷共借来4万美元，尽管还远远不够。剩下的部分，他用自己5万美元的储蓄故事打动了当时一家大银行的总裁，不仅答应他为剩余的资金提供贷款，还为他提供了信用担保。就这样藤田田用存出来的第一桶金开创了自己的事业，并且发展为现在拥有10000多家连锁店、年营业额达40亿美元的快餐大王。

成功并不是平白无故跑出来的，即使拥有良好机遇的超级富豪们，在没有创业资本的前提下也不可能完成自己的辉煌事业。而作为创业资本的第一桶金往往是通过存钱来实现的。大部分的成功人士并没有丰厚的家底和背景，想要取得成功，就要通过自己的不懈努力。不管是巴菲特，还是藤田田，或者其他白手起家的成功人士，他们的第一桶金都是存出来的。

只不过，在我们的现实生活中，很多人误解了成功的真相，忽略了合理储蓄在理财中的重要性，以为只要自己投资正确就能赚到大钱。然而，对于投资的资本从哪里来，大部分人都一筹莫展，因此他们实现财富积累的难度也就在无形中增大了。我们的收入就像是河流，而储蓄就像是水库。如果我们不将水库建好，那么所有的财富都只是“路过”，是留不住的，第一桶金又从何谈起呢？

姐妹们理财也是一样。虽然你理财未必就是为了成为像巴菲特那样的成功人士，但是必定也有自己的目的：房子、车子、孩子，或者家业、事业、学业。只要你对财富动了念头，就应该明白这一切不可能会从天上掉下来。你可以不投资，但不能不储蓄。想要完成“资本的最原始积累”就要先学会储蓄，因为对我们来说，得到“第一桶金”最靠谱的方式还得是“存”！

智者寄语

想要完成“资本的最原始积累”就要先学会储蓄，因为对我们来说，得到“第一桶金”最靠谱的方式还得是“存”！

储蓄是最稳妥的理财法

大多数的人都是把钱存在银行的，但他们的目的不同，有的人是为了利息，有的人是为了消费,有的人把钱暂时存进银行,有目的、有计划,是为了进一步实现财富的积累打基础。

曾有人测算过,依照世界的标准利率来算,如果一个人每天储蓄1美元,88年后可以得到100万美元。这88年时间虽然长了一点,但每天储蓄2美元,长期坚持下去,很容易就可以达到10万美元。一旦这种有耐性的积蓄得到利用,就可以得到许多意想不到的赚钱机会。

1. 储蓄是为了提高抵抗力

有人总是悲叹他没有变得富裕起来,是因为他花掉了自己所有的收入。假设有一个人,他一直享受着优厚的工资待遇,现在突然失业了,而他又没有任何积蓄,那将是一种什么样的情形呢?

墨斯就是这样一个毫无准备而意外失去工作的人。多年来,他从来不考虑为将来储蓄,花光了自己所有的工资。他绝望地说:"想起这些年来我就后悔,几年来,如果我一天能够存上一个美分,持之以恒,那么我现在应该有不少积蓄了。想到自己以前这么傻,我就要发疯。现在这样真是自作自受呀!"

许许多多的人甘愿艰苦地工作,但是能够做到生活节俭、量入为出的人却不到十分之一。大多数人的收入没过多久就被吃喝一空,他们从不拿出一小部分作为积蓄,以备在疾病或者失业等紧急情况下使用。所以,在金融危机的时候,在工厂倒闭的时候,在投资者冻结资金不再投资的时候,他们就会陷入困境,甚至破产。那些赚来钱就立刻花掉,从不为未来做任何储蓄的人,不会比一个奴隶过得好。

2. 积蓄可以带来财富

上天赐予我们的物产是有限的,如果我们放手去用,肯定会有耗尽的一天。预算是一张经过计划的蓝图,可以帮助你从你的收入中得到更大的好处。

以前有一个年轻人到印刷厂里去学技术。其实,他的家庭经济状况很好,他父亲要求他每晚住在自己家里,但要他每月付给家里一笔住宿费。一开始,这个年轻人觉得这样太苛刻了,因为他当时每月的收入刚够支付这笔住宿费。但是,几年之后当这个年轻人自己准备开设印刷厂时,他的父亲把儿子叫到跟前,对他说:"好孩子,现在你可以把每年陆续付给家里的住宿费拿去了。我这样做的目的,是为了能够让你积蓄这笔钱,并非真的向你要住宿费。好了,现在你可以拿这笔钱去发展你的事业了。"

年轻人到此才明白父亲的一番苦心,对父亲的贤明感激不尽。如今,这个年轻人已经成了美国一家著名印刷厂的老板,而他当年的同伴们却因挥霍无度,如今仍然穷苦不堪。

3. 先储蓄,后消费

在著名的美国第一学府哈佛大学,第一堂的经济学课,老师只教两个概念:第一个概念是花钱要区分"投资"行为和"消费"行为;第二个概念是每月先储蓄30%的工资,剩下来的才进行消费。

大家都知道,哈佛教育出来的人,毕业后有很多人很富有。其实,他们每月的消费行为跟一般的普通百姓只有一点不一样,就是严格遵守哈佛教条:储蓄30%工资是硬指标,剩下才消费。储蓄的钱是每月最重要的目标,只有超额完成,剩下的钱才能消费。

现实生活中,有许多人忽视了合理储蓄在理财中的重要性。不少人错误地认为只要理好财,储蓄与否并不重要。持这种想法的人,实现财富积累难度很大,要想实现财务目标,必须要改变收支管理方式,要"先储蓄,后消费"。

那么,如何进行"先储蓄,后消费"呢?在你每个月领取薪水以后,将薪水的一部分(如15%

~30%)先存起来,用于储蓄或投资。剩下的钱用于消费,并且严格规定自己只能用剩下的这部分钱进行消费开支,不能超支,因为你只有这么多钱。你必须做好你的消费支出计划,对支出进行严格的控制。“先储蓄,后消费”的理财方式,有两大好处:一是能够培养你的良好投资储蓄习惯,不断进行你的财富积累;二是能够培养你良好的消费习惯,对各项支出进行有计划的控制。因为你每个月的消费品、住房、交通、通信、休闲等各项开支先要做好预算,这个过程可以将每个开支项控制在预算内。

坚实的财富是需要努力和节俭才能追求到的,同时也需要时间和毅力。具有节俭的耐性和毅力,利用积蓄的钱发挥作用,由此便可得到许多意想不到的赚钱机会。

智者寄语

具有节俭的耐性和毅力,利用积蓄的钱发挥作用,由此便可得到许多意想不到的赚钱机会。

你必知的银行存款计息经

目前银行常有的人民币存款方式有:活期存款、定期存款(不同存期)、零存整取、定活两便、协定存款、通知存款,等等。用户可以根据自己的实际需要对存款方式进行挑选和组合,以求达到方便使用和获取最大收益的目的。

一般单身女性在毕业后工作的1~5年中收入相对较低,朋友、同学多,经常聚会,花销较大。这段时期的理财不以投资获利为重点,而以积累(资金或经验)为主。这段时期的理财步骤为:节财计划—资产增值计划(这里是广义的资产增值,有多种投资方式,视你的个人情况而定)—应急基金—购置住房。战略方针是“积累为主,获利为辅”。根据这个方针具体的建议是分三步:存、省、投。如果我们能够熟知银行存款利息,就可以制订合理的理财计划。

存,即要求你每个月雷打不动地从收入中提取一部分存入银行账户。一般建议提取10%~20%的收入。存款要注意顺序,顺序一定是先存再消费,千万不要在每个月底等消费完了以后剩余的钱再拿来存,这样很容易让存款大计泡汤。如果每月用于储蓄的存款用定期存款的方式存起来,坚持几年,你可能会被自己的存款吓一跳!定期存款的方法主要有:

1.每月存一笔定期存款的12存单法

每月提取工资收入的10%~15%做一个定期存款单,切忌直接把钱留在工资账户里。因为工资账户一般都是活期存款,利率很低,如果大量的工资留在里面,无形中就损失了一笔收入。每月定期存款单期限可以设为一年,每月都这么做,一年下来就会有12张一年期的定期存款单。从第二年起,每个月都会有一张存单到期,如果有急用,就可以使用,也不会损失存款利息;如果没有急用,这些存单可以自动续存,而且从第二年起可以把每月要存的钱添加到当月到期的这张存单中,继续滚动存款,每到一个月就把当月要存的钱添加到当月到期的存款单中,重新做一张存款单。

12存单法的好处就在于,从第二年起每个月都会有一张存款单到期供你备用,如果不用则加上新存的钱,继续做定期。这样既能比较灵活地使用存款,又能得到定期的存款利息,是一个两全其美的做法。

2.阶梯存款法:适用于单项大笔收入

有一种与12存单法相类似的存款方法,这种方法比较适合与12存单法配合使用,尤其适合年终奖金(或其他单项大笔收入)。具体操作方法:假如你今年年终奖金一下子发了 5 万元,可以把这 5 万元奖金分为均等 5 份,各按 1、2、3、4、5 年定期存这 5 份存款。当一年过后,把到期的一年定期存单续存并改为 5 年定期,第二年过后,则把到期的两年定期存单续存并改为 5 年定期,以此类推,5 年后你的 5 张存单就都变成 5 年期的定期存单,致使每年都会有一张存单到期。

这种储蓄方式既方便使用,又可以享受 5 年定期的高利息,是一种非常适合于一大笔现金的存款方式。假如把一年一度的"阶梯存款法"与每月进行的"12 存单法"相结合,那就是绝配了。

3. 巧用通知存款:利息高于活期存款

通知存款很适合手头有大笔资金准备用于近期(3 个月以内)开支的。假如手中有 10 万元现金,拟于近期首付住房贷款,但是又不想把 10 万元简简单单存个活期,损失利息,这时就可以存 7 天通知存款。这样既保证了用款时的需要,又可享受 1.62% 的利息,这是 0.72% 的活期利率的 2.25 倍。举例来说,50 万元如果购买 7 天通知存款,持有 3 个月后,以 1.62% 的利率计算,利息收益为 2025 元,比活期存款利息 900 元,收益高出 1125 元;除利息税后,通知存款的收益则要比活期存款高出 80%。

4. 利滚利存款法:获得二次利息

具体操作方法是:如果你有一笔 5 万元的存款,可以考虑把这 5 万元用存本取息方法存入,在一个月后取出存本取息储蓄中的利息,把这一个月的利息再开一个零存整取的账户,以后每月把存本取息账户中的利息取出并存入零存整取的账户,这样做的好处就是能获得二次利息,即存本取息的利息在零存整取中又获得利息。不怕多跑银行的,可以试试这个方法。

智者寄语

如果我们能够熟知银行存款利息,就可以制订合理的理财计划。

通知存款的妙用

随着社会的发展,银行的存款业务也发展得千变万化,通知存款也慢慢被越来越多的人所接受。这一小节,我们就来介绍通知存款的相关常识,以便现代的女性朋友们能够多了解一些理财的知识,进而更加合理地规划自己的财产。

通知存款是一种不约定存期,支取时需提前通知银行,约定支取日期和金额方能支取的存款。个人通知存款不论实际存期多长,按存款人提前通知的期限长短划分为 1 天通知存款和 7 天通知存款两个品种。"1 天通知存款"必须提前 1 天通知银行约定支取存款,"7 天通知存款"则必须提前 7 天通知银行约定支取存款。人民币通知存款最低起存、最低支取和最低留存金额均为 5 万元,外币最低起存金额为 1000 美元等值外币。

1. 通知存款怎么存

对于"7 天通知存款",银行将以 7 天为一周期自动转存并计算复利,所以,这样的存款业务和活、定期存款相比起来,是比较实惠的。而当储户想要取款的时候,需提前 7 天通知银行约定取款,若逾期取款的话利息将按照活期存款的利率计息。

例如，某储户当日将5万元人民币存为“7天通知存款”，次日通知银行7天后取款，结果10天之后该储户才来取款，那么该储户支取部分的利息就是“7天通知存款”利息加上3天的活期储蓄利息。如果储户不通知银行提前提取存款的话，支取部分利息也将按照活期储蓄的利率计息。

“7天通知存款”还要求取款后账户内余额须大于等于5万元。也就是说，如果只办理5万元的“通知存款”业务，首先就要提前7天通知银行取款，另外须将5万元全部取出才能享受到“通知存款”的利率计息。但假设市民办理6万元的“通知存款”，银行将不会限制储户取款金额，但要求储户取款后账户余额须是5万元或5万元以上。

目前的活期存款年利率为0.36%。“7天通知存款”的利率降息后目前为1.35%，是活期的3.75倍。

2. 通知存款密招

通知存款者，若非不得已，千万不要在7天内支取存款。如果投资者在向银行发出支取通知后未满7天即前往支取，则支取部分的利息只能按照活期存款利率计算；不要在已经发出支取通知后逾期支取，否则，支取部分也只能按活期存款利率计息；不要支取金额不足或超过约定金额，因为不足或超过部分也会按活期存款利率计息；支取时间、方式和金额都要与事先的约定一致，才能保证预期利息收益不会损失。

3. 通知存款的策略

策略一，定存分笔存，提高流动性。若将闲置资金全部长期定存，万一临时需要现金时，提早解约会损失两成的利息。不妨将定存化整为零，拆分为小单位，并设定不同到期日，这样的好处是每隔一段时间便有定存到期，资金流动无恙，将定存当成活存用，利息却比活存高6倍多（一年期2.25%，活期0.36%）。例如，将手中5万元资金，拆分成1万元一份，分别存1年期、2年期、3年期、4年期、5年期定存；一年后，再将第一笔到期的1万元开设一个5年期存单，以此类推。

策略二，自动转存最省心。各银行均推出存款到期自动转存服务，避免存款到期后不能及时转存，逾期部分按活期计息的损失。值得注意的是，有的银行是默认无限次自动转存，有的只默认自动转存一次，而有的需储户选择才自动转存。

策略三，提前支取有窍门。如果你急需用钱，而资金都已存了定期，不妨考虑以下列方式提前支取，将损失减少到最小：根据自己的实际需要，办理部分提前支取，剩下的存款仍可按原有存单存款日、原利率、原到期日计算利息。要注意的是部分办理提前支取业务仅限一次。

4. 存款组合

以定期为主，通知存款为辅，少量的活期。在经济下滑时，多选长期定存，以锁定高利率；在经济低谷时，多选短期的定存，存期一般不宜超过3年，给自己一个灵活性；当经济开始好转时，不存长定期，改以长线投资为主。银行中的“睡钱”也可生财。

如果你是一个善于理财的女性，那么即使是存折中的“睡钱”，你也可以采取适当的方法，让你的存款利息更多，让你的存款生出更多的钱就不会是遥遥不可及的梦想。

技巧一：多利息存款

多利息存款法多用于定期存款，你可以根据总的存期选择多种续存方式来增加利息。假如你现在有10000元闲钱想存银行，希望5年后使用，那么你可以选择以下几种方法。

（1）以10000元为基础采用利滚利的方式连续存5个一年期定期，5年后本息总计

10817.47元(扣除利息税)。

(2)先存10000元两年期定期,然后连本带息存为三年期定期,5年后本息总计10986.6元(扣除利息税)。

(3)10000元存五年期定期,5年后本息总计11116元,但流动性比较差,万一有急事要钱用的话,就可能遭遇燃眉之急。

技巧二:月月储蓄

月月储蓄也叫"12张存折法",对因忙碌而无时间顾及理财的中产阶级最为适用。

张女士是一家外资企业的人力资源经理,月薪9000元,每月生活花销3000元左右,她留出1000元做流动资金,剩下的5000元用于储蓄,每月开一张5000元一年期的存折,一年后她就有12张5000元的一年期存折。

在第一张存折到期时,张女士就拿出本息加上当月用于储蓄的5000元续存一年期定期,以此类推。她手上始终有12张存折,利息在不断增长,而存款的流动性也非常好,一旦急需用钱,都可以支取到期或近期的储蓄,从而最大限度地减少利息损失。

技巧三:阶梯储蓄

阶梯储蓄就是先按一、二、三年期的定期方式进行存款,然后把逐年到期的存款连本带息转存成三年期的定期,三年后你便有了3张三年期定期存折。

假如你持有6万元,可分别用2万元开设一个一年期、两年期、三年期的定期存折各一份。一年后,你就可以把到期的2万元一年期存款连本带息转成三年期定期。两年后,你可以把到期的2万元两年期存款连本带息转存成三年期定期。这样,你就有了3张三年期的存折,而且此后每隔一年就有1张存折到期。

阶梯储蓄可以使你的年度储蓄到期额保持等量平衡,既能应对储蓄利率的调整,又可以获得三年期存款的高利息。

技巧四:四分储蓄

四分储蓄就是把总资金按照一定的梯形分配方式进行定期储蓄。假如你有10万元,你可以按等额梯形法(也就是1万元、2万元、3万元、4万元连续分配)开设4个定期账户。这样一来,你就能够应付不同时期需要不同数目急用钱的问题,同时还能保证利息不受任何影响而快速增长。

何女士就曾经犯过这样的错误,她把自己辛辛苦苦赚来的10万元全部存了五年期定期,但是到了第三年,她的儿子要去英国留学急需3万元,何女士只好把自己10万元五年期的存款提前支取,结果损失了一大笔利息。如果采用四分法储蓄,何女士就可以只支取3万元的五年期存款,而无须动用其他存款,不仅问题解决了,利息收入也基本上保住了。

技巧五:组合储蓄

这是一种"存本取息"和"零存整取"相组合的储蓄方法。如果你有10万元,可以先开设一个"存本取息"的账户;一个月后,你就可以把利息拿出来再开设一个零存整取的账户,然后每个月"存本取息"的利息都存入这个账户。这样你不仅得到了存本取息的利息,还可以利用利息的零存整取账户获得额外的利息。

无论怎样安置钱财,都一样会有风险。我们应该将每一种投资或投机项目潜在的风险进行细。分析,看一看有什么办法可以降低风险,避免损失。但最重要的仍是分散投资及攻守兼备,这样才是最完善的理财之道。

无论我们如何处理自己的金钱,要么挖一个洞,埋在家中,包括最原始的方法使用或者存入银行,要么用来炒期货、炒金或借钱给人收息,这些都有一个共同问题——风险。当我们将资本或现钱用作分散不同投资,自保或是出击时,都应该考虑一下,运用资金时会遇到什么样的风险。还需要了解金融风险,要明白有时钱拿了出来,就没有机会收回了。

智者寄语

无论怎样安置钱财,都一样会有风险。我们应该将每一种投资或投机项目潜在的风险进行细致分析,看一看有什么办法可以降低风险,避免损失。但最重要的仍是分散投资及攻守兼备,这样才是最完善的理财之道。

谨防银行储蓄中的“破财”行为

看到这个标题,也许你会提出这样的疑问:储蓄不是最安全、最稳健的聚财方式吗,难道还会“破财”?答案是当然。这种可能性虽然很小,但是如果你处理不当、马虎大意,这种事情还是有可能发生的。所以女性朋友一定注意提防以下“破财”行为。

1. 存单存折随意乱放

你可能有很多储蓄类型和好多张存款单,这说明你的存款类型可能是多样化的,这当然值得提倡。但是你最好把它们保存在一个固定的地方,不要随手乱放。最好把存单放在一个比较隐蔽的、不易被鼠虫所咬,且干燥的地方,同时,不要将存单,特别是活期、定活两便存单存放在被他人很容易就取到的地方。同时还应注意,存单一定要与身份证、户口簿等能证明自己身份的证件和印鉴、密码登记簿分开保管,以避免存单与这些证件、印鉴、密码登记簿被他人一起盗走后,被别人恶意领取,令你蒙受不必要的损失。

2. 密码保护意识薄弱

在储蓄卡代替银行存折,网上银行司空见惯的今天,高科技以最快的速度为我们带来了方便,但是我们的密码保护意识显然还有待于加强。很多人喜欢选用自己记忆最深的生日作为密码,但这样一来就不会有很高的保密性,因为生日通过身份证、户口簿、履历表等很快就可以被他人知晓。有的储户还喜欢选择一些吉祥数字,比如6个6,6个8,6个9之类的特殊数字,这种密码是很容易被破译出来的,如果被别人盗取,就是非常严重的破财行为。所以设置密码时不能过于简单,应尽量使用自己熟悉而别人不易猜出来的密码才有利于你的账户安全。同时,银行卡和身份证同放在一个钱包里也是非常不安全的,当你的钱包遗失或被盗时,你的账户安全就没有办法保证了,存款很可能被他人冒领。

3. 不注意自身存款的种类和期限

除了上面最直接的破财行为之外,由于自身疏忽造成的破财行为也很常见。不同种类的储蓄方式具有不同的特点,适合的人群和存取手段也不同。像活期储蓄存款适用于生活待用款项,灵活方便,适应性强;定期储蓄存款适用于生活节余,存期越长,利率越高,计划性较强;零存整取储蓄存款适用于余款存储,积累性较强。如果在选择储蓄理财时不注意合理选择储蓄品种,就会使利息受损。虽然很多人认为这种破财方式带来的损失实在微不足道,但是从长远的利益来看,选择合理的储蓄方式要比随意存取所带来的收益多很多。所以,如果我们能够定期储蓄存款三个月就不要存活期,能定期储蓄存款半年的就尽量别选择三个月。与此同时,由于银行的存款利率变动比较频繁，所以我们还要及时调整自己的存储方式，才不会让该到手的财富白白流失。

4. 大额现金一张单

很多白领女性喜欢把到期日相差时间很近的几张定期储蓄存单等到一起到期后，拿到银行进行转存，让自己拥有一张大存单，或是拿着大笔的现金，到银行存款时喜欢只开一张存单，虽说这样一来便于保管，但从人们储蓄理财的角度来看，这样做不妥，有时也会让自己无形中损失利息。

因为银行规定，定期储蓄存款提前支取，不管时间存了多长也全部按当日挂牌公告的活期储蓄存款利率计算利息，如此就会形成定期储蓄存单未到期，一旦有小量现金使用也得动用大存单，那就会有很大的损失。正确的方法是假如有10000元进行存储，可分开四张存单，分别按金额大小排开，如：4000元、3000元、2000元、1000元各一张，只有这样一旦遇到有钱急用，利息损失才会减小到最低。

5. 存款未到期时提前提取

人们在遇到突发状况急需用钱时，往往会把自己的定期存款提前拿来应急。虽然很多人知道这样做会将自己辛辛苦苦存了很长时间应该得到的定期利息一下子全都转成了活期利息，但是因为那只是存款的盈余部分，所以根本就没有去计算过其中的差额。也因此让自己蒙受了不明不白的损失。所以，在定期储蓄存款提前支取时需要你拿起手中的计算器先计算一下，看看会损失多少。如果损失的数额较大那就不妨想想其他的办法，在支付金额小于你的定存利息的情况下，你甚至可以尝试银行专门为此设立的定期存单小额抵押贷款业务，争取将自己的损失降到最低，即使要破财，也要破得越少越好。

6. 存款逾期不支取

定期存款到期后，逾期部分将全部按当日挂牌公告的活期储蓄利率计算利息。这些活期的利率显然要比定期利率低很多，无形中就造成了利息的损失。很多姐妹由于对存款日期不甚在意，而让自己本该获得的高利率变成了低利率，因此要提醒各位，存单要常翻翻，常看看，一旦发现定期存单到期就要赶快到银行进行支取，以免损失利息。

总而言之，因这些储蓄中的“低级失误”所造成的“破财”其实都是可以避免的，所以，姐妹们要学会用心才是。

智者寄语

总而言之，因这些储蓄中的“低级失误”所造成的“破财”其实都是可以避免的，所以，姐妹们要学会用心才是。

养成强制储蓄的好习惯

如果现在有一个篮子，你每天向篮子里面放十个鸡蛋，而在一天当中，你保证只吃九个，最后结果会怎样？答案十分简单，最后这个篮子一定会装满鸡蛋，因为每天在篮子里都会剩下一个鸡蛋。其实，理财也是如此。

这个经典的例子所揭示的就是著名的“九一”法则，也就是强制储蓄法则。人们普遍认为，从哈佛大学走出的人似乎最终都会变得十分富有，进而觉得哈佛的学生都聪明绝顶。其实，他们之所以都成为了有钱人，是因为他们在哈佛中接受了“强制储蓄”的教育。

“强制储蓄”教育的核心内容是：每月发薪水后，要先将其中的30%进行储蓄，剩下的才能消费。在这一哈佛“教条”中，储蓄薪水的30%是硬性指标，是必须严格遵守的。那些严格做到这一点的人，在毕业之后很快就存出了自己的“第一桶金”，为将来的富有打下了良好的基础。

强制性储蓄是一种最有效的聚财方式，它要求一个人一定要在完成自己的储蓄之后，才能用剩下来的钱进行消费。这样的储蓄方式看似强硬无比，但是要达到也并非难事。事实上，人的日常消费具有很大的弹性空间，除了必要的花销之外，多数更大的消费其实都是不必要的。强制性储蓄所压缩的，就是这一部分的消费空间。

按照以往的消费方式，很多人在领到薪水之后，首先想到和要做的，往往不是拿出一部分钱进行强制储蓄，而是如何“犒劳”自己。有的人第一时间就冲进商场，购买那件早已相中的新款外套，或者约朋友去火锅店“开荤”，或者购置一大堆的生活用品……总之，满足自己的“消费饥渴”总是最迫切的，而存钱则是花到所剩无几之后的事了。既然所剩无几，最后也懒得去存，因此没有存款也就再正常不过了。

结果呢？一年下来，你的银行账户仍处于“原始”状态，甚至还欠了一大笔的信用卡债。你的储蓄卡要么形同虚设，要么成了自己的提款工具，根本起不到储蓄的作用。要知道，如此下去，你恐怕永远也无法达成自己的财富梦想了。

所以，女人们要想改变这种现状，就赶快行动起来吧。只有将自己的“收入—支出—储蓄”，即把花剩的钱拿去储蓄的分配习惯，改变为“收入—储蓄—支出”，即先决定每个月的储蓄额度，再反推一个月可以有多少开销的分配习惯，才能彻底摆脱每月“前松后紧”的“月光”命运。

因此，在工资发下来之后，不妨学习一下那些哈佛毕业的高材生们，先拿出收入的30%存入银行或购买一些小额国债、基金、保险等，强制自己先存了钱再说。这样一方面可以控制每月的预算，以防超支，另一方面又能逐渐养成节俭的习惯。因为，当你拿出30%之后，你会发现自己手里的钱已经没有想象的那样充裕了，这也就在无形中让你的消费行为有所收敛，减少生活中不必要的浪费。

强制储蓄绝对是财富积累的好习惯，女人们只要肯坚持下去就能让自己的小金库日渐丰盈起来。即使你的收入不高，也能在坚持一段时间之后看到很好的效果。当然，如果你的薪水在扣除30%的强制储蓄之后已经无法满足最基本的生活需求的话，那么，建议你最好还是换一份更有“钱途”的工作吧。

智者寄语

强制储蓄绝对是财富积累的好习惯，女人们只要肯坚持下去就能让自己的小金库日渐丰盈起来。即使你的收入不高，也能在坚持一段时间之后看到很好的效果。

教你成为一个银行转存高手

加息后，到底存了多久的定期存款转存才划算呢？银行专家认为有一个专门针对调息后利息收益的公式，可以为我们是否转存提供参考。这一小节，我们就介绍这些内容，教你成为一个转存高手。加息后定期存款是否转存？几乎每次利息调整都会引发一次转存热，到底存了多久的定期存款适合转存呢？

举个例子：加息后，居民储蓄存款利息收入将有一定程度的增加。以1万元一年期定期存款为例，加息前，一年期定期存款利率为2.52%，1万元的利息为10000×2.52%×80%（扣除20%利息税）=201.6元；加息后，一年期定期存款利率为2.79%，1万元的利息为223.2元，利息收入将增加21.6元。

转存虽然会提高利息收入，但提前支取也可能遭受损失，因此并非所有的转存都划算。那么，在什么情况下办理转存才合适呢？建议你参考以下公式：

360天×存期×（新定期年息－老定期年息）÷（新定期年息－活期年息）=合适的转存时限

上述公式推导过程如下：如果现在不转存，而是等到到期后自动转存，则从开始本笔存款到其到期日的利息收入为：M×N×R1。

如果现在立即办理转存，并办理同样期限的新定期存款，则从开始本笔存款到其到期日的利息收入为：

M×n/360×0.81%+M×(360－n)/360×R2+(N－1)×R2

其中，M代表本笔存款的数额，N代表本笔定期存款的期限[N∈(1年,2年,3年,5年)]，n代表本笔贷款已经存放的时间(n<N)，R1代表本笔本期限贷款的加息钱利率，R2代表本期限贷款的加息后利率。那么，在本次加息后应该立即进行转存的条件是：

M×N×R1≤M×n/360×0.81%+M×(360－n)/360×112+M×(N－1)×R2

两边取等号，可以求得：

n=360×N×(R2－R1)/(R2－0.81%)

如上所述，对一年期定期存款，R1=3.06%，R2=3.33%，可以轻松的求出n=41天。对二年定期存款，360×2×(3.96%－3.69%)÷(3.96%－0.72%)=87天。这意味着，二年定期存款的存入时间若超过87天，转存反而会受到损失。

对三年定期存款，360×3×(4.68%－4.41%)÷(4.68%－0.81%)=131天。这意味着，三年定期存款的存入时间若超过131天，转存反而会受到损失。对五年定期存款，360×5×(5.22%－4.95%)÷(5.22%－0.81%)=229天。这意味着，五年定期存款的存入时间若超过229天，转存反而会受到损失。

类似地，对于90天(3个月)和180天(半年)的存款，其公式为：

n=T×(R2－R1)/(R2－0.81%)（其中T为90或者180）

对90天定期，n=6天；对180天定期，n=19天。

我们此处的隐含假设是在定期存款转存时，新的定期仍然采用与原来一样的期限。但是，考虑到本次加息中利率结构的变化，即期限越长的定期存款，其利率提高的幅度越大。因此，我们在转存时，转存更长期限的新定期，则上述公式就不再适用。但是具体的多长时间是合适的转存点，上述公式的推导原理依然适用。

智者寄语

要想成为银行转存高手，了解一些相关知识这是非常有必要的。

第五章　省钱是最快捷最简单的理财方式

居家过日子的省钱窍门

居家过日子最好要知道一些省钱窍门，那么，一般都有哪些省钱窍门呢？

第一，家电只选必要的！现在流行的洗碗机、电动按摩器、电动减肥仪……对很多人来说，都是没必要的，因为这些家电既费钱、费电，又费空间！

第二，必备家电要选节能的，现在购买家电时，都有关于耗电量的介绍。如果节能家电不是贵得很离谱的话，一定购买节能型的。

第三，学会科学使用各种电器，让其在最节电状态下工作。比如冰箱，温控调节器就是省电的关键，冬季扭至1，夏季扭至4是最省电的；而电视的外面一定要加一个防尘罩，夏季机器温度高时机内容易吸附灰尘，灰尘太多时就有可能导致机器漏电，用电量自然会增加，而且还会影响电视的收听收看效果。

第四，家里所有的灯都选用节能灯，而且是除非必要，否则绝不开灯。一来省电，二来防蚊，省去纱窗和灭蚊灯钱。能吹电扇绝不吹空调，能吹自然风绝不吹风扇。

第五，女孩子都喜欢买东西，但是很多情况下购物是比较盲目的。建议每次在出门前，都要查看一下衣柜里的衣服，哪些已经有了，哪些需要添置。颜色上也要注意搭配，对于自己已经有了的颜色和款式的衣服，尽量搭配已有的，而不要重复购买。

第六，网购是公认的省钱省时省力的购物方式，在决定购买一件商品时，最好是先上网看看价格，做到心中有数，不要看到有卖的就随意购买。记住，货比三家不吃亏嘛！

第七，如果只有一个人，无须做饭！现在大商场大超市里提供的试吃品数不胜数，转一个小圈就可以混个8分饱。再到卖饮料的区域来点试饮的，保证你心满意足。餐食还可以每天不同，今天如果是在熟食部吃的，明天就去面包区，后天再到冻品区……对了，每次别忘了关注一下果蔬区，一定要吃点水果，保持营养均衡。

第八，水电煤气，这些日常消费，看似便宜，但实际上积少成多，常常是账单一到，吓你一跳。缩短每次冲凉的时间。节约用水的小窍门是：洗澡洗干净就好，不要贪图沐浴的享受。洗菜淘米洗衣服的水可以用来冲厕所，洗衣服的水还可以用来擦地板。蒸东西或烫青菜后的热水可以用来洗碗，省洗洁精。

第九，买名牌化妆品，在国内买很贵，如果有机会，尽量让朋友从国外的免税店带。

第十，白领女性居家省杂费：多看些有关生活小技巧的书，很多事情都可以自己DIY。比如面粉可以代替洗洁精，牙膏加蜂蜜可以嫩肤去痘，苹果切片外敷可以去黑眼圈……这些小技巧可以帮忙省去好多开销。

了解了以上这些省钱窍门，可以让你的日子过得越来越幸福。

智者寄语

居家过日子最好要知道一些省钱窍门。

省钱招数

勤俭持家一直是中华民族的传统美德，在日常生活中，你知道有哪些省钱招数吗？

1. 旅游避开黄金周

错开旅游高峰时段，同样的旅游地和行程，价格低不少。虽然挣钱最终目的在于享受生活，但如今赚钱不易，花钱也要衡量值不值得。在家庭旅游计划的安排上，尽量做到物有所值。如果是需要3日以内的短途旅行，最好安排在周末出门；如果是3日以上的长途旅行，也最好利用自己每年的带薪假期来完成。

现代生活讲究时尚，讲究回归自然，越来越多的都市人每年都会安排一次以上的出游计划。但是且慢，奉劝你最好不要赶在三大黄金周里去旅游。且不说人山人海，看风景的计划最后变成看人海的残酷现实，单单是那黄金周的游线报价，就足以让精明的你远离黄金周。

看看黄金周各大小旅行社的报价吧，你会发现同样的路线，同样的游程，同样的条件，黄金周出发的价格会比平常至少高出30%左右，最厉害的差价设置可以高达70%！而在黄金周前一周出行，价格一般是最实惠的。

聪明的读者们不妨借鉴一下，避开旅游旺季，选择淡季出门。有孩子的家庭不妨放在暑假期间三人同行，有些旅行社对于两人以上的客户还会有不少程度的优惠呢！

此外，朋友们也可以留意一些公司新推出的旅游线路，如果合适自己的时间和经济承受力，不妨参加首发团，大部分首发团都有价格上的优惠，或者一些特殊的赠礼活动。

还有一招节约家庭旅游经费的路数，就是充分利用网络和电子平台。比如春秋旅游的客户如果选择在网上支付，就可节省30~500元不等。

2. 五招买到低价机票

利用淡季和旺季的机票价差、双程票的优惠、早晚航班低价票等个案例证：上海至悉尼、墨尔本的单程航班票价4000元，双程票价只需5280元，可节省2720元，节省幅度达34%。除了跟团旅游，现在自助游的人也不在少数。这时如果要买机票，和旅游的道理一样，也最好选择淡季出行。

机票在旺季，尤其是三大黄金周极少打折。每年的3月初至4月中旬，5月中旬至6月中旬，以及9月初到12月中旬这些时段都属于淡季。淡旺季的票价差距很大，比如4月25日和4月30日这两天的机票价格就有天壤之别，4月25日的票价可以比30日低2至3折。

订票时间也是很关键的一个因素。如果行程早已确定，不妨提前一个月左右订票，此时能拿到最低价格。比如同样是4月27日的价格，如果在4月初订票很容易拿到折扣价，但若过了4月25日以后再订，最多打九折，有些热门航线甚至不会再打折。

在一家世界500强企业工作的王涛是一位空中飞人，他熟谙购买低价机票之道。比如购买往返机票就是拿到折扣的杀手锏。国内航班往返机票比单程票要便宜2至3折；国际航班双程票比 one ticket 的价格更是要低很多。此外,有充裕时间又不怕麻烦的乘客可以选择购买中转联乘机票,能得到较低折扣。还有,选择正规的规模较大的票务代理中心容易获得较高折扣,因为这样的票务代理,能从航空公司申请出较低折扣的机票。

有时候出差不是很赶时间,王涛就避开中午的黄金档,搭乘早间或晚上的航班出行。一般上午十点至下午一点的机票会比较贵,而早上七八点或晚上六点以后的机票就可以有比较多的折扣,红眼航班则会价格更优惠。

3. 精心收集折扣券

做个有心人,从免费获得的折扣信息中挑选对自己有用的内容。

一直以来,小鱼都有一个很好的习惯,就是把看完的《申江服务导报》《上海壹周》等报纸美食版上的优惠券剪下放在专用的文件夹里,按照火锅店、印度咖喱店等分门别类,以便计划下一个美食去处,同时利用这些 50 元 100 元的优惠。其实在美国和日本等国家,这种三角形的分类优惠广告历史已经非常悠久,很多人都会善用其中对自己有利的信息。小鱼这样蹭小广告的人不在少数。

此外,白领中也经常会流传一些可自行打印的优惠券,最常见的大概是麦当劳的优惠券。而有些网站也会给自己的订户提供一些优惠券,比如高级化妆品店开业时可免费索取小礼品的赠券等,唯一需要你去做的就是把电子图片打印出来。

4. 手机功能够用就好

若干年前,包里揣一个砖头大小的大哥大,无异于和富翁画上了一个等号。而如今手机推陈出新的速度,快赶得上爱因斯坦光了。各种各样的功能被嫁接到了手机上,商务 pda 手机,既能管理名片,又能处理日程安排;摄像手机,像素已经超过百万;MP3 手机,插上耳机就能听歌收广播;最新问世的电视手机,可以接收到卫星电视的信号,拿着手机竖着打电话,横着看电视……可是仔细想想,手机的那么多功能,又有多少是经常使用的呢?

还在使用着自己老掉牙的诺基亚 8210 手机,经常成为同事朋友们嘲笑的对象,你的手机怎么还不换掉?

够用就好,花大半个月的薪水购买层出不穷的新款手机前,不如问问自己,手机的哪些功能是必须的,哪些功能虽然新颖,却不会经常使用到。

5. 通信巧用套餐和网络

买手机的支出是一次性的,而手机费、电话费、宽带费,每个月我们要支付的通信账单则是绵绵不绝的。对于精明的新节俭主义者来说,根据自己的消费特点,度身选定通信公司推出的各种套餐,就能够花最小的成本,获取最大的收益。

在广告公司工作的刘海滨就是个通信套餐高手,他要经常跑客户,很少在办公室里待着,手机就成了主要的联系工具。公司里虽然对手机费用有一定的补贴,却设定了限额,超过的部分要由自己来支付。一个月下来,他的手机费总要五六百元。换用移动的 288 元的通信套餐之后,可以使用 1500 多分钟的通话,每个月的手机费一直控制在 300 元以内,就连家里的固定电话也很少用了,固话的费用也减少了很多。

其实,现在无论是移动公司还是联通公司都推出了不少类似的套餐服务,不仅有针对手机通讯使用量大的人群,也有适合手机使用不频繁的消费者使用的套餐,计算下来,要远比以前的计费方式合算许多。

除此之外,发短信多的人可以选择短信套餐,通讯频繁的朋友亲人之间可以建成一个亲友电话网，这些方法都可以有效地减少手机费用的支出。

6. 新品上市时逛街，换季打折时买衣

女人的衣柜里永远都少一件衣服。相信绝大部分的人都对此深有感触，买了件中意的上衣，发现少了条合适的裙子；配上了中意的裙子，还要去买双得体的皮靴；终于买齐了一身，又觉得有条大方的披肩围在肩上会更加出众……追逐时尚的风向标，流连于琳琅满目的商场，似乎成了每个女人的第二职业。在总结自己的扮靓心得的时候，新节俭主义一派果果有着自己的独到见解。

合理选择购买时间，当然是重要一招啦。现在的商场，出新品特别快。前几周，春天刚刚绽开点笑颜，商场里的春装就开始陈设一新，连夏装都上柜了。一般来说，新上柜的衣物款式新，但是价格高得惊人，折扣也很少。果果一般都会在这个时候，多兜兜商场，有中意的款式就试穿一下，看看是不是合身。但是这个时候出手，就吃亏了，一般商场只能给个8折到9折。过几个礼拜，再去看看，就会发现原来看中的衣服，价格已经下来不少，有的甚至进了折扣篮，这时候直奔主题，既免去了和众人挤在一起选衣之苦，又节省了不少开销。

反季购买也是个不错的机会。果果有一件黑色羊绒大衣，就是夏季商场清货的时候3折的价格购买的，比原价便宜了1000多元。但是，反季购买虽然便宜，也有不少要领。反季节购买衣服千万不要赶时髦，尽量选择长久不衰的经典款式，像是职业装、套裙、大衣，等等，颜色也主要以黑色和米色系列为主，这样的颜色既不容易过时，搭配起来也很轻松。

合理搭配是果果的第二个原则。衣服其实是搭配出来的，相同的衣服，不一样的搭配方式，穿出来的效果就两样了。果果经常会买一些时尚杂志回来研读，仔细研究其中的搭配技巧，每次购买衣物之前都会做一些构想，买来的新衣可以和自己衣柜里的服饰做什么样的配搭，有的放矢，这样就很少会出现冲动购物，也不至于买回来的衣服穿不上几次就进了冷宫。

7. 休闲娱乐聪明择时

和买衣服一样，休闲运动同样也有择时之说。同样的设备，同等的服务，在不同时间段的收费不同。其实，除了看电影、唱卡拉OK有优惠时段，许多体育运动场所也适时推出了优惠时段消费，像是保龄球、市内攀岩、市内游泳，在不同的时段打出的价格也是不一样的。如果时间安排地过来，充分地利用时段的优惠，休闲娱乐也一样精彩。

8. 高档酒店享受下午茶

都说世界上没有免费的午餐，可是优惠的午餐倒是有不少。时尚杂志的编辑靳龄就喜欢把商务餐安排在中午。原来，精明的她发现，在午市的时段，许多餐厅都会提供优惠的午餐，或者是在原价的基础上打折，或者是推出价廉物美的套餐。把商务餐的时间改在中午，选个靠窗户的位子，沐浴着午间的阳光，一边欣赏街景，一边洽谈公事，既经济合算，又不失其中的趣味。

上海有不少风景优雅的高档场所，因为价格高而让许多工薪族不敢贸然前往。其实，如果要享受那里的环境和氛围，根本用不着花上数百数千元去吃大餐，只要在下午的时候花上几十元喝上一杯下午茶，不是照样在星级宾馆里随意地徜徉嘛！

9. 节能产品事半功倍

对于家中的耗能大户，比如洗衣机和电热水器，一般选择10点以后让它们开工。因为家里装的是分时电表，晚上10点到早上7点电价打对折，每度电只要三毛钱。

除了避开用电高峰期，选择半价时段使用功率较大的家用电器，对于家庭基本生活而言，采用节能型产品也是非常有效的一个节约手段。

10. 拼装电脑性价比更高

品牌机凭着良好的稳定性，一直占据着电脑市场的半壁江山，品牌机也是许多对电脑不太熟悉的购买者选购电脑时的首选。因为品牌机总是打出包修三年的口号，可是随着竞争的激烈和技术的成熟，以及配件厂商服务的进步，现在自己购买拼装机，如果选择的配件都是盒装的，也可以享受至少一年的质量保修，一些大型电脑配件生产厂家（如华硕）出品的主板、显卡等更是可以包修三年，有些品牌的内存条甚至可以终身保修。

但同样的性能下，一般而言品牌机要比兼容机贵30%甚至还要多。如果自己是一个比较懂电脑的人，或者能够找到对电脑比较在行的人陪同自己购买，完全可以选择自己攒机而不是直接购买品牌机，既能保证质量，又可以节约经费。

了解一些省钱招数可以让你的生活变得更宽裕。

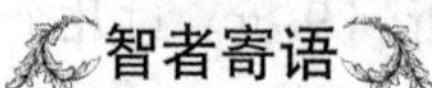

了解一些省钱招数可以让你的生活变得更宽裕。

消费九大原则让你省钱又不失品质

了解消费九大原则，让你省钱又不失品质。

1. 长短搭配，组合消费

数学原理告诉我们，两点之间直线最短。当然，除了直线还会有折线、曲线等，只不过直线距离花的时间最短，而其他线路看的风景更多。但如果这些线路间有交点的话，就有了多种组合、多种异曲同工的方式。

对消费而言，也是如此。同样能达到消费目标的多种消费模式，自然也各有优劣。比如，用全球通手机，信息覆盖面宽，但话费昂贵；小灵通话费便宜，但信号较差，手机经常出现质量问题。常言道，“鱼与熊掌，不可兼得”。选择一种消费方式，自然也就意味着对另一种方式的放弃。是不是有一种方式既保证一定的消费水准又能省钱呢？显然是有的，那就是把多种消费方式组合起来，取其比较优势，最后达到各方面因素的平衡。

组合消费有几个前提，那就是：存在多种不同的消费方式，且这些方式的差异性（尤其是费用）很大；不同消费方式间可以自然转换（如高速路的中间出口等）；这种消费大都是低耗、重复性消费，这样更能显现出组合的省钱优势。

2. 团体购买，分割消费

“团购”是近年来新兴的流行语，买房、买车，似乎什么商品都可以团体购买。这样，数量扩大，增强了价格谈判能力，自然能够省钱。

实际上，“团购”对我们来说并不陌生，它与通常所说的批发非常相似。只不过，批发常用于渠道商或是团体消费者，“团购”则是把本不相干的若干消费者集合起来，最后享受到适用于渠道商、团体消费者的批发价格。

如果细究批发价为何比零售价低，则是因为购买量扩大后，加快了商家的资金流转速度，可以提高资金使用率。一般说来，很多商品的批零差价多为10%～20%，副食品甚至超过了30%。

“团购”还有一种特殊形式,那就是:对那些可以集合消费(没有排他性)的商品,可以团购然后按人数均摊费用,以达到省钱的目的。这种形式追求的是人均费用的下降,而非像前面那样取得一个较低的批发价格。

3. 回头顾客,定点消费

商家最喜欢的是回头客,我们看那么多品牌广告不停地在媒体上出现,正是为了培养顾客对自己的忠诚度。所以,商家对回头客也往往会采取让人眼花缭乱的优惠活动,如打折、积分抽奖等。

对消费者而言,有一条省钱秘籍,那就是:认准某个商家(联盟)或某个品牌,重复消费,做个忠实的顾客。这种回头客,可以是有意为之,单次结算;也可以是一次性批量购买,然后分次消费。

定点消费与团购在道理上是一样的,都是扩大了购买量,从而增强了价格谈判优势。只不过,团购是同一时间点上通过更多人的加入扩大购买量,它是横向的;而定点消费是不同时点的累积消费扩大了购买量,它是纵向的。

4. 把握规律,逆向消费

价格的高低,是由市场供求决定的。所谓“谷贱伤农”,正是因为在需求量基本不变的前提下,供给增加,价格必然下跌。反过来讲,在供给基本不变的时候,需求量上涨,自然会带动价格上扬。别的不说,单举眼下的春运期间火车票涨价,就是一个有目共睹的例子。很多商品的消费都是用周期性的,有淡季、旺季之分。因此,掌握这样的价格规律,理性消费,就能达到省钱的目的。当需求高涨价格上扬的时候,不要跟风消费;而反其道行之,等市场萧淡的时候,既不用为拥挤问题苦恼,又能大幅节约费用。

当然,逆向消费也有个制约条件,那就是:你的消费时间能与别人的错开;或是你耐心购物后留待以后使用,又不计较到时是否会与潮流不符。

5. 避开名牌,平实消费

有些人买东西只看名牌,似乎只有穿名牌服装、戴名牌手表、用名牌手机才能显示自己的品位,才显得自己高贵。其实,穿戴一身名牌的人并不一定幸福。因为幸福和品牌是没有必然联系的。做个平实的消费者心里会更踏实、更幸福。

6. 寻寻觅觅,伺机消费

现实生活中,存在着许许多多的优惠时机,如新店开业酬宾、商场返券、楼盘节日打折等。因此,瞄准优惠时机,适时消费就成为省钱的一条原则。

伺机消费与前面的逆向消费比较相似,都是把握住时机理性消费;而两者的不同之处在于:前者是被动的、随遇性的,只有等商家推出优惠活动,消费者才能行动;后者则是主动的,消费者完全可以通过对市场规律的把握,合理安排自己的消费时间和计划。

7. 锁定风险,计划消费

有计划地提前为自己的未来消费做好筹划,这样可以规避未来的涨价风险,同时还能享受一定的折扣,一般的预订业务都有折扣优惠,提前的时间越长,优惠越多。计划消费的原理类似于期权,提前把以后的消费行为安排好,自然锁定了价格波动的风险。至于为何计划消费比实时消费更省钱,一方面是因为消费行为的规划更合理,避免了实时消费有可能价格较高的风险;另一方面则是商家得到了未来消费的保证,可以更合理地安排资源,所以给一个较低的价格。

计划消费存在的问题是,必须为消费行为可能发生的改变预留下退定或转变的空间。

8. 精心对比,异地消费

异地消费是指在居住地以外、价格更低的地方消费。因为各地的经济发展水平、市场供求关系等不同,所以会出现价格差别。看到这种价差,是省钱迈出的第一步。异地消费一般有两种:一是产地消费,顾名思义就是到产品的产地进行消费,这样一般会降低产品的流通成本,从而达到省钱的目的。

北京人到天津去吃海鲜,天津临海,海鲜比较便宜,而如果把海鲜运到北京再加工,显然会增加成本,据到天津吃海鲜的人介绍,同样档次,在天津消费海鲜比在北京要便宜 1/3 左右。另外一种就是相同的商品尽量到经济欠发达的地域去买。比如,西门子同型号的热水器在北京城区的国美店卖是 1500 元,而在郊区的通州却只卖 1400 元。

9. 多看多学,知性消费

知性人群,是指有知识、有品位的消费人群,而知性消费就是有知识、有品位的消费人群把经济学的知识,主要指金融学的知识运用到消费中去,并通过精确的计算对消费商品进行甄选。这一类消费不一定是流行的、时尚的,但却一定是务实的,比较常见的有保险的技巧,房贷的窍门等,而且这些有时并不为大家所注意。

智者寄语

了解消费九大原则可以让你的生活变得更幸福。

家庭生活省钱的小细节

省钱是合理理财的一个很重要的方面,但我们不能为了省钱而大大降低自身的生活标准,去过那种不舒适的生活。其实,只要你能合理理财,节省金钱和享受生活是并不冲突的。因为省钱往往体现在以下一些生活的小细节中:

1. 别让家电待机

很多人为图方便,看完电视后用遥控器关掉就万事大吉,这样只是使电视处于待机状态,仍要耗费不少电能。以电视机为例,平均每台电视每天待机 2 小时,待机耗电 0.02 度(千瓦时)。通俗地说,待机指的是关闭遥控器,而不关闭电器开关或电源。现在的家电大多有待机功能,每台家电在待机状态耗电一般为其开机功率的 10% 左右,约 5 瓦 ~ 15 瓦。经统计测算,家电普及率较高的城镇居民,每户每月家电待机耗电达 20 度 ~ 40 度。

2. 少用一次性产品

像一次性纸杯、一次性筷子、一次性餐盒、一次性圆珠笔……这些一次性用品是不是在你家里随处可见呢? 你是不是也习惯了这些一次性的东西,觉得它们干净、方便、便宜呢? 这些东西看似不能省去,其实,它们完全都能省去。换句话说,它们都能被更好的东西替代,从而给你省去一笔不小的开支。

一个纸杯只要几分钱,而一个普通的玻璃茶杯要几块钱,看起来好像买纸杯要比买茶杯省钱多了。可是,一个纸杯只能用一次,一年中你要用多少个纸杯? 一支一次性圆珠笔才几毛钱,比一支钢笔便宜多了。但一支钢笔的使用时间将超过上百支一次性圆珠笔的使用时间。另外,很多一次性物品都粗制滥造,质量根本得不到保证,有的还含有大量对人体有害的物质。赶快用玻璃杯等物品代替一次性产品吧，不仅对你的健康有利，还能节省下开支。

3. 节能灯比白炽灯贵，但更省钱

有很多东西看起来比较贵，可是，这些贵的东西却会为你省下不少钱，因此购物的时候，我们不能只看一些东西的价格，还得关心这种产品买回家后的使用率、保管维修费、折旧率等。

节能灯具有寿命长、节能、亮度高的特点。优质节能灯与普通白炽灯相比，在达到相同照明度的情况下，节能灯是白炽灯效率的5倍，寿命是白炽灯的8倍。同样的瓦数，节能灯是普通灯亮度的3～5倍。

以一间用60瓦普通光源照明的房间举例，如果每天开灯5小时，大约每3天消耗一度电，一个月就消耗10度电。一般来说节能灯的耗电量仅是普通白炽灯泡的20%左右。所以，如果采用节能灯的话，每个月就只需耗2度电。以非按分时电价的用户计算，电价为0.52元1度，这样每月大约可以节省4元的电费。照此推算，一般三居室的家庭，一个月省出的电费就是12元，一年则是140元左右了。

4. 长期使用节水龙头更省钱

传统的水龙头内部采用螺旋形阀芯，调节水量过程较慢，一部分水会“无辜”流失。新式的节水型水龙头不容易损坏，同时具有循环解压功能。

节水龙头出水急，但是单位时间内的出水量却少很多，可以有效地节约水源。节水龙头多是在节水器具上加入特制的起泡器。这样，水不会飞溅，能达到节水的目的。带气泡的有氧水流不仅冲刷力强，而且舒适度高。市场上流行的陶瓷芯片、变距式、自闭式等新型水龙头，节水效果显著。在购买时你可以先试水检测，看水流是否呈现出气泡，还要考虑它与卫浴洁具的搭配，看型号是否对口。节水龙头虽然价格偏高，但长期下来还是可以省钱的。

5. 节水坐便器更省钱

有人有这样的疑问：“节水马桶动辄一两千元，比普通马桶至少贵了五六百元，这要节省多少水才能赚回来呢？”你可以用寿命3年的8升普通马桶和寿命8年的6升节水马桶作比较：以4口之家为例，每年使用马桶次数假如是5000次，在24年的时间里，8升马桶用水量是960000升，6升马桶的用水量是720000升，相差240000升，而马桶的更换次数却是8∶3。二者谁更省钱，一目了然。

市面上的坐便器款式多样。节水型坐便器，设置上分有3升、6升、4.5升，还有3升和6升、3升和4.5升的双控按钮，选购双控按钮的坐便器比较实惠。

6. 用雨水、雪水浇花

许多家庭里都养着几盆花草，枝壮叶绿，赏心悦目。但任何植物都离不开水。如果用自来水浇花，不仅浪费水，还不利于花草的健康成长。你可以把洗菜、洗米的水用来浇花。给鱼换的水也能用来浇花。有条件的话，你可以每到雨天把花草端到屋外，让它们充分饱食大自然赐予的“甘露”。你还可以用盆接些雨水灌进瓶子里，用来给花草补充水分。到了冬天，你可以选集一些“干净”的雪带回家，等其融化后灌到瓶子里，专门供花草尽享“野味”。

7. 节水浴缸更节水

节水型浴缸主要依靠循环水和容积量来节约用水。长度在1.5米以下的浴缸，深度虽然比普通浴缸要深，但比普通浴缸节水，而且符合人体坐姿功能线的设计，不会让水大量流失。由于缸底面积小，比一般浴缸容易站立，特别适合老人和小孩使用，同时还能与淋浴配合使用。

智者寄语

家庭生活要做到省钱，一些小细节不可不知。

把钱花在刀刃上，日常小主妇省钱妙招

生活开销在不经意间上涨，水、电、煤气，按照你早已习惯的方式花销，随时可能超支，作为小主妇，为了使你不至于遭遇财务上的困扰，建议你聪明地把钱花在刀刃上，日常生活中掌握这些省钱妙招，别把钱花在不必要的支出上。

(1)尽量减少在昂贵快餐方面的花费。你可以在周末的时候自己制作主食，然后存放在冰箱里，以省去买面包和速冻水饺的钱。

(2)到超市购物前制作一个明细单，以避免冲动消费。除非必要，否则肚子正饿或带着小孩的时候不要随便进食品超市。

(3)在超市购物的时候，多看看放在货架子最上层和最下层的东西，那里才可能是你想要的便宜选择。

(4)不要随便花掉购物所得的折价券和赠券，除非你是真的需要什么。

(5)注意保留报纸中平整的各商店优惠信息，在你想买什么东西的时候，那上面打出的价格将是非常好的参照。

(6)如果你不是名牌的崇拜者，不妨为自己买些普通厂商出产的食品，一般情况下它们的味道差不多。

(7)进食品商店的时候先留意那些你需要的，同时也是商店特别推荐的促销品。

(8)路过家附近的食品商店时，看看它门前的广告，最近几天会有什么新的便宜货？

(9)自己切肉，越是加工处理好的肉品，包装的成本越高。

(10)不要被物品表面的价格迷惑，要注意看食品的单位价格和单位重量价格。

(11)朋友聚会的时候重新组织一下，让每位客人都带一道自己做的菜，等大家都养成自己动手的习惯，也没有人非要你去餐馆请客了。

(12)与朋友去熟悉的餐馆吃饭，你可以以熟客的身份为对方点便宜又好吃的菜，否则即使你花了大价钱，对方也不一定吃得满意。

(13)在餐馆吃完饭别忘了直接向老板要打折卡。

(14)依家里成员多少而做适量的饭。

(15)及时查看冰箱里的食物量，避免食品因放久变质而造成浪费。

(16)自己制作简单的咸菜，比如酱黄瓜、腌海带都是早餐桌上受欢迎的小菜。

(17)无论是你自己还是家人，都要尽量避免做家务时仍穿着需要干洗的衣服。做饭的时候别记了系上围裙。

(18)买衣服的时候不要选择过于前卫的式样。这意味着它很快就不能再穿了。

(19)选择能与旧衣服搭配的新衣，一件衣服最好能有2件以上的旧衣服能与之相配。

(20)留意服装上市季节和减价季节。

(21)买品质而不是买数量，期望穿得越久的衣服，品质也应该越好。名牌服饰通常经过了无瑕疵检验，但真正要买的时候，先思量好到底在什么场合穿再买。

(22)寻找一两家款式不俗、质量又有保证的小店,作为与名牌服饰搭配的购物场所。

(23)遵照衣物上的指示进行洗涤和保养。

(24)不必要拿出去洗的衣物,尽量自己动手洗。

(25)每个月节约几吨水非常容易,比如用淘米水洗菜水浇花、用洗衣水冲马桶。

(26)尽量用固定电话打长途电话,不要在手机里聊大天。

(27)把不用的房间关上,以保持室内的温度,这样可以减少大约10%的空调用电费。

(28)需要用烤箱或微波炉做食物的时候,如果不会串味,可以把几样东西同时放进去。

(29)开抽油烟机时注意将厨房门窗关闭,这样抽风更彻底。

(30)夏天尽量用电风扇代替冷气。

(31)花点钱或时间在低成本或免成本的能源节约上,例如定期给冰箱除霜等。

(32)家里消耗能量最大的莫过于冷暖设备、电热水器和冰箱冰柜,要注意这些物品的更新换代。

智者寄语

作为小主妇,为了使你不至于遭遇财务上的困扰,建议你聪明地把钱花在刀刃上,日常生活中掌握这些省钱妙招,别把钱花在不必要的支出上。

省钱又实用,让家居生活更有滋味

如果你想改变自己的房间,抛弃那些陈年的老物,顺便也换一个心情,却又苦于赶上经济危机,实在没有那么多的钱投入旧房改造。那么,下面这些看起来不起眼的小妙招,将会为你提供经济的室内装饰帮助。省钱,一样可以装饰出不错的房间。这当然是做个贤妻必备的妙招:

(1)重新安排家具。把家具从墙角或原来的位置转移到一个新的地方,一个更好的角度,你就会改变房间的外表与空间。

(2)你常常能听到这样的话:要想把房间变得漂亮,那么粉刷墙壁是个好方法。用你最喜欢的颜色粉刷一面墙壁,颜色可以很大胆或迎合你的喜好,但要确保周围的房间的颜色与之相匹配。现在,把一张与墙面相映颜色的崭新的美术画挂在墙上吧,再看看这块地方,你将会目瞪口呆了。

(3)把大自然带进房间。植物常常会为房间增添一些新鲜感。如果你没有特殊的园艺技术,那么丝状植物和树木也同样会给你带来这种感觉。看一些这方面的杂志,你会获得一些用植物装饰房间方面的灵感。

(4)一张新地毯也是一个使房间变柔和的好方法。找一张与房间相配的,但又要稍微绚丽一些的地毯,把它铺在咖啡桌或客厅茶几下的一角都可以。

(5)在墙上挂张框架拼贴画。如果你的框架很少,组合起来不是很好,那可以自己动手做一些。

(6)更新你的浴室配件或设备。用新的浴室配件与你现有的设备相配合,并增添化妆台灯,这样你可以把你的浴室外观彻底变个样子。

(7)用一些新的灯点亮你的房间。你可以把灯座和灯罩互相调换,配合起来,使房间照明更加新颖时尚。

(8)用新的把手等五金件代替你橱柜原来的五金件,用新款式的装备可以帮你把厨房变得更加现代。

(9)根据你房间的大小,贴壁纸并加边是个很好的选择。要多选择一些样式的壁纸,多比较,挑出最合适的那款。

(10)自己动手装饰房间是一个极好的方法,可以用少量的金钱把你的房间彻底变个新的样子,任何房间都可以试试。

智者寄语

了解一些省钱又实用的小妙招,可以让家居生活更有滋味。

财富需要积少成多

积累财富不外乎开源和节流两大方法。"开源"就是多赚钱,打开财富的闸门,这很富有挑战性,与智慧、精力、时间、心血的付出是相关的,有时还要承担很大的风险。而"节流"却不同,怎么样最大限度地保住你现有的财富,不让它们飞快地从你手中溜走,这不是吝啬,而是会生活的表现。有些善于赚钱的人因为不懂得"省钱真经",难以让自己的生活质量再上一个台阶,反而恶性循环,有沦为赚钱机器的危险。基于此,有人这样说:"你省下的一块钱,其价值大于你赚来的一块钱。"

一般人总认为有钱就多花,没钱就少花。但事实上,在经济时代不会省钱,就会成为一个失败的人。下面我们来看看普通人常见的错误和理财妙计。

1. 记账

大多数人总在月末对着干瘪的钱包愁眉苦脸地思索:钱怎么没花就没了,我根本想不起来我买了些什么。糊里糊涂地花钱,清醒过来已为时过晚。而高手们却有一个简单而行之有效的好办法:准备一个账本,记下生活中的每一笔开支。三餐、交通、日用品等是无法免去的项目,一些一时冲动的开支就必须重点标记,提醒自己这些物品毫无用处,下月不要再犯类似的错误。只有账目清楚,才能避免不必要的开销。

2. 计划

很多女人经常匆匆忙忙地跑去商店买东西,看见琳琅满目的货品就丧失了理智,这也买,那也要。有些东西也许根本没用,却可能被它的新奇有趣、包装别致所吸引而胡乱花钱,这就是没有做好花钱计划的结果。高手们却不然,她们的计划做得很细致、很清楚,把每一段时间需要的东西列一个清单,然后再统一购买,不仅省时,而且利于理性消费。去商场、超市的时候,她们按照清单逐一购买,既不会花冤枉钱,也能迅速买到真正需要的东西。

3. 储蓄

你遇到过这样的情况吗?遇到急事,急需一笔钱,却发现身边没有足够的现金,而更可悲的是,尽管已工作了好几年,银行却没有一分存款。你不禁要问:我的钱哪儿去了?省钱高手会告诉你,存下一点钱才不会让自己陷入未来的窘境。储蓄与你的收入没有必然的联系,就是每月只有800元的收入,也一样可以将扣除生活所需后的结余部分存进银行。每月不断地从收入中拨出部分款项,5%也行,50%也行,只要不影响你对流动现金的需要,你就可以把它变成一笔存款。日积月累,你将会拥有一笔不小的财富,而它也会让你觉得有保障,有安全感。

4. 刷卡

觉得用信用卡很方便吗？钱不够还可以透支，确实方便，但你的金钱流失起来也更加方便。投资基金的报酬率为12% ~15%，但信用卡发卡中心却能轻松收取你高达20%的循环利率。高手们既能享受信用卡带来的方便，又不用承担昂贵的利率费用：记录自己的消费支出，并做出合理的预算，购买时尽量使用现金。每个月注意还款截止日或办理自动扣款，当然准时还款是最好的方式；只保留一张利率较低的卡，把其他高利率的卡扔掉不用；平时保留刷卡消费的单据，当账单来时，可以核对刷卡记录和金额，避免由于系统错误多划了钱。最重要的是，坚决不用信用卡预借现金。

5. 砍价

不要担心讨价还价会让你的淑女形象破坏无遗。拉不下脸、羞怯、不好意思会让你在无形中又多花了一些冤枉钱。你的淑女样或许会让精明的小贩窃喜不已："今天又宰了个冤大头！""砍价王"往往都是省钱高手，不留余地，干净利落，用最少的钱买到最称心的东西。

就是在商场也可以砍价，同导购小姐商量，看看有没有可能打个9折、8折，省钱是自己争取来的，连口也不开，怎么会有人主动降价给你。砍价的精髓是察言观色、有进有退，关键时刻一定要坚守你的底线。你坚持的、挽回的是你自己的实实在在的钱。

孙玉参加工作已有两年多了，她的月收入能达到2500元左右。她打算在五年内买房，但手头没有一分积蓄。她在一位好友的建议下，把自己每月的支出情况做成一张表格，这才发现问题所在，她每月在服饰和化妆品、娱乐等项目上的费用太多了，几乎超过了月收入的一半，而且由于对储蓄缺乏意识，总是不自觉地花掉最后一分钱，每个月末都囊空如洗。

朋友建议她从现在起，每月先存收入的20%，也就是500元，一年便是6000元整，五年便有3万元的积蓄。衣服、化妆品等方面适当节省点，加上利息，付首期应该够了，其余分期付款。相信可以五年后住到新房。

这是比较稳妥省力的方案，朋友又为她设计了一个比较有挑战性的理财方案。每月先拿出500元买基金，每月买500股，不要管涨跌，一年有6000股，五年30000股，在这过程中，每年有分红，除非涨得很高（30%以上），一般不要卖出，到时的价值肯定不止3万。银行通常都在代理基金，随时都可以买。买房时，买套50 ~70平方米的，自住也好，出租也好，出手也容易，买时投资收益率要达8%以上，并且一定要买低价，一买就赚。

孙玉选择了第二个方案，从每月支出中省出500元买基金。她发现通过记账等办法，她也已经形成了花钱之前先问自己的习惯，避免了很多浪费。

原来省出500元是这么简单，她还可以省出更多，日子同样过得开心、潇洒。随着资金的不断累积，她对五年购买新房这个目标充满了信心。

做个精打细算的女人吧。你会发现，看似不经意的金额累积下来竟是一大笔钱。省钱无所谓方法，主要还是心理、态度方面的问题。克服自己的欲望，才是省钱的关键所在。

如果想要和朋友聊天，尽量把他们约到家里来，这样可以节省一笔昂贵的饮料开销。除此之外，还可以自己下厨，因为到餐厅吃吃喝喝十分费钱，自己做菜的话。不但好吃还能省掉一大半的餐费。

如果巧妙地进行搭配，不必经常光顾高档服装店，穿着也能看起来像刚刚才买的。宁可挑一两件质地好又不容易过时的服装，也不要选购仅在这个季节流行的服装，这样才能省掉大笔的置装费。

女性应付"面子问题"也是不可缺少的开销。如果要省钱的话,可以自己动手做保养,如清洁、按摩以及去除青春痘、粉刺,等等,甚至可以用超市卖的染发剂在家打理一头秀发,这样做可以省下成百上千的美容费。

为了有效节约,除了看电影等有一定的定价之外,听演唱会或看表演,选择中等价位即可。唱卡拉 OK,可以多拜访几位家中有此设备的朋友,达到欢聚一堂的目的。另外,购买 VCD、CD 等可到价格比较合理的商店购买,委托在唱片公司工作的朋友代为购买也是不错的点子。

在购置家具方面,除购买价廉物美、实用大方的家具外,可向朋友购买二手家具。从分类广告中的搬家广告,或是在一些二手商店、跳蚤市场中也能找到称心的家具。另外,要是自己动手做家具,如书架、置物台等,也能节省开支。

交通方面的费用其实最容易控制,如果路远的话,每天只要提早出门,多搭公共汽车,少拦的士,即可轻轻松松省下一笔庞大而不必要的开销。

节约杂费的诀窍在于用一些心思。比如冰箱中食物不要放得太满,可防止电量的损耗;照明用节能灯;使用煤气烧开水,小火比大火要省煤气,等等。

有一对新婚小夫妇,男孩在一家软件公司做测试,月薪 4000 元,女孩当时正在找工作。他们租住在一间仅有十几平方米的民房里,日子很简朴,但又很幸福。

每天晚上女孩都在家里做饭,把菜一一准备好,就等男孩一进家门马上起锅炒菜,稀饭、蒸饺或者炒两碟小菜吃得喷喷香。后来女孩有工作了,月薪 1800 元,工作地点比较远,她每天早上 6 点多开始准备晚上的饭菜,准备到能马上下锅的程度后再去挤公交车,而男孩也在一旁帮着煎鸡蛋、热牛奶做早餐。每逢周五晚上两个人就手挽手去买菜,家里冰箱储藏的蔬菜、冰冻鱼,几乎都是超市晚 9 点后买一赠一的。周六,有时候女孩会和一盆面,男孩准备一小盆饺子馅,两个人一起边看电视边包饺子。除了当天吃的以外还会在冰箱里面冻上一部分。如果没有风的春天,两人就喜滋滋地备好饮水机里的纯净水,步行去郊外游玩,或者就在附近的公园随便走走,每次都是一脸幸福洋溢的样子。

最近他们终于有了自己的小窝,是城区边缘的小户型,他们用几年的积蓄付了首期,月供 2000 元后他们每个月依然可以过得幸福逍遥。

看到他们生活的每一个细节,谁能不感动呢?谁不是发自内心地羡慕他们?而许多收入比他们高,经济比他们宽裕的人家却未必能像这样有滋有味地生活。

女人,大大方方地开始省钱吧。看紧你的荷包,省下不该花的银子;付出最少的代价,创造高品质、高效率的生活;让你的钱财活起来,从日常生活中累积小钱变大钱,迈向致富之路。会省钱的女子,才最懂得珍惜,最懂得生活的真谛。

智者寄语

女人,大大方方地开始省钱吧。看紧你的荷包,省下不该花的银子;付出最少的代价,创造高品质、高效率的生活;让你的钱财活起来,从日常生活中累积小钱变大钱,迈向致富之路。会省钱的女子,才最懂得珍惜,最懂得生活的真谛。

精明网购轻松敛财

时代在变化,社会在进步,网络已经成为现在生活不可缺少的文化载体,网络的发展也带动了许多行业的发展,比如各种提供网络购物的商务平台等。

面对网上琳琅满目的商品,很多女性都巴不得将其“据为己有”,于是疯狂“血拼”。疯狂购物自然是一种生活方式,然而精打细算同样是本事。赚钱不容易,花钱得“计较”。如果你能充分利用互联网,运用自己的智慧,就能花比别人少得多的钱,生活却过得很时髦,很有情趣,生活质量还挺高。没准儿,你会爱上这种省钱的时尚生活!

周晓白不属于80后,和90后更是代沟很深,可是,作为70后的一员她却成了网购这一巨大消费群体的一员。

周晓白并不认为自己是一个追求时尚的人,可是一次偶然的机会她在同事那里了解到网上购物。通过同事的介绍,她这才发现网上购物真的是好处太多了,不仅节省时间和金钱,而且在质量上也绝对有所保证。一开始,她抱着尝试的态度在网上买了一件衣服,结果自己很满意。后来,这种趋势愈演愈烈,家里的数码相机、笔记本等一些大型的产品她也会在网上选购。在邻居、朋友还在大商场里逛的时候,她不用走出家门就轻松买到了自己想要的东西,而且她会经常发现自己买得相对还比较便宜。

周晓白真正体会到了网购的好处,于是向自己的亲朋好友推荐,后来,她在电视中看到一则关于网购的报道,预言网购的发展在中国有着极大的空间。开一家网上小店的念头就这样萌生了。经过不到半年的筹备,自己的网上小店开张了。由于自己总是把信用放在第一位,所以小生意也越做越火。

相信就连周晓白也想不到自己有一天也会当上老板吧。

网上购物一向被认为是一种欣赏时尚的购物趋势,加上足不出户就可以带来很多便利,年轻人对其越来越推崇。可是,从上面的例子我们不难看出,网购绝不仅仅是年轻人的专利。只要你愿意尝试,你也可以融入其中。

如何让自己的网购更加精明呢,不妨看看下面几招。

1. 购买促销商品

现在,很多网上店铺都有某些促销商品,这些商品的价格较原价低,买起来实惠。在此,我们可以为喜欢网购的女性朋友支招,你可以在淘宝网网络店铺的高级搜索中,选择“促销商品”这一项进行搜索,就可以搜索到特卖价、团购价、心动价、淘宝价等促销活动;除此之外,还可以搜索出网上能以淘宝抵价券抵价的促销商品。而在易趣或淘宝等网站的购物商城中,也有促销价以及很多优惠活动。由此看来,广大女性朋友在进行网络购物时,不妨多注意相关的促销信息,让自己买到物美价廉的商品。

2. 使用低价搜索

网络店铺通常都有一个价格由低到高的搜索功能,当我们搜索到自己感兴趣的物品类型后,不妨选择这项功能,这样我们就可以很快了解价格较低商品的情况了。

3. 享用免费的午餐

一些信用较高的卖家或者商城,由于其进货量较大,其货源提供方往往会同时附带一些赠品给这些店铺卖家。为了吸引更多的顾客,卖家也通常会把这些赠品搭赠给消费者。有时买家没问,邮寄时卖家也会附上。但是,我们在购买时,不妨顺便问上一句有没有赠品。这些属于免费的午餐,可是不要白不要哦。

4. 就近而买

我们知道,邮寄费用往往根据邮寄物品的重量和寄收双方的距离而定,也就是同样重量的东西，距离越远往往邮寄费用越高。因此，我们建议女性朋友，有想买的物品时，可有目的性地去搜，然后先按价排序，了解一下这类物品的市场价格，然后根据自己的所在地选择就近的店家购买。如果是同一个城市，还可以自己去取。这样买家所承担的邮费部分就会少一些。

5. 讨价还价

通常，在购买货物多的时候，卖家相应赚取的利润也就多。此时，作为买方的我们不妨和卖家洽谈，争取让其给优惠一些，或者少付甚至免去邮寄费用。一般卖家都会有适当的让步。另外，我们还可以多找几个朋友一起购买同一家店铺的商品，这样不但可以增大讨价的筹码，还能够因为几个买家都在一起而省去一部分邮寄费用。在此，特别需要提醒的是，当和卖家讨价还价成功后，最好及时通知卖家把商品的价格修改，然后再通过网上银行或支付宝进行付款。

在网络购物过程中，要找到让自己十分满意的商品可能不太容易，但是当找到之后又难免为价格、质量等一些问题烦恼不已。其实，我们可以在找到自己中意的商品后，把商品的名字复制下来，然后将其粘贴到搜索链接处，这样就可以找到该产品的多个卖家。如此一来，就容易在多个卖家之间进行对比，然后选择最优质最低价的来购买。

智者寄语

在网络购物过程中，要找到让自己十分满意的商品可能不太容易，但是当找到之后又难免为价格、质量等一些问题烦恼不已。其实，我们可以在找到自己中意的商品后，把商品的名字复制下来，然后将其粘贴到搜索链接处，这样就可以找到该产品的多个卖家。如此一来，就容易在多个卖家之间进行对比，然后选择最优质最低价的来购买。

“省”是最有效的聚财方式

比劳模还忙，比月光族还穷，很多都市穷忙族拿到薪水后往往自嘲的一句话是：“这月工资又‘白领’了！”挣得不比别人少，花得却比别人多，只有挣钱的手，没有聚财的命，难怪你一辈子都在“穷忙”了。对零资产、无余粮的你来说，投资根本还是天方夜谭。那么如何才能实现“生财有道”的梦想？答案很简单——先学会赚自己的钱。

这个世界上谁的钱最好赚？当然是你自己的！女人们要知道，但凡省下来的，就都进入了你的腰包。难怪百万富翁约克思说：“吝啬每一美分，用好每一美分，才是财富增值的源泉。”很多时候，我们并不是没有赚钱的能力，而是因为我们在赚钱的过程中忽略了自己，没有意识到自己本身就是最大的财源。因为对自身财力的忽略，让我们的视线总是处于向外发散的状态。我们只懂得向外发掘和拓展财路，却忽视了自己这么一个“大宝藏”。女人们不妨反过来思考，如果自己的钱都赚不回来，又怎么有能力去赚别人的钱？眼睁睁地看着到手的钱财从自己指缝中慢慢流走，难道你就一点都不心疼？

对于“财政吃紧”的穷忙一族来说，指望通过其他理财手段来聚集钱财恐怕一时半会儿还很有难度，那么“省”在这一时期就起到了至关重要的作用，堪称最有效的聚财手段。注意自己的日常消费，看看自己的钱哪些该花、哪些不该花。该花的继续，不该花的省下，那么，等下月发薪水的时候你就会发现自己的手里有了盈余，不出三个月，你的小金库里 money 的数字就会变得很可观了，半年之后你就可以为自己添个“大件儿”了，年终的时候你就能盘算着学学别人怎么去投资了。

这种“省着过”的日子所能带给你的快感甚至要比你投资赚了钱更加令人愉悦,就像加拿大渥太华《吝啬家月报》创办者尼克森说的那样:“省下1元钱,从感觉上说,往往大于你赚进的1元钱。”简单的生活让你在很大程度上脱离了欲望的干扰,“小气”演变成一种伟大的创造,创造出你梦寐以求的财富。从这个层面上来说,你是不是应该感谢一下自己的吝啬呢?

当然,让你“省着过”,并不是叫你变成普留希金那样拥有巨额财产却生活得像乞丐的守财奴。我们要明确的一点是:我们省钱,是为了改善生活质量,并非降低生活水平。“省”必然不是盲目的,不是要你戒掉去影院看电影,戒掉去酒吧会朋友,戒掉去饭店吃大餐,戒掉买所有的奢侈品(包括自己需要的),戒掉所有你已经习惯了的东西。可想而知,当你开始戒掉这一切的时候,你就会发现自己不仅没有所谓“创造带来的快感”,而且开始浑身变得不自在。更严重的是,过不了两天你就会让自己的“省钱大计”全面崩溃,且较以前变本加厉。就像所有用节食来瘦身的女人一样,节约也是一种“瘦身”,但一定不能以“节食”的方式来进行,因为“节食”到最后往往会因忍受不了而演变成暴饮暴食。

所以,想要自己的“省”行为更加行之有效,不能单靠用“持之以恒”的口号做自我激励,只有保证自己的生活质量和消费习惯不受干扰,才能让自己的省钱计划走得更加长远和有效。

也就是说,馆子你可以照下,只不过在菜品的价位上可以稍作调整;商场你可以照逛,但是在购买时请先考虑使用率和性价比;影院、剧场可以照去,只不过是因为你的兴趣而不是为了标榜什么;朋友你可以照聚,只是别“打肿脸充胖子”就好……

省钱是一种成熟的表现,更是一种对生活负责的态度,如果你的工作经历已经超过两年,而你却依然在每个月底发愁,你的银行账户同样在千位徘徊的话,那么你又如何为自己和家人做更进一步的长远打算呢?再说了,省钱本身就是一种智慧的表现,精打细算地过日子拼的可是脑力,只有够聪明的女人才过得来,“划算+优雅”才是王道。

生财,无非“开源节流”四个字。在“开源”有难度的情况下,那不在“节流”处下功夫还等什么?如果觉得赚别人的钱不容易,那就不妨先从自己下手,去过简约的生活,它不仅会让你变得时尚而优雅,而且还惊喜多多呢!首先,精打细算的节俭生活可以让一块钱具备三块钱的用途,在无形当中相当于增加了两倍的收入,日子自然也就好过了许多;其次,能节俭生活还能活得精致精彩的女人必定是聪慧的,一个聪慧的女人怎会不吸引旁人的目光呢;第三,节俭会让你的生活更环保,现在环保也是一种时尚,想做时尚女人,那就先学会“省”吧。

智者寄语

省钱本身就是一种智慧的表现,精打细算地过日子拼的可是脑力,只有够聪明的女人才过得来,“划算+优雅”才是王道。

旧货打理生财源

家庭理财中,有很多注意不到的小细节能够产生财源。比如日常生活中,有很多旧物件如多费些心思打理,加起来也是一笔不小数目。

1. 网上交易

日积月累,家里攒下各种小礼品、小纪念品,这些东西不是很实用,却很占地方。把家里的这类闲置物品放到网上的二手交易市场出售,标价比市场价略低,但又高于某些电子商务网站给出的价格,打理妥当可算一笔不错的收入。

2. 以旧换新

以旧换新涵盖的范围越来越广,除了家电、手机甚至汽车等都可以以旧换新。需要注意的是,最好通过厂家提供的正规渠道进行换新活动,以免上当受骗。

3. 旧货出租

出租带来的收益是长期的,赚到钱后所出租之物仍属于自己,而且长期收益比作为旧货卖掉要高。像家用电脑等物品,出租给学生,由于价格低廉很容易赚取租金。

4. 玩转典当

具有一定价值的旧货拿去典当行,能迅速获取贷款。将家里闲置的资产反复典当,用所得资金进行投资,不仅能让旧货保值,甚至还有可能增值。

5. 让家里省钱的细节

别让家电待机。

很多人为图方便,看完电视后用遥控器关掉就万事大吉,这样只是使电视处于待机状态,仍要耗费不少电能。各种家电长时间处于待机状态,会积少成多地消耗大量电能。

每台家电在待机状态耗电一般为其开机功率的10%左右,约5瓦~15瓦。经统计测算,家电普及率较高的城镇居民每户每月家电待机耗电达20度~40度。

6. 私家车省油秘籍

私家车节油需注意以下六点:

一是汽车行驶过程中,要注意看水温表,发动机正常的水温应保持在80摄氏度至90摄氏度之间,如果过高或不足都会使油耗增加。

二是时常检查轮胎的气压,以保持在最佳状态,轮胎气压不足会增加耗油量。

三是不要随意更换轮胎的大小,选择更宽的轮胎或许让车看来更有“跑车味”,但轮胎越宽,车轮阻力越大,燃油消耗量就越多。

四是用黏度最低的发动机油。发动机油黏度越低,发动机就越“省力”,也就越省油。

五是不要热身过度。有些车主喜欢在早上开车前,先热身再上路,但热身太久会更耗油,可以先让车慢慢行驶一两千米来达到热身效果。

六是不要超速。对一般汽车而言,80公里的时速是最省油的速度,有统计表明,每增加1公里的时速,耗油量会增加0.5%。

7. 电脑使用也能省钱

家用电脑节能可从以下五方面入手:

一是现在电脑都具有绿色节电功能,可设置休眠等待时间(一般设在15分钟至30分钟之间)。当电脑在等待时间内没有接到键盘或鼠标的输入信号时,就会进入“休眠”状态,自动降低机器的运行速度(CPU降低运行的频率,能耗降到30%,硬盘停转),直到被外来信号“唤醒”。

二是短时间使用电脑或只用来听音乐时,可以将显示器亮度调到最暗或干脆关闭。

三是打印机在使用时再打开,用完及时关闭。

四是尽量使用硬盘。一方面硬盘速度快,不易磨损,另一方面开机后硬盘就保持高速旋转,不用也一样耗能。

五是对机器要经常保养,注意防潮、防尘。机器积尘过多,将影响散热,显示器屏幕积尘会影响亮度。保持环境清洁，定期清除机内灰尘，擦拭屏幕，既可节电又能延长电脑的使用寿命。

8. 空调节能有六法

空调节能有六个办法：

一、注意细心调节室温。制冷时室温调高 1 摄氏度，制热时室温调低 2 摄氏度，均可省电 10% 以上。

二、定期清扫滤清器。灰尘会堵塞滤清器网眼，降低冷暖气效果，应半月左右清扫一次。

三、空调不用时，应养成随手关掉电源的习惯。开启时，尽量少开门窗，可以减少房内外热交换，利于省电。

四、配合电扇使用，将使室内冷空气加速循环，冷气分布均匀，可不需降低设定温度，而达到较佳的冷气效果。

五、使用空调的睡眠功能，可以起到 20% 的节电效果。

六、选择适宜出风角度：冷气流比空气重，易下沉，暖气流则相反，所以制冷时出风口向上，制热时则向下。

智者寄语

家庭理财中，有很多注意不到的小细节能够产生财源。比如日常生活中，有很多旧物件如多费些心思打理，加起来也是一笔不小的数目。

第六章 女人管钱是功课，也是一门艺术

成为家庭的理财能手

成为家庭的理财能手是婚姻幸福的前提吗？答案是肯定的。

2008年，某大学针对毕业生做了一份生活调查问卷，其中关于男生的调查问卷中有这样一个问题：你希望未来的结婚对象是有好的容貌，还是有好的理财能力。80%的男生选择了“有好的理财能力”。

无独有偶，许多婚介网站上的调查统计显示，在个人登记资料中，写明自己有良好理财能力的女士更容易得到男士特别是成功男士的青睐。可见，随着社会竞争压力的增大，男士对妻子理财能力的要求也在日益提高，拥有好的理财能力是男人们择偶的前提，也是丈夫对妻子的重要要求。

恰如喜剧《武林外传》里的经典台词：“这年头，老板娘比大美人值钱。”做一个成功的妻子，首先要做一个成功的老板娘，你准备好了吗？

学会理财，要求具备三方面的能力，即会花钱、会管钱、会理钱。

会花钱，就是对家庭的花销有合理的规划，哪些东西该买，哪些东西不该买，都有一个合理的计划，而不是像热恋中的小女生一样，任性地看见什么买什么，跑进超市就不知道出来。这样的妻子，热恋的时候或许会得到丈夫的喜爱，但是结婚后，往往会因为花钱的问题和丈夫不断发生冲突。

会管钱，意味着不仅要管理好自己的钱，更要对家庭的整体开支做好统一的规划。每天该买什么，不该买什么，细到柴米油盐甚至一根针，都能保证家庭支出合理。即做一个会过日子的女人，而不仅仅是一个不乱花钱的女人。

会理钱，要求则更高，这要求妻子不但要学会不乱花钱，合理花钱，更要对家庭的收入状况做好长期的规划，甚至对丈夫未来的发展方向做好长期的规划，保证家庭收入的稳定增加。

同样的道理，每个成功的男人背后都有一个会理财的妻子，许多富商在谈起自己创业成功的过程时，都把妻子的理财放在了第一位。一个会理财的妻子不仅能够减轻家庭的负担，保证家庭的平稳，更能如一块基石一样托起丈夫的成功。

智者寄语

一个会理财的妻子不仅能够减轻家庭的负担，保证家庭的平稳，更能如一块基石一样托起丈夫的成功。

让丈夫留足以支撑他面子的钱

给丈夫保留足够面子的钱，其意义在于，丈夫不止属于家庭，也属于社会，丈夫需要承担家庭的义务，也需要在社会的交际圈子里支撑起自己的位置，而丈夫的位置、尊严，就意味着你自己的位置和尊严。因此，给丈夫保留足以支撑他面子的钱，也就意味着给家庭保留足以支撑面子的根基。

我们先看这样一个故事：

王毅大学毕业离开了台北到高雄工作，一转眼已经差不多十年了。这天，他的一个大学同学因为公差，从台北南下到高雄，顺道来看看王毅。王毅得知自己多年不见的老同学要来当然很高兴，就把老同学请到一家高雄的特色餐厅，以略尽地主之谊。因为两人关系亲密，所以王毅还把全家都带来了。席间把酒言欢追昔抚今，自有一番感慨。到了快付账的时候，同学自己刚要动手，王毅忙拉住他说："说好我做东的，今天你只管吃饭就行了。"但当王毅摸出自己的钱包，却皱了下眉头，脸色极为不自然：他发现钱包里的钱根本不够付账！气氛一时就尴尬起来。

见了丈夫的神情，王太太立即猜到是怎么回事。好在她反应机敏，马上拿出自己的钱包，一边付账一边说道："你这人真是！幸亏都不是外人。自己的老同学要来，你的准备功夫也太差了吧？"又转过头来对王毅的同学说："你说他是不是应该罚酒一杯？"王太太这么一说，才解了丈夫的围。丈夫赶忙说："我认罚我认罚，罚三杯也没问题。"这时王毅的同学也说："我说老王，都十年了，你这丢三落四的毛病还没改啊？"接着又说起王毅大学时的种种趣事，引得众人都哈哈大笑。在大家的合力之下，总算把这场尴尬给遮掩了过去。

可以想象，如果王太太没有在场，或者王太太自己也不机灵的话，那丈夫丢的恐怕就不仅仅是面子了。说不定回家之后，立刻就有一场激烈的纠纷。

这里面就有这样的问题，如果妻子掌管财政大权，那么丈夫的钱包应该怎么办？是不是丈夫的全部收入都要如数上缴，再由妻子发零用钱呢？有的妻子担心如果丈夫的钱包鼓起来，他就有可能在外边花天酒地。前面我们已经说过，如果想以控制丈夫的钱包来控制丈夫的心，那是不现实的。更何况，假如你有控制丈夫钱包的意图和行为，你就敢保证他不会建立自己私房的秘密账户吗？在这种情况下，恐怕没有哪个人会蠢到把所有的钱都放在钱包里。现在只要在网络上随便用一个搜索引擎，输入"私房钱"三个字，讨论男人如何存私房钱、藏私房钱的方法数以万计。再说，他自己也会有应酬，现在的商业社会，花钱的地方可不少。

过分地在经济问题上计较，还会让丈夫觉得他并不是一家之主，说不定还会产生强烈的夺回领导权的企图。因为涉及家庭收支的全盘计划，对于丈夫的钱包问题，最好还是和他商量一下。假如丈夫也赞同由妻子全权支配，那除了日常可能的开销之外，还要考虑到某些特殊情况。比如上面王毅的例子，他要请老同学吃饭，这不仅是应酬的问题，还涉及多年的情谊。在这种情况下，妻子就应该提前做准备，而不至于到时候让丈夫下不了台。

智者寄语

给丈夫保留足以支撑他面子的钱，也就意味着给家庭保留足以支撑面子的根基。

需要大额支出时要和丈夫商量

女作家席慕蓉说："婚姻是夫妻两人共同的财产，怎样使用财产，是需要民主的。"

在日常生活中，作为一个"老板娘"，要学会合理地理财，但是另一方面，合理地理财并不意味着所有理财的事情自己都能够做主。在需要大额支出的时候，必须要和丈夫商量，这不仅仅是一种对丈夫的尊重，对家庭的尊重，更是对丈夫能力的肯定，以及共同承担婚姻责任的态度。即使丈夫是个千万富翁，这样的尊重也是必需的。

我们看看这个例子就知道了：

玲玉热衷收藏，从小时候起就对邮票、钱币之类的收藏品有浓厚的兴趣。结婚之后，这个爱好更被"发扬光大"。每次见到电视中播放"收藏"之类的节目，或者推出某种纪念收藏品，她总是看得很认真。闲暇时，玲玉则喜欢到一些旧货市场或古玩市场"寻宝"，并且不止一次向丈夫眉飞色舞地讲道：美国有个收旧货的，在一堆破烂中发现了一幅梵·高的素描，价值几百万美元。在丈夫看来，这当然只是传说中才会有的事情。但玲玉总能找到有凭有据的书刊或报道，非要丈夫相信不可，于是丈夫每每笑她："那你什么时候也弄一张梵·高的水彩来，也卖个几百万美元，我就不用再去上班了。"

最初，玲玉还是小打小闹，只是常常买一些小的艺术品来作为居家的装饰，丈夫也觉得还好，没说什么。但看到玲玉如此痴迷，大有不淘到宝不罢休之势，丈夫也不时提醒玲玉说，收藏品市场骗人的多，自己又不懂，看看也就行了，可别当真。玲玉却自认为对于收藏鉴别已经很有心得和造诣，因而也没将丈夫的话当回事。

这一天，丈夫刚进门，玲玉就兴冲冲地告诉他，她刚用家里的一部分积蓄买了一个明朝什么窑的瓷器，而且据现在的行情估计，这类收藏品还有很大的升值潜力和空间。丈夫一听就愣住了，这钱可是将来孩子念书用的啊。再说，现在一下子花掉，万一什么时候急着用钱，上哪儿找去？赚钱又不是捡树叶子。玲玉在不征求丈夫意见的情况下，突然花掉了这么一大笔钱。可以预见，双方大闹一场在所难免。兴趣这种东西，一旦达到痴迷的程度，往往容易走火入魔，不但会对家庭的财政造成严重的负担，还会伤害双方的感情。

对于绝大多数人来说，亿万富豪都只存在于想象当中，普通人都要靠薪水度日，每一个硬币都来之不易。因此，对于各类支出，都要做到心中有数。而对于大额的开销，更应该三思而行。

首先，要考虑这种支出是不是必需的。像上面玲玉买古董，完全属于个人兴趣，属于可要可不要的范围。

其次，如果是必须花的，和丈夫商量则是尊重丈夫的一种表现形式。作为家庭中重要的成员，丈夫有权利知道家里的钱怎么花，为什么这么花，以及花的效果如何。更何况还是大笔的开销，可能会对家庭的经济状况造成严重的影响，于情于理，丈夫都应该有知情权和发言权。一旦进入婚姻，你所考虑的就不再只是个人，任何意见或行为都建立在"我们"的基础之上。

智者寄语

在需要大额支出的时候，必须要和丈夫商量，这不仅仅是一种对丈夫的尊重，对家庭的尊重，更是对丈夫能力的肯定，以及共同承担婚姻责任的态度。

要有规划地理财和投资

生活的快乐，尽在情感的融洽中，而情感的融洽，则是包裹在柴米油盐的生活琐事里。生活的幸福，同样要从琐事中找寻。有规划地投资和理财，就是柴米油盐的重要部分。

说到投资和理财，有一个古代的笑话可以解释。

有一个卖油郎的妻子很会过日子，每天丈夫卖油归来，她都会把油瓶底下剩下的一层油刮出来收好，积存一年居然有了满满一罐。到了年关，丈夫发愁无钱过年，她早有准备地拿出油罐对丈夫说："这是我辛苦积存下来的，快快拿去卖了，咱们就有钱过年了。"丈夫大喜照办，果然卖了很多钱，一家人过了一个欢欢喜喜的年。

另一个卖黄历的妻子知道了此事，也照着学，每天丈夫回来后，她偷偷撕一张黄历积存下来，积存一年居然也积存了满满一堆。到了年关，丈夫同样为无钱过年发愁，她自信地拿出这堆黄历对丈夫说："这是我辛苦积存下来的，快快拿去卖了，咱们就有钱过年了。"丈夫当场晕倒：谁要这些过期的黄历啊！

说到婚姻家庭，做妻子的要学会持家理财，学会谨慎投资，但是每个家庭的情况各有不同，无论投资还是理财，都要从自己家庭的实际情况出发做有针对性的规划，别人的经验可以借鉴和学习，但是如果照搬的话，吃亏的很有可能是自己。

比如现在的证券交易市场里有许多已婚女性出入，她们中的一些把大把的钱投进股市，而购买股票的经验就是闻风而动，别人买什么就跟着买什么，这样一旦股市出现风险，就只能一起倒霉，将家中的积蓄赔进去。

一个好的妻子不但能够安慰丈夫，照料好丈夫，更能成为另一根支柱，和丈夫一起支撑起一个家。丈夫的任务是在外打拼养家，妻子的任务则是有规划地理财和投资。

要做到有规划地理财和投资，最忌讳的有两件事：一是头脑发热，听风就是雨，特别是在投资方面，这样做的结果往往是血本无归，而在理财方面，一时的头脑发热，很容易导致自己为了无关紧要的物品花掉不该花的钱，造成家庭的财务紧张；二是有了规划却不执行，许多妻子善于做规划，但是真到了行动上，规划却赶不上变化，原本做得好好的规划，经不住诱惑，草率地改变，这样的规划不如不做。

贤惠的好女人不但是温柔可爱的小娇妻，更该是精明能干的"管家婆"。温柔可爱尽在生活的甜言蜜语中，而精明能干则尽在柴米油盐中。

是做卖油郎的妻子，还是做卖黄历的妻子，相似的行动，不同的结果，印证了一个道理：有规划地理财和投资才是正道。

智者寄语

是做卖油郎的妻子，还是做卖黄历的妻子，相似的行动，不同的结果，印证了一个道理：有规划地理财和投资才是正道。

女人谨防打折陷阱

节假日的市场一片红火，走进各大商场时，货物目不暇接，迎宾小姐彬彬有礼，打折广告也铺天盖地。类似全场两折起、买一赠一、买就送等优惠措施比比皆是。面对如此诱惑,你受得住吗?

女性消费者容易产生购物冲动,过度消费,这种跟着“打折”就成了一种约定俗成的模式。面对商家推出的打折活动,你是捡到了“馅饼”还是掉进了“陷阱”?

1. 假打折

商场里面打折让利广告满天飞,让消费者看得眼花缭乱。事实上,有些商家名为打折,实际价格并不低,有的标价比原先售价还高;有的借打折之名推销长期积压的滞销货。一不留神,只会让你假日快乐的心情大打折扣。

2. 假赠送

要知道“买一赠一”往往都是美丽的谎言。消费者认为“买一赠一”是花一件商品的钱可以获得两件此种商品,而商家的解释是“买一件商品赠送其他商品”,也根本不考虑你是否需要这种被赠的商品。因此,当你在“赠送”的诱惑下准备购物时,不妨记取一句老话——天上不会掉下馅饼。

3. 假有奖销售

有奖销售是时下商家促销中最为常见的形式之一,这在一定程度上迎合了人们的“博彩”心理。但其欺骗的花样不少。有的在发奖券时,如果所剩不多,而大奖尚未出来,就停止销售;有的在奖券上做暗记,暗示亲朋好友将大奖买走;有的将残次品或劣质品当奖品,赠给消费者,并提出“奖品是无偿赠送的,质量问题概不负责”。

4. 假免费

现在在一些商场,特别是药店门前,经常坐着穿白大褂的人为过往行人义务咨询或检查。简单检查后便为前来咨询的人开一个统一的处方,那就是他所服务的厂家生产的某品牌药品或器械。

5. 假清仓甩卖

走在大、小商场,抑或是闹市,随处可见“赔本销售”“跳楼价”等醒目招牌,这样的便宜哪里去找啊。你所看到的甩卖商品未必都便宜,而“清仓甩卖”的招牌一年四季都会见着。

智者寄语

女人要谨防打折陷阱。

女人看好自己的银行卡

银行卡的使用,给人们的生活带来了极大的便利,但由于人们对银行卡相关知识的缺乏,以及平时的疏忽大意,往往会给一些不法分子可乘之机,盗取持卡人的资料,给持卡人带来损失。

有关专家提醒持卡人要了解银行卡使用的基本知识和防范措施。

1. 利益诱惑,电话盗密

天上不会掉馅饼,不要轻信别人“中奖”之类的诱惑电话,时刻提高警惕,不要将自己的卡号和密码随便告诉陌生人。

2. 身边有眼，偷看密码

窃贼会随身携带便携式电脑和读写器，以制作伪卡。作案时由一两个人到银行的柜台前偷看密码和卡号，然后用电话把密码和卡号告诉电脑的操作者。当储户的账号、密码被窃贼骗知后，便被录入了伪卡，伪卡和储户银行卡上的信息完全一样，窃贼就能持卡在银行顺利地取钱。

提醒女性朋友，取款时，要注意周围的情况，取完钱后，要把银行的回执拿到手上进行销毁，不要让人家看到上面的卡号，还要记住经常更换密码。

3. 易记号码，容易失密

不要图省事将密码设为666666或相同数字或是自己的生日等易记的号码。因为你省事易记，犯罪分子更省事易记，所以尽量不要用这类密码，以避免不必要的损失。

4. 假借帮助，调包换卡

在柜员机上取款时或者在商店、酒店消费时，收银员或其他人还卡后，一定要注意看一下卡是不是自己的，以防被假卡或空卡调包。

5. 暗处摄像，盗取密码

使用自动柜员机取款时，一定要警惕周围是否有可疑人员或微型摄像机探头；输入密码时应用书本等物遮住密码按键；在商店购物消费时，不要把密码告诉营业员，应自己在密码输入器上输入，以确保信用卡信息的安全。

用卡注意事项：

(1)领卡须知。在领卡时，要在背面签上自己易于辨认的姓名以防漏签；仔细检查密码信封是否打开过；然后立即到ATM机上修改密码，并牢牢记住。

(2)妥善保管。信用卡应与身份证分开存放，因为信用卡连同身份证一起丢失，冒领人凭卡和身份证便可到银行办理查询密码、转账等业务。另外。信用卡在随身携带时，应和手机等有磁物品分开放置，携带多张银行卡时应放入有间隔层的钱包，以免损坏数据，影响在机器上的使用。

(3)小心刷卡。消费刷卡时，不要让银行卡离开你的视线，商家会让你在交易单据上签字。你在签字前应注意核对交易单据上的金额，正确无误方可签名。注意确认交易单据是否有两份重叠情况。你在交易单据上的签名要与银行卡上的名字及笔迹相同，以免银行拒绝你的交易或出现纠纷时无法保护你的权益。若发生交易错误或取消交易时，你一定要把错误的交易单据当场撕毁。此外，交易单据一定要妥善保存，除了以备日后核查外，也可避免被仿冒使用。境外消费，必须注意交易单据上消费金额的币别，了解当地主要支付币别的缩写及符号。

智者寄语

女人要懂得看好自己的银行卡。

第七章　婚后理财对家庭的财富至关重要

小夫妻会挣钱还要会攒钱

工资是有限的,而利息可以永续。成立家庭以后,马上面临买房还贷,生儿育女,家庭发展等方面的资金压力,婚前的“一人吃饱,全家不愁”的潇洒劲没有了,理财问题摆在了小夫妻面前,因此,新婚上好理财第一课至关重要。通过精心运作,使家庭资金达到满意的收益。作为小主妇,你要向以下方面努力!

(一)小夫妻理财之“三步走”

第一步:认识自己

你的家庭财务具有怎样的特点?收入倚重于谁吗?工作稳定吗?将来要完成哪些梦想?试着想一想。

第二步:储蓄计划

从头开始的新人们可以没有计划,但是一定要有储蓄。储蓄是一场毅力和技巧的战役。

第三步:建立投资管道

工资是有限的,而利息可以永续,投资管道越早建立越好,新婚是开始的好时机。机会可能来自于证券投资、副业收入或者银行产品,找到适合自己的管道需要时间。

(二)小夫妻理财之“三原则”

1. 走出银行“围城”原则

许多人认为理财就是储蓄,有了闲钱往银行里一放就万事大吉。理财的要义在于可承受风险下的家庭资产增值最大化。如果说,过去只有储蓄一条路可走的话,现在投资品种已经丰富多了。一旦走出银行的“围城”,你会发现理财的天空是多么的宽广。

2. 适当花明天的钱原则

花明天的钱也是一种强制理财的方法,对“月光一族”特别适用。还贷的大山压在头顶上,能使自控能力差的夫妇改变大手大脚花钱的毛病。当然贷款按揭也要量力而行,以不影响家庭生活为限。

3. 控制风险但不排斥风险原则

理财风险是可以控制的,控制理财风险的方法:一是请财务策划师指导,或直接请专家理财;二是通过评估风险和收益率的比值来规避风险;三是依据金融产品的风险度,在多个投资领域里实行分散投资;四是不用借来的钱进行高风险投资。

(三)小夫妻理财之“三 Q”

夫妻理财如果要“顺风顺水”,就必须重视提高三 Q,即 IQ、EQ、AQ。

1. 投资 IQ:提高理财的智商

若夫妻对理财知识有了充分的了解与钻研,再加上有投资顾问的建议,就不会轻易陷入理财的误区。

其实学习理财知识一点都不难,只要你注重培养这方面的兴趣,多浏览相关的理财信息、多接触理财团体并大胆地和他们探讨理财的相关问题,时间一长,你自然就会获益多多。

2. 投资 EQ:加强情绪管理能力

众所周知,拥有 IQ 无法保证富贵一辈子。尤其是,夫妻俩如果每天都为钱而争吵不休,那样势必损害夫妻感情,因此第二个 Q 就是“EQ”,即情商。为了加强投资 EQ,夫妻们有必要注意以下两个方面:

大家都知道,在投资场上失败是在所难免的。无论夫妻哪一方在投资上遇险,彼此都要有足够的自我控制能力,尤其是在控制情绪方面,越是遇上这样的事情就越要控制好。事实证明,投资 EQ 是减少争执,促进夫妻感情的重要方法。

其实,夫妻之间的沟通非常重要。既然双方共同组建了小家庭,一起承担家庭的理财事务,那么沟通当然是非常必要的。只有让彼此知道问题的症结所在,才能寻求正确的解决方法。不管怎样,不要让金钱伤害彼此间的感情。否则,就得不偿失了。

3. 投资 AQ:应付挫折的能力

不管是干事业还是夫妻投资理财,都难免会遇上起伏。此时,除了投资 IQ、EQ 之外,如果能充实自己的专业知识,并提高 AQ,就能为夫妻理财打下良好基础。

“理性投资”就是“投资人了解所欲投资标的的内涵与其合理报酬后所进行的投资行为”。之所以要强调理性投资,是因为若投资不当则很可能会导致负债的严重后果。所以理性而又正确的投资,不但可将“收入”大于“支出”的差距扩大,还能使你的财务真正独立。

不论做任何事,学管理的人都很讲究整个事件过程的控制。因为经由这些控制,才可确定事情的发展是不是朝着既定的目标前进。

智者寄语

小夫妻会挣钱还要会攒钱。

管理家庭财务须遵守的一些常识性的原则

每个家庭都有自己的物质生活目标,都有它自己特有的财务问题。即使在一个家庭里,家庭各个成员也都有各自不同的需求,而且不可能被同样程度的花费、节约和储蓄的限制所束缚。

由于这些原因,对于一个人应该在银行里存多少钱,应该投入多少保险费,应该购买还是租借住宅等之类问题,就不存在固定不变的答案。要回答这些问题,必须视具体情况而定。

虽然对个人财务问题没有精确的金额数字答案,但仍有一些常识性的原则可资遵循。下面是一些成功女性在理财方面的经验之谈。

1. 确定你的合理支出

要确定现有的收入应该花在哪些地方，至少要收集过去半年的花费记录，然后，按下列的科目分类，分别划入各项开支：

(1)固定的开支。包括：每月的房屋租金或物业管理费、水电费(按每月基本用量计)、煤气费(按每月基本用量计)、电话费(按每月基本用量计)、取暖费(平均每月用量)、贷款偿还(每月平均数)等。

(2)非固定开支。包括：食物(每月平均)、家庭生活用品(每月平均)、家庭佣工(每月平均)、个人开销(每月平均卫生清洁费用)、衣物被褥(每月平均)、交通费用支出(每月平均)、家具、设备等(每月平均)、医疗和牙科疾病费用(每月平均)、娱乐消遣(每月平均)、交际费用(每月平均)、书报费(每月平均)、储蓄(每月平均)和其他支出(每月平均)。

在这里，我们使用了固定支出这一专用名词，但即使是"固定"的，也仍然有可能是变化的。固定支出包括一些基本的决定，在这个意义上说，这些基本决定为其他的财务计划打下了基础，而且，这也是实行财务控制所必需的步骤。

一个人大部分固定支出，在回答下面三个问题之后，都可以被确定下来：

(1)他应该购买还是应该租赁一套住宅？

(2)他应该拥有多少人寿保险？

(3)在什么情况下，他应该借或是买某件东西？对许多家庭来说，有时租借住宅，有时则自行购买。无论租借还是购买，两者各有利弊。这要根据你的具体情况灵活决定。

2. 把钱花在事业上

一个满怀雄心壮志的人，应该为增加自己的成功机会而慷慨地花钱。在获得一定程度的成功之前，在满足个人享乐方面的开销，应该像个守财奴似的小气。

这就意味着，你应该尽可能优先考虑摆在自己面前的这类开支，例如：参加一个自我提高课程的学习，加入一个有利于自己事业发展的俱乐部，等等。而对另一类花费，如夜生活、时装、好车，等等，则应该十分吝啬。如果你首先考虑满足事业上的需要，那么，其他方面的生活内容也将逐渐丰富起来。

这个有关花钱的忠告，不仅对那些在企业中刚刚准备起步的人，而且对那些已经顺利进行事业的人都有指导意义。一个真正希望成功的人，如果把自己的时间和精力耗费在对自己的事业毫无助益的消遣上，那是愚蠢的。那些已经成功的人之所以成功，是因为他们把事业摆在了首位。

3. 购物之前先列出清单

也许许多人会感到迷惑不解：为什么那么多非常有钱的人会使用优惠券呢？这不过是今天节省了1元钱，一生能节省多少，又能增加多少投资？

在北京，典型的三口之家每周在食物和家庭生活用品上的支出超过200元。那就是说，每年超过10000元。在成年人的一生中，这就是在40万至60万元之间。如果你将这个数目削减10%，即在4万至6万元之间，而这往往并不影响你的正常生活！真是不算不知道，一算吓一跳！

在闲暇的时间里，你有必要对一定时期中各种活动的成本和利益进行计算以求得节省。这种行为与财富的积累有高度的相关性。

一项调查显示,很多女性购买者是冲动型购买者,她们没有携带购物单就出现在一家超级市场中。她们没有计划,在商场中四处闲逛,因而很可能在寻找商品上花费了更多的时间。花费的时间越多,所花费的钱也就越多。这个事实一次又一次地被人们所证实。而且,在没有购物单的情况下,人们经常会购买几周以后才会需要或者根本就不需要的东西。

购物之前先列一个清单,这听起来好像需要大量的工作,但实际上并非如此。假如你没有购物单,没有购物计划,那么你每周将在食品店里多花 20 分钟、30 分钟或者更多的时间,那就是你没有提前做好计划的缘故。如果每周占用 30 分钟,那么在成年人的一生中,这将会是 1000 多个小时。

将你一生中的 1000 个小时以上的时间花费在一家食品店中,这肯定不是效率很高的行为——如果这些时间用在计划投资、看你的儿女们做游戏、度假、提高你的计算机技术、锻炼身体、做好生意,或者写书,你难道不觉得会更好一点吗?

4. 有一笔应急储蓄

随着一个人年龄的增长,对家庭所负的责任也逐渐加重。家庭日益增加的吃用、医疗、娱乐、交通和接受教育等各方面的开支,都要靠你和爱人的收入来满足。你所拟定的最合适的家庭收支计划,可能被一次未曾预料到的突发事故所损害,甚至被永久地毁灭掉。即使你为了防止意外事故给自己做了部分保险,也会因为对飞来的横祸毫无准备而摔倒。因此,对任何一个人来说,都需要应急储蓄,就像一个企业或公司为意外开销或负债而保持一定的储蓄一样。

5. 积累一定数量的流动资金储备

一般说来,除非你很容易一下子拿到一笔相当数目的现金,否则,当某种突然事件发生的时候,你将是不堪一击的。基于这个原因,你必须立即采取行动,积累一定数量的流动资金储备,因为有些意外事故是你必须认真对付的,比如:严重的疾病、预料之外的旅行、财产的意外损失,等等。

从现在开始,采取切实可行的办法,努力管好你的财务吧!

智者寄语

从现在开始,采取切实可行的办法,努力管好你的财务吧!

学会做善于理财的女人

一个聪明的女人,在她未走进婚姻生活的时候,就已经开始利用自己的才智进行个人理财了。她们从不轻易被花花绿绿的衣服、首饰诱惑,她们知道,未来的种种是不可预测的,而命运从来只掌握在那些有准备的人手中。于是她们每个月的收入中拿出百分之几的钱,存入一个平时只存不取的户头。不知不觉之间,这笔存款已有不小数目,足可以应付急用。

在走进婚姻生活后,聪明的女人,更加注意家庭理财,她们认真做好家庭预算,记录每个月的家庭开支,她们断断续续地隔几周存几百块钱,而且每次都固定地存下几百块钱。渐渐地,这笔只存不取的钱越来越多,足够应付意外,或是重新投资某个产业领域。

只有这样的女人,才能在意外来临时,像变魔术一样把一笔钱放在家人面前,让家人又惊又喜,心中的余悸和焦虑一扫而空,跟着你一起乐观地投入到新的生活中去。此时,你就是家人眼中的天使。

1. 你有家庭财政预算计划吗?

预算并不是一件束缚行动的紧身衣,也不是毫无目的地把花掉的每一分钱都做个记录。预算是一张蓝图、一个经过计划的方法,用以帮助你从你的收入中得到更大的好处。养成制定家庭财政预算的习惯可以帮助你达成目标——孩子的教育费用、老年保险金以及你梦想中的假期,等等。

预算开销会告诉你,你可以删减那些比较不重要的项目,去填补你想要的大花费。

如果你从没有做过预算,就应该马上开始学习如何处理家庭财务,知道如何使家庭收入发挥最大的效用。如果你的丈夫会赚钱但是不会节省,你就可以帮助他管紧钱包;如果他本来就节省,你可以在用钱方面表现出相同的看法,为他增加信心。

记录每一件开销,使你对于支出情形有清楚的了解。除非我们知道错在哪里,否则我们就无法改进任何情况。如果我们不知道在何处删减,为什么要删减,以及删减什么,节约就是毫无意义的事。所以,我们应该在一段示范期内,记录下所有的家庭开销——例如,记录 3 个月看看。

根据家庭的特殊需要,设计出自己的预算。首先,把你这一年里的固定的开销列出来:房屋贷款、食物预算、利息、水电费、教育费、交通费、交际费,等等。

拟订计划需要决心、家庭合作。有时候还需要严格的自制力。我们不能买下每一件东西,但是我们可以决定什么东西对我们最重要,而牺牲掉最不重要的东西。

至少要把每年收入的 10% 储蓄起来,或拿去投资。财务专家认为,如果你能节省家庭收入的 1/10,用不了几年你也就可以获得经济上的舒适。

准备一笔意外或紧急用途的资金。预算专家都劝告每一个年轻家庭,至少要存下 1 至 3 个月的收入,用于紧急事件。

一定要使预算计划成为全家人的事。预算顾问认为,预算计划必须得到全家人的合作才会达到预期的效果。经常举行家庭预算讨论会,往往可以消除情绪上的不和,因为我们大家对于金钱的态度,都会受到自己的经验、气质与教育程度的影响。

2. 编制一个家庭财务档案

"家庭财务档案",最好分为两部分。第一,就是我们常说的账本,记录一切日常收支;第二,设立发票档案本,收集购物发票、合格证、保修卡和说明书等;第三,建立金融资产档案本,将存折、股票、债券等的起始资料记载入册,万一遭遇存单遗失或被盗时,可及时查验并挂失。

习惯用电脑的女性不妨设立电脑账本。可以从网上下载一些免费的个人账务管理软件,或者只用简单的 Excel 表格管理,每天花几分钟时间,把当日收支按项目、收入、支出、结余栏分别记录,到月底把收支按性质进行汇总,就可以有一个很清晰的账务。

假如懂一点简单的会计常识。你可以编制"家庭资产负债表",它一般由三个部分组成——资产(金融资产与实物资产),负债(要购义和要还贷的部分),所有者权益(资产减去负债),以更好地反映家庭资产现状和家政管理业绩。

3. 消费减肥操,你做了没有?

都说女人是消费型动物,衣柜永远都少那么一件,一遇上购物就爱冲动,但其实面对商家的强大攻势以及无处不在的消费陷阱,无论男人女人都一样会手足无措。眼看辛苦一月得到的薪水就要在顷刻之间"化整为零",又怎能不心疼?

究竟如何才能抵御外来诱惑，不做都市的“月光女神”呢？

最好的办法就是经常给自己做做消费减肥操。

改变你的购物习惯，比如想花就花，经常兴致所至地闲逛等。当你有购物冲动的时候，不妨先列张清单出来，写下你想买的东西的名称，然后再等上几天。几天之后对照清单。你会发现有些东西还是非买不可，有些则不，而那些你认为仍然必须购买的东西应该才是你真正需要的东西。

很多时候，商家为了促进销售，往往会布下陷阱让顾客不断去掏腰包，而你必须用自己的一双慧眼去识破那些促销小伎俩，不做盲目消费的“败家女”。

首先，商店每隔一段时间都会推出新品特卖或者打折的活动，千万不要觉得机不可失而去盲目买下一堆根本不需要的东西。要知道打折也好，新品特惠也好，那些都只是商家为了促销而故意放出的烟雾罢了。

其次，记得提防商店营造的、促使你购物欲望大增的店面环境。要知道那豪华而不失典雅的装修、恰到好处的灯光，还有令你身材玲珑有致的镜子，以及营业员温文体贴的话语都会在无形中给你带来良好的购买感觉，或许你在乖乖奉上金钱后还陶陶然觉得自己是做了一回真正的“上帝”呢。

一般我们在看到一些小型商铺的时候会毫不犹豫地讨价还价，但看到大商家则容易被其气势唬住，感觉如果进去讲价会显得很“老土”、很“丢脸”。可是如果你不主动出击，商家是绝对不会给你任何折扣和优惠的，而大部分商家其实都有关于折扣的额度，所以此时不妨放下面子，狠狠杀价，其中的好处不久你就能体会到了。

购物的时候要尽量使用现金，因为在持卡购物时，很多人都会有种不是在花自己钱的感觉，使得金钱在不知不觉中就流入了商家的腰包。所以在签字结账的时候我们不妨想一想，如果是用现金又会是多少张百元或者 50 元纸币呢？

货比三家是最古老却也是最管用的节流方法了。货比三家总是不吃亏的，有时候即使只相隔一条街，价钱都有可能相差很远呢！而商店云集的大商城和密密麻麻的小集市中同一件产品的价格也会相差到让你心动！

另外，保留购物单据也是不错的办法，它的好处不仅在于你可以拥有对商家吹毛求疵、退货索赔的权利，没事的时候拿个计算器把发票加一加，看看你本月究竟花了多少不该花的钱也会起到抑制消费的目的。

智者寄语

一个聪明的女人，在她未走进婚姻生活的时候，就已经开始利用自己的才智进行个人理财了。她们从不轻易被花花绿绿的衣服、首饰诱惑，她们知道，未来的种种是不可预测的，而命运从来只掌握在那些有准备的人手中。

家庭理财，省钱就是赚钱

估计很多人都听过洛克菲勒的故事。洛克菲勒虽然拥有富可敌国的财产，可是他在支配手中的每一分钱时却非常慎重，平时也特别注意节约。他曾对他的下属说：“科学的省钱就是赚钱。”

19 世纪 80 年代初,洛克菲勒曾视察位于纽约的一家标准石油公司的下属工厂。这家工厂灌装每桶 5 加仑的石油,密封后销往国外。洛克菲勒观察了一台机器给油桶焊盖的过程后问一位专家:"封一个油桶用几滴焊锡?"

"40 滴。"专家回答。

"有没有试过用 38 滴?"洛克菲勒问。

"从来没有。"

"那就试着用 38 滴焊几桶,然后告诉我结果。"

实验中用 38 滴焊锡焊的油桶中有一部分漏油,但是 39 滴焊锡焊的油桶则没有出现这种情况。从那以后,39 滴焊锡便成为标准石油公司下属所有炼油厂实行的新标准。

后来洛克菲勒退休后,对此事仍然津津乐道:"那滴节省下来的焊锡,在第一年为公司节约了 2500 美元。这项节约措施也一直得到贯彻,每桶节约一滴。从那时到现在,已经累计节约了好几十万美元了。"

我们一直都提倡勤俭节约,反对浪费。因为任何劳动成果即使不是自己亲手创造的,也是他人用血汗创造的。有人说,浪费也是一种犯罪,这是非常有道理的。可是,对于一些女性来说,由于天生比较感性,即使成家后在消费上还是比较冲动,很容易造成许多不必要的浪费。还有些女性因贪慕虚荣,为了所谓的面子,为了追求享受,更是造成了不小的浪费。

实际上,一个精明的理财女人,不会仅从自己的虚荣心出发去打理家庭的财产,更不会总是凭感觉冲动购物,而是能够非常理性地支配手中的每一分钱,决不浪费。哪怕仅能节省一分钱,也会尽量去做。因为不积小溪就难成江海,没有理性的消费和日常点滴的节省,就不可能真正走向财富之路。曾有人计算过,如果每天节省下 2 元钱,一年就能省下 730 元钱;按 40 年利率 3% 计算,这 730 元的年金终值系数为 75.401,40 年后就是 55042.73 元。

精明的理财女性会通过花钱来省钱。也许你对这种说法比较困惑,既然是花钱,又怎么能够省钱呢?举例来说,比如你购买一双鞋花 20 元,很节省。可是一个月后它坏了,要修好一次至少 4~5 元;换新的,一年至少需要买 10 双鞋左右,这样就是 200 元。那还不如干脆一次性购买一双 200 元的鞋呢,至少能穿两年。懂得理财的女性肯定不会为了省钱一年买 10 双鞋,也不可能 200 元的鞋子经常买。她们通常都是理性消费,从而达到最好的节省效果。

那么,日常生活中究竟该如何节省才能达到赚钱的目的呢?

1. 家庭用品可以批发购买

批发价总会比零售价便宜,如果家庭用品能直接批发,那么肯定会省下不少钱。但是,有些时令性的物品,如水果、蔬菜等,一次购买太多就会腐烂,反而会造成浪费。

那要怎样真正享受到批发价呢?可以几个家庭、一个集体、一个单位的同事联合起来,大批购买日用品,这样就能享受到批发价格。可不要小看批发差价,一个月下来至少可以省下几十元呢!

2. 不要让小开销形成大支出

我们知道,已经养成的消费习惯是不容易更改的,因此购物时最好能注意一些小细节,以免让小开销累积成大支出。比如超市里包好的食物、蔬菜等,出售价格一定比自由市场上的散装食物和蔬菜贵,所以这些食品都没有必要去超市购买。另外,购物袋是收费的,所以去超市时最好能携带购物袋,不仅能减少塑料袋造成的白色污染,长此以往也将节省出不少钱来。

3. 注意折扣和促销信息

一般来说,每年的节假日或换季期间,商场、超市等地方总会有一些打折促销活动。在折扣初期,的确能买到一些物美价廉的好东西,但在折扣末期,可能只剩下清仓货了,这时就很难买到好东西了。比如每年的节日期间,超市都会有一些物美价廉的生活用品促销,像大米、食用油、卫生纸等,比农贸市场的还要便宜,你完全可以利用这些机会多储备一些生活用品。

智者寄语

一个精明的理财女人,不会仅从自己的虚荣心出发去打理家庭的财产,更不会总是凭感觉冲动购物,而是能够非常理性地支配手中的每一分钱,决不浪费。

怎样装修省钱又省事

当有了自己的房子时,怎样装点才能让它变得既漂亮又温馨呢?我想这是很多女人迫不及待想做的事情。而我们的御宅之道首先就要从装修开始。

当然,千万不能为了省钱,随便糊弄一下,那样自己住着也不舒服。然而也不能铺张浪费,搞些华而不实的东西。事实上,只有适合自己的才是最好的。另外,装修是一件颇令人费心劳神的事情,陷阱也很多,所以一定要做到合理的规划。

1. 严格规划

先做好预算,有多少钱,办多大事。装修可是个无底洞,多少钱也能填进去,不同品牌、不同材质的饰材,价钱相差实在太大。要抓住大项目的开支,如地板、瓷砖、墙漆、厨卫和家具等。算好了再做,而不是做了再算。如果边做边改,心中无数,往往会大大超支,也不可能节省。

2. 选择合适的装修公司

千万不要找路边的一些装修人员,但也不要找大的装修公司,大的公司运营成本和广告费用很高,这些最终都会转嫁到顾客身上。最好也别选择刚开张的室内装饰公司,新公司质量管理方面容易出现一些问题,而最终的损失也可能要顾客来交学费。可以通过网络或是朋友推荐找一些口碑不错的公司。最好不要自己直接找施工队或熟人亲戚来装修,表面省钱,实际上,可能由于您的错误选择而造成更大的经济损失。因为是熟人、亲戚,哑巴吃黄连,有苦说不出。除选公司外,更重要的是选择优秀的施工队伍,杜绝返工现象。

3. 货比三家选材料

房子总体布局敲定下来,你得备好尺子、笔、记事本,到装修材料市场调研一番,要做好笔记。装饰材料的质量分上、中、下几个等级,但同一级材料,会因来源各异令价格不同,因此货比三家永远是适用的。逛大建材城,出手小市场。大的建材城,交通方便,品种齐全,购物环境好,很容易就能选择到自己最中意的东西,但千万不要轻易出手,那里的东西价格一般偏高。记住自己看中的品牌,再多去一些小的建材市场跑跑,在那里也常常能找到看中的东西,还能美美地砍价,相信一定会让你省不少钱,当然也要当心因图便宜而买到假冒伪劣产品。采购材料时,尽可能请设计师或装修的工人同去,他们知道何处可以买到物美价廉的材料,识辨假货的能力也比较强。此外,依托装修公司选材也是可行的。装修公司在选材上有固定网点,由于大批量选材,质量稳定且价格相对较低。

4. 不想大动干戈,那就调整局部

热衷"宅道"的女人绝对不会认为房子装修一次就能万事大吉,尤其是追求时尚的你很快就会发现自己引以为豪的"样板房",现在已经落伍了。怎么办?重新装修?太麻烦,而且费心、费时又费钱,怎么算都不划算。这时不妨尝试局部家装,你只需翻新部分空间就能起到改善整体的效果,甚至更换几件主要家具、增添一些个性化摆设就可以达到目的。不仅成本会大大降低,让你省钱、省力又省心,而且又不影响正常生活。动了装修念头的姐妹不妨一试。

5. 主次分明,钱要花在刀刃上

在家居生活中,客厅是主要的活动空间,它最能体现主人的文化层次和品位修养,所以在装修客厅方面要花大力气,营造美观大方、个性突出、功能齐全的空间。其次是书房,书房一般有大面积的书架,木工活在装修工艺中费用最高,因此书房的费用不会低。厨房、卫生间的使用功能也比较突出,由于现代人品位的上升,这部分的花费也不在少数。卧室的装修不妨简单一点,因为这是一个纯私密的空间,可以完全按照个人喜好来布置,注重温馨与轻松氛围的营造。做到大多数便宜,小部分贵,像五金配件、灯具、饰品,等等,这些材料的精心选择,往往能起到为室内装修画龙点睛的效果。重点装修的地方,可选用高档材料、精细的做工,这样看起来会有较高的格调;其他部分的装修则可采取简洁、明快的办法,材料普通化,做工简单化。

6. 巧用收纳工具,点亮家居空间

再好的装修如果被凌乱不堪的杂物堆砌,一样毫无美感可言,聪明的女人懂得整洁的环境不仅可以让人看起来舒服,而且因为有条不紊的摆设无形中也可以拓展你的居住空间,让你住起来同样舒服。东西没有地方摆?没有关系。现在的收纳工具不仅具有储藏物品的功能,而且一物多用,甚至还能起到美化空间的作用。很多收纳箱被做成了凳子的形状,不仅可以放东西,还可以拿来坐,同时装饰房间;衣帽间也一样,每个小格子都分门别类,让你的房间看起来既整洁又美观。

智者寄语

装修是一件颇令人费心劳神的事情,陷阱也很多,所以一定要做到合理的规划。

三口之家的理财经

终于升级到温馨的三口之家了。作为家庭 CEO 的女主人也应该升级自己的理财观念了。根据具体情况,把家庭的财务分为日常生活消费,投资和子女的教育规划,进而合理地进行家庭理财。

三口之家,即使是家底比较殷实,也需要升级家庭的理财观念,更好地做好家庭理财,为自己的家庭谋得更多的收益。三口之家的理财,需要我们在对家庭现状分析的基础上制订合理的理财计划。

吴太太 35 岁,是某事业单位财务主管,吴先生 39 岁,在外资企业做行政管理工作,两人皆处于职业生涯的收获期,有一个读小学一年级的女儿。吴太太家庭正处于家庭成长期,目前家庭收入稳定,没有负债。由于家庭成员不再增加,夫妻双方均积累了一定的工作经验和投资经验,家底较为殷实,因而投资能力大大增强。

家庭现状分析:

吴太太家庭目前的财务状况要远远好于普通家庭。对于大多数人来说,投资理财面临的最大问题是可供支配的资源不足,而对于像吴太太这样已经进入中产阶级的家庭,主要的问题则是资源的合理配置。

家庭总体特征:收入稳定,财政负担日益加重。

吴太太家庭收入水平中等,同时收支稳定、财务状况较好,足够应付目前家庭的生活需求。但我们也看到吴太太家庭支出将进入一个高峰期,家庭花费将逐步倾向于一些较为昂贵的项目:换房、养车,此外,子女的教育费也将上升为家庭的主要负担。资产整体配置欠理想,金融资产投资回报低。

从吴太太家目前的资产配置情况来看,主要存在以下情况:

吴太太及其家人保障的缺失:吴太太及其先生都只有社会保险,两人是家庭的主要经济支柱,一旦有意外发生,家庭收入及费用支出将发生重大变化,对家庭的财务安全构成了重要隐患。而女儿只有学平险,保障远远不足,应及早做好保障计划。

理财目标与财务需求分析:

根据“双十原则”,吴太太家庭所需要的总保额为174万元(寿险:意外险=7万元),其中吴太太74万元,吴先生100万元,还有两人都需要购买20万元的健康险,女儿也需购买30万元的健康险,总保费控制在1.7万元/年左右。

三口之家的理财应根据实际情况来规划,具体应分三部分:

第一部分要满足日常的开销,这是保证基本的日常生活需要。

对于三口之家来说,日常开销有很多方面,如吃饭、交房贷、各种税收还有子女的教育费用等等,为了保证正常的生活,三口之家必须留有一些流动资金作为日常生活需要。这些资金可以是短期的银行活期存款,也可以选择购买货币市场基金,这样才能增加家庭安全的保证。

第二部分用于投资。

资金在手上是不可能自己增值的,对于有稳定收入的三口之家来说,最好的方法就是把剩余资金投资于金融产品之中,让它们取得收益。现在银行有很多理财产品供客户选择,有保本的债券型、有风险相对高收益也高的股票型、也有保值增值的黄金、外汇产品等,可以根据自己的实际情况来选择。为了将来减轻子女负担,三口之家可以买些保险,除了购买养老和医疗保险还可以增加些重大疾病险和寿险等,可以给家人提供些资金上的保证。

第三部分是关于子女的教育和规划。

在儿童时期可以根据自身的财力买些保险,比如设立教育基金,可以根据孩子年龄的增长来调整教育基金的比例。除了学费外,还要准备一些资金用于将来孩子上大学或者出国深造用,这部分资金可以投资于比较稳健的产品上,比如凭证式国债产品,不追求高收益,但要赶得上通货膨胀率和学费上涨率。

智者寄语

终于升级到温馨的三口之家了。作为家庭CEO的女主人也应该升级自己的理财观念了。三口之家的理财,需要我们在对家庭现状分析的基础上制订合理的理财计划。

第八章　未雨绸缪,给自己的家庭买份保险

保险,让风险最小化

大多数人认为,理财就是通过各种投资工具让手边的财富不断增长。事实上,要构建一个基础稳固的理财金字塔,至少需包含三个层次。最底层是保本结构,中间一层是增长结构,最上一层是节税结构。理财的金字塔要高要大,底层的保本结构就是关键。保本结构主要由两个部分组成,一个是没有风险的投资组合,譬如,定存、活存、保本基金,等等;另一个就是保险。

我们一辈子可以赚到的钱,要靠时间、工作能力与理财来获得,理财可以自己来做,也可以借由理财经理的帮忙来实现理财目标。但是,能否拥有足够长的工作时间与工作能力,有一个部分无法掌控,那就是病、死、残、医。每天翻开报纸,你一定可以看到很多人不幸发生意外,轻则受伤,重则死亡,受伤不能工作与死亡对一个家庭造成的经济与财务冲击非常大。没有保险理赔金的家庭,可能因为缴不出房屋贷款,被银行强制收回房屋而必须搬家;因为少了最重要的家庭收入,孩子可能没办法接受更好的教育,甚至必须提早进入社会工作;你的另一半因为要一肩扛起家庭经济重担,必须兼职多赚一份收入,对孩子的关照减半……

你也许会问:"我都还没有赚够钱,哪有闲钱买保险啊?"

事实上,保险是以明确的小投资,来弥补不明确的大损失,保险金在遭遇病、死、残、医的重大变故时,可以立即发挥周转金、急难救助金等活钱的功能。许多实际案例也表明很多家庭如果没有这笔理赔收入,可能就要靠社会救济或公益捐助才能挺过难关。因此,保险支出应该列为家庭最重要最优先的一笔投资,千万不能轻视。

只要每年缴纳的保费是在合理的收入比例范围内,保险支出对你的整体投资计划是不会有什么影响的,它还能为个人风险筑起一道最坚固的防护网。

在从事投资理财失利的时候,我们有能力跌倒了再爬起;当意外和疾病等风险来临的时候,因为我们购买了足够的保险,我们的家庭总收入就不会受到影响,各种投资理财计划才能持续下去。

智者寄语

只要每年缴纳的保费是在合理的收入比例范围内,保险支出对你的整体投资计划是不会有什么影响的,它还能为个人风险筑起一道最坚固的防护网。

办保险需要注意的几个问题

办理保险时女性应慎重考虑,需要注意以下几个问题。

1. 如实告知

如果有既往病史或者现在身体状况有异常,投保单上,一定要对自己的身体状况做如实告知。只有这样,保险合同才能真正起到保险保障的作用。

2. 指定受益人

如果主观上受益人对象明确,那么一定要在保单上指定受益人。如果暂时不确定受益人,可以暂时不指定,则默认为法定。

3. 本人亲笔签名

应该本人签名的地方,一定要本人亲自签,别人代签是无效的。当然,如果被保险人是未成年人(未满18周岁)时,则必须让其法定监护人签名。如果被保险人未满18周岁但满16周岁的并能证明是完全依靠个人收入为主要生活来源的,可以视作成年人自己签名。

4. 关注保单的保险责任以及除外责任

保险合同下来后,我们要着重了解保单的保险责任和除外责任。保险责任是自己真正能享受到的具体利益;除外责任是自己所不能享受到的利益。

以中国人寿人身意外伤害保险为例,在合同保险责任有效期间内,被保险人遭受意外伤害,中国人寿依下列约定给付保险金。

(1)被保险人自意外伤害发生之日起180日内因同一原因死亡的,公司按保险金额给付死亡保险金。

(2)被保险人自意外伤害发生之日起180日内因同一原因身体残疾的,公司根据《人身保险残疾程度与保险金给付比例表》的规定,按保险金额及该项残疾所对应的给付比例给付残疾保险金。如治疗仍未结束的,按第180天的身体情况进行残疾鉴定,并据此给付残疾保险金。

被保险人因同一意外伤害造成1项以上身体残疾时,公司给付对应项残疾保险金之和。但不同残疾项目属于同一手或同一足时,公司仅给付其中一项残疾保险金;如残疾项目所对应的给付比例不同时,仅给付其中比例较高一项的残疾保险金。

(3)公司所负给付保险金的责任以保险金额为限,1次或累计给付的保险金达到保险金额时,合同终止。

因下列情形之一,造成被保险人死亡、残疾的,中国人寿不负给付保险金责任。

(1)投保人、受益人对被保险人的故意杀害、伤害。

(2)被保险人故意犯罪或拒捕。

(3)被保险人殴斗、醉酒、自杀、故意自伤及服用、吸食、注射毒品。

(4)被保险人受酒精、毒品、管制药物的影响而导致的意外。

(5)被保险人酒后驾驶、无有效驾驶执照驾驶或驾驶无有效行驶证的机动交通工具。

(6)被保险人流产、分娩。

(7)被保险人因整容手术或其他内、外科手术导致医疗事故。

(8)被保险人未遵医嘱,私自服用、涂用、注射药物。

(9)被保险人从事潜水、跳伞、攀岩运动、探险活动、武术比赛、摔跤比赛、特技表演、赛马、赛车等高风险运动。

(10)被保险人患有艾滋病或感染艾滋病毒(HIV 呈阳性)期间。

(11)战争、军事行动、暴乱或武装叛乱。

(12)核爆炸、核辐射或核污染。

发生以上情形,被保险人死亡的,合同终止,公司按约定退还未满期保险费。

5. 犹豫期

当我们拿到合同时,也就是业务员把合同送达我们手中时,有 10 天的犹豫期,犹豫期内我们可以选择退保。此时退保时,保险公司会全额退还我们首年保费。但是,有些公司会收取 10 元的工本费。

由于退保直接导致保险公司客户的流失和市场占有率的下降,保险公司会采取一些措施以减少退保。比如,从保单闲置中扣除一定的退保费用,或规定保单持有人中途退保收回保单现金价值时,现值中扣除所缴保费后的部分必须缴纳所得税等。为了免除不必要的损失,人们在初投保时,就应该根据自己的职业、年龄、家庭情况等选取购买适合的险种,最好不要中途退保,以避免不必要的损失。

6. 自身的保障需求

当我们想通过办保险来规避家庭风险的时候,应结合自身家庭的宴际情况来做个性化的保险保障规划,切忌盲目跟风。我们要考虑的要点是:供房、供车、男女主人的年净收入和职业环境、孩子的教育以及婚嫁、双方父母、日常的开销、目前的资金分配比例等。

保险营销员或代理人的职业道德素质和专业化水平

所谓"小富靠智,大成靠德",就是说聪明可以为我们创造一时的利益,良好的道德情操才是成就事业至关重要的因素。我们选择保险服务人员同样如此。

尽可能地选择比较专业的业务员,因为没有最好的保险,只有最适合您的保险。专业的业务员会给您推荐更适合您的保险组合。专业的业务员一般不会频繁换工作,这样才能给客户提供一个比较长期而有序的服务,从而不会让客户的保单成为孤儿保单。

总之,只有德才兼备的保险服务人员,才是值得我们托付的。

7. 保险公司的资金实力和投资渠道

保险对于我们来说,其实就是一种理财方式,是区别于银行存款和基金股票的理财方式。良好的投资渠道以及优秀的投资团队,相对来说更能提供比较高效、稳健、长久的投资回报。同时,我们的利益自然也会水涨船高,保险就会更加保险。

8. 保险公司的品牌价值和偿付能力

品牌价值是诚信服务的最好诠释。偿付能力是提供理赔服务的最坚实后盾。汶川地震中国人寿赔付额预估 2.19 亿元,在我国 2 亿元人民币就能注册一家保险公司。小的保险公司一旦遭遇这样的状况,那简直是灾难性的,其后果可想而知。

总之,我们办保险时,既要综合考虑多方面的因素,又要注意签合同时的一些细节。毕竟,办保险对每个人或者每个家庭来说,都不是一件小事,有时是几十年甚至是终身的事情,所以我们一定要慎重。因为只有这样,才能真正规避我们的风险状况。

智者寄语

我们办保险时，既要综合考虑多方面的因素，又要注意签合同时的一些细节。毕竟，办保险对每个人或者每个家庭来说，都不是一件小事，有时是几十年甚至是终身的事情，所以我们一定要慎重。因为只有这样，才能真正规避我们的风险状况。

购买保险，准备工作要做足

在各家保险公司推荐的五花八门的产品中，你是否觉得无所适从？经过业务员的推荐，你在购买了某一寿险产品后，是不是发现该产品并不像当初想象的有那么大的作用？在五花八门的保险产品中，你是否能够设计出最优的保险方案？因此，建议女性朋友在购买保险产品之前，最好做好三大准备工作。

1. 明确需求

购买保险时切忌面面俱到。在购买保险以前，首先需要确定自己的保险需求。根据自己的需求大小做一个排列，优先考虑最需要的险种。一般情况下，保险公司都会根据人们日常生活中的六大类需求来设计保险产品，分别是投资、子女、养老、健康、保障、意外。对处于理财初级阶段的女性朋友，建议优先的需求应当是意外>健康>保障>养老>子女>投资(这个排序的前提是根据大家目前年龄段具有的特点来排列的)。以健康需求为最优选择。而购买保险以前，一定要首先确定自己或家人将来面临的医疗费用风险。每个人面临的医疗费用风险是不一样的，因此所需要的保险保障范围也不同。影响风险的因素有职业、收入、地域、年龄和家庭等。比如享有社会医疗保险的人，在医疗费用支出较大的时候，需要商业保险的保障；而不享受社会医疗保险的人，则需要全面的商业医疗保险。经济条件好的人，在生病时有足够的承受能力；而经济条件一般的人，可能因一场大病陷入贫困。肩负家庭重担的人，在疾病期间可能需要额外的津贴；而单身贵族，则很可能不存在这个问题。因此你应该视自己的真正需求有选择地购买保险，而不需要面面俱到。另外，除了确定自己的保险赔付需求以外，各保险公司的产品在投保条件、保险期间、缴费方式、除外责任和理赔方式等方面各有特色。消费者可选择与自己的收入特点、支付习惯及品牌偏好相适应的保险。未来收入不稳定的人，可选择短期内缴清或有保单贷款功能的保险；希望保险产品能够升级的人，可购买具有可转换功能的产品。

2. 确定方案、注重长远保障

在了解和确定了自己的需求以后，就要通过保险公司和保险产品做比较，综合确定一个方案。对此，业内专家认为，在保险产品的挑选上，保险公司占了很重要的位置。我们平时买东西时，从一开始就会感觉到自己所购买的产品能够带来什么样的回报，他的厂家服务如何。但与购买商品不同，大家只有等到需要它的时候，才是要跟保险公司打交道的时候。而在购买它的时候以及今后的一段时间内并不能体会到它的好坏，因此在购买以前选好保险公司很重要。真正维护你利益的时候，很大程度就在于这个保险公司的服务。我们在选择保险产品的时候，也并不是“保险保障范围越大越好，功能越多越好”。专家指出，保险的价格和保障范围是成正比的，如果保险保障范围超出需要，则意味着支付了额外的价格。例如，一个教师发生工伤的机会微乎其微，如果其购买的保单范围包括工伤医疗费用，则白花了工伤保险的钱。请记住，我们要购买真正适合自己需要的保险产品。此外,与其他商品不同,保险商品的价格即保险费率,是精算人员根据保险责任范围科学制定的。这就意味着较便宜的保险产品,其保险责任范围和给付保险金的条件必然受限制。因此,我们在购买保险之前,一定要设计好一个能够保障长远利益的保险方案,这样才能得到物有所值的保险产品。

3. 学会签单,五步骤保你不受骗

当一切工作准备就绪以后,你还需要做的一份作业就是要真正了解我们填写保单的时候应该注意哪些问题,不要因为自己的一个小疏忽,最后影响保险产品发挥其本身作用。业内人士称,把握好五个关键步骤,就可以顺利地签署保险合同。首先,当业务员拜访你时,你有权要求业务员出示其所在保险公司的有效工作证件。其次,你应该要求业务员依据保险条款如实讲解险种的有关内容。当你决定投保时,为确保自身权益,还要再仔细地阅读一遍保险条款。再次,在填写保单时。必须如实填写有关内容并亲笔签名,被保险人签名一栏应由被保险人亲笔签署(少儿险除外)。第四,当你付款时,业务员应当当场开具保险费暂收收据,并在此收据上签署姓名和业务员代码,也可要求业务员带你到保险公司付款。最后,投保一个月后,如果未收到正式保险单,应当向保险公司查询。

智者寄语

建议女性朋友在购买保险产品之前,最好做好三大准备工作。

选择一家值得信赖的保险公司

如今的市场上,保险公司开了一家又一家,在价格和业务都相差不大的情况下,决定买保险的女性朋友到底应该选择什么样的保险公司呢?什么样的保险经纪公司是值得信赖的公司呢?

首先,在选择保险经纪公司时,要考虑以下几个方面:

(1)公司依法成立、证照齐全。

(2)公司的理念、经营模式、企业文化等。

(3)公司在市场上的口碑如何,是否有过不良记录。

(4)能否在一定程度上领导和代表着这个行业的发展方向。

(5)公司的服务模式是否专业,是否切合自己的实际需求等。

为什么首先要重视的是这几个方面而没有让大家特别关注价格和险种呢?因为仅仅从各家保险公司产品的功能和价格上比较,谁也不比谁有绝对的优势,否则的话,光凭产品和价格就能击败对手的话,那别的保险公司完全可以推出一个价格更低、功能更全的产品。

可以说,在保险行业的产品是没有专利保护的,一个好产品出来了,其他的保险公司完全可以随时模仿和复制。因此,竞争到最后,在产品和价格上,每家保险公司是差不多的。事实上,如果您愿意掏钱,任何一家保险公司的任何一位代理人都可以为您提供一份保险合同,但这仅仅是纸面意义上的保险合同!而专业和持续的优质服务,是任何保险公司或任何的代理人都可以提供的吗?

保险合同拿到手,保险的服务才刚刚开始,今后的20年或更长的时间才是真正考验保险公司和代理人的服务是否能够让您满意的关键。

而且可能我们都难以想象,我们投保的保险公司也是有可能破产的。一旦您所投保的保险公司破产，您的利益能得到保证吗？所以在选择保险产品时，一定要考察保险公司的长期战略和稳健经营能力，考虑保险公司的口碑、信用记录，考虑其发展方向，而千万不要只顾眼前的利益盲目决定，毕竟保险是一项长期投资。

如果不了解清楚就随意办保险，一旦出险，后悔的还是我们自己。

杨某的妻子2006年怀孕办理准生证时，购买了某人寿保险公司母婴安康保险，交纳保险金25元。同年，杨某的妻子发生了交通意外，导致母婴双亡。出事后，杨某向该人寿保险公司报案。按照该母婴安康保险的规定，受益人可得到保险金9000元到12000元。但是，经过一系列纠结的理赔过程之后，杨某最终只艰难地领取到了人身意外保险金4000元。本来丧妻丧子之痛就已经让杨某十分伤心了，但是，最终在理赔的时候，原来的保险代理人的态度与当初办保险时完全是两个模样。让本就伤心的杨某更加遭受一层创伤。如果保险公司连这点最基本的人性关怀观念都没有，这样的保险公司肯定不是值得信任的公司了。

与杨某妻子的例子相反，我们再来看看刘女士的遭遇。

某超市员工刘女士在新婚登记时购买了某寿险公司的优生优育健康保险，每份保费50元。该险种可对优生优育中可能发生的29种疾患提供风险保障，如新生儿确诊神经管畸形可给付3万元。患唐氏综合征可给付20万元。经4个月围产医学检查，医生发现刘女士的胎儿肠腔畸形，在确诊后被迫中止妊娠。根据该优生优育险的规定，刘女士按原有保险金额的5倍获得了赔偿金。

同样是遭遇不幸，杨某却要因为保险公司蒙受两层创伤。而与杨某一比，刘女士就显得幸运多了，不仅有保险公司的关怀与安慰，而且还给予刘女士相应的经济补偿，这无疑让刘女士心里宽慰很多。

可见，选择一家值得信赖的保险公司是多么重要。投保之前的慎重选择，就是为自己未来的安心提供更多的保障，也是给自己预留了一个足以应对的“万一”。

没有人愿意遭遇不幸，只是当事情发生时谁都想让伤害降到最小。因此，慎重选择一家值得信赖的保险公司可以避免不幸发生时令你陷入无助的状态。希望每一个女人都能因为正确投保而尽情展现生命的美丽！

智者寄语

投保之前的慎重选择，就是为自己未来的安心提供更多的保障，也是给自己预留了一个足以应对的“万一”。

女人一定要买的保险

按时吃饭，好好运动，是健康快乐生活的最好保障，但天有不测风云，人有旦夕祸福，生病死亡这种事是谁都无法预测的。

你可能并不害怕死亡，但身体不舒服就必须去医院看病，如果查出了癌症或是白血病一类的疾病，那就要面临巨额治疗费以及生活费，一想到这里就会让人全身发抖。在发病前期还可以用之前努力存下来的钱治病，可是到了最后，面对的往往是像山一样高的债务。

病治好了以后,还会有许多的问题遗留下来。拖着还很羸弱的身体,再加上累累负债,以后还能过着幸福的生活吗?家人难道不会为了治疗费,而埋怨你没有买保险吗?

比较热门的保险商品是能保障资产的终身保险。终身保险是以死亡保险金为中心的。但是当癌症、脑溢血、心脏病等疾病导致的手术、住院这类问题发生时,也是会赔偿给你的。

假如一家之主突然死亡的话,这个家就会陷入没有亲人、没有经济支柱的悲哀与混乱中。这时候,如果可以依靠老公或是爸爸生前投资的终身保险赔偿金,就可以生活一段时间了。

有感于此,我们强烈向女性朋友推荐的是"医疗保障保险"及"CI保险"两种。医疗保障保险,在任何情况下的意外损伤或是小疾病,都可以得到全额的赔偿;而CI保险,则可以在罹患重病的时候给予你确定的保障。

在保险公司给予的"重大疾病"的保障里,如果不是合约中写明的重大疾病,而只是小病,就没有赔偿。有很多人都认为自己的身体很健康,没有必要去担心重大疾病,于是去购买医疗保障保险的人更多。当然如果你有绝对的自信,能够确保在得了重病以后,家里有足够的经济能力来治好你的病,那么就可以不去买CI保险。但如果为了预防重大疾病,就投资CI保险吧。反过来说,如果你希望以低廉的价格购买保险,而又可以报销实际的治疗费,那就赶快购买医疗保障保险吧。若是条件允许,可以将医疗保障保险及CI保险一并购买,那么就可以取长补短,使你的健康得到更完善的保障。在严峻的现实世界里,有备无患才是最理智的。

智者寄语

在严峻的现实世界里,有备无患才是最理智的。

保险:女人不可或缺的保本护照

天有不测风云,人有旦夕祸福,世界上许多事情的发生往往是人们始料不及的。为了不至于让自己在遭遇突发事件时束手无策,女人一定要在事情发生前提前做好保险规划。把未来托付于男人,不如把未来寄望在保单上,尤其是女性的平均寿命比男性多7年,所以女性其实比男性更需要退休金。

保险是一个综合性很强的理财工具,保险对于现代社会的新女性来说,是不可或缺的保本护照,是我们的财富和生活质量的保障。

在一个小城市中,有两个截然不同的人:一个很富有,经营着自己的一家公司;另一个却过着平凡、简朴的生活。开始时,两个人的家庭都生活得很好,但当两人不幸离世后,便出现了不同的结果:由于富人的离世,他的工厂很快就破产了,而他的家人不得不从大房子里搬了出来,生活日渐困苦;而另一个人的家人,由于得到了保险公司的理赔,依然过得衣食无忧。

由此可见,财富如果不能在最关键的时候为我们或者我们的家人提供帮助,那么即使财富再多都是毫无意义的。只有那些能在最关键时刻给予我们帮助的财富才是真正的财富。而对保险的投资就是一笔真正的财富投资。

平时舍弃"一点米",关键时刻也许就能派上大用场。投资保险就是未雨绸缪,是为你可能出现的厄运提前做的善后处理。

众所周知,规模越大、越豪华的轮船,往往也会配备数量更多、安全系数更高的救生艇。假如你要乘船远行,有两艘轮船可选:一艘有救生艇,一艘没救生艇,而有救生艇的比没有的那艘轮船稍微贵一些。那么,你会选择哪一艘? 相信大多数人都会选择有救生艇的那艘,因为它更有保障。

所以,对于任何人来说,花适量的钱为自己买一个可靠的保障,都是在追求财富的道路上应该采取的安全措施,而这种可靠的保障,尤其适用于女人。

也许现在你已经很明白购买保险的意义了,但却不知道如何在复杂多样的保险中进行选择。的确,随着保险业的发展,保险种类也变得繁杂多样:按照被保险人可分为个人保险和商务保险;按照保险标的可分为财产保险、人身保险与责任保险;按照实施的形式分为强制保险与自愿保险;按照业务承保方式分为原保险与再保险;按照保险机构的性质分为商业保险与社会保险……面对这么多的保险,应该如何选择呢?

毋庸置疑,保险越多保障也就是越多,但是相应的投保成本也会越高。所以,以尽可能小的代价获得最全面的保障才是购买保险的关键所在。要做到这一点,你需要遵循以下原则:

1. 按需选择

对保险的选择,要根据家庭的实际情况,尤其是可能面临的风险,来选择相应的险种。例如,如果在家庭中丈夫是经济支柱,而他又从事着较危险的工作,那么首要保险就应该是丈夫的生命和健康保险。

2. 量力而行

投保要量力而行,切不可为了投保而倾家荡产。保险的投入应该与家庭的经济收入状况相符。理财专家推荐,投资保险额度应在整个家庭收支结余部分的10% ~30%。这样才能确保你不会无力支付保险,也能够保证保险投入比较冗足。

3. 合理组合

为了使保险的功用最大化,你可以将各种保险项目进行合理组合,并综合利用各种附加险。如果你购买了主险种,可根据需要购买其附加险,这样便能够避免重复购买其他保险。例如,购买人寿险时可附加意外伤害险,这样就避免了再购买意外伤害险;而且,附加险的保费明显低于单独的保险。

4. 优先有序

购买保险也要三思而后行,要考虑先买哪种保险、后买哪种保险。对那些损害大、频率高的保险,要优先考虑。同时,你还应考虑到一些保险的免赔额。通常,保险公司不会赔偿低于免赔额的损失。因此,对于损失小、家庭能承受的事项,一般不用投保。

5. 谨慎退保

退保并不是一件对你有利的事,因此要谨慎考虑。首先,退保后就没有了保障。其次,即使退保,你也不能拿回所有的投入,会遭受一定的经济损失。再次,一旦退保,等你再次投保时,可能要花费更多的钱。

智者寄语

保险是一个综合性很强的理财工具,保险对于现代社会的新女性来说,是不可或缺的保本护照,是我们的财富和生活质量的保障。

女人要选择适合自己的保险

随着社会的发展,女性在社会中的地位日益提高。除了在家中担当着贤妻良母的角色,在社会上各行业也实现着自己的价值。

有关调查显示,妇女最喜欢的保险是健康险和养老险,经济基础好的会考虑理财险。

1. 健康险

在生理方面,女性承担着生育和哺育后代的使命和责任。无论科技多么发达,女性仍然承担着压力和责任之危险性。

心理方面,现代社会中,由于就业压力、社会竞争激烈、家庭关系协调以及子女教育等诸多方面的原因和关系,女性往往比男性承担着更多的压力和责任,因此女性在健康方面出现风险的可能性要多些,她们有着独特的生理风险和心理风险。

女性的健康险主要分为两个种类。

(1)重大疾病险。不同的公司对于女性重大疾病险的设置不同。有些将女性重大疾病独立为一个险种,有的是和普通的重大疾病相结合的。据世界卫生组织统计,从 1990 年至 2002 年,乳腺癌的发病率和死亡率均增长了 22%,全世界每年有 20 万妇女死于宫颈癌,其中,我国每年新增发病人数超过 13 万。所以,女性一定要重视自己的健康问题。

(2)生育险。每个女性都要经历怀孕、分娩的过程。这个过程对于大人和孩子都有一定的危险性。比如说中国宫外孕造成女性死亡率大幅上升。所以,现代女性应当养成健康的生活方式。保险公司为此还开发出了专门的保险,以为女性生育、母婴安全等提供保障。

2. 养老险

由于生理、生活习惯、工作性质等原因,女性的平均寿命比男性要长。女性的养老问题要比男性严峻很多。现在社会"养儿防老"可能性很小,因为子女们压力都很大。靠社会保险,杯水车薪。因此,女性朋友们用现在收入的一小部分做养老金的规划,便可以使您拥有一个自尊、丰富的老年生活!

女性处于不同的人生阶段,拥有不同的保障需求。

第一阶段:小女孩

18 岁之前的孩子没有经济压力,没有社会责任,同时也缺少社会保险等保障。这个阶段应该考虑的是重大疾病保障、基本医疗保障以及教育保障(用分红型教育险或者万能险来保障教育金)。

第二阶段:单身年轻女性

这时候的女性更关心身体健康以及未来的生活品质。应该选择妇科疾病保险、普通重大疾病保险、养老保险。因为单身女性最担心父母的养老问题,因此定期寿险或者意外险也是应该考虑的问题。

第三阶段:结婚后的女性

这个时候的女性肩负着家庭的责任,也肩负着生儿育女的责任,同时还要负担自己在工作岗位上的责任。她们比较关心身体健康和生育健康以及老年的退休养老生活。根据科学论证,70% 以上的已婚女性都有不同程度的妇科疾病,且女性得病的概率远远高于男性。所以,此时的女性朋友应该选择生育保险、养老保险、妇科疾病保险、普通重大疾病保险、定期寿险。

第四阶段:中老年女性

这个时候子女也已经长大成人,自己也临近退休。奋斗了一生,这个时候也有了一定的财富积累。此时的中老年女性最关心的就是如何对积累的财富进行安排和分配,一方面有利于晚年的幸福生活,另外一方面可以更多地照顾好晚辈的生活和事业。所以,这时最好考虑补充一定的健康险,选择终身寿险(避免遗产税)、万能保险(作为老年生活的生活费或者娱乐费用)。

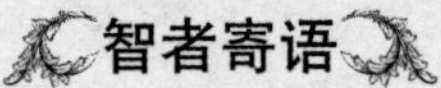

女人要学会选择适合自己的保险。

第九章　驰骋职场，从薪水看财富的经营

“薪”情不佳时，想方设法给自己加薪

说服上司给你加薪确实不是一件易事，万一操作不好，就有可能破坏自己在上司心中的良好形象，影响日后的工作。因此，在开口之前，最好先制定一个谈话要点，明确加薪理由，然后有理有据地展开。

据不完全统计，年龄与工作经验与薪资成正比。随着年龄和工作经验的增长，薪资水平也层层拔高。通常处于31~45岁年龄段者的薪资比较丰厚，其中以36~40岁的、正处于事业巅峰时期者的薪金最高。而年龄在25~30岁者，则有75%的人面临“薪”情不佳的问题。

那么，当“薪”情不好时，你会想办法给自己加薪吗？如何与领导周旋，才能搭上加薪的顺风车呢？

新进一个公司，一般有两次谈薪机会：一次是在双方达成初步录用意向，准备签订合同前；还有一次则是试用期满转为正式员工时。两次谈薪的侧重点不同，所需把握的尺度也有所不同。不过，需要记住的是，不管何时与老板谈薪水，最重要的是要有理有据，寻找有利于自己的突破口。

试用期薪水不宜要求过高。刚刚被录用时，你的个人能力还没有被老板看到，因此，在此时的薪资谈判中，对试用期阶段的薪水要求不宜过高，否则可能对录用不利。尤其是当你对个人的专业背景不是特别有信心时，可以适当降低一点期望值。

试用期满后，可用忠诚打动老板适当加薪。经过了一段时间的试用之后，假如你的表现赢得了老板的青睐，被批准转为正式员工，这时你可以抓住这个大好机会，以自己过去一段时间里的优异表现为资本，要求适当加薪。

你可以跟老板谈谈自己生活上的困难，比如房租太贵、交通支出过高等，让老板看到你确实有困难，产生同情心，看到加薪的必要性。你要十分自信地告诉老板，经过3个月试用期的磨炼，你完全有能力胜任现在的工作，能够出色完成公司交给的任务。

同时，别忘记跟老板分享你个人的职业生涯发展规划，让老板知道你对公司的服务意愿，看到你愿意与公司一同成长，让老板感觉到你是一个有忠诚度的员工，这样他才会愿意在你身上投资。

如果你本身就是正式员工，而且对自己的业绩比较自信，经过明察暗访，知道自己的薪水在同行或公司同等职位员工中偏低，就可以主动向上司提出加薪。但必须是在时间、地点、场合条件都具备的情况下。

谈加薪的最佳时机一般是在公司每年年底进行当年业绩评估的时候。根据评估的结果，公

司会在第二年的年初进行职位、薪酬等各方面的调整。因此,在评估结果出来之后,如果自己的业绩不错,与其他员工进行合理比较后发现有加薪的空间,那么可以以业绩为资本向上司提出加薪,这样做成功的可能性才会较大。

而最忌讳的事则是拿其他员工的薪水跟自己的做比较,以此要求上司加薪的做法万万不可取。因为一般公司员工的薪水都是保密的,所以千万别犯了大忌,否则,非但加薪不成,还可能被炒鱿鱼。

值得一提的是,自身素质直接影响收入,提高自身学识、经验是提高薪资水平的最切实的方法。而只有踏踏实实地增长学识、开阔眼界,才是提高自己价值的长远之计。

智者寄语

说服上司给你加薪确实不是一件易事,万一操作不好,就有可能破坏自己在上司心中的良好形象,影响日后的工作。因此,在开口之前,最好先制定一个谈话要点,明确加薪理由,然后有理有据地展开。

"薪"情不佳,兼职帮你赚到家

机会都是给有准备的人,在理财上也是一样。对于刚踏入社会的年轻女性来说,与其埋怨工资低、待遇不好,不如利用自己的特长和闲暇时间,先尝试一下兼职,让最初的职场更有"钱"途。

工作三年的李菲,因为经济危机,公司以节约开支的形式,将办公室每个人的薪水下调了30%,这样一来,使得李菲的经济就显得更紧张了。

前一段时间恰逢周末,李菲突然接到大学时好朋友张兰的求救电话。原来她一直在帮别人做业余会场主持,这周本来和别人讲好有一次会场主持的,但是临时皮肤大面积过敏,不能登台,时间紧迫又找不到合适的替补,于是她想到了李菲。因为她们两个原来是大学广播站的首席播音。好朋友有难,这个忙不能不帮,于是李菲迅速熟悉了好友手中的材料,开始了第一次会场主持工作。

第二天一大早,张兰便打来电话告诉李菲说,昨天的主持客户还比较满意,同时还问李菲的银行账户,要将600元报酬转给她。同时张兰告诉李菲,如今很缺这种业余的主持人,如果李菲有兴趣的话,她可以帮忙留意,作为周末兼职,这一行的待遇还行。

仔细考虑一下,李菲觉得这份兼职也不错,毕竟属于自己感兴趣的。并且多半是周末,不会影响正常的工作,能为自己赢取额外的报酬,何乐而不为呢?于是,李菲重新拾起了话筒,走入了兼职者的行列。

像李菲这样,能够将自己的兴趣与挣钱结合起来的幸运儿当然是不多的,大多数人在自己的兼职生涯里,沦落为疲于奔命的"挣钱机器"。下班之后,忙着从这家公司赶到另一家公司。所以,我们在这里得善意地提醒一下各位女士,在选择兼职的时候,一定要注意与自己的特长和未来发展的方向相结合。兼职前应该树立明确的兼职目标,是为了更多地积累工作经验,以提高自己的竞争力,换一份更理想的工作?还是为了缩短从打工者到老板的距离?而如果只是为了兼职而兼职,为赚得更多的钱而压榨自己的时间与精力,为眼前的一点蝇头小利斤斤计较,而忘记了对自己能力的锻炼和资源的积累,这就有点得不偿失了。

据调查,律师、高校教师、媒体从业人员、会计师等工作时间弹性大的行业是兼职比例较高的行业。而如果你是医生、软件工程师、动画制作员、教师,或是画家、钢琴家等,那么就更加具备得天独厚的兼职优势了。为了表现自我、积累资金也罢,或为了今后的真正创业进行热身也罢,如若在本职工作之外能够从容兼做一份工作,实在是再好不过的一件事。

有位名叫小文的朋友就是一个有心的兼职高手,他原来在北京一家大的电脑图像制作公司工作,在工作中与很多小的电脑图像公司、报社、杂志社、电视台、电视节目制作公司建立了关系,积累了人脉。时机成熟后,小文一边做着原来的工作,一边自己成立了一个电脑图像工作室,用业余时间对它进行打理。

因为这份额外的工作相当于本职工作的延续,小文几乎没有冒任何风险,便踏上了自主创业之路。现在小文的工作室生意很红火,收入远远地超过了他的上班收入。

像小文这样身有一技之长的人在职场上还有很多。一边工作一边创业,遇到困难是不可避免的,必须克服兼职创业的各种阻力,所以一定要有良好的人脉,既可以帮你拓展业务,又可以在适当的时候出手帮你一把。

由于兼职的性质,每个人对自己的本职工作一定不能忽略,在本职工作做好的基础之上,再兼职。因为兼职工作一般带有随机性和不稳定性,如果只依赖兼职而忽略了专职,反而得不偿失。因此,最好在本职工作闲暇的时间开展兼职,这样才能做到专职兼职不矛盾。

其次是金钱上的分配。有些兼职需要投入一部分本金,这时候职场女性一定要考虑清楚。兼职的不稳定性如同投资一样,在投入资金时应慎重。一般说来,固定的收入可以用于日常开销或者定期存款,兼职收入不妨用来做一些小小的投资,对自己的理财计划也不会有较大影响。

需要注意的是,兼职并非越多越好,选取适合自己兴趣的或者对自己工作有帮助的一份即可。过多的兼职会剥夺你大量的休息时间,并且会影响其他工作的开展,不利于长期利益和身体健康。

智者寄语

对于刚踏入社会的年轻女性来说,与其埋怨工资低、待遇不好,不如利用自己的特长和闲暇时间,先尝试一下兼职,让最初的职场更有"钱"途。

找准定位,身价决定你的"薪"情

人人都想得到一份高薪,尽管得到一份高薪会受到很多方面的制约和影响,可是最根本的还是决定于你自己的心理因素。如果你自己都低估了自己的价值,又怎能奢望别人高估你呢?给你发薪水的人,绝大程度上取决于你对自己的"定价"。

现实生活中,人与人之间的智力和能力上的差别其实并没有你想的那么大,有些事情你之所以想不到、做不了,很大一部分原因就是你低估了自己的价值。那些拿高薪的所谓精英人士,难道能力真的比你高很多吗?当然不是。只是因为找工作的时候,每个人对自己"定价"的不同而导致最终命运的不同。这些所谓的精英只是一开始给自己定了一个"高价",并且凭借这个"高价"登上了"高位",正是这个"高位"才促成了他们今天的高薪与高成就。不妨举一个很简单的例子：

前两天小梅跟一个在某国际大牌服装公司就职的设计师聊天，当时问设计师："如果你从自己公司买衣服会不会有内部员工折扣?"

设计师回答："这是自然。"

"那折扣是多少呢?"小梅问。

"其实也不算是折扣，就是按成本价拿就行。"设计师答。

"那是多少? 比如卖两千多块的夏装?"小梅好奇地问道。

"大概一百块左右吧。"设计师回答得相当淡然。

"什么? 这么便宜!"小梅的下巴已经惊讶得快掉下来了。

"当然，其实大部分的衣服制作费用是超不过一百元的，我们需要控制成本。"设计师继续轻描淡写地说着。

"可是，你们的衣服动辄一件就要卖好几千，这悬殊未免也太大了吧?"小梅像所有猛然知道被宰了几千刀而顿时被浇了盆冷水的购物狂一样，被骗的感觉一直从头顶凉到脚底心。

"这个行业就是这样啊，大牌和小牌的原料及加工费差别其实是不大的。只是款式设计和做工上面略有不同，其实连品牌价值都已经算在成本当中了。定价高，很大一部分原因是在维护品牌在消费者心目中的地位和形象，你没有发现越贵越大牌的衣服其实卖得越好吗? 这是为了迎合大众的心理需要。"她理所当然地分析着。

衣服是如此，人当然也是如此。既然每个人的"成本"差别都不大，而最后的"卖价"却有着天壤之别，其中最关键的因素就是你要学会揣摩"购买者"的心理。就好比我们自己买衣服一样，当商场里出现降价大甩卖的时候，你自然不会认为自己买到的是好东西，因为人人心里都有这样一个评判标准："好货不便宜，便宜没好货。"其实，你找工作也是一样的。如果你低估了自己的能力，对自己定价很低，那就不要期望雇佣你的老板会认为你是个有能力的员工，更不要期望他会给你一个高工资。就如同降价甩卖的衣服一样，你已经自降身价了，老板对你自然也就重视不起来，你的能力和发展空间自然也就是有限的了。

所以，女人要想拿到高薪，必须给自己定好价。当然，你的这个价格必须是合理的，如果你的成本价只有十元，而你却非要把自己卖到上万元，那显然是不合理的，因为你跟成本价是一百元的一比，差别还是蛮大的；同时，你也要找到"伯乐"，如果你的要价买主根本就负担不起，你就应该走开寻找别的买主，寻找更合适、更能出价的买家现实些。

对于女人而言，当然就是要评估自己的实力、做出准确的定位、找到合适的企业、发挥自己的专长，如此一来你的"身价"自然就上去了，到时候还怕薪水不跟着水涨船高吗?

智者寄语

对于女人而言，当然就是要评估自己的实力、做出准确的定位、找到合适的企业、发挥自己的专长，如此一来你的"身价"自然就上去了，到时候还怕薪水不跟着水涨船高吗?

"薪时代"女性的"薪"主张

伴随着经济的发展，人们的压力越来越大，竞争也越来越激烈，生活在都市里的年轻白领，每天为那些不明所以的工作忙得像热锅上的蚂蚁，面对老爸老妈、挚友亲朋的埋怨，最常拿来应付的一句话就是："我忙啊！"

"像蚂蚁一样工作，像蝴蝶一样生活"虽然是很多女人的人生追求，但是很显然她们也只是在做前半部分而已。我们只看到了忙碌工作的蚂蚁，蝴蝶般优雅的生活哪里去了呢？

没错，你的确很忙。你需要用忙来获得劳动报酬，你认为越忙你的所得就应该越多。大部分情况下这个道理好像也没有什么错误。不过我要告诉你，其实你也许不用这么拼命。如果你的心智足够成熟，你就会发现通过合理理财，你也能让自己的生活轻易地变得轻松起来。用不着把生活搞得像打仗，你也一样可以过上好日子——这才是"薪女性"该有的人生追求。成熟的"薪女性"懂得用理财这个杠杆去翘起自己的优雅生活，不用"夜夜笙歌"、不用名牌加身，你的生活同样可以过得精彩。

人们都说"认真的女人最美丽"，谁说精打细算不是一种认真的表现，你的生活是过给自己的，不是过给别人看的。让自己精明一些、精细一些、精致一些，聪明又认真地去工作、去生活，把自己打理得井井有条，日子过起来才能更舒服不是？

理财不仅仅是要理你的财富、你的才能，更需要理的是你的心态，成熟的"薪女性"们对于财富的态度也应该是成熟的。你开始懂得钱该花在哪里，怎么花才是最有效的。减少不理智支出产生的坏账，降低财富的不必要损耗，让自己的手里有了盈余，理智的投资有了收益——所有的一切都在证明着你的财商正在迅猛发展。

至于如何验证它的成长速度，那么不妨来看看下面的这些表现，看看你自己究竟占了几条，它能有效地检验你作为"薪时代女性"的美丽"薪"主张：

(1)拿到薪水后第一件事情是去定存。

(2)对加薪请求不再羞于出口。

(3)购物不再是你最热衷的事业。

(4)面对信用卡的对账单，你从来不害怕看到有大笔欠款，因为这是不可能发生的。

(5)你发现自己比同龄人更富有，但是她们却没有任何察觉。

(6)不再把那些已经亏损但回天无术的投资当成"鸡肋"，你已经毫不心疼地"斩仓"了。

(7)虽然你对"对冲基金"的了解程度不亚于自己的双手双脚，但是不会涉足其中。

(8)你的薪水已经有能力让你买一辆汽车，但是却不会这样做。

(9)对自己的每一项投资都了如指掌。

(10)股市大跌和没有足够的钱养老相比，你更担心后者。

(11)你学会了拒绝买打折品、奢侈品，甚至自己喜欢的商品，如果你发现那是你现在不需要的。

(12)保险该买的你都买了，不该买的当然从来不去考虑。

(13)别墅、旅行、假期、提早退休，这些都是你想拥有的，但是你已经清楚自己不可能什么都得到。

(14)你知道自己可能没有办法让你的孩子成为巨额财产继承人，但是也能保证不用靠他们养，不会丢给他们一个烂摊子。

(15)一想到信用卡吓人的欠款利率，你的购物狂基因就会适时收敛。

(16)虽然你对未来的投资前景没有足够的把握，但是投资的多样化让你知道自己的投资组合中总有一些在为你赚钱。

(17)你很清楚自己比别人的薪水高，但是不会因此丢了勤俭的美德。

(18)对自己未来的发展方向有清醒的认识,知道自己的收入怎样才能越来越多,对生活内容的安排更是如此。

能工作,会生活,有健康成熟的理财观,成熟的"薪女性"就是这样一步步成长起来的。以上内容,你占了几项呢?如果超过半数,那么恭喜你,看来你的"财女"之路已经走得顺风顺水了;如果一项也不占,那就要多多努力,好好分析一下自己的财务状况,做好理财规划,调整财富心态,然后努力地迎头赶上吧!

智者寄语

理财不仅仅是要理你的财富、你的才能,更需要理的是你的心态,成熟的"薪女性"们对于财富的态度也应该是成熟的。

合理分配薪水,做快乐小财女

现实生活中,即使薪资水平再高的人,如果不能很好地分配自己的薪水,最终也可能会把自己搞得捉襟见肘。作为一个"薪女性",薪水自然是你的主要收入来源,那么如何对自己的薪水进行分配才是合理有效的,就要根据你自己的实际情况来定了。它通常包括以下几个方面:

1. 储蓄

这是我们必须要做的。不管你现在的收入如何,你都必须先拿出一部分存入银行。这是一种强制性的储蓄方式,切忌因中途手头紧了随意动用。只要你严格执行,那你的银行账户自然就会日渐"丰满"。

2. 口粮

留足口粮,才不至于让自己挨饿。你得保证自己的温饱问题不受影响。你每天用在吃饭问题上的花销是多少要很明确,当然你平常嘴馋要买的饮料、水果、零食也要一并算进去。否则,只留饭费的结果很可能让你的支出超出预期很多。

3. 房租或房贷

自己有房子或者"啃老"的美女这项花销就自然可以省下不作数了。但是租房居住和自己供房的姐妹必然是省不了的。这也是日常支出的一大项,不管你是按季度还是按年交付,都要在当月的支出中预留出来,否则就会影响到需要交租或者还贷时那个月的理财规划。

4. 日常花销

包括交通费、水电费、燃气费、手机费、宽带费等琐碎的开支你需要计算出来,因为这些支出相对比较零散且数额通常不大,所以很多人容易忽略。但是正是这种原因才让你的开支总是超出预算,一不小心就把预留的生活费都花光了,如果不想再次超支,还是把它们算进你的支出里好。

5. 卡债

信用卡的确方便了所有持卡的人,买东西刷卡一般谁都不心疼,偶尔还能透支一把,好像很爽的样子。但是,大家也别爽过了头,到了账单下来的时候你还得乖乖还款不是?所以你的支出里面应该将卡债的部分也算进去,要知道欠银行的钱并不好玩,过期之后的利息可是吓死人啊。当然不用卡的姐妹又可以省一笔了,恭喜恭喜!

6. 应酬所需

如果你不是宅女的话,你就少不了应酬。跟朋友吃饭、唱歌、泡吧、买礼物、凑结婚份子……哪一样都离不开钱,不如先看看这个月你有多少人要请、有几个人过生日、有哪些人要结婚吧,先把这些钱拿出来。否则难免会出现"月初花得很开心,月末四处补亏空"的景象。

7. 爱美费用

女人爱美,天经地义。商场里的新款衣服、鞋子、化妆品、香水……哪一个不在诱人地向你招手呢?女人在这方面的抵抗力甚至远远低于对待爱情和男人,我们的市场经济如此繁荣,自然跟女同胞们不遗余力的大力支持脱不了干系。既然你抵抗不住诱惑,那么就不要非得在你收入分配上去做什么"贞洁烈女",还是先划出一部分来备着吧,否则到了忍不住要"败"的时候,你本月的理财计划难保不因为这笔意外支出而泡汤。

8. 投资

如果经过以上的各种分配你还能剩下钱的话,那么恭喜你,你现在完全可以自由自在、毫无顾虑地拿出来做投资了,这些钱可是你生财的保障,可以拿来投资你比较熟悉和有信心的领域。而且这些投资所带来的收益最好不要归入你的收入之中进行下次分配,因为那样会打乱你现有的理财计划,让你以为自己可以有更多的现金进行支配,放松对自己的要求。最好将它拿来继续做投资之用,这样既可以为你带来更多的收益,又不至于让你的收益影响你对自身理财的整体规划。

或许在做薪水分配的时候,很多女性朋友都会提出这样的疑问,光是消费方面的支出就已经让自己入不敷出了,哪里还有闲钱用来投资呢?因此,在这里,我们还要提醒姐妹们,还是学会过简朴的生活吧,尽量减少那些不必要的日常消费,把我们的薪水尽量留下来做点投资,这样才能实现财富的原始积累,做个不折不扣的小"财"女。

智者寄语

在这里,我们还要提醒姐妹们,还是学会过简朴的生活吧,尽量减少那些不必要的日常消费,把我们的薪水尽量留下来做点投资,这样才能实现财富的原始积累,做个不折不扣的小"财"女。

跳槽跳不好,荷包缩水一大半

如今,"跳槽"在职场中很是流行,甚至有人把"你跳槽了没"当作一种问候语。当然,如果跳槽可以让你获得更多收入和更好的前途,那是无可厚非的,毕竟"人往高处走"。但是,很多人只是为了"跳槽"而"跳槽",甚至有人的跳槽频率让人瞠目结舌,连面试时对方的人事经理都会害怕他还没上班就走了。

有个研究机构,就大学毕业生跳槽的原因进行了一项调查,发现很多大学生的辞职理由简直让人哭笑不得,只能用"雷人"来表达了。

有一个重庆的大学生,好不容易找到了一份工作,只上了一天班,第二天就给公司递了辞职信,信上说辞职的原因是:"上班必须要早起,没法睡懒觉。"

浙江一个房地产公司的人事经理讲了这么一件事：公司在毕业生中招聘了好多人，本来对很多学生都感到满意，没想到试用期没过几天，就有人找到他说，在公司不能开 QQ 让他们觉得很不适应。结果没几天，好几个人就因为不能开 QQ 而辞职了。

滕跃是某个培训机构的负责人，她对一些员工的莫名其妙离职感到"欲哭无泪"。一名大学毕业生辞职时给出的理由是："跟女朋友分手了。"还有一些人辞职时"说走就走，一天的交接期都不给公司"。由于是培训机构，这让公司常常陷入非常被动的处境，经常因为临时找不到老师，而打乱了教学秩序。

更有一个网络公司，某年招聘了 12 名毕业生，第一天上班就有 6 个人没到。当总经理联系到其中一个人时，对方说："起晚了，怕到了公司挨批评，干脆就不干了。"

在一家出版社工作的小杜，毕业一年换了 6 份工作，已经进入"闪跳族"了。小杜的第一份工作是在一家管理咨询公司做传媒采编，干了不到一个月就辞职了，原因是："工作环境压力大，工作量大，同时，公司对这个小部门还不重视。"

如此让人哭笑不得的跳槽理由还有很多很多。据温州大学对毕业生的一项跟踪调查研究显示："工作第一年的跳槽率在 70% 左右。"某个招聘网站的一项调查表明，有三成大学生毕业一年就换掉了工作。

对于大学生来说，诚然，用人单位的问题不可忽略，但是像上述这些跳槽案例，我们难道不该对自己的损失仔细衡量一下吗？

马云是中国互联网创业的代表人物，也是很多年轻创业者的偶像。在一次电视节目中，两名 80 后大学生滔滔不绝地谈论着自己的创业项目，言语中充满了自信和激情。为了得到马云的认可，有一个甚至说："如果今天你给我投资 1000 万元，明天我就能让你得到分红，后天就能变成 2000 万元。"

马云摇摇头，对他们说："如果我是你们的话，5 年之内不要创业。找个公司，踏踏实实地工作 5 年。到时候，如果你还想创业，那再出来创业。"

原来，20 世纪 80 年代，马云在杭州师范学院读书，风华正茂的他经常和同学们"指点江山，激扬文字"，想要成就一番宏图大业。但是当时大学生毕业之后，必须要遵从学校的统一分配，马云就被分配到杭州电子工业学院当了一名英语老师。当老师，显然和他想要成就一番事业的想法背道而驰，他感到非常迷茫。在校门口散心时，他碰到了当时的校长。当时，马云直言不讳地对校长说："我不想当老师，想出去闯一番事业。"校长没说什么，只是要了马云一个承诺：在那个学校踏踏实实教 5 年书，以后的事情他再自己作决定。马云不懂校长的深意，只是出于尊重，还是答应了。当时老师的待遇是每个月 89 元，马云只好甘受贫困，勤勤恳恳地工作。后来有几家公司找过他，待遇从 1000 多元到 3000 多元，马云踌躇再三，想起对校长的承诺，还是坚守下来了。就这样，他在学校教了 5 年书，失去了很多眼前的利益。但是得到了终生受益的一样东西：懂得了什么叫浮躁，什么叫沉着。道理似乎人人都懂，但是要深刻领悟它，还必须经过很长时间的蛰伏才行。

正是由于这种踏实、沉着的心态，马云在后来的创业中，虽然经受很多的挑战，但还是一路走了下来，成了最成功的商人之一。

"不想当将军的士兵不是好士兵，但是如果你连士兵都当不好，那就肯定当不了将军。"这么简单明了的一个道理大家都懂，但是当事情真的落到自己身上时，很多人都看不清。

有个大学生，大学毕业后找了一份国企的工作，没干半年就抱怨道："公司里有什么事，都是找我们这些新人干；有了出国培训、升职加薪的好处，都落到那些资历老、不怎么干活儿的人头上。"有人劝他:"再过几年,等你待的时间长了,出国、加薪也会轮到你了。"他还是觉得太不值得,没两个月就跳槽了,尽管当时工资已经见涨。但两年后,他又开始抱怨:"当年同时入职现在还待在那个单位的同事,出国的出国,加薪的加薪,比我的工资高不说,我到现在还没出过国呢。"

当初外企刚刚在中国兴起的时候,"跳槽"成了当时白领们的时尚,稍不如意就"炒了老板",看似潇洒自如,结果很多人在经历了十几年的职场轮回后,发现自己再也升不上去了,而升不上去的主要原因就是随意频繁的跳槽经历。但是,自己走的路是谁也不能更改的,这就是随意跳槽的代价。

时代的发展、社会的进步,给职场人带来了较大的自由空间,我们作为职场人,应该珍惜这种自由,而不是浪费它。很多职场精英嘴里常常说着"想发财就要跳槽",不知道珍惜现在的工作,稍不如意就跳槽。这不仅仅给公司带来低效和混乱,更重要的是在个人经历上添上不好的一笔。

随意频繁的跳槽经历会给人高度自我和忠诚度缺乏的印象,试想,哪个公司愿意要一个没有责任感,很可能不知道什么时候就从自己公司跳走的人?工作经历是我们每个人一笔很好的财富,一定要认认真真地对待它。职场收入是我们一生最主要的收入来源,非常值得我们认真对待,如果你想有个"富足"的人生,就必须审慎地对待每次跳槽。

在跳槽之前,你可以好好地问自己几个问题,来仔细审视一下这次跳槽的决定是否应该作出:是什么让你不满意现在的工作了?你想跳槽是经过慎重考虑,还是一时兴起?有没有尝试过自我调节?跳槽本身会让你得到什么,失去什么?适应新的环境,建立新的人际关系需要投入大量的精力,你有信心吗?你的工作经验和能力能胜任新的工作吗?你是为了生活而工作,还是为了工作而生活?你有没有清晰的职业目标?下一个工作是不是让你更加接近目标了?征求过别人的意见吗?有没有把你的想法和别人好好谈谈?

能明确回答这些问题的人,他的跳槽决定也许算是经过慎重考虑的;而面对这些问题觉得很突然,或者是感觉自己从来没考虑过这些问题的人,在跳槽之前,还是再具体好好想想,直到能回答这些问题的时候再作决定吧。

智者寄语

职场收入是我们一生最主要的收入来源,非常值得我们认真对待,如果你想有个"富足"的人生,就必须审慎地对待每次跳槽。

现在收入低不要紧,一切都有办法解决

不管你现在是大学刚毕业,还是已经在工作岗位历练了几年,我相信这个问题始终困扰着你:"为什么我的工资这么低?"诚然,网上经常会曝光:某某快递员月薪2万元;某某在学校附近卖煎饼果子,每年至少赚10万元。是不是碰到这样的消息,你都会悲愤万分,甚至想赶紧辞职回家去干点卖炊饼、做拉面的生意?

与此同时,随着高校前些年的扩招,每年的大学毕业生就业问题都让社会头痛不已。大学生越来越多,也越来越不值钱,甚至在某些地方已经出现了"不领工资先上班"的事情。

大学生工资比较低,是整个社会的普遍现象,但是对我们每个个体来说,工资为什么会比较低呢?你是否考虑过这个问题?因为,不管市场怎样,总有公司在赚钱;不管社会平均工资有多低,总有人的工资远远高于平均工资。

在考虑为什么自己的工资会比较低的时候,我们先来分析一下一个人一生的职场生涯会经历哪些阶段。

一般来说，第一个阶段是30岁之前，这个阶段是职场学习期，要跟老板踏踏实实地学习，积累职场知识，完成从学生到职场人士的转变。第二个阶段是30～35岁，这是职场起步期，这一时期正是职业刚刚起步的阶段。第三个阶段是36～40岁的职场启用期。这是人生的第一个黄金期，这时，职场才会重用你，才能让你担任比较重要的职责。公务员队伍中，这个时期大多会变成处长，而公司中，这个时期的人大多开始担任部门经理。30岁左右是担不了重任的，因为这时候你的社会资源根本还不能与你的职责相匹配。有人在20多岁时便得到重任，如果这个组织还是超年轻的团队，这是非常危险的。第四个阶段是40～45岁的职场转型期，你需要在这个阶段完成“从演员到导演”的转变。第五个阶段是45岁以后的职场收获期。

在了解到职场的必经阶段后，如果你想让工资有所提高，不仅要有较强的专业知识，还必须把老板交代的事情做好。同时，既要学会做事，也要学会做人。这就需要你有一个平和的心态，并且充满激情。

我们可以用一个量化的指标来审视一下自己是否属于“低薪”一族。如果你的年龄小于30岁，那么即使你现在的薪水还比较低也不用害怕，因为现在是你的学习期，你最要看重的是能力的培养，而不是薪水到底有多少。但是如果你的年龄已经超过30岁了，还在“低薪”，就需要好好审视一下自己，到底是什么原因导致薪水比较低。

薪水低比较典型的有两类，一类是缺乏明确的职业规划，盲目跟风，仗着自己还年轻，看到市场什么比较火就从事什么。IT行业热门时就从事IT，等到金融火起来了就改行进入金融行业。一年换一个东家，甚至还要换行业，等到回头看却都是毫无联系的职业，或者根本就趴在原地不愿动弹，只求安稳。于是，眼睁睁地看着同时进入职场的人一个个升官发财，晚进入公司的人也在策马扬鞭、奋起直追，只有自己愣在原地，到了30多岁才发现，自己除了年龄，其他什么都没增加。

如果平时不关注能力提升，更没有对自己的职业生涯进行一个规划，那么你怎么能期望领导主动给你加薪、升职呢？

另一类是职业定位模糊不清的人。很多低薪人士挫败在“职业与自身特质不同”这一条上，本来是个害羞的人，却做起了销售工作；本来优势是与人打交道，却因为专业的原因做起科研。长期下去，从事的职业与自己的兴趣、特质都不相符，不能让自己兴奋，不能把所有的热情都投入到工作中，又怎么能取得好的成绩呢？

电影《三傻大闹宝莱坞》中，所有的学生不顾自己的兴趣和爱好，仅仅为了以后能找到个好工作，全部考入了工程学专业。几乎所有的人都发现自己不管怎么努力，都不能和男主角一样优秀。男主角平时胡闹、不好好学习，但是考试时却能考出优异的成绩，让人不可理解。电影的最后，男主角道出：“工程学是我的爱好，我爱它，所以我可以投入全身心的热情。你们根本就不爱这个专业，不管怎么努力，都会因为无法投入百分百的热情而落于人后的。”

当然，任何事情只要分析，找参照也是一个必须的方法。除了原地剖析自己薪水低的原因之外，也不妨同时分析一下身边的高薪同事，人家为什么就能高薪呢？如果能确确实实发现并承认人家的优势是你不具备的，那你还等什么？

智者寄语

在了解到职场的必经阶段后，如果你想让工资有所提高，不仅要有较强的专业知识，还必须把老板交代的事情做好。同时，既要学会做事，也要学会做人。这就需要你有一个平和的心态，并且充满激情。

第十章　不被债务压垮才能拥有更多的资产

信用卡不能当作储蓄卡

女人构筑幸福生活，不仅要学会赚钱，还要学会消费。幸福的可持续发展，不仅需要存储，也需要支取。信用卡就像是一把双刃剑，使用不当，可能会使你愁眉苦脸；使用得当，却可能助你渡过各种财经大关。所以，只有学会巧妙使用信用卡，你才能笑看人生的细水长流。

1. 信用卡是不能存钱的

信用卡和储蓄卡的最大区别，除了信用卡可以透支以外，还在于信用卡的功能是进行消费结算，而不是储蓄功能。因此信用卡客户持卡消费并及时还款，银行的收益只是从商户处收取1% ~2%的结算手续费。而按照各家银行信用卡的收费标准，即使是存钱进去然后取出，在取出时也会收取手续费。

即使是急需钱，需要从信用卡取现时仍需注意成本。为避免忘记还款而带来的负担，最好与发卡行的借记卡挂钩，使用信用卡自动还款功能。

2. "超长免息期"有陷阱

国内银行在最长免息期间是不收利息的，但如果超期透支了，也就是偿还的金额等于或高于当期账单的最低还款额，但仍然低于本期应还金额，那么剩余的延后还款的金额就是循环信用余额。而超期的每一笔消费都要按照日息万分之五计算了，相当于年息18%，相当之惊人。

3. 信用卡闲置就是丢钱

信用卡激活，是银行为了防止在邮寄卡片过程中被盗用采取的一种安全措施。发卡行在核准发卡后，信用卡所涉及的一系列后台运作随即产生，而对于未激活的信用卡是否会收年费这个问题，各家银行都有不同的规定，一般分为三类：

第一类是信用卡只要不激活，就不会产生年费。目前许多银行的信用卡在有效期内，只要用户没有激活，就不会收取年费。而且，有些银行的信用卡用户如果首年不激活，一年之后，还会自动注销这张信用卡。

第二类是在第一年免年费。这是目前许多银行都采取的首年免年费政策，也就是在第一年免除年费，如果第一年消费了若干笔，那么自动免除第二年的年费。但如果这张信用卡在第二年还没有激活，那么银行就会收取年费。

第三类是即使不激活信用卡，第一年也会收取年费。采取这类年费政策的银行不多，在发卡后30天内激活而且必须刷卡消费或取现，否则就要收取首年年费。

所以，在办理信用卡之前，就应该对该银行的信用卡规定进行详细的了解。因为每个银行的政策都不同,对于信用卡的办理规则也不一样;而同一个银行的信用卡也有不同种类,其使用规则也可能不同;对于同一种信用卡的政策,也有可能会进行调整和改变。在办理信用卡之前就应该注意以下事项:

第一,仔细阅读合约。信用卡领用合约不仅记载着用户和银行之间的权利义务关系,也会清楚地写明信用卡的年费政策,是正式的法律文书。所以在申请信用卡前,一定要仔细阅读领用合约。如果对合约有疑惑,马上向银行工作人员或者拨打客服中心电话进行咨询求证,对于年费的减免年限、年费减免是否与刷卡次数挂钩、年费与激活开卡之间的关系、除年费之外是否还有其他收费等,都必须了解清楚。

第二,理性至上,不要盲目办理。有些消费者,尤其是女性朋友,容易在一时冲动下申请多张信用卡,有些一直闲置不用,时间一长,对于信用卡的年费规定也会慢慢淡忘,甚至因为长期弃之不用而不慎遗失,很可能会带来许多不必要的麻烦。所以对于信用卡的办理一定要理性,办信用卡不要贪多,长时间不用的卡,最好还是到银行办理停用。

智者寄语

只有学会巧妙使用信用卡,你才能笑看人生的细水长流。

贷款买车先要仔细计算

很多人往往缺少魄力,觉得贷款买车不仅要还贷款,而且要支付一部分养车费用,所以很担心生活受到影响。其实不妨换一种思路去看待,任何事情都有其两面性,既然是迟早要买的东西,那么迟买不如早买。

郝女士和吕女士是同事,每月薪水差不多。由于两人的住所都离单位比较远,所以都要挤公交、转地铁,每天到了单位已经很疲惫了,更别说好好工作了,有时候两人在一起还相互抱怨一番。久而久之,两个人都有了买车的念头。

郝女士说了就去做,攒够首付的时候就立即贷款买了一辆 12 万元的车,后来每天开车来上班,精力明显充沛了许多。而吕女士总说自己钱不够,时机还没有成熟,所以还是一直挤公交。

就这样,一晃三年过去了,郝女士的贷款基本上还完了,而吕女士也认为时机成熟了,于是全款买了一辆 10 万元的车。从质量和配置来看,两辆车差不多。对此,郝女士说:"虽然现在车价又有所下调,但是吕女士足足比自己多挤了三年的公交。"

一般来说,汽车消费贷款的数额不是特别大,还款期多在五年以内。所以,只要我们了解了几个公式,就能清楚地算出贷款买车需要多长的付款时间,不至于对生活产生很大的影响。

车价首付款 = 现款购车价格 ×30%(大多数银行规定为 30%)

首期付款总额 = 首付款 + 牌证费 + 保险费

贷款额 = 现款购车价格 - 首付款(月均付款可以三年期或五年期分别计算)

每期还本金额 = 贷款本金 - 还款期数

每期应还利息 = 上月剩余本金 × 贷款月利率

当然,要想贷款买车,还必须了解贷款买车的具体内容。

(1)申请贷款者必须具备的资格

不是任何人都可以向银行申请贷款的,一般来讲,申请贷款买车者需要具备以下条件:

①申请人须是有完全民事行为能力的中国公民,原则上年龄不超过65周岁;

②申请人需持有本市常住户口或有效居住身份,有固定住所;

③申请人要有稳定职业和固定收入,具备按期偿还贷款本息的能力;

④申请人必须提供贷款人认可的财产抵押,或有效权利质押,或具有代偿能力的法人或第三方作为偿还贷款本息并承担连带责任的保证担保;

⑤申请人应具备与特约经销商签定的购车协议或购车合同,以及在贷款人处存有不低于首期付款金额的购车款;

⑥申请人必须是遵纪守法的良好公民。

(2)贷款流程

在与汽车销售商达成购车意向后,购车者向销售商询问贷款申请程序,并在销售商的指导下填写开户和贷款申请资料,请销售商帮忙估算首期和今后每期付款的金额,之后将填好的资料交给银行,并提供购车有关手续、证明、资料等,申请汽车消费贷款。银行审核贷款资格,随后通知其是否受理该项贷款业务。

如果银行受理,我们就可以向汽车销售商缴纳车辆首付款、购置费、保险费、服务费等费用,之后由汽车销售商通知银行办理公证及抵押手续。等到银行将贷款划到汽车销售商的账户后,我们就可以提车。

需要注意的是,我们最好选择"一条龙"式的车贷服务,即贷款、买车、上牌在一个服务中心完成,以避免不必要的麻烦。另外,事前还需要了解类似"提前还贷是否算违约"等细节问题,并在合同内写清楚。

(3)贷款的最高额度

对于不同的担保方式,银行对购车贷款的最高额度的限制是不同的,如某银行规定如下:

①如果申请人是以贷款人认可的有效权利质押或银行、保险公司提供连带责任保证方式的,则贷款最高额度不超过质押物面额的90%或购车费用的90%;

②如果申请人以所购车辆或其他经贷款人认可的财产抵押申请贷款,贷款最高额度不超过抵押物价值的70%;

③如果申请人选择以除银行、保险公司以外的第三方保证方式申请贷款,贷款最高额度不超过购车费用的60%。

(4)汽车贷款模式

当前我国的汽车贷款模式主要有直客式车贷与间客式车贷两种。

直客式车贷是指银行作为信用管理主体直接面向消费者的模式,即购车人先到银行办理贷款手续,再到特约经销商处选车。目前,很多银行均可办理期限在五年以内、首付比例在10%以上的直客式汽车贷款业务。

间客式车贷是银行通过销售商间接面向消费者的模式,即购车人先到汽车销售商处选车,再由销售商联系与其有合作关系的银行办理贷款,购车人向汽车销售商支付1%~5%的中间费用。当前车市竞争日益激烈,中间费用属于汽车销售商的一项利润来源。因此,很多汽车销售商往往不愿让出代理费,而会坚持要求购车人办理间客式贷款。

智者寄语

贷款买车前先要仔细计算清楚才不至于对生活产生很大的影响。

做"卡神",别做"卡奴"

信用卡大大方便了人们的生活,轻轻一刷一切搞定。因为使用信用卡消费花的不是现金,而且又可以透支,这让人们消费起来感到相当的大方和"惬意",只不过这种美妙的感觉仅限于每个月账单发到手里之前。核对信用卡的账单就已经够让人头大的了,更加让人不愿面对的是你必须要在还款日之前将透支的金额还清,否则不仅不良消费记录会影响你的信用,而且高额的利率也会让你"吃不了兜着走"。因此,为了还巨额卡债,不知道有多少女人变成了"卡奴"。

所以,很多理性的消费者会奉劝大家尽量少使用信用卡。当然,这是减少负债的一条很好的途径,不去用它,花钱自然就会相对有所节制,自然也就不用为还款发愁。不过,如果你实在离不开它,那也没有关系,只要你懂得合理利用,一样可以"卡奴"变"卡神"。

这个"卡神"可是有来历的,它最早起源于台湾一个叫杨慧如的27岁传奇女子。企业管理硕士毕业的她对于信用卡有自己的一套使用法则,并且利用银行为卡民提供的优惠项目,通过电视购物、刷卡积分、换取奖品再出售等连环操作,在短短不到3个月的时间里赚取了上百万新台币的利润,因而被台湾民间奉为"卡神"。

可能我们没有杨慧如那么能"算计",再说这种投机取巧的行为也不值得提倡,但是我们依然可以通过正确使用信用卡,让信用卡为我所用,让我们真正成为信用卡的主人。来看下面的另一位女"卡神"是怎么做的吧。

在银行工作的Lily对金融方面的知识掌握得比较多,她非常善于用信用卡来为自己理财。她甚至用信用卡来买房子,并且做到了"零花费"。别不相信,其实她是利用信用卡分期消费的功能将一套首付为6万元的房子顺利拿下的。

原来,Lily和男友将自己的大部分收入都投入了股市,没有足够的钱去付房子的首付。但是,两个人各有一张可以透支1万元的银行信用卡,而且这两张卡有两年的分期付款功能。因为他们的持卡时间已经超过半年,而且信用良好,所以Lily向银行申请提高信用额度后很快便被批准了,透支的额度被提高到1.5万元。他们各自又往自己的卡里存进1.5万元,这样,每个人可以消费的金额就变成了3万元。在付首付时,他们将自己的信用卡各分6次来刷,这样每笔的金额就是5000元,然后又将每笔5000元的消费全部申请了分期付款,其中两笔申请为一年还完,两笔申请的是一年半还完,剩下的两笔是两年还完。这种不同的还款安排有利于以后提前还款。两人的信用卡共刷去6万元支付了房子的首付,在申请的6笔分期付款批准后,各自原先预存的1.5万元也会打回各自的信用卡中,等于"一分钱没花"就买到了房子。

这看起来是不是很神奇?其实只要你肯花心思去研究,就会发现信用卡除了能让你的消费方便快捷,还有诸如积分、打折、优惠等很多对你有利的功能等待你去挖掘。同时,你也可以像Lily一样利用银行对信用卡的优惠政策为自己的梦想提前买单。

想要成为"卡神"并不是无方可循,掌握以下原则,你也可以让信用卡乖乖地为你服务:

第一,要选择、比较。办信用卡也要"货比三家",即使是同一个银行发行的,不同的种类的信用卡也有不同的特点,选择性价比最高和最适合自己的那一张,才能最大限度地发挥其效用。

第二,保持良好的信用。既然用的是"信用卡",就要学会讲"信用"。按时还款,绝不恶意拖欠,这是你信用额度增长的不二法门。即使你想晚点还款,也要在收到对账单时将最低还款金额还上。这部分金额通常很小,但是却能让你支付的利息大大降低,同时保证你的信用良好。

第三,善于利用分期付款功能。就像上例中的 Lily 那样合理巧妙地利用信用卡的分期付款功能,它可以帮你提前完成自己的梦想。但是在用之前一定要提前规划好,合理分配,这样才不会让自己承受太大的压力。

第四,附加功能更要巧用。每张信用卡都会设计一些附加功能来方便持卡者,比如免费分期付款功能可用来支付煤气费和电话费等。

信用卡是一个很好的工具,善于使用的女人会变成“卡神”,而不善使用的人则会成为“卡奴”。其实,“卡奴”和“卡神”之间的距离并不遥远,最大的区别不过是一个“有心”,一个“无意”。何不让自己做一个有心人,成为守“信”又善“用”的持“卡”者呢?

智者寄语

信用卡是一个很好的工具,善于使用的女人会变成“卡神”,而不善使用的人则会成为“卡奴”。

贷款购房,月供不可超过收入的一半

月供比是指每月归还银行贷款本息之和占家庭收入的比重,是衡量购房者还款能力和债务负担的重要指标。月供比过高,购房者还款负担就重,生活质量必然下降。

“房奴”出现的原因是多方面的,但最根本原因是月供比过高,支付能力大幅度萎缩。月供比是指每月归还银行贷款本息之和占家庭收入的比重,是衡量购房者还款能力和债务负担的重要指标。月供比过高,购房者还款负担就重,生活质量必然下降。这些年来,大多数购房者都把月供不超过月收入 50% 当作自己的承受能力上限。很多银行也都按照这一比例来审查购房者的还款能力,甚至不少监管部门也据此监测和防范房贷风险。

月供不超过 50%,其出处和依据我们不得而知。但恰恰就是这个 50%,使一代购房者沦为了“房奴”。如此之高的月供比,大大超过了国际惯例,也脱离了中国国情。如果考虑到社会保障因素,实际月供比还要更低。发达国家和地区的社会保障一般比较完善,尤其一些北欧国家,看病、上学等开支大部分由政府承担,这实际上变相增加了居民的家庭收入,相应降低了月供比。国外住房信贷高度繁荣,但却很少出现“房奴”,其重要原因就是适度的负债和月供比。

要想使自己不沦为“房奴”,我们在购房时一定要做全面的考虑。

(1)每月还贷额度不宜超过收入的一半

买房置业是一笔巨大的开销,对处在事业起步阶段的年轻人来说,即便已经拥有一定的经济实力,贷款买房前也要慎重衡量自身的还款能力。对于购房者来说,要想在贷款购房的同时保证生活质量,其月供额度同样需要依照这一指标,即月供不宜超过收入的一半。具体到个人来说,一般月收入在 5000 元左右的首次置业者,月供不宜超过 3000 元;月收入在 8000 元左右的,月供控制在 4000 ~ 5000 元之间。

(2)具体的房贷方案还应与个人消费习惯相匹配

包括房贷在内,在个人以及家庭的整体消费中,负债比例不宜超过 50%。此外,对于首次置业需要支付的三成首付,有经济实力的购房者如果没有其他收益稳健的投资渠道,可以选择多付一些首付款,一来可以节省需要偿还的房贷本金,二来还可以节省累计的利息支出。

智者寄语

贷款购房,要记住月供不可超过收入的一半。

如何摆脱信用卡债务

摆脱信用卡债务的秘密其实很简单——你所要做的就是要让你的收入大于支出,然后用结余来逐步偿还你的债务。一些人不能保证信用卡的收支平衡是造成信用卡债务的原因之一。Card Web 的一个行业跟踪人员称,只有 57% 的信用卡持有者可以基本保证收支平衡,在至少拥有一个信用卡使用者的家庭中,每个家庭的信用卡平均收支差额已达 9313 美元,而在十年前只有 4301 美元。

"人们消费已经失去节制了",作为消费者律师的 Howard Strong 这样说。根据信用强化咨询服务机构进行的一项最近的市场调查显示,这些"失去节制"的消费者有 1500 人接受调查,高达 71% 的人声称债务危机已经影响了家庭生活幸福。

造成信用卡债务的另外一个原因在于信用卡公司为消费者收支所提供的形形色色的便捷服务。"人们对于信用卡收支差的小额支付已经上瘾了",作为债务咨询公司创办人之一的 Steve Rhode 如是说。不过即使一些收入稳定的人也会突然发现,在经历了诸如离婚、重大疾病或者失业这些意外的个人危机之后,他们也会不幸地惹上债务问题。

那么对于消费者而言,怎样判定自己的信用卡债务只是一件麻烦事,还是已经恶化为一项危机了呢? Rhode 给出这样一个标准:对于新手而言,如果你感觉到债务压力,那么事实上很可能的确如此。一般来说,你的"债务—收入"比例(不包括抵押支付)不应该超过 20%,也就是说,你每个月底不应该将多于 20% 的收入用来支付信用卡和其他非抵押债务,否则就表明你已出现债务问题。《削减债务》一书的作者还给我们罗列了一些可能导致债务危机的消费行为:(1)在债务上倾向于小额支付;(2)总是不经意间花光某张或所有信用卡;(3)经常购买那些根据条款须在月底支付的商品,然后到期时发现经济上力不从心;(4)频繁得就像购买日用品一样,每天都使用信用卡;(5)用信用卡支付那些自己明知买不起的东西;(6)担心身边的人发现自己的真实债务情况。

如果信用卡公司已经向你发出通知,或者你的信用报告显示已经到了结账的最后期限,可是你目前又无力付款,那么此时最好的选择就是去咨询一位财务顾问。但是如果你还拥有一份良好的信用记录,并且自认为是可以遵行计划的人,那么你应该有能力独立解决这个问题。下面给你一些建议:你要做的第一件事情就是认清自己的经济现状,这意味着要清楚自己欠债多少、正在偿还多少和已经节省了多少。换句话说,你要知道自己的净值和现金流量。然后,你还要写出自己每个月的预算以及必需品支出,从而算出每月最多可以拿出多少来还债。根据你的结果,计算器可以给你一个合理的估计,告诉你实际偿还的数目——以及什么时间能和这堆债务说再见。一些消费者持有这样一种观点,就是希望利用低息贷款来偿还信用卡债务。

如果你最初陷入债务是由于特定事件(例如失业),那样的话选择家庭关系贷款不失为明智之举——我们认为不到万不得已不能提前动用退休金。但是如果你一贯大手大脚的话,那么最好放弃上述想法。毕竟你很有可能因为同样原因再次陷入债务泥潭,那样反而连累了自己的家人,或是置自己退休后的生活于不顾,情况会变得更糟。

“假如你陷入信用卡债务无法脱身，首先要做的事就是给信用卡公司打电话要求降息，这是非常有效的”，根据马萨诸塞州公共利益研究组的一项最近研究，通过五分钟的电话交谈，在那些给信用卡公司打电话的顾客中，有56%可以得到降息对待，在请求成功的消费者中，降息额度达三分之一，平均由16%降至10.47%。此项请求是否成功主要取决于持有信用卡的时间、信用期限内的债务数额以及消费者以前是否有过延期支付的纪录。还有其他对策吗？专家推荐先把精力集中在那些利率最高的信用卡债务上。也就是说，如果你急于见到还款成效，可能会优先考虑偿还那些低利率的债务，以便满意地看到这项债务的迅速消失，长远来说这种优先原则是不理性的。把自己的债务转到一张低利率的卡上，这样也可以为你节约一些钱，不过要记住用节省下来的钱去一点点地还债，并且要以不恶化自己的信用记录为底线。不要天真地以为欠款可以如此无限期地转账——一旦信用卡公司识破了你的把戏，你会发现这一招再也行不通了。

此时，为了避免使用信用卡消费的诱惑，你还应该把信用卡从钱包里拿走（一些可爱的财务顾问甚至建议把这些卡放到冰箱里冰冻起来，以便遏制你的购物冲动）。可以用借记卡或者签账卡来代替，那样可以迫使你每月结账。

智者寄语

为了避免使用信用卡消费的诱惑，你还应该把信用卡从钱包里拿走。可以用借记卡或者签账卡来代替，那样可以迫使你每月结账。

第十一章 合理避税是女人精明和睿智的体现

掌握税收筹划的方法，节省花销

税收筹划，是指纳税人在符合国家法律以及税收法规的前提下。按照政策法规的导向，事前选择税收利益最大化的纳税方案处理自己的生产、经营知投资、理财活动的一种企业筹划行为。对于个人而言，税收筹划的方法也同样适用，掌握税收筹划的方法能够为我们节省很多花销。

不少市民对于税收都有自己的一套小窍门，常见的有：原本一次性支付的费用，通过改变支付方式，变成多次支付，多次领取，就可分次申报纳税；又如对于劳务报酬收入，可由雇主向纳税人提供伙食、交通等服务费来抵消一部分劳务报酬，可适当降低个人所得税。除了这些常用的税收筹划方法，在我国现行的税法中还有不少优惠政策，若是平时注意这些小窍门，也可为自己节省一笔不小的开销。综合运用各种方式进行个人税收筹划，可以达到收益的最大化。

具体来说，女性朋友可以从以下几个方面实现自身税收利益的最大化。

1. 教育储蓄免交利息税

据相关统计，储蓄存款在很多工薪阶层的全部流动资产中占到80%。虽然在诸多投资理财方式中，储蓄是风险最小、收益最稳定的一种，但是央行连续降息加上征收利息税、银行收费等已使存款利率压缩到很低的水平。

与众储蓄品种比较，免缴利息税的教育储蓄就变成了理财法宝之一。教育储蓄可以享受两大优惠政策：一是国家规定，对个人所得的教育储蓄存款利息所得免除个人所得税；二是教育储蓄作为零存整取的储蓄，享受整存整取的利率。相对于其他储蓄品种，教育储蓄利率优惠幅度在25%以上。

2. 捐赠可抵减个税

刚刚捐了500元钱的刘小姐拿着捐款收据有些将信将疑。“当然了，留好收据，可以抵减一部分个人所得税。”中国红十字会的工作人员解释。

据相关规定，个人将所得通过中国境内的社会团体、国家机关向教育、其他社会公益事业以及遭受严重自然灾害地区、贫困地区捐赠，其赠额不超过应纳税所得额30%的部分，计征税时准予扣除。即金额未超过纳税人申报的应纳税所得额30%的部分，可以从其应纳税所得额中扣除。只要纳税人按上述规定捐赠，既可贡献出自己的一份爱心，又能免缴个人所得税。

3. 买保险不计入个税

目前，根据我国相关法律法规规定，居民在购买保险时可享受三大税收优惠：

(1)企业和个人按照国家或地方政府规定的比例提取并向指定的金融机构缴付的住房公积金、医疗保险金，不计个人当期的工资、薪金收入，免于缴纳个人所得税。这里需要指出的是，有人有时聪明过了头，自认为按照最低标准缴纳“四金”，可以少扣点钱，比较合算。事实上考虑到“四金”的免税优惠及重要性,按照实得工资缴纳“四金”才是明智之举。

(2)由于保险赔款是赔偿个人遭受意外不幸的损失,不属于个人收入,免缴个人所得税。

(3)按照国家或省级地方政府规定的比例缴付的住房公积金、医疗保险金、基本养老保险金和失业保险基金存入银行个人账户所取得的利息收入,也免征个人所得税。

4. 国债和国家发行的金融债券利息

根据我国《个人所得税法》第四条的规定:国债和国家发行的金融债券利息免纳个人所得税。所以,女性朋友如果条件允许的话,可以适当地购买一些国债和国家发行的金融债券。

智者寄语

合理避税是女人精明和睿智的体现。掌握一些税收筹划的方法,进而实现自身税收利益的最大化还是非常有必要的。

合理避税:交得少就是收益多

就如同富兰克林说过的那样,“死亡和纳税是人这一生中无法避免的两件事情”,人几乎每天都要纳税,买东西、领取工资都要纳税。可以说,你每赚取 1 元钱,就有 1/5 元是要交的税,而且由于个人所得税的累进制,你赚得越多要纳的税的比率也越高。因此许多人都想方设法地减少自己的税收负担。野蛮者抗税,愚昧者偷税,糊涂者漏税,而精明者避税。所谓避税绝不同于逃税、漏税,而是指纳税人在法律允许的范围内,通过实现筹划和安排自己的经济活动,充分利用优惠和差别待遇,达到减轻税负、使整体税后利润最大化的经济活动行为。怎样才能合理避税已经成为越来越多的人每天生活中都要面对的问题,那么人们应该怎样做呢?

首先让我们来看一看现行税法是怎样规定的。《中华人民共和国个人所得税法》规定:“在中国境内有住所,或者无住所而在境内居住满一年的个人,从中国境内和境外取得的所得,依照本法规定缴纳个人所得税。在中国境内无住所又不居住或者无住所而在境内居住不满一年的个人,从中国境内取得的所得,依照本法规定缴纳个人所得税。”具体来说,以下项目都在个人所得税纳税范围之内:

第一,工资、薪金每月高于 3000 元的部分,个人所得税的起征点为 3000 元。

第二,扣除成本、费用、损失后,个体工商户的生产、经营所得。

第三,扣除费用,对企事业单位的承包经营、承租经营以及转包、转租取得的所得。

第四,稿酬所得。

第五,劳务报酬所得。

第六,特许权使用费所得。

第七,利息、股息,红利所得。

第八,财产租赁所得。

第九,财产转让所得。

第十,偶然所得,例如福彩大奖所得。

需要再次说明的是,个人所得税采用累进制,收入每高一个级别,提高 5 个百分点的税率。

个人所得税是通过如下公式计算得来的:个人所得税额 =(每月收入额 - 费用扣除标准)× 税率 - 速算扣除数。所以,税收如果不合理筹划,就会变成个人的一项经济负担,而合理避税能够帮助人们降低税负,进而使理财的效益最大化。一般来说,合理避税的途径主要有以下两种。

1. 奖金分摊发放

我国税法规定,个人一次性取得的奖金视为单独一个月的工资或薪金进行所得税计算。这样一来,如果一次性发放奖金,且其数额相对较大,那么适用税率较高。但如果采用分摊发放方法,就可以降低适用税率,减轻税收负担。

例如,王女士2008年每月工资、薪金2000元,其所在单位采用减少平时工资发放、年底根据业绩重奖的方法,12月份王女士一次性获得12000元的公司年终奖。那么,王女士应该缴纳多少个人所得税呢?

(1)由于这部分奖金是一次性发放的,按照税法规定,个人所得税计算如下:

王女士每月工资在个人所得税免征额以下,不用纳税;而其奖金部分应纳税额为12000×20%-375=2025(元)。也就是说,王女士2008年共应缴纳税款2025元。

(2)如果采取将年终奖金分次下发的方式,如分三次发放,每次4000元,那么王女士应缴纳的税款是:(4000×15%-125)×3=1425(元)。

采用上述奖金发放方式,王女士少缴纳了600元的个人所得税。由此可见,将奖金分摊发放能够有效避税,当然,奖金分摊发放的次数越多,纳税人税收利益越大。

2. 合理安排应税所得

例如,陈女士开设了一个经营电脑器材的公司,她的丈夫负责经营管理,而陈女士则负责承接些安装维修工作。预计其每年销售电脑器材的应纳税所得额为40000元,承接安装维修工作的应纳税所得额为20000元。那么,应该如何筹划方案以降低税负呢?

按税法规定,陈女士经营所得属于个体工商户生产、经营所得,因此其全年应缴纳个人所得税应为:40000+20000×35%-6750=14250(元)。

那么有没有什么方法能够降低陈女士的税负呢?

假设陈女士和丈夫分别成立两个个人独资企业,陈女士专门经营电脑安装维修,而陈女士的丈夫只售电脑器材,那么他们的纳税情况是陈女士的企业应纳所得税为:20000×20%-1250=2750(元);陈女士的丈夫的企业应纳所得税为:40000×30%-4250=7750(元)。这样来,两个人一共纳税10500元,可减少3750元的税负。

通过筹划安排进行合理避税,能够使得最后收益大大增加,因此,怎样合理避税是精明的女人们不得不考虑的一个问题。

智者寄语

通过筹划安排进行合理避税,能够使得最后收益大大增加,因此,怎样合理避税是精明的女人们不得不考虑的一个问题。

如何合理规避个人所得税

个人所得税是国家制定的调整征税机关与纳税人(居民、非居民人,还有个人独资企业和合伙投资企业)之间在个人所得税的征纳与管理过程中所发生的权利义务关系的法律规范的总称。个人所得税应为每个纳税人所熟知,其中涉及工薪阶层个人应税所得项目就是“工资薪金所得”,劳务报酬所得,财产转让所得和利息、股息、红利所得,对于工薪阶层而言,个人所得税与每个人如影相随,息息相关,是一个较大的纳税开支项目。利用税收优惠政策寻求合理、合法的避税途径,是经济社会中维护个人权利和义务,激励人奋发向上,实现理想追求的一个有利条件。在积极纳税的同时,寻求合理避税的途径对于广大的工薪阶层每个纳税人来说都非常现实,很有必要。

1. 巧用公积金避税

根据个人所得税法的有关规定,工薪阶层个人每月所缴纳的住房公积金是从税前扣除的,也就是说按标准缴纳的住房公积金是不用纳税的。同时,职工又是可以缴纳补充公积金的。所以,一般职工提高公积金缴存还是有一定空间的,工薪纳税人巧用公积金避税是合理可行的。需要强调的是,利用个人缴纳补充公积金进行避税时有两个问题要注意:一是纳税人要在所在单位开立个人补充公积金账户;二是纳税人每月缴纳的补充公积金虽然避税,但不能随便支取,固化了个人资产。

2. 利用捐赠进行税前抵减实现避税

(1)《中华人民共和国个人所得税实施条例》规定

个人将其所得通过中国境内的社会团体、国家机关向教育和其他社会公益事业以及遭受严重自然灾害地区、贫困地区的捐赠,金额未超过纳税人申报的应纳税所得额30%的部分,可以从其应纳税所得额中扣除。这就是说,个人在捐赠时,必须在捐赠方式、捐赠款投向、捐赠额度上同时符合法规规定,才能使这部分捐赠款免缴个人所得税。计算公式为:捐赠限额=应纳税所得额×30%,允许扣除的捐赠额=实际捐赠额(≤捐赠限额)。

(2)2008年5月23日国家税务总局针对四川汶川8.0级大地震发布了《关于个人向地震灾区捐赠有关个人所得税征管问题的通知》(国税发[2008]55号)

通知规定,个人如果通过指定机构向灾区捐助钱物,在缴纳个人所得税时,可按规定标准在税前扣除。具体规定如下:首先,个人通过扣缴单位统一向灾区的捐赠,由扣缴单位凭政府机关或非营利组织开具的汇总捐赠凭据、扣缴单位记载的个人捐赠明细表等,由扣缴单位在代扣代缴税款时依法据实扣除。其次,个人直接通过政府机关、非营利组织向灾区的捐赠采取扣缴方式纳税的,捐赠人应及时向扣缴单位出示政府机关、非营利组织开具的捐赠凭据,由扣缴单位在代扣代缴税款时依法据实扣除;个人自行申报纳税的,税务机关凭政府机关、非营利组织开具的接受捐赠凭据依法据实扣除。最后,扣缴单位在向税务机关进行个人所得税全员全额扣缴申报时,应一并报送由政府机关或非营利组织开具的汇总接受捐赠凭据(复印件)、所在单位每个纳税人的捐赠总额和当期扣除的捐赠额。

(3)对于地震“特殊党费”

国税发[2008]60号文件规定,广大党员响应党组织的号召,以“特殊党费”的形式积极向灾区捐款。党员个人通过党组织交纳的抗震救灾“特殊党费”,属于对公益、救济事业的捐赠。党员个人的该项捐赠额,可以按照个人所得税法及其实施条例的规定,依法在缴纳个人所得税前扣除,这是合理可行的。

3. 理财可选择的避税产品的种类

随着金融市场的发展,不断推出了新的理财产品。其中很多理财产品不仅收益比储蓄高,而且不用纳税。比如投资基金、购买国债、买保险、教育储蓄等,不一而足。众多的理财产品无疑给工薪阶层提供了更多的选择。慎重思考再选择便可做到:不仅能避税,而且合理分散了资产,还增加了收益的稳定性和抗风险性,这是现代人理财的智慧之举。

(1)教育储蓄的免税和优惠利率

储蓄存款在很多工薪阶层的全部流动资产中占到的份额多达80%,但是加上征收利息、银行收费等使存款利率压缩到很低的水平,本来就很少的利息扣掉5%的税金后所剩无几,对于工薪阶层来说实在不划算。面对储蓄存款利息收入高达两成的税收成本,利率优惠幅度在25%以上的教育储蓄将是工薪阶层很好的理财法宝。

(2)选择免征个人所得税的债券投资

个人所得税法第四条规定,国债利息和国家发行的金融债券利息免纳个人所得税。其中,国债利息是指个人持有我国财政部发行的债券而取得的利息所得,即国库券利息;国家发行的金融债券利息是指个人持有经国务院批准发行的金融债券而取得的利息所得。2007年12月,1年期记账式国债的票面年利率为3.66%;10年期记账式特别国债(八期)的票面年利率为4.41%;3月期的第十九期记账式国债的票面利率为3.38%,均收益较好。选择投资免征20%个人所得税的国家发行的金融债券和国债既遵守了税法的条款,实现了避税,还从中赚取了部分好处,因此,购买国债对大部分工薪阶层实为一个很好的避税增收渠道。

(3)选择正确的保险项目获得税收优惠

我国相关法律规定,居民在购买保险时可享受三大税收优惠:1.个人按照国家或地方政府规定的比例提取并向指定的金融机构缴付的住房公积金、医疗保险金,不计个人当期的工资、薪金收入,免于缴纳个人所得税;2.由于保险赔款是赔偿个人遭受意外不幸的损失,不属于个人收入,免缴个人所得税;3.按照国家或省级地方政府规定的比例缴付的住房公积金、医疗保险金、基本养老保险金和失业保险基金存入银行个人账户所取得的利息收入,也免征个人所得税。

4.利用暂时免征税收优惠,积极利用国家给予的时间差避税

个人投资者买卖股票或基金获得的差价收入,按照现行税收规定均暂不征收个人所得税,这是目前对个人财产转让所得中较少的几种暂免征收个人所得税的项目之一。纳税人可以选择适合自己的股票或者基金进行买卖,通过低买高卖获得差价收入,间接实现避税。但因为许多纳税人不是专业金融人员,不具备专业知识,所以采用此种方式时需向行家里手请教,适时学习相关知识,谨慎行事。

5.利用税收优惠政策

税收优惠政策,用现在比较通用的说法叫作税式支出或税收支出,是政府为了扶持某些特定地区、行业、企业和业务的发展,或者对某些具有实际困难的纳税人给予照顾,通过一些制度上的安排,给予某些特定纳税人以特殊的税收政策。比如,免除其应缴纳的全部或者部分税款,或者按照其缴纳税款的一定比例给予返还,等等。一般而言,税收优惠的形式有:税收豁免、免征额、起征点、税收扣除、优惠退税、加速折旧、优惠税率、盈亏相抵、税收饶让、延期纳税等。这种在税法中规定用以减轻某些特定纳税人税收负担的规定,就是税收优惠政策。

6.积极利用通讯费、交通费、差旅费、误餐费发票进行避税

我国税法规定:凡是以现金形式发放通讯补贴、交通费补贴、误餐补贴的,视为工资薪金所得,计入计税基础,计算缴纳个人所得税。凡是根据经济业务发生实质,并取得合法发票实报实销的,属于企业正常经营费用,不需缴纳个人所得税。所以,建议纳税人在报销通讯费、交通费、差旅费、误餐费时，应以实际、合法、有效的发票据实列支实报实销，以免误认为补贴性质，在一定程度上收到了避税的效果。

7. 利用年终奖金实现避税

税法规定，实行年薪制和绩效工资的单位，个人取得年终兑现的年薪和绩效工资按纳税人取得的全年一次性奖金，单独作为一个月工资、薪金所得计算纳税。但雇员取得除全年一次性奖金以外的其他各种名目奖金，如半年奖、季度奖、加班奖、先进奖、考勤奖等，一律与当月工资、薪金收入合并，按税法规定缴纳个人所得税。这无疑为纳税人提供了避税的方法。根据国税发[2005]9号文优惠政策的规定，纳税人可以以牺牲一部分半年奖、季度奖、加班奖、先进奖、考勤奖作为代价，要求单位发放年终奖金，实现避税。注意在一个纳税年度内，对每一个纳税人而言，该计税办法只允许采用一次。

8. 通过企业提高职工公共福利支出实现避税

企业可以采用非货币支付的办法提高职工公共福利支出，例如免费为职工提供宿舍（公寓）；免费提供交通便利；提供职工免费用餐，等等。企业替员工个人支付这些支出，企业可以把这些支出作为费用减少企业所得税应纳税所得额，个人在实际工资水平未下降的情况下，减少了部分应由个人负担的税款，可谓企业个人双受益。

9. 利用级差、扣除项目测算，合理纳税筹划，争取利润最大化

劳务报酬所得、稿酬所得、特许权使用费所得、财产租赁所得分级次减除必要费用，每次收入不足4000.00元的，必要费用为800.00元；超过4000.00元的，必要费用为每次收入额×(1－20%)。在取得相应业务后，可根据收入额合理筹划，订立相关合同，争取利润最大化。

经济的快速发展，人民生活水平的不断提高，特别是2008北京奥运的召开，对我国经济发展和各个阶层个人收入的提高产生了极其重要的作用，与其他阶层相比，工薪阶层个人收入相对较低，但其却是个税的纳税大户。考虑到我国社会现状和贫富分化逐渐拉大的趋势等社会不和谐因素，寻求合理避税途径，不仅有利于为数众多的工薪阶层及其他社会各阶层的稳定和发展，而且对于促进和谐社会的发展也起着积极作用。

智者寄语

寻求合理避税途径，不仅有利于为数众多的工薪阶层及其他社会各阶层的稳定和发展，而且对于促进和谐社会的发展也起着积极作用。

工薪阶层合理规避个人所得税的途径

近年来，随着市场经济的飞速发展，个人收入呈现逐年增加的趋势，越来越多的人需要缴纳个人所得税，尤其是中高层收入者更是面临高收入、高税收的现状。这使得许多企业支付了高额工资奖金成本而职工却没有得到最大程度的收益。因此，在不违反税收法律法规、不偷税、不逃税、不骗税的前提下，正确运用国家的优惠政策，合理利用税收协定，通过改变收入的时间、数量、支付方式等减少税收的支付对纳税人减轻税务负担，增加收益起着至关重要的作用。

合理避税的特征:合理规避个人所得税与偷税漏税是完全不同的,一般说来,它主要有以下特征:一是合法性,合理避税的首要前提就是要遵守法律法规的规定,避税要在法律的范围内进行操作。二是计划性也叫筹划性,就是在避税操作之前要对其进行事先的规划和设计,在应纳税额确定之前进行筹划,尽量降低纳税额度,如果应纳税额已经确定,就不应再对其进行操作,否则就会构成偷税漏税行为。三是目的性,个人进行避税的目的就是在降低应纳税额的基础上,获取尽量多的利益。

合理规避个人所得税的重要意义:(1)有利于激励纳税人增强纳税意识。纳税人为了进一步提高自身的避税水平,会进一步钻研国家的财税政策法规,从而激励纳税人提高对政策的认识水平,进而增强纳税意识,有助于抑制偷税逃税行为。

(2)有助于减轻纳税人的税收负担。纳税人在合理规避个人所得税时,不仅可以为国家税收工作做出贡献,还可以降低自身的税收负担,间接增加自身的收入,这对于工薪阶层,尤其是以工资为主要收入来源的纳税人合理规避个人所得税意义显得更为重大。

(3)合理避税有助于激发人们的工作热情。合理避税有助于维护个人的社会权利,激发人们的工作热情。

(4)促进个人所得税法规的完善。纳税人要合理规避个人所得税,必然会根据税收法规的规定来采取相应举措,纳税人的这些对策有的是符合政府立法机关立法本意的,体现了税收的经济调控职能,而有些对策则是有悖于立法者本意的,这有助于立法者发现税收法规的不足,进而逐步完善。

合理规避个人所得税的途径如下:

1. 改变居住地,进行国际避税

依照我国个人所得税法第一条规定,纳税人可以灵活掌握在中国境内的居住时间和居住方式,可以采用在几个国家之间自由流动,从而达到避税的目的,目前,随着经济全球化的不断发展,国际间的人才交流,技术沟通不断扩大,利用国际避税已经成为一种重要途径。

2. 通过企业提高职工公共福利支出实现避税

企业可以采用非货币支付的办法提高职工公共福利支出,例如免费为职工提供宿舍(公寓);免费提供交通便利;提供职工免费用餐,等等。企业替员工个人支付这些支出,企业可以把这些支出作为费用减少企业所得税应纳税所得额,个人在实际工资水平未下降的情况下,减少了部分应由个人负担的税款,可谓企业个人双受益。

以上只是一些比较典型的方法,事实上,各种各样的避税方法数不胜数,归结起来的要诀有五条:第一,个人尽量不要将财产的增值部分变现,如果需要资金,可以用财产作抵押进行信贷融资(当然还要比较税款和利息成本的大小)。第二,充分利用税法中一些免税收入的规定,纳税人即使取得了这类收入也不用缴纳所得税。第三,避免所有权的转移,因为使用权是无从征税的。工作单位向个人提供实物津贴,使实物的所有权归属于个人,那么这种实物收入也要缴纳个人所得税。但如果实物的所有权不归属到个人,个人只是对其进行消费,从中得到便利,那么就可以不缴纳所得税。第四,均衡地取得应税所得。个人所得税通常采用超额累进税率,在纳税人一定时期内收入总额既定的情况下,其分摊到各个纳税期内的收入应尽量均衡,最好不要大起大落,以避免增加纳税人纳税收负担。第五,充分利用税法中费用扣除的规定,减少纳税义务。税法中有一些允许纳税人税前扣除的条款,个人应当充分利用这些规定,多扣除一些费用,缩小税基,减少纳税义务。第六,推迟纳税义务的发生。推迟纳税可以使个人在不减少纳税总量的情况下获得货币的时间价值。

智者寄语

在不违反税收法律法规、不偷税、不逃税、不骗税的前提下,正确运用国家的优惠政策,合理利用税收协定,通过改变收入的时间、数量、支付方式等减少税收的支付对纳税人减轻税务负担、增加收益起着至关重要的作用。

合理避税及其案例

根据国家税务总局2006年11月8日发布的《个人所得税自行纳税申报办法(试行)》,从2007年1月1日起到3月31日,包括年收入12万元以上的5类纳税人应当向主管税务机关办理纳税申报。

如何合理规避个人所得税?

1.公积金避税

姓名:赵女士;职业:公司经理;月收入:10000元;年收入:12万元

作为某国有企业的初级经理,赵女士的唯一收入来源便是公司发放的工资和奖金,每月的工资薪金所得约为10000元,刚刚触及12万元交纳个税的底线。

根据个人所得税率表,赵女士每月要缴纳1305元的个人所得税。其计算方法是:(工资薪金净所得10000-个人所得税免征额1600元)×个人所得税税率20%-速算扣除数375=1305元,这对尚未买房的赵女士来说是一笔固定且不小的“损失”。事实上,赵女士完全可以采用多缴纳住房公积金的方法来进行合理避税。

根据上海市政府《关于公积金年度住房公积金缴存有关问题的通知》,住房公积金规定缴存比例仍为8%,有条件的企业住房公积金缴存比例可以为10%。而单位职工缴存的部分免征个人所得税。

也就是说,如果赵女士所在公司连续两年赢利,可以申请将公积金缴存比例提高为10%。这样,他可以每月缴纳住房公积金1000元,相当于节省了个人所得税200元。

交纳的住房公积金可以用于购买、大修自住房屋等用途。在职职工离休、退休、出境定居等情况下,可以销户将住房公积金余额全部提出。

此外,企业还可以按工资总额的14%计提福利费,按2%计提培训费,按1.5%计提工会经费,这些都可用于职工福利开支,而不必缴纳个人工资性收入所得税。若能运作得当,则赵女士的实际税赋还能再降低。

2.分摊年终奖

姓名:陈小姐;职业:销售;月收入:3000~20000元;年收入:14万元

某销售公司的客户经理陈小姐过着“饱一阵、饿一阵”的日子。随着业绩的好坏,陈小姐的月工资总是在3000~20000元之间徘徊,而年底则有15000元的红包。事实上,如果企业“平时低工资,年底发奖金”的工资政策,则职工个人的个人所得税税负就可能提高。原因在于我国的个人所得税采取累进制度,如果单笔奖金、年底红包一次性发放,则职工将负担较多的税款。如果采用分摊筹划法,将这笔奖金分几个月发出去,则可能使职工获得更多的实际收益,带来更好的效果。

以15000元的奖金为例,分2个月发放则需要缴税[(15000元÷2)×20%-375元]×2=2250元;分3个月发放,则需要缴税[(15000÷3)×20%-375元]×3=1875元。

目前,个人所得税法除了允许三个特定行业(采掘业、远洋运输业、远洋捕捞业)和实行年薪制的企业经营者采取"按年计税、分月预缴"的征税办法(如实行年薪制的经营者一般按月领取基本收入,年度终了领取效益收入,他们在纳税时要按每月的实际收入和适用税率领缴所得税,在汇算全年的税款时应合计其全年基本收入和效益收入,再除以12计算其平均月收入,并依此计算其全年的应纳税额),其他企业和个人都要按月计算缴纳个人所得税。这样,不均衡的工资发放就会给这些按月计税的职工带来额外纳税负担。

3. 房屋装修可避税

姓名:孙红;职业:房东;月收入:20000元;年收入:24万元

职业炒房客孙红也是一个精明人,2002年毅然贷款8成买下的3套房产,如今每月贡献20000元,不仅还清银行按揭贷款绰绰有余,一家四口也赖以生活。孙红的烦恼在于,如果按照新的个人所得税法规定,财产租赁所得适用20%的比例税率。地方税务机关根据孙红出租房屋收取的房租收入及应交纳税费的情况,核定每月应纳个人所得税为:20000元×20%=4000元,即在12个月的房屋租赁期内,孙红总共应交纳个人所得税为:4000元×8(租期按1年的3/4计)=32000元。这笔支出其实可以规避掉一部分。依照个人所得税法和国家税务总局文件规定:"纳税人出租财产取得财产租赁收入,在计算征税时,除可依法减去规定费用和有关税、费外,还准予扣除能够提供有效、准确凭证,证明由纳税人负担的该出租财产实际开支的修缮费用。允许扣除的修缮费用,以每次800元为限,一次扣除不完的,准予在下一次继续扣除,直至扣完为止。"

也就是说,孙红的房屋如果立即动工维修,在一个月内房屋即可维修完毕。假定维修费用为3×10000=30000元,依照上述规定,这样在今后11个月的纳税期限内,其维修费用在计算征税时可全部扣除完,从而节税3840元。具体计算如下:

房屋租赁期的第2个月至第12个月,每月应交纳所得税为:(20000元-3×800元)×20%=3520元。在房屋租赁期的第2个月至第12个月内,实际缴纳个人所得税为:3520元×8=28160元。计算结果表明,如果孙红现在进行维修,在房屋租赁期满时累计缴纳个人所得税28160元,节税3840元。

当然,在支付维修费时,一定要向维修队索取合法、有效的房屋维修发票,并及时报经主管地方税务机关核实,经税务机关确认后才能扣除。

此外,孙红的另一招即在所有的3套住房的房产证上都写上4个人的名字。按照《国家税务总局关于明确年所得12万元以上自行纳税申报口径的通知》的规定,采取核定征收个人所得税的,按照实际征收率(1%、2%、3%)分别换算为应税所得率(5%、10%、15%),据此计算年所得。可这样假设,有一套70万元的住房以100万元价值出售,则获利部分的30万元分摊在4个人身上,每人仅仅75000元,小于12万元,故此不必交税。

4. 发票避税行不通

姓名:李小姐;职业:大学教授;月收入:16800元;年收入:30万元

某培训公司负责人对于教授避税的细节较为清楚。由于业务上的关系,公司需要经常请一些教授讲课或者帮助其他企业进行员工培训等。一般来说,每次的讲课费都会用接待费、文体用品发票或者一些不规范的收据来冲抵。她对记者表示:"大部分情况下,知名教授讲课一次收入都在千元以上,这些教授每个月都会讲数次课,普遍来说,都不会纳税。刚开始时,我们试图把他们的收入报税，但是很快就没有人愿意来了。”仔细算算李小姐的年度收入组成，该交税的地方还真不少，足足有37520元：（1）全年工资薪金应纳税额的计算：各个月份工资薪金所得应纳税所得额 = 大学工资收入 - 个人缴付“三费一金” - 费用扣除标准 =（16000元 + 5600元）- 3200元 - 1600元 = 16800元。各个月份应纳个人所得税 = 应纳税所得额 × 税率 - 速算扣除数 = 16800元 × 20% - 375元 = 2985元，则全年应纳税额 = 2985元 × 12 = 35820元。（2）讲座等劳务报酬所得应纳税款的计算：每月劳务报酬所得应纳税额 = 每月应纳税所得额 × 20% =（每月收入额 - 减除费用）× 20% = [5000元 - 5000元 × 20%] × 20% = 800元，全年劳务报酬所得应纳税额 = 800元 × 12 = 9600元。（3）出版专著稿酬所得应纳税款的计算：稿酬所得应纳税额 = 应纳税所得额 × 20% ×（1 - 30%）=（收入额 - 减除费用）× 20% ×（1 - 30%）= [50000元 - 50000元 × 20%] × 20% ×（1 - 30%）= 5600元。（4）出版专著所获某地级市奖金偶然所得应纳税款的计算：偶然所得应纳税额 = 收入额 × 20% = 10000元 × 20% = 2000元。

5. 股民不妨分账户

姓名：王女士；职业：职业股民；月收入：不定；年收入：20万元

职业股民王女士在历经多年熊市之后，终于在2006年狠赚了一笔。但是随之而来的个人所得税让她慌了神，要知道股市上的一分一厘进账都是“刀口舔血”的风险收入，怎么能被税务局分去呢。

事实上，国家尚未对股市收入征收个人所得税。国家税务总局有关负责人日前表示，年所得12万元以上的纳税人，对其取得的股票转让所得要自行申报，但仍不征收个人所得税。

对股票转让所得进行自行申报和是否征税是两回事。这位负责人指出，根据个人所得税法规定，个人转让股票所得属于“财产转让所得”应税项目，应按照20%的税率计征个人所得税。

但是，为配合我国企业改制和鼓励证券市场的健康发展，经报国务院同意，财政部、国家税务总局曾发布有关通知，规定从1994年起，对股票转让所得暂免征收个人所得税。

2005年，新修订的个人所得税法实施条例规定，对于年所得12万元以上的个人要自行向税务机关办理纳税申报，年所得中包括个人的股票转让所得。

案例规定，一个纳税年度内股票转让所得与亏损盈亏相抵后的结果为正数的，应统计在12万元之内；股票转让盈亏相抵结果为负数的，为避免炒股的“负盈余”对已超过12万元的其他各项所得的冲抵，规定“负盈余”按“零”申报。

对此，王女士仍然感到不放心。今天是只申报不收税，万一哪一天开始征收了呢，自己岂非白送上门，可是各个证券公司、基金公司都有自己的老底，藏是藏不住的。王女士灵机一动，将总共近百万的股票分列在老公、孩子的名下，自己则凭委托书进行操作。虽然资金的调拨麻烦了一点，但王女士相信，每个账户一年的盈利应该超不过12万元。

智者寄语

合理避税方法多，只有多学习，才能让自己免受损失。

高收入家庭如何合理避税

不久前，“中国税负痛苦指数”排名全球第二的说法深深击中了国人的“税感焦虑”，当财政收入增速远超过GDP增速，居民收入增速却跑不过CPI时，百姓生活压力不言自明。虽然民众所承担的“间接税”都隐藏在不易察觉的经济行为当中,但是源于“高税负低福利”的设计安排,居民逐渐体会到税负的“痛感”。

近年来,税务筹划问题已经引起企业和个人的普遍重视。在现有税制格局下,人们对通过合理筹划达到降低企业和个人税负的意识日渐增强。税务筹划范围广泛,贯穿各行业、各企业以及各税种,可采用多种手段相配合进行。可以说税务筹划既有特性,又存在共性,需要从不同角度进行探究。

1. 税收涨势不停

近十年,我国税收收入以年均25%左右的速度迅速增长,税收收入的增速超过了GDP增速的二倍。2010年我国税收收入超过7.3万亿元,2011年前10个月的税收收入已经超过7.9万亿元,与去年同期相比增幅达到26.6%。美国福布斯杂志最近推出的“税负痛苦指数”榜单显示,中国税负痛苦指数高居世界第二。虽然这一排名受到国家税务总局以及一些官方学者的质疑,但中国宏观税负过高是一个不争的事实。

宏观税负过重并不利于一国经济的持续稳定发展,因此,我国最近几年也开始对相关税制进行调整和改革。2008年3月1日个人所得税的免征额从1600元提高到2000元,2011年9月1日又提高到3500元;2009年1月1日增值税起征点从月销售额600元~2000元提高到2000元~5000元,2011年11月1日又提高到5000元~20000元,如果按照最高标准计算,个人年销售额在24万元以下的均不用缴纳增值税。2011年11月1日增值税、营业税的起征点又同时提高到月营业额5000元~20000元。国务院还决定自2012年1月1日起在部分地区和行业开展深化增值税制度改革试点,逐步将目前征收营业税的行业改征增值税,而上海的交通运输业和部分现代服务业将成为试点。该政策是中央实施结构性减税、减轻企业负担、支持服务业发展的重要举措,同时也宣告了一轮以中央让利为主的财税体制改革的开启。

2. 富人税负加重

与此同时,中国高净值人士的数量和资产总额也在迅速增加,2008年,中国内地个人持有可投资资产超过1000万元人民币的高净值人群约30万人,持有可投资资产达1亿元人民币以上的超高净值人群也接近1万人。2010年,中国高净值人士达到50万人,共持有可投资资产15万亿元。

宏观税负降低并不代表高净值人士税负会降低,恰恰相反,我国高净值人士的税负会随着宏观税负的降低而有所增加。随着高净值人士资产与中国宏观税负的不断增长,节税逐渐成为高净值人士的迫切需求。2007年张大中因转让大中电器而一次纳税5.6亿元,宗庆后因被举报隐瞒境外所得而一次补税2亿元已经揭开了高净值人士节税需求的序幕。未来,随着更多的高净值人士被课以重税,合法节税的重要性将逐渐被高净值人士所认识,节税筹划也将成为高净值人士财富规划的重要内容。

与发达国家相比,我国间接税比重过大,直接税比重过小。因此,我国税制未来改革的方向是降低间接税比重,提高直接税比重,同时,降低低收入群体的税负,增加高收入群体的税负。2011年9月1日,我国在提高个人所得税免征额的同时提高了高收入群体的税负,据测算,月工资应纳税所得额在3.86万元(年收入约50万元)以上的纳税人,工资所缴纳的个人所得税将有所增加。2011年1月在上海和重庆试点对个人非营业住房开征房产税,2012年1月1日起大幅增加高排量汽车的车船税,未来将个人所得税由分类所得税制转变为分类综合所得税制,以及有可能开征的遗产税都暗示了中央逐步提高高收入群体税负的政策意图。

3. 节税势在必行

在高所得税和开征遗产税的国家和地区,高净值人士均把节税列为财富规划与管理的重要内容。2003 年 12 月 7 日因为脑中风去世享年 55 岁的台湾前英业达副董温世仁,身后留下百亿(新台币,下同)遗产,因未来得及做节税筹划,导致温家缴纳了 40 亿左右的遗产税,创下当时台湾遗产税纳税记录。与此相反,2004 年 9 月 27 日台湾首富蔡万霖过世后,虽然遗留下 1500 多亿的庞大财产,但最终纳税未超过 6 亿元。中国大陆虽尚未开征遗产税,但所得税的税负在近期会有所增加,未来也有可能开征遗产税,因此,高净值人士应当未雨绸缪,提前做好财产的节税筹划。

4. 税筹空间待开

目前国内金融市场所能提供的节税空间还比较有限,主要可使用的工具是私募股权基金。私募股权基金通过将投资者个人取得的利息、股息等应税所得转化成公司取得股息等免税所得,从而在投资的同时获得节税的收益。利用目前的储蓄存款利息免税以及买卖上市公司流通股免税的政策也是金融市场可以使用的节税工具。但由于受到储蓄存款利率较低以及股市波动较大等因素的影响,节税的效果并不明显。

国内金融机构对中高端客户提供税务筹划的金融服务能力还有待进一步提高。由于金融机构的专业理财人员仅能解答简单的税收问题,提供简单的税收筹划方案,目前还很难提供复杂的综合税收筹划方案,因此,在客户的心目中,不会希望由金融机构来提供税收筹划服务。未来金融机构可以从以下两方面入手提高为中高端客户提供税务筹划的金融服务能力:一方面加强理财人员对税收筹划业务知识的学习,提高专业理财人员的税收筹划能力,另一方面与专业的税收筹划机构或者税收筹划专家合作,形成为中高端客户提供包括税收筹划在内的综合金融服务的团体。

5. 节税案例解析

张先生名下有三家个人独资有限公司。张先生担任甲公司总经理,张先生的妻子担任乙公司总经理,张先生的儿子担任丙公司总经理。张先生名下有三套住房、五套商业用房,张先生的儿子名下有一套住房。张先生名下有三辆汽车,张先生妻子和儿子名下各有一辆汽车。

针对张先生的资产状况以及生产经营的现状,我们提出以下节税筹划方案:

(1)张先生家庭名下的汽车全部以个人名义购买,五辆汽车年均开支 20 万元。这些开支全部由个人负担,由于个人取得的收入都是缴过个人所得税的,且个人的各项开支无法在个人所得税前扣除。因此,建议张先生全家将五辆汽车全部出售给三家公司,20 万元汽车费用支出可以作为公司生产经营费用,每年节约企业所得税 5 万元。

(2)张先生及其妻子、儿子从公司领取的工资数额过低,目前每月仅领取 15000 元工资(缴纳三险一金 2500 元),且无年终奖。每月缴纳个人所得税:(15000 - 2500 - 3500) × 20% - 555 = 1245(元)。由于三家公司每年都产生大量股息,从公司取得股息的税负较重,因此,建议张先生及其妻子、儿子大大提高工资和年终奖的数额。每人每月领取工资 8.8 万元,缴纳三险一金 4500 元,则每月纳税:(88000 - 4500 - 3500) × 35% - 5505 = 22495(元);每人领取年终奖 66 万元,缴纳个人所得税:660000 × 30% - 2755 = 195245(元)。原方案每年取得工资 54 万元,纳税 4.5 万元。新方案每年取得工资 514.8 万元,纳税 139.6 万元。由于新方案比原方案多领工资 460.8 万元,原方案下公司会增加 460.8 万元利润,需要缴纳 115.2 万元企业所得税,如果将税后利润全部分配,则需要增加 69.1 万元个人所得税。原方案下合计纳税 188.8 万元。新方案每年节税49.2万元。节税的基本思路是在一定数额范围内，工资个人所得税负较轻，而股息所负担的个人所得税和企业所得税合计达到40%，税负较重。

(3)张先生每年均将税后利润的80%(大约500万元)分配给个人，每年需缴纳股息个人所得税100万元。由于张先生计划用个人取得的股息再购置不动产或者投资创办企业，建议其直接用某一个公司购置不动产或者投资创办企业，将税后利润留在公司，这样可以每年节省100万元个人所得税。节税的基本思路是个人取得股息需要缴纳个人所得税，而不取得股息并用股息进行投资不缴纳个人所得税。

(4)张先生名下的商业用房全部出租，每月取得租金约10万元，缴纳房产税、营业税及其附加17500元，缴纳个人所得税13200元。全年取得租金120万元，纳税36.8万元。建议张先生用上述商业用房以及部分现金投资设立丁公司，丁公司出租上述房产每年取得租金120万元，缴纳房产税、营业税及其附加21万元，假设上述房产每年提取折旧70万元，丁公司缴纳企业所得税7.3万元，在不分配利润的情况下，合计纳税28.3万元，每年节税8.5万元。节税的基本思路是企业取得房屋租金所得可以扣除折旧，但个人取得租金所得不能扣除折旧。

(5)张先生计划未来在合适的价格下转让其名下的商业用房，该五套商业用房的购置成本为1500万元，转让价格为3000万元，张先生需要缴纳营业税及其附加82.5万元，印花税1.5万元，土地增值税约100万元，个人所得税263.2万元，合计纳税447.2万元。如果张先生已经按照上述方案将不动产投资设立丁公司，则张先生仅需要将丁公司的股权转让即可，需要缴纳印花税1.5万元，个人所得税299.7万元，合计纳税300.2万元，节税147万元。节税的基本思路是股权转让不缴纳土地增值税、营业税及其附加。

(6)如果张先生能在避税港设立公司，并用避税港的公司来持有其在国内的公司，则未来通过转让避税港公司股权的方式就可以规避中国的所得税和未来开征的遗产税。

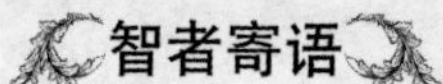

高收入家庭避税也是有规律可循的。

第十二章　女性要找到适合自己的理财方法

“上班族”的致富法则

这是一个创业的时代,想自己创业做老板的人越来越多,其中也包括众多上班族。但他们有自己的问题:时间紧、资金有限、经验缺乏、患得患失,这是几乎所有想自主创业的上班族都会遇到的问题。针对这些问题,我们的建议是:采取有针对性的措施。

1. 对于不想冒任何风险而又想尝一尝创业滋味的上班族来说,不妨先尝试一下兼职

目前在北京、上海、广州等大城市,上班族做兼职是一种常见现象。兼职职位有高有低,需要根据各人的能力、机遇而定。不过,不管任何兼职,都可以锻炼能力、积累经验,同时还可以积累一定量的资金,又不占用上班时间,不用放弃目前的工作,可谓一举两得的好事。但是上班族在选择兼职的时候,一定要注意与自己的特长和未来发展的方向相结合。兼职是为了缩短自主创业的距离,缩短从打工者到老板的距离,如果陷入到为兼职而兼职,为眼前的一点蝇头小利斤斤计较,而忘记了对自己能力的锻炼和资源的积累,那就有点得不偿失了。

2. 充分利用在工作中积累的资源和建立的人脉关系

这是上班族的一个特点,也是上班族的一个优势,学会充分利用在工作中积累的资源和建立的人脉关系进行创业,可以大大减少创业风险。但是在这方面要注意的是,不能将个人生意与单位生意搞混淆,将工作秩序搞颠倒,甚至只要是有利可图的生意就归自己,而无利可图或者亏本的生意就归单位,这样做不仅要冒道德上的风险,而且很有可能会受到法律的制裁。另外,要区分清楚主业、副业,不能因为自己的创业活动影响单位的工作。

3. 选择合适的合伙人进行创业

有些上班族没有时间自己进行创业,但可以提供一定的资金,或者拥有一定的业务经验和业务渠道,这时候就可以寻找合作伙伴一起进行创业。与合作伙伴一起进行创业需要注意的事项是:责、权、利一定要分清楚,最好形成书面文字,有双方签字,有见证人,以免到时候空口无凭。更不能等到赚钱了再说。我们看到无数合作创业的伙伴,在公司没有赢利之前,双方都能够和谐相处、和和气气,一旦公司赚了钱,矛盾便开始出现,有时一发而不可收。这就是大多数合伙企业,开始热热闹闹,中间打打闹闹,最后一败涂地的原因。

4. 找准好的项目

曾有一位朋友,这位朋友在上海的一家台资企业工作,妻子在一家大型电器公司当推销员。这位朋友手头有一定积蓄,又不愿放在银行里吃息,因为银行利息太低。从去年6月起,他瞅准时机,在上海吴淞码头开了一家拉面馆,后来连开了4家。现在这4家拉面馆每月能为他带来2

万多元的收入,远超过其打工的薪水。这位朋友说,其实很简单,他看准了地方,出钱盘下店面,请了几个人来开店,设了一个店长,工资要高些,其他人按市场行情走,每月几百元外带吃住。

他只要每个星期到店里走一趟,盘盘账。因为店小,账目很简单,无非是进货、出货。进货,就是这个星期买了多少钱的面粉、买了多少钱的牛肉、蔬菜;出货,就是这个星期消耗了多少面粉,消耗了多少钱的牛肉、蔬菜;卖了多少钱,将中间差价一算,刨除房租、水电、税费及人员工资,就是他赚的钱。既省心省力,又不花时间。类似这样的项目,非常适合想创业的上班族。关键是你要开动脑筋,时刻留心,四处留心。另外,就是该下手时就下手,不能犹犹豫豫。大家都在找机会,机会来了你不下手,一眨眼机会可能就被别人逮跑了。

前不久,有台湾机构调查上班族最热衷的创业项目,一共有10个,分别是:摆地摊卖服装饰品,占20.81%;炸鸡排、咸酥鸡等小吃摊,占18.78%;咖啡店占16.63%;网络上开设店铺,占15.54%;便利商店,占15.32%;饮料冰品店,占14.15%;连锁加盟餐饮,占13 11%;语言补习班,占11.96%;升学补习班,占11.62%;瘦身美容用品或服务,占11.22%。这10个项目都有一个共同的特点,就是投资较少,另一个特点是管理相对简单,不需要创业者长年累月、耗时费力地盯在那里。

5. 做一个好的产品代理也不错

现在翻开报纸、杂志,到处是寻找产品代理的广告。有些人对此类广告抱着本能的排斥心理,以为都是骗子,其实并非如此。这里同样隐藏着一座座金山,关键是你要有眼光。选择产品代理,最重要的是看清代理产品的发展前景。成熟的产品是不需要满世界打广告来寻找代理的,不打广告也会有许多代理人找上门来。打广告招代理的产品,一般都是尚处于市场拓展阶段的新产品,因而如何判明产品的市场前景,也就是产品之于代理商的"钱"景,是一门学问。

这里有几条原则可供参考:第一,就是尽量不做大公司和成熟产品的代理,因为这类产品一般市场稳定,但利润空间小,条件苛刻,非实力雄厚者不能承受,上班族更难以问津。第二,选择产品,必须是真材实料的,必须是正规企业生产的,最好经相关部门认证的有合法手续的产品。其中是否存在市场,可由其产品的功能和广告支持力度来判断。第三,产品的独特性与进入门槛要高。有些产品很好,但太容易仿造,结果市场一打开,跟风者一哄而上,市场很快又垮掉,这时候最吃苦的除了厂家,就是代理商。产品的独特性如何,是否容易仿造,可以根据产品原材料的来源是否珍稀、独有,产品的技术含量等来判断。第四,最好直接与生产厂家接触,而不要做二手甚至三手的代理商,除非生产厂家有特殊要求。如果打算做二手、三手代理商,那么,一要考虑上级代理商留给你的利润空间是否足够,二要考虑上级代理商的人品与信誉,三要考虑上级代理商与生产厂家的关系。上级代理商人品不好,信誉不佳,很可能在你打开市场局面后将你丢掉,以便独食其利;上级代理商与生产厂家关系不好,厂家炒掉上级代理商,也很可能会使你前功尽弃。总之,在这个问题上,要抱一种"害人之心不可有,防人之心不可无"的态度。

现实中创业遇到挫折的多得数不清,而对于上班一族,要做到两头兼顾,不顾此失彼,更是难上加难。所以一旦遇到挫折,就要相信自己,只有强者才能笑到最后。

智者寄语

现实中创业遇到挫折的多得数不清,而对于上班一族,要做到两头兼顾,不顾此失彼,更是难上加难。所以一旦遇到挫折,就要相信自己,只有强者才能笑到最后。

懒人理财有妙招

理财是一种智慧,需要我们倾注一定的时间和精力,掌握一定的方法和技巧。很多时候人们只知道辛辛苦苦地赚钱,可是钱到了手却又不懂得如何珍惜,不知道如何更好地发挥钱的价值,使“钱生钱”。

很多人常常抱怨不是自己没有理财意识,而是自己缺乏理财的知识,对投资理财一窍不通,只能守着赚的一点工资。其实,“懒人”同样可以理财,“懒人”也有“懒人的理财妙招”。如果你掌握了“懒人”理财的妙招,那么,你就会发现理财并不是那么高不可攀。

有人懒得把工资卡里的活期储蓄转化为定期或其他高收益的投资,每年无端损失几百元甚至几千元。

有人懒得去管自己股票账户里的被套股票,由此损失的金钱达几万元,甚至几十万元。曾碰到有人发现自己的股票不再有报价(摘牌)了,才到处问怎么办。

忙碌整整一年才能赚几万元钱,却因为懒得花几天或者几小时的时间,就这样白白地让金钱从自己身边溜走,是不是很可惜?

其实,懒并没有错,错在你没有掌握理财的基本法则,没有找到“懒人理财法”。掌握科学理财的方法,将会使你的投资理财事半功倍,让你轻松自如地获得投资的高收益和回报。如果你能学会简单的理财方式,你就可以放心去懒了。

1. 书中采金法

生财原理:读书是随时随地可以进行的,知识的积累能大大提高人的判断能力和行事效率,判断力和高效率可以为行动赢得时间,而“时间就是金钱”。

实例:有一位成功人士,深谙“读书的财富哲学”,认为读书是成本最低的生财手段之一。

没有时间读书是跟钱过不去,是最让人可惜的表现之一。

2. 规则生财法

生财原理:规则的改变必然带来财富的重新分配,只要有心,自然可以发现其中的发财机会。

实例:20 世纪 90 年代初企业融资规则的改变,沪深股市的出现成就了一大批百万富翁;90 年代末人类交流方式的重大改变,网络的出现成就了一大批百万富翁;21 世纪初由于福利分房规则的改变,房价暴涨成就了无数百万富翁;2003 年内地资金突破区域规则进入香港 H 股市场,造就了很多的百万富翁。

中国作为发展中的国家,需要改变的规则还有很多,你去留心把它变成你的财富吧。

智者寄语

如果你掌握了“懒人”理财的妙招,那么,你就会发现理财并不是那么高不可攀。

初涉职场,女性要学会理财

初涉职场,对女性朋友而言更多的是一个积累的阶段,不管是工作的经验还是在理财方面。

因为,在职场初期是一个人的奠基时期,树立良好的理财意识,掌握科学的理财方法,不仅能使自己的生活更加从容舒适,而且还可以为以后自身的发展奠定基础,毕竟对于初涉职场的女性朋友们来说,前面等待我们的是更为广阔的发展空间。如果刚刚进入职场的时候,你不注重理财,那么你的职场选择、人生发展就会在无形中受到很多的限制。

理财案例:初涉职场的叶小姐年收入3万元左右,目前租房子住,没有商业保险,也没有存款,想买点基金,另外,想存点积蓄,询问应该如何理财。

理财分析:叶小姐具有目前颇为流行的月光族的典型特征。日常花销大,原始积累少,消费无规律,目前的房租支出占月收入的30% ~40%,已成为变相的"房奴"。伴随着今后家庭的住房、医疗、教育、养老等方面的开支日益增多,叶小姐应尽快树立正确的理财观念,运用科学的理财手段,为自己生活寻找坚实的经济保障。

理财建议:

(1)确立理财目标。理财不是盲目的,要有的放矢,人生的每一个阶段都有不同的需求,也就应制订合适的理财计划。叶小姐短期目标可以设定为3年内筹集到5万元的房贷首付款;通过深造提高薪酬水平。

(2)学会记账,理性分析支出结构。叶小姐要知道自己每月2500元的开支花哪里去了,记账应该是最好最有效的办法。通过记账分析哪些是弹性支出,哪些是刚性支出(生活必需开支,花费每月基本固定)。每个月先规划再花钱,严格控制不该有的弹性支出,而不是先花钱有剩余了才规划。

(3)开源节流。以陈小姐目前的收入水准只能归类为中等,因此,近几年应该将关注点放在继续深造、提升自我价值和投资能力上,以此提高自己的薪酬水平和投资收益,这才是提升今后生活质量的根本。

(4)建议存钱购买一套小户型房子,把月供控制在1000元以内。这样既能满足目前的住房需求,又便于今后出租。如果以后有条件换大房子,可以以租养贷。

(5)尝试新的投资品种。传统的银行零存整取具有强制储蓄的特点,较适合月光族的叶小姐。但缺点是收益相对较低。建议叶小姐尝试一下银行正在开展的"基金定投"理财方式。只要持之以恒,就算是小资金,也能积累大财富,帮助你彻底告别"月光"。

(6)适量投保。以叶小姐目前的财务状况。意外健康险是优先考虑的对象。消费型的意外保险不仅价格便宜,而且可以单独购买,通过投保消费型的意外保险来为自己的未来构筑坚强的堡垒。

智者寄语

对于初涉职场的女性朋友们来说,前面等待我们的是更为广阔的发展空间。如果刚刚进入职场的时候,你不注重理财,那么你的职场选择、人生发展就会在无形中受到很多的限制。

年轻白领女性开源节流的实用锦囊

从结婚到新生儿诞生一般经历1~5年,此阶段的家庭处在形成期,为提高生活质量往往需要较大的家庭建设支出。节财计划、应急基金,是这一阶段主要的理财目标。

理财是通过对现有财务资源进行适当管理实现整体理财目标的过程,贯穿人一生的不同阶段，是一个为实现整体理财目标而设计的统一的互相协调的计划。

理财是有条件的，首先，要有财可理，所以就要学会“节流”。“节流”是有固定收入家庭储备理财金的重要手段。所谓“节流”就是指尽量压缩不必要的支出，从而达到收支平衡的目的。同样，“开源”也非常重要。所谓开源就是指通过各种方法提高自己的收入水平，从而达到财务自由，收支平衡，进而提高自己的生活质量。“节流”和“开源”结合起来就构成了整体的投资概念。

财务资源的合理分配是理财的根本，购买保险、投资基金是年轻家庭的“开源”主要举措。另外，对于绝大多数的白领女性来说，“开源”和“节流”还有以下几种实现途径。

1. 抓副业

做自己的工作之外的副业，可以充分利用在工作中积累的资源和建立的人脉关系。这是白领的一个特点，也是白领的一个优势，学会充分利用在工作中积累的资源和建立的人脉关系进行创业，可以大大减少创业风险。

不过要注意：不能将个人生意与单位生意搞混淆，将工作秩序搞颠倒，甚至只要是有利可图的生意就归自己，而无利可图或者亏本的生意就归单位，这样做不仅要冒道德上的风险，而且很有可能会受到法律的制裁。另外，要区分清楚主业、副业，不能因为自己的创业活动影响单位的工作。

2. 合伙创业

选择合适的合伙人进行创业。有些白领没有时间自己进行创业，但可以提供一定的资金，或者拥有一定的业务经验和业务渠道，这时候就可以寻找合作伙伴一起进行创业。不过在创业之初合作伙伴一定要先分清楚责、权、利，不能等到赚钱了再说。我们看到无数合作创业的伙伴，在公司没有赢利之前，双方都能够和谐相处、和和气气，一旦公司赚了钱，矛盾便开始出现，有时一发而不可收。这就是大多数合伙企业，开始热热闹闹，中间打打闹闹，最后一败涂地的原因。

特别要注意，责、权、利的约定最好形成书面文字，有双方签字，有见证人，以免到时候空口无凭。

3. 衣：网购最便宜

随着网络的发展，网购已经成为一种时尚，一种潮流。同时，网购也是一种高效的省钱策略。一般来说，在网上购物能得到比在实体店购物更低的价格，特别是一些团购网，价格都十分便宜、实惠。另外，网上商店的物品种类也非常繁多，几乎在实体店可以买到的东西在网店都可以买到。

除了网购，小服装店也是白领们热衷交流的话题。供职于一家服装设计公司的白领张小姐说，相比黄金地段的大商场，一些偏僻小马路上的服装小店里的衣服性价比要高出一筹。“租金便宜不说，而且风格特征很明显，挑选起来方便。”张小姐说，“只要看一看老板娘的穿着，就大致能看出她店里衣服的品位。”

4. 食：巧用优惠券

无券不成欢。对于吃惯了肯德基、麦当劳的白领来说，使用优惠券和折扣券可谓学生时代的传统美德。同样在肯德基吃一个蛋挞，原价是5元，有了优惠券就能省下5角钱。如果是吃几十元的套餐，一顿饭就能省下5至7元。

优惠券来路很多，街头有派发，报纸杂志上能剪，有时候家里邮箱里也会意外收到。但相比起来，电子优惠券显然更为方便。有段时间，关于“电子优惠券大杂烩”的帖子在白领中间广为流传，其中罗列了大量优惠券信息。我们发现，很多网站都提供优惠券打印服务，比如大众点评网和嘻嘻网等，这些网站有全国各个城市的站点，只要进入所在城市的站点，就可以看到该地各个商家的优惠信息，点击进去，就可以在网上直接打印优惠券。

在家自己做饭，是不少白领省钱的另一个法宝。在一篇题为《做两次饭搞定一周伙食》的帖子里，网友列举了自己的过日子心得：周日去菜场买活鸡一只，香菇、竹笋等辅料若干，放在砂锅里炖 2 小时，冷却后放进冰箱，每天回家后取出若干加热即可。这样，从周日到周三，每天只需炒一个蔬菜或者买点水果就能吃上一顿营养美餐。周四买一条黑鱼和番茄回家，如法炮制再烧一锅，又可以吃上 3 天。这样算下来，每顿晚餐平均只需 10 元左右。且营养均衡卫生健康。

5. 住：节能最受宠

节能不仅仅是一句口号，更是事关省钱的大事。中央电视台一档节能节目曾受到不少白领关注，家庭生活中一些节能小窍门深受喜爱。

白领杜小姐在自己的博客中写道：看了电视才知道很多父母辈们一直保持的习惯都是有道理的，原来淋浴比盆浴更省水、调节煤气灶架到合适高度更省气、有分时电表夜间洗衣更省电，虽然节约的钱有限，但日积月累竟然是一笔不小的数字。

合租是白领们讨论的另一个重要话题，在一家旅游网上班的聂小姐过去自己一个人在上海淞虹路租房住，最近，她搬到了世纪公园附近，和大学同学住在了一起。“自己住，一个月房租要 1000 元，还不算水电煤气费。”聂小姐说，“现在 3 个人合租一套 2 室 1 厅的房子，分摊下来只要 700 元左右。更重要的是，过去一个人懒得做饭，顿顿吃外卖，也是一笔不小的开支。如今几个人在一起住，很多时候都是自己做着吃。”虽然，聂小姐上班要多花近一个小时的时间，但每个月却可以节省 500 元开支。

6. 行：地铁换公交

打车一直是白领出行最大的一笔“额外”开销。早上睡懒觉要迟到了，打车；中午抽空会情侣，打车；晚上下雨没带伞，打车；周末购物行李多，还是打车；一周下来，不少白领光打车就花去几百元。有段时间，网上不少白领发起了“捂住钱袋子，拒绝打车”的倡议，号召大家提前出门，查好出行线路，尽量采取地铁加公交的出行方式。“去陌生地方，先查看地图，查询换乘路线，估算好时间。”白领黄小姐说，公交地铁现在有换乘优惠，只要提前算好时间，比起打车能省不少钱。

对喜欢旅游的白领来说，用好休假时间，避开假日旅游高峰是最好的选择。“跟团最费钱，又玩不好。”不少白领表示，网上订机票旅馆，能省下一笔不菲的开支。“今年我去鼓浪屿两个人才花了 4000 元。”供职于媒体的白领陈小姐说，出行前她查询了大量驴友攻略，买了春秋航空特价机票，住在当地家庭旅馆，不仅玩了最有特色的地方，而且经济实惠。

智者寄语

年轻白领女性应该懂得开源节流。

中产阶层女性如何更好地理财

理财案例 1：男主人刘先生，32 岁，在某企业任销售经理，工作需经常出差，固定年收入 8 万元,另有年终奖金和各种补贴约4万元。女主人汪女士,29岁,在某商场任出纳,固定年收入3万元,年终奖金约5000元。女儿4岁,上幼儿园中班。刘先生的父母均已退休,因为单位有较完善的退休金和医疗保障,所以不仅不需要小家庭提供经济支援,反而还经常补贴些在孩子的学习和消费上。汪女士的父母临近退休,收入中等,比较稳定。

家庭大宗消费情况:5年前自购一套120平方米的住房,购买时房价40万元,现市价80万元,贷款28万元,还款期限20年,月供2000元,使用住房公积金还款,因公积金比较充足,不打算提前还贷;有1辆富康轿车,每月养车费用约1500元。主要投资和理财途径:刘先生有一套单位分配的住房,现市价约16万元,目前出租,每个月收回700元租金;投资股市10万元,前几年均处于亏损状态但未舍得割肉出场,去年年底借牛市良机上涨,目前市值约13万元,因缺乏信心、技术和时间,正在考虑是否转购基金;银行储蓄22万元;借给朋友5万元用于开店,年利息6000元。

理财分析:这是一个比较典型的"4+2+1"家庭,有房有车,属于中等收入,有一定的家庭财富积累,夫妇教育程度较高。

(1)收入分析:家庭实际年收入共16.94万元(12万元+3.5万元+0.84万元+0.6万元);其中工资收入15.5万元,占全部收入91%,说明该家庭的主要收入来源是体力和智力,而非财力;其中,男主人的收入占到家庭年度收入的71%,是家庭经济的主要来源。另有股票浮赢3万元,但考虑到是几年前就投入的,为便于规划,本次计算未计为收益,而是统算为一项资产。

(2)家庭资产:房产96万元(80万元+16万元),汽车5万元,股票13万元,存款22万元,借款5万元,合计总资产141万元:其中流动性较差的有106万元,占比75%,有的变现会严重影响生活品质,有的变现可能会有经济损失;可随时支配的有35万元,占比25%,其中股市中的13万元有上涨或下跌可能。

(3)家庭负债:房屋贷款尚有约20万元本金未还,本利合计未来15年还需要还款35万元,由于每月的住房公积金充足,还贷不影响现金流量。

理财建议:

1. 科学分析家庭投资理财目标

(1)子女教育:孩子预计14年后上大学,初步估计国内求学需要12万元(大学4年,每年3万元),如果出国求学则需要60万元(如果孩子在国外打工可降低该项开支)。

(2)重大疾病备用金:因为普通疾病通过社保医疗和个人工资可以基本解决。主要考虑重大疾病的风险,尽管有社保作为基本保障,但与日益上涨的治疗和看护费用以及万一生病带来的收入下降相比,仍有较大缺口,初步估计每人应准备10万元重大疾病储备金以备不时之需。

(3)养老储备:该家庭属于收入中等偏上的中产阶层,有房有车,不希望退休后生活水平发生较大滑坡,因此有必要在社保基础上另外做一些养老金储备,初步筹划应不少于50万元。

(4)债务偿还备用金:尽管目前不用急着偿还房屋贷款,但一旦家庭经济发生重大变故,则必须考虑如何保有现有的住房,因此必须有足够的资金来确保不会因不能偿还贷款而失去住所,备用金以将逐年降低的还款金额为参考。

(5)生活品质保证金:现代人的意外和疾病风险不断增加,家庭的小型化,抵御风险的能力进一步降低,因病因意外致贫的例子不胜枚举,所以必须为万一发生的人身风险准备一定的资金,来保证家庭生活品质不会因此降低。

2. 认识家庭财务风险

(1)保守投资理财的风险。投资有风险,不投资同样有风险,银行储蓄利率尽管进行了调高,但在通货膨胀的压力下,实际利率仍运行在负数,大量的资金沉淀在存款中,实际购买力在不知不觉间不断流失。由于年纪较轻,有一定的知识,应果断地积极投资,赢得较高的投资回报,以达成人生财务目标的实现。

(2)投资渠道狭窄的风险。在资本市场中,个人投资者因知识、经验、财力、精力都处于劣势。故投资的相对风险较高,所以应采取适当分散的原则进行资产配置,以避免一旦某个投资项目亏损就全盘皆输的局面。我们发现。该家庭投资渠道仅限于房产、股票和民间借贷,投资比例不高,投资意愿不强(房产投资属于历史性机遇,储蓄占比较大,属于典型的鸵鸟心态),缺乏时间和技术(股市前几年深度套牢而没有及时抽身和采取相关措施,在大市上涨时没有及时补仓或追加投入,而是被动等待),有的还有血本无归的风险(借款开店有经营失败的风险)。

(3)人身风险带来的财务风险。现代社会的自然环境越来越差,环境污染无孔不入,患大病的机会越来越多;工作上的竞争压力越来越大,人们的心态很容易受到影响,过度疲劳成为都市白领的通病;对于高速发展的中国而言,交通事故居高不下,各种意外发生率普遍较高,该家庭男主人经常驾车和出差,风险更甚;甚至假货横行,也给人们带来较大的风险。人的生命不仅仅是生理的生命,还包括经济的生命,即对家庭的经济支撑作用。

3. 盘活存量资金进行积极投资

(1)树立积极投资的理念。应该在自己年轻的时候,积极进入高风险但高回报的投资领域,博取较大的利益,以满足保证人生各个阶段生活品质的需要,否则,仅仅依靠工薪收入和传统理财途径是不足以维系较高的生活品质要求的。

(2)做好合理的投资理财规划。根据目前的年龄。按照7:3来安排家庭闲置资金做积极投资和保守理财,这样有足够的资金进行高回报的投资,即使投资失败也有足够的时间和金钱东山再起,通过不同的投资和理财组合来实现这个安排。

(3)强化强制储蓄观念。人生的这个阶段,消费欲望较高。很容易过度消费而导致用于投资和理财的资金不足,所以要养成定期储蓄的习惯,通过银行活期储蓄每月固定进行存款,并且每季度使用这些短期积累起来的资金做一次投资或理财性投入,从而达到强制储蓄的作用,这是投资资金来源的重要保证。

4. 科学选择寿险作为家庭的保险绳和灭火器

(1)对家庭关爱不仅仅来自用心经营亲情、用时间去表达感情、用努力的工作为家庭创造财富,还应考虑到经济生命的保障,今天预备明天、生时预备死时、父母预备儿女,真正体现爱的无尽关怀,因此,足够数量的人寿保障是现代家庭的必需品,寿命保额应为家庭收入的10~20倍。

(2)现代人寿保险还具备了较强的理财功能,能够帮助家庭已有的财产保值增值,特别是分红险的出现,让客户可以享受到机构投资专家理财的惠遇,而又不用对自身投资知识和精力不足操心。

(3)通过投保人寿保险,以较少的资金赢得较高的风险储备金,来解决家庭投资资金不足的问题。

(4)通过与保险公司的寿险顾问沟通,接受其专业的建议,在众多寿险产品中选择适合家庭财务与风险状况和个人偏好的险种。

5. 投保建议

了解其人生最关注的目标有:子女教育、个人养老、个人大病和赡养老人;通过对其家庭风险的评估，其潜在需求有：夫妇双方的意外保障和孩子的重大疾病保障；在此基础上，与该夫妇一起排定优先顺序为：意外保障/大病医疗/子女教育/个人养老/赡养费用/孩子重疾保障。

(1)意外保障收入中断风险。由于该家庭正处于资金的积累期，且各项支出较多、经济压力较大，若夫妇任何一方因疾病或意外导致不能继续工作，将对人生财务目标的实现产生重大影响，并会严重影响现有的生活；特别是男主人的收入占到目前家庭总收入的71%，女主人的收入仅仅能够维持家庭基本生活开支，如果万一发生风险，将会造成主要收入来源中断，而一旦在房贷款因公积金不足而不能按期偿还会引发多米诺骨牌效应，对整个家庭的财务带来巨大的冲击。

(2)大病医疗。虽然单位有良好的社会医疗保障，但身边有些同事的例子说明社会医疗并不能解决大病来临时的巨额医疗和相关费用，所以每人最好应储备10万元作为应对大病的措施，用较少的投入来解决巨额资金的积累问题。

(3)子女教育。因现在的经济能力完全可以支撑孩子幼儿园到高中的各项费用，重点考虑为14年后孩子上大学做好资金积累。作为父母，应准备基本的大学教育金储备，可能发生的高额教育金不能仅仅凭借储备去解决而应该通过投资方式。

(4)个人养老。社会养老保险的保障额度较低，不足以支撑高品质的退休生活，所以应储备一定的资金作为养老资金。

(5)孩子重疾保障。现在重大疾病的患病年龄在不断年轻化，所以为孩子做一些重大疾病的打算也是很有必要的，并且年龄较小，投保重大疾病保险保费较低。

理财案例2：L女士的老公年收入10万元左右，L女士年收入3.5万元。另外，每年公积金4万元，目前存款2万元。每月还房子商业按揭款3000元，生活费1000元(与父母住一起，每月支付)，其他支付1500元(汽车约用1000元，其他开支约500元)。女儿刚4个月。今年还需在年底还父母4万元购车款，春节向双方父母送礼6000元，每年其他开支(如购衣、聚会、结婚送礼等)2万元左右。L女士作为咨询理财师该如何理财才能达到最好效果的收益？

理财分析：L女士的家庭年收入17.5万元。已跨入了中产阶层。今年家庭年支出13.2万元。年结余4.3万元，结余比率约为25%。但家庭财务结构欠合理。目前家庭流动资产较少，抗风险能力较弱；从现有资产安排来看，没有投资金融资产；家庭风险保障力度不足；家庭收入来源单一，无工作外收入。因此，今后家庭的理财活动应围绕注重积累、提高金融资产比重和投资收益这一中心来开展。

理财建议：

(1)筹划子女教育金。女儿刚4个月，让其接受最好的教育是L女士家庭将来最大的希望，且随之成长，此部分费用可能会增加较多，因此教育金规划十分必要。建议L女士从每月收入的结余中首选基金定期定额投资方式，每月至少规划出1000元、年储蓄不少于12000元选择合适的基金定投。选择中途可赎回、兼具流动性和收益性的基金产品。

(2)安排家庭应急资金。用月固定支出的3~6倍资金继续以银行活期存款或货币市场基金的形式作为家庭应急资金安排。另外，可办理一张银行信用卡。利用适当的信用额度作应急金的补充。

(3)计划中长期投资。建议将年度结余的30%~40%购买安全可靠收益稳定的银行理财产品和投资开放式基金。如未来该部分投资不作其他用途，则可作为夫妻俩养老退休准备金。另外，在牛市格局逐渐形成的形势下，若L女士家庭具备一定的投资经验和风险承受能力，基金、股票都是获取高收益的投资途径。

智者寄语

中产阶层的女性也要学会理财。

没有投资经验的家庭女性如何理财

投资理财是一个技术活,如何进行科学高效的投资并不是每个人都能掌握的。对于没有投资经验的理财者,切不可跟风从众,否则将会给自己带来极大的损失。因此,没有投资经验的女性想要进行投资时,一定要坚持稳中求升的原则,选择一些最适合自己的、风险系数小的投资产品进行投资。

张女士今年35岁,是一位外企白领,主要从事人力资源工作;丈夫刘先生今年40岁,在一家私营企业工作;有一个10岁的女儿,上小学四年级;家里的住房贷款已经提前还清,没有任何负债;有10万元存款。

由于一次性还了房贷,家里所剩的资金并不算太多。考虑到小孩的上学费用和夫妇俩以后的退休生活,张女士有点担心,因为听别人说,退休和孩子教育金准备得越早越好,而她目前还没做任何计划。前一阵股市很火,带动基金收益连连走高,单位里的同事每天都在谈论理财、投资、基金,都疯狂去抢购新发行的基金。张女士以前没有做过这方面的投资,也不太敢跟风。

张女士家的财务状况还不错,没有负债,而有一定储蓄。但是,从张女士家庭对资金的需求来看,还是需要做一些投资,来加快家庭金融资产的保值增值。

1. 投资基金最合适

在众多的金融产品中,基金是广大普通投资者的首选。因为,一般的投资者很少有足够的专业知识、时间、精力去关注证券市场,购买基金是一种间接参与证券市场投资的非常好的渠道。

在我国,目前的基金全称叫证券投资基金,基金管理公司通过发行基金单位,集中投资者的资金,由基金托管人(即具有资格的银行,国内基本上是商业银行)托管,由基金管理人管理和运用资金,从事股票、债券等金融工具投资,然后分享收益,同时也共担投资风险。

从全世界的经验来看,在所有的基金中,开放式基金(在国外叫共同基金)是主流,世界上90%以上的基金都属于开放式基金。在我国,以后不再发行新的封闭式基金。所有已存在的封闭式基金也将在存续期满后,转为开放式基金。

因此,从张女士家庭的实际情况来看,开放式基金将是目前最合适的投资方式。投资开放式基金有以下优势:

(1)分散风险。投资风险主要分为两类:系统风险和个体风险。从理论上讲,如果一个投资组合中包括了20只不同类别的股票,基本可以避免个体风险。而普通投资者很难有足够的资金去直接拥有20只股票。通过基金投资,就可以以很少的资金拥有一个大的股票组合,分散投资风险。

(2)享受专业服务。管理基金的基金经理一般都有很好的学历背景、较长的证券从业经历、丰富的证券投资经验,这是广大普通投资者所不能比拟的。

(3)收益免税。为了鼓励大家进行投资,基金投资的收益免收个人所得税。

(4)安全性强。投资者的资金全部托管于有托管资格的商业银行的托管账户中,托管银行负责监督托管账户资金的使用,使得投资者的资金安全有了很好的保证。

2. 挑选基金有讲究

既然基金投资有这么多的好处,那怎么来挑选合适的基金呢?这里给张女士提供以下几点建议。

(1)认识自己

每个人都有不同的财务状况、财务目标和投资偏好,因此,投资方案也互不相同。从张女士的情况来看,2 年后小孩就要上初中了,因此,挑选一个好的学校非常重要。要择校,就需要交纳高昂的择校费,这在现实的社会中根本无法避免。

张女士首先要准备好这笔钱,幸好家里还有 10 万元存款,可以动用这部分积蓄。因为要 2 年后使用,所以要采用保守一些的投资。期望年收益 8%,现在的 3.5 万元,在 2 年后能变成 4 万元,最好以保守配置型基金和债券型基金为主。剩余的 6.5 万元中,留 2 万元作为家庭的应急备用金,剩下的 4.5 万元可以选择比较进取的投资策略,以股票型基金和积极配置型基金为主。

另外,每个月可以从工资收入中拿出部分资金采用基金定投的方式进行投资。

(2)选择基金

①基金管理公司。选基金,首先要选声誉好、历史长、管理资产规模大、研发能力强的基金公司。

②基金以往业绩。选好基金公司后,可以挑选该基金公司旗下的明星基金。虽然历史业绩不能代表将来的业绩,但是,历史业绩的确是一个很好的参考。

③投资组合和投资风格。同类型的基金,也会因为基金经理的不同,而显示出不同的投资策略和投资风格。目前在网上能查到基金前一季度的十大重仓股,从中可以看出基金经理的投资偏好,可以作为参考。

④风险情况。按照风险水平,我们大致把基金分为四类:股票型、配置型(又叫混合型)、债券型和货币型。这四类基金的收益从高到低,投资者所承受的风险也是从高到低。要结合自己的具体情况进行选择。

⑤参考权威机构的排名。目前国内有一些机构会定期对开放式基金进行基金排名,比如晨星、中信等,机构的基金排名可以作为基金选择的一个参考,但不是唯一因素。

(3)投资组合建议

总的来讲,基金投资是长期投资,建议张女士购买基金后持有 2 年以上。投资者看重的应该是基金的长期回报,而不应太注重短期的波动。整个基金组合以 3 ~ 5 只基金为宜,建议张女士的基金组合为 2 只股票型基金搭配 1 只配置型基金。

选择基金时,尽量选那些长期表现比较好的老基金,而不建议选择刚刚发行的新基金。很多投资者都愿意选择新发行的基金,觉得便宜,这其实是一种投资误区。

(4)如何购买基金

张女士可以在自家附近的银行办理一张理财卡,利用银行的银联通基金超市,来走基金直销渠道,不但可以享受费率打折的优惠,而且还可以 24 小时网上下单购买。避免了在股市交易时间去银行排队购买的麻烦。

智者寄语

没有投资经验的家庭也要学会理财。

分居两地的家庭女性如何理财

有时候，由于工作或是其他的原因，夫妻会有分居两地的情况。那么，在这种情况下，女性朋友应该如何做好理财规划，科学高效地理财呢？

理财案例：安女士和先生分居两地，有一个不到3岁的儿子。先生在外地从事房产策划与营销（收入约占家庭总收入的90%），他的工资一直都是活期存款，半年一次带回家里，既没时间、也没兴趣去打理。安女士家有两处房产，一处自住，另一处准备出售。但先生还想在工作地买一套小户型，估计买价17万元左右。安女士也希望尽快结束这种两地分居的生活，但又担心在异地买卖房产会比较麻烦。

另外，安女士的先生有社保和医保，而安女士只有社保，不知道要增加什么样的保险比较合理。安女士家有11万元放在货币基金里，另有6万元活期存款，今年9月份开始买了3只股票型基金，每只每月定期定额投入500元。现在，安女士想知道这笔资金是用于提前还贷，还是买一些股票型基金持有比较好。

理财分析：从提供的材料来看，安女士对家庭的财务状况有比较清晰的掌握，理财观念较为科学，并尝试性地进行了投资，但因为投资的时间较短，效果没有显现。

安女士家庭的财务状况基本合理，资产总量、流动性都比较高，支出控制基本合理。目前，需要解决的主要问题是资产分散导致利用效率不高。

安女士的先生的收入约占家庭收入的90%，但每半年才能实现，且也以活期存款形式存在，由于空间和时间上的差异不能及时有效地加以利用，收益较低。因此，安女士每月需要支取存款补贴家用，家庭每月的收支平衡被打破。

此外，安女士家财富积累主要来源于丈夫的工作收入和房产投资收益，生息资产比例和收益率较低，这也是财务自由度为零的根本原因。

理财建议：

（1）网银及时集合全家收入。实际上利用现有的银行理财工具，可以非常容易实现对现金的集中管理。安女士目前持有几家银行的存款账户，因此，丈夫可在工作地办理同一家银行的银行卡并开通网上银行业务，把每月收入留足生活费用后，用网银的转账功能转到安女士账户上，用于家庭日常生活支出。这样，安女士家的现有金融资产便可从长计议，制订新的投资策略。

（2）归并现有账户，区分生活费用和投资账户。如果没有特殊原因，建议安女士仅保留两家银行的账户即可，这样可以更清楚地把握资金的来龙去脉。一个账户专门用来支付家庭日常生活费用，根据目前的家庭状况，这个账户以活期存款等形式存在，总额保持在10000元。

（3）积极投资，获取更好收益。安女士应当更积极地运用目前已经积累的可投资资产，增加收入的渠道，提高资产的综合收益率，使家庭财富更加殷实和健康。目前，安女士已经开始定期定额投资3只股票型基金，接下来建议持续坚持这种投资，并进一步增加高风险收益产品的投资比例。

建议安女士在保留10 000元日常生活费用后，将几万元的货币基金和5万元的活期存款，共计16万元购买股票型基金和股债混合型基金。安女士可以根据自己的风险偏好，选择不同的投资比例。

如果能够接受较高的波动幅度，可以用60% ~70%的资金约10万元来购买股票型基金，6万元购买股债混合型基金，否则，就调换购买的比例。每月的节余，也要按照这种比例，继续进行定期定额的投资。

(4)以静制动，确保房产投资成果。安女士家庭投资资产结构中，房产已经占据了较大的比重。不适合再增加这方面的投资。至于能否卖掉现有的房子，再去购买丈夫工作地的新房，还要综合考虑房价、房产增值潜力、交易费税等方面的情况。安女士的丈夫是做房产策划与营销的，应当非常了解情况。还有一个重要的考虑因素就是结束两地分居的具体时间，需要家人共同协商。在做出决定之前，建议将现有的房产出租，获取较为稳定的租金收入。

(5)购买意外伤害保险。因为安女士丈夫在异地工作，最少每半年在两地往返一次，因此，建议安女士为丈夫购买人身意外伤害方面的保险就可以了。因为有社保，医疗方面的保障可以不必过多考虑，医疗费用方面的缺口可以通过既有资产和投资收益来进行弥补。

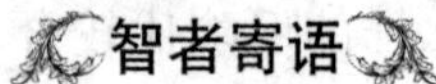

智者寄语

分居两地的家庭也要学会如何理财。

第十三章 了解更多理财产品,拓宽财富之道

国债,不可忽视的一个渠道

在投资市场,还有一种比较受大家欢迎的渠道就是国债。

国债由中央政府发行,目的是为了弥补国家财政赤字,或者是为一些耗资巨大的建设项目、某些经济政策甚至是战争而进行的资金筹措。国债以中央政府的税收作为还本付息的担保,所以,国债的风险极小,流动性也较强,相比之下利率较其他投资形式也要低。

国债的种类很多,按照券面形式可以分为三大类:无记名式债券(实物)、凭证式债券和记账式债券。

无记名国债,是我国发行历史最长的一种国债,以实物的形式发行,券面上印有发行年度、券面金额等内容。债券发行时,通过各银行储蓄网点、财政部门国债服务部和国债经营机构的营业网点向全社会进行发行销售,投资者也可以从证券交易场所进行购买。这种债券从发行之日起开始计算利息,不记名、不挂失,可以上市流通。上市转让价格随着二级市场的供求关系进行波动,当市场因素有所变动时,价格也会产生比较大的波动,所以,可能有获得较大利润的机会,但是,也有很大的风险。一般来说,这种债券更适合金融机构以及那些投资意识比较强的投资者。

凭证式国债,是我国从1994年开始发行的一种国债。购买这种国债时,需要填写"国债收款凭证",凭证上记载购买人姓名、发行利息、购买金额等内容。凭证式国债也可以在各银行储蓄网点和财政部门国债服务部进行购买,从投资者购买之日起开始计算利息。该国债可以记名、可以挂失,但不可以上市流通。投资者如果需要变现的话,可以到原来的购买点提前进行兑换,除了能得到本金外,投资者还可以按实际的持有天数获得利息。对于提前兑取的国债,经办网点还可以二次卖出。

凭证式国债实际上是一种储蓄债券,适合那些以储蓄为主要投资方向的个人投资者,它的安全性好,具有购买方便、保管方便、兑现方便的特点,但流动性较差,一般只有在规定的发行期才能买到。

记账式国债,我国也是于1994年开始发行的。这种国债不需要印制券面和凭证,是由财政部发行,通过无纸化方式,以电脑记账方法记录的一种国债。它可以上市交易,可以随时进行买卖,流动性较强,每年进行一次付息,实际收入比票面利息要高。并且可以记名、挂失,安全性比较高。它主要适合金融意识较强的个人投资者以及有管理现金需求的机构投资者,可以让其现金得到保值、增值。该种方法投资收益较高,但相应的风险也较大。

由于国债以国家税收作担保,一般情况下风险很低,而又由于其利率比银行稍高,所以适合

中老年人投资，可以做本金的保全。

金先生今年62岁，经过两年的返聘后，刚从教师岗位上退下来，金太太以前是公务员，现在已经退休在家4年多了。两人的退休金加起来有6000元，家里存款30万元，存的都是定期，从来没有买过股票、基金。他们和子女分开住，子女也已经独立，不需要他们的支持。两人都有比较完善的医疗保障，子女还为他们购买了“大病保险”。每个月两人开销大约2500元。

金先生的家庭是比较典型的退休家庭，有稳定的收入，也有结余，同时还有不错的保障，也有一部分的积蓄，养老金基本上可以满足两人的生活开支。金先生将所有的积蓄存成定期存款，总体来看投资收益比较低，流动性强，虽然安全但是抵御通货膨胀的能力较差。

由于老年人容易发生重大疾病、灾难意外等突然事件，所以，需要一部分的家庭应急备用金。一般来说，3～6个月的生活费用即可，对于金先生来说1万元就可以了。30万元的积蓄，可以将10万元存入银行做定期存款，剩下的20万元投资在国债市场，而老人每个月的结余可以投资到定投基金上。通过这样的安排，一方面可以使用定期存款保障资金的流动性，用国债来为自己取得较高收益的同时，增加自己的安全性；另一方面，用每个月的结余来定投基金，可以在保障安全的情况下获得较高的收益，抵御通货膨胀。其实，两人每月的开销并不多，建议稍微改变消费习惯，增加退休后的生活品质。比如可以适当增加外出旅游、保健以及文化娱乐方面的开支。通过提高晚年生活质量，有利于保持良好的精神状态，保持身体健康，这样便能减少医疗费用的支出，也是一种广义上的理财方式。

智者寄语

国债的风险极小，流动性也较强，相比之下利率较其他投资形式也要低。

债券，攻防皆宜的投资

债券是一项非常好的投资项目，下面我们就来介绍一下债券投资。

债券是一种有价证券，是社会各类经济主体为筹资而向债券投资者出具的并且承诺按一定利率支付利息和到期偿还本金的债权债务凭证。我们可以将债券理解为一个贷款协议，债券持有人把钱借给债券发行机构，除了到期后可取回本金，期间持有人也将会收到利息。再说简单一点，债券其实就是一种借据，上面注明借款人、借款数量、还款数量、还款日期、计息方式等内容，只不过借款人变成了国家（政府）、金融机构、企业等大型单位，而且比一般的借据要正规得多，受法律法规的制约。

债券根据发行主体的不同一般分为：国债、地方政府债券、金融债券、企业债券和国际债券。其中国债是由中央政府发行，有国家的信用作为担保，可以说是信用最好的债券品种，被称为金边债券；地方政府债券的发行部门是地方的政府，又称为“市政债券”，流通性相对较低，金融债券由银行等金融机构发行，流通性和利率都比较高；企业债券一般由各大企业发行，又称为“公司债券”，利率和风险都相对较高；国际债券是由国外各种机构发行的债券，一般在日常理财中较少涉及。

债券的还款期分为短期、中期和长期三种。其中短期债券时效在1年以内，一般分为3个月、6个月、9个月和12个月；中期债券的时间为1～5年；长期债券则是5年以上。

人们之所以如此热衷债券投资，说到底还是由债券本身所具有的优点决定的。

第一,债券具有偿还性。债券发行方必须在规定的偿还期限内如期向购买方偿还本金、支付利息。

第二,债券的收益相对较高。与银行储蓄相比,债券的利息一般要比银行储蓄高出许多,同时还可以买卖,通过债券市场低价买进高价卖出可以赚取其中的差价。

第三,债券具有一定的流动性。债券在偿还期内可以转让和买卖,也可以拿来作为抵押进行贷款,具有一定的流动性。

第四,债券的安全性较高。相对于风险较高的股票和期货,债券的风险要低得多,在安全性方面仅次于银行储蓄。

基于以上特性,投资者可以在债券票面价格上涨时得到利息和票面价格差价的双重收益;即使遇到票面价格下跌,投资者只要继续持有,等待偿还期的到来,那时最少也能赚到兑付利息,收益一样有保障。由此可见,债券"进可攻、退可守",可以说是攻守皆宜、进退自如。所以,债券受到投资者的欢迎也是情理之中的事。

投资债券,既能赚到比存款更高的固定收益,又能规避股市的风险,而且收益是免税的。如果有一种投资方式能让女人们高枕无忧,那必定是债券无疑。那么,女人们还在等什么呢?赶快把钱准备好,去买债券做个省心的"小财女"吧。

智者寄语

如果有一种投资方式能让女人们高枕无忧,那必定是债券无疑。那么,女人们还在等什么呢?赶快把钱准备好,去买债券做个省心的"小财女"吧。

选择适合自己的基金

投资基金也需要选择,选对适合自己的基金则能提高收益,反之收益则不是那么理想。我们在选择基金时有多种选择标准,既可以以风险和收益为选择的依据,也可以以自身的年龄和婚姻状况作为选择的依据,还可以根据投资期限来选择购买哪种基金。

1. 根据风险和收益

不同类型的基金给投资者带来的风险各不相同。其中,股票型基金的风险最高,混合型基金和债券基金次之,货币市场基金和保本基金的风险最小。

即使是同一类型的基金,由于投资风格和投资策略的不同,风险也会不同。比如在股票型基金中,与成长型和增强型的股票型基金比起来,平衡型、稳健型、指数型的基金风险要低些。同时,收益和风险通常有较大的关联度,两者是呈同方向变化的,收益高则风险也高,反之则低。也就是说,要想获得高收益往往要承担高风险。如果投资者的风险承受力低,宜选择货币市场基金。这类基金可作为储蓄的替代品种,还可获得比储蓄利息高的回报。如果投资者的风险承受力稍强,可以选择混合型基金和债券基金。如果投资者的风险承受力较强,且希望收益更大,可以选择指数基金。如果投资者的风险承受力很强,可以选择股票型基金。

2. 根据投资者年龄

在不同的年龄阶段,每个投资者的投资目标、所能承受的风险程度和经济能力各有差异。一般来说,年轻人事业处于开拓阶段,有一定的经济能力,没有家庭或子女的负担,或者即使有负担也较轻,收入大于支出,风险承受能力较高,股票型基金或者股票投资比重较高的平衡型基金(即偏股型基金)都是不错的选择。

中年人家庭生活和收入比较稳定,已经成为开放式基金的投资主力军,但需要承担较重的家庭责任,所能承受的风险不高,投资时应该将投资收益和风险综合起来考虑,宜选择平衡型基金。在分析自己的投资目标、风险承受力、投资经验和经济能力等基础上,最好选择多样化的投资组合,将风险最大限度地分散。老年人主要依靠养老金及前期投资收益生活,一般很少有额外的收入来源,风险承受能力较小,这一阶段的投资以稳健、安全、保值为目的,通常比较适合平衡型基金或债券型基金等安全性较高的产品,也可以选择保本型基金或货币市场基金等低风险基金。

3. 根据婚姻状况

单身型投资者往往追求高收益,尤其是对于那些没有家庭负担、经济压力的人来说,他们很愿意承担风险而追求资产快速增值。他们可采取的投资策略是:积极型基金投50%,适度积极型基金投30%,储蓄替代型基金投20%。这种组合中,股票型基金的比例占了很大一部分,偏好于积极投资,以达到资产快速增值的目标。

初建家庭的投资者希望在中等风险水平下获取较高的收益,他们并不拥有较强的资金实力,却有明确的财富增值目标和一定的风险承受力。他们可采取的投资策略是:积极型基金投40%,适度积极型基金投30%,储蓄替代型基金投30%。这种组合中,积极型基金占了较大比例,适度积极型基金次之,同时储蓄型产品也占了一定的比例,保证了资产具有一定的流动性,以备应付人口增加、支出增多和资产保值等多种需求。

家庭稳定的投资者追求在中等风险水平下得到可靠的投资回报,期望投资能带来一定的收益,能应付几年后孩子的教育支出。他们可采取的投资策略是:积极型基金、适度积极型基金、稳健型基金、储蓄替代型基金分别占30%、30%、20%、20%。这种组合兼顾资产的中长期保值增值和收益的稳定性及变现性。

4. 根据投资期限

基金投资时间的长短需要投资者重点考虑,因为它将对投资行为产生直接的影响。投资者必须了解自己手中的闲置资金可以用来进行多长时间的投资。

如果投资期限在五年以上,可以选择股票型基金这类风险偏高的产品。这样可以防止基金价值短期波动的风险,又可获得长期增值的机会,有较高的预期收益率。保本基金的投资期限也较长,一般为三年或五年,为投资者提供一定比例的本金回报保证,只要过了期限就能绝对保本,因此也适合长期投资。

如果投资期限为二至五年,除了选择股票型基金这类高风险的产品,还可以投资一些收益比较稳定的债券型或平衡型基金。这是为了保证资金具有一定的流动性,但是,由于申购、赎回环节都要交纳不菲的手续费,所以投资前要考虑收入及费用问题。

如果投资期限在两年以下,最好选择债券型基金和货币市场基金,这两类基金风险低、收益比较稳定。特别是货币市场基金具备极强的流动性,又因其不收取申购、赎回费用,投资者在需要资金时可以随时将其变现,在手头宽裕时又可以随时申购,是进行短期投资的首选。

对于业余的、长期的基金投资者来说,有一种方式是非常可取的,那就是配置一定比例的指数基金(以指数成分股为投资对象的基金,即通过购买一部分或全部的某指数所包含的股票,来构建指数基金的投资组合,目的就是使这个投资组合的变动趋势与该指数相一致,以取得与指数大致相同的收益率),再配置一定比例的让人信得过的基金经理的基金。

智者寄语

投资基金也需要选择，选对适合自己的基金则能提高收益，反之收益则不是那么理想。

选择基金要谨慎小心

对于很多人来说，投资基金是一种不错的理财选择，但需要熟知基金投资中的小窍门，盲目投资基金会导致得不偿失。

应该如何选择基金呢？理财专家认为，下列五点建议值得重视。

1. 定期定额投资基金

定期定额投资基金是很多朋友的首选投资工具。每月从存款账户中拨出固定金额来投资基金，其好处是强迫储蓄投资，不管市场如何波动，可不必考虑进场时机，由于进场时点分散，风险也同时分散，并且平摊了投资成本。定期定额购买基金可以帮助克服犹豫不决的弱点，有效保证"买低卖高"的结果。同时，定期定额更看重时间的复利效果，适合中长期的理财目标，杜绝了投机性质的投资行为，为养成有规律、有系统的投资理财创造了条件。

2. 精选"品牌"基金为首要

市场上有多少家基金公司，就有多少种基金的"品牌"。投资者在进行投资之前要做好功课，对这些基金公司进行分析研究。

基金公司所管理的基金规模、成立时间、业内评价以及旗下基金的业绩状况等，都是投资者应该关注的重点。基金公司的品牌也是在时间的历练下闪闪发光的。

一般来说，好的基金公司有两种。一种是规模大、信誉好的"航空母舰"，公司实力雄厚、管理机制完善、产品线完备，并且有良好的业绩支撑，这类公司适合愿意承受低风险的稳健型投资者。另一种是发展潜力巨大的"潜水艇"式基金公司，这些公司可能成立时间不长，但业绩不俗，并且管理机制灵活，精英会集，这类公司适合愿意承担一定风险获取高额收益的投资者。

3. 善于选择"明星级"基金经理

投资者应谨慎选择基金经理，这将是投资基金获胜的基础，不少"明星级"基金经理会给投资者带来意想不到的收益。

关注一只基金最重要的是看该基金的管理人的投资技巧和绝招。有些基金经理稳中求进，进行价值投资；有些基金经理追求超额收益，寻找价值反转型股票；有些基金经理对行业研究深刻……投资者在进行选择前需要鉴别，看清楚每只基金的内涵，寻找最适合自己"风格"的基金。

投资组合可能是让投资者的购买基金行为更有个性的办法，根据自己的特色即风险承受能力来选择基金种类和投资的比例。风险承受能力好、对后市有信心的投资者，完全可以配置60% ~80% 的股票型基金；风险承受能力差、认为牛市很快将结束的投资者，可以高比例配置债券型基金。

4. 货比三家省费用

对于一个精明的消费者来说，永远货比三家才是购物的"王道"，选择基金也是一样。

投资基金要付出一笔不小的费用，如何选择"降价比"最高的基金呢？目前不少基金公司和银行都推出了基金申购费用的优惠,特别是网上购买基金一般都可以享受到4~6折的优惠。

投资者可以从基金公司的网站上直接购买基金,这样不仅费用降低,而且转换基金、更改分红方式等都可以直接在网上进行,省时省力。但不能只因为某只基金的折扣高就投资那只基金,“好货不便宜”的道理相信投资者也不陌生。因此,投资者可以先选择出一些有投资价值的基金,再比较其费用是否划算。

另外,投资者要保持耐心,基金的升值不会很快,并且净值变动是很正常的,最好是进行长线投资。

5. 选择基金要考虑个人年龄

要根据自己的年龄及家庭现有的财务经济状况,制订相应的理财规划。25~30岁的人,主要是积累和充实自己的社会阅历、职场经验,并为步入家庭储备资金,在理财上应采取比较积极的态度。等到了30~50岁,重点需求是购置房屋或准备子女的教育经费,追求稳定的生活质量,在理财心态上应较为保守、冷静,尤其应设定预算系统,以安全及防护为主。进入50~60岁阶段,生活模式大致较稳定,收入也较高,孩子也已经长大,在此阶段投资心态应更为谨慎,逐步增加固定收益型投资的比重,但仍可用定期定额方式参与基金的投资。到了60岁之后进入养老期,理财需求以保本为主,应少进行积极性投资。

智者寄语

对于很多人来说,投资基金是一种不错的理财选择,但需要熟知基金投资中的小窍门,盲目投资基金会导致得不偿失。

国债的收益比较稳妥

以其信誉高以及收益稳定、安全而著称,而且个人投资国债的利息收入免交利息税,所以国债越来越受到众多投资者的青睐。

有人认为债券是最合适的投资理财产品,这恐怕是他们基于厌恶风险的特性所得出的结论。其实,所有投资赚钱的方式都在一定程度上依靠投机,究竟投资与投机有多大的区别,理论界至今也没有分出个子丑寅卯来。大致可以肯定的是,投资是未来比较稳定的收入和相对安全的本金之间的媒介,含有已知的风险程度;投机却要承当较大的风险,确定性和安全性都比较低。债券投资一般有如下情形:

1. 多头与空头

多头看涨是买方(先买后卖),空头看跌是卖方(先卖后买)。但是,市场上影响债券价格的因素很多,无论是多头还是空头,未必能如愿以偿。当多头买进债券后,期望它涨价了好卖出去获利,可是事与愿违,价格却跌了,卖出又无利可图,不如静观其变,这种情况即多头套牢;相反,空头卖出债券后,价格却不断上涨,买回无利可图,只有死等它跌价,这便形成了空头套牢。多头与空头并不是一成不变的,它们也会随市场的瞬息万变而变换角色。比如,你用10000元买进某种债券后,它却不断跌价,你认为价格上涨无望,压力很大,立即将这10000元买进的债券卖出,这样就由多头变成了空头。这种多头空头互换正是债券市场活跃的标志之一。

2. 买空和卖空

买空和卖空都是证券操作者利用债券价格的涨落变动的差价,在很短的时间内买卖同一种债券,从中赚取价差的行为。比如,甲在某证券公司开设户头后,预计行情可能会涨,于是在开盘后就买进某种债券,其后该债券价格果然上涨,涨到一定的程度,他卖出同数量的债券,在这一进一出之间,获得进出之间不同价格的差额,这就是买空和卖空。又如,乙认为行情会下跌,就先卖出某种债券,其后该债券价格果然下跌,他又买回同量的该债券,这样进出之间同样也得到了利润,这便是卖空和买空。这两种情形都因单位价差幅度小,变化速度快,风险较大,所以事前必须研究行情的起落,交易过程中要有灵通的信息和精通操作变化,行动也要迅速、准确。

在债券中,国债因其信誉高以及收益稳定、安全,越来越受到众多投资者的青睐。

国债发行和交易有一个显著的特点,就是品种丰富;在期限上有短期、中期之别;利率计算上有附息式、贴现式之异;券种形式上有无纸化(记账式)、有纸化(凭证式)之不同。如果能经常、方便地看到国债市场行情,有兴趣、有条件关注国债交易行情,则不妨购买记账式国债或无记名国债,主动参与"债市交易"。由于国债的固定收益是以国家信誉担保、到期时由国家还本付息,因此,相对股票及各类企业债券而言,国债具有"风险小、收益稳"的优势。

个人投资国债,应根据每个家庭和每个人的不同情况以及根据资金的长、短期限来计划安排。

如有短期的闲置资金,可购买记账式国库券(就近有证券公司网点、开立国债账户方便者)或无记名国债。因为记账式国债和无记名国债均为可上市流通的券种,其交易价格随行就市,在持有期间可随时通过交易场所卖出(变现),方便投资人在急需用钱时及时将"债"变"钱"。

如有三年以上或更长时间的闲置资金,可购买中长期国债。一般来说,国债的期限越长,则发行利率越高。因此,投资期限较长的国债可得到更多的收益。

要想采取更为稳妥的保管手段,则购买凭证式国债或记账式国债,投资人在购买时将自己的有效身份证件在发售柜台备案,便可记名挂失。其形式如同银行的储蓄存款,但国债的利率比银行同期储蓄存款利率略高。如果国债持有人因保管不慎等原因发生丢失,只要及时到经办柜台办理挂失手续,便可避免损失。

智者寄语

个人投资国债,应根据每个家庭和每个人的不同情况以及根据资金的长、短期限来计划安排。

选择适当的时机购买债券

对于债券投资者来说,面临着投资时机的选择问题。机会选择得当,就能提高投资收益率;反之,投资效果就差一些。

债券一旦上市流通,其价格就要受多重因素的影响,出现反复波动。这对于投资者来说,就面临着投资时机的选择问题。机会选择得当,就能提高投资收益率;反之,投资效果就差一些。债券投资者要学会掌握购买债券的时机。债券投资时机的选择原则主要有以下几种。

1.在投资群体集中到来之前

在社会和经济活动中,投资存在着一种从众行为,即某一个体的活动总是要趋同大多数人的行为,从而得到大多数的认可。反映在投资活动中,就是资金往往总是比较集中地进入债市或流入某一品种。而一旦确认大量的资金进入市场,债券的价格就已经抬高了。所以,精明的投资者要抢先一步,在投资群体集中到来之前投资。

2. 追涨杀跌

债券价格的运动都存在着惯性,即不论是涨或跌都将有一段持续时间。所以投资者可以顺势投资,即当整个债券市场行情即将启动时买进债券,而当市场开始盘整将选择向下突破时卖出债券。追涨杀跌的关键是及早确认趋势,如果走势很明显已到回头边缘再作决策,就会适得其反。

3. 在银行利率调高后或调低前

债券作为标准的利息商品,其市场价格极易受银行利率的影响。当银行利率上升时,大量资金就会纷纷流向储蓄存款,债券价格就会下降,反之亦然。因此,投资者为了获得较高的投资效益,就应该密切注意投资环境中货币政策的变化,努力分析和发现利率变动信号,争取在银行即将调低利率前及时购入债券,或在银行利率调高一段时间后买入债券,这样就能够获得更大的收益。

4. 在消费市场价格上涨后

物价因素影响着债券价格,当物价上涨时,人们发现货币购买力下降便会抛售债券,转而购买房地产、金银首饰等保值物品,从而引起债券价格的下跌。当物价上涨的趋势转缓后,债券价格的下跌也会停止。如果投资者能够有确切的信息或对市场前景有科学的预测,就可在人们纷纷折价抛售债券时投资购入,并耐心等待价格的回升,则投资收益将非常可观。

5. 在新券上市时

债券市场与股票市场不一样,债券市场的价格体系一般是较为稳定的,往往在某一债券新发行或上市后才出现一次波动。因为为了吸引投资者,新发行或新上市的债券的年收益率总比已上市的债券要略高一些,这样债券市场价格就要出现一次调整。一般是新上市的债券价格逐渐上升,收益逐渐下降,而已上市的债券价格维持不动或下跌,收益率上升,债券市场价格达到新的平衡。因此,在债券新发行或新上市时购买,然后等待一段时期,在价格上升时再卖出,投资者将会有所收益。

智者寄语

对于债券投资者来说,面临着投资时机的选择问题。机会选择得当,就能提高投资收益率;反之,投资效果就差一些。

投资债券基金前要注意考察

债券基金适合对风险承受能力较低、对资金安全性要求较高的投资者。如果投资者希望规避股市投资的风险且投资周期在一年以上,可以考虑选择债券基金。

面对琳琅满目的债券产品,投资者首先必须充分了解自身的收益和风险偏好。在投资债券基金之前,要注意考察以下两个方面。

1. 关注债券基金中的股票投资

由于债券交易以银行间市场为主,与股票市场公开竞价方式不同,银行间债券交易是对手之间一对一进行询价和买卖，所以对于专业能力、从业经验、资源积累等诸多方面都有要求。基于与其他基金公司不同的股东背景，银行系基金对于银行间交易市场较为熟悉，在固定收益类产品投资管理方面相对拥有较为明显的优势。

2. 关注 A、B、C 收费模式

对于收益稳定但水平不高的债券基金来说，费率对投资者的最终收益有较大的影响。目前，不少债券基金均设有 A 类、B 类、C 类不同的收费模式。一般情况下，A 类模式为申购时收取申购费用，根据申购金额的大小制定申购费；B 类为赎回时收取费用，根据持有时间的长短制定不同费率；而 C 类在申购和赎回时均不收取费用，但是会收取投资者一定比例的销售服务费用，按照持有天数从基金资产中计提。

投资者在购买同一债券基金 A、B、C 类的时候，应该根据自己的自身需求和实际情况，选择交易费用比较低的类别。对于一次性申购金额较大的机构投资者来说，比较适合购买 A 类模式的基金。对于长期投资者而言，B 类模式持有时间越长费率越低，比较适合这类人群。对于那些对资金的流动性要求比较高，且预计投资时间不超过两年的投资者来说，C 类模式不收取申购、赎回费，仅按照持有时间每日提取销售服务费，因此选择 C 类模式就最适合不过了。债券基金适合对风险承受能力较低、对资金安全性要求较高的投资者。如果投资者希望规避股市投资的风险且投资周期在一年以上，可以考虑选择债券基金。

在考察了以上两个方面之后，我们可以通过以下四个步骤，筛选出优良产品，选择适合自己的债券。

第一步，定种类。不同类型的债券基金，其风险、收益也有不同。第二步，比收益。第三步，看公司。选择债券基金时，还需关注发行公司的投资风格。有些基金公司操作灵活、较为激进，而有些公司较为稳健，并重点注重风险控制。不同的投资风格会带来不同的风险收益水平。第四步，算费率。投资债券基金也要看基金费率，费率高低直接影响到收益水平。目前，债券基金的收费方式一般分三类：前端收费模式，后端收费模式以及免收认/申购赎回费、收取销售服务费的模式，有的债券基金还要分 A、B、C 三类。

另外，特别需要投资者注意的是，对于债券型基金，尤其是风险厌恶型的投资者，一定要认真弄清楚其债券的投资比例。一旦持有债券的比例过低，持有的股票数量相对较大，在股票大幅下跌之际就难逃亏损的命运。不愿意承受亏损的投资者，可以重点考虑全债型基金或是货币市场基金。

智者寄语

面对琳琅满目的债券产品，投资者首先必须充分了解自身的收益和风险偏好，在投资债券基金前要注意考察。

哪种投资品种最适合你

投资品种的特点都不是绝对的，其风险与收益与个人的操作能力、国家宏观经济周期以及国际经济走向都有很大关系。综合评估一下，看看哪种最适合你。

1. 储蓄

这是众所周知的投资品种，我国目前的储蓄种类主要有 7 种：活期储蓄存款、整存整取定期储蓄存款、零存整取定期储蓄存款、存本取息定期储蓄存款、整存零取定期储蓄存款、定活两便储蓄存款、华侨(人民币)定期储蓄。但大家熟知的可能也就是定期和活期。由于现在银行存款利息很低,很多人对于定期和活期并不太在意。这也是最保守的一种投资方法。

安全性:☆☆☆☆☆

收益性:☆

专业性:无

2. 债券

债券是政府、金融机构、工商企业等机构直接向社会借债筹措资金时,向投资者发行,并且承诺按约定利率支付利息并按约定条件偿还本金的债权债务凭证。债券一般都规定有偿还期限,发行人必须按约定条件偿还本金并支付利息。债券一般都可以在流通市场上自由转让。债券通常规定有固定的利率,与企业绩效没有直接联系,收益比较稳定,风险较小。此外,在企业破产时,债券持有者享有优先于股票持有者对企业剩余资产的索取权。

安全性:☆☆☆☆

收益性:☆☆

专业性:☆

3. 货币基金

基金是一种利益共享、风险共担的集合投资方式。货币基金是基金中的一种,主要投资于债券、央行票据、回购等安全性极高的短期金融品种,又被称为“准储蓄产品”,其主要特征是“本金无忧、活期便利、定期收益”。收益率一般要高于一年期定期存款利息,而且没有利息税,随时可以赎回,一般可在申请赎回的第二天拿到钱,适合追求低风险、高流动性、稳定收益的单位和个人。

安全性:☆☆☆☆

收益性:☆☆

专业性:☆

4. 股票

股票是一种无偿还期限的有价证券,投资者认购了股票后,就不能再要求退股,只能到二级市场卖给第三者。股票的转让只意味着公司股东的改变,并不减少公司资本。从期限上看,只要公司存在,它所发行的股票就存在,股票的期限等于公司存续的期限。股东凭其持有的股票,有权从公司领取股息或红利,获取投资的收益。股息或红利的大小,主要取决于公司的盈利水平和公司的盈利分配政策。但目前在中国股市上,股票的收益性,主要表现在股票投资者通过买卖价差赚取利润。

安全性:☆☆

收益性:☆☆☆☆

专业性:☆☆☆☆

5. 期货

期货交易是指交易双方在期货交易所买卖期货合约的交易行为。期货交易是在现货交易基础上发展起来的、通过在期货交易所内成交标准化期货合约的一种新型交易方式。期货交易可以实现以小搏大,只需交纳一定的履约保证金就可控制100%的虚拟资金。由于期货合约的价格波动起伏,交易者可以利用价差赚取风险利润。

安全性:☆

收益性:☆☆☆☆☆

专业性:☆☆☆☆☆

6. 外汇

这里的外汇投资,主要不是指外汇储蓄,而是指外汇买卖。指投资者通过买进卖出货币,赚取差价从而获利。除了传统的柜面交易外,各家银行还提供外汇网上银行及电话银行交易。与股票不同,外汇买卖是根据银行公布的外汇牌价买进卖出,且除节假日外一般可全天候24小时进行交易。

安全性:☆☆☆

收益性:☆☆☆

专业性:☆☆☆☆

7. 房地产

房地产投资与其他投资形式相比,是一种中长期的投资,其投资特点是投资的起点较高,周期较长,风险适中,收益适中。购房者买房投资获利有两种形式:一是通过租金收益,二是通过转让获取差价。通过出租的方式收取租金,投资获益的时间较长。另一方面,投资房产从转让中获取差价也不是短期的简单问题。房价不像股价敏感,影响房屋价格变动的因素较多,因此,靠以后转手出售获取可观差价,一般需要较长的时间。与其他投资形式相比,房产本身变现成本较高,变现时间较长。

安全性:☆☆☆

收益性:☆☆☆☆

专业性:☆☆☆☆

智者寄语

投资品种的特点都不是绝对的,其风险与收益与个人的操作能力、国家宏观经济周期以及国际经济走向都有很大关系。综合评估一下,看看哪种最适合你。

第十四章　投资收藏品要懂得把目光放长远

艺术品收藏，让你获得高收益

艺术的魅力是持久永恒的。谈到艺术品，我们马上就会想起中外的诸多艺术大家。达·芬奇、米开朗基罗、毕加索、塞尚……中国的艺术家更是不胜枚举。王羲之、顾恺之、王维、唐寅、“扬州八怪”、朱耷、石涛、“四王”、张大千、齐白石、徐悲鸿、潘天寿等。或许我们记不得多少个帝王将相，但是我们却不能忘记这些艺术大师，这就是艺术的魅力，也体现了艺术的价值。然而，艺术品在善于投资理财的人眼里还有另外一种价值，那就是收藏价值，艺术品收藏能够给投资者带来巨大的收益和回报。

艺术家对艺术的呕血创作造就了艺术品不朽的魅力，呕血创作艺术的艺术家奉献给人类的一件件瑰宝，弥足珍贵。这也正是古往今来无数的投资者投资理财艺术品的一个根本原因。

如果考察一下世界上成名富翁的投资理财走向，就会发现，几乎所有的富翁都参与了艺术品投资理财。现在，艺术品已与股票、房地产并列为三大投资理财对象。

艺术品之所以有如此强的魅力，是因为与其他投资理财行业相比，艺术品具有不可再生性，因而具有较强的保值功能，购买后一般不会贬值。所以投资理财艺术品的贬值风险很小，如果操作得法（没买到赝品），基本上没有什么贬值的风险。

投资理财的收益与投资理财的风险往往成正比。风险越大，收益可能就越大；风险越小，收益则会越小。如股票投资和期货投资即属此类。

然而，艺术品的不可再生性决定了艺术品投资理财是一种风险相对较低而收益很高的特殊的投资理财产品。

艺术品收藏在近年来价格迅速飙升，其中的原因是什么呢？俗话说“盛世古董，乱世黄金”，艺术品市场火爆，是由近几十年世界总体和平的局势和蓬勃发展的各国经济决定的。人们在丰衣足食之余，追求和嗜好的品位也越来越高。商品需求市场越来越大，而供应市场不可再生，这种商品必然是收益很高的。

虽然艺术品收藏的风险很小，但并不能说明艺术品收藏的整体风险也很小。相反，艺术品收藏在购买和鉴别过程中，往往存在很大的风险。不存在没有“被打过眼”（以高价把赝品当真品收购）的收藏者，也有的人把真品当便宜货出让了。可以说，在收藏界，赝品随时可能搅花你的眼睛，使你花那冤枉钱。只要你想做收藏，那么，购买和鉴别的风险就以很大的概率跟在你身边。所以，对于初入收藏行当的人来说，以下几点必须注意：

（1）初介入者要把握住“四多二少”的原则：多看、多问、多了解、多比较；少心急，少出手。

（2）依据自己的财力确定自己的投资理财对象。

(3)对艺术品和古董要有全面的了解,介入前,最好多读一些有关的书籍,多学习一些专业的知识。在收藏行当,永远有学不完的知识,多学永远错不了。

(4)收藏艺术品,要做长线投资理财的准备,不要有急功近利、急于求成的思想。

(5)要有平和的心态,不要以为自己是幸运儿,“天上掉馅饼就能砸中自己”。要知道,真品永远是少数.不是自己随便就能碰上的。

智者寄语

艺术品收藏要谨慎,如果能藏到真品,还是会让你获得很高收益的。

投资古玩的理财知识

古玩艺术品投资近几年来被炒得火热,拍卖市场上古玩字画身价屡创新高,很多人对投资古玩的兴趣也大大增加。然而,到底什么是古玩呢?

古玩,古即是古代,表示年代久远;玩即是品评和鉴赏。因此古玩应该是指文雅而又有品位的器物,即古代遗存下来的珍贵物品的通称。在明朝以前,人们把珍贵的古物称为“骨董”,由于“骨”和“古”同音,所以人们后来就把“骨董”叫作“古董”,“古玩”是清代开始流行的一种叫法。

收藏古玩、投资古玩最大的价值,莫过于以低价买到价值非常高的东西,行话也叫作“捡漏”。但是,在现实生活中古玩的投资有很大的水分,就是以一个正常的价格买到一个价值相等的东西都非常难得。所以。要想投资古玩的朋友们,不要抱着“捡漏”的心态去投资,否则极容易上当,使自己遭受不必要的损失。具体来说。古玩投资者需要了解并掌握以下几个方面的知识。

1. 古玩是中国传统的投资项目

“招财进宝”是古训。明清晋商、徽商发家致富后大都回乡置地造豪宅搜集古玩。黄金有价,古玩无价。家藏多少“宝”,决定一个富人的文化品位与身价。古代大户人家的男子、女子都家传文史、古玩书画知识,当代理财师也必修古玩基础知识课程。

从古到今,古玩在收藏投资中占有的重要地位从不曾动摇,特别是古玩中的精品瓷器和书画这些艺术含量高的藏品,其永远升值。

十几年来,据世界上两家最大的拍卖行苏富比、佳士得拍卖资料显示,中国明清官窑瓷器年增值率为22%,比国外一些著名基金投资增值率15%还要高。精品古玩价值正逐年上升,年增值20%,是通常古玩行家的最低利润,如眼力好,“捉漏”(以较低价格买到真品),一件藏品增值100%到1 000%的例子不少。

2. 古玩投资项目

(1)古瓷器。明清官窑瓷器价格已到位,高古陶器、精品民窑瓷器升值有潜力。但瓷器中五花八门的造假手段和赝品太多,故要格外谨慎小心。另有怪现象,当代名人新瓷比民窑精品瓷还贵,故可留心,

(2)古家具。明清红木家具价格已到位,清末民国白木家具有升值潜力。

(3)古雕刻。明清木雕、竹雕、牙雕、玉雕等有升值潜力,尤其是名家作品。

(4)奇石。奇石市场刚起步,奇石升值无市场参照系,故可以作为投资黑马对待。

(5)古书画。书画作品赝品太多,没有行家指点,可作装饰,少作为投资。如有行家指点,可用渐进法,先玩小名头,再玩中、大名头。

3. 投资玉器

“黄金有价玉无价”，投资玉器，不失为增值的一种理想选择。由于玉器中不少精品都是旧玉，投资者可以将精力集中在旧玉的投资上。旧玉数量稀少，价格昂贵，收藏价值高。新玉数量多，有时“以新充旧”，购买者要特别谨慎。投资者如何区分新旧玉器呢，以下两点可供参考。

(1) 肉眼外观。由于旧玉器流传多年，边角会产生小腐蚀点，长时间的手汗、把玩、佩戴，使这些腐蚀点变黄或变红，边角手感自然、舒适，玉器上的痕迹也十分自然。旧玉多有油润感觉，玉质极好，透明度高，自然纹理丰富。而新玉有用工具做出的边角的残痕，有打磨的痕迹，有锋利的尖角，触摸时会有明显的扎手之感。

(2) 工艺区分。旧玉的加工是人工雕出来的，弧线非常流畅，阴线宽窄若一、深浅一致，线边平整无崩裂，外观温润舒适。而目前新制作的玉器，线条过渡不均匀，深浅不一致，以致线条两侧过于锋利，或有崩裂的痕迹。

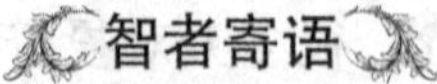

投资古玩也要懂一些基本常识。

购买艺术品要选择适当的途径

投资者投资理财于艺术品的目的，最重要的就是为了获取经济利益。能否获得利润，也就是说能否卖一个理想的价钱，是投资理财者最为关注的。然而，这一目的的实现是受很多因素影响的，其中选择最合适的购买途径是一种非常实用的方法，能够有效地规避风险，趋利避害。

所以，怎样购买，从什么地方购买，就成了摆在投资者面前的一个问题。解决了这个问题，投资者的投资理财行为将更趋安全和保险。

通常而言，购买艺术品一般有以下几个渠道。

1. 从古董市场上购买

这需要投资者有比较高的鉴别真伪的能力，如果鉴别不了真伪，那么就应该避开这个渠道。现在的一些大都市，如北京、天津、西安、成都等都有古董市场和古玩店铺，投资者也可把这些地方作为了解知识、增长见识的地方。

2. 从拍卖行通过竞价方式购买

在拍卖行投资艺术品一般能确保作品的真实可靠性，而且通过拍卖行的宣传，投资影响较大。从拍卖行购买的不利因素是，由于竞买，艺术品的价格往往会被抬得比较高。

3. 从收藏者手里购买

有些人因为种种因素，手里收藏着艺术品，现在由于某些原因想把这些艺术品换成现金，这就为投资者提供了方便。从收藏者手里购买，价钱比拍卖会和画廊里的标价都要便宜，但仍然不要忘了鉴别。

4. 直接找艺术家或从其亲朋好友手中购买

这种购买方式一般无须担心买到赝品，价格也较合理，投资者乐于接受。

5. 从字画研究机构或美术院校购买

投资者可以到美术院校或各地的字画研究机构购买艺术品。美术院校及字画研究机构为了搞活本单位的经济，常常举办一些非正规的艺术品出售活动。这些地方虽缺乏精品和珍品，但在价钱上却让投资者非常开心。

智者寄语

购买艺术品要选择适当的途径。

掌握选择书画的标准

对于投资者来说，都存在购买艺术品时的选择问题。在浩如烟海的艺术品世界里，投资理财哪个档次的艺术品，如何进行选择，以什么样的标准或是依据来判定优劣真假，都是投资者在投资之前需要仔细琢磨和把握的。尤其是对书画而言，如果不能掌握科学正确的书画选择标准，盲目投资，就会使自己面临巨大的风险，遭受巨大的损失。

那么，女性朋友们在具体选择书画时应坚持哪些标准呢？具体说来，就是要把握四个标准："真""稀""精""全"。

1."真"

书画作品的真伪是最主要的投资前提。谁都知道，由于代笔、临摹、仿制以及故意的伪造，使书画作品鱼目混珠。在艺术市场上花大价钱买回来假货，不但失去了赢利的机会，有可能连本也得赔进去。对艺术品进行投资，最起码的要求是货真价实，千万不能上假冒伪劣的当。这就是说，凡是想对艺术品进行投资，必须具备一定的鉴定艺术品真伪的水平和技能，否则一定会吃亏上当，造成巨大的经济损失。

关于艺术品的鉴定，投资者可以通过对一些专门书籍的阅读，加深自己的鉴别修养，提高自己的鉴别能力。

2."稀"

"物以稀为贵"，在艺术品投资理财中更是如此。在艺术史上那些独树一帜的作品，更是艺术品投资理财中的极品。那些具有创新意义、首开先河的艺术品便有极高的投资理财价值。

一个名家创作了数以千计的作品，尽管他是名家，但因为数量多，其作品的价格可能要稍逊那些名气稍次、但作品数量少的艺术家。

3."精"

一个艺术家，在他的艺术生涯中，有他的高峰期和低落期，有他的得意之作和庸俗之作。艺术家比较得意的作品，一般都是精品，但也不是绝对如此。

以"精"为标准选择所投资的艺术品，并不意味着名家的一般性作品就没有市场。对许多中小投资者来说，根本无力购买标价高的艺术精品，艺术名家的一般性作品就成了他们追逐的目标。

以"精"为标准选择投资品的原则是，在相同或相似的价位上，应尽量从其中挑选出最优秀的作品。这样，艺术品才具有较大的升值潜力。

4."全"

对于单件艺术品而言，凡有不够完美的地方，都称为"不全"。这类艺术品的收藏价值将因为"不全"而大受影响。投资艺术品，如八屏条和四屏条的字画缺少某个条幅，这种"不全"会影响其升值的潜力。所以投资者要避开“不全”的艺术品。

智者寄语

女性朋友们在具体选择书画时应坚持哪些标准呢？具体说来，就是要把握四个标准：“真”“稀”“精”“全”。

了解决定藏品价格的因素

作为商品，艺术品的价格受商品流通的一般规律制约，但作为特殊商品，作为丰富的历史、文化和美学的承载体，它又具有文化传播的功能，因此了解影响收藏品价格的因素显得尤为重要。

在艺术品市场上，藏品的市场价格会受到各种因素影响，呈现上下波动状态。其主要影响因素有如下几种。

1. 物以稀为贵

被普遍承认的有较高收藏价值的古玩藏品，其数量的多少往往决定其市场价格的高低。如同一种钱币，其发行量或存世量越多，其售价相对越低，反之则较高。如一些古钱币时间久远但不值钱，其主要原因就是存世量较多。至于书画等艺术品也一样。

2. 经济发展对艺术品市场的影响

藏品市场的繁荣有赖于经济的兴盛，经济繁荣使政府、企业和个人拥有大量可用于购买艺术品的资金。20 世纪 80 年代，日本经济持续高速发展，日本商人在国际艺术品市场上表现非常活跃。当时一些重要的艺术品拍卖，最后的买主几乎都是日本人。进入 21 世纪以来，东南亚地区经济增长迅速，尤其是中国经济的快速发展，这一地区的买主开始增多。

3. 时代风尚和审美趣味的变化

藏品市场价格常常受不同时代、不同地区的时尚和趣味变化的影响。在一段时期内，人们特别推崇和欢迎某一种或某一时代的古玩珍宝，从而形成一种“热”，促使这些藏品价格迅速升高。如 2008 年北京奥运会期间，中国人民银行发行的面值为 10 元的纪念钞迎合了奥运风尚，加上发行量少，一时间供不应求，目前价格已经上升到 2500 元左右。

4. 书画等藏品作者的名气和地位高低

艺术家作品的市场价格经常受到该艺术家名气和社会地位的影响，中国画家陈逸飞的油画在美国就有一定影响。另一些画家如齐白石、徐悲鸿、吴冠中等，因在国际上知名度高，其作品的价格增长也异常迅速。

5. 媒介的推介作用

权威评论家、信誉较高的画廊、拍卖行、视频广告、电台推销等媒介的赞美、推崇或贬抑，往往左右藏品消费者的腰包和消费倾向，也影响甚至决定着藏品在艺术品市场上的销售行情。

此外，还有一些市场因素、社会因素、自然因素的作用，也会对藏品的市场价格产生影响。

艺术品的价格问题比一般商品复杂得多。作为商品，它的价格受商品流通的一般规律制约，但作为特殊商品，作为丰富的历史、文化和美学的承载体，它又具有文化传播的功能。如字画、古钱币和现代贵金属纪念币、邮票等,可谓“咫尺之内,而瞻万里之遥;方寸之中,乃辨千寻之峻”,因此极富收藏和投资价值。艺术品的存世量、品相、题材、设计、材质、创作年代和手法、制作工艺以及供求关系、时尚趋势等,往往是决定其市场价格走向、起伏的重要因素。

智者寄语

艺术品的存世量、品相、题材、设计、材质、创作年代和手法、制作工艺以及供求关系、时尚趋势等,往往是决定其市场价格走向、起伏的重要因素。

黄金,保值避险的收藏品

从分散风险和长期投资收益来看,黄金投资还是非常有必要的,但必须控制好投资比例。黄金具有商品和金融双重属性,因此在趋势的推断上,宏观经济和金融环境需综合考虑,商品需求是否好转,金融环境是否稳定等。除此之外,黄金投资的技巧对于投资成功与否也起到重要的作用。

1. 认清投资价值,“一夜暴富”的想法要不得

黄金自古就被作为保值避险、分散投资风险、抵御通货膨胀的重要产品之一。但很多人投资黄金有个误区,认为炒作黄金一定会一夜暴富。这个想法非常危险。

投资前首先应当认清行情上涨的根本原因,有利于我们规避相应的风险。而目前如此高位的黄金价格,已经明显积累了投资风险。另外,在人人一致看好的时候,更需要我们保持头脑清醒。

2. 不同风险偏好采用不同投资工具和方式

在投资前,我们一定要先学习和了解黄金投资交易的特性和渠道,不可以盲目跟风。目前国内投资者有实物黄金、纸黄金和黄金期货等几种投资方式。实物黄金就是直接购买金条、金币和黄金首饰等。纸黄金是通过银行等购买黄金凭证,不交割实物。而黄金期货是通过保证金和杠杆效应,放大投资收益和风险。

对于风险承受能力较弱和新进的投资者,适合从实物黄金开始,这是黄金投资中最快捷和最省心的方式,无须太多技术和时间,但相对门槛较高,回购较难,手续费也比较高。实物黄金的风险在黄金投资中最小。适合中长线投资的稳健型投资者。

对于风险承受能力较强、时间也相对充裕的投资者,可以考虑纸黄金。把握国际黄金价格走势,低买高卖,赚取差价。一般情况下,这种工具适合中短线操作,对黄金价格走势的研判能力有一定的要求。

对于风险承受能力高、追求高风险高收益的投资者,可以尝试黄金期货。由于实行保证金交易和以小博大的杠杆效应,风险和收益都放大许多,导致价格有可能出现剧烈波动,稍有不慎就可能出现大额亏损。所以,投资者在涉足黄金期货之前,对风险收益和交易技术分析要做足准备。

3. 控制投资比例,最多不超过20%

理财是根据家庭类型来综合规划和配置,使家庭资产获得长期、稳健的增长。从分散风险和长期投资收益来看,黄金投资还是非常有必要的,但必须控制好投资比例,建议控制在家庭金融资产的10%左右,最多不要超过20%。实际操作的时候,一定要戒"贪"。

4. 选择正规的投资渠道

至于黄金投资渠道,投资者应该选择银行、各地黄金公司等正规渠道。千万不要听信不明来历的电话投资顾问的推荐,不要参与国家严令打击的违规交易,这类炒外盘的地下炒金很多完全是买卖骗局。投资者应该清醒认识,以免因为自己的贪欲导致最终血本无归。

智者寄语

从分散风险和长期投资收益来看,黄金投资还是非常有必要的,但必须控制好投资比例。

收藏也是一种理财

收藏对某些人来说完全是兴趣所致,喜欢某样东西便收藏,但对另外一些人来说,就是一项赚钱的行当了,"以藏养藏"这种说法已经屡见不鲜了。

藏品投资是一个投资人必须耐得住性子的投资。世界公认的艺术藏品获利周期是7~10年转手获利,毫无疑问藏品投资是一种长远投资。此外,根据中国艺术品收藏刚刚起步和世人对艺术品的实际投资的情况以及远景发展并不甚明了的现实,如抓准时机也可能出现投资时间很短就有收益的情况。

随着中国老百姓的生活越过越好,民间收藏人士现已遍及社会各阶层,收藏品更是包罗万象。将自己收藏的珍品卖出去,赚的钱又去买其他贵重的东西,这样既赚钱又得到了好东西,正所谓一举两得。收藏经济在中国发展得很快,最初是一些公司或有大资本的人收藏销售藏品,到现在是很多敢于冒险的收藏人或小商人凭着自己对藏品的了解和对商机的把握,逐步开拓了自己的藏品市场。

现在的收藏门类千奇百怪,无所不有。过去以花瓶、玉器、字画、珠宝等为主的收藏已经不能概括如今的收藏种类。大到汽车,小到纽扣,民间收藏的内容越来越丰富。如今的收藏不再局限于"老、旧、古",藏品也越来越新奇,物品只要能代表某个有重大意义的事件就有收藏价值,就有人收藏。比如,"神州六号"刚刚成功着陆,一系列有关"神六"的邮票和纪念币、海报纷纷出台,很多人就不惜为之千金一掷,因为它在中国历史甚至世界历史都会永远留名,跟它有关的东西也相应具有了很高的价值。与之相对应的是,二战士兵使用的Zippo打火机就是一个经典版本。

时尚品的收藏也如火如荼。时尚已经成为现代年轻人的生活主题,时尚品收藏者的队伍也在不断扩大,收藏种类也日趋丰富,比如可乐瓶收藏、车模与航模收藏、明星二手用品收藏、打火机收藏、葡萄酒收藏、卡通物品收藏,等等。这些收藏品有一个共同点,都是某个时期时尚流行的焦点。很多当红明星穿过的衣物和用过的物品都被专人收藏起来并开店售卖。

另外,传统收藏品也有突破。连环画、旧海报、旧报纸也赢得了一份收藏空间。一套上世纪50年代出版的连环画《三国演义》,原主人当时仅以几毛钱的售价买回,转眼几十年过去就能卖到百来元。这就是传统收藏品的魅力。虽然它的价值比名人字画、古董等藏品小,但它的升值空间还是很大的。

酒类收藏在外国以葡萄酒收藏为主。葡萄酒过去是代表贵族身份的酒品,现在也是上流人士家居、酒会必不可少的佳品。葡萄酒收藏在国外早已是收藏市场中的重要组成部分。因为酿制一瓶好的葡萄酒需要很多工序和岁月,所以不少国外著名收藏家均以能收藏几瓶年代悠久的红酒为荣。而珍藏纪念酒更受关注,价格极其昂贵,收藏价值非常高。在国内,有些收藏家也想方设法收藏葡萄酒,但因为地域和认识的问题,最后往往事倍功半。中国有着几千年的白酒酿造历史和悠久的酒文化,随着生活水平的提高,越来越多的人开始注意到白酒同样有很大的收藏价值,慢慢加入到白酒收藏行列中来。

电影海报最初在中国也只是民间收藏,登不上大雅之堂。大多数用来贴墙,图个好看。如今,电影事业在中国发展得有声有色,一些人开始回顾中国电影百年发展史,老影片、旧海报自然成为了回顾的重点,因为他们代表着电影在不同时期的发展状态。

海报一般是用来介绍电影剧情的,上面包括内容介绍、影像和演员图片,还有些是非剧情海报,这类海报的价值要高于介绍剧情的海报。电影海报的价值受年代、储存量多少、制作设计优劣、是否得奖等影响。一般来说,记载了重大历史事件的影片,它的海报收藏价值非常高。如毛主席第八次检阅红卫兵的纪录片海报《光辉的榜样、伟大的创举》的市场价已高达上万元。

另外,获得过国际知名大赛奖项的影片海报也值得收藏。美国奥斯卡金像奖、意大利威尼斯国际电影节金狮奖、法国戛纳电影节金棕榈奖、德国西柏林国际电影节金熊奖以及国内的“百花奖”和“金鸡奖”都是国际国内的大赛事,获得过这些大赛奖项的影片必定会经过大肆宣传,名声在外,收藏的价值更高。

智者寄语

收藏对某些人来说完全是兴趣所致,喜欢某样东西便收藏,但对另外一些人来说,就是一项赚钱的行当了,“以藏养藏”这种说法已经屡见不鲜了。

投资古玩古董的技巧与原则

投资古玩需要我们有良好的心态,首先要对古玩产生兴趣,在此基础上要耐心,多了解,多看多闻。再者,古玩行业是融投资和收藏于一体的,因此我们要根据自身的实际情况,选择合适的投资方式。

古玩古董投资是我们经常可以听到的投资收藏,很多人都很喜欢投资古玩古董,但投资古玩古董也需要我们对它们有一定的了解,这就需要我们了解投资古玩古董的技巧与原则,这样才不会因为自己的盲目而损失钱财。

1. 对古玩产生兴趣,变成爱好

我们做任何事情,都是把感兴趣放在第一位,如果对一件事情不感兴趣就为了单一的目的去做,肯定也做不好。

古玩不像其他行业一样,只能单一的用资金或者人际关系去维持去经营,这些字画也好瓷器也好杂项也好,都是有非常多的历史背景和渊源的,每一件物品都有自己的故事,如果我们对它产生兴趣,真的就会像很多电视里演的,花大价钱买来一幅画,可以开心地每一天对着它思考、品位。每一件器物我们捧在手中,可以开心地欣赏并与朋友分享心得,分享知识以及收获。古玩这个行业,如果你要投入进去,首先要喜欢它。

2. 耐心,多了解,多看多闻

当你刚对古玩培养出兴趣以后,就急于入手一两件器物,这是最危险的。就像电视里演的,那些古玩商贩嘴里的话可以说得天花乱坠，当你对它有兴趣以后，你很可能会因为商贩的几个故事，几句忽悠，就花不少钱去买一件破烂。所以我们要多看，多关注，耐心地多了解之后，再花钱买也不迟。

3. 投资与收藏是一体

古玩收藏是世界上最高端的奢侈品，我们平时嘴里谈论的，都只是那人多少钱买了一件东西，然后多少钱卖了出去，赚了多少多少钱。这就是我们老百姓对古玩最基本的认识和看法。如果你抱着这种心态去接触这个行业，那么可能你会败得很惨。那些赚大钱的收藏者，都是有一定经济基础，去投资古玩的，他们超强的经济实力会让他们容易接触到这个行业里面的尖端。在古玩这个行业里，顶级的东西会一直升位，我们看到的多数都是这些人的成功，而忽略了自己脚下到底踩在哪块砖上。

4. 如何投资

投资可以是短线，中线，长线。短线，就是好比你 100 万买到件东西，3 个月甚至更短时间出手，赚到的钱不会是暴利，但也会赚，这就要求你手里必须要有足够的客户群体。如果你没有客户群体，那么选择短线投资就不是你的好途径。短线一般都是古玩商人的首选。

中线投资就好比你将持有这件物品 1 年以上时间，这里需要做的就是你买到的东西必须是你喜欢的，如果你对着一件花大价钱买来不喜欢的东西，你很可能坚持不到它应有的升值空间就想把它出手了。那些想投资的朋友，可以做中线投资，当然，你必须要对它感兴趣。

长线投资一般都是大手笔，长期持有的器物一定要具备非常精，非常少，非常新的特点。我们平时看到的那些几千万过亿元的器物，一般都是持有 5 年以上再出手。做长线短时间会套住你的钱很久，所以长线投资一般也都是那些富翁选择的，因为他们不着急赚钱，并且喜欢这个东西，他们觉得买来是一种享受，但是只要一出手，就是赚大的。一般长线投资的物品也都有类似的经纪人存在，他们会告诉你什么时候出手价格最有优势。对于我们普通人来说，长线投资各种难度还是存在的。

智者寄语

投资古玩需要我们有良好的心态，首先要对古玩产生兴趣，在此基础上要耐心，多了解，多看多闻。再者，古玩行业是融投资和收藏于一体的，因此我们要根据自身的实际情况，选择合适的投资方式。

投资邮票实现事半功倍

邮票也是很多人喜爱的一项收藏，邮票投资应遵循“量力而为、抓住重点、注重品相、避免盲从”四项原则。

任何一种投资方式都有其风险，但只要处理得当，风险可以减少到最低限度。只要坚持正确的投资原则，就能避免许多失误，获得最大投资收益。由于邮票不同于股票，因此在投资原则上要有自己的独特之处。一般说来，邮票投资应当坚持以下四项基本原则。

1. 坚持量力而为的原则

邮票投资，要坚持量力而为的原则。最重要的一点就是钱的来源应当是自己积蓄内的，是暂时闲置不作急用的。如果靠向亲戚朋友借,银行贷,或动用、挪用公款,一旦遇上外部环境的变化,邮市不振,一旦被套牢是非常尴尬的事。因为集邮热从降温到再度升温,这个周期短的一般要2~3年,长的要10年左右,这个周期的长短如何,非一般人所能左右。借钱搞邮票投资不足取。量力而为,应为一般大众投资邮票首要的原则。

邮票的价格和股票一样,始终是处于动态过程中的,当集邮热到来时,邮票价格将随同集邮的逐步升温而节节登高,以至爬上这个时期的顶点。但当邮票价格被抬到这个时期的高峰后,由于外部环境的变化,又可能出现回落,甚至以低于面值的价格出售也无人问津。

但是,邮票又与股票不同,邮票一旦由初级市场进入次级市场后,就再也不会受制于邮政部门和其他部门了,决定它的价格的,只是它内在的规律,即美学鉴赏价值、文物价值、集邮人数、存世量等。也就是说,一套邮票的最终价格是多少,是没有限量的,它由邮票的供求关系决定。随着时间的推移,一些邮票的价格在一个时期内达到了大家认同的顶点。又过了一段时间后,它的审美价值被越来越多的人所认识,它的文物价值也随时间的推移而发生了变化,邮票的存世量在时间的作用下也必呈减少趋势,而集邮作为一项群众性活动,人数是与日俱增的。这样,当一个集邮高潮过去后,一旦邮市走过低谷,开始复苏,这些邮票的价格又将慢慢地达到上个时期的顶点,等到集邮高潮再度兴起时,这些邮票的价格又将再登高峰。即使低潮再度出现,也很少有可能再回到前一个时期的价位,而在两个时期顶点价格之间徘徊,以待时机成熟,再度将价位大大向前推进一步。

以上分析说明了一个问题,投资邮票,只要能坚持打持久战,就没有"背时货"。当然,这得有个前提,就是必须量力而为,拿闲散资金去搞投资。即使当时买了邮票,接着价格就下来了,也不必急于出手,就如同将钱搞了5年、8年的定期储蓄,当价格上涨时再转手,又可以有可观收益。

2. 坚持抓住重点的原则

邮票投资与股票投资的另一差别,是股票投资讲究分散的原则。一般股票投资者都将资金分为不同的比例,分别投资于若干种类风险程度不同的股票,以构建盈亏互补的合理资产组合,将投资风险降到最低程度。邮票投资则不同,由于每套邮票的选题、设计、表现形式、发行量、面值和发行年代不同,从美学鉴赏的角度就有不同的结论。有的邮票选题符合大众心理,设计精良,发行量小,面值低,受到大众的普遍认同和欢迎,市场价格就看好,前程也光明远大。而有的邮票选题重复,表现形式平平,发行量大,面值又高,这样的邮票一般在相当长一个时期内,价格不会发生变化,就是在今后,升值的机会也相对要小、要慢,甚至比不上银行利息。即使价格在一个时期被带来了,收集的人也不会很多,还是卖不出去。因此,邮票投资切不可全面铺开,而要集中有限的资金,瞄准专题集邮队伍这个目标,实施重点突破,以提高投资的效益。

3. 坚持注重品相的原则

品相是邮票的生命,是决定其收藏价值的重要因素之一。珍贵的邮票,如果又有全品相,那么它今后升值的可能性就可得到保证。如果邮票严重被污染或出现破损或被折坏,即使是珍贵邮票,价格也是要打折扣的。如果是中、低档邮票,一旦出现品相方面的问题,那么,就是降价也很少有人接手。因为这样的邮票,从投资升值的角度讲,是没有前途的。

鉴于邮票品相对价格的直接影响,邮票投资者在购进邮票时,应注意三点:一是不能为了贪便宜,而有意识地购进品相欠佳的邮票。二是邮票交易过程中,要仔细检查邮票是否有黄斑、霉点或其他污物。要认真查看邮票是否出现人为折叠,着色是否有脱落,齿孔是否完整无损,背胶是否完整光滑。只有当邮票品相绝对没有问题时,才能拍板定夺。三是要经常检查自己购进的邮票是否出现品相方面的问题。对已出现问题,市价又高出面值的邮票,要抓紧采取技术处理,或低价出让;对已出现问题,市场价格又与邮票面值相比差距不大的邮票,可拣出来,用于邮件贴用。

4. 坚持避免盲目从众的原则

任何市场都逃脱不了价值规律的约束。具体到邮票市场来说,邮票投资者在一个新的集邮热刚兴起时,可以大量购进邮票,待集邮热发展到一定程度后,可脱手手中的邮票。当集邮温度达到临界点后,许多邮票的价位会出现波动或下滑。如果这时手中还有部分高价购进的邮票没出手,处理的方法有两个:一是在价格悬殊不大的情况下,赶快抛售;一是干脆将邮票收藏起来,以待下一个高潮的到来。当邮市进入萧条状态,邮票价格跌入谷底时,邮票投资者应把握契机,当机立断,以低价位大量购进有前途的邮票。这样,一方面可以降低前一个高潮时未脱手邮票的平均价位,使投资整体价格实现合理和平衡,以增强邮票在市场上的价格竞争能力;另一方面可以增加邮票数量和质量的势能,为赢得更丰厚的利润奠定坚强有力的物质基础。

从以上的论述我们不难看出,在邮票投资过程中坚持好"量力而为、抓住重点、注重品相、避免盲从"四项原则是多么重要。当然,这四项原则同样也适用于对集邮品的投资。只要我们投资者把握好正确的投资原则,再辅之以良好的投资心态,那么在邮市投资的效益就一定会是可观的。

智者寄语

只要我们投资者把握好正确的投资原则,再辅之以良好的投资心态,那么在邮市投资的效益就一定会是可观的。

第十五章　女人的财富积累可从股票入手

投资股票多动脑，积少成多收益高

股市常常瞬息万变，它的高利润让无数股民为之奋战。股票的涨落最为惊心动魄：每一次中小型的升浪，都提供了良好的投资机会；每一次大型的升浪，都提供了巨大的获利时机。股票是一个风险教育场所，股市震荡惨烈，跌涨反复，巨大的风险和利润共存，炒股者需要具备良好的心理素质、敏锐的前瞻智慧，成功选择到与指数同步上升甚至超过指数的个股，才能在这高风险与高利润同在的股市中获利。

1. 多元投资抗风险

股票投资，在高收益的背后蕴藏着高风险。为了避免覆巢之卵的结局，最好不要把所有的资金都投到一种股票上，特别是不要把所有的资金都押在利润高、风险大的股票上。分散投资，也就是分散风险，一旦某种股票大幅度下跌，就可以从其他股票价格上涨中得到一些补偿，可谓是“东方不亮西方亮”。如此，才不至于血本无归，狼狈不堪。

对动辄几百万元的大户来说，分散投资理财应算是最好的方法。如果只投资一种股票，赚了好说，赔了，往往很难承受。对大户而言，分散投资理财是避免“一棵树上吊死”的最好方式。

而对小户和工薪阶层的投资者来说，分散投资理财并不适用。因为一般的工薪阶层，除满足衣食住行所需外，剩余资金也就几万元。分散投资理财虽避开了风险，但获得的利润也微不足道。

2. 自主投资，不随波逐流

在股市中，消息无处不在，让人真假难辨。政策引导，坐庄内幕，拉升快报，重组秘闻……官方版本层出不穷，民间传说各执一词。每天众多消息纷至沓来，让众多股民无异于雾里看花。面对这么多消息，有的人把简单的事情复杂化了，有的人把复杂的事情简单化了。判断失误，自然谈不上有成就。

面对众多消息，应该时刻保持一种平和的心态。只有心态平和，头脑才会冷静，判断才会正确，才有可能大大提高获利机会。要避免受市场气氛和他人的干扰，不要跟随他人追涨杀跌。必要时，可以少听或不听股评、少去股票营业部。在投资股票时，要冷静慎重，独立思考，坚持自己的投资原则，该选择什么股票，在什么点位买进抛出都要有所计划。在股票投资中，大部分股民特别是散户都是赔钱的，因而股市上有“一赚、二平、七赔”一说。如果你盲目地随波逐流，难免会有亏损。

3. 低价买入，高价卖出

投资买股票就像买衣服一样，一般不要在市场的新高时候买入，总是要等到贱卖的时候买，比如冬天的时候买夏天的衣服,夏天的时候买冬天的衣服。低价买入、高价卖出是颠扑不破的真理,是股票投资中股民追求的最高境界。股民若能做到在股票具有投资价值时买入,在高于投资价值时卖出,在每一轮的涨跌中都将会小有收获。长此以往,股民必能集沙成山、积水成河,获得丰厚的投资回报。

4. 合理判断本益成长比

究竟怎样选择和购买股票才真正适合投资大众呢?你可以将一只股票的价格与其预期盈余成长率进行比较。

一般而言,股票的本益成长比在1.0左右会比较合适。如果一家企业的股票价格相当于其盈余的30倍,而该公司所在行业其他企业的股票价格大致平均相当于盈余的20倍,则这只股票就有价格过高的嫌疑。不过,如果分析师们普遍预计该公司的盈余在未来一年中将成长30%左右,则高出10倍的本益成长比就称不上过分了。

同时,你还必须了解企业的财务负债表,知道其现金流和收入的具体情况,否则就无法确定其盈余的品质。

5. 合理利用平均利润率

平均利润率获利原则是指在股票投资中的获利预期以社会平均利润率为基准,并依此制订相应的投资计划来指导具体的股票投资操作。例如,如果我国一年期的定期存款利率和债券的利率都在10%左右,可以认为我国的各种投资的年平均利润率就为10%。那么在股市投资上,股民就可以10%的收益率为收益目标,不贪大、不求多,只要每次交易的收益达到或接近10%就抛出,从而保持心理稳定,实现理性操作。

通过固定收益目标,股民可克服急躁的情绪和心理,避免盲目地追涨杀跌,有效地控制投资风险。而一旦10%的收益目标达到后,没有较好的机会就暂不入市,即使将资金再存入银行,其一年的盈利也能高于其银行储蓄利息。

智者寄语

股票是一个风险教育场所,股市震荡惨烈,跌涨反复,巨大的风险和利润共存,炒股者需要具备良好的心理素质、敏锐的前瞻智慧,成功选择到与指数同步上升甚至超过指数的个股,才能在这高风险与高利润同在的股市中获利。

投资股票选择很重要

股票,是一种有价证券,是股份公司在筹集资本时向出资人公开或私下发行的、用以证明出资人的股本身份和权利,并根据持有人所持有的股份数享有权益和承担义务的凭证。股票代表着其持有人(股东)对股份公司的所有权。股票可以公开上市,也可以不上市。在股票市场上,股票也是投资和投机的对象。

投资理财股市时,最重要的步骤就是选股和选时。对于广大的普通投资者来说,选好股更加重要。因为,尽管通过基本层面分析和技术层面分析可以增强对行情不同阶段的把握,投资者依然很难去判定牛市何时开始,它会持续多久,什么时候结束。股民们也几乎做不到在行情一启动就预先发掘出领涨板块,即便侥幸瞅准了时机,也未必能买到走势好的股票。所以,选好股票对股民们来说，是想在股市里“捞钱”的第一关。

如果能选好股票，再加上合理的操作，只要把握好时机、注重适可而止，想要赚钱就不是什么难事。

1. 选股的策略

成功人士得出的选股之道是：战略性选股为主，战术性选股为辅。战略性选股重在操作；战术性选股重在寻找感觉，锻炼操盘技巧。战略性选股的必要性有两点：

(1)股市风险莫测，投资者必须结合自己的特点和入市策略，制定基本固定的选股出发点，才能有效地规避风险。

(2)每一个投资者在股市操作中有长处也有短处。必须在选股过程中坚持贯彻扬长避短的宗旨。把我们比较熟悉的股票，比较容易分析和了解的股票，质地良好的股票纳入战略性选股的范畴，配以适当的投资策略来进行操作，成功率必将显著提高。

战略是一项既定的方针，要在长时间内坚持执行。除非情况变了，投资者因此作了修正，则按新战略进行。

战术性的操作只是实战中的一些尝试，切不可贪恋而坏了大局。

坚持战略性选股，投资者将在上千只股票中进行筛选的繁重劳动，重点关注和操作好你的战略目标，投资股市的生涯从此变得轻松易行。

2. 选股的原则

虽然各种股票五花八门，让人眼花缭乱，加之股市的消息虚虚实实、真真假假，但经过一些资深股民的长期摸索，找到了一些选股应遵循的原则。这些原则对新入市的股民显得尤为重要。

(1)在长期盘整中被人冷落多年的股票可选。

(2)有题材、有热点的股票可选。

(3)流通盘 8 000 万元以下的中小盘股可选。

(4)股本结构简明的股票，有收购题材的可选。

(5)业绩有增长潜力的股票可选。

(6)股本有高扩张能力的股票可选。

(7)扭亏为盈的股票可选。

(8)刚刚启动热点的股票可选。

(9)庄家无法出局的股票可选。

智者寄语

投资股票选择很重要。如果能选好股票，再加上合理的操作，只要把握好时机、注重适可而止，想要赚钱就不是什么难事。

掌握股票量价看盘技巧

在大势不佳的长期空头市之际，由于买卖进出的人较少，其成交量也萎缩，而因投资者都采取保守的进出态度，故不论总平均量或个股的平均量均较往昔减少甚多。相对在大势坚挺向上的长期多头市中,由于买卖进出的人甚多,其成交量也得以随价逐步递增,而投资者也处于获利容易的情形,每笔的进出愈做愈大,故此时,不论总平均量或是个股的平均量,均比往昔大出许多。可以将平均量定出一个简单的定义为:平均量大时,做多买进持股较为有利;平均量小时,做观望较佳。

下面将平均量的变化情形列出几条应用原则,作为你买卖股票进出的参考。

(1)总平均量突然增加,若没有个别股票的极大笔转账时,则表示目前行情的买卖已呈热络。此时,若是当天的指数也能配合涨升,则意味着行情将继续往上看涨,跟进做多比较适宜。但假若总平均量突然增加,非有个别股大笔的转账,但当天的行情却未能配合涨升时,则可能表示有大户暗中大笔卖出,行情将可能进入整理或是回跌的局面,此时就考虑卖出观望较佳。

(2)总平均量突然减少时,若没有突发的利空因素影响,而其股价也在下跌时,只要跌幅不是很深,则表示持股者已惜售,股价再跌大多有限,逢低买进也可。若总平均量突然减少,非有利空影响,而其股价却为上升时,则表示持股者虽然惜售,股价可望续扬,但因无较大的主力参与,行情的涨幅恐难太大,这种情况还需进一步观察;如果该股升势已持续一段时间,股价上扬时始终没有成交量配合,则该股筹码已为大户锁定,也即为大户控盘,此股可有一大段上升行情。

(3)不论是否有利多或利空消息的影响,只要个别股的平均量超过或低于正常平均量,则该股的走势,多将于近期产生向上或向下的变化。至于影响平均量变动的因素,若为转账所致,只要这些转账并非为大股东持股的抵押,则可以将其视为股价波动征兆。

(4)个别股的平均量有时候会受到大户在除息或除权前为减轻累积所得税的影响而大笔转账,或者在并无除息或除权的状况时突然有大笔的转账,而显得特别偏高时,此时应加以仔细判断,并采取如下的对策:

影响平均量突然增加的转账因素,若是除息或除权前过户所为,该股目前尚有较大的主力存在。如果转账的买方为股市的大户,则可逢低跟进该股,迟早该大户将对该股设法拉高操作;但假若转账的买方是甚少操作股票的董监事等大股东时,则该种转账对涨跌并无多大影响,自然不宜轻易介入买进。

影响平均量突然增加的转账因素,若为年度终结的做账行为,这大多是信托及投资理财公司为调整账面盈亏数字的转账,对股价的涨跌一般不具特殊意义,纵然有时会有拉升的情况出现,但其幅度多不大,时间也不会太久,故跟进也没有多大利润可得。

影响平均量突然增加的转账因素,若是有心人让股所致,如果该股久未涨升,则因有心人的转账介入,该股可望由此涨升,该现象尤以在冷门股票中最为准确。如果该股原先的涨幅已多的话,则此种转账可能是原主力的批发所为,有时虽能期望或有第二段的涨势产生,但不宜轻易介入。

(5)在行情进行的过程中,不容易从平均量的增减看出次日涨跌变化的可能性。但当指数或者个别股票居于高档或为低价圈时,平均量往往会明显产生偏高或偏低的现象,此时,应相信这项指标的准确性而采取对策,选股买进或卖出即可。

智者寄语

投资股票,掌握股票量价看盘技巧也很重要。

要选就选质地优良的股票

股票选择得好，能够为女人带来巨大的投资收益；选择得不好，则会让女人血本无归。那么，面对股市上琳琅满目的股票，女人们应该如何为自己挑选质地优良的股票，以实现财富的增值呢？

1. 要严格挑选股票，投资那些具有“惊人”效果的股票

一个卓越的投资者必须严格挑选股票，不能随便、逐大流地乱选，一定要有“股不惊人誓不休”的精神，要选就选那些具有惊人效果的股票。一般来说，惊人的股票包括两方面内容：一是能够在你的有生之年涨幅达到100倍以上的股票。也许听到“100倍”你会觉得很吃惊，但其实这并不罕见，比如沃尔玛和微软公司上市30年，其股票值已经涨了500～600倍之多；还有万科，1990年其原始股股价为1元，现在已经涨了1400多倍。二是选择那些“万千宠爱在一身”的股票，这样的股票往往具有多种独一无二的竞争优势。

2. 挑选具有独一无二的竞争优势的公司的股票

要注意，这个“独一无二”是非常重要的，一家具有这种优势的公司能够让你迅速地将它和一般公司区别开来，当然如果你用了半个小时仍然找不出一个它的“独一无二”，那么就应该考虑放弃购买该公司的股票了。具体来说，这种“独一无二”的优势主要体现在以下六个方面：

（1）垄断优势。在经济学上，当只有一家或者少数几家公司控制着整个行业的生产和销售，那么这少数的公司就对行业形成了垄断，通俗地说，就是独家生意或者独家经营。因为具有垄断优势，根据“强者恒强”定理，能够撼动其霸主地位的对手就极少，而其股票收益率也比较稳定。例如，万事达（Master）或维萨（VISA）两家国际组织垄断了信用卡，而可口可乐和百事可乐垄断了世界碳酸饮料的市场等。

（2）资源优势。在经济学中，由于资源具有稀缺性，因此，谁拥有了资源，谁就占据了竞争优势，并且谁占据的资源越多、越稀有，谁的竞争优势就越大。比如江西铜业虽然拥有铜矿资源，但是许多铜业公司也有铜矿，而拥有石油资源的在中国就只有中国石油，江西铜业资源的稀缺性不如中国石油，因此其竞争优势不如中国石油。

（3）品牌优势。许多企业都拥有自己的品牌，但品牌是否占有市场、是否具有优势才是关键。一个独一无二的品牌，同行业数一数二的品牌能够使企业具有很强的竞争优势。例如号称国酒的茅台，号称国药的同仁堂，还有世界知名的体育用品公司耐克和阿迪达斯等。这些公司运营收益往往要比一般公司高得多，而其运营风险也要低得多。

（4）能力技术优势。在现代市场竞争中，能力技术已经成为了公司的核心竞争力。一家拥有能力技术的公司往往都能发展壮大，而其股票价值也以惊人的速度增长。例如，万科公司，其管理团队极为优秀、能力很强，堪称地产界第一，凭借这种优势，它终于有了自己强大的品牌，跻身行业巨头之列；还有微软公司也是凭借这种优势发展壮大的。具有能力和技术优势的公司，往往能够持续高速发展，给女人带来丰厚的回报。

（5）政策优势。政策优势主要是指政府制定的政策法规有利于其发展，这样的优势能够在很大程度上为企业的发展扫平道路。例如香槟酒。香槟是法国的一个地名，而政府规定只有在香槟生产的气泡酒才能叫香槟酒，别的地方生产的气泡酒都不能叫香槟酒，这就为其发展创造了有利条件。女人投资这样的企业往往风险小、收益大，因为这样的企业有政府的扶持。

(6)行业优势。分析企业所在行业是否具有优势,是女人做出投资抉择时非常重要的一步,有时这甚至关系到投资的成功与否。具有优势的行业牛股众多,投资获利的可能性高,比如航天业;而不具行业优势的行业却牛股稀少,投资获利的概率低,比如食品饮料行业。

3. 选择具有极强的盈利能力的公司或企业

在选择的时候,除了要考虑到公司所具有的优势,还要着重考虑公司的盈利能力。像自来水、电力、燃气、桥梁、高速公路、铁路等公用事业公司,虽然具有明显的垄断优势、政策优势,但是由于其价格受管制,因此盈利能力并不高,而没有盈利能力的公司并不能为女人带来多少回报。因此要选择那些具有竞争优势,同时还具有盈利能力的公司的股票。一般来说,其年利润增长率不能低于20%,万科、茅台、招商银行等,它们每年的利润增长率都超过了30%,就是女人们很好的选择。

4. 选择竞争优势和盈利能力要具有持续性的公司或企业

买股票就是买未来,长寿的企业才是女人的首选。要一个公司在某一段时间内具有优势和赚钱不难,但是持续几十年甚至上百年具有优势和盈利则比较困难,而这种持续性却能够大大降低投资风险。例如,传呼机刚上市时风光无限,但很快就被手机取代而被市场淘汰出局。如果女人们选择了传呼机企业来进行投资,就很有可能血本无归。

5. 选择股票价格合适的股票

好公司加上好价格才是好股票。那么怎样的股票才算具有好价格呢?一般来说,这要求股票具有很大的"安全边际",如果股票的买进价格远低于其应有的价值,那么这样的股票就是具有安全边际的,而这个价值差越大,其安全边际也越大。"安全边际"非常小的股票,一定不要选,这样的股票的收益空间是非常有限的。

要想运用好股票这个当下流行、热门的投资工具来为你的财富增值,你就必须掌握好挑选股票的方法,精挑细选地进行股票投资。

智者寄语

要想运用好股票这个当下流行、热门的投资工具来为你的财富增值,你就必须掌握好挑选股票的方法,精挑细选地进行股票投资。

打新股有窍门

如果决定参与某只新股的发行,投资者需提前将资金准备好,当同时参与发行两只或多只新股时,更要提前做出选择。

当出现多只新股同时发行时,可以优先考虑较为冷门的新股。此外,可避开先发股,集中资金打后发股。比如在三天内有三只新股发行,投资者可选择申购时间相对较晚的品种,因为大家一般都会把钱用在申购第一天和第二天发行的新股,等到了第三天,很多资金已经用完,此时申购第三天发行的新股,中签率就会高一些。

申购新股要选择一个恰当的时间下单。一般而言,刚开盘或快收盘时下单,申购的中签率相对较低,而在上午10点30分至11点15分和下午1点30分至2点之间下单,中签率相对高一些。

既然每个投资者只能通过一个账户进行新股申购,而且不同规模的新股发行有不同的上限设置,那么打新收益的决定因素就由资金量变为账户数量。

在合法合规的情况下,不排除中小投资者利用亲戚、朋友的身份多开几个账户参与新股申购,而这一办法也是可行的。特别是发行小盘股的时候,每账户的上限为一万股,假设以10元每股为发行平均价,那么每个账户只需要10万元,便可进行顶格申购了。对一般投资者,多开几个账户,将资金分流,中签率会得到翻倍提升。

多开账户的方法对申购大盘股和中盘股就不太适合了,根据每户10万股和30万股的上限,仍按照每股10元的发行价格计算,一个账户的顶格申购所需资金在100万元至300万元之间,不适合中小投资者。

如果决定参与某只新股的发行,投资者需提前将资金准备好。当同时参与发行两只或多只新股时,更要提前做出选择。

根据模拟测算,尽管有报告显示可能将小盘股的中签率提升11倍,但小盘股的中签率仍然不及大盘股高。

大盘股网上中签率翻倍提升后,将吸引巨量资金参与,其中网上增加的部分多为中小投资者,这部分资金申购到新股后,绝大多数会在上市首日通过二级市场抛售,打压股价首日的涨幅,从而降低新股收益率。相反,同时发行的小盘股因资金分流,中签率和收益率都将提升。

另外,根据相关统计,新股网上申购有效户数、新股首日涨幅与大盘走势正相关。而在新股发行启动初期,新股上市首日的涨幅相对稳定,打新资金获利的可能性较高。

统计还显示,历史新股中签率分布中,沪市新股中签率有80%的概率落在0.27%~2.3%之间,而深市有80%的概率落在0.04%~0.41%之间。很显然,深市的整体中签率将因这一规定而大幅提升,但仍低于沪市中签率。

智者寄语

如果决定参与某只新股的发行,投资者需提前将资金准备好,当同时参与发行两只或多只新股时,更要提前做出选择。

投资股票奉行"少而精"的原则

投资大师巴菲特认为,分散投资是无知者的自我保护法,对于那些明白自己在干什么的人来说,分散投资是没什么意义的。现实生活中,炒股的人们总是喜欢平均配置股票,今天金融类是热点,就买上两只金融股,明天创业板火了,又买进一点创业板的股票……几个月下来,股票户头里有许多只股票,但每只股票只有很少的配额。这样炒股炒上一年,你会发现,自己获得的收益也不比活期存款多多少。事实上,在股市鏖战,要想获得更高收益的投资回报,"多个篮子放鸡蛋"的方法已不能奏效了。让我们跟"股神"巴菲特学一点深耕股市的招数吧。

买股票归根结底意味着你要买的是企业的一部分生意。企业好,你的投资收益就好,只要你的买入价格不是太离谱。所以,你务必要晓得自己在做什么,务必要深入懂得(所投资的)生意。也许你会懂一些生意模式,但绝不是全部。

不要做低回报率的生意。时间是好生意的朋友,却是坏生意的敌人。如果你陷在糟糕的股票太久的话,你的结果也一定会糟糕,即使你的买入价很便宜。如果你在一桩好生意(拥有一只好股票)里,即使你开始多付了一点额外的成本,但只要你做得足够久,你的回报一定是可观的。

被世界投资者公认为"股神"的传奇式人物巴菲特认为,投资股票并不需要整天关注股价的变动。他说:"投资并不是一个复杂的事情,但是并不容易。如果我去购买一家公司的股票,我不大会去看它的价格变动走势。"对于巴菲特来讲,决定是否买一家公司的股票的关键是对于企业的价值评估。

巴菲特解释说:"如果你决定投资股票,在纽约证券交易所上市的几千家公司中,你不需要了解所有的企业。你也不需要了解几百家或者几十家企业,但是你需要清楚地了解你所投资的企业,跟着企业的运行发展,了解市场和企业自身之间的关联,这样你才能够做到低买高卖。你可以从短期的企业运行周期开始入手。你需要了解会计制度,这是了解企业的基本工具,但是你并不能依赖于会计对于企业的判断,你需要知道其中的取舍。"

巴菲特认为分散投资是无知者的自我保护法,对于那些明白自己在干什么的人来说,分散投资是没什么意义的。巴菲特对股票投资一直奉行"少而精"的原则,认为大多数投资者对所投资企业的了解不透彻,自然不敢只投一家企业而要进行多元投资。但投资的公司一多,投资者对每家企业的了解就相对减少,充其量只能监测所投企业的业绩。

早在1993年,巴菲特在致股东的信中就这样写道:"若你是学有专长的投资人,能够了解产业经济的话,应该能够找出5~10家股价合理并有长期竞争优势的公司,此时一般分散风险的理论对你来说就一点意义也没有,要是那样做反而会伤害到你的投资成果并增加你的风险,我实在不了解那些投资人为什么要把钱摆在他认为排名第20的股票上,而不是把钱集中在排名最前面、最熟悉、最了解同时风险最小而获利可能最大的投资上。"把鸡蛋放在一个或两个篮子里,这样看似有风险,实则安全。由于你非常了解这个行业或企业,所以这个行业或企业的任何变化,你都知道它和股价有什么关系,你总会在第一时间做出最恰当的操作。这样看来,所有的钱都放在一两只股票上不是更好吗?什么是风险?不熟悉、不了解就是风险,撒胡椒粉式的分散投资,把有限的鸡蛋放在不同的篮子里,实际上会使你更不了解这些篮子,更增加了你的投资风险。

智者寄语

投资股票要奉行"少而精"的原则。

切忌把全部家当都放在"深水区"

股市风险比较大,投资者切忌把自己的全部家当都放在"深水区",以免血本无归。

多高的收益往往伴随着多大的风险。如果说中国股市的主板市场是浅水区,那么创业板就是名副其实的深水区。中国创业板的门槛要高于海外市场,企业的存活率也许更高,但风险仍然比主板大得多。在这个市场上,绩差公司也不会像主板市场那样"温情脉脉"地留有余地,一旦看错就是"尸骨无存",捂股票的招数可能不再适用于这个市场。不过越是风险大,越有人愿意进。一旦创业板建立之后出现一两个有示范效应的公司,那么所有的风险都会被赚钱效应掩盖。

主板市场是服务于成熟企业的市场,而创业板市场主要是针对处于成长期企业的市场。在创业板上市的公司,设立的时间短,稳定性差。譬如在主板上市的公司,可以看作成年人,技能、前途和方向基本上是确定而且可预期的,企业在业务和赢利性上会有一定的连续性;而创业板企业可以看作青少年,仍处于未定型的阶段,不论是在人员还是业务上,稳定性都不如主板公司。

另外,从直观上看,创业板公司要远小于主板公司,业绩容易受到冲击。比如经济金融形势的变化,或是某一个行业景气度的变化等,都可能影响到一个创业板公司的业绩出现大幅波动。

从目前中小科技企业的特点来看,创业板公司还可能存在这样的风险,就是在经营上特别依赖于某一核心技术。这些企业有些就是由科研人员拿某一项专利而设立的,对单一技术的依赖程度高,一旦出现替代性的技术,对公司影响也比较大。这些风险结合在一起,其体现就是创业板公司早夭的现象会比较显著。虽然创业板市场以成长性区别于其他市场,但高成长性也仅仅是对于那些存留下来的公司而言。投资者选中的企业可能获得高回报,也可能直接退市,并不会像多数主板绩差公司一样还存在一个"壳资源"。

如何选择创业板公司?从微观的视角来看,创业板公司的特点与主板公司不同,创业板公司的投资和盈利可能不是线性的,盈利的增长也可能不是线性的。因此,传统的在主板市场上采用的 PE(私募股权投资)、PB(市净率)等估值方法放在创业板未必适用。另外,创业板市场的一些公司的商业模式可能是全新的,在市场上缺乏对比参照的模式,在定价上也会遇到困难。也就是说,在微观层面,定价和预期价格都是一件很困难的事情。从宏观来看,每一次技术革新背后,在技术应用和改变人们的生活模式上,都会诞生一些优异的公司。有基金经理分析,美国经济领跑全球的优势就是它主导了技术革命。就 20 世纪初的电气化以及 21 世纪初的信息化来说上一次诞生了汽车巨头,而最近的一次则诞生了英特尔、微软这样有代表性的企业。从目前的风投和私募股权基金的观点看,一些影响较大的新技术如新能源行业,以及那些新技术能带来新的生活方式改变的行业,比如节能减排带来的生活方式变化,又比如淘宝等大异于传统商业模式的企业,都是被看好的。

智者寄语

股市风险比较大,投资者切忌把自己的全部家当都放在"深水区",以免血本无归。

第十六章　房子是安家之所，也是投资重点

购房前必定要算好账

买房恐怕是每个女人一生当中最大的一笔消费了，居住规划也往往是家庭理财规划众多目标中最现实、最迫切的一个。如此重要的消费，在掏腰包前当然要精明地算算账了！

首先，受国人传统观念影响，买房意味着落地生根。然而，买房确实是人生当中的一笔大开销。从家庭理财方面讲，我们到底是该租房还是买房呢？

租房还是购房要根据每个人和家庭具体情况来选择，不能一概而论。单从经济的角度看，租房要比买房每月划算些。除了租金选择，装修和购置家具方面通常也节省了费用支出。另外，租房的灵活性大，可以根据工作地点选择房屋，不仅节省上下班的时间和交通费，而且应变性也大。有经济学家算过一笔账，还银行20年的借贷利息，相当于甚至高于租20年房的租金费用。买房虽然是一笔较大的投资，但是拥有自己的房子，真正有了家的归宿感，而且可以根据自己的爱好装修装饰，有更多的享受。不过租房和购房各有利弊，要根据自己的实际情况综合考虑。

随着现代小女人投资意识的不断加强，买房也成了一种投资行为。那么女人在投资房产时应该注意哪些问题呢？

我们知道，投资房子有个重要的原则是“location，location and location”，也就是“位置，位置还是位置”。地理位置是投资房子最关键的因素。另外，周边的配套设施、小区的综合文化物业、房屋的结构安全性也是决定保值增值的重要因素。下一步还要将目标进一步明确，比如房屋的面积、房屋的大概价格、预计的装修费、购置家电、家具的费用，别忘了还要算算购房需要缴纳哪些税，等等。

很多女性上班族面对单边上涨的新房房价可能要发愁了：自己的工资刨除日常生活费已经所剩不多了，再节衣缩食地攒出一个新房，实在是心有余而力不足。其实，想拥有自己的房子，还想节约资金，买二手房是一个很好的选择。不过，二手房的投资要更注意防范风险。二手房有很多不确定性，需要花更多的精力了解清楚再投资。首先，看二手房要像看一手房一样关注房子的地理位置、周边设施、小区文化物业、房子的结构。其次，对二手房房屋的质量要格外关注。看看房屋使用的时间、检查房屋天花板是否渗水、房屋管线是否老化、防水防火性能如何等，这些都是需要仔细查看的。再者，二手房由于信息不透明，卖方信用不确定，面临的风险相对较多，投资时需要我们更加谨慎。同时，二手房也会产生一些额外税费：

（1）交易税（双方）：2.5元/平方米×建筑面积。

（2）营业税（买方）：普通住宅房产不足5年，缴纳5.55%的营业税，5年后免征。

(3)个人所得税(卖方):普通住宅房屋成交总额的1%或利润部分×20%。房产已经满5年的,属于家庭唯一住房的可以免缴。

(4)中介费(双方):房屋成交总额×1%。

很多女性上班族都拥有住房公积金,这笔钱对于买房来说无疑是天降的助力。但是,现在银行贷款品种很多,有公积金贷款、商业贷款,有等额本金还款、等额本息还款等,面对这么多的贷款方式,你可千万要擦亮眼啊!

对于单位有住房公积金的购房者而言,首先应该考虑的是公积金贷款。公积金贷款和商业贷款相比,最主要的优势是住房公积金贷款利率比商业银行住房贷款利率低,目前5年以上住房公积金贷款年利率为5.22%,商业银行同期个人住房贷款利率最低为6.579%。如果贷款30万分20年还款,公积金贷款比商业贷款能节省5万多利息,还能够减少投资成本。申请公积金当然也有一定的限制,比如,公积金必须交满规定的时间,一般为1年。目前申请人必须在工作地申请贷款,不能用于异地购房贷款。申请人年龄不能在退休邻近,特别提醒借款人要根据自己公积金的缴纳情况,到银行进行测算,就可得知贷款的金额和每月还款数额。

最后,对于贷款买房的人来说,还款方式的选择也至关重要。目前,常见的还款方式有等额还款与等本金还款。这两种方式有什么区别,哪个更划算呢?这需要你自己算一算。等额还款,顾名思义就是借款人每月还款的总金额相同,也叫等本息还款;等本金还款是每月还款的本金相同,但利息逐月递减,所以每月还款的总额也逐月递减,也叫递减法。由于借款人一开始多还本金,所以越往后所占银行本金越少,因而所产生的总利息也少。如果按目前利率计算贷款30万,20年递减法总体支出的利息比等额法少了4万多。如果是对于现阶段资金充裕,但未来收入不确定,或者是很有可能较早提前还款的借款人可以更多考虑等本金法,也就是递减法。

智者寄语

买房恐怕是每个女人一生当中最大的一笔消费了,居住规划也往往是家庭理财规划众多目标中最现实、最迫切的一个。如此重要的消费,在掏腰包前当然要精明地算算账了!

住房公积金贷款购房策略

在职人士缴纳的个人住房公积金,是一项强制缴存、统一存储、专项使用的长期住房储金,由员工和其所在单位缴存两部分构成,属于个人所有。如何用好、用活自己的公积金,并且让它最大化地转化为实实在在的财富,充分体现了一个人的理财能力。

很多公积金缴纳者常常认为只有向银行贷款时才能使用公积金。其实不然,公积金除用于贷款外,还可因为购房、建房、装修等事宜,将公积金这一长期金融不动产活用起来。根据有关规定,市民缴纳的个人住房公积金是一项强制缴存、统一存储、专项使用的长期住房储金,由员工和其所在单位缴存两部分构成,属于个人所有。如何用好、用活自己的公积金,并且让它最大化地转化为实实在在的财富,这里面有很多理财要领。

1. 额度可灵活使用

按规定,如果夫妇双方都缴公积金,只能用其中的一个,不能双方同时使用。但我们可以灵活地使用住房公积金。

举个例子,王女士和他的先生都是公司的白领,准备结婚买房时设计出一个绝妙的点子:在和丈夫领结婚证前,两人先以各自的名义购买了4楼与5楼上下相邻的一室一厅的房子,这样算来可节省一大笔钱。因为两个人如果共买一套房子,只能用夫妇一个人的公积金额度10万元,而两个人分开买房子就可以各自申请10万元的公积金,可以多获得公积金贷款10万元。当两套房子全部装修好以后,他们把其中的一套以每月1600元的价格租了出去,这样又可以做到"以租养贷",减轻了还款的压力。王女士还打算将来在孩子出生后,把现在的4楼和5楼两套居室打通,装上楼梯,成为一套复式公寓。

2. 组合贷款省利息

如果你申请下来的公积金贷款额度不够支付房价款,可以同时办理个人住房商业贷款,这种二者相结合的贷款被称之为组合贷款。尽管同样是贷款,但商业贷款与公积金贷款的利率就相差了一大截。商业贷款的利率是4.77%,而公积金贷款的利率是3.6%。

3. 公积金存款无利息税

很多人看到自己公积金账户里的钱越来越多,常常会觉得不划算:除了买房或一些特定情况下才能使用,要套现只有等退休,这么大笔钱不能用实在可惜。其实,很少有人知道,钱存在公积金账户里是不收取利息税的,在目前国家规定的利率下,钱存在公积金账户里,绝对比存银行活期、零存整取1年期、整存整取1年期要合算。

目前,职工当年存储的住房公积金比照居民储蓄活期存款利率即3.72%计息,上一年结转的住房公积金存储本息比照三个月整存整取的利率即1.71%计息。而商业银行存款整存整取一年的利息是1.98%,除去20%的利息税为1.58%,比公积金的利率要低0.13%。因此,如果不是急于用公积金抵扣房款的话,钱存在公积金里绝对省心省力又合算,更何况存在那里还有及时贷到第二套房房款的机会。如果既贷了公积金又贷了商业贷款,与其用公积金账户里的钱抵扣公积金贷款,还不如另外准备一笔钱,先还商业贷款。

智者寄语

如何用好、用活自己的公积金,并且让它最大化地转化为实实在在的财富,这里面有很多理财要领。

购房砍价之道

购房者买房时进行砍价,首先要根据市场的变化来确定砍价是否能付诸实践,再者也要在砍价前做好准备工作,同时砍价时也要因人而异。

当市场处于调整阶段时,对购房者来说更为有利。因此,讨价还价的可能性大大增加。当房价处于上涨阶段,卖家掌握主动权,因此,即使是买家有讨价还价的想法,也很难付诸实践。而当行情发生变化之后,买家的市场地位上升,他们的想法也得到了应有的重视。但购房砍价也需要提前做一些准备,这样才能在砍价过程中做到应付自如:

(1)了解卖家出售房产的真实目的。如果是通过中介公司购房,买家一般可以通过房产经纪人来了解卖家出售房产的真实目的,以便初步确定砍价的可能性有多大。

(2)了解卖家拥有物业的年限。这样做的目的主要是为了确定卖家购进物业的时间,并以此来估算物业价格涨幅的大小,进而确定砍价幅度。相对来说,如果价格上涨幅度越大,则卖家越能接受砍价的要求。

(3)要多找物业的缺点。只有尽可能多地找到一些缺点,砍起价来才能理直气壮,否则缺少合适的说辞,总归有点“师出无名”。

(4)确定合适的砍价幅度。这对买家来说尤为重要。砍价幅度不能太低,也不能太高,太低对自己不利,太高会遭到卖家的断然拒绝。只有合适的砍价幅度才能让自己满意,也能让卖家接受。当然,在报出砍价幅度时,应该略大于合理的水平,然后慢慢做出让步,直至双方都接受。

(5)准备足够多的现金。有些卖家接受降价的前提条件就是现金交易,备足现金的话,谈判成功的可能性大增。

购房虽可砍价,但是为了保证砍价成功的概率,购房者还是要分清对象,最主要的还是要结合市场变化。由于卖家心态的不同,有些人愿意与买家议价,有些人则仍然对后市抱有乐观,不愿意与买家议价。因此对于买家来说,砍价要因人而异。

做到因人而异最主要的是在购房之前先了解清楚卖家出售房产的目的,并根据房源特点来制定相应的砍价策略。就目前的普遍情况而言,小面积的普通住宅容易砍价,中高档价位的物业则不太可能会降价。

1.“非改普”房价易松动

由于普通房的标准发生变化,卖家在“非改普”房交易时可节省很大一笔税费,因此这类房产的价格容易松动。

在某市某地区,一套面积约72平方米的两房挂牌价为81万元,卖家买家经过几个回合谈判,最后的成交价为74万元。这套房子最后之所以能以低于最初报价7万元的价格成交,主要是由于该市重新界定了普通与非普通住宅的标准,使得诸多原本被划入非普通住宅范围的物业摇身一变为普通住宅。这种变化可让卖家节省相当于总房价6.55%的税费(房产营业税和二手房交易个人所得税)。因而在议价过程中,买家可据此要求卖家做出让步。

2.备足现金可捡到便宜货

一般情况下,卖家为了能够达到快速收回现金的目的,急售房挂牌价往往会低于市场平均水平。当市场行情处于观望时期,成交本身就不活跃,因此买家还价的余地就更大,不过其前提是要备好现金。

需要提醒的是,急售房再次下调价格的空间已不大,因此买家不可狮子大开口,否则会丧失良机。急售房主要是由于财产分割、资金短缺等原因所造成的。对于买家来说,如果碰到了急售房,在议价的过程中,还要做的一个工作就是尽量准备更多的现金以增加成功的筹码,因为卖家急需的是现金。

3.投资客价格弹性大

如果卖家是一个有经验的投资客,那么可以大胆地与之讨价还价,因为他们对市场行情最为了解,也知道该在何时做出让步。跟此类投资客打交道,买家要做的就是要细致了解市场行情,才能不被这些有经验的投资者所忽悠。

智者寄语

购房虽可砍价,但是为了保证砍价成功的概率,购房者还是要分清对象,最主要的还是要结合市场变化。

“月供族”如何应对“加息危机”

对不少购房者来说，房贷利率调高以后，首先要面对的就是加息后房贷利息支出的增加，很多消费者在获悉加息的第一反应就是提前还贷。其实在具体还贷时，还应该根据自身经济情况选择相应的还款方式。

假如一位消费者在2010年3月17日前购买了一套商品房，到目前为止按揭贷款还款额还剩78.4万元，贷款期限为20年。最近打算将持有的48.4万元的闲置资金用于提前还贷，再将剩余的30万元整数按揭。

以“等额本金还款法”和“等额本息还款法”两种还贷方式为例，如果采用“等额本金还款法”，20年的总利息支出为190088.75元，月供2000元左右(1250元的等额本金加上浮动的利息)，而如果不提前还贷，利息总支出为496765.27元，每月还款在5336元左右，也就是说提前还贷每月可减少利息支出3336.33元。

如果采取“等额本息还款方式”，可以有以下4种方案选择：

方案1：月供最少，利息最多。即保持20年还款期限不变，月供减少3244.23元，现每月需还款2065.02元。但这种方式的利息最高，累计达到195603.74元。

方案2：月供较少，利息支付较多。将还款期限缩短至10年，每月的还款额将达到3256.98元，比提前还贷前减少2052.27元，但比20年还款期限的月供多1191.96元。而此时利息共计90822.3元，比20年期少支付104781.43元。这种方式月还款额和贷款年限都减少了，月供相对较少，但利息支付相对较多。

方案3：月供较高，利息节省较多。如果按提前还贷前的每月5309.25元计算，只需6年半时间还清，总计利息57581.64元。这种方式月供相对较高，但由于缩短了贷款年限，利息比20年期少136022.1元，比10年期少33240.67元。

方案4：月供最高，利息节省最多。如果将还款期限缩短至5年，月还款额增加388.61元至5697.86元，这种方式的利息只有41871.96元。

事实上，对于贷款利率上调，其实也没必要谈“贷”色变，毕竟上调幅度所增加的还款负担是有限的。因此，我们完全可以根据自己的情况适当调整打理家财的思路，灵活利用银行推出的贷款新政策应对贷款利息上调。

首先，“固定房贷利率”就是与银行约定一个固定利率和期限，在约定期限内，不管央行的基准利率或市场利率如何调整，消费者的贷款利率都不会“随行就市”。

其次，新贷款可以采用“双周供”，老贷款也可以把“月供”改“双周供”，但手续上会相对麻烦一些。

另外，还可以选用“净息还款法”，这种还款法在发达国家较为普遍，主要是指贷款后只需按月支付贷款利息，而贷款本金可等贷款到期后一次性偿还，也可在贷款期内根据个人资金变化情况随时分次偿还。这无疑会大大减轻贷款期内的还款压力，非常适合那些未来预期收入较高的贷款人。

至于“宽限期还款法”就是给贷款人一个偿还本金的暂缓期，其优势是可以减轻贷款之初的还贷压力，从而减少按揭贷款对生活带来的影响，特别是在利率上调、贷款人负担相对较重的情况下，采用“宽限期还款法”会使家庭生活更加从容。另外，办理住房贷款按照先公积金贷款后商业贷款的原则可以相应减轻利息负担。

智者寄语

对于贷款利率上调，其实也没必要谈"贷"色变，毕竟上调幅度所增加的还款负担是有限的。因此，我们完全可以根据自己的情况适当调整打理家财的思路，灵活利用银行推出的贷款新政策应对贷款利息上调。

承载女人希望的"蜗居"

对于大多数女人来说，房子就是自己的小窝，就算是蜗居也要有了才能有安全感。租来的房子再怎么豪华漂亮那也不是自己的，既没有支配的自由，而且还要做好随时搬家的准备。因此，如果你有足够的闲钱，存在银行里利息太低、炒股又怕风险太大，那你可以投资房产，这也是一种不错的投资方式。房子一方面可以作为你的个人资产，存在巨大的升值潜能，另一方面又可以让你找到家的感觉。因此，如果你有足够的经济能力，与其为现在的房东"打工"，不如为自己的房产"打拼"。

不过，投资房产毕竟不是一个小的投资项目，所以在购置之前，你一定要把各方面的情况了解清楚，最重要的是要知道哪些房产适合自己投资。

1. 选地段

所处地段好的房子总是受到人们的青睐。尽管差地段也有可能经过发展而变成好地段，但那毕竟是很难预料的。而好地段则不同，它在相当长的时期内一定还是好地段，还可能变得更好。处于好地段的房子所占用的土地通常已经成为不可再生资源，本着"物以稀为贵"的原则，它的价格基本是不断上升的。况且，城市中的好地段毕竟有限，因而更具升值潜力。因此，好地段的房子虽然售价较高，但由于其具有更强的升值潜力而受到投资者的欢迎。可见，如果你的资金比较充裕，不妨选个好地段的房子。

2. 二手房

通常，在相同的地段内，二手房的价格较新房子要便宜，而且有成熟的商业圈和生活环境。在房产市场上，由于房产期限和房屋新旧的问题，二手房在价格上占据优势。因此，如果你不是非要新房不可，那不妨购置二手房。这样的房子一方面能为你提供便利的居住条件，另一方面也可作为出租房赚取租金。当然，你还可以关注房产市场，将其待机出售。

3. 找期房

期房就是还没竣工的房产，这样的房产开盘价相对较低。房地产开发商通过这种提前预售来融资，以便提前收回自己的资金，减少资金投入过高的风险。期房的价格通常要比现房价格低很多，而且你还可以提前买到户型、朝向和楼层相对较好的房子。不过，期房毕竟是还未竣工的房子，所以很难预料房子建好以后的具体情况，因此风险较高。在购置期房之前，你首先要对开发商的实力和楼盘的前景有一个正确的认识，尽量减少风险。

4. 购尾房

众所周知，"尾货"通常很便宜，"尾房"也是如此。楼盘销售后期，剩下的基本是户型、楼层或朝向不好的房子。开发商为了不影响以后的开发计划，通常会在成本已经收回的情况下，将这些尾房以低价脱手。因此,如果你对房子的要求不是特别苛刻,不妨用便宜的价格购进尾房。当然,你还可以在适当的时机卖出,赚取差价。需要注意的是,在购买尾房时,最好竭尽全力去砍价,以最大限度地减少你的资金投入。

5. 拆迁房

要拆迁的房子买来做什么呢?当然是为了争取拆迁补偿。因为旧城改造、修路等原因,有很多房产是需要拆迁的,而拆迁时,房屋的业主通常都会得到一笔优惠的补偿。如果能提前购置一套等待拆迁的房产,通过拆迁补偿来获得收益,也是一种不错的投资。只不过,投资这类房产需要对城市建设和规划有一定的了解,如果消息灵通,事先知道哪些房产会被拆迁而提前投资,得到丰厚的房屋补偿应该不成问题。

总之,不管你购置哪种房产,也不管你投资房产的目的是用来自己居住还是单纯用于投资,都要看准时机、衡量性价比。毕竟对于大多数女人来说,房子是人生大事之一,马虎不得。另外,买房是为了让自己生活得更舒适,而不是让自己沦为"房奴",因此购置房产一定要考虑自己的经济实力。

智者寄语

总之,不管你购置哪种房产,也不管你投资房产的目的是用来自己居住还是单纯用于投资,都要看准时机、衡量性价比。

如何淘到称心如意的二手房

面对居高不下的房价,选择价格合适、交通便利的二手房也是时下不少人的置业选择。那么,如何才能淘到称心如意的二手房呢?

1. 一定要精挑细选

首先,选择房子的地理位置很重要。现代人的工作非常忙碌,把宝贵的时间浪费在上下班的路途中,而又没有买车的打算,这是很不方便的。所以可以在自己的工作单位附近寻找一套合适的二手房。

其次,在购买二手房时,必须认真仔细地查看房屋质量和产权证明。由于二手房大都已被使用了三五年,甚至更长的时间,其质量问题就显得十分重要。一些房屋表面上看起来没有什么问题,但并不代表它果真不存在质量问题,因为原房主有可能已经修过了。所以在挑选二手房时,不仅要仔细认真地检查每个细小地方,还要积极询问房主及周围住户,以便更好地全面了解房屋本身的状况,做到心中有数,必要时还可以请内行的朋友帮助检查。另外,一定要购买有产权的二手房,并且要求房主按照规定到交易中心办理产权过户手续、交纳应缴的税费。拥有房屋产权证才能保证真正拥有该房,才可以合法地入住。

2. 一定要考虑是否能够投资赚钱

目前,二手房已成为不少精明的投资者眼中的香饽饽。二手房投资也有许多技巧,不掌握它们可能会亏本。投资二手房要多看:既看目标房所在地是否有足够的人气,也看目标房所在地是否配备了良好的市政设施。二手房多数是有一些年头的小区,小区的建设虽很成熟,但可能会不太完善,或不够现代化。市政配套和生活配套设施完善的成熟住宅小区在很大程度上会影响入住后的生活质量。另外,还要看目标房所在地是否有便利的交通,这会影响出行的问题;同时还要注意的是目标房的户型设计,是否只需稍作一些改造就能使其升值。如果手头资金不充足,可先选择小户型的二手房,一居或两居。一般而言,这类房子需求的资金不是太大,而且出租也比较灵活。

3. 不要只看表面,还要看物管

购房者在选购二手房时,常把关注的焦点放在房子本身,却忽视了物业管理、取暖方式及相关费用等入住后与自身利益息息相关的环节。购房是一个相对短暂的行为,居住却是一个长期的过程。要想在购房后的居住中获得较高的生活品质,良好的物业管理是必不可少的。

4. 不要只看总价,还要看单价

按照二手房交易的惯例,卖房标价往往标的是房屋的总价,而不像一手商品房销售时,总是标明房屋的单价。所以,某些二手房乍看上去总价值很低,很便宜,但由于建设年代久,居室面积小,算下来每平方米建筑面积单价并不低。所以购房者在购买二手房时,不要只看总价,还要算算单价,再拿这个单价和周边的一手房进行比较,心里就有数了。

5. 不要只看位置,还要看交通

许多二手房地处城市核心地区,地理位置优越;但是鉴于城区目前的交通状况,位置好的地方出行未必方便。况且,一个家庭除了日常生活,还要考虑大人上班、孩子上学、老人看病等其他因素。因此,快捷、顺畅的交通有时比传统意义上的地理位置还重要。购房者在购买二手房的时候不光要考虑地段,还要看周边的交通情况。有时候地段差一些,但临近地铁、城铁等轨道交通,也未尝不可。

智者寄语

要淘到称心如意的二手房也不是一件容易的事,有些常识还是要懂的。

第十七章　投资有风险，基本知识必不可少

找准投资目标

一位著名的银行家，曾经算过这样一笔账：如果每年把一万块钱存在银行里，那么几十年后，所积累的数目不过数十万而已，而如果将这些钱投入到风险很大的行业中去，通过这样的累加，几十年后可能达到数亿之巨。这个道理告诉人们，风险越大，越容易成功。

1. 风险越大，利润也越大

一般来说，商业投资者应敢于承担较大的企业风险，这是取得投资成功的重要途径。因此，作为商业投资者，应禁忌因吝啬财产而缺少经营的勇气。只有克服这种常人的恐惧，才可能获得成功。

假设有两种情况：其一，给你30元钱然后给你一个机会掷硬币，如果硬币正面朝上，你就赢9元，否则，你就输9元，你掷不掷？其二，你或者可只得到30元，或者还用掷硬币来决定：正面朝上你可得39元，反面朝上你可得21元，你掷不掷？

事实上，两种情况的机会都是一样的：或者不掷，拿到30元，或者是赌运气。获得39元与获得21元各有50%的机会，但有关研究发现，第一种情况下，有70%的人愿意赌一赌，而在第二种情况下则只有43%的人愿意，简而言之，当人们认为他们是在用"飞来之财"——资金或补助之类赌博时，他们更愿意冒风险，但他们忘记了：哪儿来的一块钱都是一块钱。因此，人们在面对少量财富时往往愿意冒险而一旦财富过多则趋向于规避风险。事实上正是这种冒险的惰性心理阻止了许多人经营更大的事业。

2. 投资风险大，抉择需谨慎

（1）投资本身是一种商业行为，和其他商业行为一样有可能赚，有可能赔，希望投资的人们要慎重选择，考虑清楚再投资。

（2）一般来说，投资是一种有钱人的经济活动。"有钱赚钱容易，无钱赚钱太难"这句话形象地说明，在流通领域中，市场经济不可能为每个人提供均等的机会，特别是在商贸活动中，市场经济为人们提供的机会是以人们的资金与财产量为转移，拥有资金与财产多的人，就可能获得更多的机会，赚到更多的金钱与财富。

（3）人们在投资中往往容易犯随大流的错误。例如投资者通常忽视在价值投资领域所存在的潜在机会：一些摆脱了破产命运的公司；一些有吸引力的资产担保的失宠债券；那些股票市场价格并未反映其良好购并前景的公司股票；投资者经常经营购并套利、通货紧缩时的可转换债券等。而对那些能在其中得心应手运作的人来说，这些是最安全又最能稳步盈利的领域。

(4)制订投资计划时,应考虑通货膨胀因素,通货膨胀可以使你的钱贬值,降低其原有的购买力,所以你在做理财规划时,计算各种所需金额时,最好能针对这个因素,从宽估计。

3. 把握目标,准确投资

投资的目标与商人的意图是密切相关的。当投资目标与经营的意图完全一致时,投资的选择基本上就是正确的。举例来说,如果有 28 元一份的套餐和 32 元的无限制的自助餐,你认为哪个更划算?在这里花钱吃饭与解决饥饿感的目的是完全一致的,如果这是一种投资,那么他的大方向就没有错。

当然,投资的方式也取决于你饥饿的程度,但总有许多人盲目地选择可以任意吃的自助餐,却不考虑自己的真正需要。他们把饱餐一顿与美食混为一谈。

所以对于投资者来说,一定要保证你买的都是你所需要的,换句话说,要确保没有买下你不需要的东西。一旦掌握了这一投资理财的原则,你的投资就不会白白浪费了。

智者寄语

对于投资者来说,一定要保证你买的都是你所需要的,换句话说,要确保没有买下你不需要的东西。一旦掌握了这一投资理财的原则,你的投资就不会白白浪费了。

女人应该拥有正确的投资心理

一直以来,女性在理财上给人的印象,要么是斤斤计较攒小钱,要么就是冲动消费不知收敛。根据调查,女性在投资上相对于男性来说较为保守。多家银行及投资顾问公司的调查也普遍发现,由于女性多半必须兼顾家庭与事业,使用的投资工具多以定期存款、购买保险等较消极保守的投资理财工具为主。

若在经济不景气的投资环境中,女性保守心态下的投资绩效可能相对较优,但面对瞬息万变的新经济环境,女性如不改变投资的心态与行为,在理财上终将成为弱者。

现代社会投资方式日趋多样,许多女性总是觉得投资理财是件困难的事,懒得投入心思,但需要提醒你的是,你的工作技能可能已不符合时代需求;家庭状况可能会面临改变;伴侣可能无法依靠;子女也可能远离你;而你的父母还需要你的照顾……你的一生都离不开钱,唯有你自己才能真正保障自己的财务安全。而面对自己的财富,如何进行管理和投资呢?相信很多女性朋友都非常关注这个问题。

在理财方面,女性容易步入误区,从而在很大程度上阻碍女性理性理财。以下就是一些常见的女性理财误区:

(1)能挣钱不如嫁个好老公。许多女性往往把自己的未来寄托于找个有钱老公上,平时把精力都用在了穿衣打扮和美容上,却忽视了个人创造、积累财富的能力的提高。许多女性凡事都依赖老公,认为养家糊口是男人天经地义的事情,但长此以往,必然会受制于人,女性在家里的“半边天”地位也就会发生动摇。所以,作为现代女性,应当依靠为自己充电、掌握理财和生存技能等方式,自尊自强,在立业持家上展现“巾帼不让须眉”的现代女性风采。

(2)理财求稳不看收益。受传统观念影响,大多数女性不喜欢冒险,她们的理财渠道多以银行储蓄为主。这种理财方式虽然相对稳妥,但是现在物价上涨的压力较大,存在银行里的钱弄不好就会“贬值”。所以在新形势下,女性应更新理财观念,转变只求稳定不看收益的传统观念，积极寻求既相对稳妥，又收益高的多样化投资渠道，比如开放式基金、炒汇、各种债券、集合理财等，以最大限度地增加家庭的理财收益。

(3)随大流避免理财损失。许多女性在理财和消费上喜欢随大流，常常跟随亲朋好友进行相似的投资理财活动。比如，听别人说参加某某集资收益高，便不顾自己家庭的风险抵御能力而盲目参加，结果造成了家庭资产流失，影响了生活质量和夫妻感情；有的女性见别人都给孩子买钢琴或让孩子参加某某高价培训，于是不看孩子是否具备潜质和是否爱好，便盲目效仿，结果最终收效甚微，花了冤枉钱。

针对以上女性在理财方面容易出现的阻碍，特提出相关的策略，可以作为女性朋友的参考。

(1)相信自己能做得到。许多女性在各自专精领域已经相当杰出，在理财上可能因为不是自己的专业，似乎有些不够自信。但是由于关系到自己未来的生活是否可以过得更惬意，女性应该多了解一些理财方面的事，不妨考虑交一个会理财的好朋友，甚至可以咨询一些理财专家，或是多阅读一些理财方面的报刊、书籍。其实以女性的敏锐思考能力，假以时日，绝对会把自己培养成为理财高手。

(2)广泛涉猎相关知识。女性喜欢钱的程度不亚于男人，与其让自己的钱一元、两元地往上储蓄累加，何不努力多搜集相关信息，找出一套适合自己的投资理财的方案，让投资代替存钱呢？

(3)多种投资。女性对需要冒险精神、判断力和财经知识的投资方案总是有点敬而远之，认为它太过麻烦。但是，当女性简单地将钱存入银行而不去考虑投资回报和通货膨胀的问题，或太过投机而使自己的财产处于极大的失败危险之中时，她们却忘了这将给她们带来更大的麻烦。

(4)新女性要有投资新主张。现在已经不流行身怀巨款去消费了，用信用卡、电子钱包就可以搞定一切。女性只需在银行户头里存够半年用的生活费，剩下的钱就应该放在获利高的投资工具里。

以上提出的几点意见对女性朋友理财是很有帮助的。只要能走出理财误区，采取相应的理财策略，那么你就可以成为真正的理财专家了。

智者寄语

只要能走出理财误区，采取相应的理财策略，那么你就可以成为真正的理财专家了。

别把所有的鸡蛋都放在一个篮子里

一个人往乞丐的帽子里扔了一个硬币，发现乞丐另一只手还拿着一顶帽子，于是路人惊奇地问乞丐："你为什么同时拿着两顶帽子？"乞丐回答："如今年景不好，我开了家分店。"这个颇有"经济"头脑的乞丐带给我们的启示是，需要在日常理财和投资的过程中，分散投资降低风险。在我们日常的理财中，往往会发现存在这样的情况：有些人的理财方式就是将所有的收入都存入银行，靠的是银行利息增值，但是他获得的收益还是抵不过通货膨胀的速度；有些人把全部家当都投进了股票等高风险项目，万一遇到了紧急情况，又不能及时取出现金来，结果束手无策。生活好像变幻莫测的大海，说不定什么时候就打过来一个大浪，我们必须有足够的抵御能力，才能更好地生存。因此，一个好的理财方式应该既能满足日常的需要，又能保证资本的长期收益。这样的方式可以形象地称之为“不把所有的鸡蛋放进一个篮子里”。如果我们将鸡蛋分散到几个篮子中，无论哪个篮子出了意外，我们都有后备力量来应对，不至于一旦出现异常，就来一个“鸡飞蛋打”，所有的身家部赔在里面了，连翻身重来的本钱都没有。李娴厌倦了朝九晚五的办公室生活，她在自学了一段时间的股票技术之后，毅然辞职做起了专业股民。她的丈夫看着她把积蓄一下子都投入了股市，心里不免有些担心。但是李娴对自己的能力很自信，她在兼职炒股的时候，好多人都被套、亏损，只有她不但没有亏，还赚到了不少钱。然而，金融危机的风暴突然席卷过来，李娴措手不及，还没有来得及脱身，自己的股票已经集体跳水。祸不单行的是，她的母亲又病了，处处都需要用钱。就在李娴束手无策的时候，丈夫拿出一个存折，上面有着一笔数目不是很多，但是却足以应急的存款。丈夫告诉她说，为了防止突然的变故，自己把工资的一部分另外拿出来做了一个基金定投，同时还“偷偷”存了点私房钱，没想到还真的派上用场了。

李娴的勇气是可嘉的，但是她的步子迈得有点过大了，而且过于冒险，将所有资金都投入一个地方，万一丈夫没有留这一手，拿不出另外两只“篮子”，李娴就只能守着自己空空的篮子苦恼不已了。

年轻人在应对生活压力时，要有投资的意识，也要有投资的胆量，但更重要的是要有投资的头脑，而市场风险是投资者不能回避的问题。

举个股票的例子来说，前些年，股票市场异常火爆，你会选择集中所有的财力投入到一只股票上吗？很多经验告诉我们，应该选择不同的股票类型建立一个相关系数较低的投资组合，因为彼此涨跌没有多少关联性，可以互相补充，从而减低风险。换句话说，如果将资金平均分配在10只股票上，就算其中一家公司不幸倒闭，损失也只占投资总额之10%，要是你把资金全部投入到这一家要倒闭的公司，那你蒙受的损失就不可想象了。

投资专家告诉我们，投资的基本原则有三点：安全第一，流动第二，获利第三。如果我们只看得见盈利的方面，却忽略安全因素，那么很有可能不要说获利，甚至马上就要面临惨赔了。集中投资的潜在风险确实巨大，无异于一次豪赌，一旦判断失误，我们面对的就是全军覆没、无力翻身。而将资金分散开来，则说不定会“失之东隅，收之桑榆”。这里受到的损失，那里的收益正好补上。任何投资都应该先控制风险，再追求收益。

当然，值得一提的是分散投资只能降低风险，并不能将风险完全免除。分散投资要避免过犹不及和矫枉过正。如果放置鸡蛋的篮子太多了，有可能顾此失彼，牵制了你大量的精力，让你操作起来追踪困难、分析不到位。一般分散资金选择两到三个篮子就可以了。这样既能分散风险，又相对容易掌控。据说“股神”巴菲特就是习惯于把长期的投资组合集中在几只特定的股票上。有时我们投资失利并不是眼光不好、投资方向不对，更多时候是因为过度分散、无暇顾及。这也同样会造成高风险，赔钱的概率也高了起来。

人的精力和时间都是有限的，分散资金，将鸡蛋分装在不同的篮子里，可以降低我们投资的风险，保证自己不会处于时刻紧张不安的状态，让我们有限的资金平稳而安全地运作。聪明女人需要了解并呵护好手中的鸡蛋，更好地管好自己的财富，从而投入地去营造自己幸福的生活。

智者寄语

聪明女人需要了解并呵护好手中的鸡蛋，更好地管好自己的财富，从而投入地去营造自己幸福的生活。

挣自己能力范围内的钱,成功的希望更大

要投资,首先要明确自己的能力范围在哪里。目标尽可以远大,野心也尽可以膨胀,但是我们必须在豪情万丈之余,制订出一个明确的、带有阶段性的投资计划,这就是我们攀向成功高峰的阶梯,我们只有老老实实地一级一级登上去,才有可能逐渐走向高处。无论多么富有、多么成功的人,都是从最初的第一桶金做起的。任何事物都是从青涩和弱小逐渐壮大和完美的,我们的财富帝国也是这样从一个小小的草棚逐渐扩大成一片幅员辽阔的疆域。

美琪开了一间小小的餐饮店,生意还不错。看着生意蒸蒸日上,美琪雄心勃勃地憧憬着自己的"连锁餐饮店"。在这个目标的推动下,她马上计划着再开一家分店,可是,资金缺口比较大,于是美琪一咬牙借了亲朋好友的钱。不久后分店开张了,可是却没有预期那样赚钱,因为摊子大了人手要增加,购置设备又要花不少钱,店里客流量大,汤头二十四小时在灶上炖着,一天就要用掉四罐煤气。这样几个月下来,美琪细细一算,不但没赚钱,连保本都困难,更别提还要还债了。最后,美琪无力承受沉重的债务负担和分店的日常开支,只好关门了事。

美琪的事业心是可嘉的,但是在她的雄心之余,却少了一点谨慎和稳健。在创业初期,"保本"比较重要,不要因为短期的一点收益,就无节制地进行扩张,以至超出自己的能力范围,无法控制局面。

总结一下,在我们制定策略的时候,要把握好以下几个要素:

(1)坚持。做任何事情都贵在坚持,我们的致富之路也需要坚持。赚大钱固然是目标,但当实力还没达到的时候,我们就先要做好眼下的事情。如果希望"生活",首先就要"生存"!

(2)灵活。目标在前方,却不能光盯着远处,首先要应付好脚下的路。市场环境瞬息万变,及时调整自己的策略显得尤为重要。即使要多花点时间迂回解决,看似离自己的目标很远,但也比横冲直撞最后摔倒在地强。

(3)横向比较。多和你周围的人交流,有助于你保持头脑清醒,准确知道自己的位置何在。在知己知彼的情况下,及时采取有效措施,而不是封闭在自己设置的空间里自高自大。

(4)放眼前景。我们的目标时刻不要忘记,冷静地比较自己与目标之间的差距,并参考你所做的投资计划,你是否已经达到了某阶段的既定目标?是否对你所投资或从事的行业有了清晰的认识?了解了这些,比短时间内赚到多少钱更为重要。

(5)放慢脚步。在我们的能力还没有达到的时候,不要盲目扩张,而要步步为营,稳扎稳打。钱是赚不完的,只要我们的实力达到了要求,自然可以获得相应的利益。

(6)有勇有谋。我们投资或者创业,勇字当然必不可少。但是如果勇没有和谋结合起来,那就成了莽撞和刚愎自用,逞的是匹夫之勇。只看着远方不顾一切地冲过去,那么只会得到失败的教训。

人人都有追求幸福的权利,但是一定要认清自己的实力,不贸然追求超出自己能力范围之外的利益。胜利的取得,往往都是凭借实力说话的。聪明的女人,愿你每一步都走得稳健、平安、快乐!

智者寄语

人人都有追求幸福的权利，但是一定要认清自己的实力，不贸然追求超出自己能力范围之外的利益。胜利的取得，往往都是凭借实力说话的。聪明的女人，愿你每一步都走得稳健、平安、快乐！

股市有风险，入市须谨慎

购买股票，是一种高风险、高回报的投资方式，股市的不可预知性和高收益性对年轻人有着无与伦比的诱惑，对于爱冒险，也有大把机会可以冒险的年轻人来说，无疑是最具有吸引力的投资方式。

但是，股市风险的不可预测性毕竟存在，高收益和高风险从来都是对应着的，尤其在目前的经济形势下，炒股更要慎重。

特别需要提醒的是，涉世未深的女性，社会阅历和心理承受力尚未达到一定阶段时，还是尽量不要涉足股市。不过什么事情都是双面性的，年轻人思维敏锐，头脑灵活，所以，只要你敢于挑战，同时也做好了输得起的准备，也许，股市会成为你很好的理财方式。但是，在进入股市之前你要做好充足的准备，这样你才有可能实现自己的股市淘金梦。

1. 加强自身的金融素养

对于什么都不懂就敢贸然投身股市的姐妹，我只能用五个字来形容“无知者无畏”，“无畏”固然是好事，但是要想赚钱恐怕只能凭运气。

只不过你的运气未必就好，一旦出师不利，也只能怪自己有勇无谋了。所以，在入市之前，一定要加强自己对金融市场的了解，对于投资知识、政策、法规等都要有所了解才是，切忌盲目跟风误了自己的“钱程”。

2. 选择证券公司开户

既然要炒股，那就需要先申请开通交易，这些需要通过证券公司去办理各种相关手续。一般现在的开户手续都比较简单，不需要花费多少时间来办理。但是在选择证券公司方面也要做好选择，因为每个证券公司的交易收费和提供的信息内容是不同的，所以开户之前最好先做一些了解，选择性价比较高的证券公司开户。

3. 做好“最坏打算”的心理准备

虽然排在最后，但却是最重要的，如果抱着“只能赚钱，不能赔钱”的打算，那么，你还是别入市的好。要知道，股市不仅有“风险”，而且还很“危险”，稍不留神没准就会让你倾家荡产。所以，心理比较脆弱的姐妹，还是好好待在一边做观众吧。

4. 炒股一定要用“闲钱”

为了炒股，有的人拿出自己的储蓄，有的人动用了自己的养老钱，有的人借债贷款，甚至把房子、车子、学费、嫁妆全都搭了进去。这当然是不可取的，姐妹们恐怕也很清楚。虽然你还不至于这样失去理智，但是并不代表你已经把自己的收入做好了合理的规划，而你用来炒股的钱已经扣除了你的生活费用、教育基金、养老保险……大家要清楚，用于炒股的钱一定不能影响你的正常生活。也就是说，即使你将这些钱全部赔光了，你依然可以像以前一样跟男友去影院看大片、跟闺密去听演唱会、跟同事去喝下午茶……你的生活质量要不会因为你炒股的赚与赔受到任何不良的影响才行。

老股民给你的建议是:炒股所用的资金,必须是不受盈亏影响、没有使用时间限制、完全属于你个人、可以独立支配的自由资金。换句话说,这些“自由资金”是除去生产、生活、教育、养老等必须支出后剩余的那些既没有投资期限约束,又没有具体盈利要求,更没有各种负担压力,赚了最好、赔了也没关系的钱。

用这些闲钱炒股,你才不会有压力,在没有压力的情况下你才能够保持清醒的头脑,不会为了任何微小的波动而神经紧张、寝食难安,否则这对你的健康也是不利的。

女性在投资的同时必须给自己留好后路,不能置之死地而后生,特别是股票这种高风险、高收益的投资方式。所以炒股的时候要理性地思考问题,不能把所有的储蓄都用于投资,否则会使个人或者家庭陷入财务危机。

总之,就是希望姐妹们明白,天上不会掉馅饼,想要靠金融投资赚钱,就要充分认识到自己和市场的能力和潜力。

智者寄语

总之,就是希望姐妹们明白,天上不会掉馅饼,想要靠金融投资赚钱,就要充分认识到自己和市场的能力和潜力。

把投资风险降至最低

在市场上,风险无处不在,无时不有。因此,要重视并学会规避风险,尽量把风险降到最低限度。

1. 远离风险的可能

躲避风险是对直接的风险损失进行回避的一种行为,可以把损失出现的可能性降低到最低,消除自己遭受损失的可能。避险的办法主要有:

(1)放弃或终止某项投资或经营计划的实施

通过对某项投资项目或经营计划进行系统周密的可行性分析和科学论证后,如果发现该投资项目或计划的实施将面临重大损失,或者有潜在的危险,就应该放弃或停止该项投资或该项经营计划。

(2)改变计划

改变计划,是指因原投资或经营计划存在较大风险,于是改变原计划中的投资方案或经营规划,而采用风险较低的投资方案或经营计划。例如,当发现某项产品的市场需求已趋饱和时,显然投在这种产品上面的项目资金将面临极大的风险,这时,公司应果断地做出决策,改变原来的投资方案,重新分析和发现新的投资机会,选择一种风险较小的项目上马。

(3)风险转嫁

风险转嫁,是指通过正当的、合法的手段,将风险损失转嫁给他人的方式。风险转嫁分为保险转嫁风险和非保险转嫁风险两种形式。保险转嫁风险是事前的,且有法定的程序,操作起来比较简单,因此,这里要讲的是非保险转嫁风险。其主要方法有以下几种:

第一,租赁合同。在财产租赁合同中,由于有些租赁项目的期限较长,这时双方都存在着转嫁风险的可能性。例如,在租赁合同中,存在设备更新条款,那么,如果在租赁合同中把有关风险转嫁给对方,就存在对设备更新条款的仔细研究,从而做出有利于乙方解释的余地。再如,合同如果约定在租赁期限内,因意外事故所引起的损失应当由租借人承担,那么,这在客观上出租人就把有关潜在财产损失的风险转嫁给了承租者。又如,在较长时期的设备租赁中,如果合同对每月或每年租金的规定没有考虑通货膨胀的因素,那么,事实上承租者就已经把租金受通货贬值因素影响的风险转嫁给了出租者。

第二,委托合同。委托合同,是指委托人将其财产等交由受托人代管,并且支付一定费用而签订的合同。通过合同条款,委托人可以将委托物的潜在损失转嫁给受托人;而受托人在一定情况下,也可以将委托物的潜在损失转嫁给委托人。

第三,保证合同。保证合同,是指保证人与债权人达成的一种协议。它规定,当债务人无法按期偿还债务而使债权人蒙受损失时,由担保人负责赔偿。于是,债权人通过保证合同,就将由债务人造成的潜在损失的风险转嫁给了保证人。

2. 将风险降至最低

实际上,市场上许多风险是无法躲避的。这时,公司就要采取对风险损失的控制,以期尽量降低风险。这种控制风险损失的措施,主要有预防性措施、保护性措施和制定应急措施等方法。

(1)预防措施

风险损失的预防措施,是指那些能够降低损失发生概率的措施。在公司的风险管理中,应把损失预防贯穿于公司投资和经营的全过程中。

(2)保护措施

这是指保护处在危险中或可能伤害中的人或物。例如,当某种产品对于使用者及其他人的安全存在伤亡的危险时,公司就应采取严密的全面的质量和安全控制制度,如消除产品的缺陷,防止潜在的损失出现,对有危险的机器设备安装安全保护装置,等等。

(3)应急措施

这主要包括若干抢救性措施及公司在发生损失后,如何继续进行其他的业务活动,以尽量减少损失或人员伤害。例如,一旦出现果树病虫害时,水果罐头厂应做好转产的准备;以外销为主的公司,在出口受阻情况下,应该做好扩大内销的准备。

智者寄语

在市场上,风险无处不在,无时不有。因此,要重视并学会规避风险,尽量把风险降到最低限度。

掌握投资的原则与策略

投资赚钱是一件好事,然而对于投资者来说,最怕的是在投资专业知识欠缺的情况下,投错了方向。其实,大可不必担心,因为投资本身也有"法"可依。下面是投资需要掌握的几项基本原则:

1. 量身定做投资策略

策略是一个大的方向,应该向哪一条路进发,中间的细节反而在其次。每一个人的投资策略不同,因为每人的背景与其他人并不相同,所以投资策略也应该量身定做。

2. 投资理想的战略

制定了投资的整体方向之后,比如资金的1/3放在大蓝筹股票、1/3放在其余的投资,要考虑已投资的工具,应该用什么战略去达到理想的成果。战略是战场的应变方法。比如股票突然狂跌3000点,你应该怎样做?入货?出货?静观其变?已订下的整体方针将1/3资金投入大蓝筹股是大的方针,是一种策略,但临场随机应变,怎样去做,却需要战略性思考。

3. 永远考虑风险

切勿将风险二字置于脑后。市场千变万化,你可能因为市场的风高浪急,大有所获,时势造英雄,突然在很短时间之内赚到一大笔钱,但切勿以为赚钱容易,而使自己过度贪心,忘记了市场永远都有风险存在。避免投资过度,以免一旦市场出现风暴,被杀个措手不及,由赚变亏,甚至因此一夜之间变得倾家荡产。

切记,风险两个字永远存在,切勿被胜利冲昏头脑。市场越容易赚钱的时候,可能就越是危机四伏,山雨欲来风满楼,是风险最大的时候。

4. 只蓄第一笔钱

我们的确在投资上应该冒上一些风险,否则墨守成规,将钱看得很重,变成一个守财奴,到头来反而眼巴巴看着钞票贬值。因此应该只蓄第一笔钱,而将投资所得继续用于投资。但冒风险并不代表赌一把,赌大小的心态并不健康。血汗本钱,应该珍惜。特别是珍惜你第一笔的本钱,因为第一笔本钱是最难储起来的。一旦化为乌有,要重新开始,费神又费时间。所以用你的血汗钱作为投资本钱,应该以小心为上,勿使失去,以免想东山再起时,变得有心无力。

5. 随时变现能力

古代有一句话,未尽正确,但也有启示,就是"亲生子不如近身钱"。近身钱,就是有急事时,随时可以动用的流动现金。

基于这一点,投资要考虑一个原则,就是你的投资项目在你急需钱用的时候,是否有足够的变现能力,随时可套回现钱?套回现钱的金额是否足够你急需时的应用?能够随时套回现钱的投资项目,如果投资回报与其他项目同样的话,会是更佳的选择。买卖股票之所以受欢迎,原因之一就是因为股票随时可以在市场卖出套现。

6. 短线获利能力

获利能力,也是投资必须考虑的原则。在其他因素相同之下,选择投资工具应该选择一些获利能力高的项目投资,这样才会使你的资本在很短的时间之内越滚越大,持续膨胀。

不过,这一投资原则在很多时候却可能与上述的变现能力在原则上互相矛盾或两者不能兼得。比如投资物业可能从长远而言获利能力不错,是一种较好的投资,但物业的套现能力却比较慢,有急需要用钱的时候,要变卖物业套回现金,最快也要一个月,甚至更久,所以投资者要衡量一下投资组合之外有多少具有高度的短线获利能力,以作为个人应急之用。如果这个原则已达到高枕无忧的话,其余的资金就可以考虑那些较为长线,即变现能力较慢的投资,目的就是为了另一个原则——获利能力。

7. 买卖收支评估

在个人理财的过程中,有重要一环是事后评估,以作检讨和改善自己的个人理财计划。投资既然是理财计划的一部分,也一样不可以缺少评估的步骤。比如每半年或每三个月,或每一个月,甚至每一日都应该评估一下自己的投资成绩。为什么投资?买卖了多少次?投入了什么市场?为什么做出买卖的决定?凭什么做出这些决定?凭直觉?买卖消息?专家指示?报章推介?电脑分析?事后是对是错?对整个投资组合有什么影响?对整个理财计划又有什么影响?投资得对,下一次是否还用这个方法?错的话,错在哪里,下一次怎样尽量避免出现同样的错误?如果你能够坚持反复思量,每一次投资都检讨一下,自然就会有不少进步,投资的成绩也会越来越好,收益回报也自然越来越高!

智者寄语

只要掌握投资的原则与策略,投资是会有回报的。

第十八章　提升自己才能获得最宝贵的财富

现代女人必须有独立意识，争取自己的事业

一直以来，中国传统女人心中只有男人和以男人为主的家。中国的女人从什么时候开始觉悟起来的？说不清。

独立自主的女人在家中的地位渐渐提升。所以，现代的女人对独立自主情有独钟。

独立的女人更具自主和自尊，也更具魅力。选择独立的女人首先必须要把自己融入社会。第一步，跨出家门，就算成功了一半，不管她是否再迈进“家”门，她毕竟属于升华了的成熟的女人。

如果走出“家”门是第一步，那么第二步就是想办法做到衣食无忧、居有定所。不把男人当作避风的港湾，却一定要有个挡风遮雨的“保护伞”——经济的独立。经济独立是人格独立的有力保障，女人人格独立是妇女解放的重要标志。但是，女人在理解和追求经济独立的时候，一定不要片面和偏激。

说到女人的独立，人们就会想到一个高举红旗、坚决与男人进行抗争的女人形象。这种形象曾在全世界被广泛宣传，以至于不少人认为女人独立就是那个样子。实际上，女人的独立并不在于与男人抗争中，而在于找准自己的位置。独立是一种很高的境界，它需要高素质的心态和全新的价值观。现代社会已很开放，制约女人独立并使女人在追求独立过程中吃尽苦头的是女人自己。

有工作的女人在经济上有独立感，这种感觉能使她们的精神独立有相对坚实的地基。但不少女人在经济上仍依赖男人，这些女人往往觉得自己不独立，很苦恼。如果女人想在精神和经济上依附男人而获得幸福的话，她一定会输得很惨，活得毫无尊严，更不会有幸福可言。正如邓颖超所说：“女人要自尊、自信、自立、自强。”

女人应该有自己的事业，哪怕赚的钱仅能够养活自己，也要有自己的生活圈、自己的朋友，这样才不会脱离社会。

其实说白了，“嫁得好”靠的是运气，就像买彩票中大奖一样可遇而不可求。那么多的女人把“嫁得好”喊得震天响，真正富得流油的好婆家还是屈指可数，并且未必都分摊到每个想“嫁得好”的女人身上。就算你成了“嫁得好”的幸运者，你能保证你嫁的男人一定不是一个财大气粗的“薄情郎”吗？现在看来，“富贵不能淫”远远要比“贫贱不能移”的人少得多。就算你极其幸运地嫁给了一个有财有德的“钻石男人”，眼前的幸福生活即使不会如昙花一现，那种仰人鼻息的生活也没有多大意思。

由此看来，女人“嫁得好”是靠不住的，还是靠自己“干得好”才比较踏实；“干得好”又“嫁

得好”当然更好。自己拥有常识和本领、技能和事业，女人就有了自立自强的资本，也就有了获得美好爱情婚姻的基础。那些抱有“嫁得好”幻想的女性，还是尽快丢掉对迅速过上舒适生活的幻想吧！脚踏实地和男性一起角逐，在事业上去精心描绘那一片属于自己的天地才是明智可靠的。海市蜃楼般的“嫁得好”很美，但是还是含辛茹苦般的“干得好”更保险些。所以，女人不要做依附于男人的藤类植物。

一个女人，是不能没有事业的。事业让女人拥有在这个世界上立足的底气。大凡在职场的女性，每天都是神采飞扬、朝气焕发，原因就是事业让她们更加自信，让她们充满活力。

如今大多数女人结了婚，但还有工作。为了处理好这一矛盾，大部分女性尽最大努力去做到事业和家庭两者兼顾；但还是有不少的女性在这种压力之下，为了家庭而放弃了自己的事业；不少为了追求事业的女性，则只好牺牲家庭。据调查，在面对事业与家庭发生冲突如何选择这一难题时，大多数女性都选择了家庭，甚至在高学历的女性中，也有近一半的女性选择为了家庭而牺牲自己的事业的做法。

阿梅是一位“官太太”，原在一家公司做职员，收益也不错，但结婚后，丈夫不让她出去工作了，她便辞职了。几年来，她一直待在家里，家庭成了她所有的世界。辞职，虽然没有给她带来物质生活的困难，但却给她带来了无形的精神压力，她没有原来的自信风采，对生活也没有了激情。

事实上，女人工作并不全是为了养家糊口，养家的一大半责任还在男人身上。但是女人却不可以不工作，因为工作可以带给她一个正常的人际交流环境，能让她不至于失去自我。对于一部分女人来说，金钱不是她们工作的主要目的，但是有了一份工作后，她会变得很自信，很有魅力，同时生活也将更充实。

想一想，如果每天丈夫在外面工作，而女人守在家里，女人会因为没有出去交流，思想跟社会脱节，那么夫妻可能会没有共同话题！这难道不是幸福家庭的一大隐患吗？

所以，女人们，为了你的幸福，为了家庭的幸福，去争取自己的事业吧！

智者寄语

女人们，为了你的幸福，为了家庭的幸福，去争取自己的事业吧！

培养自己的业务能力，奠定晋升的基础

应该承认，如果两个女下属的能力相当，男上司多半会提拔那个外表出众一些的（这可能与女上司的决策正相反），这是人之常情，不能说成是“好色”。

但不管男上司是否好色，只要他想保住自己的位置，就一定会提拔得力的下属，也就是说岗位胜任能力。除了特殊时期的特殊所需或别有用心的个案之外，想要提拔的这个下属是否能胜任岗位要求是上司首先要考虑的，因为这至少会涉及上司自身的利益，他是找个帮手还是为自己找麻烦？道理不言而喻。所以，即使自己貌美如花，嘴甜如蜜，女性想晋升的第一步是培养自己的业务能力。

孙女士非常聪明能干，领悟力强，每次上司交给的任务都是她头一个完成，而且完成得很漂亮。可上司在提拔下属时却没有考虑她，使她非常愤懑。其实，很多能力突出的女性

在工作中容易出现的一个问题是只顾自己努力赶路,不太照顾团队和其他同事的情绪。所以在上司眼中,你只是一个“好下属”,他更愿意你在目前的岗位上发挥作用。而提拔后的岗位需要带动、管理团队,这样的女性就未必能胜任了。

有些女员工在主观上存在一个下意识的误区,她们看到与其他同事(不论男女)相比自己是佼佼者,业务量名列前茅,于是就认为上司理应提拔自己。她们忘了上司的标准是衡量岗位胜任能力,并不是评选“业务标兵”,成绩值得称道并不必然等于值得提拔。

任何一个员工其业绩大小和他所处的集体有密切的关系。也就是说,他的成功离不开集体每个人的配合、支持与协作。因此,公司考虑提升某个员工时,除了参考他的综合能力和业绩,还应参考他在团队中所能发挥的作用,看他是否能为企业的整体利益来有效地协调、沟通其他部门,或者是帮助同事积极发挥自身特长,以保证公司和个人利益的最大化。

在做好本职工作的同时,提高自己的“情商”,这是至关重要的。

何谓情商,简单说它反映人们情绪方面的管理能力,包含许多方面,这里只提及主要:自我意识和自我了解;对他人和环境的敏感性;自我管理,即你对自己的情绪行为举止的控制力和调整能力等。仔细想想,具备这些能力的女性会怎样呢?你会避免受自己或他人情绪之累;你会避免无谓之争意气用事;你会避免在不合适的场合做出不合适的言谈举止;你会变得宽容他人,善解人意,而做到有效沟通;你会使他人愉悦,使他人感受到激励,等等。如果你能做到这些,加上合格的业务能力,你怎么会在职场上得不到发展呢?

除了业务表现突出之外,还必须重视团队精神。经常与上司交流是展示自己的能力和显示团队精神的一种重要方式。试想,哪个上司不愿意下属靠拢他呢?他自然不会对此反感,除非你是越级汇报或明显地搬弄是非。但很多男上司都深有体会,在女性员工众多的工作环境里是非也多,经常有女下属找他诉苦、辩解或“反映情况”。作为男上司,尽管处于众星捧月的地位中,也不至于晕头转向。即使他是擅于玩弄权术、挑拨下属矛盾的人,心里也非常明白哪些行为非常“不职业”,不会给公司业务带来好处。在考虑提拔人选的时候,他是不会考虑这样的人的。

智者寄语

女性想晋升的第一步是培养自己的业务能力。

努力把握学习机会,使自己的学识更加广博

在科技高度发达、竞争十分激烈的现代社会,人们常常发现自己原有的知识很快变得过时和陈旧,接着,可能就会发现这直接影响到就业和生存。尤其是这几年就业形势日趋严峻,很多大公司裁员,就算你已有高学历,也避免不了被炒鱿鱼的可能。很多遇到这种情况的人,往往重新进入学校调整和革新自己,以适应社会的需要。

实际上,企业与公司里的上班族已成为学习市场上成长最快的人群。要知道。学校里获取的教育仅仅是一个开端,其价值主要在于训练思维并使其适应以后的学习和应用。一般说来,别人传授给我们的知识远不如通过自己的勤奋和坚韧所得的知识深刻久远。靠劳动得来的知识将成为一笔完全属于自己的财富。它更为活泼生动,经久不衰,永驻心田,而这恰恰是仅靠被动接受别人的教诲所无法企及的。这种自学方式不仅需要才能,更能培养才能。一个问题的有

效解决有助于探求其他问题的答案;而这样,知识也就转化成为才能。无需设备,无需书本,无需老师,也无需按部就班的学习,自己积极的努力就是唯一的关键所在。

一个刚跨入社会的年轻女性,随着自己地位的逐步升迁,一定有很多学习的机会。假如她能抓住这些机会,就能够做出使自己满意的成绩。

刚参加工作的女青年,要随时随地注意本行业的技术细节,而且一定要研究得十分透彻。在这一方面,千万不能疏忽大意、不求甚解。有些事情看来微不足道,但也要仔细观察;有些事情虽然有困难险阻,但也要努力去探究清楚。如能做到这一点,你就能清除事业发展道路中的很多障碍。

无论目前你的职位多么低微,努力汲取新的、有价值的知识,将对你的事业大有裨益。很多现在的女经理,以前就是公司的小职员。那时,尽管薪水微薄,她们却愿意利用晚上和周末的时间到补习学校去听课,或者买书自学。她们明白知识储备越多,发展潜力就越大。

有一句格言说:"只因准备不足,导致失败。"这句话可以写在无数可怜失败者的墓志铭上。有些人虽然肯努力、肯牺牲,但由于在知识和经验上准备不足,做事大费周折,始终达不到目的、实现不了成功的梦想。

看看周围那些下岗的人吧,有很多身强力壮、受过高等教育的人丢掉了工作。其中大部分人,因缺乏进一步发展的能力而驻足不前、被人超越,丢了饭碗。这些人本来就没有深厚的根基,工作期间又不注意积累经验、增加才能,当然会被淘汰。

比如有的人,在商店里工作多年,只会按顾客的要求拿东西,对商业一窍不通。她只是在挣钱糊口,不思考,不关心商品的特点和顾客的需求,如果她不被淘汰的话,只能当一辈子售货员。那些精明强干、善于思考的年轻女人,却能在短时间内发现一个行业的秘密,时机一旦成熟,就能独当一面。

薇薇在一个律师事务所任职三年,尽管没有获得晋升,但她在这三年中,把律师事务所的技术都摸清了,还拿到了一个业余法律进修学院的毕业证书,一切都是为了开办她自己的律师事务所。但有不少在律师事务所工作的人,按从业时间来说,他们的资格够老的了,但他们仍然担任着平庸的职务,赚着低微的薪金。

两相比较,前者立志坚定、注意观察、勤于思考、善于学习,并能利用业余时间深造,她将获得成功;后者恰恰相反,不管他们是否满足于现状,他们这样庸庸碌碌地混日子,永无出头之日。

一个前途光明的年轻女人。随时随地都注意磨炼自己的工作能力。任何事情都想比别人做得更好。对于一切接触到的事物,她都细心地观察、研究,对重要的东西务必弄得一清二楚。她也随时随地把握机会来学习,珍惜与自己前途有关的一切学习机会,对她来说,积累知识比积累金钱更要紧。她随时随地注意学习做事的方法和为人处世的技巧,有些极小的事情,也认为有学好的必要,对于任何做事的方法都仔细揣摩,探求其中的诀窍。如果她把所有的事情都学会了,她所获得的内在财富要比有限的薪水高出无数倍。在工作中积累的学识是她将来成功的基础,是她一生中最有价值的财富。

有些年轻女人宁可把业余时间消磨在娱乐场所或闲聊中,也不愿意看书。因为她们认为自己掌握的知识足以应付工作了。我们常听到别人抱怨薪水太低、运气不好、怀才不遇,却不知道其实自己把许多应该学习和提高自己的时间和机会都荒废了。

能通过各种途径汲取知识的女人,才能使自己的学识更加广博、深刻,使自己的胸襟更加开阔,也更能应付各种各样的问题。为了未来的成功和发展,年轻女人要抓住尽可能多的机会学习,积蓄足够的力量。

智者寄语

为了未来的成功和发展，年轻女人要抓住尽可能多的机会学习，积蓄足够的力量。

随时随地充电，别让工作选择你

四十二岁的关媛媛在一家事业单位做后勤，是人人羡慕的“铁饭碗”。她的工作十分悠闲，每天除了跑跑腿打打杂，基本没有别的事可做。在没事做的时候，关媛媛就在网上斗斗地主、打打麻将，小日子过得不亦乐乎。

最近经济不景气，关媛媛的单位也传出了要裁员的消息。听到这个消息时，她有些担心。最近单位里还招了几个名牌大学的毕业生，怎么可能在这个时候裁员呢？

但裁员的名单一出，关媛媛就傻了眼，她的名字排在第一位！委屈的关媛媛向领导抗议，领导也表示爱莫能助：“小关啊，这个事也不是我一个人决定的，是单位人事部门和相关领导开会决定的，我也没有办法。”

“那为什么不裁别人非要裁我？”关媛媛不甘心地问道。

“这个……你看嘛，刚招来的几个大学生，人家年轻，要文凭有文凭，要能力有能力，拿的工资又比老员工低，怎么也不可能裁到他们头上去。还有很多老员工。人家在工作岗位上也做出了一定的贡献……”

剩下的话领导没有再说下去，但是关媛媛已经明白了。回头望一望那些与自己同时期进入单位的同事，关媛媛这才恍悟：人家要不已经爬到了领导的位置，要不就掌握了技术，成为单位的骨干员工，只有自己一个人，这么多年了还在原地踏步，裁员的时候不裁自己又会裁谁呢？

《杜拉拉升职记》里面说，职场就像是战场，稍有不慎就会万劫不复。这句话虽然有些言过其实，但却也说明了职场中竞争激烈，绝对不是如家庭般温馨和睦。想要在职场占有一席之地，自己没有一点本事，是绝对站不住脚的。

但是，仅仅是有些本事就够了吗？

能够通过应聘进事业单位工作，关媛媛在当初入职时，比起其他人来说，也是有一定优势的。但是，这份优势为什么没能保住她的“铁饭碗”，在她高枕无忧的时候狠狠地跌了个跟头？明眼人一看就知，这是关媛媛这些年来安于现状、不思进取惹的祸。

信息时代，所有的东西都日新月异，我们获取知识的途径更多，能够提升的空间也就更大。现代社会的职场，可不像十几年前那样依靠关系和资历就可以稳立不倒。同样的一份工作，老板必然会选择更有优势、更能够胜任的人才来担任。

所以说，为了获得一份心仪的工作，抓紧时间补充专业知识、提升自己的能力绝对是必不可少的。而获得一份好工作，只是职场生涯开始的第一步。如何打败那些虎视眈眈的竞争者，甚至让自己在事业上更上一层楼、得到更多的职业选择机会才是我们要追求的终极目标。

今年刚满四十的张月在经历了一段时间的职场空窗期之后，应聘去了一家民企做采购工作。

由于是最基层的工作岗位，薪酬和待遇都很一般，但是竞争的人可不少，很多物流、统计方面的专科毕业生都是张月强有力的竞争对手。

察觉到这一境况之后,张月主动进修。在平常的工作中,她不仅认真负责,更主动跟老员工和主管学习,积累经验和知识。除此之外,张月还自主学习了统筹、财会等专业的课程,考到了两个专业的证书。

新一轮的毕业季又开始了,其他同事都惴惴不安,生怕自己会被开除,只有张月胸有成竹,安心地做自己的工作。

结果并不出大家的所料,几位平时表现差的同事被辞退回家,单位新招了几个大学生来顶替他们的位置。但是,让所有人大跌眼镜的是:由于主管跳槽,刚进入公司没一年的张月在主管职位内聘时过关斩将,顺利地晋升到了中层领导的级别。

同样是四十多岁的中年女人,张月的忙碌与关嫒嫒的清闲成了鲜明的对比。世界是公平的,给了努力的张月应有的回报,这正是她不断要求自己、不断进步所取得的成果。

所以说,如果现在还抱着"找个工作,随便混混就可以了"这个念头的人,请赶快打消自己这消极的想法吧!社会的发展越来越快速,如果你跟不上社会的节奏,就只能被工作、被他人选择,就有可能找不到工作,或是随时接受被解雇的命运。从现在开始,拿起手边的书,打开电脑中的网络教材,我们就可以随时随地为自己充电,以更饱满的状态去面对新的工作和生活!

智者寄语

从现在开始,拿起手边的书,打开电脑中的网络教材,我们就可以随时随地为自己充电,以更饱满的状态去面对新的工作和生活!

投资自己的健康,投资苗条的身材

一个普通身材的女人,20岁时体内脂肪约占26%,到35岁占33%,在50岁时则高达42%,这个阶段的女人,稍不注意,身材就会慢慢走形,赘肉渐渐堆积。等到那时,想恢复已经很困难,因此唯一的办法就是未雨绸缪,对待每一寸要冒出的赘肉都要像秋风扫落叶一般无情!

漂亮是每个女人的心愿,好身材的女人人人羡慕。因此,女人对于发胖往往是比较在意的。其实,发胖都是有预兆的,如果最近你发现有以下现象中的一种或多种,那么就要注意保持体重了。

(1)嗜睡。睡觉特别香,已经睡了足够多的时间可是还想睡,或者经常哈欠连天,如果不是过于疲劳,那就是肥胖到来的迹象。

(2)爱吃爱喝,吃啥啥香。只要不是得了"甲亢"、糖尿病之类的疾病,突然胃口增大,喜欢喝水和饮料,大多是发胖的前兆。

(3)懒惰。一贯勤快的女人突然变得懒了,很多事情都是心有余而力不足,自己心里都会对自己不理解,这有可能是发胖的预兆。

(4)疲劳。与平时相比,近来总感到疲劳,刚上了没几层楼梯就累得气喘吁吁,汗流满面,只要不是生病,就有可能是肥胖悄悄向你走来。

(5)怕运动。如果原来是爱运动的人,渐渐地不想再动了,甚至感到进行体育锻炼或参加运动是一种负担,也可能是发胖的信号。

为何女人终日忙于减肥,却不见很好的效果?停下来想想什么原因。女人有自己的个性,有的减肥方法可能让女人疯狂,有的减肥方法简直无法坚持。痛苦的减肥经历让女人心有余悴,甚至越来越没有信心。这可能是因为减肥方法不适合你,看看你是哪个类型,找到最合适你的减肥方法!

1. 悲观忧郁型

一发生什么事情,马上陷入忧郁的状态甚至就否定自己,这种人很在意别人的评价和想法,所以很容易积压在心里,形成过度肥胖的身材。不喜欢运动或节食过度,很可能造成营养失调。

在停滞期的时候,体重增加一点点就紧张得要命,而且很容易陷入悲观的想法里去,这一类型的女人,最适合放松心情,平常可以试试用深呼吸来缓解自己的压力感。也可以试着做做瑜伽,对女人是有帮助的。因为传统的瑜伽运动,必须搭配着呼吸的方式来做,这对于忧郁型的女人来说,是一种很放松的软式运动。需要注意的是,瑜伽也是需要向专门人士请教后才能自己做的,可不要随便就把脚拉到头上,这是很危险的。

2. 急躁焦虑型

急躁焦虑型的女人和忧郁型的女人正好相反,这种女人喜形于色,是典型的三分钟热度、五分钟高潮的类型。喜欢尝试极端的减肥法,却又马上感到厌恶。所以使用的减肥法,一开始效果很快,结果是反弹率也很高。急躁焦虑型的女人是四种类型当中最不会面对停滞期的人。一旦到了停滞期的时候就会焦虑不安,忍不住又吃东西,心里总想着“明天再开始减肥好了”。可以用唱卡拉OK或跳舞的方法来代替停滞期的焦虑感,快乐亦减肥。

一位声乐专家说过:由呼吸控制的歌声才是声乐,呼吸是歌唱的原动力。因此声乐界有“谁懂得呼吸,谁就会唱歌”之说。其实掌握了正确的呼吸方式不仅能让女人在卡拉OK中大显身手,更能让女人呈现完美的S形。

3. 极端痛苦型

这种女人常常会把压力往肚子里吞,不管发生任何事情都很冷静地面对,表面上看起来很快乐,可是心里却充满了痛苦。这种女人可能会患有头痛、肩膀酸痛、便秘疾病。痛苦型的女人只要一进入停滞期,保持体重的最好办法不是控制食欲或做激烈运动,拥有坚韧不拔的毅力固然是好事,但不可让自己患上强迫症,不知不觉中就有便秘、胃痛、头晕、过敏等症状陆续出现。这可是身体在向你求救了,最好停止严厉的减肥行动。然后用精油按摩肚子,症状可能会有所好转。

这种类型的女人怎样度过停滞期呢?准备好衣服,前往健身房吧!配合一些软性的器械,比如哑铃,稍微做做简单的动作就可以了。让自己运动起来,血液循环、新陈代谢也会变得比较好,当然便秘或身体的不适就不见了。

4. 失调型

本来胃肠就不好,一有压力更会出现一大堆的问题。一方面身体营养不均衡,另一方面自身也比较懒惰。这种类型的女人最好不要选择自己不可能做到的减肥方法。现时日本及台湾地区皆最流行的是半身浸浴法,既省水环保,又能有效地出一身汗,达到瘦身效果。失调型的女人可以采取这种办法。洗一个舒服的澡,顺便做做简单的按摩,让自己放松,然后再配合充足的睡眠,应该会不错。

至于运动方面,可以尝试柔软操。停滞期容易产生身体不适的失调型的女人,如果在睡前做一做柔软操,可以解决这个问题,并能收到帮助睡眠的效果。需要注意的是,柔软操是要有一定的次数的,象征性地做一两下,浅尝辄止,不会有任何作用。

不管你选定何种运动,开始时都要慢慢来,比如说先每天锻炼10分钟,经过6~8周逐渐增加到30分钟,每周3~4次,以不感到喘不过气来为适宜。

容貌是天生的,韵味是靠后天塑造的。一些小的日常生活习惯也可以帮你塑造曼妙的身姿,让你成为韵味十足的靓女。

不良的坐姿,除在形象上给人以粗俗失态之感外,还对身体健康有害,如诱发肩周炎、腰肌劳损以至于驼背等。正确的坐姿是:两肩不要用力,下巴微微上翘,腰背挺直,两腿斜向放置呈流水形,样子很淑女也很动人。一个完美的女人,如果探颈、驼背、塌腰、拱臀,甚至站立时重心前移,往往会大煞风景,这是因为她的站姿不正确。正确的站立姿势是:头、颈、躯干和脚在一条垂直线上,抬头挺胸收腹,两臂自然下垂。女性行走时,头部要端正,不要抬得过高,两手前后摆动的幅度小一点,同时注意两腿并拢,走成直线,脚步的轻重、快慢、幅度和姿势,要同出入的场合相适应。

下面推荐几种最经济的瘦身法可供平时使用。

(1)每周上下楼梯3~4次,每次连续25~35分钟,便可消耗约1674焦耳热量,还可强健小腿、大腿和股部肌肉。

(2)饭后散步45分钟左右,以每小时4.8千米的速度步行,热量消耗很快,若在饭后2小时后再步行一次,效果更佳。

(3)在室内或过道内做原地跑,坚持每天跑15分钟。不仅可强健肌肉,增加韧性及灵活性,还可以保持苗条的体态和良好的心态。

(4)喝水在众多的减肥法中是较好的一种方法。这里的水是指开水和矿泉水,而非高热量饮料,否则将适得其反。每天至少喝2升水,起床后、早餐时、上午、午餐前、午餐后、晚餐前、晚餐后各一杯,且以慢慢饮入为佳,晚上临睡前不要大量饮水。

(5)跳绳,只要有足够的空间,跳绳可随时随地进行,可以融减肥于游戏中,何乐而不为呢?做晨操,晨起后,做约20分钟的徒手操,能振奋精神迎接一天的挑战,又可保持青春体态。

智者寄语

健康是最大的财富,女人一定要注意自己的健康。

为了自己为了男人,女人必须温柔一点

温柔的女人最有女人味,不尖刻,内心柔软但又充满自信,芳香诱人而又明亮妩媚。温柔的女人是幸福的,没有愁怨,更不会寂寞。爱让她的内心充盈而有力量,她的身体里流淌着温热的泉水,双眸含笑。她明白自己的力量所在、魅力所在和快乐所在。她优雅的情怀与宽容的气度浑然一体,互相辉映。

不可爱的女人都是一样的,可爱的女人各有各的可爱之处。

撇开容貌体肤不说,单就可爱女人的气质情致而论,那千种娇媚、万般风情,谁又能说得尽呢?说不尽吗?其实,最主要的就是温柔。作为女人,你尽可以潇洒、聪慧、干练、足智多谋、会办事,但有一点不能少,你必须温柔。

女人存在的理由就是因为她具备男人所缺乏的温柔。温柔,这是作为母亲和妻子的女人不可缺少的一种基本的资质和品性。“温柔”这两个字很自然地就和关心、同情、体贴、宽容、细语柔声联系在一起。温柔有一种无形的力量,能把一切愤怒、误解、仇恨、冤屈、报复融化掉。在温

柔面前，那些喧嚣吵闹、斤斤计较、强词夺理、得理不饶人，都显得可笑又可怜。

温柔是一场三月的小雨，淋得你干枯的心灵舒展如春天的枝叶。

女人，最能打动人的就是温柔。温柔像一双纤纤细手，知冷知热，知轻知重。只需轻轻一抚摸，受伤的灵魂就会愈合，昏睡的青春就能醒来，痛苦的呻吟就会变成甜蜜幸福的鼾声。

女人的温柔是一种美德，一种足以让男性一见钟情、忠贞不渝的魅力。

的确，在男人挑剔的眼光中，盯着女人靓丽的同时心里还渴求着温柔，在浪漫的花季，漂亮或许会占上风，但是，当男人真正读懂女人这本书的时候，他会惊奇地发现其实温柔才是这本书的经典之处。

事实上，在季节的变换、时间的推移中，漂亮的外表终会失去光泽，而温柔将永驻。自然天成的女性温柔，古往今来给人间带来多少深情挚爱、温馨和谐，让无数的英雄豪杰为之怦然心动。

温柔是女人最动人的特征之一。她可能不是都市的白领，她的学历也可能不是那么高，她的厨艺也许不怎么好，她的细手也许很笨拙，她的长相也许挺一般，总之她绝对不能算得上是一个十全十美的俏佳人，但她却很温柔，说起话来的“柔声细语”，足以让男人顷刻间为之陶醉。

在男人眼中，女人的这一特点比所有的特点都要可爱。温柔的女人走到哪里，都会受到人们的欢迎，博得众人的目光。她们像绵绵细雨，润物细无声，给人一种温馨柔美的感觉，令人内心佩服、回味无穷。

如果你希望自己更妩媚、更动人、更有魅力，建议你保持或发掘作为女人所独具的温柔的禀赋，做个温柔的女人。

温柔的女人不是只懂得牺牲的传统小脚女人。她健康，她享受，她撒娇，样样都不缺。同时，她不会叉腰骂街，不会怨天尤人，不会唠叨数落，不会像防贼一样地防着自己的丈夫，更不会在外人面前贬低丈夫和拿丈夫取笑……

女人的温柔不是没主见的“乖”，而是一种美好性情、一种智能、一种女人味。男女平等，不是鼓励女人像男人看齐，事事平起平坐，甚至像野蛮女友一样凌驾于男人之上，而是回归女人本色。女人的温柔是一种可以让男人品尝后主动驯服的甜酒，是一种口感细腻的佳酿。女人的温柔不是扭曲的做作，而是让男人舒服，更让女人羡慕的品性。

现代女人，德才兼备，内外兼修。男人娶这样的人当老婆，自在轻松，自信放心。她温柔可人，但同样会踢被子，耍小性子，挑食，不爱洗碗拖地板……其实温柔只是一种为人处世的态度，也是一种品德修养，温柔的女人并不是不能具有其他的缺点，相反，做女人最大的好处是，可以一“柔”遮百丑。

温柔的女人，善解人意，会像尊重自己一样尊重丈夫，她抚摸爱人的脸，侧耳倾听男人的心跳……她感性，她有血有肉，有情有义。她每一个动作都是表达，也是感受。

她也许不可侵犯，但总能给人一种松弛感，虽然总是不时地考你，但却不给你压力，目光里写满鼓励与怜爱。

她聪明，但给人的感觉不是咄咄逼人，而是舒服的微笑，带点书卷气，弥漫着一种味道，一种清雅的果香，一种亲情的奶香……温柔的女人也许会没收男人手里的香烟，但也会半夜里起来陪你看足球。她用体温感动你，用灵魂支持你。做一个温柔的女人，不是换一套衣裙、举一杯红酒就可以“摇身一变”的。她的魅力来自于性格、能力和修养。她的规矩、内敛、温顺都来源于对自己表情的修枝剪叶，让美丽由内而外地熏染而出。

总之，温柔可以体现在各个方面，在女人的生活领域处处都能体现出温柔的特征。作为一个女人,应当通过学习,通过认识自己、认识社会和切身体会等途径,去培养自己的温柔。温柔,对于一个女人来说,是其生活和工作中的最好的特性,既有助于她独立地生活于社会中,又能使她拥有迷人的娇媚。

智者寄语

温柔,对于一个女人来说,是其生活和工作中的最好的特性,既有助于她独立地生活于社会中,又能使她拥有迷人的娇媚。

追求美丽训练有素,才能让自己青春常在

女人会老去,这是自然规律,就像春夏秋冬,花开花落一样不可逆转。但重要的是女人爱美、追求美的心不会老。美丽的女人不一定天生丽质,但必须知道如何装扮自己。让每一天的心情跟着衣妆一起靓丽起来。你美丽着,不单为取悦男人,也是自己热爱生活与维护自尊的表达。一位容貌姣好的女人为一个晚会而穿着打扮,"工程"往往要耗时 45 分钟。"镜子可以给我发放出门的通行证,"一个女人说道,"也可以使我一整天情绪低落。"

"对着镜子狂喜",西蒙·德·波伏娃这样描述女人对着镜子的自我反应。

但凡女人都是爱美的,美丽就是女人一生都为之努力的终身事业。女人需要旁观者的眼睛来认识她们的价值,来帮她们自我挑选。男人的眼睛,就是你的记分牌。对于美丽的追求,你有时会令人感到有些匪夷所思,如果手被划破了皮,你多半会痛到尖叫,可如果是为了增加美感,你会忍受刀割之苦。

女孩刚满十岁,母亲为了给她梳个特别的发型,将她的一团头发用力拉直,然后用一根金属饰物牢牢固定。如果女孩疼痛而号叫起来,她就会听到母亲的金玉良言:"你得为美貌而吃苦。"母亲说这话时带着神秘而幸福的微笑。

女性对美的事物有着较大的敏感性。这是由于女性的视觉和听觉一般比男性强,因而她们比较容易感受到外在形式的影响。对流行的服装款式、花色、颜色十分敏感,就可以证明这一点。女性比男性更会挑选商品,更懂得如何来打扮修饰自己,这就使女性的魅力更容易得到各种辅助性魅力要素的帮助。这就是为什么"女人比男人好看"的原因所在。

男女两人同时注视迎面走过的一位美女,但是两人对美女的印象是截然不同的。男人可以十分清楚地说出她的容貌、腰肢、身材等资质性的美丽要素,却无法详细说出她有哪些辅助性的美丽要素,甚至连她是烫发还是直发、穿什么衣服、戴什么首饰都不甚了了。这是因为对男子而言,女人的美丽视点首先集中在女人的性感区。而女人的回答就要详细得多,她不但能说出她的资质性美丽要素,更能说出她的发型、耳环、项链、衣服等辅助性的美丽要素。因为对于女性来说,她要从美女身上学习的,正是这些辅助性的魅力要素,而不是那些天赋的资质性美丽要素。作为女性,你要懂得天生丽质是可遇而不可求的,只有辅助性的美丽要素才是体现你创造力的真正所在。

一个对追求美丽训练有素的女性,甚至在对擦肩而过的一瞥中,就能揣摩出女人个性中的内在的美。这些都和女性特有的敏锐观察力、稳定的注意力和特别细心的性格特点分不开。正是女性的这些心理特点,使她们在欣赏美丽的时候,可以通过静观默察,在心中仔细比较,从而获得有关审美对象的大量信息,通过对这些信息的分析,她们就有可能找到美丽的原因。另外,

女性的美感具有感染性。由于女性的模仿能力比男性强，因而女性对于她所认为与美有关的事物会加以模仿，也正因为女性具有对美的事物敏感性的特点，所以她们对新奇的美丽特征会更快地感受到，并在自己的身上模仿再现出来。这种女性对美丽的感染性，就是时尚流行的社会心理基础。康德曾这样诠释过女性的这种美丽感染性："世人所说的都是真的，大家所做的都是好的。"这是女性的一条原则。

将美丽进行到底是你对自己的自信和自爱，你若想让自己承认自己"丑"是件很难做到的事。你会用各种努力，来使自己变得美丽漂亮。也正因为这样，如果你恭维一个女人如何美貌靓丽，即使你是在调侃、讽刺她，但对于女人她仍然会将它当作是你对她美丽的肯定。相反，如果一个女人被人评论为相貌丑陋，那会比骂她、打她更令其难受。英国的约克公爵夫人弗吉在看到一本杂志中将自己比作像一个粗俗的打杂女工时，深感震惊，并为此痛哭不已，可见女性对于自己美丽与否是非常重视的。从某种意义上讲，你在意自己的美丽就如同在意自己的健康生命一样。

智者寄语

从某种意义上讲，你在意自己的美丽就如同在意自己的健康生命一样。

第十九章　最重要的莫过于理好“幸福”这笔财富

简单的就是幸福的

在动物王国里，很多人都羡慕黑熊，因为它每天都是乐呵呵的，还总说自己有着无尽的财富。狮王得知这件事后，便命令税务官狐狸去调查，看黑熊是否偷税漏税。

狐狸到达黑熊家的时候，黑熊正在摘果子。狐狸问：“黑熊先生，请问您有多少财富？”

黑熊笑呵呵地说：“我拥有一个健康的身体，还有一位善良的妻子。”

“除此之外呢？”

“我还有一双漂亮而健康的儿女。”黑熊说道。

狐狸有点不耐烦了，说：“我不想知道这些，我是问你有多少金银珠宝。”

黑熊又笑了，说：“除了我刚刚说的那些，我什么都没有。”

看完这则寓言故事，生活在现实中的人不禁会质疑：黑熊所说的那些东西，怎么可能是世界上最值钱的呢？可是，这些东西的确是最值钱的，因为它们不需缴税。有时候，最不“值钱”的东西恰恰是钱，因为金钱无法买到健康、快乐和家庭的和睦。一个人只有活得简单一点，保持一颗单纯的心，他的人生才会快乐。

美国作家丽莎·茵·普兰特说过：“当你用一种新的视野观察生活、对待生活时，你会发现许多简单的东西才是最美的，而许多美的东西正是那些最简单的事物。”一个懂得体悟幸福的女人，永远都是心无旁骛的，她会把可能引起忧思苦恼及妨碍行进的事物毫不犹豫地丢弃，不让它们干扰自己的身心。用过电脑的朋友都知道，如果系统安装了太多应用软件，电脑运行的速度就会变慢，想要保证电脑的正常工作，就必须定期删除多余的软件，清理掉那些没用的垃圾文件。我们的生活和电脑系统一样，如果想过一种幸福快乐的生活，就不能背负太多无用的包袱，要学会去繁就简，过一种简单的生活。

“如果你简单，那么这个世界就简单。”

陈芳最喜欢冰心这句话，她也一直在力求做个简单的女人。

一天，陈芳的妹妹神秘兮兮地对她说，要带她去一个好地方。到了之后，陈芳才发现，那里是教人化妆的一家美容馆。妹妹说：“姐，你总是不屑于化妆，说什么简单就是美丽。今天，我带你来这里，就是想让你看看化妆的神奇。看完之后，你肯定也会喜欢上化妆。”

陈芳向来不喜欢化妆，她总觉得各种各样的化妆品涂在脸上就像糊了一层东西，让人浑身不舒服。这些年，她的化妆品很简单：一瓶爽肤水，一瓶面霜，一瓶眼霜。

这家美容店布置得很温馨，而且美容师化的妆，确实很迷人。但是，陈芳在听完课之后，仍旧没有化妆的想法。给一个人化妆，化妆师足足用了两个小时，化得非常细致，甚至连一根头发丝也不放过。化妆师介绍，想要把妆化到位，大概都需要两个小时，只有这样扮出来的女人才精致、妩媚，也更容易引人注目。

走出美容馆的大门，陈芳对妹妹说："做个'万人迷'实在太累，我觉得还是简单点好。"精致的女人如同一幅令人赏心悦目的画，简单的女人犹如一汪清澈的水。前者如同一杯令人心醉的红酒，后者是一杯给人清爽的甘泉。两种女人都是生活中美丽的风景，但比起精致的女人，简单的女人活得更自由。这里所说的简单，指的是心灵上的简单。简单的女人，不是不注重自己的形象，她们一样很爱自己，她们会给予自己不可或缺的东西，但她们不必为了化一个妆而花费两个小时，这段时间她们可能会做瑜伽，可能会看书，从内在去充实自己；她们可能会穿着休闲装舒服地走出家门，而不愿为了穿一双足够性感的高跟鞋出门委屈自己的脚。

生活简单就是快乐，欲望少一些，自由多一些，过自己的生活，不要和别人去比；每天都对着镜子，把自己整理得纤尘不染，然后以一副微笑的面孔去从容地面对形形色色的人和事；每天向着目标跋涉奋进，给自己一个生存的理由。

《堂·吉诃德》中有一个片段：桑丘问表弟，世界上谁是第一个翻跟头的人？表弟说自己一时间答不出这个问题，他要回书房去翻书，考证一番，等到下次见面，再把答案告诉桑丘。过了一会儿，桑丘便对表弟说，刚才的问题他已经想到了答案：世界上第一个翻跟斗的是魔鬼，因为他从天上摔下来，就一直翻着跟斗，最后跌到了地狱。

桑丘的回答很简单，甚至简单到让你忍俊不禁。但是，在这个简单的答案背后，也蕴含着朴素的人生智慧。世界上没有复杂的事，复杂的是人心和欲望。一切问题都能够简化，就如同电脑里所有的问题都只有两个答案：是与否。

简单是一种积极、乐观的生活态度，对就对了，错就错了，爱就爱了，恨就恨了，没有太多的计较，也无须用太多的时间去翻来覆去地更改。简单就是要学会舍弃，轻轻松松地上路，多一些时间来看花开花谢，多一些时间看日出日落，多一些时间来走向向往的远方，不是很好吗？

智者寄语

我们的生活和电脑系统一样，如果想过一种幸福快乐的生活，就不能背负太多无用的包袱，要学会去繁就简，过一种简单的生活。

幸福不在他人口中，幸福在自己心里

有智慧的女人最终的目标是什么？

不是金钱，也不是物质，更不是被众人包围的虚荣感，而是幸福。

什么是幸福？

社会学家将幸福定义为一种主观享受。没有客观标准。也就是说，幸福源于每个人的内心，与外物、外人没有任何关系，只有内心得到了满足，才能称之为幸福。

现在的人们，经常会走入一种误区，我们常常认为：他人说我们"幸福"时，我们的喜悦才会油然而生，那才是真正的幸福。可实际上，那不过是我们迎合大众的眼光的小小的虚荣感罢了。在这种虚荣感过去之后，弥漫在我们心中的只会有空虚而已。

“你可真幸福,嫁了个这么好的老公,住着这么大的房子!”在阿莲嫁人之后,所有去拜访过她的朋友们都十分羡慕。

“呵呵,还好啦。”刚开始的几年,阿莲的心中确实有着小小的得意。老公年轻帅气,家里有钱,住着别墅。这在他人看来是非常好的条件了,自己也过着养尊处优的阔太太生活,平时连刷碗都不用自己动手。

可是慢慢地,阿莲就觉得这种生活压抑起来。虽然什么都不用自己动手,可是由于跟公公婆婆住在一块儿,生活上有许多不方便,自己也经常由于办错点小事就受到训斥。

好不容易十多年的时间过去了,公公中风瘫痪,婆婆去世,家里阿莲翻身当家做了女主人,也可以随意地邀请朋友们来玩了。羡慕那样的话,阿莲听得越来越多,可是内心中却越来越迷惘。

“你可真是好福气,看看,四十岁的人,还跟三十岁一样,哪像我们,老得都快可以当你阿姨了。”曾经的闺密羡慕地说道。但是阿莲却感受不到一点高兴的感觉。虽然自己保养有方,可毕竟比不上那些年轻姑娘;老公这些年来不长进,家里的财产一直有出无进,最近还沾染了赌博的恶习。能在这样的生活状态中保持多久,阿莲心里真是一点数也没有。

或许一直以来自己都不幸福吧!看着那些虽然羡慕自己生活、但自家生活得津津有味、笑口常开的姐妹们,阿莲忽然有了一种羡慕她们的冲动。

阿莲幸福吗?

答案显然是否定的。

虽然那么多人说阿莲幸福,但是只有她自己知道:她的内心其实一直在怀疑和动荡中,根本没有一点安全感。如此的生活,又怎么能称之为幸福呢?

那么,究竟怎样才是幸福呢?

“积极心理学”之父、美国知名的心理学者马丁·塞利格曼曾表示:幸福是可以测量的,当一个自由的人在不受强迫的状态下要追求的目标是“积极情绪”“投入”“良好的人际关系”“意义”和“成就”,并且在这五项元素上都有圆满的答案时,那么这个人就可以称之为是幸福的。

中国有一位哲人则认为:幸福是你已经失去的,一旦想起,就会深深留恋的过去;幸福,也是你满怀希望,对未来的憧憬;幸福,还是现在平凡普通,没有一丝波澜的生活。这一切的一切,都会在失去后才懂得珍惜。因此,珍惜当下,就是在享受幸福。

无论他人怎样看,幸福的标准,总在自己心中。不要再把他人的恭维或是羡慕看作是幸福的标准了,用心去体会,你才能感受到幸福的真正意义。

想要做一个幸福的人,除了在自己心里建立自有的“幸福标准”之外,更要有以下的美德,这些美德囊括了让你感到幸福的标准,如果不确定自己怎样会幸福,也不妨作个参考。

1. 善于发现

生活中有许多积极正面的能量,但许多人只看到了自己的不幸和别人的幸福,却忽略了自己的幸福,这是完全不可取的。

2. 坚定信念

幸福的人,一定知道自己想要什么,要做什么,会有自己的理想与目标。这样的状态,才能产生持久的、快乐的幸福感。

3. 不攀比,懂知足

有了房子,看见人家更大的,想换;有了工作,看见职位更高的,想换……现今社会带给人类的欲望,促使着人们总是无休止地攀比、劳碌、奔波,却忘记了根本所在。一个人不可能长时间保持在世界的顶峰,俗话说"知足者常乐"。才是拥有幸福的正常心态。

4. 乐于奉献,敢于分享

哈佛大学的研究曾显示:多去帮助他人,能够让一个人在生活中更加快乐。可是在生活中,我们与他人的交流越来越少,沟通越来越少,分享也越来越少。总是在斤斤计较做一件事是否值得的人,不会从那件事上感受到任何幸福感。

5. 学会信任他人

在社会学中,信任被认为是一种依赖关系,它驱动了人们之间的善意,让人与人之间充满了高尚的情感与慈悲。理性地信任他人,会为你带来更多的期许与肯定。而友谊之花的绽放与心灵交流的畅快感,也会让你更深刻地体会到幸福的含义。

6. 爱情圆满

与伴侣之间的爱是保持幸福感的重要源泉。爱意味着照顾,爱意味着包容,爱意味着两情相悦,两个互相爱着的人,能够为彼此带来最为圆满的幸福。

智者寄语

无论他人怎样看,幸福的标准,总在自己心中。不要再把他人的恭维或是羡慕看作是幸福的标准了,用心去体会,你才能感受到幸福的真正意义。

幸福才是人生真正的财富

很多人都认为,更多的金钱会让我们的生活更幸福,但是越来越多的研究成果表明,生活幸福与金钱数量的相关性很弱。美国作为世界第一经济大国,但是美国人民的幸福指数排名却不靠前。2006 年,英国"新经济基金"组织对全球 178 个国家及地区的幸福指数做了一次大排名,美国仅排在第 150 位。

可见,人生幸福与否,并不单单是以金钱的多少来决定的。有钱、有健康、有快乐、有爱,这才是我们一生的幸福所在,也是我们人生中最大的财富。

我们喜欢金钱、追求金钱,并不是因为它是我们生活的全部,而是因为它可以让我们的生活更加舒适,它只是我们提高生命质量、丰富生活的一种工具。拥有足够多的金钱,我们就不用为了一天到晚想要得到它而受更多的束缚,也就有足够的资本去做自己喜欢的事情,去实现我们自己的梦想。姐妹们要清楚,我们追求金钱的目的其实是为了"不再追求金钱"。当我们的生活不再受金钱的控制时,我们的心灵才能得到最大的释放。钱永远是挣不完的,但是我们对金钱的追求就应该永无止境吗?如果是这样的话,人生也就没有了任何意义,也就失去了感受更多人生精彩的机会。我想这也绝不是大家想要的结果。正因如此,我们对于金钱的追求才被赋予了更多的内涵,才有了实现更多精彩的可能。

健康也是,当我们有健康身体的时候,我们是幸福的。很多人对自己的健康总是漠不关心,直到失去了才后悔莫及。健康是人一生中最大的一笔财富,我们用健康去创造财富,同时也需要用健康来享受财富。如果只是"有命挣钱,没命享受",岂不是更让人遗憾?所以,姐妹们,一定不要用自己的健康去换取金钱,那可绝对是赔本的买卖。

快乐是什么？人们常说“知足者常乐”。所以，快乐是一种知足的心境。当你的生活被无止境的金钱追逐占满的时候，恐怕你的快乐也就无处容身了。所以，能挣钱的同时，也要懂得享受财富带给你的快乐。钱可以为你带来快乐，但是当人生中只剩下钱的时候，你的快乐当然也就是短暂的。真正聪明的女人懂得一边挣钱，一边享受财富给自己和身边所爱的人带来的快乐。财富没有尽头，但是我们懂得享受现有财富给我们的满足感，那就是一种快乐。

有了亲情、爱情和友情，我们的生活中就有了爱。“爱”是对幸福最重要的诠释，所以我们需要爱。这是用金钱买不来的东西，因此它才珍贵。有人喜欢拿钱和爱来做对比，以此来显示“爱”的高尚纯洁和“钱”的俗不可耐。其实，我倒认为它们两者并不矛盾，因为它们没有可比性，“钱”是一种工具，“爱”是一种情感，两者本身的构成成分就不同，硬要拿来做比较是不公平的。但是，我们却可以用“钱”这种工具来维护“爱”这种情感。为它镶个美丽的金边，为它扫除不必要的障碍，为它制造更多的浪漫，为它谱写幸福的未来。当“钱”遇见“爱”时其实可以变得很可爱。只有放弃对钱的偏见，才能感受爱的醇美，这才是财富的真实含义。

真正的人生财富并不是拥有更多的财产，而是这些财产带给你的满足感和幸福感。有了钱、有了健康、有了快乐、有了爱，我们的人生才是完整的。因此女人们一定要明白，“我们理的不是财，而是一生的幸福”！

智者寄语

真正的人生财富并不是拥有更多的财产，而是这些财产带给你的满足感和幸福感。有了钱、有了健康、有了快乐、有了爱，我们的人生才是完整的。因此女人们一定要明白，“我们理的不是财，而是一生的幸福”！

心态决定着你的幸福指数

曾经流行过这样一句话：“你不能改变生命的长度，但是你可以改变生命的宽度。你不能改变天气，但是你可以改变心情……”

这句话旨在告诉我们，决定一个人心情的因素不是外在环境，而是心境！

电视上曾播放过一则关于绿茶的广告。一天，突然下起雨来，一个女子抱怨道：“真烦人，又下雨了！”而另一个女子驾车在雨中兜风，喜不自禁地欢呼道：“下雨了，太好了！免费洗车！”广告的最后告诉我们：心情好，一切都好！

广告虽小，告诉我们的道理却是深刻的——境由心生，心情好，一切都好。心境不同，即使面对同样的事物，看法也会有很大的不同。

大哲学家苏格拉底还是单身汉的时候，和几个朋友合住在一间只有七八平方米的小屋里。尽管空间狭小，生活十分不便，但苏格拉底每天都是乐呵呵的。

有人不解地问他：“那么多人挤在一张床上，连转个身都困难，有什么可乐的？”

苏格拉底笑着说：“朋友们住在一起，随时都可以交换思想、交流感情，这难道不是一件值得高兴的事吗？”

几年以后，朋友们一个个相继成家了，先后搬出了合住的小屋。最后屋子里只剩下苏格拉底一个人，但他依旧是乐呵呵的，每天都很开心。

那个人又不解地问他：“现在就剩下你一个人孤零零的，还有什么好高兴的？”

"我房间里有很多书啊,一本书就是一个老师。和那么多老师在一起,时刻都能向他们请教和学习,这怎能不令人高兴呢?"苏格拉底笑着说。

又过了几年,苏格拉底也成了家,搬进了一栋大楼里。这栋大楼总共有七层,他的家在最底层。

底层的环境是最差的,上层的住户经常往下面泼污水、丢垃圾,可苏格拉底依旧是一副自得其乐的样子。

那人看见了又忍不住好奇地问:"你住在这么脏的环境里,也感到高兴吗?"

"是啊!你不知道住一楼有多少好处呢!回家不用爬楼梯;搬东西方便,不用费很大的劲;朋友来访容易,用不着一层楼一层楼地去敲门询问……尤其让我满意的是,可以在外面的空地上养一些花、种一些菜,真是其乐无穷啊!"苏格拉底情不自禁地说。

又过了一年,苏格拉底把一楼的房子让给了一位朋友,这位朋友家有一个瘫痪的老人,上下楼很不方便。

他自己则搬到了这栋楼的最高层——第七层,可是他依旧每天乐呵呵的。

那人见了揶揄地问道:"苏格拉底先生,住七楼是不是也有很多好处啊?"

苏格拉底笑着说:"是啊,好处可真不少呢!给你举几个例子吧:每天上下楼梯,这是很好的锻炼方式,有利于身体健康;七楼光线好,看书、写文章不伤眼睛;没人在头顶上干扰,白天、晚上都非常安静。"

后来,那人碰到苏格拉底的学生柏拉图。说:"你的老师总是那么乐呵呵的,可我却觉得,他每次所处的环境并不是那么好啊!"

柏拉图说:"决定一个人心情的,不在于环境,而在于心境。"

在生活中,平和、乐观的心态是最重要的。一味地对客观环境不满或怨天尤人,对生活是没有任何帮助和益处的,只有以积极向上的心态去面对,才是获取快乐的最佳方法。

然而在现实生活中,却有很多人不懂得用乐观的心态去面对生活中发生的一切。

比如,有的人不知满足,本来工作和生活环境都很好,却整日抱怨待遇差、生不逢时,终日闷闷不乐;有的人盲目地与别人攀比,这山望着那山高,和别人比房子、比车子、比待遇、比享受,结果弄得自己身心疲惫。

其实,生活对于每个人都是公平的,关键是看你对待生活的态度。不切实际的欲望越多,失望就越多,摔得就越重;不知足的奢求越高,实现不了,受到的打击就越大。如果心态调整不好,就会终日郁郁寡欢,难以品尝到快乐的滋味。

人生在世,最重要的是时刻保持一个良好的心态,遇喜不狂、遇忧不愁、遇惊不怕、遇挫不馁,这样才能收获快乐。

尤其是在当今这个浮华喧嚣、物欲横流的社会中,更应该用良好的心态去笑对生活,看淡金钱、名利的诱惑,坦然面对生活中遇到的难事、愁事、烦心事,只有这样,我们才能终日乐趣无穷,生活才能每天充满阳光。

正如一首打油诗所说:"遇事不钻牛角尖,人也舒坦心也舒坦;心宽体健养天年,不是神仙胜似神仙!"

有个女人整天愁眉苦脸的,一件小事情就能让她坐立不安,紧张半天。

孩子的学习成绩不好,她会忧心忡忡一整天,老公随口说几句无心的话,她会黯然神伤好几天。

她说:"几乎每一件事情都会在我心里盘踞很久,令我的心情很糟,进而影响我的生活和工作。”

一天，她要参加一个重要会议，但是沮丧的心情却无论如何也挥之不去，看看镜子里的自己，一脸的忧郁和倦容。她打电话问一个朋友：“我该怎么做？我的心情很沮丧，我的模样很憔悴，毫无精神，这副样子怎么去参加重要会议呢？”

朋友告诉她：“把令你沮丧的事情放下，洗把脸把无精打采的愁容洗掉，适当地化化妆，修饰一下仪容仪表以增加自信，在心里想着自己就是最得意、最快乐的人。注意！装成快乐和充满自信的样子，你的心情就会好起来！”

她照着朋友的建议去做了，结果她在会议上表现得很出色。当天晚上，她在电话里告诉朋友：“我成功地参加了这次会议，争取到了新的工作计划。我没想到强装信心，信心真的会来；假装好心情，坏心情会自然消失。真的要谢谢你！”

一位哲人说：“你的心态就是你真正的主人。要么你去驾驭生命，要么让生命驾驭你。”

在人的一生当中，有晴天丽日，也有阴雨绵绵。消极、悲观的女人总是看到红灯，而积极、乐观的女人则总是看到绿灯，两者的心境不同，收获的心情自然就不同。

作为一个聪明的现代女性，一定要清醒地认识到，良好的心态是女人改变命运、赢得幸福的最有力法宝。女人的幸福指数在很大程度上取决于自己的心态。

有什么样的心态，就有什么样的人生。

积极、乐观的心态是女人家庭幸福、事业成功的根本，是女人展露笑靥、展现风姿的不竭源泉，它不仅能让女人快乐一生，更能让女人幸福一生！

智者寄语

积极、乐观的心态是女人家庭幸福、事业成功的根本，是女人展露笑靥、展现风姿的不竭源泉，它不仅能让女人快乐一生，更能让女人幸福一生！

幸福不在于你拥有多少，而在于你感受到多少

很多人一生都在追求幸福，可是他们却说自己从来没有得到过幸福。

在现实生活中，很多人拥有好工作、好房子、好伴侣，好家庭、好朋友，可以说生活得很幸福，可为什么他们总是羡慕别人的幸福，而感受不到自己的幸福呢？

因为，很多人已经习惯了两眼只盯住生活中的“黑点”：一个困难、一次挫折、一回失败，甚至一丁点的不如意，就使他们否定了自身的价值和已经获得的成功，否定了自己原本拥有的幸福生活。正如叔本华所说的：“我们对自己已经拥有的东西很难去想它，但对缺乏的东西却总是念念不忘。”

如果我们的眼睛总是盯在困难、挫折、失败和不如意上，那么，我们的心灵就会被一种具有渗透性的消极因素所左右，从而把原本很小的“黑点”放大成大片黑影，甚至是天昏地暗、暗无天日。这正是我们的人生走向痛苦的心理渊源。

相反，如果善于及时剔除生活中的“黑点”，并且善于发现生活中的“白点”，在黑暗中看到光明，就能给人生注入强大的精神动力，从而积极地面对生活的困境，在获得成功的同时，收获心理的平衡和心灵的幸福。

其实，幸福就在我们身边，只是因为我们不够细心，体会不到罢了，这就是所谓的“身在福中

不知福”。

菊是个不会做饭的女人，自从嫁给老公的第一天起，每天都是老公做饭给她吃——在这之前，老公是从没有做过饭的，因为他是家里的独生子。

老公习惯每天不吃早餐，可菊的早餐却是不吃不行的，而且至少要有一个炒菜。

所以每晚睡觉前，老公总会提前问她明天早餐想吃什么，第二天早上给她做好了，老公再去上班。

有了宝宝之后，在住院的日子里，每顿饭都是老公一勺一勺喂菊吃的，晚上也是老公在那里陪床。

女儿出生的那天晚上，老公一夜没合眼，之后老公就一直和她们母女一起睡。

晚上也是老公起来给女儿换尿布。当然，给女儿把尿也是老公心甘情愿揽下来的。

由于没有老人给他们带孩子，老公就每天按时回家给菊做饭。菊讨厌一个人吃饭。

偶尔有朋友请客吃饭，菊如果不去的话，老公就提前回来给她做，看着她吃完了，他再去赴宴。

如果你有这样的老公，你会不会觉得自己很幸福？

但是菊却不觉得自己幸福，因为：老公不懂得说甜言蜜语，也从来没有对她说过一句亲密的话；

老公抽烟——在家几乎不抽，当着菊的面不抽；

老公喝酒——偶尔喝，但从不酗酒，也从不酒后闹事；

老公大大咧咧，什么生日、节日、纪念日等，一概不记得……

一次和全家人一起去吃火锅，菊向姐姐发起了牢骚。菊的姐姐说：“人活着为什么要计较那么多呢？不是幸福太少，是你计较得太多了。你只是一味地要求老公对你这样对你那样，却从没有想过自己应该怎样对待老公。你把老公的付出都放置在一旁，视而不见，却总是去计较那些虚荣的浪漫。你这是身在福中不知福！”

姐姐的一番话，让菊认真反思了自己的过去，她突然发现从自己的指间流失了太多的幸福。

原来自己身边的幸福是如此如此的多，老公对自己的爱是如此的浓，而自己却一直没有感受到。

拥有得多，不见得幸福，计较得少，则一定幸福。心态对幸福指数的影响是显而易见的，一个女人过得幸福与否，关键在于她的心态如何。

遗憾的是，现代社会中拥有好心态的人却越来越少了。很多人对痛苦的感知要远远大于对幸福的感知，或许是因为幸福已经逐步成为生活的一种常态，久而久之，人们对幸福的敏感度就减弱了。

正如一首小诗所写的：

你如果心情愉快，健康就会常在；你如果心境开朗，眼前就是一片明亮；

你如果经常知足，就会感到幸福；你如果不斤斤计较，就会感到一切如意。

杨女士是一名商界女强人。早年间开了一家公司，经过几年的努力拼搏，生意越做越顺、越做越大。

可是，生意做大了，她的生活却越来越糟糕了：觉得吃饭没胃口、聚会没心情、旅游没意思……总之一句话，她觉得自己的生活到处都是阴暗的。

一次,几个朋友在一起聚会。

杨女士做东,点了二十几道大菜,她招呼朋友们随便吃,自己却很少动筷子。因为她没胃口。

一位朋友见状,急忙为她要了一杯冰水。朋友说:“我认识一位大厨,做菜那叫一绝。不过每次下厨之前,必须先准备好一杯冰水,做好一道大菜,他就先喝一口冰水,然后再尝尝菜的味道。你不妨也试试看!”

杨女士半信半疑地喝了一口冰水,然后夹了一口菜,咂摸咂摸嘴,然后咽了下去。

朋友问道:“觉得味道怎么样?”她说:“嗯!今天的菜味道还真是不错!”朋友笑笑。

那顿饭,杨女士每喝几口酒、吃几口菜,就喝一小口冰水,于是一顿饭吃得津津有味。

饭后,杨女士邀请大伙儿去喝咖啡。服务生照例为他们每人先倒了一杯冰水。

杨女士去咖啡厅喝过几次咖啡,却一直不明白这杯冰水到底有什么作用。

朋友告诉她说:“喝咖啡前,一定要先喝一口冰水,这样,才能充分调动舌尖上的味蕾,使咖啡的味道鲜明地显现出来。”

于是,他们每人都先喝了一大口冰水,然后再喝咖啡。那晚的咖啡,感觉特别纯正,苦中含香,香中有甜,甜而不腻,真是让人回味无穷。

朋友对杨女士说:“吃菜、饮酒、喝咖啡前,先喝一口冰水,目的在于清洗味觉,使味蕾受到刺激从而完全释放出来,这样才能更加真切地感受到食物的美味。你的事业现在做得很大,可以说功成名就,为什么反而感受不到成功的快乐呢?其实就是因为你对成功和幸福的感觉早已经变得迟钝了、麻木了。这时候,如果能来上一杯冰水,就可以帮助你刺激和恢复感知功能,重新找到人生的方向。”

杨女士听罢,若有所悟地点点头。

不久,杨女士回了一趟农村老家,在山区里待了一个多月。她每天都和父母一起下地干活儿,很多人都以为她破产了,在城里生存不下去了。

然而面对种种质疑,杨女士只是笑笑,不置可否。当她离开老家的时候,一所新学校建起来了,那是她捐资建造的。

回城以后,杨女士仍然苦心经营着她的事业,但和从前不同的是,每隔一段时间,她都会回老家走一趟。所以,快乐和幸福总是洋溢在她的脸上。

当你成功得感知不到成功时,当你快乐得感觉不到快乐时,当你幸福得感受不到幸福时……

或许,先喝上一口淡而无味的冰水,就可以激活你的心灵细胞,从而感受到成功、快乐和幸福的滋味。

其实,每个人的生活都不缺少幸福,而是缺少一颗能够感受幸福的心。

幸福只是一种感觉,幸福的获得就是感觉的获得,就像吃饱喝足的人,即使面对山珍海味,也不会有胃口,觉得食之无味;相反,幸福的丧失就是感觉的丧失,就像饥肠辘辘的人,即使面对粗茶淡饭,依然会胃口大开,吃得香甜。

幸福,应该是心灵深处的一种微妙的感受。抛开对物质的向往与追求,回归心灵的淡泊与宁静,你就能听到幸福的声音。

在你烦闷时,亲人的一句问候是一种幸福;在你无助时,朋友的一句鼓励是一种幸福;在你筋疲力尽时,爱人一个温暖的拥抱是一种幸福……

只要我们用心去品尝,用心去感受,幸福就在我们身边,就在我们心中。

智者寄语

只要我们用心去品尝,用心去感受,幸福就在我们身边,就在我们心中。

幸福是朵花,自己浇灌的最美丽

幸福,女人一直都在寻找;幸福,女人一直都想拥有。

当女人在拼命寻找幸福,拼命守护幸福的时候,会发现幸福离自己越来越远。不是幸福不牢靠,而是你寻找幸福的方式错了。

男人能给女人幸福吗?答案是肯定的,不然也不会有那么多的女人在茫茫人海中想要找寻自己的归宿。那如果男人离开了呢?难道女人就此失去幸福了吗?

众人的欣赏能带给女人幸福吗?答案也是肯定的,不然也不会有那么多的女人拼命地打扮自己。如果欣赏自己的人不再将目光停留在你身上的时候呢?你就因此远离幸福了吗?

女人呀!你想要的幸福其实一直都在,只要你愿意,敞开怀抱就能拥有。幸福不在你苦苦找寻的外在世界,而在你的内心。你给自己的幸福才是永久的。只有独立的女人才能拥有最充足的幸福,这样的幸福就像小溪一样,缓缓流淌,经久不息,无论谁都拿不走。

不要把幸福寄托在他人身上。就像孔雀一样,自己本身有美丽的羽毛,为何不能随心所欲地欣赏自己的美丽,为何不能用自己的方式绽放美丽?谁都可以是那一只最美丽最骄傲的孔雀,不为他人,只为自己绽放。

有些女人愿意用一生的时间去寻找一个可以依靠的肩膀。即使在事业上取得了一番成就,她们在内心深处仍旧希望在自己累了、烦了的时候有一个温暖的怀抱安慰自己。这是女人苛求被保护的天性,并没有什么不合时宜。不过,女人若只想做一个小鸟依人的温婉女子,事事依赖男人,没有自己的主见,那只会给对方造成更大的压力,最终也会把原本拥有的幸福吓跑。

林怡是一个典型的小家碧玉的女孩,长得清秀可人。最令人羡慕的是,她找到了自己的白马王子——李萧。李萧是大家眼中的年轻新贵,拥有着自己的事业,算是一位成功人士。

林怡的朋友都这样说:"林怡,你以后就该在家里做富太太,每天逛逛街,遛遛狗。"林怡听了之后只是笑笑,她并不觉得那是自己想要的幸福。

在林怡嫁给了李萧之后,只要林怡愿意,她完全可以放下自己的工作做全职太太。可是,林怡并没有辞掉工作,仍旧像以前一样,努力地工作,还经常加班。她的同事调侃她:"林怡,你真是自讨苦吃呀!要是我,老公这么有钱,我肯定早就辞了工作逍遥去了。"林怡仍旧不为所动,她非常清楚自己的角色。

林怡每天穿梭在职场中,她非常清楚职场中人面对的压力。林怡不仅不会在日常的琐碎事情上麻烦李萧,还总是非常体贴地帮李萧舒缓压力。

李萧感恩地对林怡说:"你既是我的爱人,也是我的知己,你如一缕清风,让我很舒服。能娶到你真是我的幸运。"

林怡笑着说:"别看我娇小,我可是有超能力的。我不要你总是做一棵大树来保护我,我也要努力做一棵树,我们应该彼此依靠。"

虽然在外人眼中，林怡是一个不懂得享福的女人，但是，林怡却觉得这样的幸福最好。自己的心是自己的，自己的幸福也要靠自己去浇灌，而不是等待着别人给自己幸福。

虽然李萧和林怡都忙于自己的工作，但是两人的生活非常幸福，结婚这么久感情也还是那样如胶似漆。

林怡是一个独立的女人，她懂得自己的幸福是靠自己维持的，也懂得用自己的能量去维护幸福。这样的女人，无论嫁给了谁都是幸福的，因为她的幸福来源是自己的心，并不依赖于谁。

如果林怡是一个依赖心很强的人，那她真的会像她的同事或者朋友说的那样，把自己的工作辞了在家做全职太太，把所有的重心都放在丈夫身上，完全没有了自己。只有丈夫一个人不断付出，事事都依赖丈夫。自己完全不是独立的个体，像藤条一样缠在其他枝条上面，时间久了会把那根枝条缠得密不透风，还有可能使这根枝条不堪重负而垮掉。如果林怡是那根藤条，丈夫最终很有可能会离林怡远去，空留林怡一个人茫然失措地面对所有。

不管是感情还是工作和生活，女人都要亲手播种属于自己的幸福种子，精心地照料它，让它最终开出美丽的花朵，结出硕大的果实，然后再去品尝这世间属于你的甘甜，品出历经成长的香醇，这才是女人应该追求的真正幸福。

智者寄语

不管是感情还是工作和生活，女人都要亲手播种属于自己的幸福种子，精心地照料它，让它最终开出美丽的花朵，结出硕大的果实，然后再去品尝这世间属于你的甘甜，品出历经成长的香醇，这才是女人应该追求的真正幸福。

对幸福的追求持一种极易满足的态度

知足常乐，顾名思义，就是对幸福的追求持一种极易满足的态度。这种态度具有典型的中国特色，是中国几千年的小农经济下的产物。我国古代哲人们认为，人的痛苦根源不是在于贫困而在于欲望。欲望、追求满足不了便产生了痛苦；一种欲望满足之后很快便有了新的更进一步的追求，总是不满足，总是有痛苦。

渴望成功，而每个成功的同时，也是烦恼的开始，因为人的“欲壑难填”。其实，人生真正的快乐在过程中，而不是在最后的结果。希望所有的愿望都能实现，是哲学上的表述。《茶馆》里秦二爷说“有牙的时候没有花生豆，有花生豆时又没牙了”，是艺术性的演绎。这说明了一个道理：人生的各个阶段都有遗憾，奋斗的结果也许并不像期待的那样美好。所以，女人应当珍惜过程，珍惜眼前的东西，满足眼前的状况。

好女人应该把知足常乐与中庸之道联系起来。为人处世讲究适中、折中，这样才能勇往直前追求理想，又能甘于平淡，直面得失。

曾国藩认为人生一切都“不宜圆满”。林语堂说：“半玩世半认真是好的处世方法，不忧虑过甚，也不完全无忧无虑，才是最好的生活。一个计划，三分之一实现了，三分之一没实现而遗憾，三分之一已经忘却了，是最正常的。全部实现了也就没什么意思了。”

在戏剧中“抑制高潮”是成熟的手法，因为高潮过后就是结束，尤其是人生不像自然界那样循环不尽，人生只有一次，应当尽量维系和延长相对足够的状态。残缺也是美的一种境界，可以使人处在一种相对满足的感觉之中。

虽然不能从哲学或是其他理论的高度来阐释知足，聪明的女人却能从平凡的生活中悟出同样的道理——知足常乐。

常常有女人抱怨着生活中的种种不如意，其实仔细想想，她们应该是非常幸福的。如果你拥有自己的家庭，有关心自己的人，每天吃得饱穿得暖，这就比世界上很多的人幸福了；早上睁开眼睛就能看到清晨的太阳，身体健康无病无痛，那么你比世上其他许多的人更幸运，他们在死亡线上苦苦挣扎，甚至有可能再也看不到第二天的太阳了；假如你从未遭受到战争的威胁，从未经历过牢狱的孤独，酷刑的折磨和饥饿的滋味，那么你的处境要好于世界上许多人；如果你的冰箱里有食物，有房子住，晚上有床可以睡觉，那么你比世上许多的人更富有；如果你抬起头面带微笑而心存感激，那么你是幸运的，因为很多人本可以像你一样心存感激，但却没有这样的体会。

知足是一种处世态度，常乐是一种幽幽释然的情怀，唯有知足，方能常乐。知足常乐，贵在调节。可以从纷纭世事中解放出来，独享个人妙趣融融的空间，对内发现自己内心的快乐因素，对外发现人间真爱与秀美自然，把烦恼与压力抛到九霄云外，感染自身及周围的人群，促进人际关系的逐步亲近平和，进一步拥抱浅景淡色与花鸟鱼虫。

知足常乐，对事，坦然面对，欣然接受；对情，琴瑟和鸣，相濡以沫；对物，能通过下里巴人的作品，品出阳春白雪的高雅。做到知足常乐，这是一种人生底色。当我们都在忙于追求、拼搏而找不着北的时候，知足常乐，是平凡人生中沉淀出的最丰富的底色，它孕育的宁静与温馨，对于风雨兼程的我们来说，是最好的避风港口。休憩整理后，毅然前行，来源于自身平和的不懈动力。

真正做到知足常乐，人生会多一份从容，多一些达观。古人的“布衣桑饭，可乐终身”是一种知足常乐的典范。

更多的时候，知足常乐是融合在平平淡淡才是真的意境中。知足常乐，是一种人性的本真。在孩童时代，我们会为拥有自己梦想得到的东西而喜上眉梢，笑逐颜开，烙下一串串深刻的记忆，今日重温，也许会忍俊不禁。无论行至何方，所处何位，知足常乐永远都是情真意切的延续。生活中的不如意，感情上的一塌糊涂，事业上的不顺心，都是一种心态。人长大了，欲望是跟着年龄一步一步增加的，不像孩童时容易得到满足。

知足常乐，聪明女人会在自己能力控制范围内循序渐进地前进，不把太多不可能的事实摆在自己的眼前。她的聪明不仅体现在对未来的追求上，更体现在时机适宜时的放弃上。执着是一种美德，但有的时候放弃也是一种人生的大智慧。知足常乐，在烦躁与喧嚣中，会过滤一种压抑与深沉，沉淀一种默契与亲善，澄清一种本真与回归，久而久之，步伐轻盈，精力充沛。小说《笑傲江湖》里有一句话：“莫思身外无穷事，且尽生前有限杯。”虽是虚构，却不失为一种人生感悟，点出“人生一世，草木一秋”的真谛。

人人都能知足常乐，世间便少一点纷争，多一点平和。好女人应该懂得克制欲望，应该学会知足常乐。

智者寄语

虽然不能从哲学或是其他理论的高度来阐释知足，聪明的女人却能从平凡的生活中悟出同样的道理——知足常乐。

定位不同，幸福不同

有个农夫在自家的院子里挖出了一尊大理石雕像，他不知道这个东西值多少钱，便找到一位艺术品收藏家来鉴定。收藏家看过后，给了农夫一大笔钱，买下了这尊雕像。

农夫拿着钱，心里美滋滋的，他想："现在我有了这么多钱，可以买下好几块地，还能盖个房子，真是太好了！那个收藏家也太傻了，竟然花这么多钱买一块大石头，真不明白他是怎么想的。"

农夫在发出这些感慨的时候，收藏家一面抚摸着雕像，一面念叨："这真是稀有的珍品！竟然有人为了钱，出卖这个无价的宝贝，真是愚蠢啊！"

对于农夫来说，雕像毫无价值可言，他所需要的是钱，钱可以让他拥有土地，可以用来盖房子，改善生活，所以得到了收藏家给的一大笔钱之后，农夫觉得他是幸福的。对于收藏家来说，他早已衣食无忧，更加注重的是精神层面的享受，所以他不惜花一大笔钱来买一个艺术精品，他觉得这是幸福的。一尊雕像让农夫和收藏家都有了收获，我们无法说出他们究竟谁对谁错，更无法比较出谁更幸福。

世间万象，本来就没有绝对的对与错，每个人都有自己的理想和人生计划，至于该怎样去完成，那是自己的选择，其他人没有资格评头论足。人不同，需求也不同，能够各取所需就是最大的幸福。生活之路，女人都有自己的走法；对于价值的定义，也有自己的评判标准，或许大相径庭，或许殊途同归。

吴娜和李艾同在一家公司任职，两人都已经是30岁出头的大龄女，如今还是孑然一身。李艾的父母和亲戚朋友每次都是热情地给她介绍对象，但没有一个能"功德圆满"的，其中不乏一些青年才俊和富家子弟。

吴娜多次替李艾感到惋惜："错过了这么多好男人，难道真想嫁个穷光蛋呀？"李艾心里有自己的择偶标准，她只图两情相悦，找个知己型的爱人。抱着对感情的这种坚定与执着，上天终于眷顾了她，让她遇到了自己的意中人。他是一名广告策划，虽然没有显赫的家世，但人很勤奋，又很上进，李艾认定他就是自己今生的伴侣。

对于李艾的选择，吴娜不解，她在公司里到处说闲话："他没房没车，也不是本地人，李艾选择了他以后就等着过苦日子吧！这是什么年代了，没有钱寸步难行！我觉得婚姻就是女人命运的转折点，嫁得好以后就轻松了。"

没有不透风的墙，吴娜的这些话早已传到了李艾的耳朵里，可她却装作不知道。李艾心里也明白，吴娜家境不好，她一直都把婚姻当成改变命运的机会，在吴娜这里，只要能够摆脱贫穷，过上衣食无忧的生活，那就找到了这辈子的幸福。而吴娜不知道，对于李艾来说找一个真心相爱的人才是幸福，因为她的家庭很宽裕，又有一份不错的工作，至于房子、车子那都不是必要的条件。

幸福没有固定的模式。有的女人认为，幸福就是衣食无忧、安逸平静的生活；有的女人认为，幸福就是可以实现自己的梦想，获得成功；还有的女人认为，幸福就是能拥有甜蜜的爱情，能够有个人为自己分担烦恼，分享快乐……幸福涵盖的内容太多了，包括物质、精神的方方面面，而每个人看重的方面可能有所不同。只要找到适合你的生活方式，快乐地去生活，你就是幸福的。

智者寄语

只要找到适合你的生活方式,快乐地去生活,你就是幸福的。

养成幸福的习惯

几只动物结伴同行,一起寻找新的家园。途中,它们翻过了几座大山,趟过了几条河流,又经过了草地和沙漠,却始终都没有找到理想的家园。这时候,有些动物开始抱怨路途中的艰辛,也有些动物心灰意冷想要放弃。唯独有一只黑猩猩,始终保持着微笑。

一天早上,黑猩猩到外面找野果子,它回到营地的时候,其他动物才刚刚起床。黑猩猩笑着向羚羊打招呼:“早上好啊,伙计!”奇怪的是,羚羊没理它。

黑猩猩又向狐狸打招呼:“喂,老兄,今天天气真不错啊!”

狐狸看了黑猩猩一眼,冷嘲热讽地说:“你捡到宝贝了吗?笑得这么得意!”

黑猩猩说:“你说对了,朋友。我的确很开心,但不是因为我捡到了宝贝,是因为我把幸福和快乐当成了习惯。”

在寻找新家园的旅途中,只有黑猩猩始终笑对生活,其他同伴早已对路途中的艰辛感到厌倦,甚至心灰意冷。黑猩猩的快乐并不是因为它没有体会到路途中的艰难险阻,而是因为它始终都在想办法培养自己的愉快之心,把幸福当成了一种习惯。

生活中不少女人总会这样问:到底怎样才能让自己幸福?嫁个好男人?还是拥有万贯家财?其实,如果女人也能够从黑猩猩身上学到幸福的习惯,那么生活就会有一连串的惊喜。

一个性格古怪的女子,她把自己的性格归咎于成长环境,认为是父母之间不和谐的关系影响了自己,因而周围的人就要接受她。一直以来,她从为只要能找到一个合适的人结婚,开始新的生活,她就会幸福起来。很快,朋友们听到了她要结婚的消息,纷纷表示:“她终于可以安稳地过自己的日子了。”

她的丈夫是个忠厚老实的男人,脾气好,心地善良,不管她多么无理、任性,他也只是一笑而过。她一脸幸福地告诉周围的朋友:“我从来没有遇到过这么好的男人,能和他生活在一起,我相信这辈子我会很幸福,至于过去的那些事情我也会慢慢忘掉。”

然而,结局并不像她所期待的那样。一年之后,朋友们得知了她离婚的消息。据说,她的丈夫在经历了一段“地狱”般的生活之后,终于不堪忍受而提出了离婚。

那个性格古怪的女子以为婚姻有一种魔法,能够将她的生活引向幸福的世界。然而,她错了,婚姻并不是改变不幸的最佳药方。她在结婚之前就是一个对生活持消极态度的人,结婚以后大家都以为她的人生会发生变化,连她自己也这样认为。然而她对待生活的态度并没有发生变化,她根本没有幸福的习惯,所以不管结婚与否,她都无法获得幸福,即便是产生了幸福感,也只是短暂的。

女人要知道,幸福感其实并不受金钱或是婚姻这些外物的影响,更多的时候它只是个人意志、性格等内在因素发挥作用的结果。女人要获得幸福,最重要的是从寻常的生活中寻找幸福,遇到不顺心的事情,不妨换个角度去看,重新审视自己的生活,养成时刻寻找幸福的习惯。你还可以尝试每天或是每周记录下一两件让自己感到开心的事情,这些事情会提供给你获取幸福的原动力，而且记录下这些事情，也能够让你牢牢地记住那些令你感到快乐的理由。起初，可能需要花费一点时间，慢慢地就会形成习惯了。

养成幸福的习惯，就会用幸福的眼光对待周围的人；养成幸福的习惯，就会少些抱怨，多些理解和宽容；养成幸福的习惯，就会丰富自己的人生。

智者寄语

养成幸福的习惯，就会用幸福的眼光对待周围的人；养成幸福的习惯，就会少些抱怨，多些理解和宽容；养成幸福的习惯，就会丰富自己的人生。

幸福不是等你有钱了才会来

一个冬日的午后，富翁出来散步。不远处的墙根处，有个流浪汉在晒着太阳。富翁朝着流浪汉走了过去。

"年轻人，你身体健全，为什么不去工作呢？"富翁不解地问道。

流浪汉睁开眼看了看富翁，紧接着又闭上了眼睛。他反问道："我为什么要去工作呢？"

"工作可以让你赚钱，那样的话你就不必露宿街头，还能够享受人间的美味，和自己的家人享受天伦之乐……"富翁说得头头是道。

"还有呢？"流浪汉不屑一顾地问。

"还有，当你年老的时候，你就可以衣食无忧，像我这样每天散散步，晒晒太阳，多好啊！"

流浪汉大笑，说道："我现在不正在晒太阳吗？"

这只是一个故事，它在特定的场景中展开，告诉世人幸福很多时候与穷富无关。不过，对于这样的道理，很多女人还不能悟出。不知何时，女人们把富有和幸福画上了等号，越来越多的女人试图挤进富人堆，目的就是为了找到幸福。在这个物欲横流的时代，贫穷无疑会让生活质量降低，她们深信"贫贱夫妻百事哀"。其实，真正的幸福与贫富无关，有些人不富有但他们依然幸福，有些人家财万贯却终日不见笑容。

在英国有一对夫妇，因为生活拮据，一直渴望通过购买彩票变成有钱人，使家庭生活变得幸福。于是，夫妇两人在不影响日常生活的情况下，坚持买彩票。没想到，他们真的中了1000 万英镑的大奖，一夜之间变成了富人。但从天而降的财富并没有让夫妇两人变得幸福，反倒是让他们原本美好的婚姻破碎了。丈夫终日贪图享乐，挥霍无度；妻子则得了严重的抑郁症。

这样看来，似乎钱多了也不会幸福，其实，错并不在钱多钱少的问题上，而是错在人心的变化上，错在他们对自己无法把握的欲望追求上。

梅子与大伟恋爱的时候，梅子的家人不同意。权衡再三，梅子跟大伟提出了分手。大伟不愿意，恳求梅子不要离开，但梅子迫于压力只能对大伟说："我们在一起过得太辛苦了，你放手吧，也许这样我会更幸福。"大伟无奈地同意了。

梅子把大伟送到了车站，回到住处时看着空荡荡的屋子，心里突然很难过。凌晨时分，梅子听到敲门声，没想到大伟居然没有走，他告诉梅子："如果我走了，我会后悔一辈子。就算再苦再难我也不想分开，我们一定会幸福，我要证明给所有人看。"

奋斗的日子是艰苦的，梅子去市场卖衣服，大伟在一家装修公司工作。那时候，他们每天都吃最便宜的豆芽菜，只为了省些钱。尽管日子很紧，可大伟却舍得花上千元为梅子买戒指。梅子生病的时候，为了让医生给她用最好的药，大伟竟然偷偷地去血站卖血。每天晚上，他们散步的时候梅子都会望着一扇扇窗户说："什么时候我们才能有扇属于自己的窗户呢？"大伟握住她的手说："一切都会有的。"

大伟努力地兑现自己的承诺。十年打拼下来，他们已经有了两套房子，他一直把梅子当作手心里的宝。走过了人生路上的风风雨雨，梅子觉得自己很幸福。她的幸福不仅仅是拥有现在的物质，更在于她和爱人心里的那一份坚持。每每想起与丈夫一起奋斗的那些年，梅子都会由衷地说："那时候很穷，但很幸福。"

是的，真正的幸福和穷富无关。如果始终保持一颗平常心，享受生命的每一段过程，不管是穷还是富，幸福都会陪伴在你身边。渴望财富，渴望成为富人，是现代女性的一种生活追求与向往，因为有钱可以购买属于自己的房子，不用节衣缩食地租着别人的房子；有钱可以买一辆自己看中的车子，而不必只羡慕有车一族。的确，为了成为有钱人，很多女人都在拼命地寻找致富之路，或是依靠自己努力拼搏，或是找个"金龟婿"嫁了。然而，她们在得到财富之后，却又感叹心太累，幸福指数反倒下降了。

幸福需要一定的经济条件作为基础，但并不代表越有钱越幸福，很多有钱人并不幸福，反倒是能够满足基本生活需求的人更感觉幸福。聪明的女人，应当明白这个道理，只要努力地为美好的生活奋斗，让每一天都过得有滋有味，时常让自己尝试一下新鲜的事物，去各地走走、看看，领略不同的风光，那么这一生也没什么值得遗憾的了。千万不要傻傻地以为只有自己有钱了幸福才会来，也许未来的某一天你真的成为了"有钱人"，又会感叹逝去的那些美好的年华一去不复返，感叹自己浪费了很多原本可以幸福的日子。

智者寄语

千万不要傻傻地以为只有自己有钱了幸福才会来，也许未来的某一天你真的成为了"有钱人"，又会感叹逝去的那些美好的年华一去不复返，感叹自己浪费了很多原本可以幸福的日子。

幸福的前提是做独立的自己

山谷中生长着一株兰花，它静静地绽放着，发出淡淡的香味。一只轻薄的蝴蝶被兰花的美丽和香气吸引，飞到它身边。

蝴蝶说："兰花，你真是太漂亮了！不过，很可惜，你生在深谷里，没人欣赏。如果你长在城市里，不知道要美煞多少人呢！"兰花听过后，含笑不语。蝴蝶不识趣地继续说："我总听人家说红颜薄命，想必就是你这样吧！"

兰花没有愤怒，只是淡淡地说："你又不是我，你怎么知道我不幸呢？我每天饮着甘露，与明月清风做伴，自食其力，不求他人的灌溉，乐得逍遥。若是生在城里，我就要等着他人的施舍，就算得到了别人的赏识，那也未必能长久。等到花期过了，人们不再关注我，我还能够留在人间多久呢？"

听了兰花的话，蝴蝶感觉很羞愧，悻悻地飞走了。

山谷中的兰花不需要任何人的浇灌与照料，它自食其力，吸取日月精华，过着逍遥自在的日子。如果它听取蝴蝶的话选择依赖，也许最终的结果就是枯萎。习惯了依赖就丧失了自我，等到可依赖的人离开时，它便无法适应生活。有人说，女人的自然使命和天职是爱情和依赖，即便她们在事业上获得了巨大的成功，在精神世界里仍旧渴望找到一个可以托付的男人，困了、累了、受伤了的时候有个肩膀可以靠靠。但是，如果女人事事依靠男人，甚至失去了自主的能力，一旦人去楼空，剩下的就唯有怅恨了。所以，女人要得到真正的幸福，还是要像山谷中的兰花那般，学会独立，不依赖他人。

如果说男人是一棵可以依赖的树，那么女人除了用心去找寻一棵属于自己的树之外，更要用心地把自己也植成一棵树，一棵与爱人并肩而立的大树，彼此欣赏、互相对望，与他共同抵挡风雨。只有把自己植成一棵独立的树，才不会让你的那一棵树低头俯视你，才不至于让他弯腰可怜你、轻视你，更不容易让他转身把关爱的目光投向别处。

猫猫，是她给自己取的名字，她觉得自己像一只流浪无家可归的猫，等着爱她的人带她回家。猫猫遇到了她的王子——林森。林森爱猫猫，喜欢她乖巧可人的样子，而猫猫对林森更是依赖，他们结婚之后，猫猫就一直待在家里，每天绞尽脑汁地想着如何做好吃的东西给心爱之人。

猫猫对林森的依赖越来越强烈，家里的东西坏了她不打电话给修理工人，而是打电话给林森；买衣服的时候犹豫不决，甚至还把衣服拍下来通过手机发给林森，让他帮自己选择；猫猫从来没有为家里的水电、煤气等琐碎的事情烦心，因为林森都一手包办了……猫猫觉得自己是幸福的，因为她就像小猫一样活着，有林森的关爱，唯一要做的就是等林森回来时和他撒撒娇。

幸福结束得很突然，猫猫始料未及。那天，猫猫在林森下班之前去超市选购电饭煲，看来看去自己也犹豫不定，她打电话给林森让他过来帮忙选。林森开着车去超市，不料在路上发生了车祸，右腿骨折。林森住院了，猫猫感到很内疚，她悉心照顾林森，试图减轻心里的负罪感。然而，林森出院后并没有感激猫猫，他提出和猫猫离婚，理由是和猫猫在一起太累了，他承受不了。

林森离开了，猫猫突然觉得自己竟然什么也做不了。她不知道一个人该怎样生活，家里的电灯坏了，甚至连灯泡都不会换；几年没有出去工作，职场的生存法则猫猫更是一无所知。猫猫终于知道，是自己太过依赖才失去了林森。经过一段时间的心理调整，猫猫决定离开这个城市，只身一人去上海。上海对猫猫来说是一个完全陌生的城市，没有亲人、没有朋友，但她知道，只有这样才能让自己独立起来。

在上海独自生存很艰难，猫猫一开始难以适应，但她努力承受，她发誓要蜕变。经过三年的时间，猫猫在上海重新找到了自我，工作业绩也渐渐地凸显，她学会了靠自己。而且，猫猫在上海又有了新的感情生活，但这一次，猫猫选择不做他身上的肋骨，而是做一棵独立的树。

猫猫的人生经历了藤缠树的依附，最终又回归到依靠自己的轨道。如果你正经历着猫猫过去的生活，那么现在不妨试着改变。身为女人，你应该要有自己的空间和自己的生活方式，不管你结婚与否，你都是一个独立的个体，而不是男人的附属品。女人的独立不仅仅是经济上的，更重要的是清楚自己的位置。依赖心过强的女人缺乏的正是这种自我意识，事事不独立，不自觉地要求男人前途光明,男人做不到她们就会急,甚至咄咄逼人,乃至抱怨不停。殊不知,一个女人要有说服力,就必须拥有自己的价值,只有这样才有资格去要求别人。

努力成为一棵与他并肩而立的树吧!要知道,牡丹娇艳却容易枯萎,而树却能够常青。女人若做一棵不依附于男人的树,一样能够让生命如花,而且这朵花会开得更加绚烂,更加持久!

智者寄语

努力成为一棵与他并肩而立的树吧!要知道,牡丹娇艳却容易枯萎,而树却能够常青。女人若做一棵不依附于男人的树,一样能够让生命如花,而且这朵花会开得更加绚烂,更加持久!

女人的幸福靠自己争取

小蜗牛总是闷闷不乐,它觉得自己的"负担"太重。终于有一天,它忍不住向妈妈抱怨:"我觉得命运太不公平了,为什么我们一生都要背负这个重重的壳呢?"

母亲笑着说:"孩子,我们的身体没有骨骼的支撑,只能爬行,速度又很慢,我们需要这个壳来保护自己。"

小蜗牛还是不理解:"毛毛虫没有骨头,爬得也很慢,但它就不用背负重壳;蚯蚓也和我们一样没有骨头,它也没有壳。"

"毛毛虫没有壳,但它有翅膀,天空能保护它;蚯蚓没有壳,但它会钻土,大地会保护它。"妈妈给小蜗牛讲述了一番道理,试图宽慰它。可是,小蜗牛听了这番话之后,没有觉得释然,反倒哭了起来。

"我们真是太可怜了!天空和大地都不保护我们,我们该怎么办?"

"孩子,不要哭!我们有壳,不靠天不靠地,我们只靠自己!"

面对平淡无奇的生活,很多女人都曾有过这样的疑惑:我的幸福在哪里?靠什么才能把幸福紧握在手心?若把女人比喻成蜗牛,那么她自己就有最可靠的壳,而这个壳与其本身融为一体。然而,多数女人不是以个人为中心的,她们习惯以家庭利益为中心,把家庭当成自己可以依靠的"壳",以夫为贵,以子为荣。在夫妻双方都可能发展的情况下,做出"牺牲"的往往是女人,她们会因为家庭利益而放弃自己的事业。只是,家庭真的是一个靠得住的壳吗?

一部《血疑》让日本的一位美丽少女家喻户晓,她就是山口百惠。这个13岁就在歌坛崭露头角,15岁风靡日本的女子,在她事业蒸蒸日上的时候选择与搭档三浦友和结婚,回归家庭,退出影坛的那一年她也不过21岁。离开影坛之后,观众和影迷们对她的怀念与日俱增,更为她的息影而感慨万千。回归家庭后的山口百惠,生活并不幸福。丈夫由于经商破产,让她赔进了当明星时攒下的所有积蓄,结果还是没能摆脱困境。这时的山口百惠想到了复出,然而演艺圈是个新人辈出的领域,曾经支持她的影迷们也早已不再是当年那些风华正茂的青年了,全都变成负担家庭重担的中年人,追星的事已无暇再谈。而山口百惠的表演风格也已经无法满足新一代观众的需求,东山再起成了一场梦。

曾经红得发紫的影星熬成了婆,她再也不能重新开启人生的第二次辉煌。山口百惠对事业的放弃造成了她人生的失败,这无疑是女人因为错误的家庭观念走向失败的典型。同是"名女人"的靳羽西却选择了截然不同的生活方式。她被《纽约时报》评为美国最受欢迎的五十个"钻石女王老五"之一。

像靳羽西那样的女人，依靠辛勤工作赚钱养活自己，非常难得。这样的女人是充满魅力的，她在生活中有一份属于自己的事业，还有一份离开男人之后的生存能力，以及一份自己的原则和一颗善待自己的心。女人只有拥有自己独有的东西，才会更加美丽。她的故事也告诉天下所有的女人：做自己想做的事，坚持自己的原则，追求一个可以实现的理想；永远不要依赖别人，永远也不要放弃自己。就算上天赐予良机，那也需要你伸手去抓住，没有付出便没有收获。

幸福不是别人能给你的，而是自己创造出来的。爱情和家庭并不是你人生的全部，放松一点，看看外面的阳光，享受一下属于自己的美丽人生吧！

智者寄语

幸福不是别人能给你的，而是自己创造出来的。爱情和家庭并不是你人生的全部，放松一点，看看外面的阳光，享受一下属于自己的美丽人生吧！

幸运不等于永久的幸福

一直四处漂泊的老鼠，无意中进入了佛塔，它感觉自己找到了“天堂”，于是就在佛塔里安了家。每天，它穿梭在佛塔的各层之间，享受着人们提供的贡品。不仅如此，这只老鼠还随意咀嚼着不为人知的秘密：人们为了表示对佛祖的虔诚，很少正视佛像。因此，老鼠就借此机会在佛像身上乱跳，甚至还在佛像的脸上留下一些脏东西。

老鼠总是一面吃东西一面嘲笑那些拜佛的人：“这些人真可笑，平日里总是追着我们打，到了烧香叩头的时候，说跪下就跪下了！”老鼠安逸地过着自己的日子，一只野猫的到来，彻底改变了它的命运。

那天，一只饿极了的野猫突然闯进了佛塔，它看到肆无忌惮的老鼠，一下子就捉住了它。老鼠死到临头还在抗议：“你住手，你不能够吃我！我代表着佛祖，你要像人类一样跪拜我！”

野猫不理会老鼠说的那些话，讥讽地笑道：“你以为你是谁？人们跪拜你，是因为你侵占了佛祖的位置！”说完，就把老鼠撕成了两半。

幸运和幸福仅有一字之差，却有着两种完全不同的涵义。幸运可能是幸福的开端，却不一定是幸福的结尾。因为幸运是偶然的，若不懂得抓住幸运的机会经营幸福，最初的幸运可能就会变成最终的不幸。老鼠是愚蠢的，它到死都没有明白，幸运之神为何曾经垂青于它，让它享受到了幸福，最后却又将它抛弃？因为它忘记了天下没有免费的午餐，幸福更不可能从天而降。当幸运降临的时候，老鼠感觉自己就是上帝的宠儿，尽情地享受着，却不懂得利用机会经营幸福。生活中有一些女人也是这样，当幸运之神垂青她们的时候，她们没能将这种幸运变成自己的幸福，最终错失了生命中一些美好的东西。

两年前，因为丈夫有了外遇，高娜离婚了。独身一人，高娜突然感觉自己没有了依靠，自己没有上过大学，收入勉强能够养活自己，除了一张美丽的脸庞外，她不知道自己还有什么可以炫耀的资本，她开始后悔自己不该那么早结婚……25岁，别人还在追求着梦想的年龄，而自己呢？却成了一个婚姻的失败者，并在婚姻中丧失了自我。

一次偶然的机会，高娜在朋友的婚礼上认识了李杰。李杰才貌出众，研究生毕业后在一家外企做国际交流工作，是个非常优秀的男人。高娜没想到，就是那一次偶然的相遇，她竟然变成了上帝眷顾的宠儿——李杰爱上了她。朋友们都为高娜感到高兴，说她实在太幸运了，李杰这样优秀的男人打着灯笼也难找。也许是内心太渴望有个人陪伴，也许是自己对李杰也心生好感，她欣然地接受了李杰，做了他的女友。

最初和李杰在一起的日子，高娜觉得很幸福，但这种幸福感很快就被另一种感觉取代了——自卑。每每和李杰参加朋友聚会，高娜都感到自己无法融入他们的群体，别人谈论的话题她插不上嘴，因为自己不了解；在外企工作的同事习惯性地说话夹杂着英文，高娜对此一知半解，只能勉强地笑着应对，假装自己和别人是"一样"的。这样的生活让高娜觉得自己很卑微，尽管李杰并没有因为她的学历低、离过婚而轻视她，但她心里却有着难以启齿的痛苦，她不知道自己该怎么办，最后，高娜选择了离开李杰，重新回到了自己的世界。

或许你在为高娜感到惋惜，因为她错过了李杰这样的优秀男人，失去了幸福。高娜和李杰之间确实存在差距，但这种差距并非无法弥补，遇到一个彼此相爱的人是一种幸运，但未必会一直幸福，因为幸福需要靠自己争取，靠自己用心经营。高娜深知自己身上欠缺着什么，只是她没有勇敢地接受现实，努力去缩短与李杰之间的距离。不了解别人谈论的话题，可以私下里去了解；英文水平差，可以自学。这个世界上除了生命以外，任何能力都不是与生俱来的。

幸福如同一片汪洋大海，能够容纳百川，包含所有的喜与悲；而幸运如同海潮，潮涨的时候能够带给你许多，潮退时也会从你那儿带走许多。只要你愿意，就一定能做一个幸福的人！幸运就如同命运的馈赠，始终不在你的掌控范围内，如果它降临到你身上，一定要好好把握，好好珍惜，只有这样才能让幸运变成你的幸福。

智者寄语

幸福如同一片汪洋大海，能够容纳百川，包含所有的喜与悲；而幸运如同海潮，潮涨的时候能够带给你许多，潮退时也会从你那儿带走许多。只要你愿意，就一定能做一个幸福的人！幸运就如同命运的馈赠，始终不在你的掌控范围内，如果它降临到你身上，一定要好好把握，好好珍惜，只有这样才能让幸运变成你的幸福。